模具制造手册

Mold-Making Handbook

(原著第三版)

[德] 古特·孟尼格 [德] 克劳斯·斯托克赫特 著
(Günter Menning) (Klaus Stoeckhert)
任冬云 译

化学工业出版社
·北京·

这本书第一次于1956年在德国卡尔·汉泽尔出版社（Carl Hanser Verlag）出版发行，是行业内经典著作之一。2003年化学工业出版社引进过英文版的第二版。

本书共分5章，第1章介绍了用于各种加工方法的模具；除了介绍传统的成型模具，还介绍了微注射成型模具。第2章为模具设计，将各种模具在设计过程中的设计要点以及最新技术做了详细说明。第3章介绍了模具制造材料，包括钢材、铝合金及铜合金-有色金属等内容。第4章为模具制造和机加工方法，介绍了许多新的制造技术，如快速制样技术等。第5章为模具的订购与操作，详细介绍了模具的订购过程、模具操作的监控与保养维护。

本书更侧重于工具书的功能，每一章内容自成一体，可为不同目的的读者，快速提供他所需要的信息和内容，是塑料加工技术人员重要的参考资料。

图书在版编目（CIP）数据

模具制造手册/[德] 孟尼格（Menning，G.），[德] 斯托克赫特（Stoeckhert，K.）著；任冬云译. —北京：化学工业出版社，2015.11

书名原文：Mold-Making Handbook

ISBN 978-7-122-25151-0

Ⅰ.①模… Ⅱ.①孟… ②斯… ③任… Ⅲ.①模具-制造-技术手册 Ⅳ.①TG76-62

中国版本图书馆CIP数据核字（2015）第218075号

Mold-Making Handbook，3rd edition/by Günter Menning，Klaus Stoeckhert

ISBN 978-1-56990-446-6

北京市版权局著作权合同登记号：01-2015-3945

责任编辑：仇志刚　　文字编辑：刘志茹

责任校对：吴　静　　装帧设计：刘丽华

出版发行：化学工业出版社（北京市东城区青年湖南街13号　邮政编码100011）

印　　装：北京七彩京通数码快印有限公司

787mm×1092mm　1/16　印张 28¾　字数712千字　2016年1月北京第1版第1次印刷

购书咨询：010-64518888　　售后服务：010-64519661

网　　址：http://www.cip.com.cn

凡购买本书，如有缺损质量问题，本社销售中心负责调换。

定　　价：158.00元

参编人员

Dipl.-Ing. (FH) Christopherus Bader (5.2节)

PRIAMUS SYSTEM TECHNOLOGIES AG，Schaffhausen，Switzerland

Prof. Dr.-Ing. Thomas Bauernhansl (1.9节)

Fraunhofer-Institut für Produktionstechnik und Automatisierung IPA，Stuttgart，Germany

Dr.-Ing. Joachim Berthold (1.2节)

Gummersbach，Germany

André Brandt (2.2节)

HASCO Hasenclever GmbH & Co. KG，Lüdenscheid，Germany

Dipl.-Ing. Otto Eiselen (1.4节)

HECO Maschinen-und Werkzeugbau GmbH，Lohmar，Germany

Alfred Erstling (3.2节)

Wuppertal，Germany

Dipl.-Ing. Thomas Eulenstein (2.5节和5.3节)

Kunststoff-Institut Lüdenscheid，K. I. M. W. NRW GmbH，Lüdenscheid，Germany

Prof. Dr. Ing. Andreas Gebhardt (4.7节)

CP GmbH，Erkelenz and University of Applied Sciences Aachen，Aachen，Germany

Dipl.-Ing. Josef Gockel (2.2节)

HASCO Hasenclever GmbH & Co. KG，Lüdenscheid，Germany

Ing. Rolf Hentrich (1.6节和4.3节)

Lahr，Germany

Dipl.-Ing. (FH) Felix Hinken (2.1节)

Schneider Form GmbH，Dettingen/Teck，Germany

Dipl.-Ing. Udo Hinzpeter (5.3节)

Kunststoff-Institut Lüdenscheid；K. I. M. W. NRW GmbH，Lüdenscheid，Germany

Dr.-Ing. Frank Hippenstiel (3.1节)

BGH Edelstahl Siegen GmbH，Siegen，Germany

Robert Hofmann (1.11节)

Hofmann Modellbau，Lichtenfels，Germany

Prof. Dipl.-Ing. Peter Karlinger (2.1节)

University of Applied Sciences Rosenheim，Rosenheim，Germany

Dipl. -Ing. （FH） Armin Klotzbücher（4. 1 节）
KWO Kunststoffteile GmbH，Offenau，Germany

Dr. Ulrich Knipp（1. 3 节）
Bergisch Gladbach，Germany

Günter Konzilia（1. 10 节）
Z-werkzeugbau-GmbH，Dornbirn，Austria

Stefan Krüth（4. 6 节）
J. & F. Krüth GmbH，Solingen，Germany

Bernhard Mack（4. 2 节）
Mack Erodiertechnik，Langenau，Germany

Dr. Udo Maier（1. 3 节）
Pulheim，Germany

Prof. Dr. -Ing. Peter Mitschang（1. 8 节）
Institut für Verbundwerkstoffe GmbH，Kaiserslautern，Germany

Dipl. -Ing. Dirk Paulmann（2. 3 节）
HASCO Hasenclever GmbH & Co. KG，Lüdenscheid，Germany

Dipl. -Ing. Norbert Reuber（1. 7 节）
Kurtz GmbH，Kreuzwertheim，Germany

Dipl. -Ing. Manfred Sander（2. 3 节）
Iserlohn，Germany

Dipl. -Ing. （FH） Dietmar Schäffner（4. 2 节）
Viscoch GmbH，Widnau，Switzerland

Prof. Dr. -Ing. Alois K. Schlarb（1. 8 节）
University Kaiserslautern，Kaiserslautern，Germany

Prof. Dr. -Ing. Ralf Schledjewski（1. 8 节）
Montanuniversität Leoben，Leoben，Austria

Prof. Dr. -Ing. Friedhelm Schlößer（5. 1 节）
KION Group AG，Wiesbaden，Germany

Edgar Seufert（3. 3 节）
Schmelzmetall Deutschland GmbH，Steinfeld-Hausen，Germany

Dipl. -Ing. Peter Schwarzmann（1. 5 节）
Illig Maschinenbau GmbH & Co. KG，Heilbronn，Germany

Claudia Steiner（4. 4 节）

NOVAPAX Kunststofftechnik Steiner GmbH & Co. KG，Berlin，Germany

Prof. Dr. -Ing. Paul Thienel （2.4 节）

University of Applied Sciences Südwestfalen，Iserlohn，Germany

Uwe Thiesen （5.4 节）

Plastics Germany GmbH & Co. KG，Lohne，Germany

Peter Vetter （4.5 节）

Buderus Edelstanl GmbH，Wetzlar，Germany

Dipl. -Betriebsw. Oliver Wandres （1.6 节）

Maus GmbH，Karlsruhe，Germany

Prof. Dipl. -Ing. Peter Wippenbeck （1.1 节）

Steinbeis-Innovationszentrum Kunststofftechnik，Aalen，Germany

Klaus Zoller （1.9 节）

Freudenberg Sealing Technologies GmbH & Co. KG，Weinheim，Germany

译者前言

从《模具制造手册》中文版的首次发行至今，已有12年的时间。中国的塑料产量目前已占世界的24.8%。塑料制品产量约6200万吨，与12年前的2000万吨相比，增加了3.1倍。2014年全国塑料加工设备约35.81万台，比12年前增加了约11倍，其中，注射成型设备增加了约2.9倍。当今的塑料加工最新技术已经朝着微纳制造成型方向发展，例如，二维码已经可用注射成型技术制造。与国外注射成型技术水平相比，我国相关技术领域内还存在着明显的差距。

与12年前的英文第二版内容相比，这次英文第三版基本上更新了第二版的绝大部分内容。将原有的4章27节内容，扩展到5章30节的内容。第一章，用于各种加工方法的模具，在保留了第二版原有的10种成型模具内容的基础上，又增加了微注射成型模具的内容。新增加的第二章内容，模具设计，将各种模具在设计过程中的设计要点以及最新技术做了详细说明。第三章，模具制造材料，只保留了钢材、铝合金及铜合金-有色金属内容。第四章，模具制造和机加工方法，增加了许多新的制造技术，如各种快速制样技术。新增加的第五章，模具的订购与操作，详细介绍了模具的订购过程、模具操作的监控与保养维护。正如，第三版编者序中指出的，这本汇编更侧重于工具书的功能，每一部分（本书中的每一章）自成一体，可为不同目的的读者，快速提供他所需要的信息和内容。译者在翻译本书的英文第三版时，力图使书中的中文专业术语与12年前的中文版一致，但12年来新型塑料加工技术不断涌现，本书中介绍的某些新技术，国内还鲜有应用，因而造成给出某种专业术语的准确中文定义比较困难。如果译文中的缺憾没有影响到读者从本书中受益，译者深感欣慰。参与本书翻译的人员还有：张植俞、霍朝沛、张志广、张凯、路献飞，在此，谨向他们表示衷心感谢！

任冬云

2015年6月于北京

第三版编者序

当由 K. Stoeckhert 编辑的这本书第一次于 1956 年在德国卡尔·汉泽尔出版社（Carl Hanser Verlag）出版发行时，就填补了一项市场空白，因为四年后第二版又被要求出版发行，这一次，与 H. Domininghaus 合作。第三版于 11 年之后（1980 年）出版发行，此时的页数增加了一倍。它被翻译成英文第一版。由于编者团队的人员变化，第二版英文版出版发行花费了 15 年时间，并略改了英、德文的书名。此外，中文版首次出版发行。现在出版的第三版（德文第五版）又花费了近 15 年的时间。

目前这一版的内容不仅得到更新而且现代化。这也表明只有六名“老”作者仍然在其中，并增加了新的章节，如微注射成型模具、橡胶工业用模具，或快速制样，同时删除了其他不再适用的内容。相反，正如在德文第四版中所叙述的那样，这本汇编仍然不打算作为教科书，用于注射成型模具的详细设计，或替代标准模具单元制造商的产品目录，而且，它也不是一个长篇讲稿。然而，本书中对个别模具类型的基本情况和这些技术的最新状态以及它们的制造方法作了简要的介绍。

这本书的读者对象仍然为，寻求对塑料加工关键领域介绍的读者，以及那些能够快速阅读相关技术领域内容，可为他们自己的工作产生构想的熟练专家。本书每章自成一体，特别是当读者不仅阅读“他的”章节，而且也愿意以他自己的专业领域“纵览这本书”时，这本书的协同效应就能体现出来。

Günter Menning，2013 年 4 月于德国开姆尼茨（Chemnitz）

目录 CONTENTS

第1章 用于各种加工方法的模具

第2章 模具设计

第3章 模具制造材料

第4章 模具制造和机加工方法

第5章 模具的订购与操作

第1章 用于各种加工方法的模具

1.1 注射模具

（P. Wippenbeck）

1.1.1 概述

热塑性塑料、热固性塑料和弹性体均可用注射成型工艺加工，对于交联聚合物，可能要对机器和相应模具进行适当的改造，它们一般需加热到 120～180℃。以下内容覆盖了用于热塑性塑料的主要模具，温度控制在 10～120℃，对于“异常”高耐温热塑性塑料，模温可达 200℃。

1.1.2 注射成型工艺

注射成型是一种大量生产模塑制品的典型工艺，常用于高量产制造中。与其他工艺相比，注射成型模具的成本相对较高（1～7 倍）。专家们一般认为，注射成型工艺的赢利点始于 10000 个制件，在某些情况下，始于 3000 件，这取决于模塑制品的复杂性和模具的制造成本。一个模具中的模腔数量大多数在 100 以内。然而，用于超大规模生产的模具具有更多的模腔（见图 1.1）。

一方面，较多的模腔引入到一个生产单元中，制造成本的比例会降低，如耗能和空间的需求减少。然而，失败的风险却会增加，因此，一般使用比技术可行性较低的模腔数量。这样做的一个优点是，可在高自动化程度下生产模塑制品几何结构非常复杂的零件，如内外侧凸结构、快嵌插头、铰、弹簧元件或内螺纹结构等。这些制品的质量范围可从几毫克的微注射成型制品到大于 50kg 的大型制品（见图 1.2）

注射成型机器可根据它们的合模力区分，从 50kN 到 100000kN，例如，船体的生产或预制房屋的组装板。生产小制品系列的机器尺寸一般为 100～30000kN 的范围。

另一方面，注射模具一般是单独的工件，因此是非常宝贵的生产资源。它们的可用性具有非常重要的价值。有可能模具的资金投入要高于机器设备本身。

图 1.1 用于瓶坯生产的模具有 192 个模腔[8]

图 1.2 用于汽车玻璃生产的注射模具，注压成型和双组分技术[9]

注射成型机器的基本结构如图 1.3 所示。作为这种机器的核心部分，注射单元的加热机筒内有一个螺杆，在塑化过程中螺杆可以旋转和轴向往复运动，在注射和保压期间，螺杆的作用是一个非旋转活塞。

图 1.3 带有肘杆合模装置的三板式注射成型机[10]

a—顶杆板；b—固定板；c—模具高度调节器；d—配有塑化机筒和截流喷嘴注射单元

合模单元的功能是将被分为“合模”、“可移动”或“顶出”半块的一半模具向静止、“固定”一半模具移动，和施加合模力以密封模腔压力引起的分离力。

合模需要相对高的压力，一般不低于 200bar（1bar$=10^5$Pa，下同），多数在 300～1200bar 的范围。根据涉及的面积，产生的压力，在设计模具的侧壁或设计机器所需合模力时，必须加以考虑。在模具设计中的计算一般选择 1000bar 的平均值。由于在压缩熔体过程中必须给予足够的收缩补偿，因此，特别需要如此高的压力量级。

在螺杆旋转过程中，发生颗粒熔融，由机筒加热器和剪切热产生能量，大多数情况下，剪切热起主导作用。同时，存在有朝向封闭喷嘴方向的向前熔体输送，因此，由于螺杆自身喂料的作用，螺杆向后压迫自身。在反向运动中，螺杆必须克服系统的摩擦阻力。为了改进混合效果、增加剪切热量或扩大排气效果，将施加一个附加的反向阻力，称为“背压”。当达到根据“计量行程”给定的后端位置时，螺杆转动停止。螺杆前端的熔体量准备就绪，可用于注射过程。由于螺杆顶部的止回阀（见图 1.4），作为一种标准设备，螺杆可作用于注

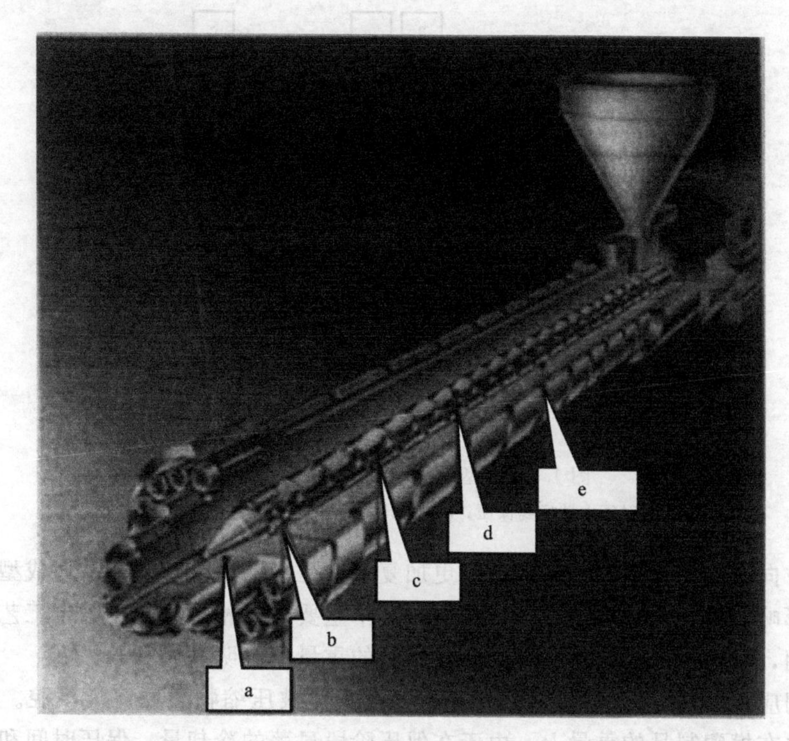

图 1.4 螺杆机筒[9]

a—机筒顶端；b—止回阀；c—塑化过程结束时螺杆位置；d—螺棱；e—机筒加热器

射活塞，将熔体注入到相对冷的模具“模腔”中，直到该模腔被完全“体积填充”。这类熔体流动为“喷泉流动”，这表明，在与冷模具壁接触的外部形成静止层，熔体必须从中通过（见图 1.5）。

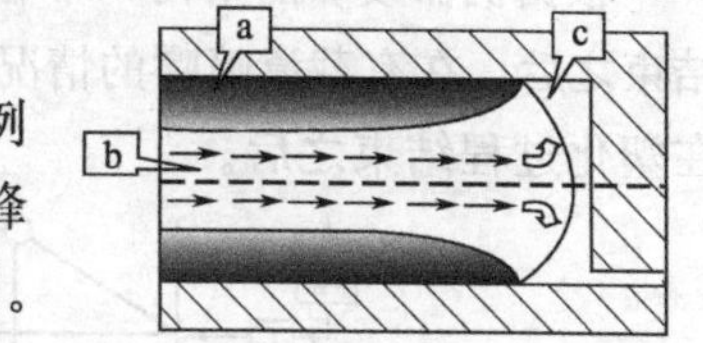

图 1.5 热塑性塑料熔体在填充过程中的喷泉流动[11]

a—静止固化层；b—低黏核心区，“塑化芯”；c—较高黏度的流动波峰表皮

静止固化层增加过多可能会引起填充过程完全停顿，例如，如果注射速度太慢，熔体会“冻结”。另外，在流动波峰处形成一厚层，在模具紧密间隙处将提供一定的自密封作用。在模具设计中，这是模腔“排气”的依据，因为进入的熔体必须将空气排出模腔。因此，由于流动波峰表皮厚度大约为10mm，排气间隙为10～30μm，而不产生飞边是可能的。在这一范围内，允许模具“呼吸”，以改善排气是可行的。

在体积充满后，由填充过程的“注射压力”主导的动态阶段转移到准静态阶段。这是一“保压阶段”，它一方面可以将熔体压缩；另一方面可以在初始冷却过程中补充熔体，以使模腔内的压力总保持不变。只要与流道相连进入模腔的浇口可通透（仍然没“密封”）的话，这样一种熔体的后补充是可能的。在“密封点”之后，按照实际冷却速率，随后有压力较大的下降。在压力完全消失后，模塑制品开始收缩，这种情况多半与塑料制品从模腔内表面分离相关（见图 1.6）。

对于模具设计非常重要的是，注射成型制品的收缩率不仅取决于材料的种类，也强烈地取决于加工工艺条件，特别是依赖于这一过程中的压力和温度，以及浇口的密封。因此，可以证明，原料生产商只能提供一个非常粗略的收缩率范围，例如，0.5%～1.5%。对于指导过程模拟的更精确的收缩率预测，原材料数据库和工艺数据库均是必需的。如果考虑收缩率

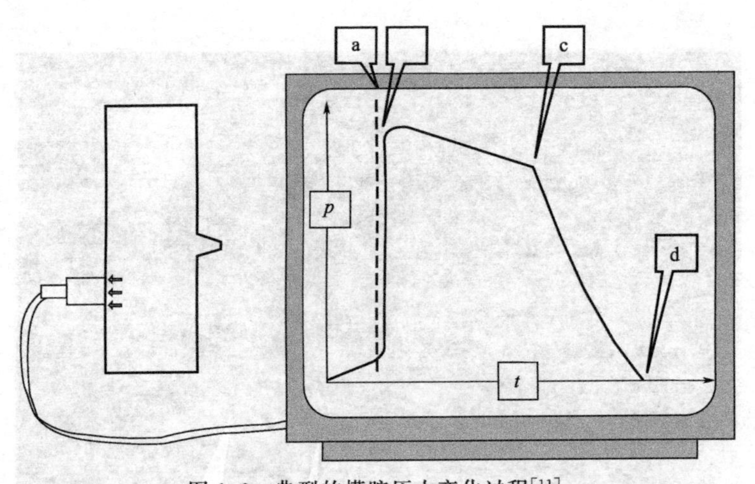

图 1.6 典型的模腔压力变化过程[11]

a—从注射压力转换到保压；b—体积填充；c—密封点；d—收缩开始

依赖于分子方向填充物的取向，将使情况更加复杂。压力和温度将影响注射成型混合物的比体积，因而影响模塑制品的重量。这也提供了一个重要的和相对容易的确定工艺稳定性的指标，经验表明，70%的参数波动均可由模塑制品的重量所表明。

保压时间应该略长于浇口的“密封时间”，以避免被压缩物质回流出模腔。保压时间太短会直接反映在模塑制品的重量上。由于在保压阶段显著的冷却量，保压时间和设定的“冷却时间”共同提供了实际的冷却时间。通常，必需的循环时间是由模具的冷却能力决定的，而很少由平行的塑化过程的“塑化速率”决定。当模塑制品足够稳定，以吸收顶出力，而没有破坏或过渡变形时，该制品可被“脱模”。

根据机器喷嘴的结构，带有或无截流机构，注射单元反向运动的时间是：或是正好在保压结束之后，在有截流喷嘴的情况下，因此可避免最小的热量从喷嘴流向冷模具（见图 1.7）；或在塑化过程结束之后。

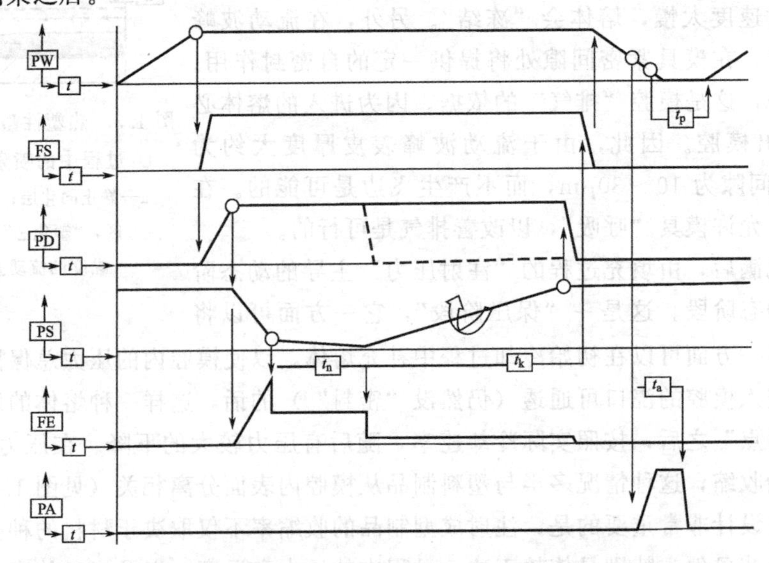

图 1.7 配有敞开喷嘴或截流喷嘴（虚线）的注射成型机器的时间线[11]

PW—可移动半模（顶出块）的位置；FS—合模力；PD—注射单元（喷嘴）的位置；PS—螺杆位置；FE—螺杆轴向驱动力；PA—顶杆位置；t_n—保压时间；t_k—冷却时间；t_p—断开时间；t_a—顶出时间

在冷却阶段结束时，机器的合模力被解除，模具打开，此时，顶杆部分后退。通过合适的“停留时间”或“模具的开启时间”，可确保安全取出注射成型制品。正在广泛使用的自动化取件机构发出下一次合模过程的信号。

每台注射成型机器均有一个被称为“模具保护”的保护系统，以防在模具半块之间障碍物引起的模具损坏——在前一个循环中的模塑制品也能称为这样的障碍物。这种“模具保护”依据力传感器的工作原理：因由一个异物引起阻力增加而激活一个信号。这个信号将停止合模运动，红色报警灯将开始闪烁。在机器安装过程中，下列三个模具相关位置（零点）必须被传递给机器的控制系统：

① 顶杆后端位置；

② 喷嘴接触浇口衬套的前端位置；

③ 根据模具深度的相应的闭模位置。

1.1.3 模塑制品设计

下列因素能显著影响模塑制品的设计：

① 熔体的流动性能；

② 固化行为；

③ 在渐冷熔体中的压力传递；

④ 分子和纤维的取向；

⑤ 收缩及其相关的工艺参数、浇口位置以及测量方向；

⑥ 翘曲，通过纤维增强会显著增加。

在设计时，必须特别考虑：

① 脱模能力，脱模斜度；

② 允许的拼缝线；

③ 允许的由浇口、顶杆、滑块和剖分模腔引起的痕迹；

④ 表面结构；

⑤ 要求的公差。

浇口周围区域的分子取向通常要远多于其他位置。另外，由于过大的熔体压缩或过长的保压时间，常常有过载现象。这将形成一个易破碎区域。实际情况确实如此：2/3 的破损线经过浇口。浇口位置常常可由应力裂纹线来确定（见图 1.8）。

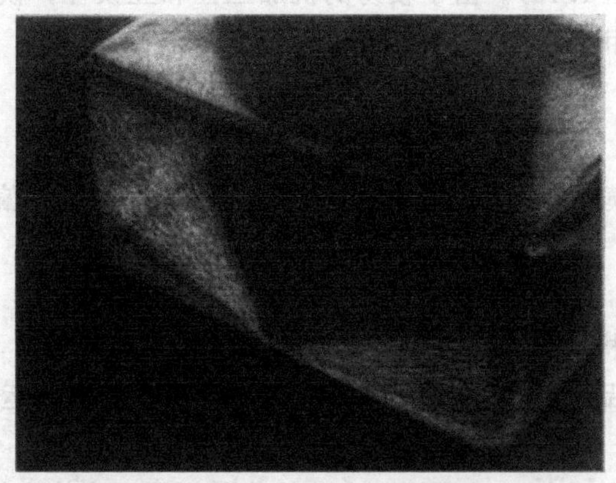

图 1.8 在分子取向上的应力裂纹[12]

着重考虑下列的基本规则：

① 在高应力区域和尖角位置无浇口和拼缝线！

② 避免壁厚差异。理想的注射成型制品应是等壁厚的。

③ 如果质量集中不可避免，它们必须尽可能地被设置在接近浇口的位置。图 1.9 展示了一个负面例子。

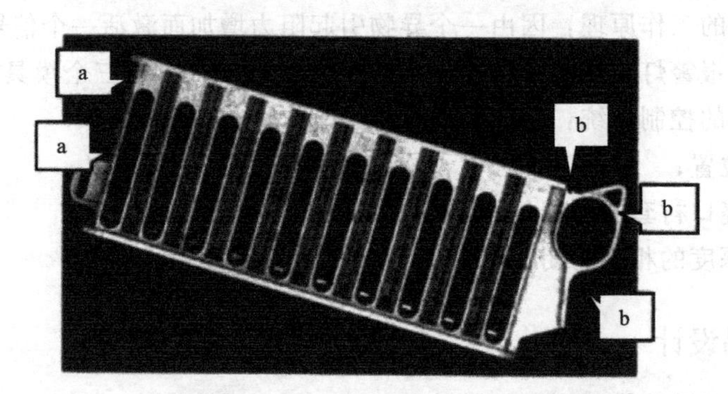

图 1.9 具有质量集中非常不合适的位置的模塑制品[11]

a—流道浇口位置；b—远离浇口的质量集中

④ 减小壁厚，和仅大到绝对必要的厚度。

⑤ 优化壁厚和浇口的位置和数量，以产生一个均匀和包容的、无流动波峰的过程。因此，用有限元进行理论分析是必不可少的。几种成熟的模拟软件，例如，Cadmould 或 Moldflow，可用于这类应用。

⑥ 避免内尖角。

⑦ 采用简化：往往少量的次要结构改变就能进行，无需使用滑块或夹具。这可显著降低模具的成本。

采用不同的 CAE 软件也可以进行力学和热力学设计。冷却流道的集成允许检测模具中的“热点”。这些“热点”决定着冷却时间，因而必须被消除（见 2.3 节）。

塑料模塑制品的公差标准见 DIN 16901。然而实际上，需要更小的公差[13,14]，也能达到。

1.1.4 模具基本结构

基本的注射模具由两半模组成，即定模（常缩写为 A）和动模（常缩写为 B），它们是由几个模板构成的（见图 1.10）。由于较易的机加工性和互换性，模腔由几个嵌件组成，这些嵌件与周围的框架板相匹配。

1.1.5 顶出类型

将模具打开之后，模塑制品通常在动模上。侧凸与侧凹结构、偏置结构或内螺纹结构需要附加的移动模具零件。

根据脱模的复杂性，可考虑下列分类。

① 无侧凸与侧凹结构的制品，可使用相对容易“开合的模具”。

② 有侧凸结构的制品（例如：线轴和绕线筒，有把手的仓储运输箱，带把手容器、有外螺纹的制品）。

③ 有侧凹结构的制品（例如：螺帽，有收缩边的机罩，有快嵌插头的制品）。

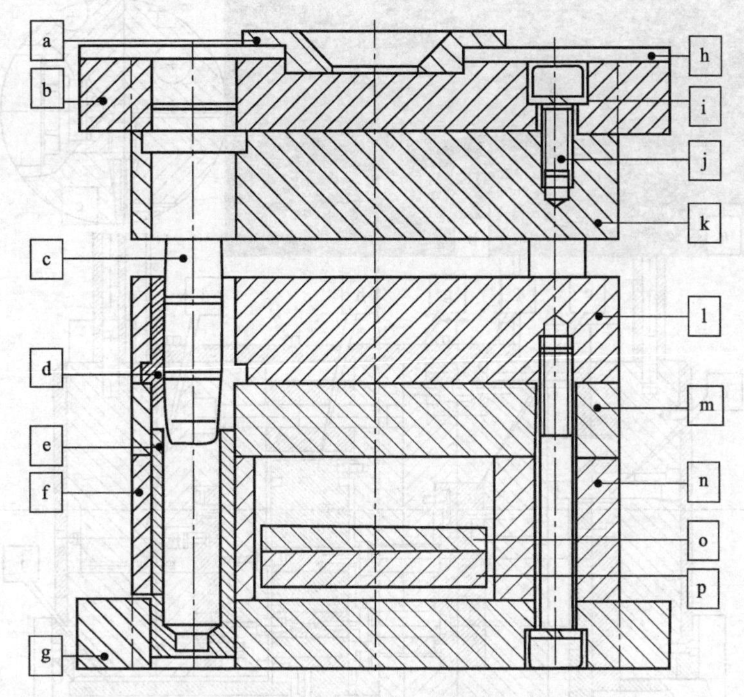

图 1.10 注射模具的传统结构[15]

a—定模的定位环；b—定模底板；c—导柱；d—导套；e—定位套；f—动模箱体的垫板；g—动模底板；h—隔热板（以防较高的模温）；i—螺纹锁紧结构；j—主螺栓；k—含有嵌件定模的垫模板；l—动模的垫模板；m—支撑板；n—支撑杆；o,p—顶板

④ 既有侧凸又有侧凹结构的制品（例如：汽车保险杠零件，照相机壳）。

1.1.5.1 无凹凸结构的制品

图 1.11 中的模塑制品（飞镖）在纵向有侧凹结构。合理地布置分型线，就可以生产无需使用侧滑块或分瓣结构的制品。

图 1.11 和图 1.12 中显示的平面定位结构可替换很多锥形定位元件，因为它具有较早定位的优势（例如，在完全闭模之前的 10～50mm）。锥形元件的定位仅发生在接触时。正确的定位允许热膨胀。根据图 1.12（右侧），平面定位结构允许定模和动模具有不同的温度，并无减弱定位效果。

热流道浇口技术对于大规模生产具有一定的经济性。然而，由于消除了管道，对针阀的电磁操作提供了一种成本效益解决方案。应当注意的是，电磁铁的温度上限大约为 80℃。

如果热流道系统的设计不合适，可使用一种“管状浇口”（图 1.36），这是常用的浇口形式。在模具内部无任何附加机构将流道从模塑制品上自动分离是一种先进的技术。

根据图 1.13，在定模上的定位环 e 负责在注射成型机器中的精确定位功能。动模上的环 a 仅提供一种不精确的匹配，以防在模具固定装置 h 中螺栓松动。导柱 d 只用于预定位，由于显著的间隙，它不能用于精确的内部定位。

中心顶柱 b 在开模移动的可调节位置上或在机械手上进入后启动。连接在顶板上的顶柱 g 将注射成型制品推离型芯，并把它转移到脱模机械手上。为了避免在模腔压力影响下的弯曲，顶杆箱必须设计成足够稳定的结构，这意味着在支撑杆 j 之间要保持相对小的距离，以及可能借助支撑柱 c。在模具再次闭合之前，带有顶柱 g 的顶板被带回到它的初始位置。到

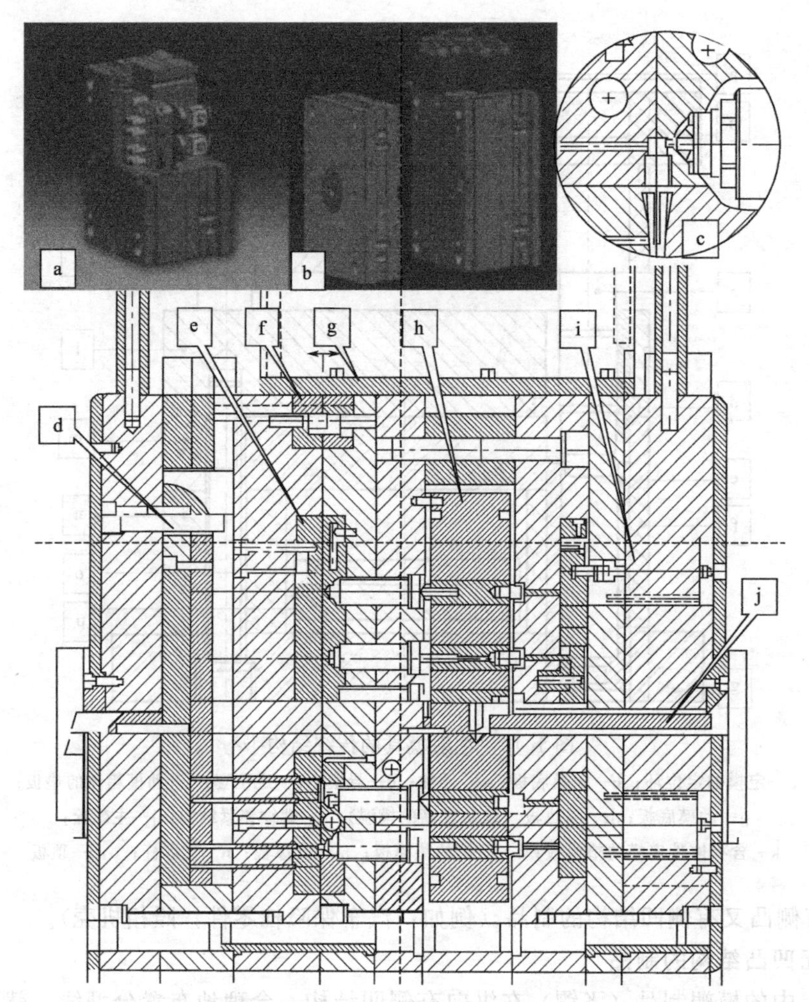

图 1.11　热流道模具“飞镖”，32 模腔，带有电磁操作的针阀[15]

a—定模剖面图；b—定模，开模；c—点浇口放大图；d—动模板导柱；e—模腔嵌件；f—平面定位；g—动定模连接板；h—热流道板；i—用于四个针阀的共同操作的电磁铁；j—中心热流道主浇口套

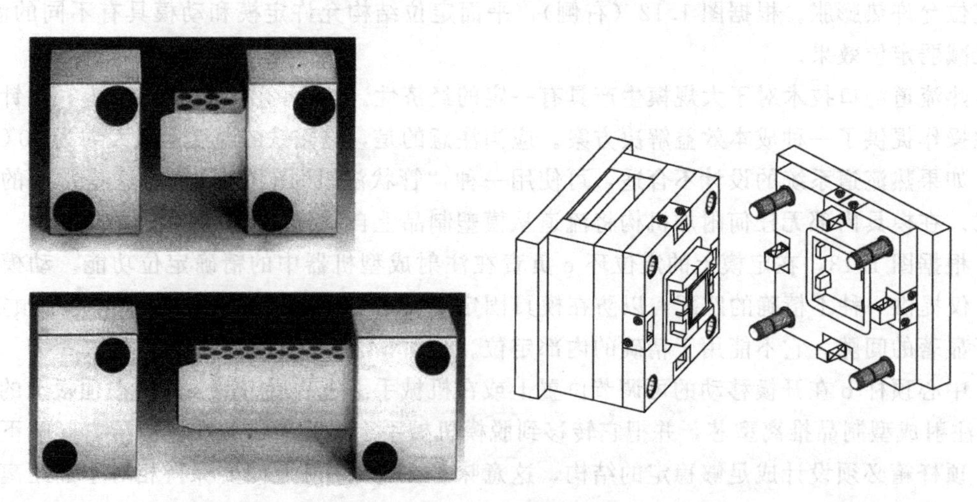

图 1.12　在分型面上的内定位结构，采用带有润滑油储腔的平面定位结构[15]

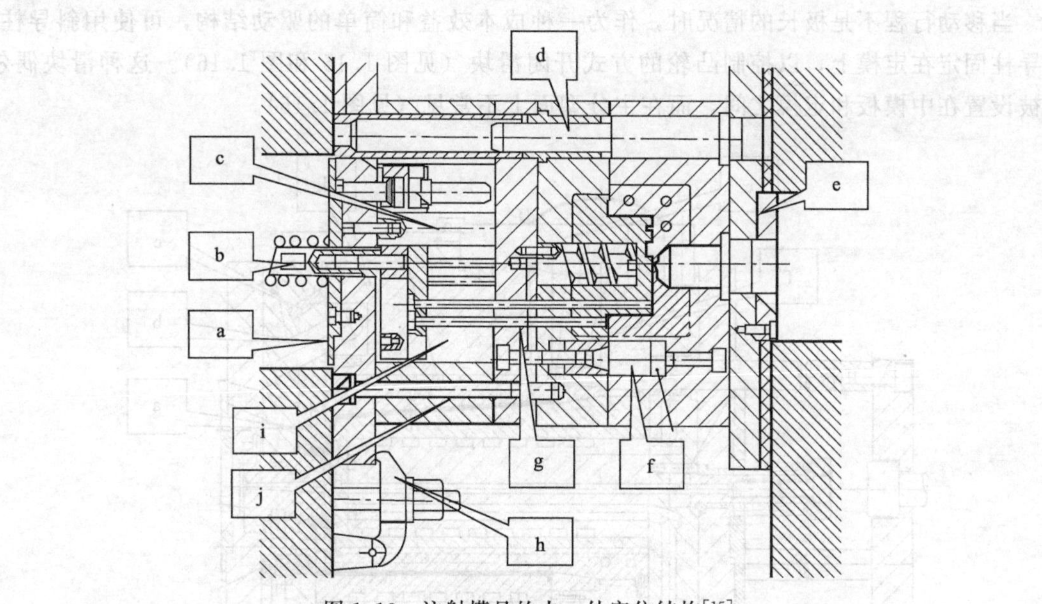

图 1.13 注射模具的内、外定位结构[15]

a—在动模上的定位环；b—中心顶柱；c—支撑柱；d—导柱；e—定模上的定位环；f—定位锥体（内定位）；g—顶柱；h—模具固定装置；i—顶杆箱；j—支撑杆

达顶板的返回位置是启动合模动作的一个标准的先决条件。回程杆接触着模腔外部的分型面，可在回程机构中万一有缺陷时，确保避免模腔损坏。

1.1.5.2 有侧凸结构的制品

侧凸结构通常必须用侧移动元件脱模。滑块、分瓣和型芯抽杆可用于此操作。

当滑动面和锁紧楔块不是理想的或平行的，但是可分离的时，可使用滑块。对于有移动元件的相对较小的表面的长移动行程的情况，这种侧移动方式是有利的（见图 1.14）。

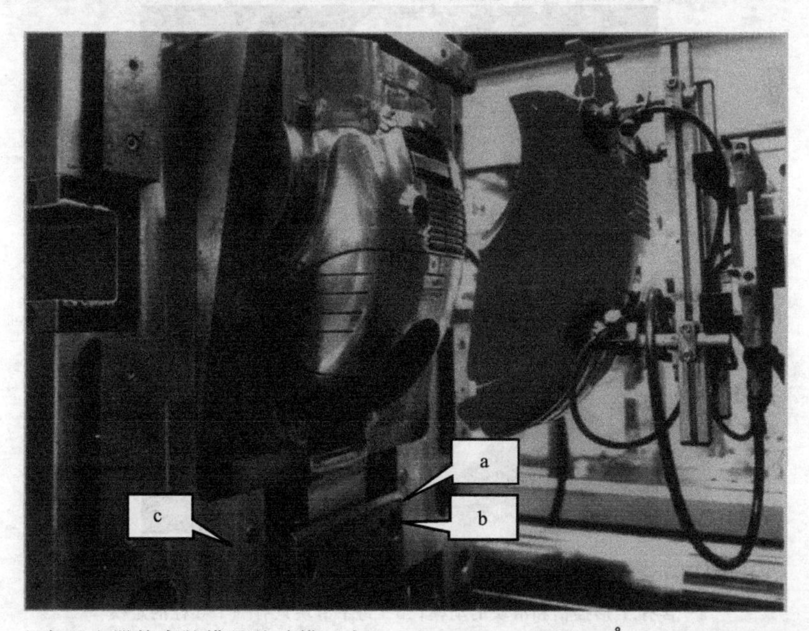

图 1.14 生产吸尘器外壳的模具的动模（由 Bosch-Siemens HausgerÅäte GmbH，Giengen 提供）

a—开模位置的滑块；b—滑块内的钻孔，与固定在相对面上斜导柱配合；c—导向滑块当移动行程不是极长的情况时，作为一种成本效益和简单的驱动结构，可使用斜导柱。斜导柱固定在定模上，以控制凸轮的方式开闭滑块（见图 1.15 和图 1.16）。这种滑块偶尔也被设置在中模板和定模之间，而在主分型面上不常见（见图 1.15）。

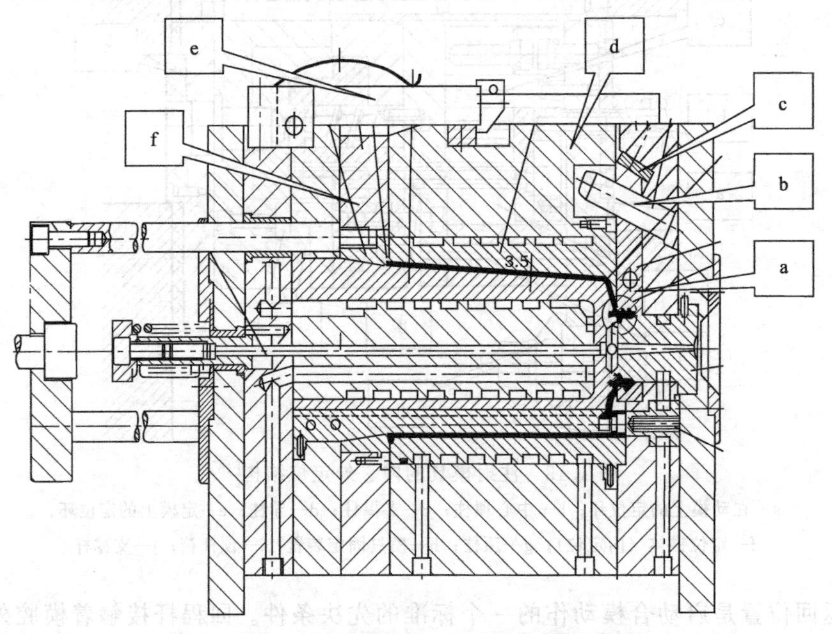

图 1.15　生产有螺纹瓶口容器的注射模具[1]

a—滑块；b—斜导柱；c—楔形面；d—中模板；e—中模板的行程限位栓；f—带有脱模环的脱模板

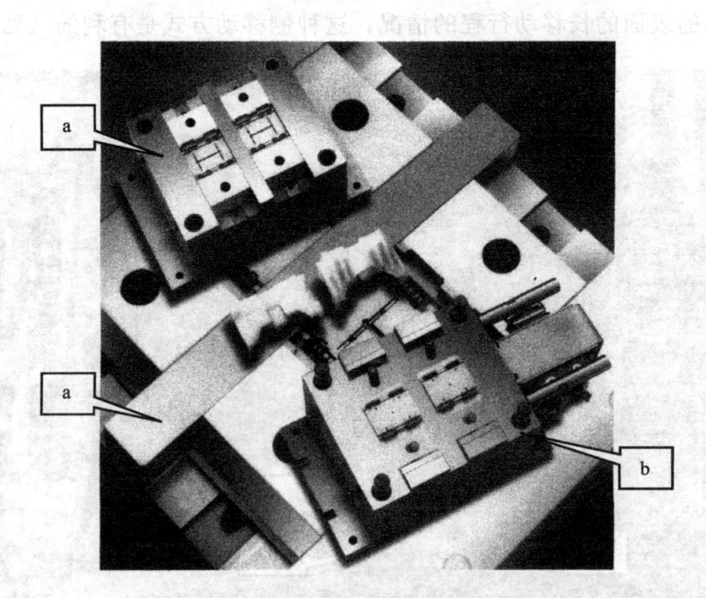

图 1.16　生产带有侧凸结构的小制品模具[16]

a—含有 T 形插槽和滑块的动模；b—每个滑块只有一个导柱的定模

图 1.17 显示，导柱 f 具有 2°～3°的斜度 g，小于楔形角 h。这种情况希望由楔形面完成

移动的最后阶段，导柱在最后位置上脱离。

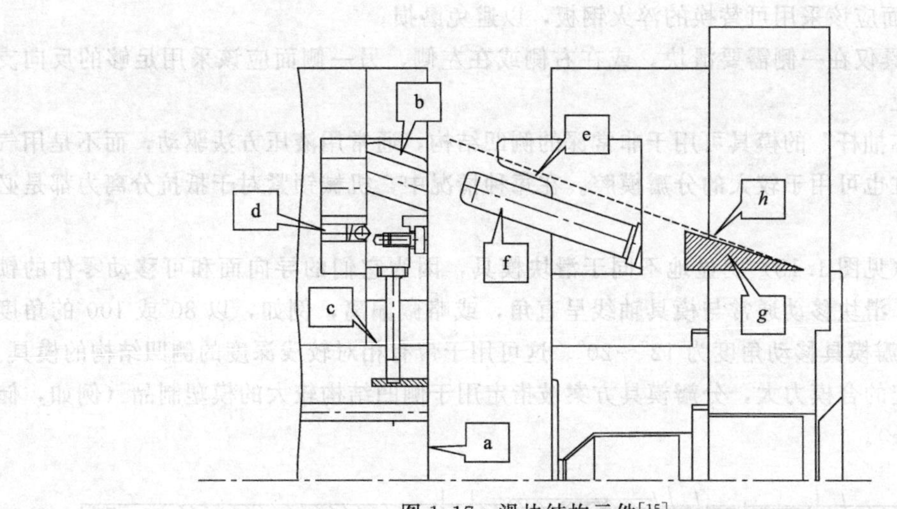

图 1.17　滑块结构元件[15]

a—模塑制品；b—滑块；c—滑块终止面；d—钢球托架；
e—楔形面；f—斜导柱；g—导柱的斜度；h—楔形面的斜度

当打开模具时，导柱 f 推动滑块 b 脱开，直到模塑制品的侧凸结构脱模。弹簧压紧的钢珠定位机构 d 使滑块保持在打开位置，因此能够使导柱随后进入到滑块的钻孔中。模塑制品保留在型芯一侧，直到它从顶柱上被顶出为止。当闭合模具时，导柱 f 向前推动滑块，直到楔形面连接到最后移动阶段和关闭楔形面自身为止。

下列经验和规则可用于设计滑块模具。

① 将斜导柱和锁紧楔形块安排在定模上，而将滑块导向放置在模具的动模上。

② 相对于滑块宽度，确保足够的导引长度：最小因数为 0.5 或最好 0.7。

③ 如果可能，每个滑块仅配一个导柱。当采用两个导柱时，必然用于宽滑块，阻塞的风险较大。

④ 导柱锥度应该在 15°～25°之间。尽可能选择小锥度，以得到滑块的高锁模力。

⑤ 为了达到可接受的短导柱长度以满足必需的滑块行程（取决于侧凹深度），导柱斜度应该取大不取小。最佳结构将是一个合理的折中方案。

⑥ 楔形面角度应该比导柱斜度大 2°～3°。

⑦ 斜导柱必须有足够的尺寸，以承受开模力。

⑧ 滑块应该由楔形块挤压到固定终止面。无固定终止面的反向动作的滑块通过时间程序可能导致无法调准。

⑨ 滑块的导向平面必须润滑。因此，滑块不能直接导入模腔，而必须用偏位结构定位。

⑩ 有成本效益的 T 形插槽：螺纹和螺栓的精密杆。

⑪ 采用一个双向锁定机构（如使用钢球定位机构或滑块夹），应该将滑块保持在开模位置。

⑫ 确保有一个将滑块容易分离的结构，如使用一个除去滑块夹的简单结构。

⑬ 直接对滑块回火，可为弹性冷却剂软管提供凹槽。

⑭ 锁紧尖角必须足够大，以避免弹性变形。有时，在动模上的反向锥角对支撑是必要的。这样的定位面应该有大约 10°的角度，以保证容易操作和避免自锁，在小于 7°角度时，

这样的情况可能发生。

⑮ 楔形表面应该采用可替换的淬火钢板，以避免磨损。

⑯ 如果模具仅在一侧需要滑块，或在右侧或在左侧，另一侧面应该采用足够的反向支撑，以防止偏位。

带有“型芯抽杆”的模具可用于非常深的侧凹结构，通常用液压方法驱动，而不是用气动驱动。液压缸也可用于较大的分瓣模腔。在每种情况中，机械锁紧对于抵抗分离力都是必要的。

分瓣模具（见图 1.18）明显地不同于滑块模具，因为它们的导向面和可移动零件的锁紧面是相同的。滑块移动通常与模具轴线呈直角，或略微偏离，例如，以 80°或 100°的角度替代 90°，但分瓣模具移动角度为 12°～20°。这可用于带有相对较浅深度的侧凹结构的模具。由于小角度引起的合模力大，分瓣模具方案被指定用于侧凹结构较大的模塑制品（例如，储运箱的外侧筋条）。

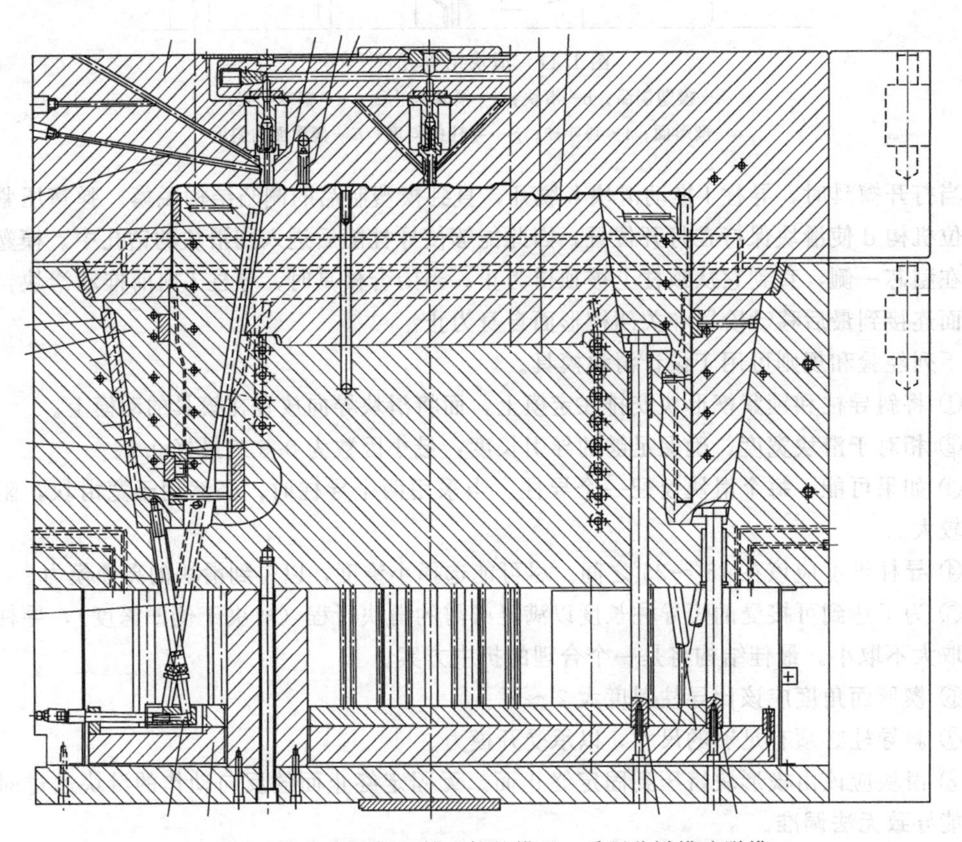

图 1.18　带有内外侧凹储运箱的模具，采用分瓣模腔脱模

1.1.5.3　有侧凹结构的制品

如果模塑制品内侧存在有凹台，并妨碍制品从型芯上脱出，则称之为侧凹结构。内分瓣（见图 1.19）、由外部操作的内滑块和斜段结构（被用在折叠型芯，图 1.19 中右图）可被使用。

具有非常复杂内部轮廓的模塑制品，例如有多个侧凹结构，是不能采用传统注射成型技术生产的，这是因为所需的复杂型芯不能被抽拔出来。如果这些型芯的材料是低熔点金属合金，最好是用铸造工艺做成，并被插入到模具中的话，这些型芯可从最终模塑制件中熔化出

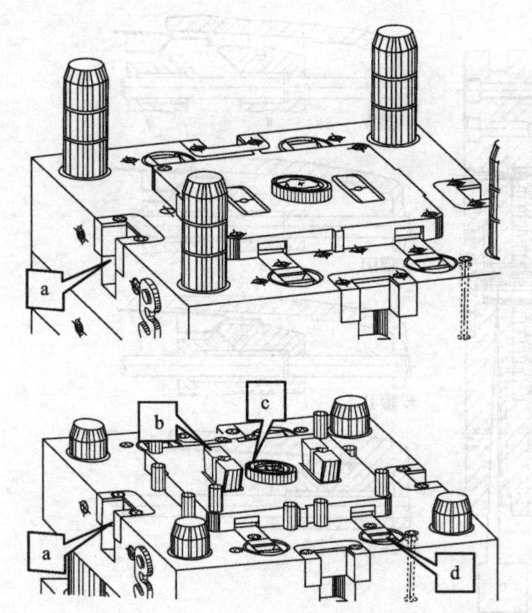

图 1.19 侧凹结构的脱模[17]

a—平面定位；b—内分瓣；c 和右图—可折叠型芯；d—由外部操作的内滑块

来，例如，使用电导加热或用油浴池。

用这种技术制造的典型模塑制品是用纤维增强 PP 制造的进气歧管（见图 1.20）。这一工艺的显著特点是，这种聚合物的加工温度约为 300℃，而型芯的金属合金（锡-铋合金）的熔融温度为 140℃。但是，接触表面的温度仅能达到 120℃，是由这种金属的高热导率造成的。然而，高制造成本将限制这种工艺的应用范围。

对于几何结构和材料在较窄限制范围内的情况，可以通过弹性剥离对侧凹结构进行脱模：这种塑料具有适中的弹性变形和高拉伸性能（例如，用 LDPE 制造顶盖），可节省复杂的脱模结构。

如果采用这种脱模工艺，主要的是在膨胀模塑制品前，要建立足够的外部空间（见图 1.21）。

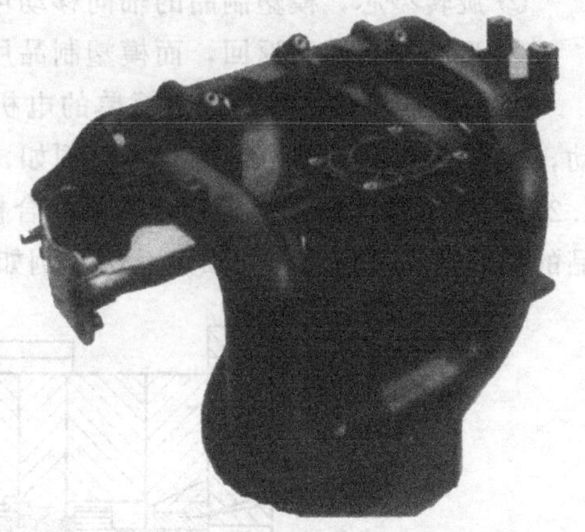

图 1.20 由失芯技术制造的进气歧管

（由 Leverkusen 拜耳公司提供）

首先，在打开模具之后，模塑制品要保留在型芯上。然后，分离环 7 和 8 被拉开，直到给模塑制品膨胀建立足够的空间。第二阶段，分离环 8 位置不变，可以进行剥离工序。由使用模具标准的许多制造商提供的被为两步法顶出系统是需要的。

1.1.5.4 有内螺纹的制品

螺纹孔相当于侧凹结构，通常用旋出机构脱模。通常，必须采用旋转运动以及相应的轴向移动。轴向移动可由螺纹型芯或模塑制品本身来实现。

因此，产生了三种不同的概念：

① 模塑制品的旋转和轴向运动，例如，由一种取出结构的适配夹具驱动；

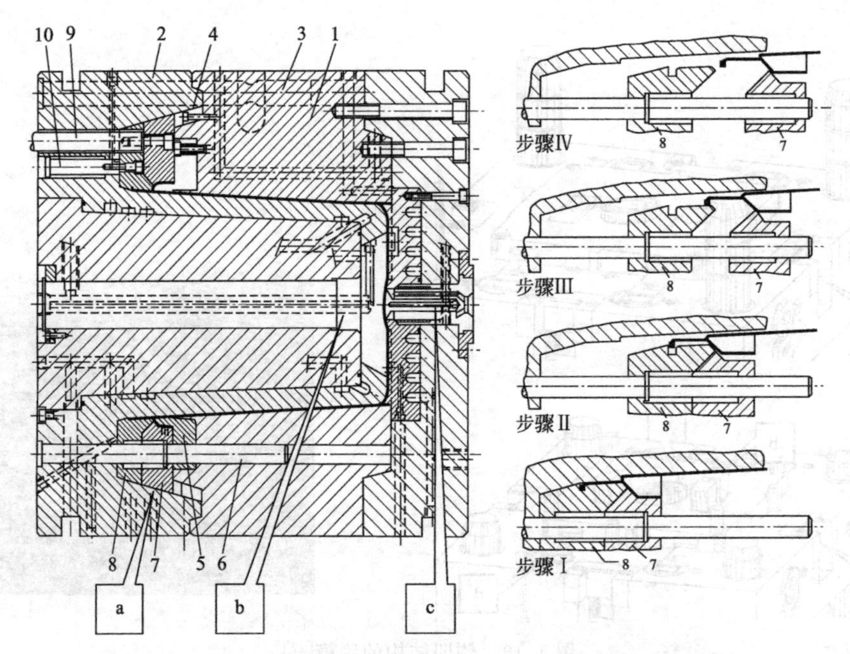

图 1.21　带有弹性外凸脱模结构的 20L PE 包装桶的模具[1]

步骤Ⅰ—开模后的位置；步骤Ⅱ—分离环的行程，7 和 8，得到弹性脱模间距；
步骤Ⅲ—用弹性脱模的分离环 7 的行程；步骤Ⅳ—用压缩空气对包装桶脱模；
a—分离环的定位支撑和侧壁；b—气动顶板；c—热浇口衬套

② 旋转型芯，模塑制品的轴向移动可使用带有扭转锁定的弹簧支撑底板；

③ 型芯的旋转和返回，而模塑制品用旋转锁定器固定在它的静止位置上。

在一个方向上仅需要一台简单的电机用于驱动 B 的形式。对在旋转运动中实现轴向移动，建议使用 C 形式的返回型芯，例如，使用一个螺旋轴（见图 1.22）或齿轮齿条（见图 1.23）。液压驱动的优点是，在模具的合模位置上，模塑件可以被退螺纹，这意味着模塑制品的外部轮廓可采用扭转锁定结构，例如，外部表面的沟槽结构。

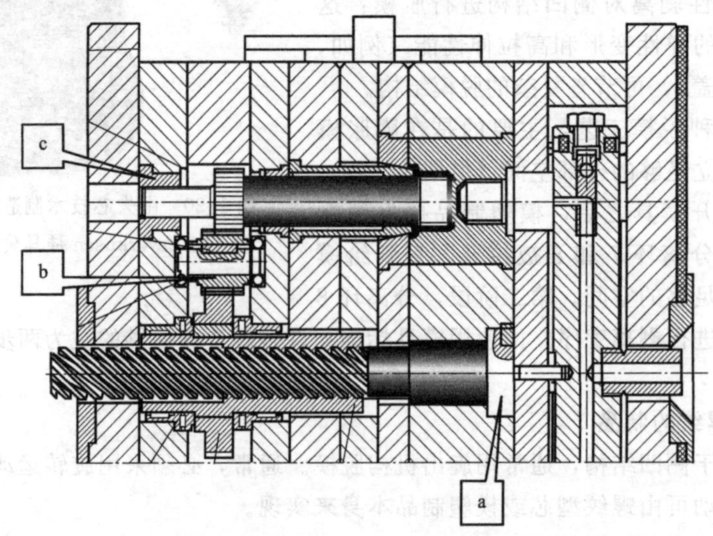

图 1.22　退螺纹运动，由模具移动驱动[15]

a—螺旋轴；b—小齿轮；c—传动螺母

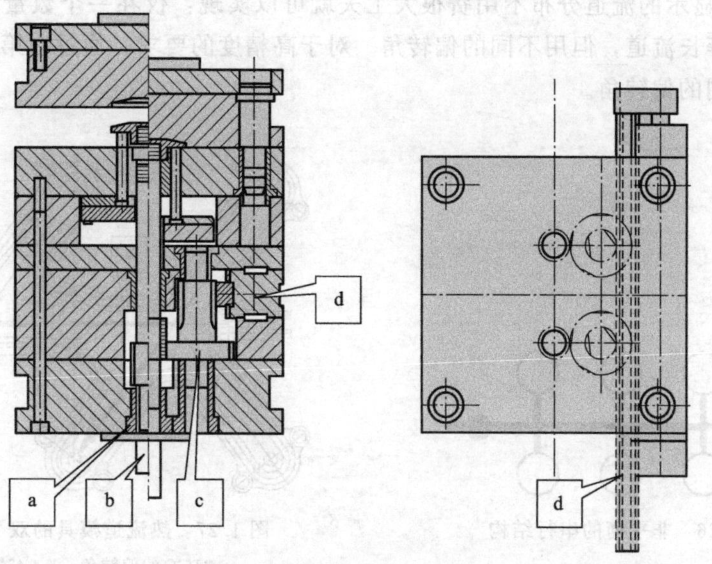

图 1.23　有液压驱动的退螺纹型芯的注射模具[18]

a—传动螺母；b—退扣型芯；c—小齿轮；d—液压驱动的齿轮齿条

1.1.6　点浇口技术

1.1.6.1　点浇口设计

注射模具流道的作用是将从注射机喷嘴出来的熔体输送到模腔中去，并在这一过程中尽可能使压力损失和热损失最少，时间尽可能短，无热降解。在多腔模具中，熔体必须被均匀地分配到这几个点浇口处[1,2,7,12,19,20]。

另一个目的主导称为“多腔模具”的组合模具。它们是由不同几何形状的模腔和一个普通点浇口系统的熔体流道组成，以实现同步体积充模（对于一个短流道距离的模腔，点浇口分流道必须达到较高的压力损失）。“总体平衡”这一要求是基于到达所有模腔终端的相等压力损失的原理。

仅当存在相等体积模腔时，在所有点浇口流道中的压力损失可由流道平衡来保持相等。最成功的平衡是，有相等流道长度的平衡，被称为“自然平衡”，这将往往导致明显较长的点浇口流道、较大的材料损失和较大的模具（见图 1.24）。作为一种替代方案，不同流道截面积（见图 1.25）可用来平衡，但是，只有在模拟计算系统和可靠的工艺数据中使用足够的单元细化进行计算，这种方案才是可靠的。在较窄的点浇口中，存在着风险：在非平衡的流道中（图 1.26）最靠近中心喂料口的模腔最后被充满，因为在这个点浇口中熔体存在停滞，并在极端情况下出现冷固。

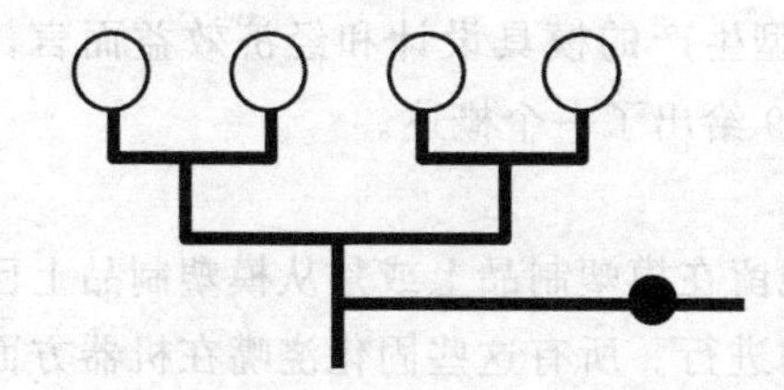

图 1.24　有相等流道长度的“自然平衡”原理

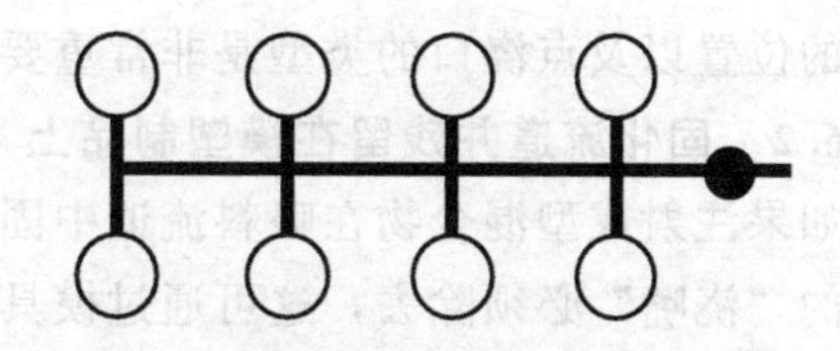

图 1.25　通过流道横截面的串行结构的平衡

图 1.27 中显示的流道分布不用费很大工夫就可以实现：仅在一个数量级上钻孔，可产生到点浇口的等长流道，但用不同的偏转角。对于高精度的要求，通过在第二个量级上预钻孔，可建立相同的偏转角。

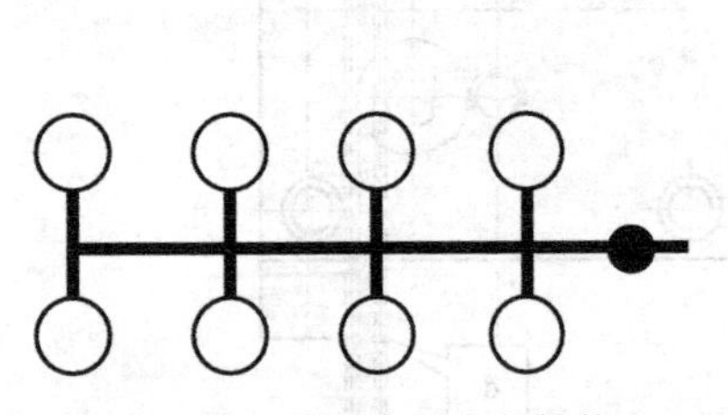

图 1.26 非平衡的串行结构

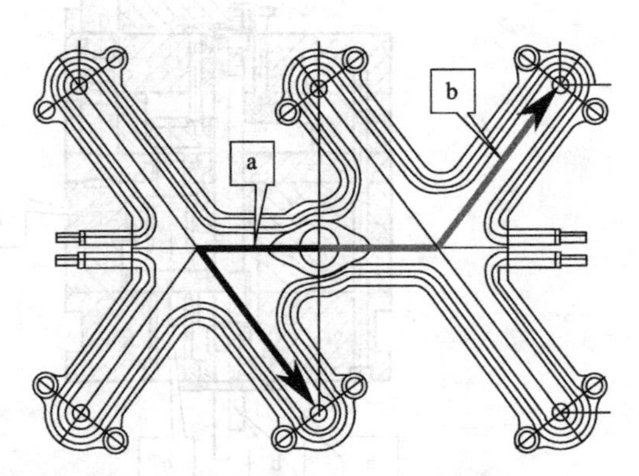

图 1.27 热流道模具的双 Y 集流腔[21]

a—315℃的偏转角；b—45℃的偏转角

采用恒定边界条件，平衡原理相当简单：一个点浇口分支上，流道中熔体的流动速度与该流道的高度 h 成正比。这可在相同的时间内产生不同的流线长度 f_1、f_2。

$$\frac{f_1}{f_2}=\frac{h_1}{h_2}$$

式中，f 为流线长度；h 为流道高度、壁厚。

当考虑“固有黏度”的原理（熔体的非牛顿特性，与剪切速率相关联的黏度）时，这一平衡原理仍然适用。然而，这不包括冷却影响、在冷却模具中固化层的形成和在流动过程中的热耗散。当在一个模拟系统中确定单元到单元之间的条件时，才会充分考虑这些影响因素。

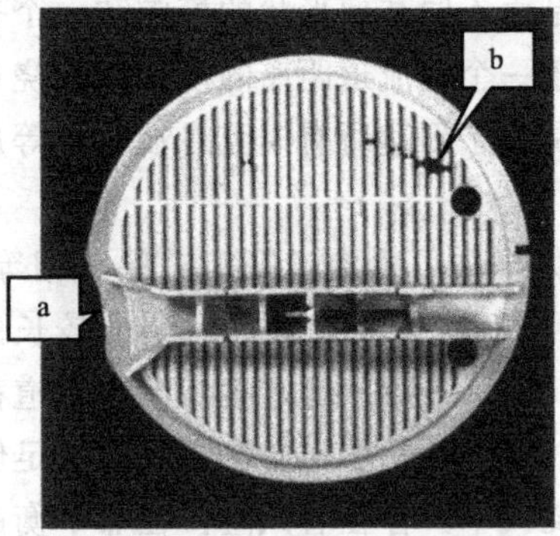

模塑制品上点浇口的位置很大程度上决定着熔线的形成（熔体锋面相遇）和气穴。直到模具充满后气穴不能被检测出时，在较厚横截面流道中的熔体流动是非常困难的（见图 1.28）。

在设计阶段使用模拟技术优化点浇口的位置，是模具制造标准程序之一。这样做可避免气穴和将熔线引到一个可接受的区域。熔线强度也取决于工艺参数：在最糟糕的情况下，它为无流线强度的 20%，最好的情况下为 80%。它总是一个薄弱点，因此不能放置在高应力区域。

图 1.28 由于熔体在较厚结构中加速流动而引起的气穴[11]

a—点浇口的位置；b—气穴

对于注射成型生产的模具设计和经济效益而言，点浇口的位置以及点浇口的类型是非常重要的。图 1.29 给出了一个概述。

1.1.6.2 固化流道并残留在模塑制品上

如果注射成型混合物在喂料流道中固化，或是残留在模塑制品上或是从模塑制品上已经分离的“浇嘴”必须除去，这可通过模具内部的结构进行。所有这些固化浇嘴在机器方面需要一个相应较高的注射体积。

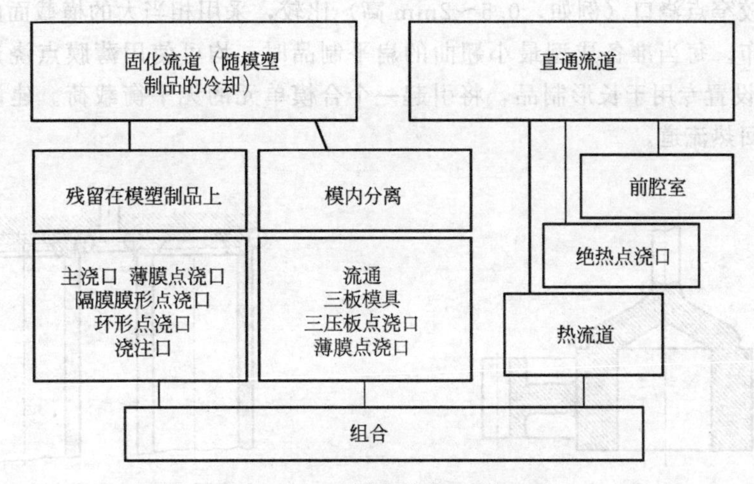

图 1.29 不同流道类型的概述

这种浇嘴体积的熔融和冷却都会破坏能量平衡。甚至当这些浇嘴循环利用时，也会存在附加的成本和有一定的性能下降。如果重复利用体积比例较小，这种连续利用将会保持性能不变。

对于所有的点浇口，浇注口（见图 1.30）给注入的熔体提供了最小的阻力，并允许在模塑制品上时间的保压。这样做既有优点也存在风险：优点是，注射成型过程仅需要相对较低的压力和很长的后续熔体供给。然而，存在的风险是，强烈的取向和在点浇口区域的过载。如果保压时间设定得太短，可能容易导致不可控的物料回流。因此，建议采用阶梯型保压和设定保压为“衰减斜坡”[11]。

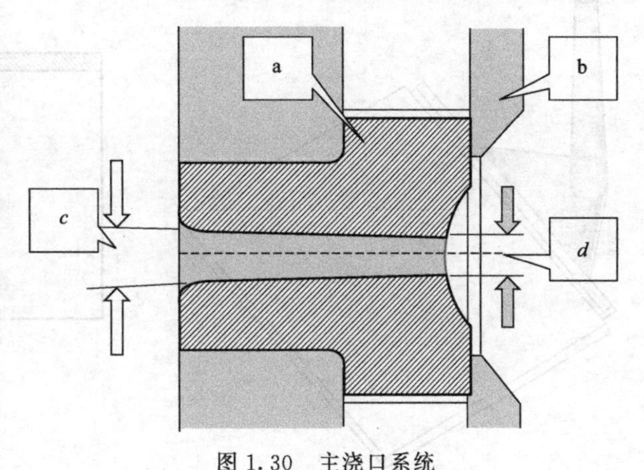

图 1.30 主浇口系统

a—浇口套；b—定模上的定位环；c—圆锥角；d—最小直径

圆锥角最小为 2°～4°的小锥形（见图 1.30，位置 c），有利于从浇口套 a 中抽拔出浇嘴。最小直径 d 为 1～2mm。太大横截面的主浇口对冷却时间呈负面影响。如果浇口套（如图 1.30 中所示）由定模上的定位环 b 固定，浇口套可从机器中移出，而无需拆卸模具。然而，定位环的安装螺钉强度必须足够大，以抵抗 1000bar 的模具压力（这个参考值也可用于模腔中的其他受载情况）。

将流道扩展为环形流道或矩形横截面流道，可产生如图 1.31～图 1.33 显示的点浇口类型。

使用隔膜点浇口（见图 1.31），可生产高旋转精度的圆形产品。需要采用后机加工程序分离浇嘴。环形点浇口（见图 1.32）用于在多模腔模具中注射管状制品。这种点浇口的优点是，有可能在一半浇口上支撑相对小的型芯，以避免位移或弯曲。经验表明，注入的熔体总是可能放大微小可能存在的位移和弯曲型芯。

使用薄膜点浇口（见图 1.33）可有助于熔体在进入模腔之前的分散，和实现较平行的流线。与相对较窄点浇口（例如，0.5～2mm 高）比较，采用相当大的横截面的流道结构可有助于均等分布。每当准备成型最小翘曲的扁平制品时，均可使用薄膜点浇口。然而，图 1.33 中显示的设置专用于长形制品，将引起一个合模单元的无平衡载荷。建议使用双模腔模具或安装迂回热流道。

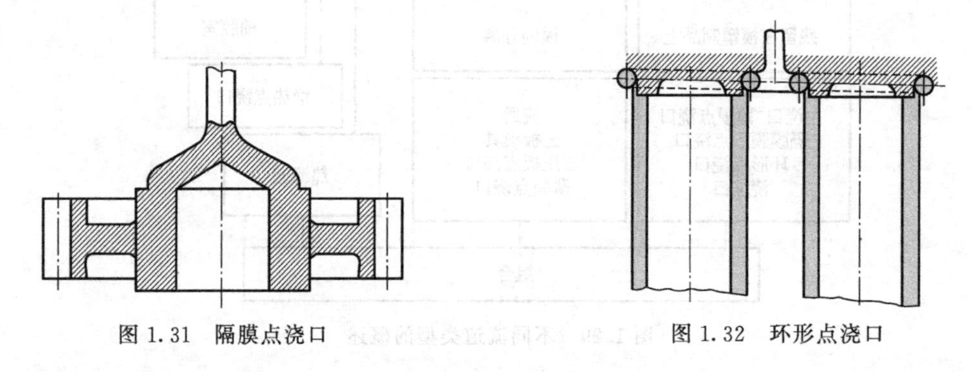

图 1.31 隔膜点浇口　　图 1.32 环形点浇口

当模塑制品需与浇嘴粘接在一起以便较好的操作时，可采用无断开的侧针状点浇口（见图 1.34）。一般而言，在短而紧凑的点浇口流道终端前，应该设计成固化流道，以尽可能提供相对较大的横截面积。

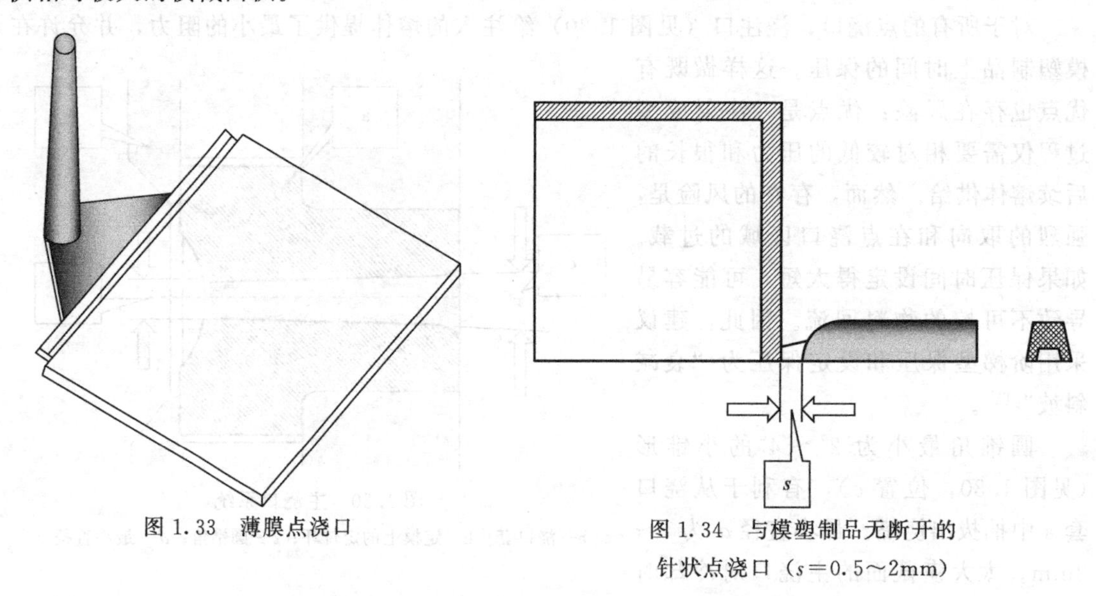

图 1.33 薄膜点浇口　　图 1.34 与模塑制品无断开的针状点浇口（$s=0.5\sim2$mm）

当集流腔设计成比模塑制品壁厚度较厚时，和当集流腔横截面或是绝对圆形或几乎是圆形时（见图 1.35），将会发生小的压力损失和相对较长保压效果。

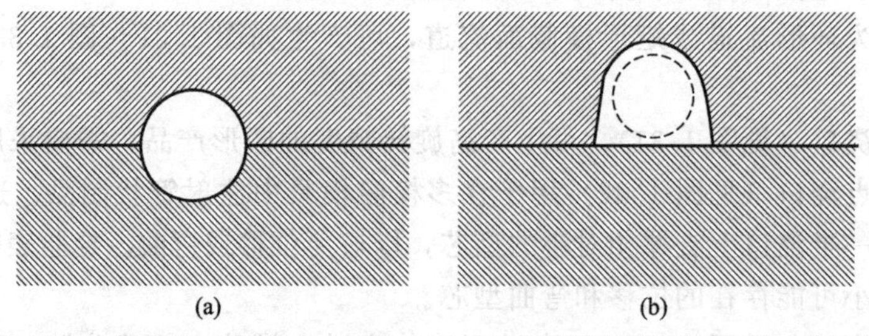

图 1.35 有利流变的流道结构的圆形横截面（a）和近似圆形横截面（加深的半圆形）（b）

1.1.6.3　自断开式流道

在进入模腔前，点浇口的流道引入一个斜钻孔，进入类似流道的模腔（见图 1.36）。因此，采用这种结构的前提是存在侧面或端面，这种表面将接通点浇口。如果制品没有方便的孔隙的话，侧壁注射是必要的。

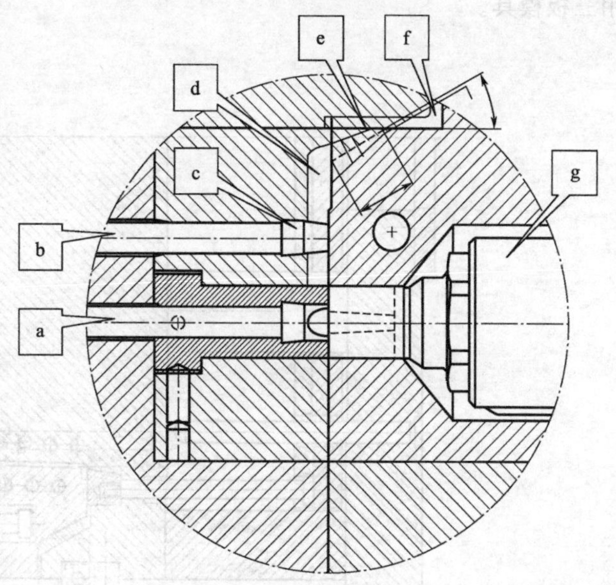

图 1.36　分流道终端的点浇口，由热流道主浇口喂料 [15]

a，b—流道顶杆；c—限流锥；d—流道；e—刀口；f—模塑制品；g—热流道主浇口

当打开模具时，图 1.36 中显示的点浇口流道立即断开。模塑制品 f 保留在动模的型芯上，而切边 e 保留在定模上。切边不应该是圆形或钝边，以确保整齐的断开。为了从主浇口流道中去除流道残渣 d，可采用约束锥体形式的侧凸结构。然后，移动顶杆 a 和 b，可顶出这些锥体。流道本身也表现为一种侧凸结构，它使点浇口最初保留在喷嘴一侧。因此，这些侧凸结构之间的流道弯曲必须被考虑，但该流道不能断开，否则，在下一次注射时，该流道会被堵塞。如果塑料材料是脆性的，必须提供足够的弯曲长度，并且必须在材料仍然为弹性时进行脱模。

如果模塑制品在模具的动模中具有简便的侧壁，流道孔可设置在动模上（见图 1.37）。在这种情况下，点浇口的断开发生在顶出制品和浇嘴过程中。

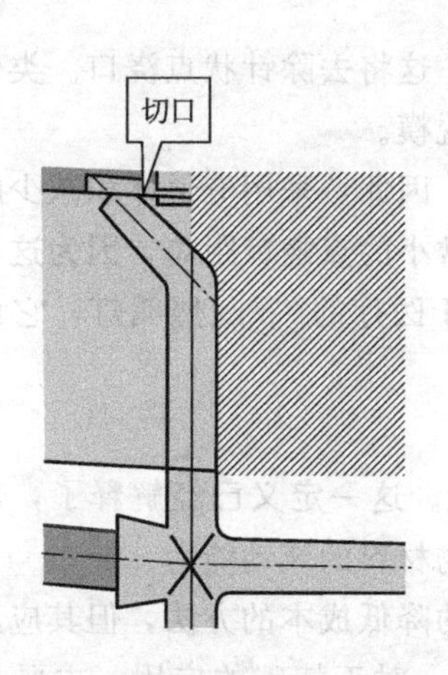

图 1.37　设置在模具动模中的流道浇口[22]

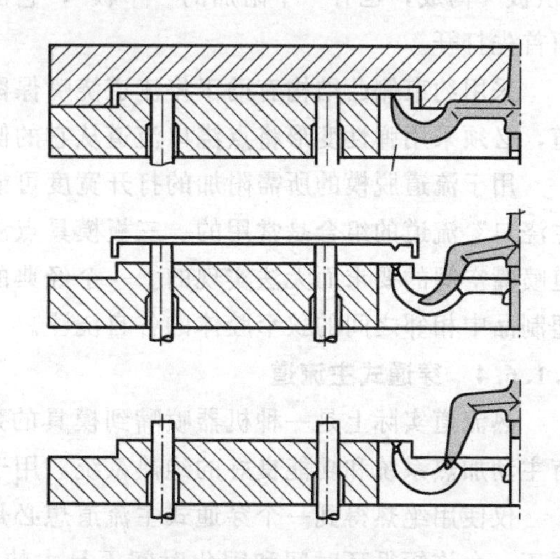

图 1.38　弯曲的流道点浇口[22]

用弯曲的流道点浇口（也称为下浇口或腰果形浇口，见图 1.38），有可能将点浇口设置在模塑制品的背面，此处由顶柱痕迹的影响最小。

弯曲流道是一种平稳变窄的流道，采用分离式嵌件或激光烧结工艺，可制造这种流道。

这种流道特别适用于极大弯曲应力的情况。当优化时，应当确保无弯曲应力峰值发生。

当制品必须在中心浇注（见图 1.39）和经由热流道进行注射是不可能的情况时，可采用三板模具。

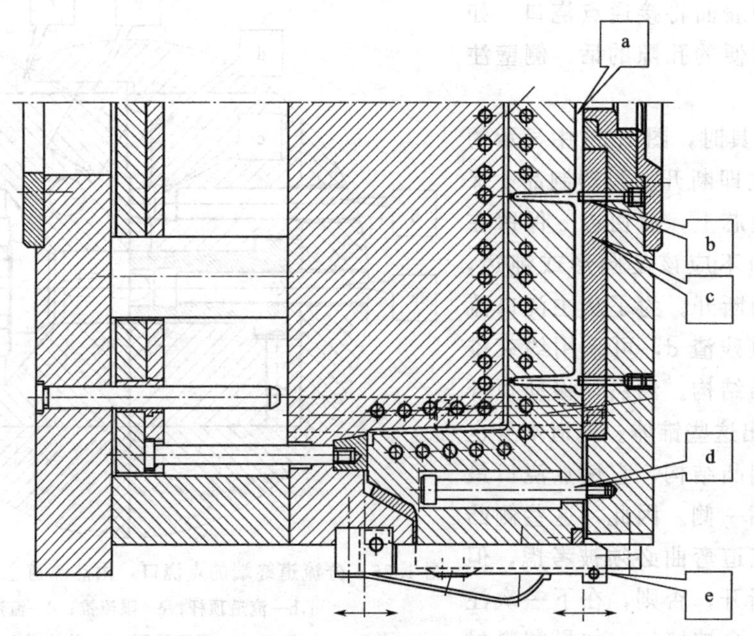

图 1.39 带有断开针状点浇口的三板模具[1]

a—流道和第一开启分型面；b—流道限流销；c—流道冷料顶板；d—定位螺栓；e—卡栓解锁装置

当对多浇口流道进行脱模时，需要一个附加的分型面。此时的模具不仅由“固定板”和“顶板”构成，也有一个附加的“中板”，它由卡栓驱动，并由定位螺栓停止。点浇口的分型面首先打开。

采用约束侧凸结构有助于将流道浇嘴保留在定模上，这将去除针状点浇口。类似于主流道，必须采用弹性变形将点浇口流道从它的侧凸结构上脱模。

用于流道脱模的所需附加的打开宽度可能是不利的。因此，采用流道体积减少的“加热主浇口”流道的组合是常用的。三板模具点浇口用于非常小的点浇口距离，因为这是因热流道喷嘴空间的要求而无法实现的。一个经典的例子是用于医疗的 7mm 照明灯，它设置在模塑制品中相邻之间的狭窄腔体的各自浇注。

1.1.6.4 穿通式主流道

热流道实际上是一种机器喷嘴到模具的延伸部分[23]。这一定义已经解释了，热流道配有主动加热系统和功能良好的绝热系统，用于保持混合物材料的流动能力。

仅使用绝热得到一个穿通式主流道想必是一种诱人的降低成本的方法，但其应用范围仅限于：允许短循环时间和固化时间不是太快的塑性材料。对于特殊的应用，主要是成本原因，这样的替代方案是值得考虑的。应该选择连续性生产，因为频繁中断和换色将会极大地限制这种应用性。

对于单腔模具，可采用导热尖端使机器喷嘴延伸，例如，用铜-铍材料制造，将热直接传导到点浇口（见图 1.40 和图 1.41）。另外，注射成型混合物可用作一种隔热材料，因为它环绕导热尖端充满环形缝隙。

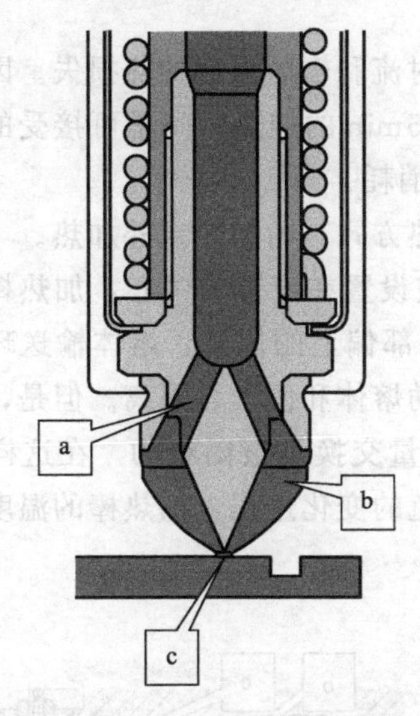

图 1.40 带有多孔喷嘴的导热尖端和较大的前腔室[24]

a—喷嘴膛；b—前腔室；c—点浇口

图 1.41 带有多孔喷嘴尖端的最小化前腔室[24]

前腔室原理被用在大多数热流道的喷嘴端。然而，必须牢记：这种方法提供了滞留材料，它与导热尖端接触经历高热载，并且，它无法被交换。当成型热敏性材料时，必须尽可能地用热稳定性塑料材料（如 PEI 或 PEEK，见图 1.42）制作的“帽”替换环形缝隙体积。前腔室的体积本身应尽可能地小。

环绕前腔室的隔热套应该有自己的温控系统，以便在环绕点浇口区域正确地控制温度分布（见图 1.43）。

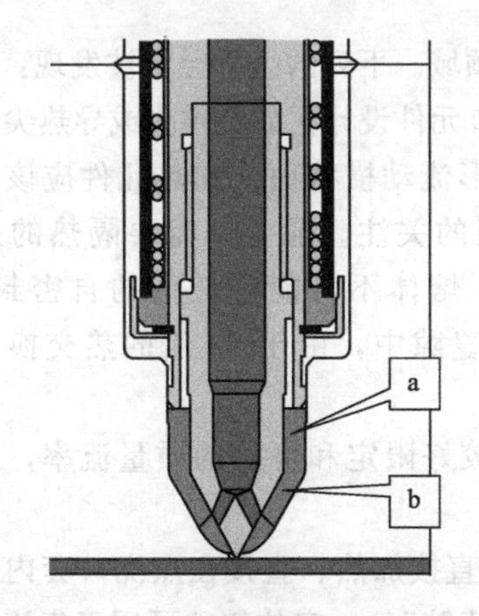

图 1.42 带有隔热帽的前腔室[24]

a—多孔喷嘴；b—隔热帽

图 1.43 带有集成温控系统的前腔室套[25]

在某些情况下，例如，快速连续注射和注射成型混合物具有较宽的熔融温度范围，则无需金属导热。如果“隔热流道”的横截面足够大，如直径为 12～25mm，“流体中心”可以在一定的时间内消失（见图 1.44）。隔热流道在中断的情况下固化。打开辅助分型面，以使固化的隔热流道脱模。

1.1.6.5 热流道模具

用真实的热流道模具，连续地加热可补偿因导热、对流和辐射引起的热损失。因此，隔热起着关键的作用。热容量通常是限定的，因此，15～25min 的加热时间是可接受的。在分析恒定的热损失时，大多数可少于 60%装机功率的能量消耗[1～7,11,19,20,23]。

一般情况下，使用热流道模具时，有两种不同的加热方式：内加热或外加热。

在内加热的热流道系统中（见图 1.45），加热元件被设置在流道的中心：加热棒或所谓的内置筒形加热器的“鱼雷头”。大约在两个边界之间中部偏上的位置，熔体输送环形缝隙含有一层固化成型混合物材料。这一固化层负责密封流动熔体和便于自隔离。但是，当重新将熔体从环形间隙导向环形间隙时，确保一个安全的质量交换是很困难的。在这样的情况下，颜色的改变将可能延迟较长时间。为了改善这一颜色的变化过程，加热棒的温度可暂时提升 20K，在这一固化区形成一层新材料。

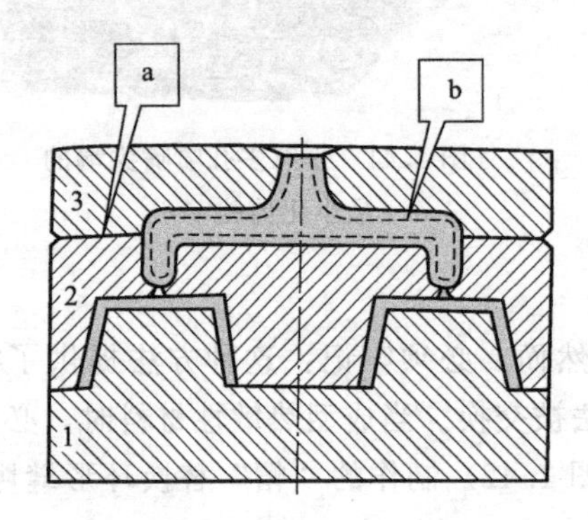

图 1.44 隔热流道（引自巴斯夫公司，Ludwigshafen）

1—动模；2—中板；3—定模；a—辅助分型面；b—集流腔的“流体芯”

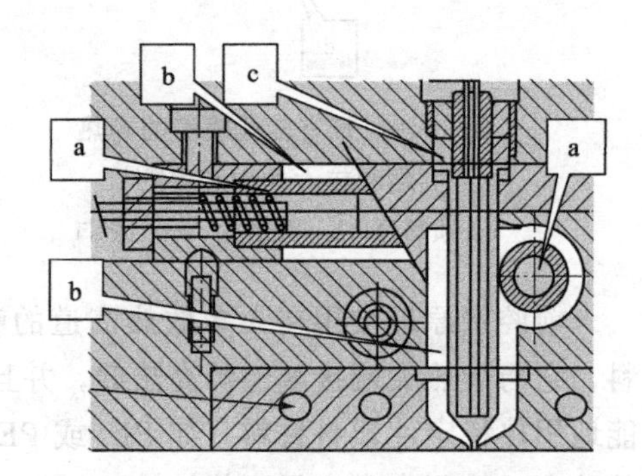

图 1.45 内部加热的热流道[18]

a—带有筒形加热器的加热棒；b—熔体流道；c—带有筒形加热器的鱼雷头

因颜色变化带来的困难限制了内部加热系统的应用领域。下列的组合经常被发现：外部加热集流腔和在喷嘴区域的内部加热，等同于这样的点浇口元件设计，如鱼雷头或导热尖端。

外部加热基于在被加热的管或块中心内的一个环形流动横截面。加热元件应该注重保持熔体的温度，这意味着与外部的隔热应该给予特别的关注。通常，需要隔热的外部加热结构是很复杂的。由于在热壁之间形成的缝隙处，熔体不可能有任何的自密封功能，因此密封也是很困难的。万一物料泄漏到隔离的空气缝隙中，由于 10 倍的热交换，麻烦将会增加。

外部加热的热流道（见图 1.46）的主要优点是，较好限定和可控的质量流率，这可以通过颜色变化实验得到验证。

含有熔体流道的集流腔块由管状加热元件 c 加热。直接加热、直接在点浇口套内对中的喷嘴与集流腔的连接，仅通过挤压即可实现（“浮动集流腔”）。定位销 d 可用于集流腔块的定位和防扭转保护。中心支撑盘 b 可提供足够的抗力，以抵消使用低热导率的材料（例如，高合金钢或钛合金）的机器喷嘴的力。在喷嘴背面的类似支撑采用预紧力为集流腔提供了合模效果。对于在加热状态下的“超大尺寸”而言，0.03mm 值已经证明是实用的。这意味着，在冷态下不存在超大尺寸，因而没有足够的密封效果。当使用弹簧受压支撑元件时，较大的超大尺寸可被选用，在冷态下可给出一个特定的预紧力（见图 1.47）。

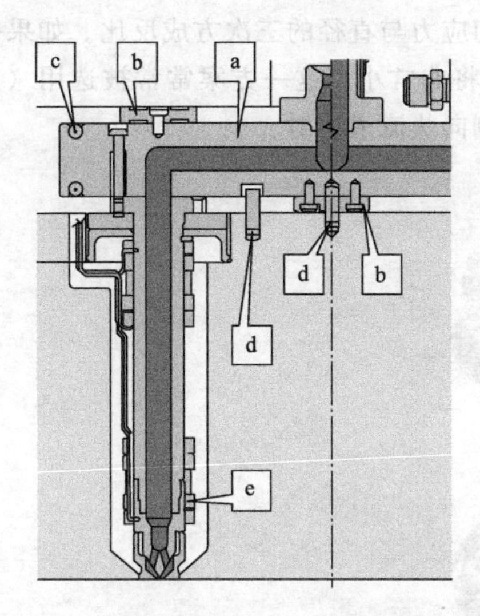

图 1.46　标准结构中带有浮动集流腔的外部加热的热流道[24]

a—集流腔；b—支撑盘；c—管状加热元件；d—定位销；e—喷嘴的加热线圈

图 1.47　用盘式弹簧为喷嘴支撑的热流道[24]

a—盘式弹簧；b—多孔喷嘴尖端

除了“浮动”集流腔之外，所谓的“插入式系统”使用得越来越多。喷嘴被拧入集流腔内，提供了精确的配合和良好的密封。由于在点浇口区域存在第二个定位结构，喷嘴将在集流腔热膨胀影响下发生轻微的弯曲。因此，喷嘴应该有足够的弯曲长度。这一方案的优点是，将配有完全线绕和管状喷嘴的集流腔作为一个完整的系统提供给模具制造商（见图1.48）。另一个替代方案是所谓的“热哈夫块”。只需增加模腔板和嵌件，以得到一个完整的定模。

图 1.48　拧入集流腔的“插入”式完全线绕和管状喷嘴的热流道

对比环绕配件，集流腔用一个全环绕空气环隙隔热。经验表明，该气环隙宽度应该为8～10mm，因为这是使热量损失最小的最佳值。光亮表面可减小热集流腔的热辐射损失。推荐镀镍方案以降低辐射。热辐射损失量低于10％。降低接触热损的方法能提供更大的效率，大约是80％，对流热损大约为12％；必须设置保护罩，以避免在集流腔上的空气流动。

1.1.6.6　热流道喷嘴

为了使材料的剪切应力尽可能地小，设计在横断面上的点浇口应尽可能大。即使横断面的微小放大都将导致很大程度的改善，这是因为剪切应力与直径的三次方成反比。如果一个“多孔喷嘴”的尖端进入到点浇口内，点浇口的痕迹将非常小。这一方案常常被选用（见图1.41）。图1.49显示的喷嘴允许在一个多腔模具中侧向热流道注射。

图1.49 侧向注射的热流道喷嘴

表1.1的选择将有助于选择集流腔和喷嘴的类型。最常用的设计用×标出。

表1.1 热流道的不同设计

流道加热类型	内	
	外	×
喷嘴加热类型	直接	×
	间接	
	内	
	外	×
喷嘴定位	用集流腔间接	
	用模腔直接	×
	用模腔和集流腔定位	×
浇口	开孔	
	多孔尖端	×
	带锥形尖端的针阀	×
	带圆柱尖端的针阀	×

针阀截流式喷嘴（见图1.50）可提供清洁、光滑的点浇口，在注射过程中可得到相对大的横截面和低压力损失。

气动以及液压驱动可用于针阀的移动。最近，电磁和伺服电机也用于这一领域（见图1.51）。

这种点浇口除了具有外观优点，它还具有更重要的意义，针阀截流式喷嘴可以独立操作。因此，模腔可配有多个点浇口，由于这些喷嘴是连续打开和关闭（“级联充模”），甚至在点浇口之间无熔线出现。

用不同的模腔连接同一个集流腔，这种方法也可以使“系列模具”填充得更均匀。具有不同出口横截面的针阀截流结构可创建和控制（见图1.52）每个模腔内的各自的熔体压力分布。

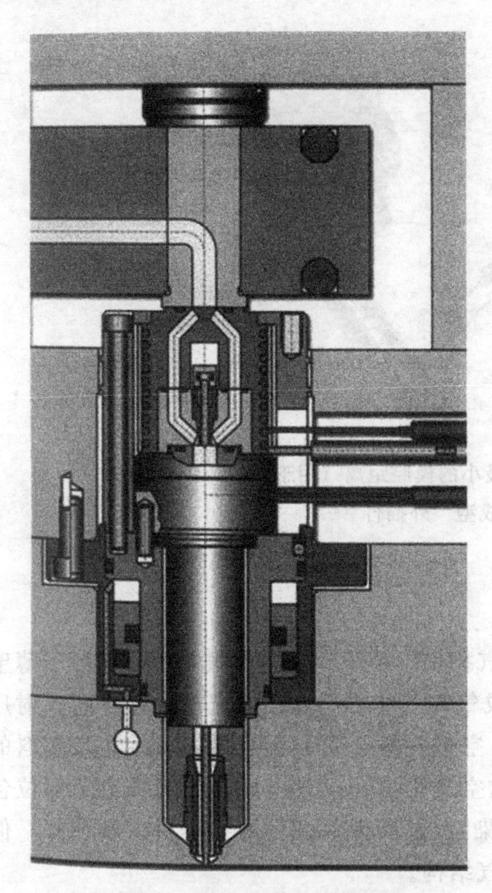

图 1.50　带有侧向圆形活塞的针阀截流式喷嘴[26]

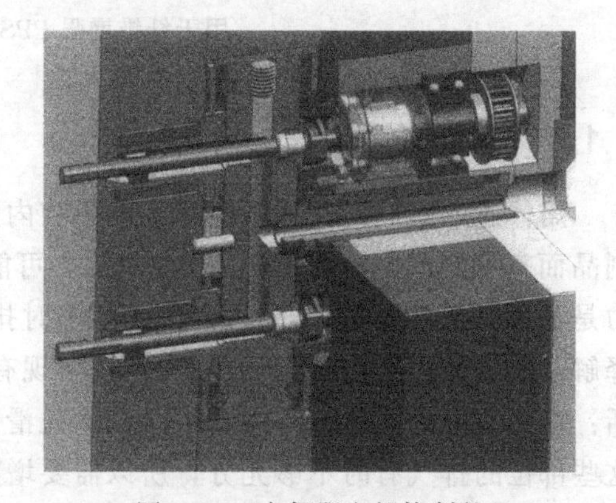

图 1.51　由伺服电机控制的热流道截流针阀[28]

对于非常短的模腔距离，可选用称作“串式喷嘴”的多喷嘴（见图 1.53）。同时应该注意到，物料流动的分流应该发生在充分加热的区域，而不是在熔体已经冷却的地方。

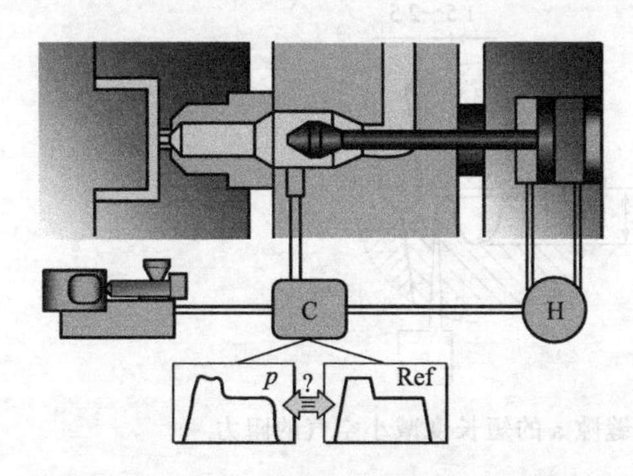

图 1.52　使用带有位置控制的锥形针阀的熔体压力控制系统（“动态反馈”）[29]

C—控制器；H—液压元件；p—熔体压力的实际值；Ref—熔体压力的名义值

图 1.53　带有组合喷嘴驱动但独立喷嘴加热的多针截流式喷嘴[21]

加热套筒是有用的，这是由于它们单位面积上高加工功率，也有助于实现很小的模腔空间（见图 1.54）。

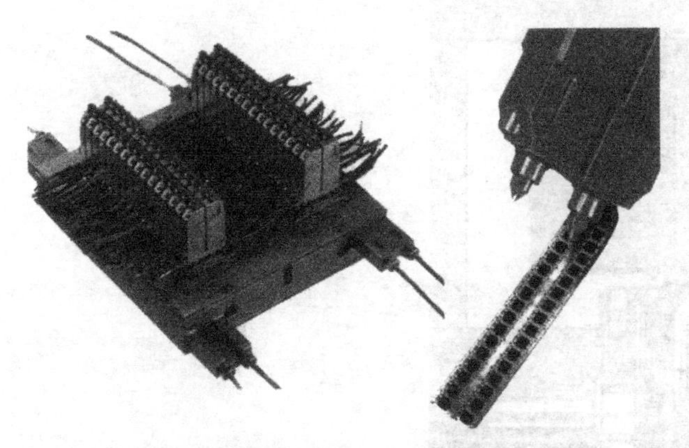

图 1.54 带有侧加热套筒的喷嘴，最小的模腔距离（用于 64 腔），用于纤维增强 PPS 注射成型“外插件”[21]

1.1.7 模具排气

熔体进入模腔时，必须使存在于模腔内的空气排出。由于注射时间很短，尤其对于薄壁制品而言（例如，极端情况下为 0.1s），可能形成气穴。这将严重影响充模过程：而注射压力是几百巴（几千帕），如果空气不能及时排出，空气压缩会引起温度增加，接着是塑料的降解“燃烧作用”。在模具分型面上可实现有效的空气排出，模具上允许空气排出的部位包括：有深刻痕的模具分型面（不应该太光滑或污染）、模具嵌件、分瓣或滑块以及顶杆。但这些部位的排气有时不够充分，所以需要增加排气结构。

这种排气结构是在分型面上开一浅槽，浅槽与模腔相通，其尺寸深度为 0.01～0.03mm（见图 1.55）。如此小的缝隙足以防止熔体的泄漏，这是由于在热塑性塑料熔体的流动波峰处形成的表皮厚度是 0.01～0.02mm（见图 1.5，1.1.2 节）。

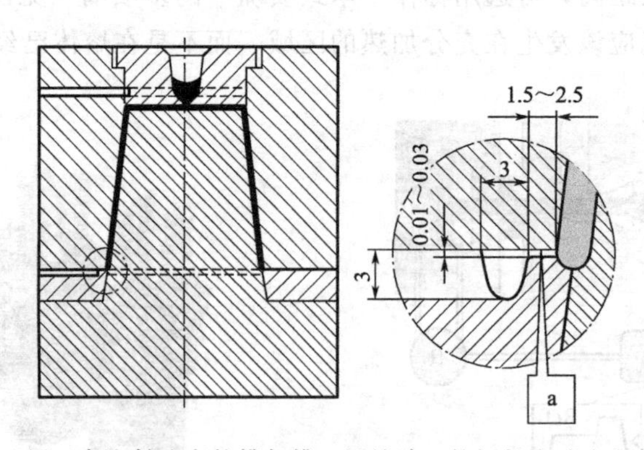

图 1.55 用于高注射速度的排气槽，用缝隙 a 的短长度减小空气的阻力

当严重的排气问题发生时，在注射前允许模腔抽空的结构被越来越多地使用，因而可稳定这一充模过程。为此，模腔必须被充分地密封（见图 1.56）。

1.1.8 温度控制

为了使熔体的均匀和快速冷却，模具中的冷却流道系统是非常重要的。当使用半结晶塑

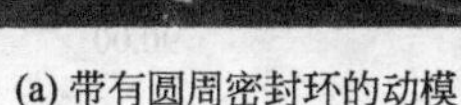

(a) 带有圆周密封环的动模　　(b) 在模腔上连接真空的定模

图 1.56　在注射前采用真空排气的模腔的密封[15]

料时，结晶度也受到强烈的影响。由固化层引起的流动阻力也依赖于模具的壁温[1~7,11,12]。

所有模腔嵌件以及滑块和分瓣都必须被“直接”冷却，即用冷却介质接触或湿润（见图1.57），以充分的热传递。每个嵌件间隙，甚至用压力配合，可能急剧减少热量传递。仅有在模板内的冷却流道的设计（间接温度控制）属于廉价模具类型。

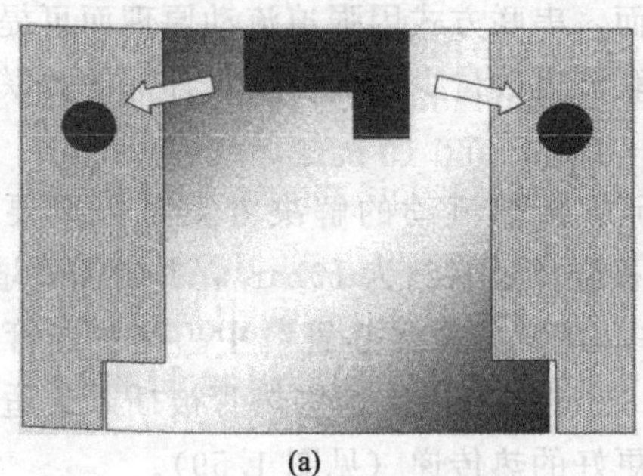

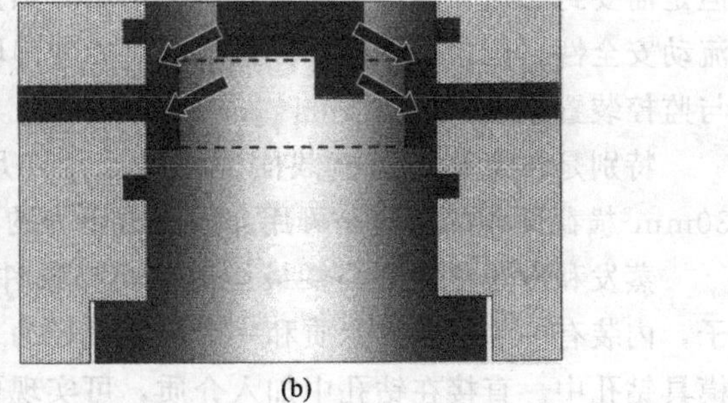

(a)　　(b)

图 1.57　间接（a）和直接（b）温和的模腔嵌件[11]

循环时间通常由需要的冷却时间确定。特别是当使用快速注射成型制品时，强化传热是非常重要的。

下列的方法可以考虑：

① 高传热系数，这意味着低黏度介质的湍流流动。水要优于油，较低黏度介质可使传热提高 8～10 倍；

② 使用较高热导率的模具材料；

③ 高温差，尽可能使用过冷介质；

④ 保持冷却流道无结垢。采用镍作为抗粘内镀层已证明是值得的[30]；

⑤ 短热传导路径，这意味着在冷却流道和模腔之间有较短的距离。

在模腔壁上的较大温度差，通常称为“温度变化”，它对注射成型制品有不利的影响。为了使温度变化尽可能地低，从冷却流道到模腔壁必须有较长的距离。最后，设计人员必须找到可接受的折中方案。

在设计和分配流道中，必须考虑熔体的局部温度差：最后进入模腔的熔体位于点浇口区域，因此，它的温度比流道终端高（高达 30K）（见图 1.58）。

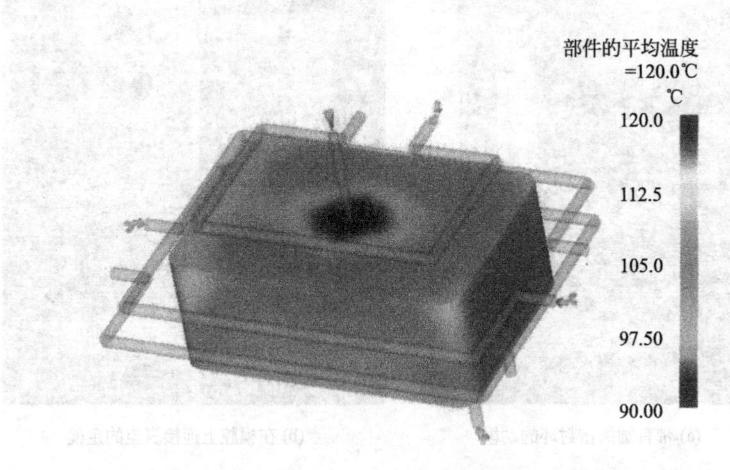

图 1.58 在含有冷却流道的模塑制品中的典型温度分布[31]

不考虑冷却流道的模具填充模拟是不完整的。设计人员必须关注“热点”：可能使循环延长和导致异常的翘曲效果。

作为一般原则，建议让冷却水与材料进入模腔后同向流动。进入的冷却水必须首先接近点浇口的区域。多通道的冷却流道相互之间可以是并联或串联的。采用并联方式时温差小，但是需要封闭循环冷却系统，以避免结垢。然而，串联方式因强迫流动原理而可提供较好的流动安全性。作为一种折中方案，尽可能使串联流道数量少，而使模具外部的并联系统能够与监控装置相连。

特别是在狭窄流道横截面中，寻求允许足够传热流动的解决方案是很重要的。低于 $30mm^2$ 横截面积的流道是可用介质压力阻力的极限（通常约为 10bar），并常需要增压系统。

蒸发和冷凝常常可提供最佳的热交换条件，并常用在“热管”中。这些热管是封闭管子，内装有一种可蒸发介质和一个最小直径为 3mm 的芯棒，这些热管被插入最适用表面的模具钻孔中。直接在钻孔中加入介质，可实现更好的热传递（见图 1.59）。

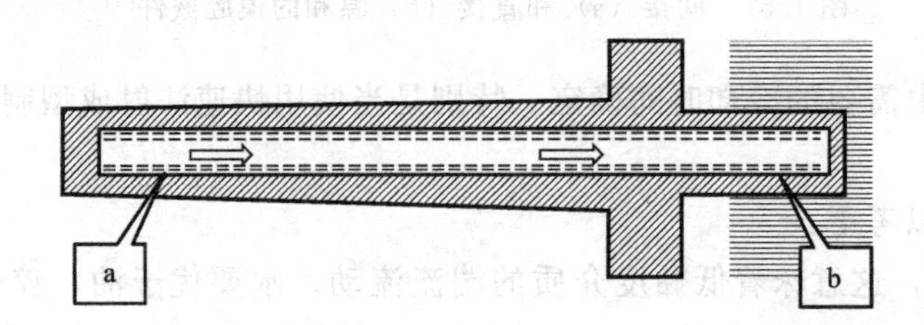

图 1.59 直接用芯棒和蒸发介质填充的型芯插件示意图

a—蒸发区；b—冷凝区

模具表面的合适再生产非常依赖于模具温度。例如，采用高模温才能获得光学表面的高光泽水平。这对于微结构的再生产而言也是正确的。为了一直获得可接受的循环时间，模具经常采用分段温度运转，以替代恒温运转：在注射前的加热节段，在注射后的冷却节段。当使用一个“变温”模具时，为了保持热容量和在被加热区的加热时间尽可能地短，需要特殊的加热方法。已知的特殊方案有：采用局部诱导加热或临时移入的散热器[32]（见 2.4 节）。

1.1.9 特殊设计

1.1.9.1 叠层模具

生产扁平的、薄壁的注射模塑制品时，所要求的注射机规格是由合模力来确定的。相反，其注射能力和合模机构的开模行程的应用仅在一个有限的程度。如果将一个模腔置于另一模腔之后，使注射模有两个分型面（叠层布置，见图 1.60 和图 1.61），每一注射周期生产的制品就可以加倍。两个分型面的同步打开是借助于齿轮齿条机构（见图 1.60）或杠杆机构（见图 1.61）来实现的[1~6,20,32]。

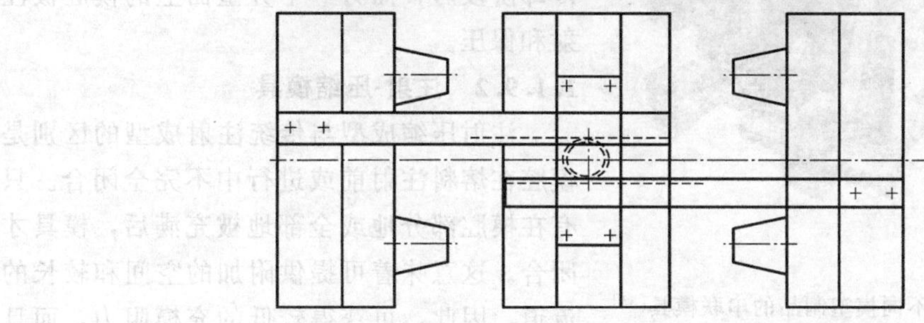

图 1.60 在两个分型面中同步开模的具有齿轮齿条机构的叠层模具[33]

图 1.61 在两个分型面中同步开模的具有杠杆机构的叠层模具[24]

不言而喻，这类模具在两端模板上需要一个顶杆机构，大多数为液压的或气动驱动的。

热流道设置在叠层模具的中板中。该模具由一个加热流道管道集中充料，也称为“潜管”（见图 1.62）。

叠层模具可达 4 层，在这种情况下，必须提供一种定制的机器（见图 1.63）。

图 1.62　叠层模具的中板[24]

a—中心设置的“潜管”

图 1.63　4-叠层注射模具[34]

在一个叠层模具中也可生产不同的模塑制品，这样可较好地利用注射和塑化能力。“串联模具”（见图 1.64）是这种情况中优先考虑的。这些模腔的两个分型面可被连续锁定和填充，这意味着当一个分型面的模腔处在冷却阶段时，而另一个分型面上的模腔被注射和保压。

图 1.64　在分型面中不同模塑制品的串联模具[35]

1.1.9.2　注射-压缩模具

注射压缩成型与传统注射成型的区别是模腔在熔料注射前或进行中不完全闭合。只有在模腔部分地或全部地被充满后，模具才闭合。这意味着可提供附加的空间和较长的流道。因此，可获得较低的充模阻力，而且使用这种合模单元作为保压活塞，可获得一种有利的保压方法。这样将导致在模腔中更均匀的压力分布、较低的合模压力需要、较低的残余应力以及较少的分子取向。对于这类性能特殊的制品，诸如 CD 光盘和 DVD 光盘以及高性能光学制件，几乎绝对是采用注射-压缩成型工艺制造的[2,3,6,20,32]。

注射-压缩模具是柱塞式侧面密封的（见图 1.65），以确保在注射过程中模腔处于紧密的密封状态。

1.1.9.3　多组分技术

过去的十年中，在多组分技术领域已经取得了相当大的进步[36~41]，这在不同的可用方法和模具设计中可以看到（见图 1.66）。

这类传统的制品是汽车的尾灯，使用了 3～4 种材料组分的水平旋转模具制造（见图 1.67）。

包覆成型软组分的使用，以确保改善支架（见图 1.68）或降低用于复杂密封的装配工

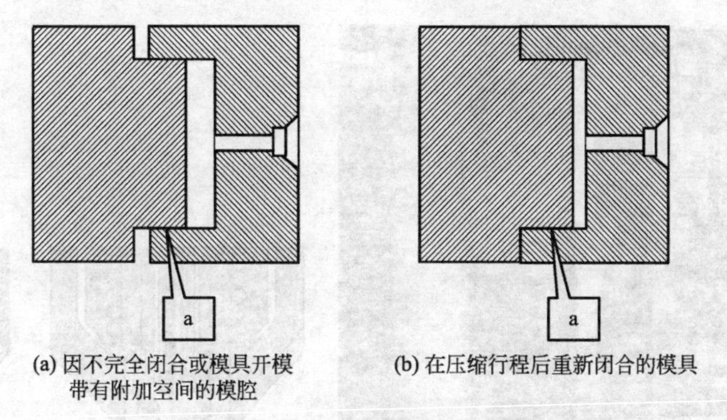

图 1.65　注射-压缩模具示意图

a—活塞式的侧面密封

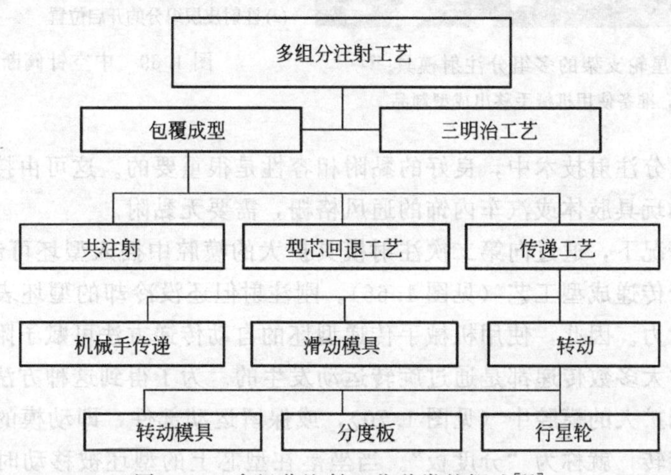

图 1.66　多组分注射工艺种类的概述[11]

图 1.67　用于汽车尾灯生产的垂直旋转轴的模具[36]

作量。

在这种三明治注射方法中，表皮组分首先被注射，根据“喷泉流动”原理，它形成固化层，接着以“流动芯”注射芯层材料组分，同时置换表层材料组分。

转换阀通常是这类机器的一部分。改进型热流道针阀截流式喷嘴也被用于同轴注射第二种材料组分或填充材料（见图 1.69）。

图 1.68　带有行星轮支架的多组分注射模具[37]

a—外凸行星轮，准备使用机械手移出成型制品

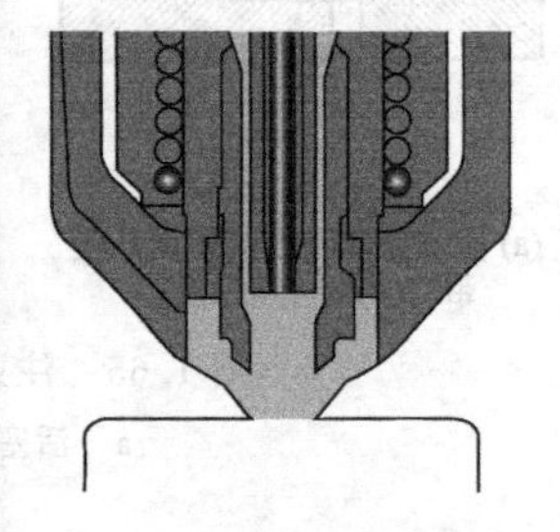

(a) 注射皮层组分的开启位置

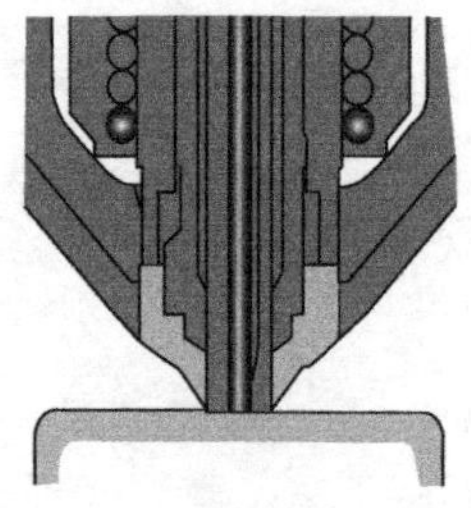

(b) 两种组分的闭合

图 1.69　中空针阀断流式喷嘴[27]

在大部分多组分注射技术中，良好的黏附相容性是很重要的。这可由接近的化学相似性获得。对于可移动玩具肢体或汽车内饰的通风格栅，需要无黏附。

在最简单的情况下，通过向第二次注射模具扩大的模腔中插入型坯可制造多组分制品。这种制造方法属于传递成型工艺（见图 1.66）。刚注射但还没冷却的型坯表面可建立起多组分之间较好的黏附力。因此，使用机械手传递型坯的自动传递方法可赋予附加的性能益处。

在注射模具中大多数传递都是通过旋转运动发生的。为了得到这种方法，旋转完整的动模传递型坯进入到扩大的模腔中（见图 1.70），或保留运动部件，即动模的一部分。如果仅有动模的前模板旋转，就称为“分度板”。当坐落在型芯上的型坯被移动时，可使用“行星轮”（见图 1.68）或回转支架（见图 1.71）。

附加功能工位也可通过“立体技术”获得，例如，用于插件和组装工艺的工位：模具的

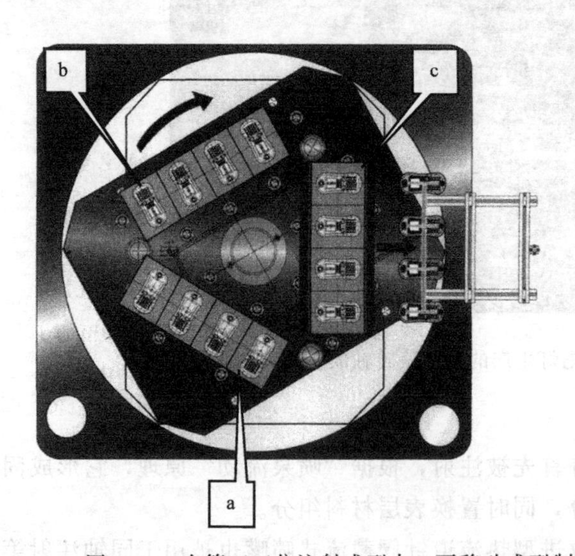

图 1.70　在第三工位注射成型中，可移动成型制品、旋转角为 120°的可旋转模具[37]

a—型坯的成型；b—注射第二种组分材料；c 和图 (b)—移出工位

四侧面中板环绕垂直旋转轴转动（见图 1.72）。

某些自动组装技术可以被集合到这种注射成型工艺中。这种工艺称为“模内组装”，并可用双立体结构（见图 1.73）或一个用于模塑制品的旋转支架（见图 1.74）来实现。

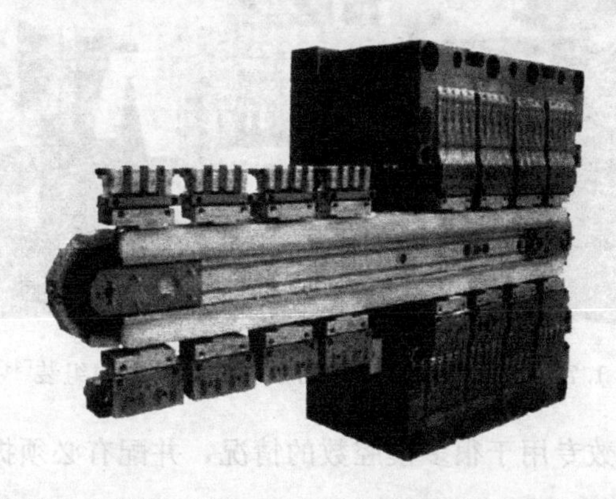

图 1.71　可用于在链条结构中的带有预坯支架的牙刷和双附加功能工位的双组分注射模具[38]

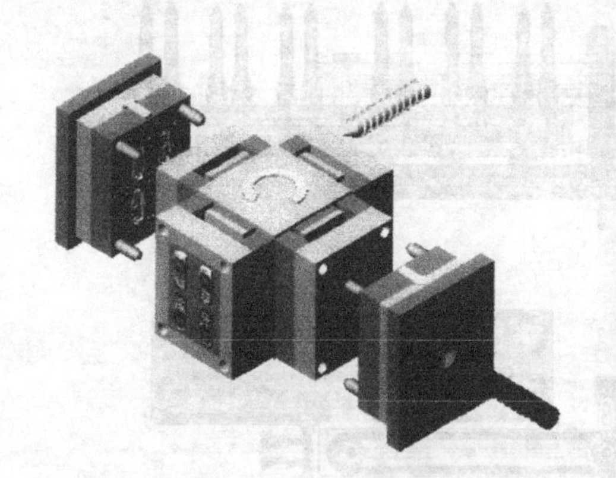

图 1.72　旋转立体技术[39,40]

图 1.73　采用立体结构闭合动作用于组装阶段的双立体结构模具[40]
图中是“准备注射”位置

图 1.74 采用模塑制品的可旋转支架的模内组装[38]

多组分注射模具大多数专用于很多模腔数的情况，并配有必须提供理想热分离的热流道系统（见图 1.75）。

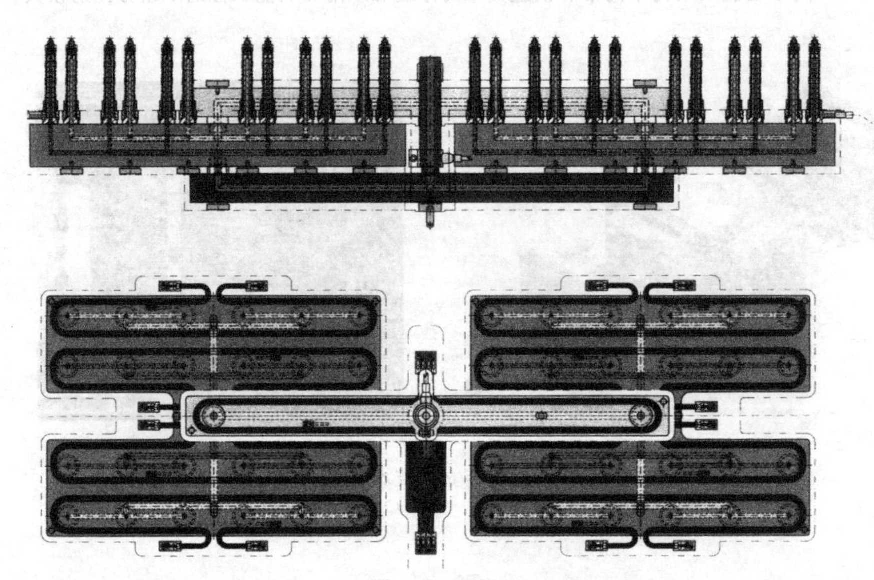

图 1.75 双组分注射模具的热流道系统[41]

1.1.9.4 外嵌技术

在外嵌技术中，热塑性聚合物之外的功能性组分材料被注射到金属坯料上预先冲好的孔内。因此，金属坯料被置于注射模具的动、定模之间。用耐高温塑料（见图 1.76）如 PEEK 制作的密封元件可有助于补偿金属制件相当大的制造公差[1,3,15,32]。

图 1.76 用耐高温塑料制作的金属嵌件的密封[15]

1.1.9.5 适用于热固性和弹性体塑料的模具

在注射成型筒体内，热固性塑料被加热至 90～110℃，正好满足熔体的流动和被注射进模具中。在被加热模具中附加供应的能量，大多数在 150～180℃之间，用于快速“固化”，模具一般为电加热。与热模具壁面接触，熔体可得到非常低的黏度，这意味着熔体可进入非常小的缝隙，甚至可进入到排气缝隙、顶杆间隙等。因此，模塑制品上飞边的形成几乎是不可避免的。由于在热固性成型混合物中的磨损填充物，模具的磨损远大于热塑性塑料模具[1~3]。

“冷流道系统”类似于热塑性塑料的热流道点浇口，被用于热固性塑料和弹性体，这类系统有助于防止流道堵塞。

图 1.77 展示了一种生产热固性塑料外壳的注射模具。在这个模具中，注浇口套筒 19 被保温，因此，浇口不会固化，而“冷流道”处于可注射状态。浇口套和它环绕模板之间的空气间隙保持绝热状态；加热套 24、25 可提供必需的模温（180℃）。绝热板 10、11 阻隔了注射成型机合模模板的热流动。

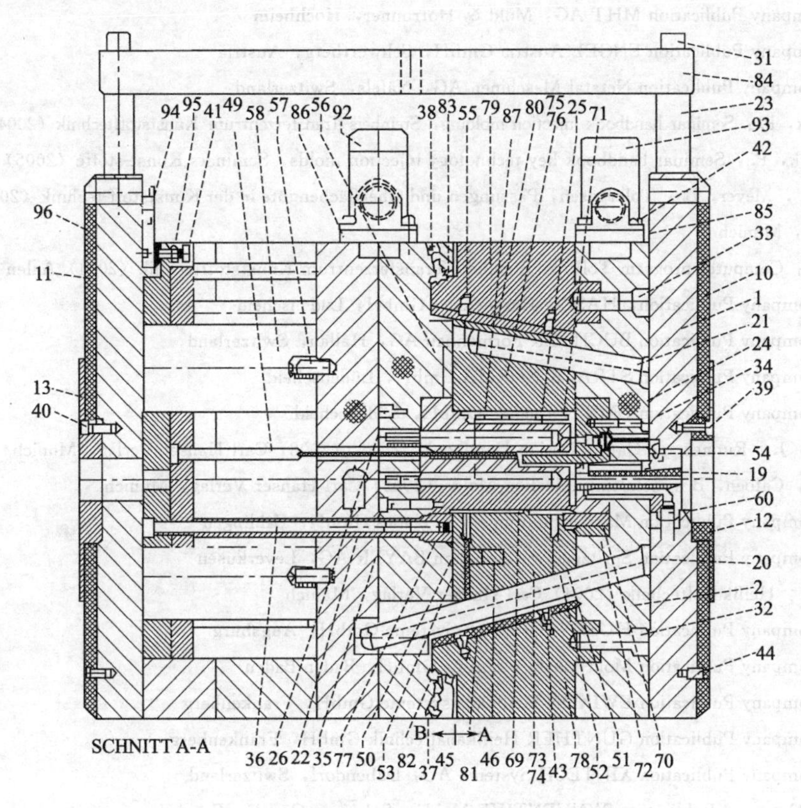

图 1.77 具有冷流道浇口套的热固性塑料模具[15]

由于用扩张流道可减少填充料的取向，注射-压缩成型模具被越来越多地用于加工热固性塑料（见图 1.65）。和热固性塑料一样通过引入附加热量，弹性体将只能在模具中交联。但是，热塑性弹性体（TPE）由于有热塑性基料，可像热塑性塑料那样加工。普通的交联弹性体在注射单元中具有非常高的黏性，但有机硅材料除外，在注射成型工艺中采用一种特殊的注射单元，它可像流体（LSR，液体硅橡胶）那样加工（见 2.3 节，热流道和冷流道技术）。由于在加热的模具中黏度降低，所有的弹性体都可能在模塑制品上形成飞边，因此，空气间隙不能大于 0.01mm。在这种情况下，采用真空排气模具可获得满意的效果。

弹性体模塑制品非常容易弯曲，这意味着普通顶杆结构用于弹性体，可用性有限。因此，可调节装置常常用于模塑制品的脱模。一种用这种装置对侧凹结构脱模常用例子是，通过压缩空气使模塑制品弹性膨胀。

参 考 文 献

[1] Gastrow，H.：Der Spritzgießwerkzeugbau in 130 Beispielen（P. Unger，Ed.），5. ed.（1998）Carl Hanser Verlag，Munich
[2] Menges，G.，Michaeli，W.，Mohren，P.：Anleitung zum Bau von Spritzgießwerkzeugen，6. ed.（2007）Carl Hanser Verlag，Munich
[3] Johannaber，F.，Michaeli，W.：Handbuch Spritzgießen（2001）Carl Hanser Verlag，Munich
[4] Osswald，T.，Turng，T.，Gramann，P.：Injection Molding Handbook（2001）Carl Hanser Verlag，Munich
[5] Jaroschek，C.：Spritzgießen Für Praktiker（2003）Carl Hanser Verlag，Munich
[6] Stitz，S.，Keller，W.：Spritzgießtechnik（2004）Carl Hanser Verlag，Munich
[7] Beitl，F.：1000 Tipps zum Spritzgießen，Vol. 2 Spritzgießwerkzeuge（2005）Hüthig Verlag，Heidelberg
[8] N. N.：Company Publication MHT AG，Mold & Hotrunner，Hochheim
[9] N. N.：Company Publication ENGEL Austria GmbH，Schwertberg，Austria
[10] N. N.：Company Publication Netstal Maschinen AG，Näfels，Switzerland
[11] Wippenbeck，P.：Seminar handbook injection molding，Steinbeis-Transferzentrum Kunststofftechnik（2004）Aalen
[12] Wippenbeck，P.：Seminar handbook key technology injection molds，Seminars Kunst-stoffe（2005）Mannheim
[13] Starke，L.，Meyer，B.：Toleranzen，Passungen und Oberflächengüte in der Kunststoff-technik（2004）Carl Hanser Verlag，Munich
[14] Kiraz，B.：Computer program TolPro，Steinbeis-Transferzentrum Kunststofftechnik（2004）Aalen
[15] N. N.：Company Publication，HASCO-Hasenclever GmbH，Lüdenscheid
[16] N. N.：Company Publication BUCHTER Formenbau AG，Hallau，Switzerland
[17] N. N.：Company Publication STRACK NORMA GmbH，Lüdenscheid
[18] N. N.：Company Publication DME Normalien GmbH，Lüdenscheid
[19] Beaumont，J.：Runner and Gating Design Handbook，2. ed.（2008）Carl Hanser Verlag，Munich
[20] Rees，H.，Catoen，B.：Selecting Injection Molds（2005）Carl Hanser Verlag，Munich
[21] N. N.：Company Publication Männer Solutions for Plastics GmbH，Bahlingen
[22] N. N.：Company Publication Spritzgießwerkzeugbau BAYER AG，Leverkusen
[23] Unger，P.：Heißkanaltechnik（2004）Carl Hanser Verlag，Munich
[24] N. N.：Company Publication HUSKY Spritzgieß-Systeme GmbH，Augsburg
[25] N. N.：Company Publication Mold-Masters Europa GmbH，Baden-Baden
[26] N. N.：Company Publication EWIKON Heißkanalsysteme GmbH，Frankenberg
[27] N. N.：Company Publication GÜNTHER Heißkanaltechnik GmbH，Frankenberg
[28] N. N.：Company Publication XINTECH Systems AG，Dübendorf，Switzerland
[29] N. N.：F Company Publication SYNVENTIVE Molding Solutions GmbH，Bensheim
[30] N. N.：Company Publication NovoPlan GmbH，Aalen
[31] Kaiser，H.：Seminar manual simulation technology，lecture manuscripts Rheologie，Hochschule für Technik und Wirtschaft（2005）Aalen
[32] Wippenbeck，P.：Tradeshow reports injection molds，Kunststoffe（2004）12，p. 32 and Kunststoffe（2006）1，p. 82
[33] N. N.：Company Publication YUDO Germany GmbH，Kierspe
[34] N. N.：Company Publication，Stackteck，Brampton，ON，Canada
[35] N. N.：Company Publication T/Mould GmbH，Bad Salzuflen
[36] N. N.：Company Publication Schefenacker GmbH，Schwaikheim
[37] N. N.：Company Publication Wilhelm Weber Formenbau GmbH，Esslingen
[38] N. N.：Company Publication Zahoransky Formenbau GmbH，Freiburg
[39] N. N.：Company Publication Ferromatik Milacron Maschinenbau GmbH，Malterdingen
[40] N. N.：Company Publication FOBOHA GmbH Formenbau，Haslach
[41] N. N.：Company Publication PSG Plastic Service GmbH，Mannheim

1.2 压制模具和传递模具

(J. Berthold)

1.2.1 概述

压缩和传递工艺在塑料加工领域主要用于加工热固性模压塑料（也称可固化模压塑料）。这些模压塑料可在压力和加热条件下加工，生产出的制品具有强度高、耐化学性良好、尺寸稳定和受载下较高的变形温度。用热固性模压塑料制造的模塑制品主要被用于电子工业（开关和熔断器壳、灯座、电源接头以及开关盖）和汽车工业（刹车气缸活塞、外壳件、燃油和冷却系统的部件）。尽管注射和注压成型已经在热固性塑料加工领域应用多年，但目前仍然有许多模塑制品用压制和传递成型工艺低成本生产。

当今，无流动、片状热固性塑料（SMC）的压制成型已经出现在汽车工业中，例如，大多数大尺寸汽车外壳的生产（汽车仪表盘等）。

压制成型工艺也正在用于热塑性塑料领域。然而，它仅仅是用于加工纤维增强热塑性塑料半成品（GMT）和 LFT 模压塑料（长纤维增强热塑性塑料），这些都具有重要的意义。热塑性塑料压制成型的缺点主要是，材料必要的加热和冷却将在每一循环中对总循环时间起消极影响。所有这些工艺的改进有一点是共同的：产品质量依赖于被加工的塑料材料的质量、加工机械以及特别强调的被使用的专用模具的质量。在探讨压制成型工艺中，术语模具常用于替代术语工具。

1.2.2 压制模具

1.2.2.1 简介

压制成型工艺是一种用于热固性模压塑料模塑制品生产的很经济的制造技术，在生产容易扭曲的大面积、薄壁模塑制品中，它具有很大优势。在压制成型工艺过程中，将计量的模压塑料加入到敞开的加热模具中，物料可预加热、片粒状或预塑化。闭合热模具后，成型材料软化、均匀地分布在保留的空腔内，并在压力下被压缩。接着，模压塑料在压力和温度下硬化成模塑制品。

固化时间取决于模塑制品的壁厚、成型材料的流动参数以及预加热程度。

压制成型工艺如下：

① 模压塑料通过人工或辅助加料装置加入到模具中（见图 1.78，左上图）；

② 合模，然后升压，以使压力和热同时作用

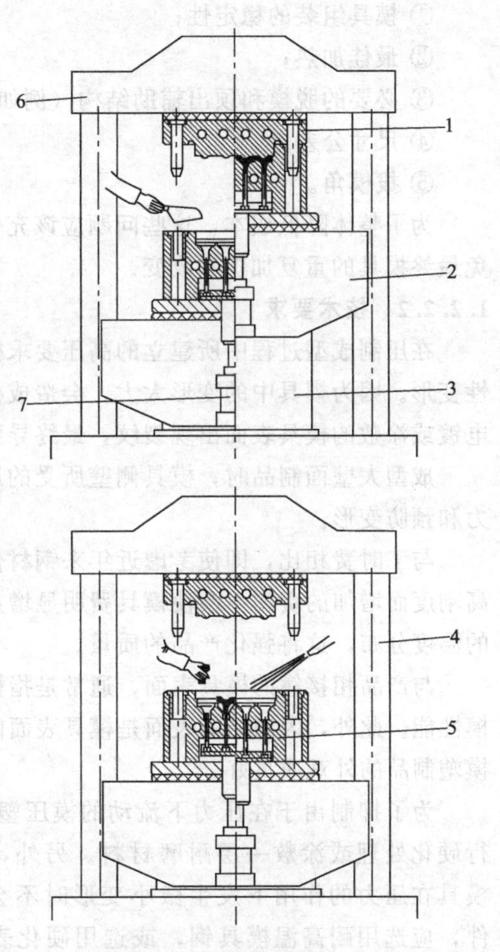

图 1.78 压制成型工艺

1—压模上半模（阳模或压力板）；2—压力机定板；3—液压缸；4—压机拉杆；5—压模下半模（阴模）；6—压制成型机架；7—顶出缸

于模压塑料上，并在必要时让模具中途排气（见图 1.78，右上图）；

③ 开模，预制件既可靠人工，也可以借助脱模装置在顶出位置上将其从模具中取出（见图 1.78，左下图）；

④ 清理模具（见图 1.78，右下图）。

通过用带有不同形状加热元件的集成电加热器或经由流道流入模具的传热流体可直接加热模具。所谓的间接加热器也可使用，其特征为：所需的热量由加热板通过热传导引入模具，而加热板被整合在压力机中。模具由耐热钢制造，以确保加热板在所需的压力和温度条件下操作可靠。

当计算产品价格时，模具成本占主要因素。压制模具修模费用高、风险大。为了确保压制模具正常操作，在模具设计前有必要绘制出准备生产的产品图纸。有时也得借助样模来确定制品设计。

在模具的技术图纸和文件准备完成之后，开始进入模具设计的实施阶段。下列列出的所有内容都应该设计在模具中。其中五点特别重要：

① 模具组装的稳定性；

② 最佳加热；

③ 必要的脱模和顶出辅助结构（例如，滑动模具、剖分模具等）；

④ 尺寸公差；

⑤ 拔模角。

为了整体降低成本，这些问题应该充分考虑到和影响到设计阶段，以尽可能地减小或避免最终模具的重复加工和改变。

1.2.2.2　技术要求

在压制成型过程中所建立的高压要求模具具有足够的稳定性。模具元件只允许有限的弹性变形。因为模具中的变形太大，会造成模具打不开或制品很难顶出。此外还存在使硬化、电镀或涂敷的模具表面出现裂纹，最终导致模具报废的危险。

成型大壁面制品时，模具侧壁所受的压力很高，并必须加强侧壁，因此可吸收产生的压力和预防变形。

与工时费相比，即使考虑近年来钢材价格的增加，模具的材料费用也是很低，所以为提高刚度而增加的费用不会使模具费明显增加。超大尺寸的模具可提供更好的稳定性和更均匀的温度分布，这将强化产品的质量。

与产品相接触的模具表面，通常是指模腔，应进行抛光，以保证压制成型制品良好的脱模性能。此外，因制品的表面是模具表面的翻版，所以只有最终模具表面质量高，才能确保模塑制品的外观质量好。

为了抑制由于在压力下流动的模压塑料所造成的模具表面的严重磨损，模具表面要进行硬化处理或涂敷一层耐磨材料。另外，模具钢的型芯应具有足够的韧性，这样才能使模具在压力的作用下发生微小变形时不会引起永久损坏。因此，作为成型表面的模具零件，应选用耐高温模具钢，或选用硬化表面或镀硬铬的热处理模具钢，以防止磨损和化学腐蚀。

尽可能地使形成制品表面的零件数量少，以减少由这些接缝在产品上形成的痕迹线。如果因复杂的制品几何形状而不可避免要使整体模具剖开，也要保证模具的嵌入件或剖分体沿着压力的方向安装，而不要沿着与压力垂直的方向安装。

1.2.2.3　压制模具组件

压模基本上由上半模和下半模组成。通常下半模被夹在定板上，上半模安装在压机的压力板上。上、下半模由经过适当硬化处理的导向件相互导向。对称的制品几何结构可诱导相当大的压力进入导向元件。因此，这些导向元件需要保持尺寸稳定性的高耐力。

从模具顶出压制成型制品往往需要特殊的机构。压制成型制品，如浅碗或浅碟常常由压缩空气顶出，在任何机器上都需要清理残余的原料和模具的飞边。许多模塑制品的顶出需要顶柱或顶杆。由于材料具有收缩性，在带有强筋和突出结构的压制成型制品中必须使用顶柱。为了避免固定顶柱的顶模板被卡住，这些顶柱应该有独立的导向结构。因此，顶柱的早期磨损是可预防的。在热固性塑料加工的顶出阶段，顶柱是有帮助的，因为它们可清空模具。

1.2.3　传递模具

1.2.3.1　简介

热固性模压塑料也可进行传递成型加工。用于传递成型工艺的计量模压塑料（可能是片状、预加热或预塑化）可挤入加热的注射筒体中，然后借助注射活塞和注浇口，将物料注入到闭合的加热模具中。这一工艺可对材料进行非常均匀的加热。在压制成型工艺中，充分预热的材料流动性很差，而在传递成型工艺中，材料可在充分塑化状态下进入模腔内。这一方法优于压制成型工艺的一个优点是，潜在的嵌件可容易和平稳地被塑料环绕，这将减小模腔内的磨损。对于型芯必须插入到模具内的成型制品而言，传递成型也是有优势的。加料时，传递模已经关闭，即型芯和类似件被固定，承受单向压力，在模具填充过程中，该压力能够上升。

特别是对于壁厚较大的制品，传递成型工艺循环时间比压制成型工艺短，因而更经济，原因是原料加热的方式不同。在压制成型工艺过程中，被加热的模具从外向里缓慢地加热模压塑料。然而，在传递成型工艺中，通过注射在材料内部可产生很高的摩擦热。

1.2.3.2　技术要求

对传递模具的要求基本上与对压制模具的要求类似。在注射区域内，模具必须具有足够的强度，以保持在注射筒体内稳定的成型压力，其压力范围为1000～1800bar。注射前，模腔关闭，因此型腔内必须提供适当的排气。传递压制成型工艺中模具不能排气，因为这会中断注射过程。排气孔的尺寸必须合适，以确保材料产生的气体能够溢出。为了避免堵塞排气孔，每个周期进入到排气孔的物料必须随制品一起取出。

1.2.3.3　传递模具结构

与压制模具相比，传递模具中没有加料室。取而代之的是，传递模具中间包含带有传递活塞的加热筒体。传递模具的类型有两种，即活塞下移传递成型和活塞上移传递成型。

图1.79(a) 展示了注射机筒和下移活塞的结构，可用于传统的压机上，成型表面模具元件由外力相互压紧。这种模具形式不能使用全开模具行程。

图1.79(b) 展示了传递成型工艺的活塞上移模具，该装置用于需要单独的传递装置的压机。通常，这种压机的液压缸被固定在模具下板的中间部位，驱动与机器控制部分相连的传递活塞（传递压力）。

传递模具型腔的结构与压制模具相同。然而，滑块、嵌件、模具分型面和顶出元件所需要的空间更大。因为传递压力很高，所以上、下半模间分型面的干净、平直非常重要。沿着

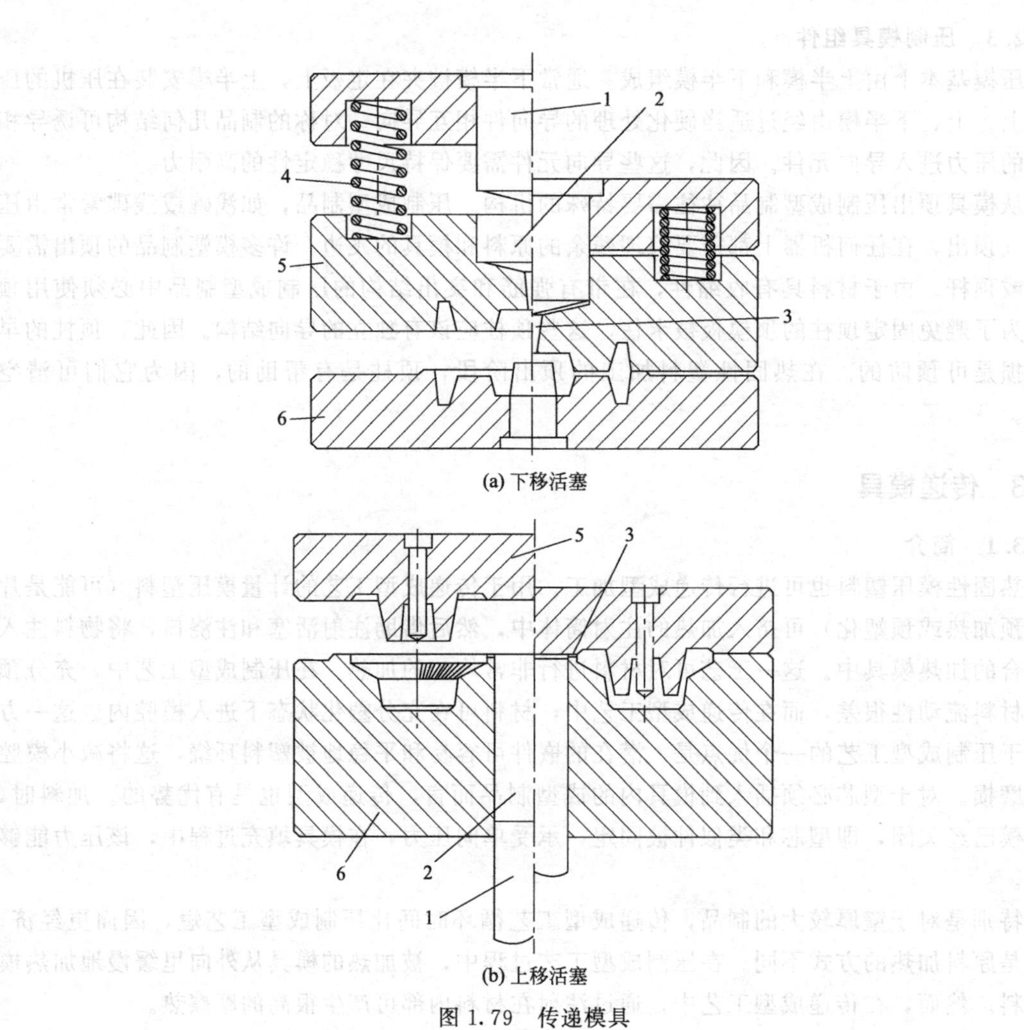

图 1.79　传递模具

1—传递活塞；2—传递机筒；3—浇口；4—夹紧弹簧；5—上半模；6—下半模

距离模具型腔边缘 5～10mm，加工出 1～3mm 凹面，该凹面一直扩展到模具的边缘，这样非常有利于将合模力集中到密封面上。

1.2.4　压制模具制造

如前所述，模具由表面淬硬钢或硬化或精细表面和坚韧芯部的全涂层材料制成。非成型表面零件或受磨损零件可由强度为 600～700N/mm^2 钢制成。为了保护最终成型表面，使其不被磨损和化学侵蚀，应进行镀硬铬和/或采用耐腐蚀材料。

当确定成型表面零件的尺寸时，需要考虑成型材料的收缩率。合理设计和制造有几个断面镀硬铬层的模具，以便考虑到这些模具零件的镀铬层厚度补偿影响。任何情况下要避免未镀区域的存在，以防止镀层从模具钢上剥离下来。

依据成型制品几何形状不同，成型表面（指型腔）可采用车、铣或仿形铣等加工方法。另外，对于难以机加工的区域，可以采用电火花技术加工（EDM）。加工方法的选择不仅取决于加工技术，而且还取决于经济性。在加工不规则表面的压制模具时，最实用的方法是采用仿形铣。这要求有一套与成型制品的内外表面几何形状相同的阴模。模具分型线要与样模吻合。在仿形铣机械上，探头跟踪样模，控制着铣削操作。通过仿形铣机器内部的计算操作可将收缩量考虑到模具加工中。作为一种选择，也可以考虑采用计算机辅助设计（CAD）和计算机辅助制造（CAM）。在这种情况下，成型制品的实际几何尺寸由CAD确定，分型线也在CAD系统中描述。为了控制铣削机，控制铣削操作的计算机数控（CNC）操作程序必须写入到CAM软件程序中。这一程序将操作机器的加工过程。现在可以很容易地执行对收缩量的修正、表面的仿型或机加工程序的拷贝。再者，也可以利用CAD/CAM制造电极，借助电极可以用EDM（电火花加工）加工实际成型表面。EDM最突出的优点是已经经过硬化处理的模具零部件仍可以通过此法进行加工。可对机加工或EDM完成的成型表面进行研磨和抛光，如果必要的话，可镀硬铬。

1.2.5 模具设计

如上所述，模具设计具有非常重要的意义。在开始实际设计之前，必须确定模具的类型。下面将简要描述模具的各种类型。

1.2.5.1 模具种类

1.2.5.1.1 短期运行模具

压制模具中最简单的模具就是短期运行模具或试生产模具，该模具用来获得试验设计的样品，这种模具通过热板间接加热，在热板间用压机压紧。用手将模具送入压机中，在完成压制成型的过程后，必须用手将模具取出，并放在工作台上进行脱模。为此，模具侧面设计有把手。因为这种模具仅被用于少量的压制成型试验中，可省去成型表面的硬化或电镀。将模具从压机中取出后，不再加热，并在压机外部冷却。因此，由于在压机中长时间的加热过程，进行下一次的压制成型实验将花费较长的时间。通过将两个半块模具放置在外部加热板上，可弥补这种时间的损失。

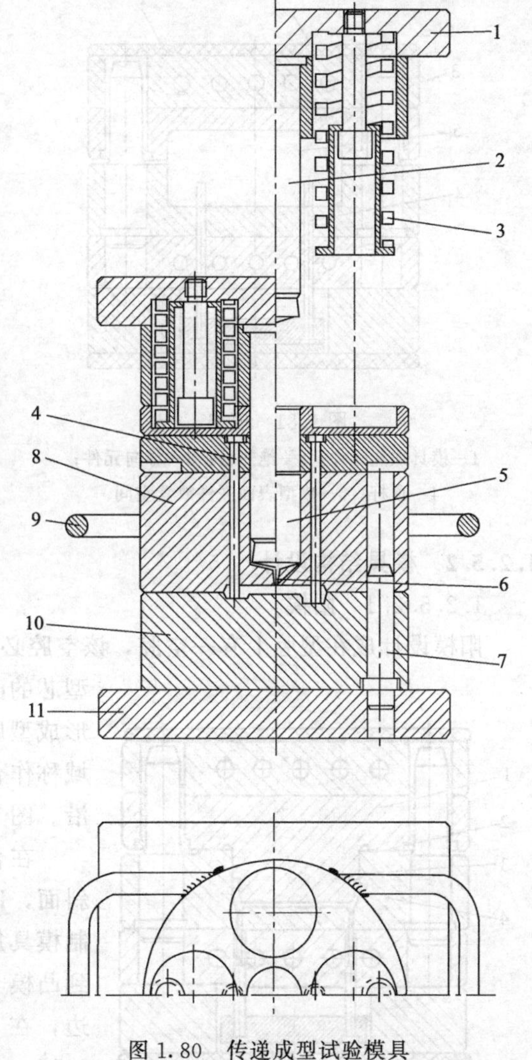

图 1.80 传递成型试验模具

1—上合模板；2—传递活塞；3—外部合模结构；4—型芯；5—传递筒体；6—浇口；7—导柱；8—上半模；9—手柄；10—下半模；11—下合模板

1.2.5.1.2 试验模具

为了确保压制模具操作良好及成型过程可靠，尤其是对于流动性很差的成型材料和复杂的模具几何形状，在实际制造小型系列模具之前，有必要制造一个试验模具。例如，使用试验模具可优化模压塑料的流动。对合适的加工参数的确定可给生产商在制品计算中具有较大的安全性。另外，可检查不同的可行方案。图 1.80 展示了一个用于摸索传递成型操作的工艺参数的试验模具。在这一举例中，目标是加工较难流动的模压塑料。传递活塞（在它的筒体表面上，紧跟在活塞表面的下方）有一个倒锥，用于从筒体表面抽取剩余料。

1.2.5.1.3　通用模架

图 1.81 展示了一个标准模具单元，它是另一种压制成型模具。两个半模都被牢牢地锁紧在压机中，底模的型腔以嵌件的形式进行操作。

模架本身含有上、下模的导向元件或导柱、直接加热元件和相应的绝热板。也可借助安装在压机中的加热板间接加热，注射功能被整合在模架内。只有顶杆通过模具插入到模腔中。模架的非成型表面组件是标准件，可按照模块化方式进行装配。

1.2.5.1.4　常规压制模具

由于塑料制品几何形状和相应压机的要求，常常不可能使用通用模架。常规压制模具的结构（见图 1.82）应满足制品、模具钢的强度、成型表面的处理，以及加热元件和导向元件，以期获得最大的经济效益。

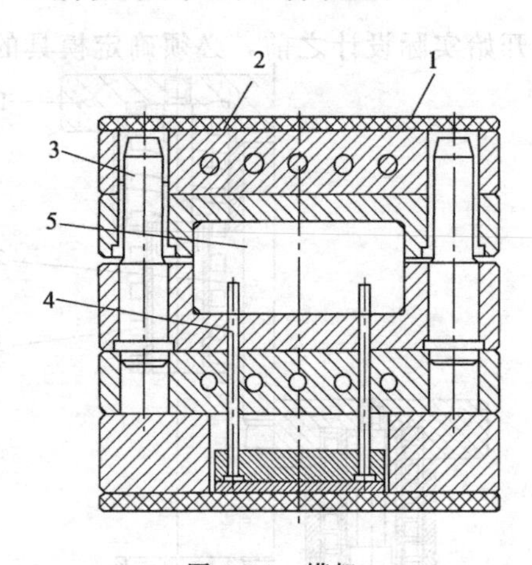

图 1.81　模架

1—模具加热元件；2—绝热板；3—导向元件；4—顶杆；5—成型表面嵌件放置空间

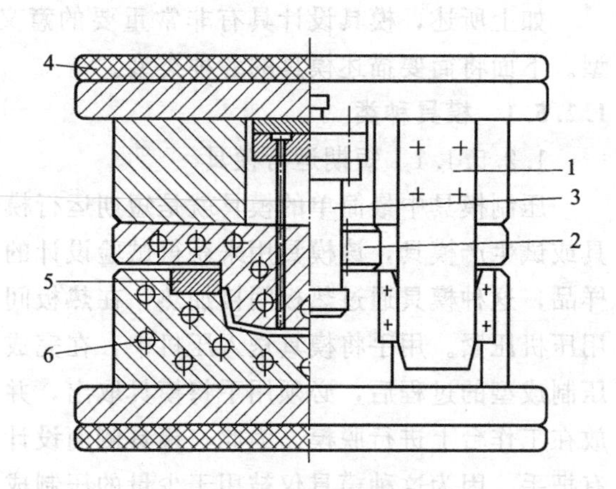

图 1.82　常规压制模具

1—定位杆；2—支撑板；3—液压顶杆；4—绝热板；5—合模沿嵌件；6—制品专用加热系统

1.2.5.2　模具结构设计

1.2.5.2.1　阳模

阳模设计成在型腔上有一空腔，该空腔必须足够大，以便能盛下成型所需的原料量。带型芯的凸模延伸进入该腔，其成型表面与下半模一起形成型腔（即凸模扎入到下半模中）。凸模穿过的区域称作合模区，将盛料腔与型腔分开的边缘称作合模沿。图 1.83 展示了一个常规阳模。

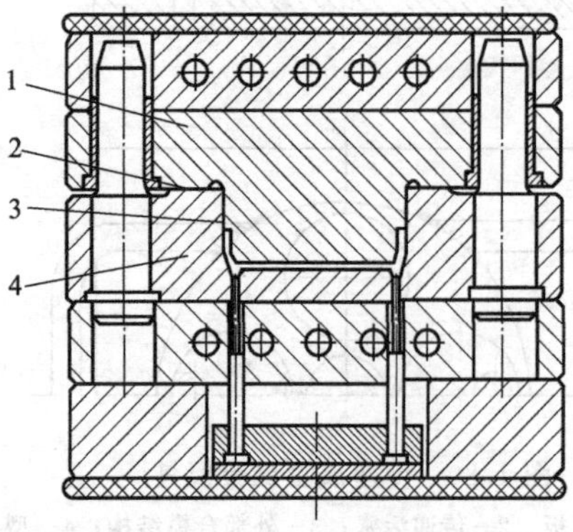

在合模沿上方，凸模与阴模之间区域通常做成外斜面，以利于制品取出或顶出。由于加工的特点，压制模具加料必须有少量的余量，称为飞边的余料溢出到凸模与阴模之间的区域。通常，为了防止过多的飞边，在合模沿区域的间隙设计得很小（最大 0.05mm），以确保模压制品理想的压实度，以及在制品本身与余料飞边之间建立明显界限。图 1.84 展示了几种不同的结构。

图 1.83　阳模

1—上半模；2—加料室；3—合模沿；4—下半模

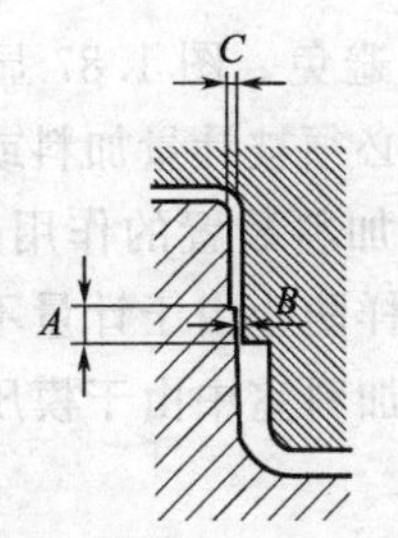

(a) 在成型方向上的分型线，合模区域在平行方向扩大

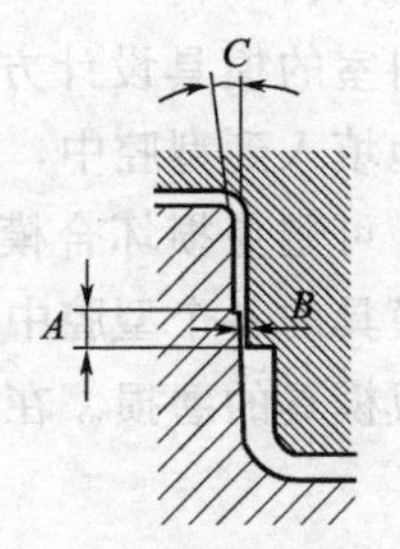

(b) 在成型方向的分型线，合模区域锥形扩大

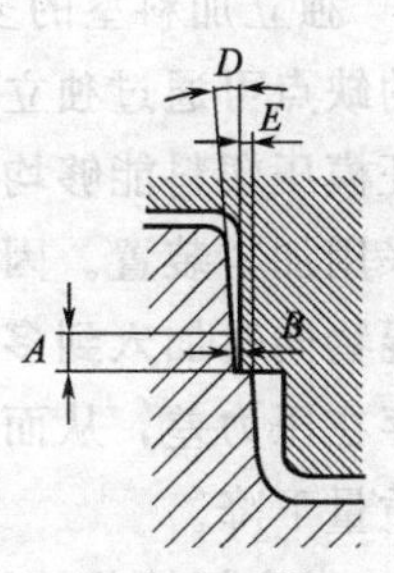

(c) 水平分型线，加料室锥形扩大

图 1.84 合模沿结构

A—5～10mm；B—0.02～0.05mm；C—0.5mm；D—0.5°；E—2～5mm

1.2.5.2.2 带合模面的阳模

在这种模具设计中（见图 1.85），阴模和凸模侧区域的成型表面首先被形成合模沿的平面水平分开。加料室的合模区域直接位于合模沿之后。在常规压制模具中，因为可能导致的严重磨损，这种模具结构是不利的。

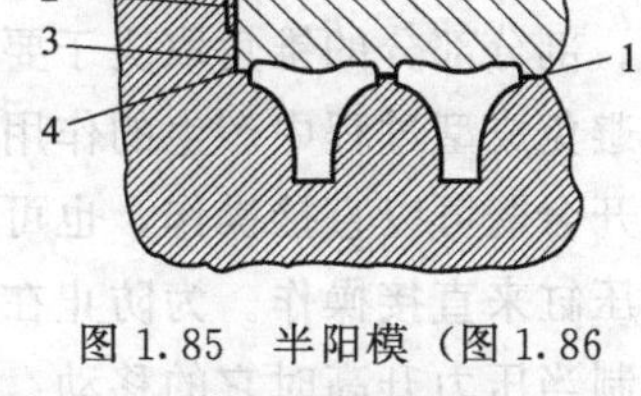

图 1.85 半阳模（图 1.86 的局部放大图）

1—水平分型线；2—加料室；3—合模区域；4—合模面

由于水平分开，在共混物中成型压力的作用下，模具零件运行直到灾难性的故障发生，并在模具钢上形成很高的压应力。

1.2.5.2.3 共用加料室的多腔模具

这类多腔模具通常设计成带有合模面，这些合模面位于加料室的公共合模区域内。图 1.86 展示了这种多腔压制模具。这种模具设计的一个缺点是需要增大填入合模区的加料量。为了使原料能进入每个型腔以精确复制模腔的形状，必须提高成型压力。流动性差的模压塑料或含有较高填充物的共混物很难或根本不可能采用这种模具加工成型。

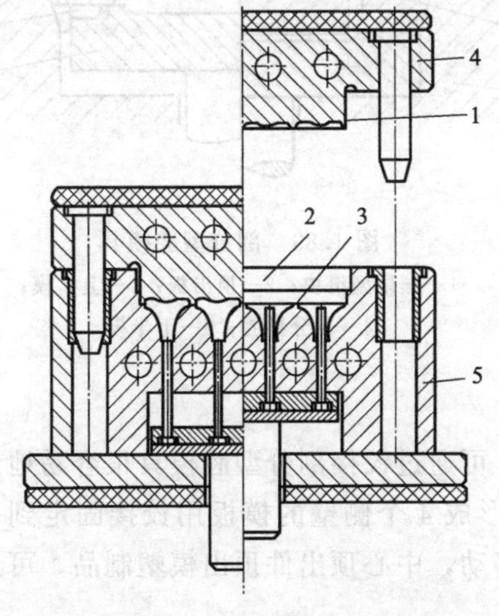

图 1.86 带有合模面的多腔模具

1—合模沿；2—共用加料室；3—合模面；4—上半模；5—下半模

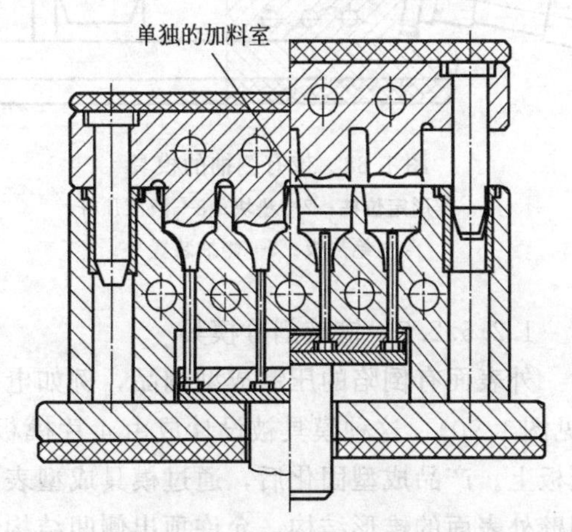

图 1.87 带有独自加料室的多腔模具

1.2.5.2.4　独立加料室的多腔模具

上节提到的缺点可通过独立加料室的模具设计方法来避免。图 1.87 显示了相应的模具结构。为了保证模压塑料能够均匀地填入到型腔中，原料必须被计量加料或者采用预成型颗粒（型坯）或采用加料装置。因此，可避免损坏合模沿。加料装置的作用是在压机外加料，均匀计量的共混物同时加入到多腔模具的各个型腔中。这样防止由于计量不均匀而导致在各个独立模腔中存在压力差，从而造成模具的磨损。在各自加料室中由于模压塑料停留时间不同，会使型坯质量下降。

1.2.5.2.5　带有侧抽芯的模具

在侧边有开口的模塑制品，例如，孔是不能用滑块的，必须采用有侧抽的模具成型。侧抽可由手工完成，也可以借助合模运动间接完成，还可以利用液压缸直接操作完成。图 1.88 展示了直接由液压缸带动的侧抽模具。当设计侧抽时，一定要注意保证在设定位置上模具合得紧，防止因树脂渗入而产生的飞边。必须确保侧抽芯仍然能轻微的移动。这种侧抽芯的结构包括嵌件，在型芯最后的 3～5mm 的长度上能紧配合，这段长度要做成斜面。

1.2.5.2.6　剖分型腔模具

剖分型腔模具（见图 1.89）必须设计成圆锥形。剖分型腔在锥环或模架上被导向和支撑。剖分部分的锥角取决于要成型制品的尺寸和形状。在压制模具中，这个角不应小于 15°，以避免成型过程中产生的作用力，而使剖分部分产生过多的楔入甚至出现自锁。各剖分部分的开合既可以直接操作，也可以间接操作（例如借助于压机上侧抽或顶出机构），还可以由液压缸来直接操作。为防止在成型过程中产生分离剖分部分的力，在受力柱塞上有止动面，限制当压力升高时它的移动。这些止动面压在下方零件的上表面上，使形成的飞边最少。

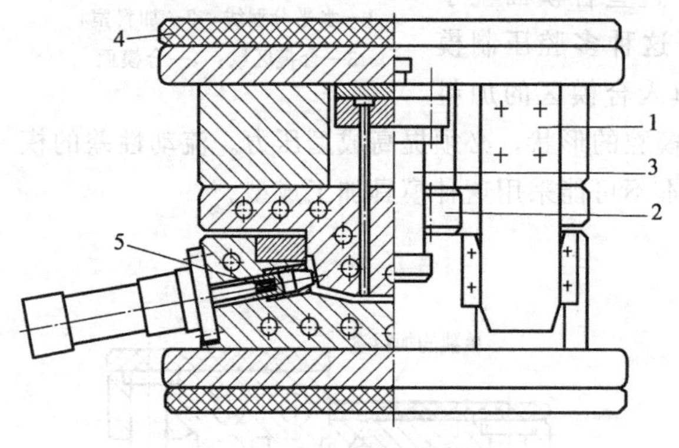

图 1.88　带有侧抽的模具

1—楔形定位柱；2—垫块；3—液压顶杆；4—绝热板；5—侧抽装置

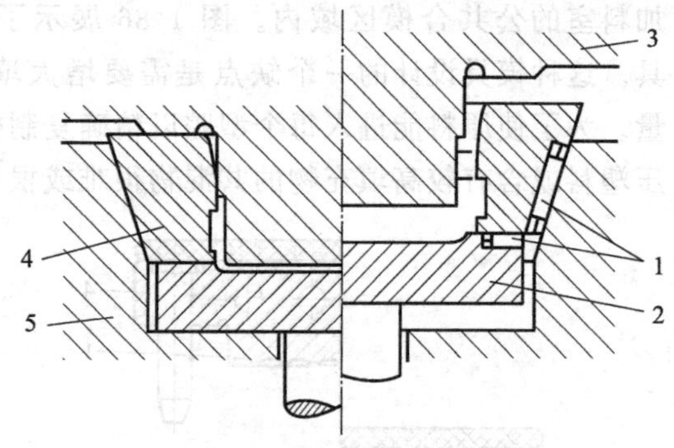

图 1.89　剖分型腔模具

1—燕尾型滑块；2—顶出板；3—上半模；4—剖分型腔；5—下半模

1.2.5.2.7　铰接剖分模具

外表面有倒陷的压制成型制品，例如电接线盒，可通过铰接剖分型腔模具很容易地成型（见图 1.90）。这种模具被设计成由 4 片模板组成，形成 4 个侧壁的模板用铰接固定到一个底板上。产品成型固化后，通过模具成型表面向上移动，中心顶出件顶出模塑制品，可通过侧壁外表面的锥形结构，允许顶出侧凹结构制品。

1.2.5.2.8　带嵌件的模具

某些专用产品的设计要求，必须要有诸如销、套或其他增强件的金属内嵌件。图 1.91

展示了这种模具结构，图中内嵌件为金属轮毂。此例中，在充模过程中，内嵌件紧紧地贴合在相配模具的表面上，并被牢牢地固定在正确位置，以防移动，这一点非常重要。带有加料室的常规压制成型模具不适合加工这类零件，因为无法可靠地防止内嵌件的移动。

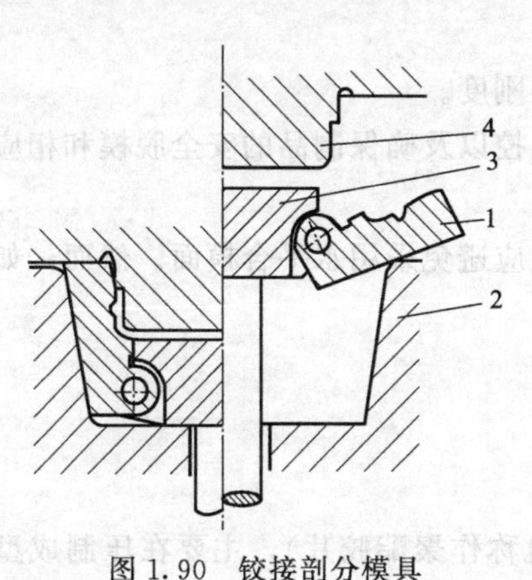

图 1.90　铰接剖分模具

1—活动板；2—下半模；3—顶出板；4—上半模

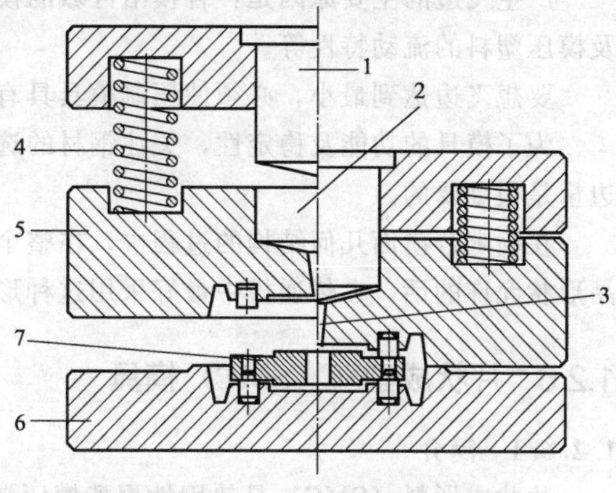

图 1.91　带嵌件模具

1—传递活塞；2—传递腔；3—浇口；4—夹紧弹簧；5—上半模；6—下半模；7—嵌件

1.2.5.2.9　退螺纹模具

生产带有螺纹的制品可使用退螺纹模具，这种螺纹被设置在塑料材料内，并不能用嵌件产生。在这种模具设计中，螺纹成型用型芯在通用驱动机构的作用下可以旋转。最初，制品滞留在带螺纹的型芯上，模具打开后，型芯旋下，制品被取出。退螺纹机构可以是链条齿轮，它可以利用手柄或齿条手工操作。利用适当机构，也可以借助模具的开模运动产生退螺纹动作。图 1.92 显示了几种不同的退螺纹模具结构。

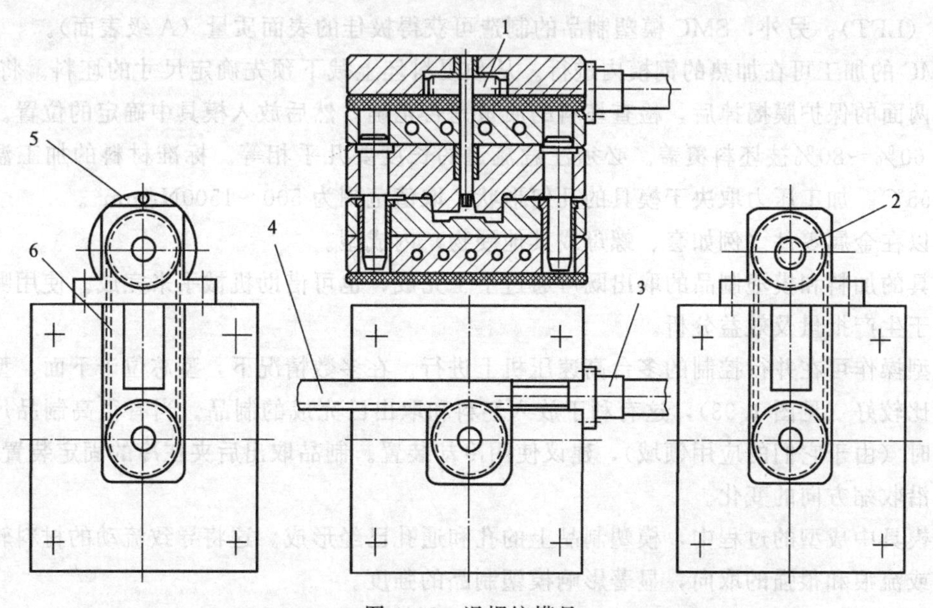

图 1.92　退螺纹模具

1—齿条驱动，由液压或气压带动；2—螺纹芯轴驱动，由压机运动来带动；3—液压缸；4—齿条；5—手轮；6—手轮驱动，由链传递扭矩

1.2.5.3 共性

所有模具结构在成型过程中余料总是形成飞边，即使投放到阳模中原料量在理论上应完全转变成制品，也是如此。

产生飞边的主要原因是：合模沿区域的模具公差、阴阳模之间膨胀量之差和温度差，以及模压塑料的流动特性等。

要想飞边达到最小，必须使压制模具具有足够的刚度。

为了模具的功能及稳定性，关注钢材的选择和温控以及确保制品的安全脱模和相应的飞边量是很重要的。

在确定合模面几何结构的过程中，在整个阳模中应避免采用水平合模面。然而，如果制品形状允许的话，在传递模中最好采用这种形式。

1.2.6 片状成型料（SMC）模具

1.2.6.1 简介

片状成形料（SMC）是热固性聚酯模压塑料（也称作聚酯胶片），主要在压制成型工艺中用压力和温度经压制成型制得制品。也有很少的模塑制品可在注射成型工艺中用特殊的喂料装置制得。依据制品耐压能力的不同，玻璃纤维含量变化范围为20%～40%，其长度为25～50mm。基材主要是聚酯或乙烯基酯树脂。SMC是一种通用材料，它在建筑结构、化工、纺织、电子工业等领域已得到认可。

在过去的10年中，由于在SMC加工中的巨大进步，商用车和旅行车工业是目前SMC模塑制品的最重要的市场。

结合模内涂覆（IMC）工艺的SMC加工在制造最终需要涂漆的外露零件的方法已被广泛应用。SMC的另一种加工方法是仍然使用的传统金属材料和部分玻纤毡增强热塑性塑料（GMT）。例如，当需要良好的耐热性和较高涂漆温度时，SMC要优于GMT和长玻纤热塑性塑料（LFT）。另外，SMC模塑制品的制造可获得极佳的表面质量（A级表面）。

SMC的加工可在加热的钢模内进行。从预浸料坯上裁下预先确定尺寸的坯料。将SMC上、下两面的保护膜揭掉后，检查坯料的质量是否正确，然后放入模具中确定的位置。模具型腔的60%～80%被坯料覆盖。必须注意流道的长度要几乎相等。标准材料的加工温度为140～155℃。加工压力取决于模具的几何形状，取值范围为500～1500N/mm^2。

可以在金属零件（例如套、螺母或其他硬物）内成型。

模具的加料和模塑制品的取出既可通过手工完成，也可借助机械手来完成。使用哪种系统取决于生产批量及效益分析。

成型操作可在并行控制的多台高速压机上进行。在多数情况下，型芯位于下面、型腔放在上面比较好（见图1.93），这有利于放入坯料和取出已完成的制品。当有很高制品尺寸公差要求时（由于它们的应用领域），建议使用冷却装置。制品取出后夹在冷的固定装置之间，制约其沿收缩方向的变化。

在模具中成型的过程中，模塑制品上的孔和通孔已经形成。这将导致流动的材料转化形成流线或流痕和很强的取向，显著影响模塑制品的强度。

因此，出于强度的考虑，在许多情况下，可在二次加工中采用冲、钻或铣等方法，生成制品上的孔、开槽和切口。金刚石或硬质合金镶嵌的刀具最适合用于这种加工方法。

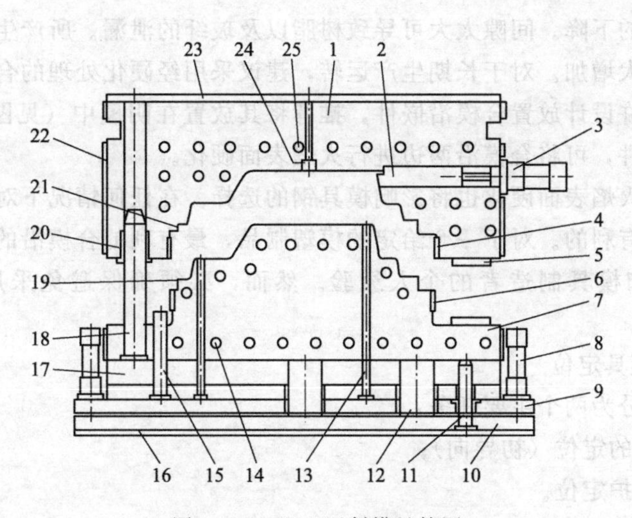

图 1.93　SMC 压制模具简图

1—阴模；2—侧抽芯；3—液压缸；4—导向板（阴模）；5—推力板；6—导向板（阳模）；7—阳模；8—顶出缸；9—顶出板；10—合模板；11—导向柱；12—支撑柱；13—顶杆；14,25—加热通道；15—回程杆；16,23—隔热板；17—垫模板；18—导向柱；19,21—合模沿；20—导向套；22—外隔热层；24—气体顶出元件

1.2.6.2　模具设计

无论铝锌合金或低硬度钢均可用于制造短期运行模具（样模和试制模具），SMC 加工试样制品可在加热钢制模具中进行。

SMC 模具之一如图 1.93 所示，其基本原理通常与前述章节中的压制模具相同。然而，在设计 SMC 压制模具时，要注意一些附加的准则。

工具钢的选择取决于制品的形状、功能以及生产批量。模具的模架材料通常选用强度为 600～700N/mm² 的钢；成型制品表面的零件应选用强度为 1000～1100N/mm² 的钢。

优选钢号为 1.1730（C45W3）、1.2311（40CrMnMo7）、1.2312（40CrMnMoS8-6）、1.2710(45NiCr6) 和 1.2738(40CrMnNiMo8-6-4)。在设计阶段就应该已经从成本角度考虑：是将带有成型表面的阳模连接到支撑架上，还是垫模板上（见图 1.94）。

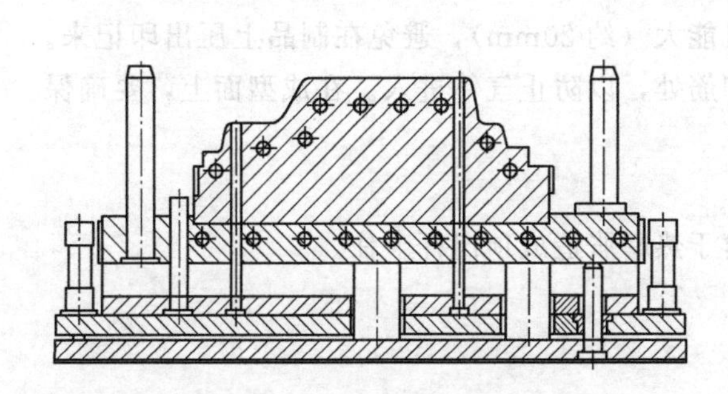

图 1.94　图 1.93 中所示模具的阳模，被设计成放在底板上的嵌件

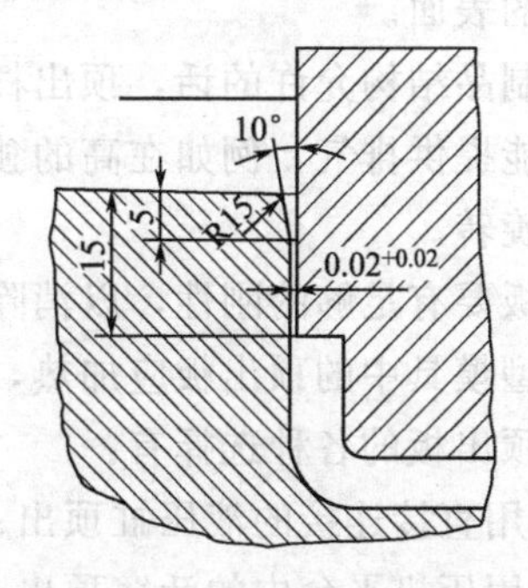

图 1.95　硬化合模沿嵌件的典型结构

合模沿常常按图 1.84 进行设计。高度应当取 20～25mm，间隙 0.05mm。合模沿的连续精密加工是保证最终制品质量的先决条件。紧的合模沿可保证压制成型过程中压力的均匀

性，防止制品强度的下降。间隙太大可导致树脂以及玻纤的泄漏。所产生的严重飞边将使后续的修复工作量大大增加。对于长期生产运转，建议采用经硬化处理的合模沿嵌件。如果在上、下半模中不允许设计放置合模沿嵌件，推荐将其放置在阴模中（见图 1.95）。如果完全不能使用合模沿嵌件，可将合模沿两边进行火焰表面硬化。

是否允许进行火焰表面硬化也将影响模具钢的选择。在任何情况下对沿着拔出方向的合模沿进行抛光都是有利的。对于一个给定的模塑制品，最有利的合模沿的选择很大程度上取决于 SMC 加工者和模具制造者的个人经验。然而，必须确保避免采用夹紧边（水平合模面）。

1.2.6.2.1　模具定位

模具的定位可分为两个主要任务：

① 上下模具块的定位（初导向）；

② 合模沿的保护定位。

适当大小的导向柱和导向套一般用于上下模的导向，导向柱通常放置在阳模上。导向柱至少要高出阳模最高点 5mm。注入润滑脂的青铜螺栓是替代硬化钢螺栓的合适选择。

为便于剩余树脂和飞边的取出，所开的槽应位于导向套插入孔的端部。由于受标准模具零部件供应商提供的圆形导向柱直径的限制，主要用于大型模具的定位变换形式是采用侧装的导向杆和楔形面（见图 1.83）。它们位于模具的 x、y 轴的中心，考虑到模具的热膨胀，通常设在中间区域。

保持合模间隙不变的最终定位是靠导向板（见图 1.93 中件 4）保证的。它们位于合模沿上方，能够吸收由曲面制品产生的侧向力。

这一侧压力以及不充分的导向可导致合模沿的过度磨损。

在特定的环境中，使用制造平板类或形状简单的制品的模具，可以省去导向块。滑动模板的紧固表面必须是模具的整体部分，不能用螺栓固定。在半模完全关闭前，导向块重合不小于 40～50mm。据证实，带润滑脂、定位在阳模上的定位板也能用于这种情况。当硬化钢制成的导向板用于两半模上时，必须使用润滑槽。

1.2.6.2.2　顶出机构

顶出杆的布置取决于制品的几何形状。为了防止压痕，应考虑使顶出杆顶在筋、轴肩和制品隐蔽的表面。

如果制品结构允许的话，顶出杆直径尽可能大（约 20mm），避免在制品上压出印记来。顶出杆也能提供排气，例如在高的独立凸台和筋处，以防止气体进入。在成型面上，要确保顶出杆不旋转。

顶出板要有足够的刚性，以消除变形。

在大型模具中的顶出板应加热，以防止由于热膨胀造成顶出杆卡住。

驱动顶出板的各种选择有：

① 使用直接连接的液压缸顶出；

② 使用压机平台内的活塞顶出；

③ 使用压机内的脱模机构顶出。

用较多液压缸操作时，建议使用流体分配器，以防止顶出板的翘曲。顶出板的设计必须使它能够达到足够远的位置，并可容易、安全、无损地顶出模塑制品。也可以使用气体将制品顶出来（见图 1.96）。然而，这种方法只有对非常平直和光滑的制品才有效。

据证实，也可以采用阴模内气体顶出与阳模内顶出杆顶出相结合的方法。在这种情况下，气体顶出的作用是消除在模具打开过程中在型腔内形成的真空。这样做也能保证制品滞留在阳模上（即在指定的顶出侧）。

在下一个压制成型循环之前，顶出件必须完全缩回，以避免对模具的损坏。因此，使用限位开关监控加工过程是必要的。

1.2.6.2.3 内凹

由于其复杂性，带滑块模具的制造成本远高于其他类型的模具，而且修模更频繁。所以在制品设计时，要尽可能避免内凹。如果内凹不可避免，就要使用侧抽结构。内侧抽通常由阳模上的顶出板带动（见图1.97）。在阴模上，只能使用液压缸。为了防止压制过程中侧抽件移动，要使用附加锁定滑块作为支撑。如果侧抽是由自锁液压缸带动，就可避免附加滑块的额外成本。这些液压缸的尺寸取决于成型过程中所受的力。

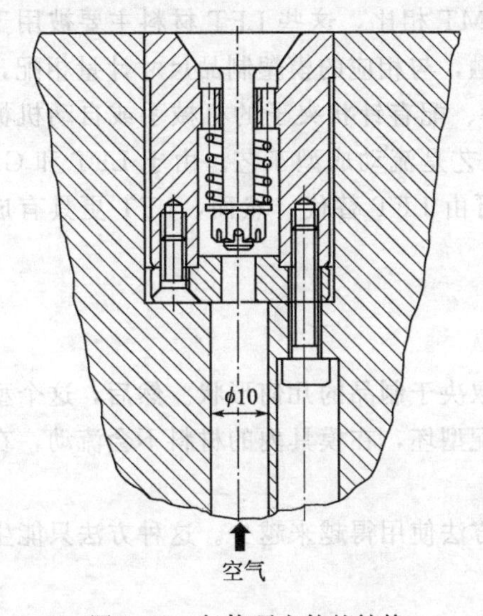

图1.96 气体顶出件的结构

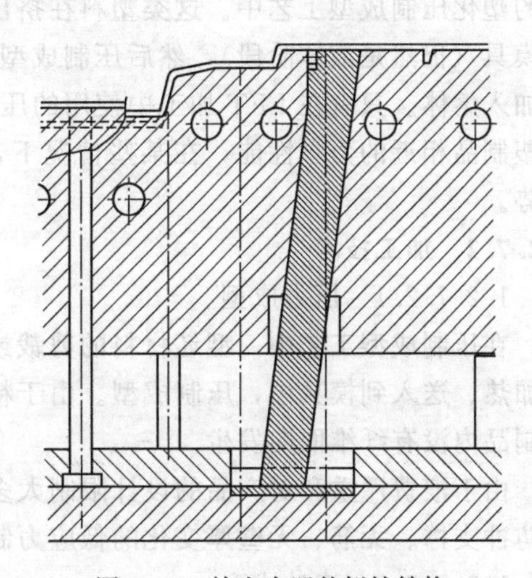

图1.97 抽出内凹的侧抽结构

在任何情况下，侧抽的移动表面必须进行硬化处理，并且要提供相应的润滑。对于复杂、不易于润滑的侧抽，可以选择自润滑材料或采用中心润滑。为了在每个压制成型过程之后吹出树脂余料，建议设置空气通道，以防止侧抽卡住。

大型侧抽应采用单独加热。为了确保操作的可靠性和防止模具损坏，侧抽应该用电子限位开关进行监控。

1.2.6.2.4 加热

如同常规压制模具一样，SMC模具可以采用电热套加热或温和介质加热。加热介质流道距离的设计必须温度均匀，确保最大温差为±2～±3K。为了防止由于热膨胀造成模具合模沿的损坏，阳模的温度应比合模沿低几度。在模具设计时，应仔细斟酌加热通道的位置，使其符合基本原则。加热通道在很大程度上决定了成型周期和制品的质量。在包含有嵌件、侧抽和顶出系统的复杂结构模具中，为了达到温度的最优控制，采用某种折中方案常常是必要的。

对较大模具的温度控制可分为多级、独立、可控加热回路。大型侧抽、剖分模具和嵌件可各自有独立的加热回路，或连接在由相互连接件保留的回路上或连接到主体加热系统上。

其他的回路可使用测温元件监控，并可使用控温仪器控温。相同的原理可应用于电加热模具上。最近几年，可用手三维弯曲的柔性加热元件已经被广泛使用。这些元件可灵活地加热模具外表面。为了减少热辐射损失，建议在阳模和阴模的模架板上放置耐压绝热板，并在模具的最外层包覆反射箔隔热。

1.2.7 GMT/LFT 模具

1.2.7.1 简介

平板状 GMT 是玻纤毡增强、平面、型坯热塑性材料，基础树脂是聚丙烯，使用压制工艺加工。根据要求不同，玻纤质量分数的变化范围为 20%～40%。GMT 制品具有高抗冲击性和相当低质量下的硬度。它们的主要应用领域是汽车工业的衬板和承重支架等非外观部件。

LFT 模压塑料近来已经被市场广泛接受。与 GMT 相比，这些 LFT 材料主要被用于所谓的塑化压制成型工艺中。这类塑料在挤出机中熔融，与相应的模塑制品尺寸计量相配，加入模具（仍然是液体阶段），然后压制成型。可用手、配有针状夹子的机械手或自动机械装置加入熔体。只有在 LFT 加工中使用的压制成型工艺是流动成型工艺。由于 LFT 和 GMT 模塑制品相近的力学性能，在某些情况下，GMT 可由 LFT 替代。然而，LFT 更具有成本优势。

1.2.7.2 加工技术

1.2.7.2.1 压力成型

在压制成型工艺中，型坯材料的剪裁或冲空量取决于制品的几何形状。然后，这个型坯被加热、送入到模具中，压制成型。由于精确的匹配型坯，在模具内的材料不会流动，在模塑制品内没有纤维取向发生。

由于浪费严重和对产品的设计限制太多，这种方法使用得越来越少。这种方法只能生产无防冲支撑、无筋、无壁厚变化的低应力制品。

1.2.7.2.2 流动成型

用于流动成型工艺的加工坯料要小于制品的外形。然而，坯料的调整基于最终制品的质量，这意味着它们要厚于最终制品。坯料通常从储料台中每个循环取出一个，并放入预加热炉的传送带上。然后，它们穿过一台红外辐射或循环空气加热炉中。坯料被加热至 190～210℃。加热后的坯料既可以用手，也可以用加料机构放到钢模具中（使用预定的送入方式），模具温度为 40～80℃。压制成型在并行控制的快速循环的压机上完成，压力为 1500～2500N/cm^2。制品可以手工取出，也可以用机械手取出。

根据制品复杂程度不同，制品可以在冷却台、运输带或水浴中冷却到室温。孔、开口等既可在压制成型过程中由材料流动形成，也可以由后续的操作完成，如冲、钻或铣。

流动成型允许成型带筋、内凹、金属嵌件和内模装饰等复杂制品。现在常用于所有的 GMT 和 LFT 的应用中。

1.2.7.3 模具结构

GMT/LFT 模具设计来源于 SMC 模具技术，仅有一小部分不同。主要差别在于合模沿设计、模具温度控制范围和模具尺寸。图 1.98 展示了 GMT/LFT 模具的合模沿。与 SMC 模具相比，边沿的最大高度仅为 15mm，仅最初的 5mm 作为导入部分。熔融、热塑性塑料的复合材料的黏性决定了合模沿的高度。阳模与阴模之间的合模间隙为 0.02mm，这要求模具的精确导向。合模沿的最终加工及修整应在拔模方向上进行，以便于取出制品。可以不使用硬化处理的合模沿，但应当对合模沿进行火焰硬化处理。用水进行温度控制和冷却，其原理见注射成型模具。在这一过程开始时，模具必须被加热至均匀温度（60～80℃）。在生产过程中，必须通过冷却从模压塑料中带走热量。为了达到均匀的温度分布以便获得高质量的制品，温度控制系统应划分成多个回路，以便单独控制特定区域。这种方法可用于所有上述的高型芯及大侧抽。因为在GMT生产过程中产生的型腔压力比SMC的高，根据使用寿命特别是制品质量，必须考虑模具应具有足够的刚度。试生产模具和试验模具用锌铝合金制造。

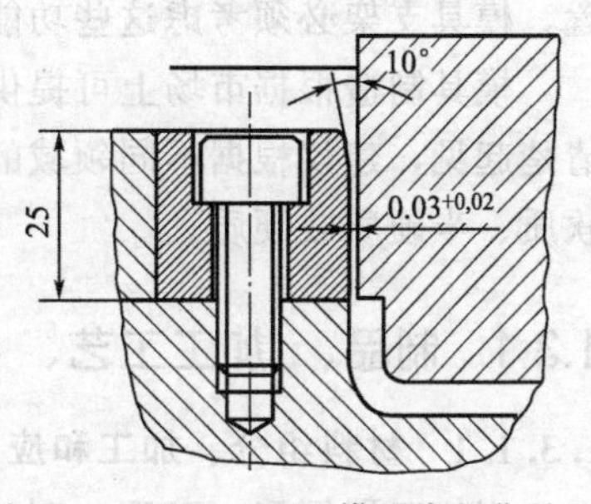

图 1.98 GMT/LFT 模具中硬化处理的合模沿嵌件的典型结构

1.2.8 应用实例

图 1.99 和图 1.100 展示了用于生产平面外壳零件的典型压制模具，它们是一个用来生产汽车发动机室隔板的模具。成型材料为SMC。型腔用增加耐磨性的硬铬镀层。使用的模具钢为 Buderus 2738 mod. TS（HH）（即 26MnCrNiMo6. 5. 4）。在这一情况中，配有凸台的整体带筋和功能性元件在图 1.100 中可清晰可见。

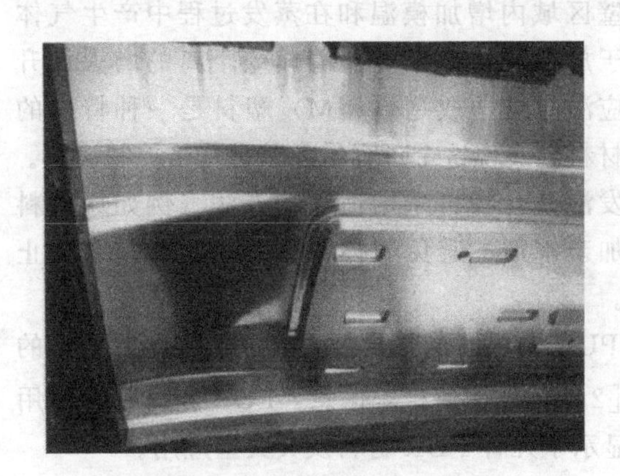
图 1.99 上半模具（由 Buderus Edelstahl 公司提供）

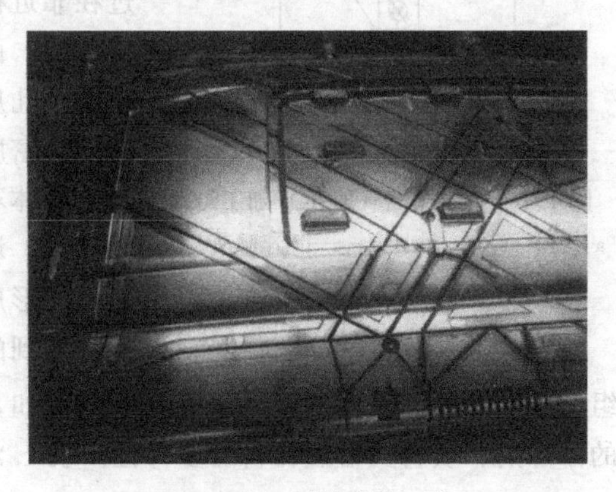
图 1.100 下半模具（由 Buderus Edelstahl 公司提供）

1.3 聚氨酯制品模具

（U. Knipp，U. Maier）

用聚氨酯生产模塑制品的生产工艺主要由以下内容构成：

① 原材料；

② 混合和计量装置；

③ 成型设备，用于固化PUR形成模腔的模具。

当设计模具时，一个关键的功能（可参照其他类型的聚合物材料）是在大型模腔中考虑正确的收缩量，以便生产出精确尺寸的模塑制品。如果在模具中没有开孔、合模和联锁装置，模具支架必须考虑这些功能。

模具制造根据市场上可提供的原材料和应用的不同而采取不同的制造工艺而不同。为了清楚起见，建议根据不同领域的模塑制品选定模具制造工艺。依据应该是发泡制品的硬度、软质、半硬质或硬质。

1.3.1 制品、加工工艺、应用、收缩及模具支架

1.3.1.1 材料组分、加工和应用

当加工聚氨酯（PUR）时，至少有两种组分（聚异氰酸酯和多元醇）在加工温度下是液态的，并可按照生产者的数据表精确计量后充分混合。可按照图 1.101 进行计量和混合，例如，采用搅拌混合头[1]。混合得到的液体充入模腔，发生放热反应（聚异氰酸酯和多元醇的加聚反应），获得 PUR 制品。PUR 发泡制品的制造方法如下：

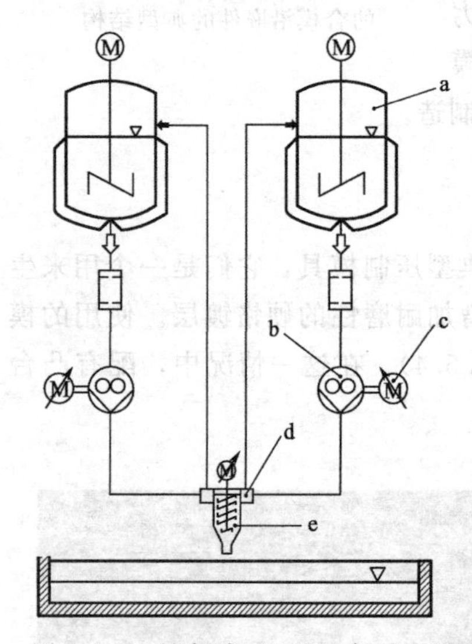

图 1.101 聚氨酯（PUR）加工原理

a—盛料器；b—计量泵；c—调速驱动电机；d—转向阀；e—搅拌混合头

① 在反应过程中释放出二氧化碳（CO_2）气体；

② 低沸点溶剂蒸发；

③ 分散或溶解在至少一种组分中的惰性气体膨胀。

自结皮发泡制品（微孔内芯和几乎密实表层）是通过在靠近模壁区域内增加模温和在蒸发过程中产生气体得到的。由于放热反应，温度随着模壁距离的增大而升高。微孔反应注射模塑成型（RIM）塑料是一种特殊的结皮高密度材料。实现这个过程依靠的是严格控制温度。

固体不发泡混合物可采用适当的方法（例如原材料的排气、填加亲水剂、避免气体混入等）制造，以阻止气泡的形成。

得到的 PUR 塑料性能差异很大，这取决于原材料的组分和加工条件。读者可在这类文献（例如，[2，3]）查到相关信息：PUR 原材料、使用的添加剂、填料及增强材料的多样性。表 1.2 显示了几种 PUR 材料及其典型应用。

表 1.2 利用大家熟知的应用实例、密度及分子结构对聚氨酯塑料分类

结构		线性	部分交联	交联
密度/(kg/m³)	硬度	软质	半硬质	硬质
20～50	匀质发泡	软质 PUR 发泡	半硬质发泡	硬质发泡
		坐垫	仪器面板	电冰箱隔热层
200～700	高密度发泡	软质自结皮	半发泡自结皮	硬质自结皮
		头靠	鞋底	窗框
	密实或微孔			雪橇的芯
1100～1200		弹性体	硬质弹性材料	硬质塑料
		垫,胀圈	汽车风扰流板	
				管套,管子

1.3.1.2 收缩

收缩类型有两种：一种是热收缩；另一种是由反应引起的收缩。较软 PUR 收缩率

＞1.5％；较硬 PUR 收缩率＞0.5％。填充物和嵌件能够减少这种收缩。在确定模具的尺寸之前，必须考虑原材料厂商提供的收缩数据。对于平板结构的制品，收缩不受限制，但对于像盒子这样的框架结构，由于框架的约束影响，收缩总量将要比平板类制品小得多。

当选用纤维增强材料（短玻纤）时，将发生取向性的各向异性收缩。在设计阶段，壳体实心模塑制品的收缩量可用有限元法（FEM）确定[4,5]。

1.3.1.3 模具支架

PUR 模塑制品有许多不同的尺寸和形状。例如，从小尺寸弹簧阻尼器件到大型重型卡车车体，这些部件几乎覆盖全部范围。因此，所设计的模具需要考虑所成型制品的尺寸、形状和功能。生产过程中，模具必须能打开和闭合，并能保持合模状态（承受内部加工压力），如果需要，还应考虑方便人工操作。

对于这些任务有两种不同的解决方案。

(1) 自锁模具（见图 1.102） 当按照上述的模具零件移动和当与模具连接形成一个整体时，使用自锁模具。这种情况通常用于小型模具（例如，汽车仪表盘上小柜盖），这里的旋转运动足以打开模具。

图 1.102 汽车仪表盘上小柜盖的自锁模具（由 Fa. Firmo 集团公司提供，Lotte）

(2) 模具支架（见图 1.103） 在这种情况下，由上、下半模块组成的模具与模具支架构成一个整体。可使用一个比图 1.103“更容易”的模具，因为在模具支架内部能进行移动操作。由于这种模具支架的稳定性和刚度，这种模具结构操作更简单。因此，也可使用标准化模具支架操作其他的模具。特别对于较大的制品，模具支架可以提供许多运动选项，以实现各自的方便人工操作和加工位置。

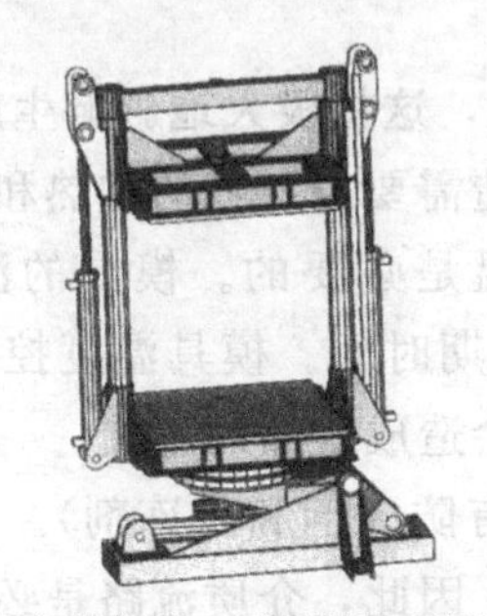

(a) 初始位置，安装模板打开到最大

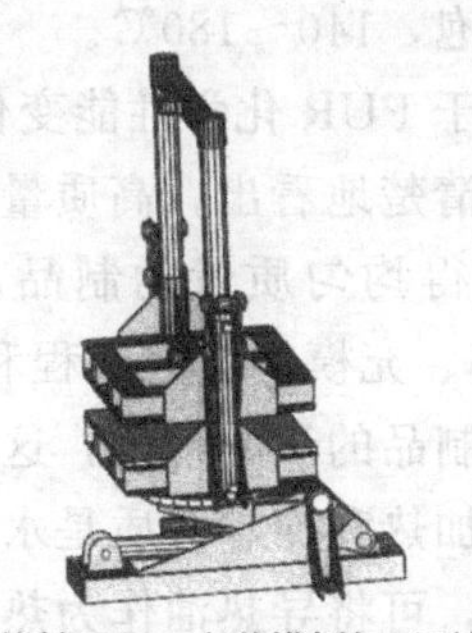

(b) 旋转90°，安装模板打开至最小

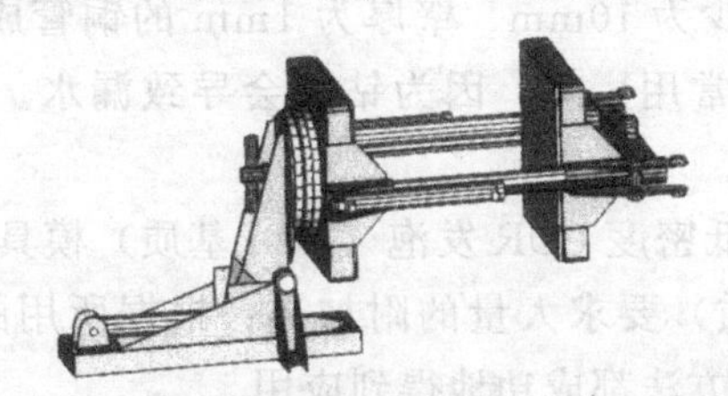

(c) 旋转90°和翻转90°，安装模板打开到最大

图 1.103 双轴旋转的通用模具支架

小型制品的移动通常采用气动驱动，而大型制品的移动则采用液压驱动。近来，电驱动的方法也大量被使用，可实现较高速度、较少的维护以及能量消耗。

1.3.2 低密度 PUR 发泡制品模具

具有均质发泡结构的软质、半硬质 PUR 发泡制品的模具相对来说，第一要求是质量轻。这些制品一般体积大。一个典型的安乐椅坐垫（质量 15kg，密度 $45kg/m^3$）的 PUR 体积（和模具的体积）为 300L；通常由 PUR 发泡材料制得的制品（例如夹层板或冷冻橱柜）的体积相似，甚至更大。

基本样品可在相对简单的模具里制作，例如用胶合板、硅橡胶或环氧树脂。对于工业、机动车制造业而言，这些模具不适用。不仅不能达到频繁地开、合模具，而且由于液态混合物的黏度低，实现密封很困难。

因为模具是通过 PUR 放热反应加热的，快速的周期将导致模具温度过高，以致损坏模具；同时制品侧凹结构的限制将引起应力产生。随时间增加的模具温度常常是制品的可见表面缺陷和各周期之间的物理性能变化的一个原因。因此，即使是生产低密度的 PUR 制品，使用模具必须确保能再现加工参数及尽可能快和自动地操作。

1.3.2.1 工艺参数

1.3.2.1.1 反应温度

在 PUR 制造过程产生的总热量为（取决于材质类型）：

① 软质 PUR 发泡，80～100kJ/kg；

② 半硬质 PUR 发泡，100～120kJ/kg；

③ 硬质 PUR 发泡，210～250kJ/kg。

因此，发泡过程中释放的反应热使制品芯部的温度增加到如下值：

① 软质 PUR 发泡，120～140℃；

② 半硬质 PUR 发泡，110～130℃；

③ 硬质 PUR 发泡，140～180℃。

较大的温差依赖于 PUR 化学性能变化的可能性，这将极大地影响生成的放热量。

从上述分析可以清楚地看出，高质量制品的制造需要对模具的加热和冷却流道的热量设计布置得完善。要获得均匀质量的制品，模具恒温是必要的。模具的温度尤其会影响到 PUR 体系的反应速率、充模、发泡过程和预计的周期时间。模具温度控制不正确也会影响到成型后期的操作和制品的尺寸精度，这些因素也会造成制品的翘曲。

温控回路较好的加热和冷却介质是水（通常加有防腐剂和防冻剂）。当加热温度必须接近或高于水的沸点时，可将导热油作为热交换流体，因此，介质流路是必要的。

在浇铸铝合金前，将直径至少为 10mm、壁厚为 1mm 的铜管成型并放置在模具中，然后再浇铸成型。这样比钻孔（较常用）好，因为钻孔会导致漏水。这些模具通常既大又复杂，因此使用插入的铜管更经济。

按照塑料厂商提供的数据，低密度 PUR 发泡（MDI 基质）模具温度应为（40～50)℃±1.5℃。所谓的热模具（TDI 基质）要求大量的附加热；根据所用的 PUR 体系不同，要求的温度为 140～180℃。下述两种方法都成功地得到应用。

（1）模具穿过管道式炉子　采用这种方法加热，模具结构应忍耐短时暴露在 240℃的高温下。由于这个原因，模具可由焊接金属板材（钢板约 2.5mm 厚、铝板 3～4mm 厚）或铸铝制成，为使热载荷降低，壁厚应尽可能地薄。

(2) 模具加热　除了电磁加热外，模具还可采用液体加热。模具中布置两套管道回路：一个是热油回路；另一个是通冷却水，为的是制品从模具中移出前冷却模具。考虑到温度持续变化而产生的应力，应仔细考虑模具和恒温器上液体管路接头的连接与密封。

在某些情况下，制品的表面是由其他（例如塑料薄片）制成的，然后背面复合上 PUR 发泡材料。这种情况下，均匀的模具温度也很重要，即使这样，由于薄片的低导热性，这是很难达到的。PUR 混合物的流动性和它与表层（薄片等）的黏合性都要求合理均匀的温度（例如：冷藏箱内衬、仪表面板）。由于考虑到生产率低等经济因素，也可以采用其他的方法。在家具工业中，有限数量的大型制品采用软质或硬质 PUR 发泡方法制造。用金属制得的模具价格昂贵，从经济角度考虑是不能接受的。相反，模具采用玻璃纤维增强不饱和聚酯（UP）或环氧树脂（EP）材料，在生产前使用热辐射加热或加热室进行加热。在两到三个周期后，模具达到能够生产的状态。然而，这种方法不适合短脱模周期和更大的操作窗口的模具制造。

1.3.2.1.2　模具内压

每一种发泡材料最重要的特性之一是"自由发泡密度"，即在膨胀过程中不受限制的情况下发泡材料的密度。密度比是在模具确定的空间内发泡得到制品的密度除以自由发泡密度。充模过程中受到的阻力越大，为了使模腔充满发泡材料而选择的密度比就越大。

为了减少密度，提高物理性能（柔软性或绝热性），用于充模的 PUR 发泡材料的密度应尽可能地低。厚壁、形状简单的制品密度比为 1.1～1.5，模腔内部的压力小于 0.5bar。然而，这样的成型条件通常是比较困难的。由薄壁和长流道引起的较高流动阻力，以及增加发泡剂二氧化碳的用量，将导致如下的内压值：

	密度/(kg/m^3)	内压/bar
软质 PUR 发泡	45	<2.0 (30psi)
半硬质 PUR 发泡	70～100	<2.0 (30psi)
硬质 PUR 发泡	25～80	<1.0 (15psi)

出于安全考虑，在设计模具中选用安全系数 100%，以确保在过度充模的过程中无超压现象出现。

上述所列的压力值相对地比塑料其他成型方法（例如注射成型）压力低；但是对于成型面积大的情况，这种不可预测的力相当大。模具面积很容易达到 1m^2，当需要模具操作容易、热量控制，以及低成本要求模具尽可能轻时，也需要考虑这些面积。当有意选择较大密度比时（用于模塑制品的生产），所用的压力值远远超过上述内压值。所期望的内压值（p）可按 $p \leqslant$ 密度比 -1 来估算。

1.3.2.2　充模方法

低密度 PUR 发泡制品的生产有两种不同的充模方法：开模法充模和通过开口或间隙（扇形浇口）的闭模法充模。

1.3.2.2.1　开模法

当打开的模具充入混合物时，下半模必须固定，避免在合模前液态反应混合物从分型线溢出。如果模具位置与固化位置不一致，当充模和固化时，模具位置必须被再次改变。采用新型电控定位模具支架，这一位置的改变是精确、快速和可重复的。为了使制品不产生缺陷（例如孔隙），最好使用机械手来引导混合头，使其接近模具表面。如果上半模很容易地转开，大型混合头的操作就更容易。

当敞开的模具被充模时，由于模具必须有足够的时间闭合，应选用发泡缓慢的混合物。在过去，由于不断改进的驱动装置，“闭合时间”被降至4s。然而，它的固化时间要长于PUR体系的闭模注射成型固化时间。

这种方法的优点是，甚至在模具的生产完成之后，反应混合物的喂料位置以及流道仍然可以改变。这一优点可消除残余气泡，明显改善制品质量。

图1.104 带有直接浇口和锁紧塞的模具（由Fa. Frimo集团公司提供，Lotte）

1.3.2.2.2 闭模法

闭合模具有两种不同的充模方法：或通过孔（直接浇口）（见图1.104）充入反应混合物，或通过在模具分型面中的膜浇口。如果混合头在充模后被移开，该孔用柱塞自动或手动密闭，必须确保浇注残余料能被清理干净。特别是对于较大型制品，混合头可与上半模连通。点浇口的位置选择应该是，物料到达所有流道终端的时间相等。为了降低流动和增加发泡，尽可能地选择模具内很深的位置，这样可避免流体旋转和转移。

壁很薄或结构复杂的制品，可能带有复杂的嵌件，要求每次注射量的总量精度控制在小于1%。对于这些应用领域，最好在分型面上选择膜浇口。

在浇口区域，制品壁厚不能快速增大，否则，将引起流体分离和气体的进入。

在闭模法中使用的PUR体系固化时间较短，因而导致循环时间较短。因此，所需的模具数量相对较少。然而，在完成模具制造之后，改变流道和浇口位置以便生产更好的制品却非常昂贵。开模法和闭模法生产仪表盘循环时间对比见表1.3。

表1.3 开模法和闭模法生产仪表盘循环时间对比

项目	闭模法/s	开模法/s
取出成型制品/插入塑料薄片/支架	135	135
启动机械手	0	2
注入料时间	3	4
移开机械手	0	2
合模时间	5	5
固化时间	60	113
总计	203	261

1.3.2.3 排气

发泡前模具内的气体必须能够被无明显阻力地排除（例如低压）。较高压力将导致制品不期望的高密度。在充模的开始阶段，混合物流入型腔的最低处，这个区域必须密不泄漏，因为在这个时刻混合物的黏度为200～800mPa·s（可与很轻的润滑油相比）。发泡混合物将气体向上推，并在流道的末端和模具的最高点必须能溢出。但是不能溢出到发泡材料上。

排气可有两种对照类型。

一种是发泡材料直接与模具表面接触。发泡剂防止黏着并允许固化后脱模。通过分型面或排气孔排气。分型面必须配合良好，只有最少量的边。因为与反应混合物的黏着和在脱模过程中可能的损坏，软质密封几乎不能使用。因此，软质密封必须经常更换。排气孔（在最高点）应该尽可能地小，使在固化过程中泄漏的发泡材料最少（随着反应而增加）。由过滤材料或开孔发泡材料制成的所谓的“消泡器”也可被使用。图 1.105 展示了一个销钉，用于固定一个带有开孔结构的密封元件。气体可排出，而发泡材料（由于它的黏性和增加的弹性）可密封多孔排气缝隙。每次循环后，这些密封元件都必须被更换。实例包括汽车内部的隔热部件。

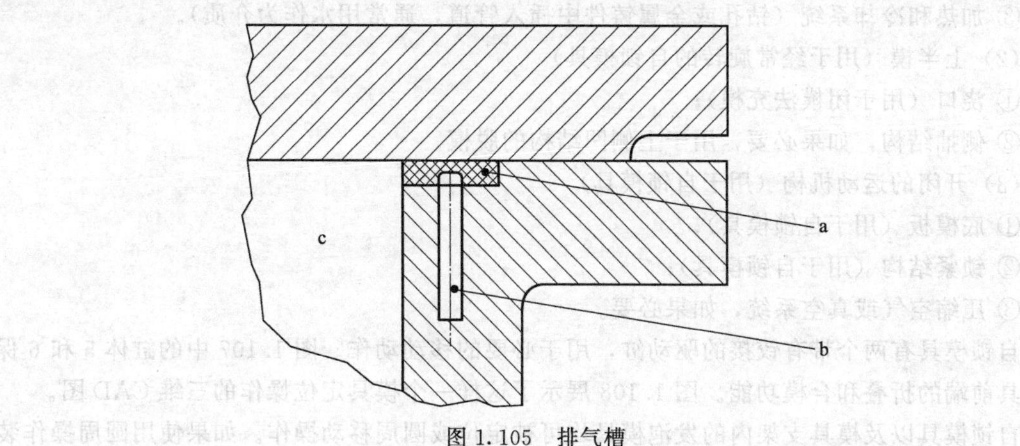

图 1.105 排气槽

a—带开孔的密封元件；b—支撑销；c—模腔

另一种方案是采用排气阀，依据所受压力打开和关闭排气孔[6]。

另一种排气类型是，在一个或两个半模中插入塑料薄片或硬质嵌件的背面发泡。实例为高品质的汽车内部装饰、仪表盘、手套箱以及门板。软表层或薄片被插入到下半模中，因而在发泡制品表面得到软触摸表层。由注射模压塑料、复合材料或其他材料制成的硬质骨架被放置在上半模中，它可满足所需的刚度。在膨胀过程中，发泡材料替换空气，空气从薄片和骨架之间的缝隙溢出，并在模腔的合适位置排出。

只要发泡材料到达合模沿，薄片和硬骨架之间的缝隙就可被密封元件闭合，因此发泡材料不可能泄漏（见图 1.106）。在关闭所有的密封元件后，压力上升可得到所需的发泡结构。固化后，密封元件打开缝隙，释放出空气和反应气体。这种方法可生产出高质量的模塑制品。环状材料制成的排气孔已经证明是理想的密封元件。它们成本低廉、使用寿命可达 10000 次。危险位置是，由于模具被剖分为几个零件而使密封件必须被打断的地方。高质量的密封系统可在这些打开和闭合的区域提供一个均匀密封缝隙。

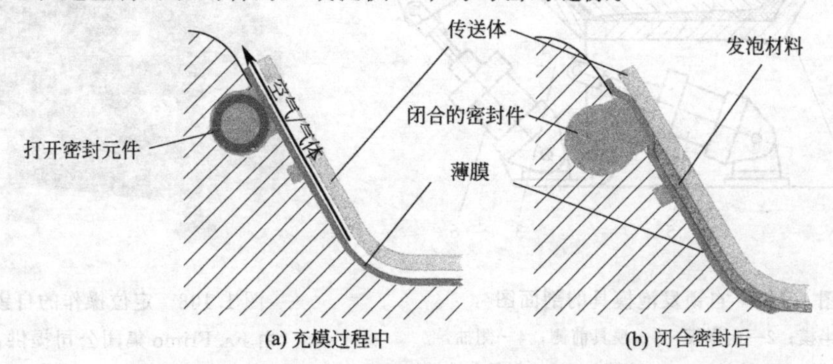

图 1.106 在发泡模具背面内的可排气密封件（由 Fa. Frimo 集团公司提供，Lotte）

1.3.2.4 模具结构

如在 1.3.1.3 节中所述那样，模具结构可分为自锁模具和安装在模具支架上的模具。

一套发泡模具可由下列组件构成：

(1) 下半模（固定自锁模具）

① 移动元件，用于脱模（搭盖，滑块）；

② 脱模辅助件（顶出件）；

③ 加热和冷却系统（钻孔或金属铸件中插入管道，通常用水作为介质）。

(2) 上半模（用于经常旋转的自锁模具）

① 浇口（用于闭模法充模）；

② 侧抽结构，如果必要，用于上侧凹结构的脱模。

(3) 开闭的运动机构（用于自锁模具）

① 底模板（用于自锁模具）；

② 锁紧结构（用于自锁模具）；

③ 压缩空气或真空系统，如果必要。

自锁模具有两个带有铰接的驱动缸，用于必要的移动动作。图 1.107 中的缸体 5 和 6 保证模具前端的折叠和合模功能。图 1.108 展示了这样一个模具定位操作的三维 CAD 图。

自锁模具以及模具支架内的发泡模具均可被定位或圆周移动操作。如果使用圆周操作装置，明显的特点是有两个圆台和常规的传送系统（见图 1.109）。特别是当使用传送系统时，模具支架的设计必须与这种装置匹配。圆周移动装置特别适合于大批量、小型或无变化制品的生产。定位操作装置非常灵活，由故障或维修引起的停工时间较短。将圆周移动或定位操作制造结合起来，可组合它们两者的优点。

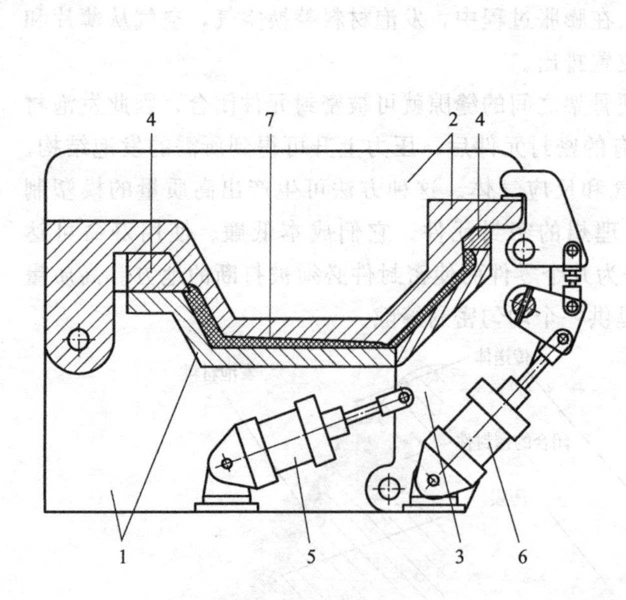

图 1.107　自锁发泡模具的剖面图

1—下半模；2—上半模；3—模具前侧；4—侧抽，搭盖；5—旋转缸；6—合模缸；7—制品

图 1.108　定位操作的自锁模具

（由 Fa. Frimo 集团公司提供，Lotte）

1.3.2.4.1　合模系统（缺内容）

使用合模机构使自锁模具保持紧闭，以避免上、下模的任何移动（见图1.110）。

1.3.2.4.2　开合模机构、辅助脱模件

依据对操作的要求（放置嵌件，使用脱模剂）和与移出制品相关的理由（见图1.111），开、合模机构有几种形式：

图1.109　两个圆台（2）和两个定位工作台（1）的装置（由Fa. Frimo集团公司提供，Lotte）

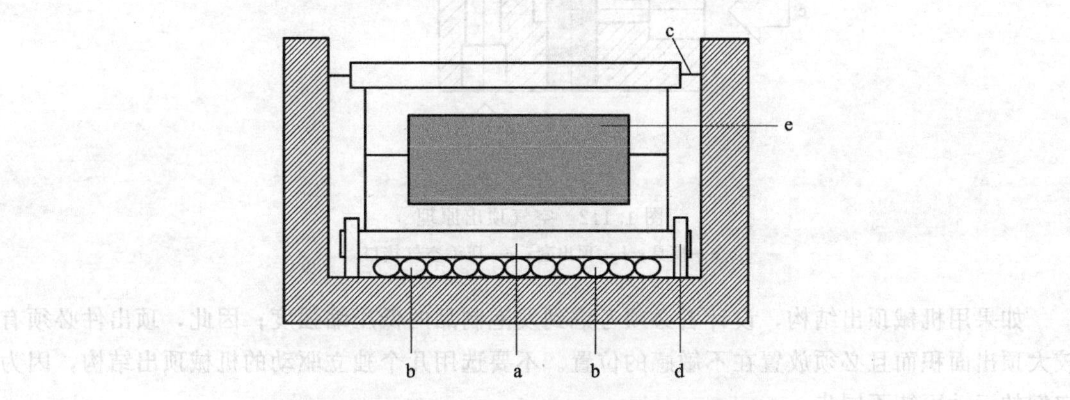

图1.110　使用压缩空气接管的模具合模原理

a—下半模；b—压缩空气接管；c—铰接/自锁结构；d—导向件；e—模塑制品

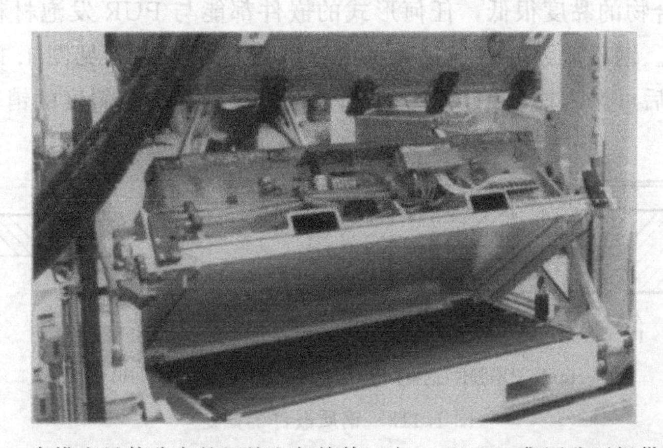

图1.111　合模力最佳分布的压缩空气接管（由Fa. Frimo集团公司提供，Lotte）

① 围绕铰链摆动（尤其适用于小制品生产）；

② 平行地开模和合模（多用于板类制品，无需操作人员的直接干涉）；

③ 先平行开模，然后摆动（尤其适用于大型复杂制品，要求在模具上进行手工操作）。

尽管使用脱模剂，发泡材料在模具还是不可避免有一些黏着。发泡制品的线性收缩也隐含在制品移出的过程中。如果形状复杂，这将导致收缩到型芯上。在模具和制品之间也存在着真空，这也必须克服。

如果垂直于分型面的面具有至少1.5°的拔模角，将有助于脱模。气动（空气）顶出可保护制品表面，但在顶出过程中制品可能容易被卡住。因此，这样的空气顶出结构只能用在非常困难的位置。为了防止反应混合物与空气顶出件的黏结，顶出件的设计必须考虑使压缩空气顶出制品与活塞复位同步（见图1.112）。

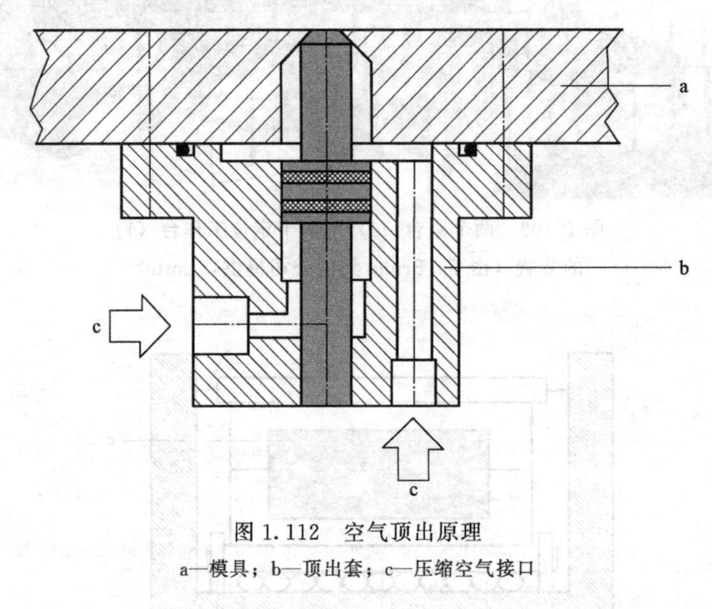

图1.112　空气顶出原理

a—模具；b—顶出套；c—压缩空气接口

如果用机械顶出结构，设计者必须考虑到发泡制品的低压缩强度；因此，顶出件必须有较大顶出面积而且必须放置在不敏感的位置。不要选用几个独立驱动的机械顶出结构，因为它们的运动可能不同步。

1.3.2.4.3　嵌件的固定

由于PUR混合物的黏度很低，任何形式的嵌件都能与PUR发泡材料结合。嵌件不必非放在分型面不可。钢质增强件可通过永久磁铁和定位销固定（见图1.113）。用于固定覆盖材料的钢丝，随后可嵌入槽中，该槽位于周边经圆滑处理的带斜度的销和筋的顶部。

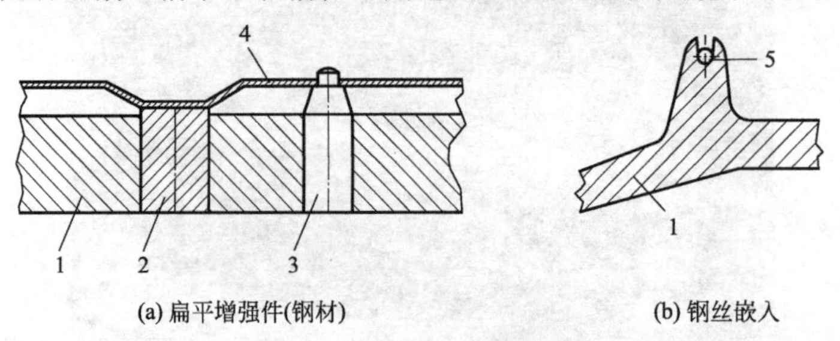

图1.113　钢质嵌件的固定

1—模具；2—永久磁铁；3—定位销；4—钢质嵌件；5—钢丝嵌入槽内

1.3.2.5　软发泡 PUR 模具[7,8]

对于机动车座垫，采用两种不同的 PUR 混合物同时或一种紧随另一种充入到打开的模具中，形成不同硬度的 PUR 发泡材料，生产出所谓的“双硬度座垫”。为了舒适的原因，座垫的表面比芯部硬。在充模的开始阶段，分隔壁阻止两种黏度很低的反应混合物的结合，分隔壁在侧面和中心之间形成槽（见图 1.114）。这些槽后来用于固定纺织座垫套。

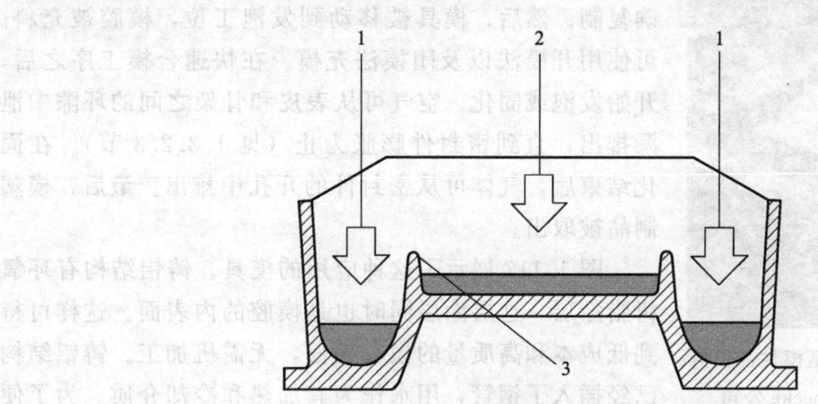

图 1.114　“双硬度座垫”模具设计原理

1—反应混合物 1；2—反应混合物 2；3—分隔壁“垫管”

在座垫生产过程中，一般都要使用排气孔。典型的排气孔位于距平面或略有凸面的覆盖层 70～90mm 处。排气孔即为锥形凸台顶端的小孔。它们既可以是在铸铝的平面或凸面模具覆盖层上直接钻的孔，也可以是通过在覆盖层上拧上标准排气嘴（见图 1.115）。使用排气嘴的好处是当更换材料或由于操作不当造成损坏时，很容易再更换一个较小的排气嘴。

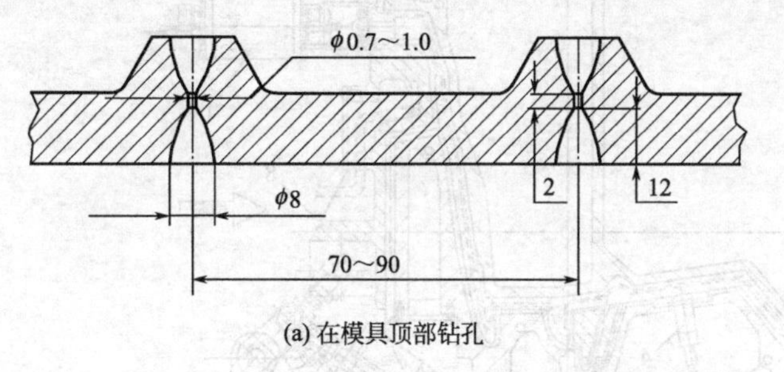

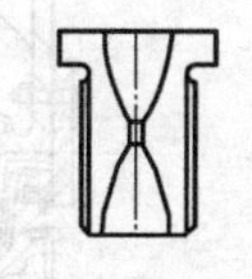

图 1.115　发泡 PUR 模具的排气

考虑到节能和降低模具成本等经济因素，模具覆盖物的壁也能做得很薄。每个周期后排气孔都必须清理。为保证下个循环的排气正常，排气嘴里的很小溢出物应该手工清理出去。显然，在分型面设置排气是最佳方案。这些排气的应用例子见图 1.116，图中所示为一长椅座垫模具和一单座座垫模具。

1.3.2.6　半硬质发泡模具

高质量的发泡汽车内装饰零件由三种组件构成：表皮或塑料薄片，这将赋予模塑制品诱人的光学效果；硬质骨架，它将赋予模塑制品的稳定性；发泡层，它将确保软触摸感。表皮实际上是预成型制件，其制成的方法通过模具用 PUR（喷涂、浇铸或喷洒表皮，以及聚氯乙烯［PVC］）生产使用 PVC、热塑性聚烯烃（TPO），或其他材料进行热成型。作为一种骨架，可选用由注射成型聚合物制成的制件或含有长纤维的较高密度硬质 PUR 发泡制件或

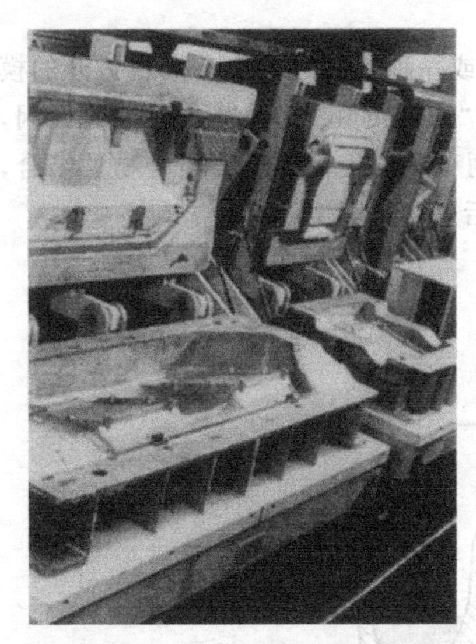

图 1.116 汽车坐椅成型模具：长椅和单座（由 Fa. Hennecke 公司提供，LotteSankt Augustin）

用于增强和降低热膨胀的玻璃毛毡。用天然纤维或纤维毛毡常常也可增强这些制件。

生产过程开始时，将表皮放入下半模中，并将骨架固定在上半模内。模具放置在便于操作的最佳位置。人工放入表皮时必须特别注意：发泡时小圆弧必须能被精确复制。然后，模具被移动到发泡工位，模腔被充料。可使用开模法以及闭模法充模。在快速合模工序之后，开始发泡或固化。空气可从表皮和骨架之间的环隙中泄漏排出，直到密封件膨胀为止（见 1.3.2.3 节）。在固化结束后，气体可从密封件的开孔中排出。最后，模塑制品被取出。

图 1.117 展示了这种应用的模具。铸铝结构有环氧树脂涂层，这层涂层同时也是模腔的内表面。这样可得到低成本和高质量的模具表面，无需机加工。铸铝结构已经插入了钢管，用水作为其加热和冷却介质。为了便于精确地取出制品，较大的顶出件被安装在下半模内。采用真空可使表皮固定在下半模上。为了得到最佳的真空分布，真空室可设计在下半模中，真空室可通过小钻孔与模腔连通。

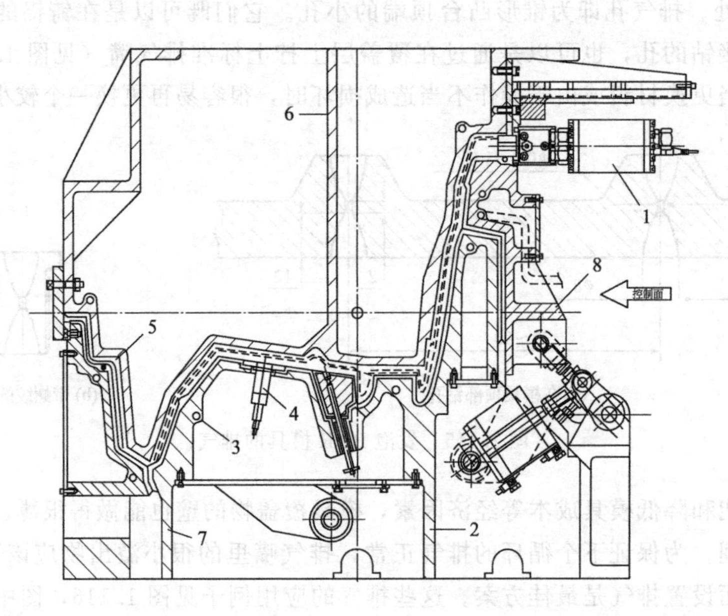

图 1.117 配有混合头和膜浇口的背面发泡模具的剖面图（由 Fa. Frimo 集团公司提供，Lotte）

1—混合头；2—铸铝结构；3—加热/冷却流道；4—顶出件；5—模腔；6—上半模；7—下半模；8—可折叠模具-前端

图 1.118 展示了一个模具支架结构、模具和控制装置，以及操作面板。这种通用模具支架可适用于不同模具的每个必要的位置。使用在下半模内的压缩空气接管控制合模（见 1.3.2.4.1 节）。

图 1.118 配有模具支架的仪表盘-发泡模具
（由 Fa. Frimo 集团公司提供，Lotte）

1.3.2.7 硬质发泡 PUR 模具

冰箱、冰柜、热水箱和汽车的上部结构用 PUR 硬质发泡材料发泡成型，现在已经全球标准化。

其理由如下：

① 在所有可用的隔热材料中，PUR 硬质发泡材料具有最低的热导率；

② PUR 发泡结构与表层的长效黏结性及导致的夹层结构提供的复合结构，具有良好的内在刚度和部分承载能力。

冰箱/冰柜可采用发泡固定架制造（见图 1.119）。冰箱的预成型箱体是由一个塑料内壳（内衬）构成的。喷漆钢板侧壁、顶盖和涂敷铝箔作为漫射层。对于后壁，可采用塑料膜、纸和钢板。采用输送系统（齿形输送带）将这种不牢固、中空部件送入发泡固定架中。型芯（通常由铸铝制成）放入塑料内衬里，放置时既可以通过降低型芯，也可以通过抬高冰箱箱体完成。

图 1.119 冰箱发泡固定架（由 Fa. Hennecke 公司提供，Sankt Augustin）
a—型芯；b—侧壁；c—传递轴；d—前壁

经过脱模过程，略微倾斜的侧壁支撑结构被楔形边锁定。上下半模可被机械力或液压力压到侧壁上。采用一个相连的混合头或机械手驱动（可移动）混合头，PUR 硬质发泡材料充入到闭合的模腔中。充料口被设置在不可见区域（常常在正对压缩室区域），因此，反应混合物具有最短的流道，混合头易于接入。

当对冰箱排气时，不是对发泡固定架排气，而是针对注射发泡材料的箱体排气。在箱体的最高点位置上，钻有 2～3mm 直径的多个排气孔。纤维毡片被黏结在排气孔的下方，以避免发泡材料溢出。

冰箱和冰柜发泡固定架是非常大的，并可适用于不同的尺寸。该支架可操作型芯和四周壁面的移动以及成型箱体的移动。由于压力低和对快速移动大型零件的高要求，同步螺旋驱动（见图 1.120）与锁定锥形边相结合使用，特别适用于这些机构。

型芯（见图 1.121）和四个侧壁元件由铸铝制造。型芯和侧壁可加热或加热与冷却。侧壁用肋条支撑，在大约 0.7bar 的压力下保持小变形。计算刚度使变形量保持在 0.5mm 以下，以保持良好的密封性。屈服应力安全系数应该取 2。采用空气顶出件对型芯脱模。用于冰箱的型芯略微有点锥度。为了固定内壳箱体，型芯也已经钻有真空排气孔和空气顶出件(用于取出箱体)。如果塑料内壳箱体有侧凸结构，滑块被连接在支撑型芯上（见图 1.112)。

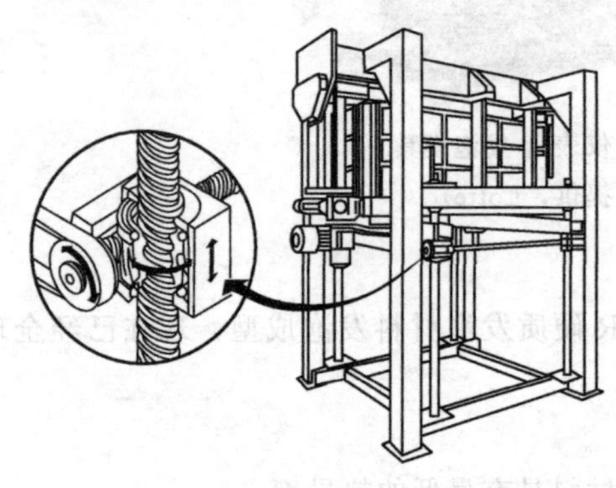

图 1.120 螺旋驱动（由 Fa. Hennecke 公司提供，Sankt Augustin）

图 1.121 带有内部剖视结构的支撑型芯（由 Fa. Hennecke 公司提供，Sankt Augustin）

除了上述描述之外，还采用了冰箱的固定式生产、循环传递系统以及更多的新概念[9]。模具将经过一台计量、混合机器。充模可以从顶端和底部进行。

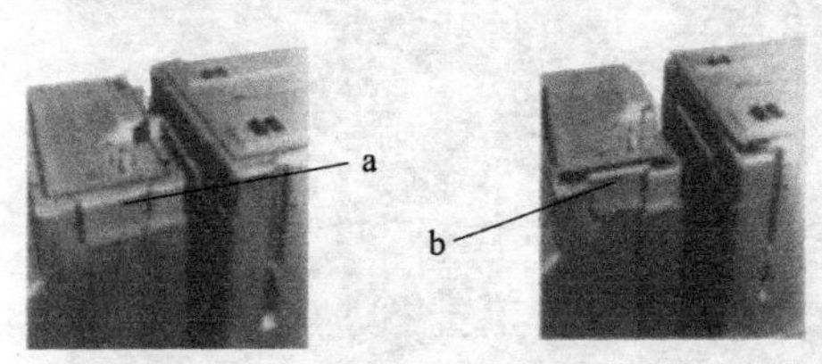

图 1.122 具有支撑型芯的可移动滑块（由 Fa. Hennecke 公司提供，Sankt Augustin）

a—发泡位置的型芯，滑块缩回；

b—顶出位置的型芯，滑块伸出

带有热水加热器的模具结构更为简单。型芯本身就是一个钢制水箱。其外部形状可由一台两件或三件套的发泡固定支架形成。类似于冰箱片材的生产，钢制水箱、外支撑壁以及模具必须预热，以避免产生发泡结构中的缺陷和与壁面粘接的缺陷。

冷藏车上层结构用模具是板状支撑结构。由于该板尺寸较大（能达到 $20m^2$），尽管由发泡产生的压力较低，但在模具支撑上仍然存在着较大的反作用力。由这种大的反作用力引起的必要的加固并不会影响到支撑模具结构的操作。

1.3.3 结皮发泡（自结皮发泡）PUR 模具

1.3.3.1 工艺参数对模具结构的影响

要想得到期望的自结皮结构（表层为坚固的覆盖层，芯部含有微孔）材料，基本前提是型腔充模过程中不能进入气泡，并且排气良好。这就要求使用浇口和排气，同时在发泡过程中要正确地放置模具（相对重力的空间定位）。该发泡内压要比低密度 PUR 发泡时高。典型数据如下：

密度/(g/cm³)	0.3	0.7
内模压力/bar	3.0	7.0

1.3.3.1.1 温度控制

为了保证得到较好的表层，模具的温度控制非常重要。依照材料供应商的资料，温度必须控制在±1.5℃内。与低密度发泡模具相比，必须从模具移走的反应热要大得多，见表1.4。

表 1.4 单位体积的反应热 单位：kJ/m³

密度/(kg/m³)	50		500		1100	
	a	*b*	*a*	*b*	*a*	*b*
软质	5000	(1)	50000	(10)	110000	(22)
半硬质	625025	(1.25)	62500	(12.5)	137500	(27.5)
硬质	125005	(2.5)	125000	(25)	275000	(55)

注：*a*＝绝对值；*b*＝将软质发泡作为1的相对值。

上述反应热值是在1.3.2.1.1节表明的计算基础数据。很明显，硬质发泡PUR模具比软质发泡PUR模具所经受的反应热量更多。另外，自结皮制品的壁通常较厚，同时热导率比密实或微孔制品的低。因此，需要传递到模具上的热量更多，成型周期更长。模具温度通常达到55～65℃。表1.4也说明，用适中或低热导率的材料在模具中成型较低密度的PUR发泡制品的成功经历是不能用于高密度范围内的硬PUR制品成型。

1.3.3.1.2 分型面、顶杆和侧芯/侧抽的密封

模具支架合模力的确定是按照在安装模板上的表面压力仅为5～10bar确定的。在上下半模之间分型面上的接触面只是安装模板的一部分，这意味着，在分型面上的接触压力更高。要想增加接触压力确保模具关闭得紧，可通过阶梯式分型面结构来减少接触面积（见图1.123），因此会在分型面上建立更大的比压。在设计中，这种表面压力必须考虑到。

侧面上具有足够拔模角的平面制品不需要附加的脱模装置。软质和半硬质自结皮制品可由压缩空气顶出。硬质PUR自结皮发泡制品的顶出是靠机械结构或液压结构操作顶出杆(见图1.124)。顶出杆由硬化钢套导向，配合公差为H7/f7。

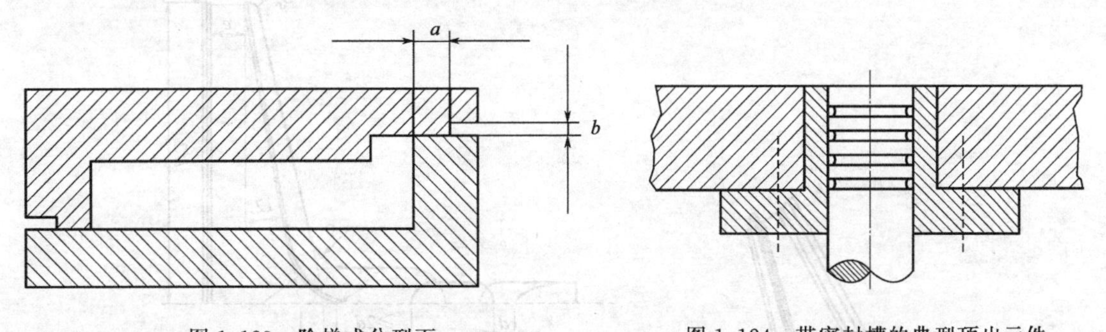

图1.123 阶梯式分型面

a—6～12mm（钢），12～20mm（铝）；*b*—>2mm

图1.124 带密封槽的典型顶出元件

当第一次成型操作时，液态混合物穿过销与套之间的间隙，充入到槽中。此后，发泡材料起到密封的作用。当使用多个顶出件时，将所有的顶出件安装在一个通用的导向顶出板上，能够避免翘起。

上述的槽密封原理也可用于这些元件中。对于优先使用的铝制模具，相应的顶杆、芯抽

和滑块用钢制成，包括它们的套，并被嵌入“软”模具中。

1.3.3.2 浇口

正确的浇口定位设计可保证反应混合物快速充模，并且不会带入气泡。之所以要避免气泡是因为在发泡过程中其尺寸要增大，并因浮力上升到制品表面。它们能够在制品表面附近造成钉头大小的钉孔或像小扁豆样的轮廓印。这将会造成废品或至少需要繁琐的后期处理工作。高压混合头以10m/s的速度将反应混合物从一圆孔射出。在流道系统中，速度可被降低，反应混合物可增加混合。浇口处的流体应当直接对着下半模。

在许多浇口设计方法中，有两种引人注目：一种是带交流阀的节流浇口；另一种是直浇口[4,5,11]。表1.5展示了一个经验证的结构，从分型线注入反应混合物。此表中给出的尺寸对于浇注管道直径为10mm的混合头是有效的。对于其他直径，尺寸必须相应调整，因此，另外的表格是可以利用的。

表 1.5 带节流阀的节流浇口的尺寸

混合头直径/mm	流速/(cm³/s)	调节棒尺寸/mm 在调节棒处速度/(m/s) 15	25	35	流道尺寸/mm										浇口尺寸/mm		流道填充速度/(m/s)
a	*Q*	*b*			*d*	*e*	*e*₁	*f*	*g*	*h*	*k*	*L*	*r*	*R*	*l*	*s*	*v*
								15.0							100		1.6
	200	2.8	2.0	1.6											130	1.3	1.2
	325	3.9	2.7	2.2											100	1.3	2.6
															130		2.0
10	450	4.9	3.4	2.7	5.0	7.5			10.1		0.6		0.5		100	1.3	3.6
															130		2.8
	575	5.9	4.1	3.2											100	1.3	4.6
															130		3.5
	700	6.8	4.7	3.7											100	1.3	5.6
															130		4.3

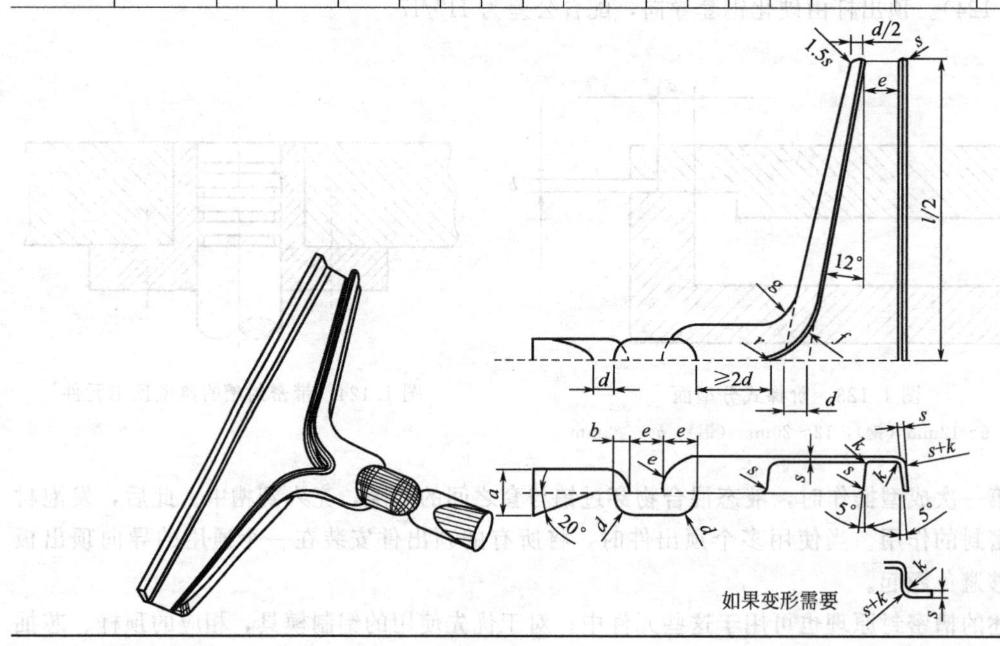

当混合头与模具连接时，流动混合物的喷射不应从漏气点吸入气体。因此，反应混合物不应以自由射流注射到模腔中（见图 1.125）。流体至少应该与一个模腔的壁面接触，最好是后侧的可见制品表面。

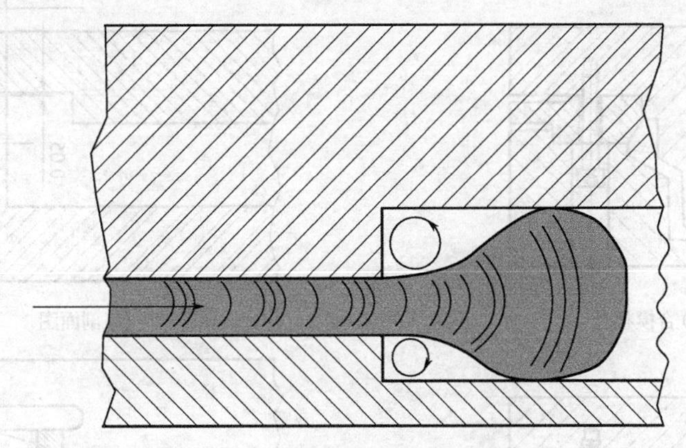

图 1.125　流道的突然加宽造成的气袋

如果模塑制品的壁厚较小和混合头出口管在制品表面上的可见痕迹可被接受，只能使用直接浇口充模。如果在流速已经减少区域内的制品壁厚不会突然增加，将不会造成湍流及气袋现象（见图 1.126）。

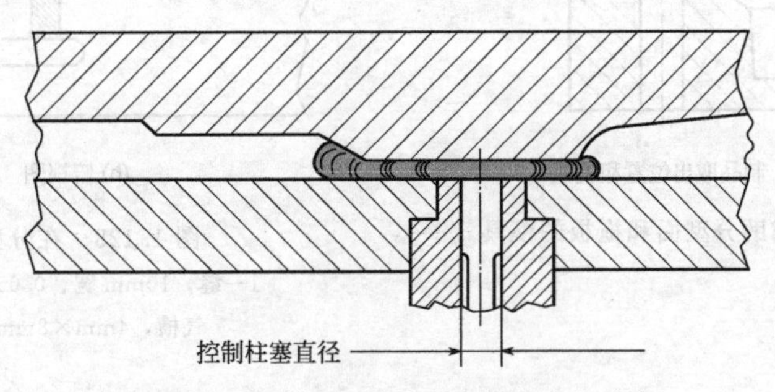

图 1.126　直接充模浇口示意图（喷泉流动）

PUR 体系良好的流动特性也允许使用多腔模具，在这种模具中，模腔先后被充满，首先为薄壁制品充料。连接的流道尺寸应足够大，以防流动中的阻流效应（压力降低，高流速）。对不同尺寸的几个模腔平行充模，需要对每个流道进行平衡流动设计[11]。

1.3.3.3　排气

发泡反应混合物必须充入整个型腔里。在充模开始之前，必须用发泡材料把型腔内的气体顶出，以避免制品出现任何成型缺陷，即使在排气区域也应如此。

在分型面上最高位置排气是通用原则。很多情况下，制品的形状不允许在分型面完全排气。这时，需要用拖板作为辅助分型面（见图 1.127）。这样大大增加了模具的成本，脱模剂用量增多，模具清理工作量加大。在进行设计时，制品设计者应当意识到这样会使成本增加！

排气的最好方法是在下半模的分型面上磨出一个宽 10mm、深 0.05mm 的排气缝。这些缝与型腔相连形成排气槽，一直通到外面（见图 1.128）。在这样缝隙中压力降较低，并且如果需要，可以磨出多条缝，以便在开始充模时进一步减小压力降。由于在流道终端，混合物的黏度已经很高，浅的排气缝能阻止塑料从这些缝隙中流出。在较高的压力下，产生的飞边较小，但飞边很容易被清除，由于飞边厚度仅为0.05mm，将不会影响自结皮。

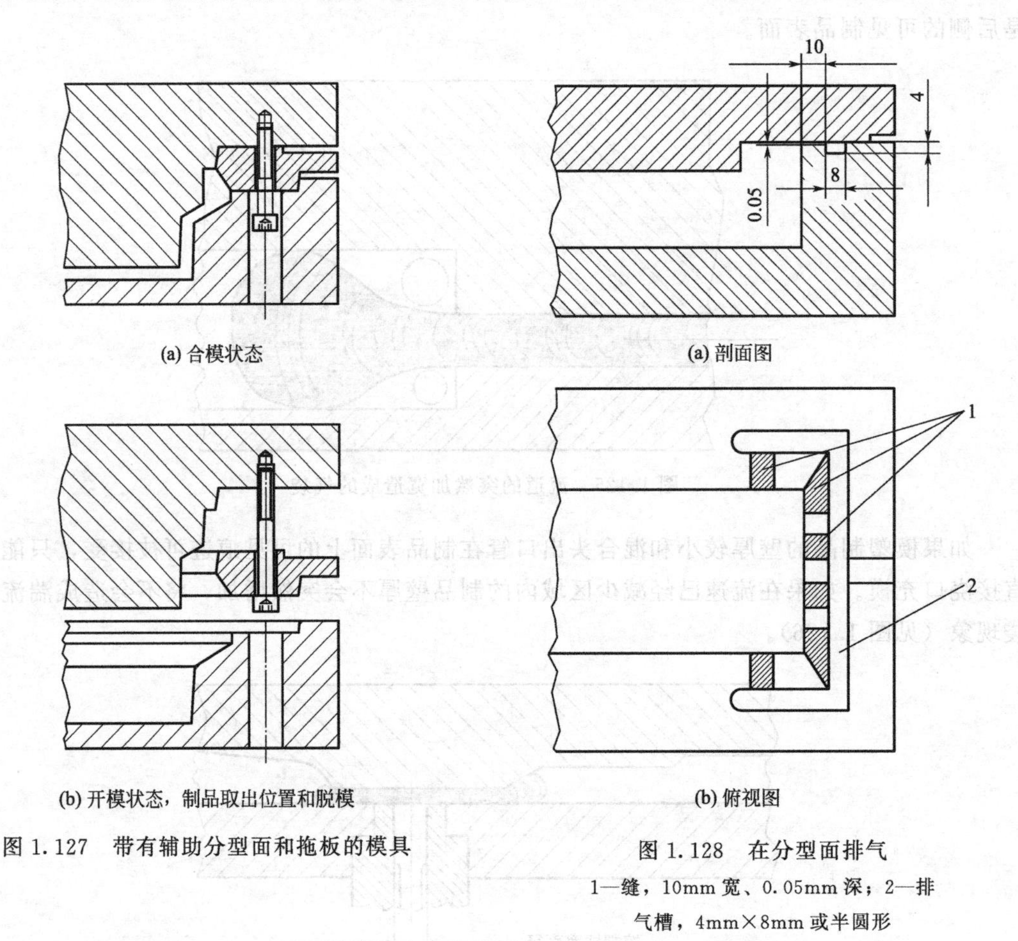

(a) 合模状态

(b) 开模状态，制品取出位置和脱模

图 1.127　带有辅助分型面和拖板的模具

(a) 剖面图

(b) 俯视图

图 1.128　在分型面排气

1—缝，10mm 宽、0.05mm 深；2—排气槽，4mm×8mm 或半圆形

1.3.3.4　软质结皮发泡模具

软质结皮发泡 PUR 模具用于摩托车座垫、遮阳板、简易座垫的生产。这些大型模具通常由两件构成。为了能排气，环形头枕的模具需要有辅助分型面，它通过铰链安装在其中一个模具的半模上。

这些模具通常由铝制成，常常配有雕刻工序。对于高产和复杂的表面形状，有时采用在铸铝背面电镀造型（镍/铜）。

模具通常采用开模法充模。在充模和合模之后，模具转到排气位置。在发泡过程中，塑料对晃动非常敏感，所以模具的摆动通常由液压控制在低加速度下进行。经由分型面很容易实现排气。

1.3.3.5　半硬质结皮发泡模具

典型的半硬质结皮发泡 PUR 制品有方向盘、扶手、扰流器、啤酒桶外壳，尤其是鞋底。这些制品对模具的质量要求很高，因为制品的所有表面都是可见的。应仔细考虑设置浇口和排气的方法。最好是从底部开一扇形浇口，在模具的最高点的分型面排气。这些措施可用于方向盘和环形扶手的生产（见图 1.129）。

如果不能使用附加混合头或开模法充模，必须在模具的最低点通过扇形浇口进行充模。

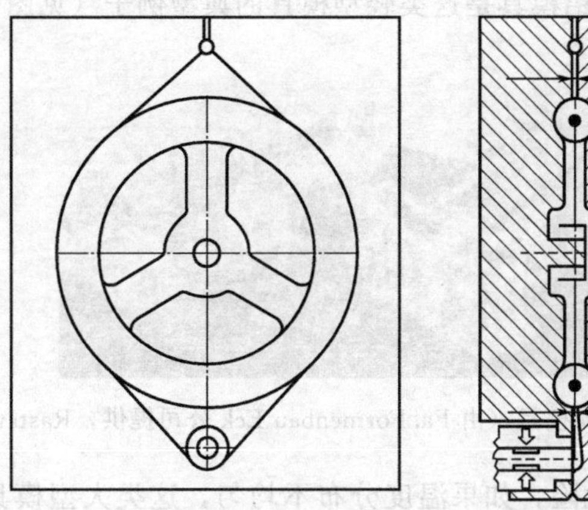

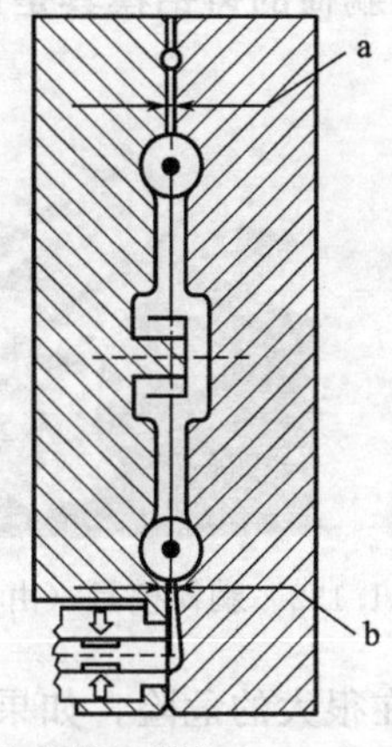

图 1.129　典型方向盘模具的充模与排气

a—排气口 0.1～0.2mm；b—浇口尺寸 0.1～0.3mm

这样的充模如同在分型面中向下的浇铸工艺。这种结构中混合头必须被对接，流道和扇形浇口被放置在分型面上，并且必须与制品一起脱模。

由铸铝或锡合金制造的简单的鞋模具从顶部浇铸充模。在闭模法充模中（见图 1.130），两部件模架闭合（充模）并在轴上密封。

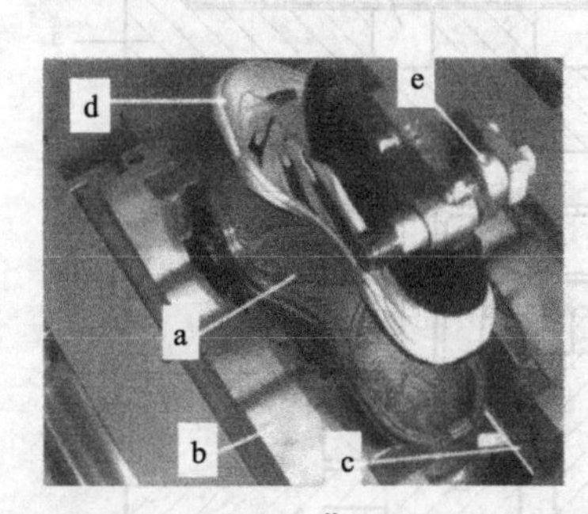

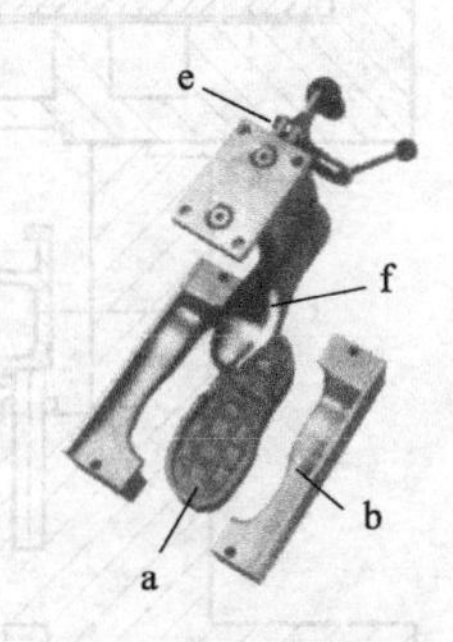

图 1.130　运动鞋模具（由 KLÖCKNER DESMA Schuhmaschinen 公司提供，Achim）

a—钢印；b—模支架；c—注射通道（流道）；d—转轴；e—旋转铰接；f—鞋楦

混合头出口对接在浇口区域，并向模塑型腔内注射反应混合物。接着，钢印沿转轴方向从底部移至内底和鞋底厚度的设定位置。钢印翻过浇口区域的流道，并闭合型腔。

图 1.131 展示了一台鞋底生产装置，配有一套旋转台机器，装配了模具支架、脱模剂喷洒装置和 PUR 反应混合物的计量装置。

图 1.131　鞋底生产装置（由 KLÖCKNER DESMA Schuhmaschinen 公司提供，Achim）

1.3.3.6　硬质结皮发泡模具

大尺寸是这类制品的特征。质量超过 35kg，密度为 0.5g/cm³，模腔可能需要 70L（例如音箱外壳）。2m长躺椅的铸铝模具是这类轻型模具的典型例子（见图1.132）。

图1.132 躺椅模具（由Fa. Formenbau Eck公司提供，Rastatt）

（这类制品）存在很大的危险，如果温度分布不均匀，这类大型模具将出现翘曲。模具支架强度不能克服这种翘曲。因此，非常重要的是不仅要控制实际型腔的温度，而且要控制整个模具的温度，以防止分型面翘曲引起漏料。

为了制造增强PUR型材（长达7m），一般采用金属骨架（见图1.133），通过定位销进行调整，这些定位销被插入在模具的打开方向上。

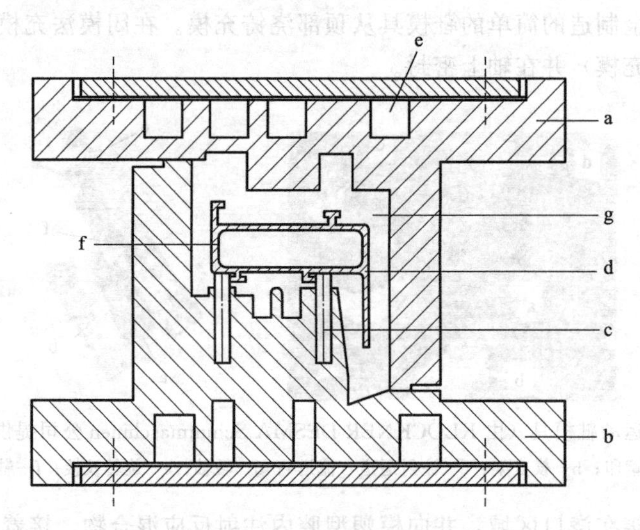

图1.133 窗异型材模具简图
a—上半模；b—下半模；c—定位销；d—增强金属骨架；
e—冷却通道；f—空气型腔；g—PUR护套

浇口设置在前端。增强钢制骨架放置在模具的末端，用塞子封闭。反应混合物在前端直接流向塞子几毫米后，然后沿径向转向。

1.3.4 微孔发泡PUR制品模具

微孔反应注射成型（RIM）制品通常壁很薄（2～5mm厚），可与注射成型热塑性制品相比。RIM模具较轻，因为其内压较小，即10～20bar，在浇口附近为50bar。保证模具能密封黏度很低的反应混合物，防止其泄漏是非常重要的，混合物能够穿过小到0.05mm的间隙。温度控制、浇口、排气等与介绍的结皮发泡相似。在1.3.3.1～1.3.3.3节中分析的内容可用于分析它们的性能。对于微孔RIM系统，充模形式可根据浇口位置、流线等进行计算机模拟来确定和优化[4,5]。

1.3.4.1　软质微孔发泡 PUR 制品模具

RIM 工艺（对于这类聚氨酯）可用于工艺制品和玻璃窗框的生产，使用闭模法充模技术。汽车窗的密封结构成型原理见图 1.134。钢模与窗户周边轮廓相符合。模具的密封采用硅橡胶。采用定位销对玻璃在模具中准确定位，或者采用必要的窗框结构制造密封结构。

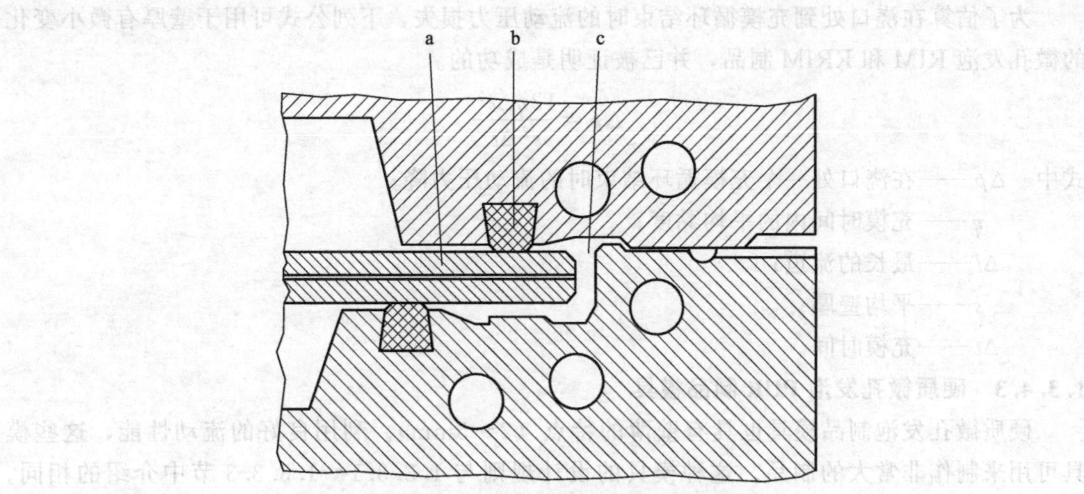

图 1.134　窗密封模具剖面简图

a—安全玻璃；b—橡胶密封；c—模塑 PUR 密封结构

1.3.4.2　韧性硬质微孔发泡 PUR（RIM）制品模具

硬 RIM 制品的应用主要是大型机动车零件，例如前后保险杠和门槛装饰板（见图 1.135）。用得最多的材料是短纤维增强聚氨酯，它们在所谓的 RRIM（增强反应注射成型）工艺中加工。短纤维在温度变化情况下可增加刚度和降低热膨胀。因为玻璃纤维能造成磨

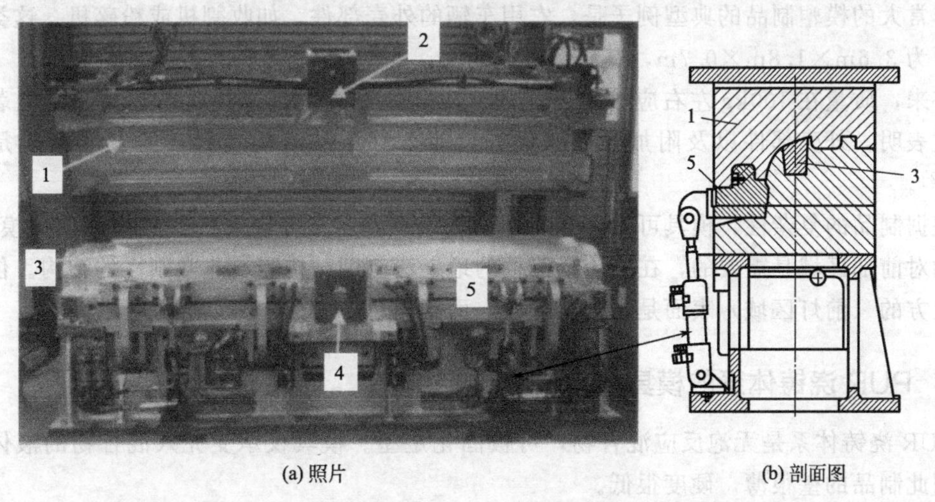

(a) 照片　　(b) 剖面图

图 1.135　汽车门槛装饰板模具：长 2300mm，壁厚 2mm

（由 Fa. Modell-&FormenbauWihelmFunke 公司提供，Alfeld/Leine）

1—上半模；2—扇形浇口；3—带顶出件的下半模；4—配有混合头的安装模板；5—成型侧凹结构的旋转侧视图

损，所以模具是由钢制成（短期运行模具也用铝制造）。

在RRIM生产过程中，纤维会沿反应混合物流动的方向取向。因此，沿着流动方向的收缩[4,5]要比与流动垂直的方向收缩小。由于这个原因，浇口的位置和最终制品的尺寸要通过充模和收缩分析确定。尤其是制品有筋和开口格子的情况，最重要的是，用在设计阶段已经进行的充模分析来确定流动模式，以避免后期在不期望的位置上出现不充分排气和流线等问题。

为了估算在浇口处到充模循环结束时的流动压力损失，下列公式可用于壁厚有微小变化的微孔发泡RIM和RRIM制品，并已被证明是成功的。

$$\Delta p=\frac{12\eta\Delta l^2}{s^2\Delta t}$$

式中 Δp——在浇口处一个充模循环结束时的流动压力降；

η——充模时间内的平均黏度；

Δl——最长的流道；

s——平均壁厚；

Δt——充模时间。

1.3.4.3 硬质微孔发泡PUR制品模具

硬质微孔发泡制品模具也具有壁薄的特点（2～5mm）。利用良好的流动性能，这些模具可用来制作非常大的制品。这种模具的设计规则与1.3.3.1～1.3.3.3节中介绍的相同。上一节中给出的流动压力计算公式此处也可使用。

对于未加填充材料的混合物，内模压力一般小于10bar。因此，对于这些制品，铝制模具也可优先使用。对于玻璃纤维毡增强材料，由于玻纤毡能产生较高的流动阻力，因此压力可高达50bar。在玻璃纤维占百分比高和长流道的情况下，这种影响尤其显著。高充模压力是使用开模法充模的部分原因。为了必要的混合头移动和路径，可使用机器人。由于壁薄，与结皮发泡相比，不会存在进入气体的危险。

非常大的模塑制品的典型例子是，农用车辆的外壳部件，如收割机或粉碎机。这类部件尺寸可为3.6m×1.8m×0.7m，其质量可达40kg。

将来，质量在100kg左右应该是可能的。功能的集成也是这些模塑制品一个显著的特征。这表明，外壳部件以及附加设备（例如，前车灯罩和启动装置）的安装可能是最先进的[12]。

根据制品的复杂性，模具可有许多侧抽结构。在图1.136中展示的收割机顶盖模具，8个侧抽对前部区域是需要的，在第4个侧抽的地方深侧凹结构需要非常刚性的结构。位于侧抽4上方的（前灯区域）表面是蚀刻出来的，而且黑色PUR体系无需另一层涂敷。

1.3.5 PUR浇铸体系的模具

PUR浇铸体系是无泡反应混合物，可被固化定型。模具仅承受充入混合物的液体静压力，因此制品的壁很薄，硬度很低。

浇铸弹性体材料模具操作温度为90～120℃，根据材料供应商提供的数据确定。模具温度变化不应超过±1.5℃。

小型模具（多数为钢制模具）通常本身没有加热系统。因此，它们被放置在加热的浇铸平台上。这种热模具采用手工操作。当必须使用热固化PUR弹性体材料（由于质量因素）

(a) 收缩位置的滑块

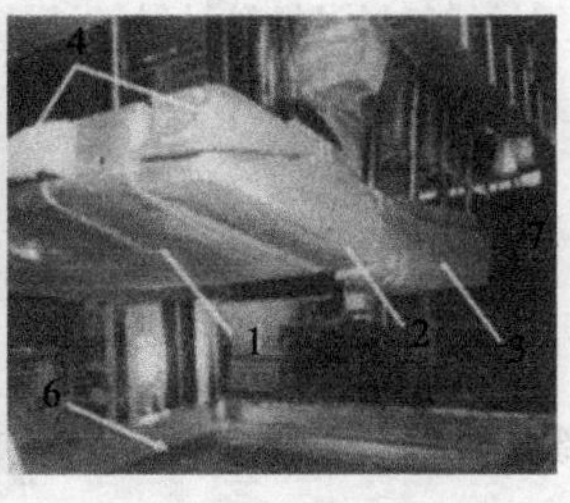

(b) 展开位置的侧抽

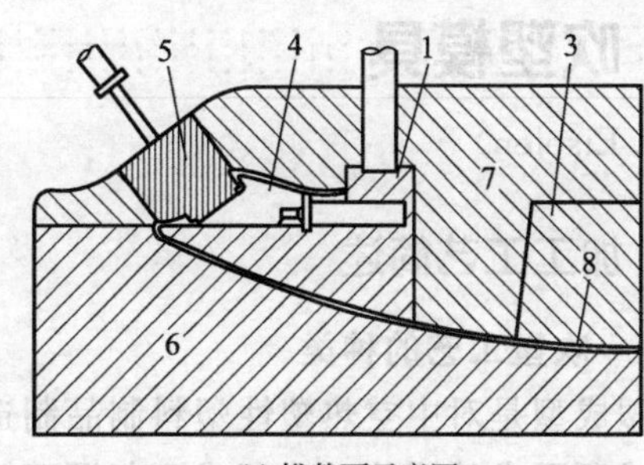

(c) 横截面示意图

图 1.136 收割机顶盖的模具

(由 Fa. PESTEL PUR 塑料技术公司提供，Chemnitz)

1～5—滑块；6—模具的下半模；7—模具的上半模；8—型腔

时，离心浇铸技术可用于短期运行模具。反应混合物计量充入楔形分型面，可通过分型面上研磨出的流道对单个型腔充模。

聚亚氨酯（PIR）浇铸体系的模具需要均匀的温度控制。为了获得最佳的材料性能，模具温度应该在 80～90℃。从模腔的最深位置的直接浇口进行注射。如果这样不可能的话，模具可通过位于分型面上的流道从顶部充模，该流道在浇口的最深位置终止。这些主要大型模具可采用铸铝制造。

参 考 文 献

[1] Maier, U., Wirtz, H.-G., Fietz, J., Frahm, A., Rüb, T., *Polyurethan-Schäumanlagen* In *Kunststoff-Maschinenführer* 4th ed. (2003) Publisher: Friedrich Johannaber, Carl Hanser Verlag, Munich

[2] Uhlig, K., *Polyurethan Taschenbuch* 3rd ed. (2006) Carl Hanser Verlag, Munich

[3] Oertel, G., *Polyurethane*, *Kunststoff-Handbuch* 7th ed. (1993) Hanser, Munich

[4] Michaeli, W., Brüning, D., Ehbing, H., *Simulationssoftware zur Unterstützung der Poly-urethan-Fertigung* In *Polyurethantechnik 1998* (1998) VDI-Verlag GmbH, Düsseldorf

[5] Wulf, P., *Formfüllberechnungen für dünn-und dickwandige kompakte Formteile aus Polyurethan* In *PUR 2002* (2002) VDI-Verlag GmbH, Düsseldorf

[6] Freser-Wolzenburg, T., *Unterdruckgeregeltes Schäumen von Polyurethan* In *Polyurethan 2007* (2007) VDI-Verlag GmbH, Düsseldorf

[7] Sulzbach, H. M., *Technik der rationellen Großserienfertigung von PUR-Formteilen für den Automobilbau Polyurethane World Congress* (1987) Technomic Publishing Co., Lancaster/Basel, pp. 240-247

[8] Bayer, H. G., *Vorrichtung zum Hinterschäumen von mit Textil-Flächengebilden hergestellten Formteilen, insbesondere Sitz-und Rückenlehnenpolster* In *Polyurethane World Congress* (1987) Technomic Publishing Co., Lancaster/Basel, pp. 574-580

[9] Berthold, J., *Flexible Anlagen-und Verfahrenstechnik für die Herstellung von Kühlmöbel*. In *Polyurethan 2007* (2007) VDI-Verlag GmbH, Düsseldorf

[10] Boden, H., Maier, U., Schulte, K., *Polyurethan-Integralschaumstoffe/Technologie der Herstellung* In *Polyurethane*, *Kunststoff-Handbuch* 7th ed. Oertel, G. (Ed.) (1993) Carl Hanser Verlag, Munich, pp. 356-368

[11] N. N., *Angussauslegung und Verteiler in der PUR-Verarbeitung* Technical information, Bayer MaterialScience AG, Business Unit Polyurethane (2006) Leverkusen

[12] Pestel, K., Brüning, D., *Mit großflächigen Polyurethanteilen auf der ÜberholsPUR* In *Polyurethan 2005* (2005) VDI-Verlag GmbH, Düsseldorf

1.4 吹塑模具

(O. Eiselen)

1.4.1 加工工艺简述

1.4.1.1 吹塑工艺的种类

吹塑成型是对中空热塑性塑料制品制造的统称，其原理是将一个预塑型坯在吹塑模具中被吹塑成所要求的形状。吹塑成型起源于玻璃制造业。

有两种不同的吹塑工艺：

① 在可流动的热塑性温度范围内吹塑；

② 在可拉伸的热弹性温度范围内进行拉伸吹塑。

显然在热塑性温度范围比在热弹性温度范围内更容易成型复杂的形状。但是，由双向分子取向可知，热弹性范围成型能够赋予制品更高的强度、更好的阻隔性、透明性和光泽。

吹塑成型有两种不同的成型工艺：

① 制成预型坯，并在它仍然热的状态下直接送去吹塑成型（一步法工艺）；

② 重新加热一个冷却的预塑型坯至吹塑温度，然后送去吹塑成型（两步法工艺）。

对用于制作预塑型坯的方法，可做大致的区分。对于一步法工艺，有三种方法生产的吹塑制品在市场上所占份额最大，这三种方法是：挤出吹塑成型、注塑吹塑成型和蘸料吹塑成型。

对于两步法工艺，可用片材、管材或注塑成型方法制作型坯。两步法工艺和一步法工艺吹塑成型方法没有本质的区别[1]。

根据制品尺寸和塑料成型数量，挤出吹塑成型是目前最重要的吹塑成型方法。目前的加工工艺可吹塑 $1cm^3$～$10m^3$ 容积的制品。如此巨大的尺寸范围可包括包装、储存和运输容器，但主要还是民用和工业制品。尽管注塑吹塑成型和蘸料吹塑成型使用了与挤出吹塑成型非常相似的一种吹塑方法，但它们只能吹塑形状简单和尺寸在 10mL～10L 的制品。这些方法主要用于较小的包装容器或工业制品的成型，如轴套，且大多数是旋转轴对称的制品。

1.4.1.2 挤出吹塑成型技术

在挤出吹塑过程中，将一个管状预塑型坯（型坯）放在吹塑模具中，利用内压将其成型为最终制品。制造管状型坯的方法有两种：连续挤出或间歇挤出。

1.4.1.2.1 连续挤出

在连续挤出中，吹塑模具本身将预塑型坯放到吹塑工位（往复式吹塑机，见图 1.137）。换句话说，型坯在挤出机处被切下来，利用一个夹具装置运送到吹塑模具（见图 1.138）。可用机械手进行这种型坯传递。用一台挤出机可对应运转多个模具。这种连续挤出方法（可成型 100L 体积的制品）受到熔融塑料下垂强度的限制，即受挤出型坯段的长度和所需循环时间限制，循环时间 120s。较高熔体强度的塑料比低熔体强度的塑料允许有更长的循环时间。

对于共挤出过程，连续挤出也具有优势。不同材料可被挤出为多层复合材料结构，以获得所需的制品性能，如蛋黄酱容器的氧阻隔层，或塑料油箱的烃阻隔层。

连续挤出的稳定压力可使不同黏度和压缩性的材料挤出成最佳的多层塑料管状型坯。在储料式机头系统中（间歇制造型坯），不同黏度和压缩性的材料上的压力变化可能导致各层厚度问题。

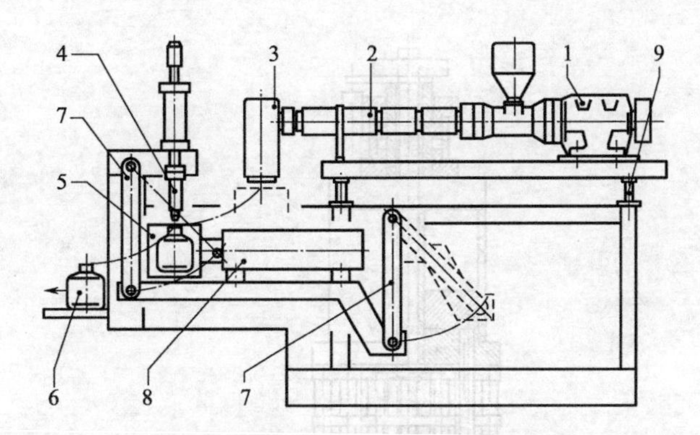

图 1.137　往复式吹塑机示意（制造商：Krupp Kautex）

1—挤出机驱动系统；2—挤出机；3—挤出机头及口模；4—进气和校准工位；
5—吹塑工位的吹塑模具；6—成品；7—移动夹紧装置的连杆机构，
使吹塑成型过程在吹塑工位与挤出机头之间进行；8—夹具，
非拉杆结构；9—挤出机和机头高度调节装置

图 1.138　带有预塑型坯夹具的挤出吹塑成型机（制造商：Krupp Kautex）

1.4.1.2.2　间歇管坯挤出

用这种方法，挤出机仍然可连续工作，但熔体被储存在一个管状的柱塞储料腔中（见图1.139），通过它，塑料被间歇挤出成为管状型坯。图 1.140 所示为带有储料式机头的挤出吹塑设备，可用于生产塑料油箱、筒、内衬以及其他类似的大型结构。最终制品用夹具和一个移动装置移走。为了适应塑料有限的热稳定性，储料腔装置最好根据先进先出的原理工作。

具有储料腔装置的吹塑设备用于生产容积为 30～10000L 和注射物料量为 0.5～250kg 的制品。储料腔装置也可用于生产诸如聚酰胺、低密度聚乙烯（LDPE）、聚苯、聚碳酸酯等较低熔体强度的塑料，以及大量的工程塑料（合金）。

1.4.1.2.3　型坯挤出成型

在挤出吹塑过程中，基本形状是圆管。可用一个带有鱼雷头或带有螺旋分流头的芯棒式机头成型型坯[2]。为了提高芯棒式机头挤出型坯的质量，建议采用叠加的流动及心形碾压

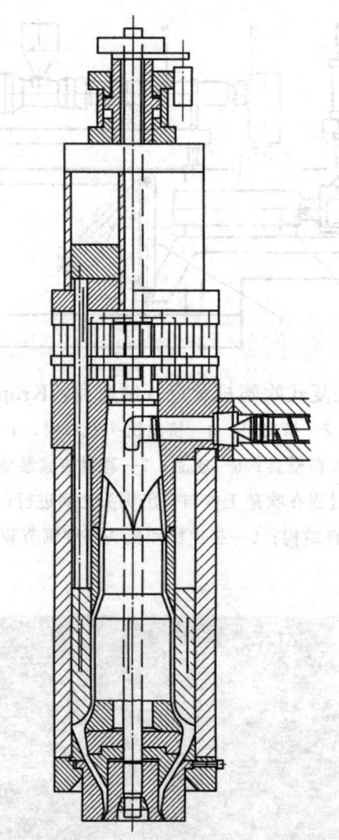

图 1.139　环形活塞储料腔式挤出机头（通过使料流在心形表面交叠和遵循先进先出的原则，可提高熔体分布的均匀性）

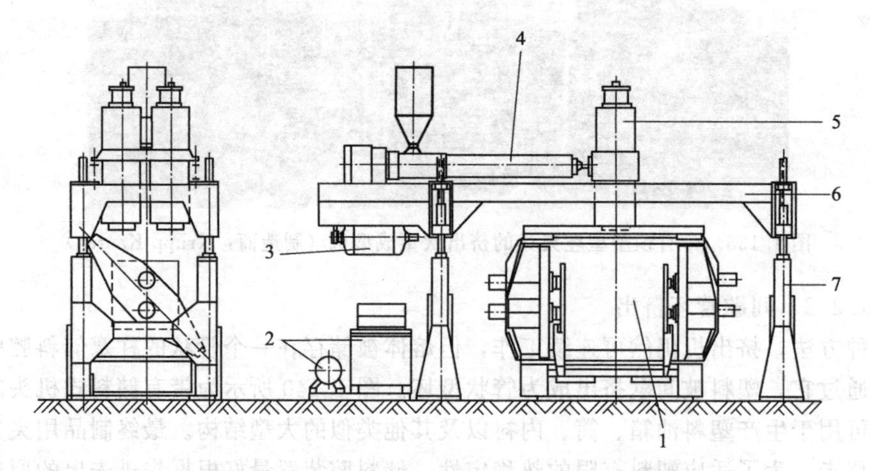

图 1.140　带储料式机头的挤出吹塑成型机示意（桥梁结构）
1—敞口工位的夹具；2—液压动力装置；3—挤出机电机；
4—挤出机；5—储料式机头；6—支架；7—支撑座

曲线设计。当使用鱼雷头设计时，简单的鱼雷头支架可用于聚氯乙烯的成型，而旁路支架用于聚烯烃的成型。螺旋分流头可沿着带有节流开口的螺旋槽上挤出管坯。为了提高操作性能，可引入一个心形表面作为喂料的预分配器。

挤出管坯的尺寸与挤出机口模的几何形状、挤出物黏度、熔体温度及塑料种类有关。

挤出口模形状必须根据制品设计[3]。更为昂贵的方法是用一个程控的液压驱动装置通过改变芯棒的位置来改变芯棒与口模的间隙。通过液压传动改变间隙主要用于下列制品的制造：

① 带有凹槽把手的燃油桶（10L以上）；

② 特大型储运桶（见图1.141）；

③ 具有不规则几何形状的塑料燃油罐（见图1.142）。

图1.141 带有桶形模的夹具

该装置用一个可调芯棒的液压驱动元件改变口模的间隙

图1.142 塑料燃油箱

通常设计挤出吹塑成型的机头时，应使芯棒与模唇环形间隙沿出口方向平滑汇聚。这样在调整挤出制品壁厚时，才能保证塑料的料流均匀稳定。这种设计原理可用于带有内锥形和外锥形的挤出口模的设计（见图1.143）。

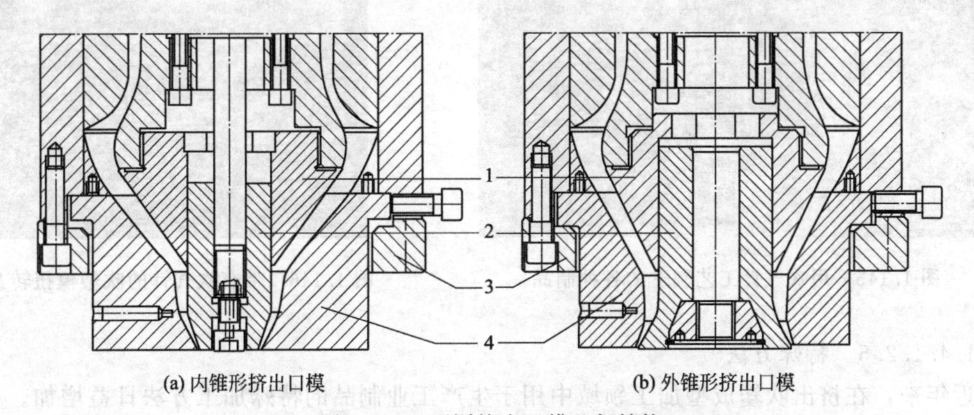

图1.143 不同挤出口模几何结构

1—芯棒导座；2—芯棒；3—口模压紧环；4—口模

用高分子量聚乙烯（PE）挤出时，经常可以发现锥形口模角度显著影响着流动异常现象。在这种情况下，改变熔体温度的作用很小。可用计算机程序计算机头流道中剪切速率的

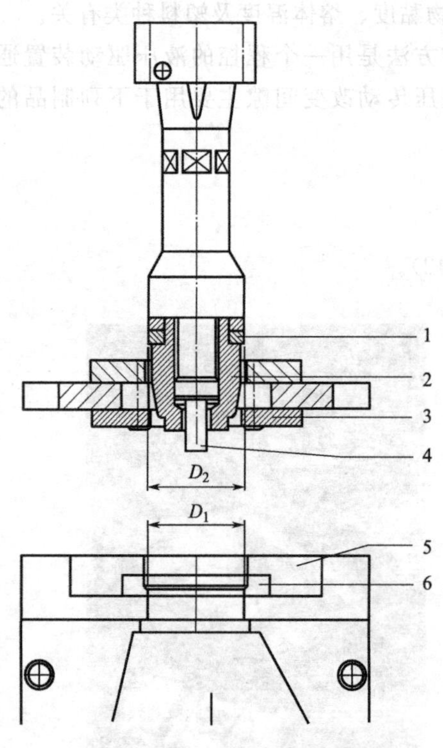

图 1.144　吹气针和吹塑模孔
1—剪切套筒；2—吹塑芯棒前端；3—颈部飞边剪切块；4—预吹塑进气管；5—嵌入式截坯刀；6—剪切环

分布。确保临界剪切速率发生在出口附近是非常重要的，特别是尽量限制在较窄的区域。对储料式机头，不稳定流动受到挤出速度的影响。对于连续挤出，为达到最短的循环周期，塑料通常在接近临界剪切速率时离开出口。

1.4.1.2.4　各种吹塑方法

吹塑制品的三种方法有：喷气针、校准吹气针和吹气针。对于用喷气针方法，芯棒进入模具形成制品的颈部（见图 1.144）。这种动作应与预吹塑配合，并采用精确控制的速度。截坯套直径（D_2）大于挡料板开口的直径（D_1），这样芯棒才能到达挡料板的支架上，从而切断塑料，这对于全自动去除飞边很重要。

采用校准吹气针方法时，吹塑模紧贴在芯棒上，该方法通常用于生产内螺纹容器或当该容器的开口必须与制品表面平齐时。

吹气针方法通常用于没有大开口的制品，如玩具或扁平制品（例如，带有小于 5mm 的吹针直径的吹塑纸板箱），和吹塑区域不允许设置在模具分型面上（见图 1.145 和图 1.146）。

吹气针方法也可用于生产可挤压罐的把手。分离的吹气室是必要的，以便无沉积料产生（利于环保）。因此，气针插入的面积保持很小且有规律的拉伸对确保清洁、可重复的生产是很重要的。

图 1.145　用吹气针工艺制造的各种制品

图 1.146　带有吹气针的吹塑模扭转盘

1.4.1.2.5　特殊方法

近年来，在挤出吹塑成型加工领域中用于生产工业制品的特殊加工方法日益增加。力学性能要求和减小渗透性的要求或流动需要不允许有任何截坯区域（吹塑制品上的熔线）。为了避免截坯区域，引入和发展了三维（3D）挤出吹塑成型和吸引吹塑成型技术。在这两种工艺中，使用一个吹气针吹胀，第二个吹气针用于喷射（空气交换）。使用 3D 吹塑成型制造的热塑性塑料管（使用吹塑模具），其截坯区域只出现在管坯的两端（无废料加工）（见图

1.147 和图 1.148)。在吸引吹塑成型中，管坯被吸入密闭的模具中，并被吹胀。吹塑成型之前，扳扣滑块闭合管坯的上下两端（见图 1.149），因此可制成无熔线或侧截坯区域的制品。

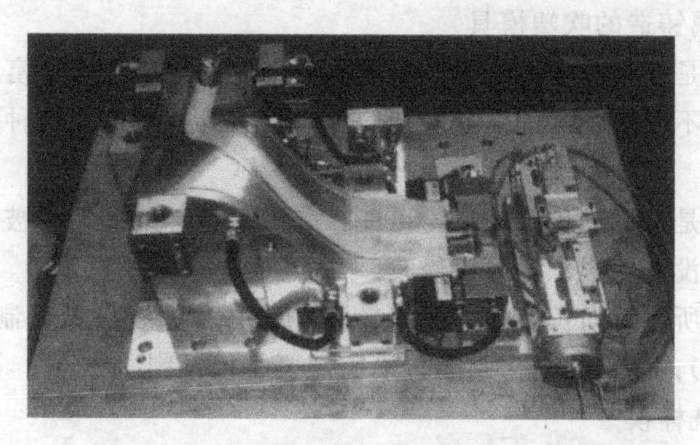

图 1.147 生产燃油管的 3D 模具（下半模）

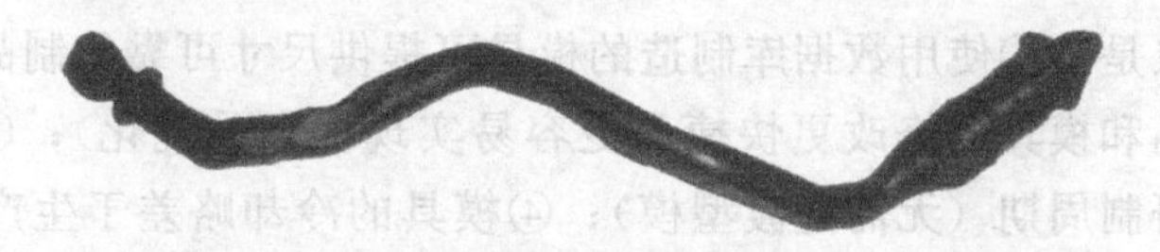

图 1.148 用 3D 型坯加工技术制造的燃油管（6 层共挤出制品）

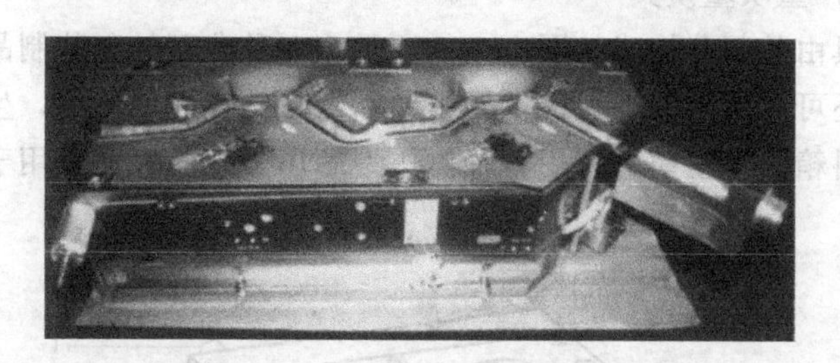

图 1.149 吸引吹塑模具

1.4.2 挤出吹塑成型模具

1.4.2.1 模具结构

吹塑模具结构与制品的几何尺寸、体积、所需的生产过程及自动化程度有关。与选择塑料一样，模具结构的选择也要考虑生产率、工艺过程和经济性。根据所需构件的数目，吹塑模具分为样模和生产模具。

1.4.2.1.1 由树脂铸造的吹塑样模

产品的模型放在一个框架中，冷却铜管布置在模型周围，将框架中充满树脂。这种方法一般仅用于产量有限及简单形状的产品。应特别注意不要超过树脂的抗压强度。

该方法的优点是：制造周期短。缺点是：①模型必须有一定的收缩余量；②产量有限；③不能使生产能力达到最佳。

1.4.2.1.2 由金属涂覆和填充金属铸塑树脂制造的吹塑样模

该方法与上一节中介绍的方法相似，但模型表面涂覆了金属，树脂中也填充了金属。

这种方法的优点是：①早期直观评价产品成本低；②制造周期短。

缺点是：①模型必须有一定的收缩余量；②实际上修改是不可能的；③难以优化生产能力。

1.4.2.1.3 金属铸造的吹塑模具

高质量的锌合金是一种非常适合于制造模具的金属。对于经验丰富的制作人员，这种金属可以自由地浇铸而不变形。这种模具冷却简单、成本低、可满足各种要求，且不需要靠模铣削。

这种方法的优点是：①优化产品成为可能；②模具冷却的品质可被定制；③可以优化截坯刀刃；④生产寿命没有上限；⑤可以修改。

缺点是：①制造所需时间长，因此成本较高；②必要的复杂型模制作过程（收缩型模，分区构造，铸造型模）；③对于精密制品，模腔需要靠模铣削。

1.4.2.1.4 车铣样模

样模（用铝制成的工业制品）已经在持续发展的CAD/CAM技术中得到普及（用于模具制造）。

这种方法的优点是：①使用数据库制造的模具可提供尺寸可靠的制品，这对于组装零件是很重要的；②制品和模具的修改更快捷和更容易实现（产品优化）；③因为采用3D型模制造，较短的制品研制周期（无需过渡型模）；④模具的冷却略差于生产型吹塑模具；⑤制品的数量不受限制；⑥该模具可用于替代生产型吹塑模具。

1.4.2.1.5 生产型吹塑模具

生产型吹塑模具由几部分构成。图1.150所示为一种典型的包装制品吹塑模具。

可拆卸的部分还可以减少深度切槽，压出制品的特殊表面（例如，生产无熔线的制品）。图1.151所示为燃料箱的吹塑模具，用各种侧边型芯压紧某些表面，用于顶出时消除制品中的凹陷。

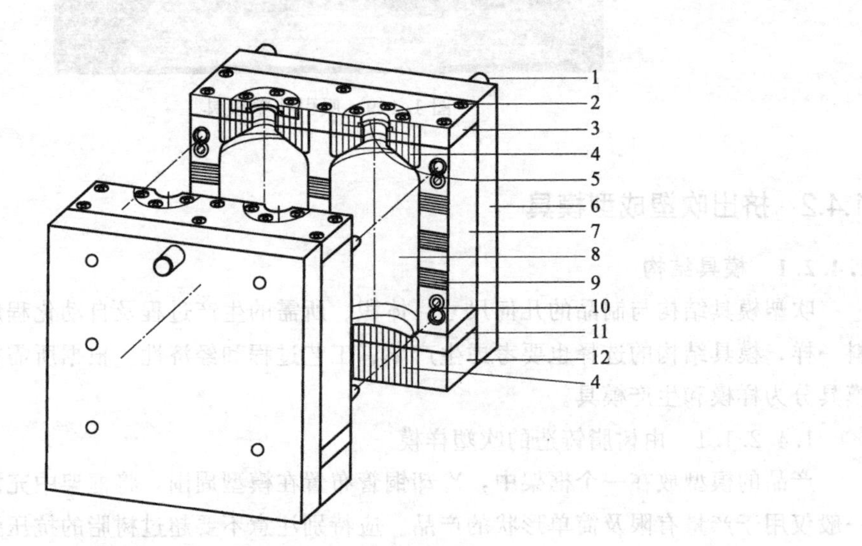

图1.150 典型吹塑模具的构造

1—定位销；2—截坯压圈；3—顶部；4—截坯缓冲垫；5—切环（瓶口平齐板）；6—背板；7—模体；8—模腔；9—排气缝；10—吹塑模具导柱；11—吹塑模具底部；12—冷却管道

制造挤出吹塑模具的材料有：钢、锻造铝、锌合金、铸铝、特种黄铜、铜合金及这些材

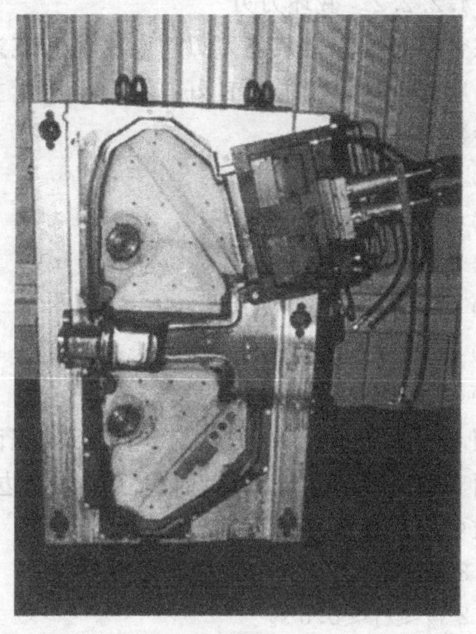
(a) 下部

(b) 上部

图 1.151　塑料燃油箱吹塑模具

料的组合。

在选择大部分适用的材料之前，必须先核对成本、产品及工艺等要求。表 1.6 列出了用于吹塑模具的部分材料。大体积的模具（大于 60L）用铸锌或铸铝。由于考虑到重量，体积大于 1000L 的模具应选用铝。截坯刀刃区域大多数用钢制成（铸造模具或锻铝模具），便于切边或自动操作和延长刀刃寿命。在最近 5 年中，CNC 铣削生产型吹塑模具（铝材）已经使用很广。铝业已为此项应用研发了新材料（见表 1.6）。

表 1.6　挤出吹塑模具的材料

模具材料	密度(ρ)/(kg/dm^3)	比热容(C_p)/[J/(g·K)]	热导率($\lambda_{20℃}$)/[W/(m·K)]	弹性模量(ε)/(N/mm^2)	拉伸强度(R_m)/(N/mm^2)
钢 1.2311	7.7	0.46	36	210×10^3	950～1050
钢 1.4122	7.7	0.46	30	220×10^3	1000
钢 1.4301	7.9	0.50	15	200×10^3	500～700
铝 3.4365K，AlZnMgCu1.5	2.83	0.89	130～160	70×10^3	530
铸铝(Veral226)	2.76	0.88	110～130	75×10^3	160～200
铸锌 Zamak Z430	6.7	0.44	98～105	130×10^3	120～250
Elmedur HA2.1285	8.8	0.42	209	118×10^3	690～890
铜 2.0090	8.9	0.39	396	110×10^3	200～260

1.4.2.2　结构设计准则

1.4.2.2.1　吹塑模具的定位

一般用钻孔衬套和淬火销钉定位。啮合缝隙不应大于销钉的直径（$1\times D$）。这对于往复式机器是非常重要的，只有这样才不会破坏夹具与模具的平行。定位销与衬套的配合公差为 F7/g6。应清理干净衬套后面的孔，任何飞边和脏物可以很容易地移走，以保证顺利合模。

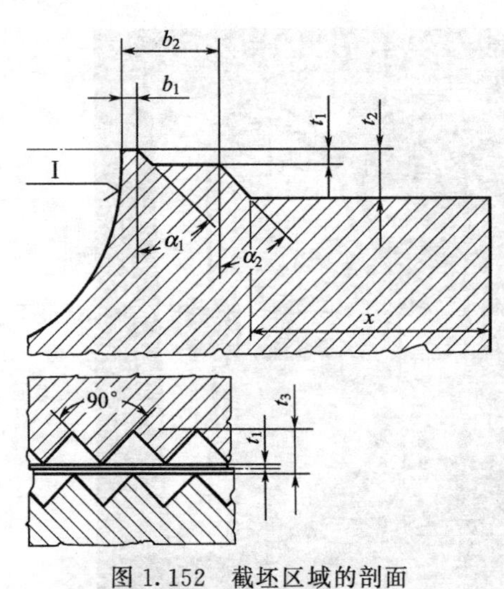

图 1.152 截坯区域的剖面

b_1—截坯刀刃的宽度；b_2—压力段宽度；t_1—压力段深度；t_2—飞边溢出深度；t_3—棱距；x—夹持背面的带肋面积，用于增加飞边溢出的冷却面积；Ⅰ—型腔；α_1，α_2—倒角

1.4.2.2.2 截坯刀刃

在合模过程中，截坯刀刃切断制品和飞边。设计刀口应保证结合缝质量良好。结合缝质量主要与以下参数有关：

① 合模速度；

② 型坯厚度；

③ 预吹气压；

④ 熔体温度；

⑤ 截坯刀刃几何尺寸；

⑥ 塑料/原材料。

图 1.152 所示为一个普通截坯刀刃的剖面。夹持背面 x 通常带肋以增加表面积（冷却飞边）。下列参数可供设计截坯刀刃时采用：

$0.3\text{mm} \leqslant b_1 \leqslant 2.5\text{mm}$

$0.2\,\bar{s}_2 \leqslant t_1 \leqslant 0.5\,\bar{s}_2$

$0.4\,\bar{s}_1 \leqslant t_1 \leqslant 1.0\,\bar{s}_1$

$1.0\,\bar{s}_2 \leqslant t_2 \leqslant 2.0\,\bar{s}_2$

$1.5\,\bar{s}_1 \leqslant b_2 \leqslant 6.0\,\bar{s}_1$

$1.0\,\bar{s}_2 \leqslant b_2 \leqslant 3.0\,\bar{s}_2$

$1.5\,\bar{s}_2 \leqslant t_3 \leqslant 2.5\,\bar{s}_2$

式中 $\bar{s}_1$——截坯面附近制品壁厚的平均值，mm；

$\bar{s}_2$——截坯区域内型坯壁厚的平均值，mm；

b_1——截坯刀刃宽度；

b_2——压力区的宽度；

t_1——压力区的深度；

t_2——飞边溢出的深度；

t_3——棱距。

截坯刀刃的形状对于预切飞边的夹紧力有显著的影响。表 1.7 给出了夹紧力的典型数值（刀刃 N/cm），该值与所使用塑料有关。

表 1.7 全自动去飞边的单位夹紧力（参考值）

原　　料	截坯长度上的单位夹紧压力 P_{spec}/(N/cm)
HDPE	900÷1800
PP	1200÷1500
PVC	1200÷1800
PET	1500÷2500

截坯刀刃是非常关键的，特别是对于各层由不同材料组成的共挤出制品和用 Selar® _ RB（杜邦公司）材料生产的制品。但是，在所有的应用情况下，截坯刀刃都有相应的几何尺寸及足够的强度（见图 1.153）。必须保证共挤出制品的结合缝各层是分开的，并且互不干扰[4]。

1.4.2.2.3 夹具制动装置

在型腔的外表面上，吹塑模具应有制动装置，以防止启动或当没有塑料合模时损坏截坯刀刃。这些制动装置在夹紧力过大时可以保护模具，确保夹紧装置的平行移动，并增加模具寿命。

1.4.2.2.4 排气

为了提高外观质量，吹塑模具应设计最佳的排气孔。吹塑模具通常在分型面上排气，包括纵向和横向。排气孔深度为 0.05～0.15mm。为了提高排气效果、促进冷却，聚烯烃模具也应该进行喷砂处理。塑料及制品的形状和尺寸决定了应进行多细的喷砂处理。有时表面蚀刻也有助于排气。为了使无定形、无色塑料制品达到所需要的透明性和光泽度，这些制品吹塑模具表面应进行抛光。对于无定形塑料（如 PC 或 PET），喷砂处理的型腔会使表面粗糙。如果制品允许，微砂磨光型腔表面比较好，因为它们比抛光表面能产生更加均匀的表面外观。

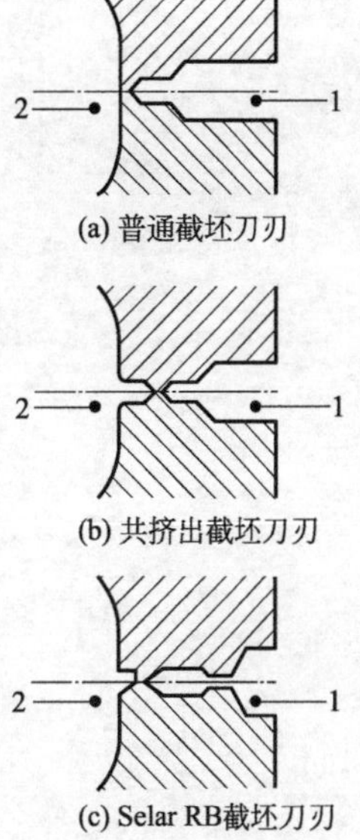

图 1.153 不同截坯刀刃几何形状示意
1—飞边集料槽；2—型腔

为了改善制品的几何形状，模具应回火处理。用于某些制品实例的模具为：用聚碳酸酯-丙烯腈丁二烯苯乙烯共混物（PC-ABS）制成的汽车尾翼，用 PC 制成的水瓶，用聚丙烯（PP）制成的行李箱等。

使用氟气在线吹塑的吹塑模具要求优异的排气系统。由于分压降及 F_2N_2 混合物导致的扩散行为，F_2 的一定浓度是不可避免的。这可能会导致吹塑模具内外的沉淀，也可能会引起熔接缝和嵌入物部位的问题。对于用 F_2 吹塑的模具，其排气管道应与真空系统连接。在关键区域使用排气销上的缝隙孔对于排气是有用的[5]。

通常，雕刻模应该是排气的。每一个字母需要一个排气孔。孔尺寸对于 HDPE 应小于 0.4mm，对于 PP 小于 0.3mm。这些孔对于有很小蚀刻深度的蚀刻表面特别有用。

1.4.2.3 吹塑模具的冷却

图 1.154 展示了吹塑模具的冷却方法。根据所选择的模具材料，图示的所有方法均可用于同样的模具。

（1）钻孔的冷却流道　钻孔的冷却流道用于钢、锻铝和模具嵌块。为了在这些模具中获得良好的冷却效果，冷却流道应尽量接近表面，间距要小。铝的热导率比钢大 5 倍，因此在铝模具中流道间距要比在钢模具中要大（见表 1.6）。

（2）铣削的冷却流道　当用钻孔的冷却流道不能得到强烈的冷却效果时可用铣削流道，例如吹塑瓶的肩部、凹进的底部、颈环部位以及拉伸吹塑成型的预成型模具。

在铣削流道里，为保证冷却流体与流道壁的紧密接触，可使用修正辅助结构（流体平面上的柱塞），以获得最佳的冷却效果。

（3）用于模具冷却的镶铸流道　铜管用于铸锌模具中。使用弯管接头，管道可以尽量小间隔地放置在最接近模腔表面的地方。图 1.155 所示为带有两个冷却回路的冷却系统构架，该冷却系统用于吹塑桶模具。冷却回路之间的距离为 40mm。管子与模腔壁的距离为 10mm。铸锌模与铜管结合的冷却系统有很好的热交换性。

铝铸模具需要用钢管；用铜管是不可能的，因为铝的熔化温度相对较高。制作钢质冷却管路结构比较昂贵，且钢本身热交换性较差。

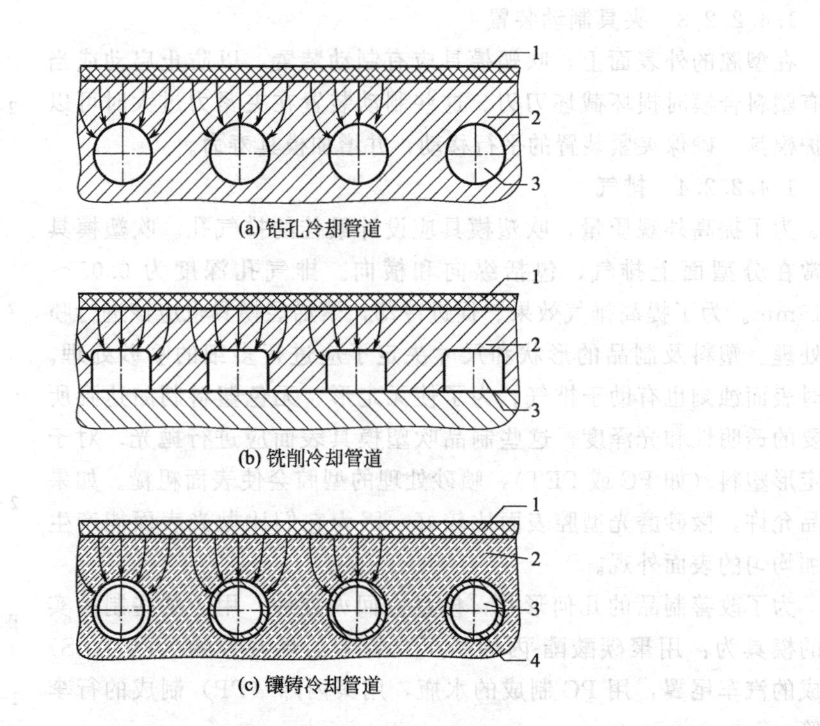

图 1.154 吹塑模具各种冷却方法示意图

1—制品；2—模体；3—冷却管道；4—冷却管；箭头代表传热方向

图 1.156 所示为燃油箱模具的不锈钢管冷却结构。侧抽和模具镶块部分区域已经被避开。

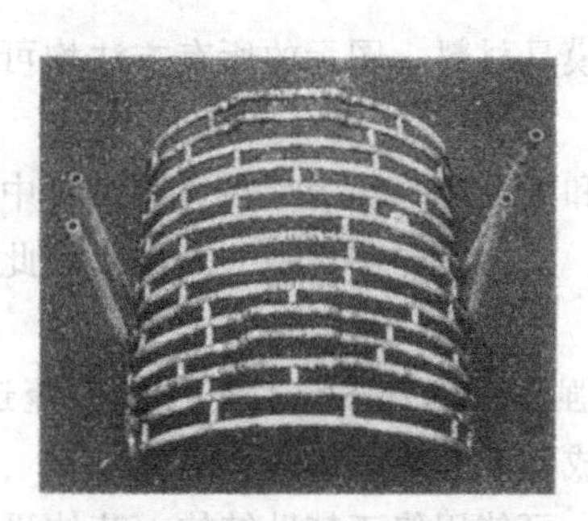

图 1.155 每块半模带有两条回路的吹塑桶模具的铜管冷却网结构（在接近雕刻区域，冷却流道被偏置）

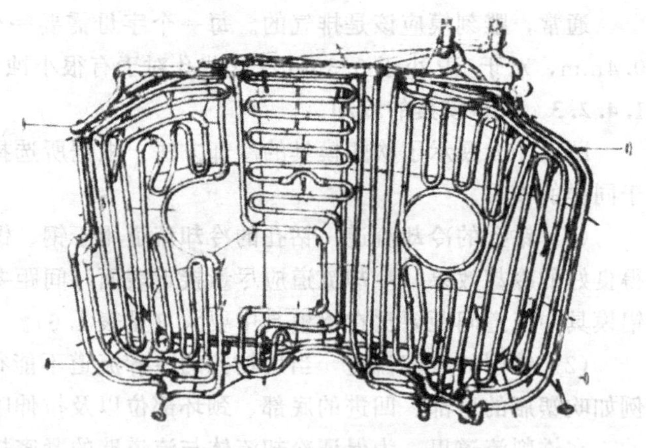

图 1.156 塑料燃油箱模具使用的不锈钢冷却结构（侧抽和镶块被避开）

在最短时间内最大可能地移走热量才能获得最经济的模塑循环周期。但是模塑循环周期受到塑料本身热导率的限制。

一般情况下，与制品壁厚成平方关系。这以傅里叶关系式为基础（非稳定冷却过程的常数，其中，F_0表示制品相等的冷却能力）。

$$F_0=\frac{at_k}{s^2}$$

式中 t_k——冷却时间；

s——制品壁厚；

a——热传导率。

由于露点对吹塑模表面的影响，冷却流体温度对于循环周期有很大的影响。如果模具中冷却流体温度低于露点，会发生冷凝现象，制品表面就会出现相应的缺陷。如果模具表面用空气调节（干燥空气），可减少露点的影响[6]。

冷却管道尺寸与制品尺寸有关。获得具有最小压力降的湍流是很重要的。缩短循环周期还有其他措施。

① 用冷却空气吹塑的内冷法（循环周期减少 15%）；

② 吹塑后在专用的固定装置中冷却（循环周期减少 50%）；

③ 使用浸入装置的强烈冷却（在水后冷却中），大多数用于注油管和燃油箱的制造（循环周期减少 40%）；

④ 其他循环时间因素的减少，例如增加机器的干燥循环速度。在现代机械工业中，这些可能改进方式已经用尽。更大的减少冷却周期可能引起系统的磨耗和寿命等问题。

1.4.2.4　吹塑模具附件

（1）固定装置　对于吹塑完成后第二步操作，必须将制品准确地放在适当的位置。因此，吹塑模具应与固定装置结合（见图 1.157）。模塑制品用模具移动或用制品传递夹具放在固定装置中。

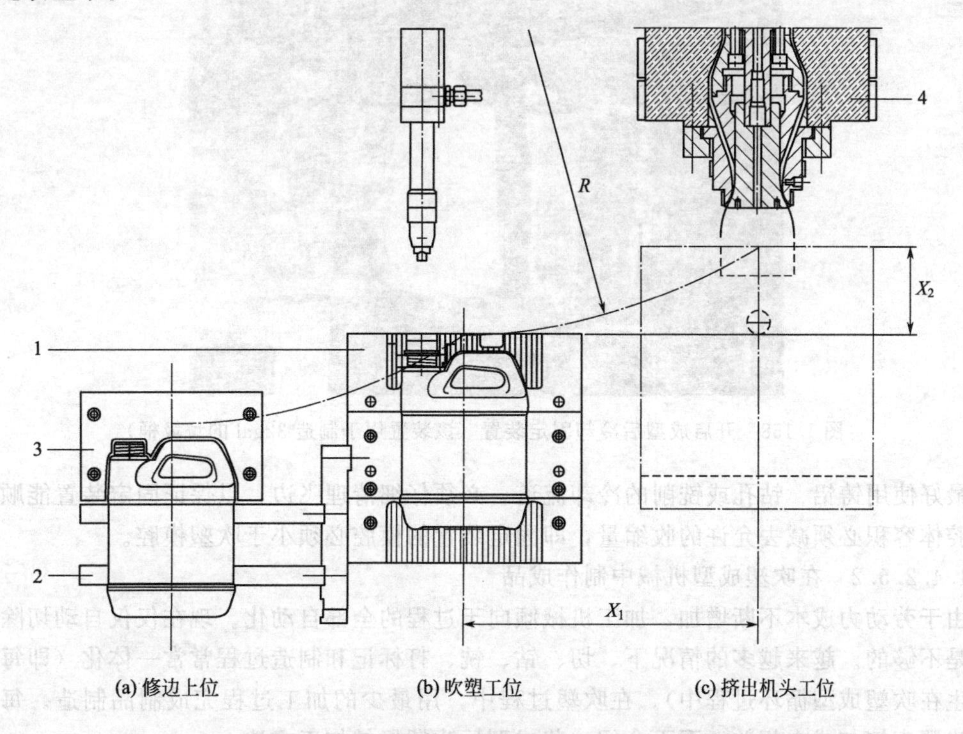

图 1.157　有固定装置的吹塑模和去除飞边口模

X_1—水平行程；X_2—垂直偏移量；R—摆动半径

1—吹塑模具；2—固定装置；3—去飞边模；4—挤出机头

(2) 吹塑杆　吹塑杆（见图1.144）的作用是吹出形状，成型颈部，移走热量，约40%的热量可由循环吹塑空气带走。

(3) 脱模板　脱模板（见图1.144）可以除去吹塑杆周围的飞边。如果没有脱模板，部分飞边可能会残留在吹塑杆上或掉到制品上，从而使后续过程中出现麻烦。

(4) 型坯切削　由挤出机头（口模、芯棒和分流器）成型的具有合适尺寸的型坯决定了制品的几何形状。除了挤出机头的几何形状，型坯的实际形状受到型坯成型几何形状、挤出速度、材料组分（例如，主料或回收材料）、工艺温度和预吹压力的影响。

(5) 校准套筒　校准套筒用于在模具启动时保护吹塑杆和吹塑模具。（青铜）校准套筒放在闭合模具的吹塑开口端。该套筒可以使吹塑杆在吹塑模开口处对中（径向对中），然后用汽缸冲程进行轴向调节。

1.4.2.5　成型后处理工艺

1.4.2.5.1　用冷却固定装置进行成型后冷却处理

成型后冷却一般最好用于昂贵的吹塑成型（见图1.158）。为此，需要一个可同时适用于吹塑模和固定装置的大夹具或只用于成型后冷却固定装置的单独夹具。单独夹具必须被锁定，以防止吹气压力将固定装置撑开。为了有效地减少冷却时间，该压力应大于6bar。用这种方法，冷却循环时间可减少50%。使用成型后冷却系统，对其他的循环时间因素不会有过多的影响，因为在这些时间中，制品壁的温度是相等的[7]。

成型后冷却固定装置通常带有可移动部分，以保证适当的插入和移动制品。在图1.158所示的固定装置中，模具的下部是可移动的。

图1.158　开启成型后冷却固定装置（该装置用于制造32gal的垃圾桶）

最好使用铸铝、钻孔或铣削的冷却流道。必须仔细清理飞边，以保证固定装置能顺利闭合。腔体容积必须减去允许的收缩量，即固定装置的模腔必须小于吹塑模腔。

1.4.2.5.2　在吹塑成型机械中制作成品

由于劳动力成本不断增加，加工机械倾向于过程的全部自动化。现在仅仅自动切除制品飞边是不够的。越来越多的情况下，切、钻、铣、打标记和制造过程常常一体化（即每个过程发生在吹塑成型循环过程中）。在吹塑过程中，用最少的加工过程完成制品制造。每一个加工步骤直接与成本相关。下面介绍一些成型后吹塑机械加工方法。

(1) 在一个独立操作中的后吹塑机械加工　二次加工可与吹塑机械同步，也可独立于吹塑成型过程之外。两种解决方法都是昂贵的并包括劳动力成本，当使用老的吹塑机械及在过程中常出故障的情况下，可进行小批量生产。

优点是：

① 如果吹塑过程和二次加工不同步，它们不会互相影响；

② 吹塑成型后收缩（例如，在机加工的制品中，尺寸变化很小)。

缺点是：

① 需要独立制品操作；

② 需要单独对二次加工控制；

③ 需要单独的安全保证措施；

④ 当二次加工开始时，吹塑制品已经冷却。吹塑过程中过程的改变（制品的形状和尺寸）对二次成型中制品的定位有负面的影响。

(2) 吹塑成型中的二次加工　该技术限于切割、夹紧和包装制品的内模标记（IML)。

优点是：

① 对于软塑料（低、中密度 PE，PP，TPE)，切割质量良好；

② 通过使用 IML，可减少几个加工步骤。

缺点是：

① 制品和飞边的处理及将它们分离是困难的；

② 改变切割工位或标记操作会大大增加成本；

③ 模具的改变很昂贵；

④ 常常难以获得最佳的冷却效果；

⑤ IML 由于增加了控制时间和降低冷却效果，因而增加了循环时间。

(3) 在操作固定装置中的二次加工　操作固定装置用模具加工机构或一个传输机将制品放入二次加工工位。在那里，先切除飞边，然后进行钻孔、铣削、切割等其他操作。

优点是：

① 几乎所有的成型后加工过程都可一体化；

② 可能解决成本问题；

③ 该系统不会禁止制品设计中所作的改变；

④ 定位容易改变；

⑤ 可简单将飞边与制品分离。

缺点是：要保证切割质量，切割刀刃间隙要比模内切割更大。通过优化操作固定装置的定位，可改善这一缺点。

(4) 二次加工方法的组合　将以上列举的成型后吹塑加工即模内成型法、操作固定装置法、分离使用、独立加工的优点结合起来是很值得尝试的。优缺点在上面已经列举了。图 1.159 所示为具有一个进气口的完整的吹塑模具。这一机器的控制已经被编程，以确保对模具和后续程序的精确修正。

1.4.3 注吹成型和蘸吹成型

在注吹成型过程中，注塑型坯被送到型芯上，进入吹塑模腔中吹塑成型。图 1.160 为具有独立工位的注吹成型机转位工作台。制品的重量和壁厚取决于注塑模腔的形状。改变注塑参数仅仅对制品重量有很小的调节。注塑模具使用的材料为钢。为了提高充模质量，经常对模具表面进行化学处理[8]。

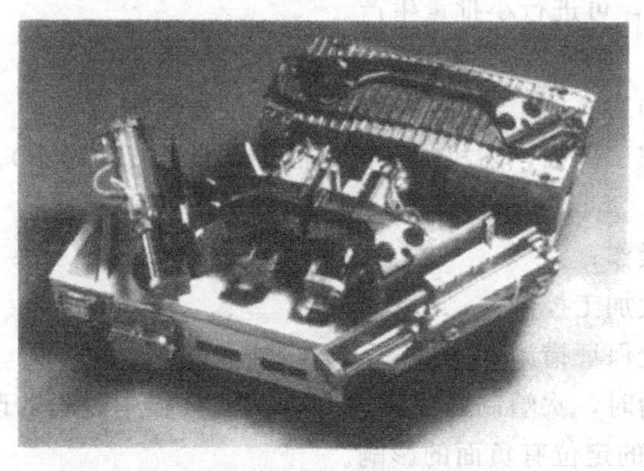

图 1.159　一个进气口的吹塑模具，具有一个二次加工的操作固定装置

(a) 工作台，在分型面上水平转动

(b) 带有分离多腔模具的注射模

(c) 吹塑单元

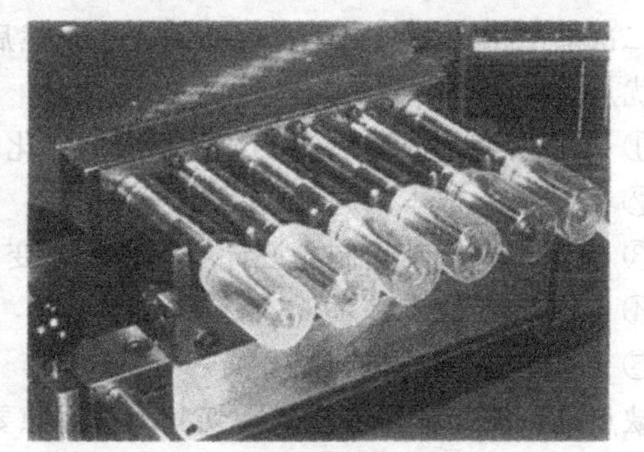

(d) 顶出和取走制品

图 1.160　注吹成型机（包括注射、吹塑、顶出工位）

对于蘸料吹塑成型，吹塑杆浸入蘸料室[9]。颈环被充满后，吹塑杆拉回。通过设计蘸料室活塞的动作，可以改变型坯的轴向壁厚。图 1.161 所示为型坯的生产。然后型坯由吹塑模具移走，吹塑制品。在此之后，吹塑杆退回，吹塑过程用一个辅助吹塑杆继续进行。

1.4.4　计算机在吹塑成型中的应用

通常采用计算机进行吹塑成型设计。对于制品设计和 CNC（计算机数控）编程，优先采用三维（3D-CAD/CAM）系统。

在这一系统中，可将 3D 数据转换为 2D 图形，如图 1.162 和图 1.163 所示。当然，模

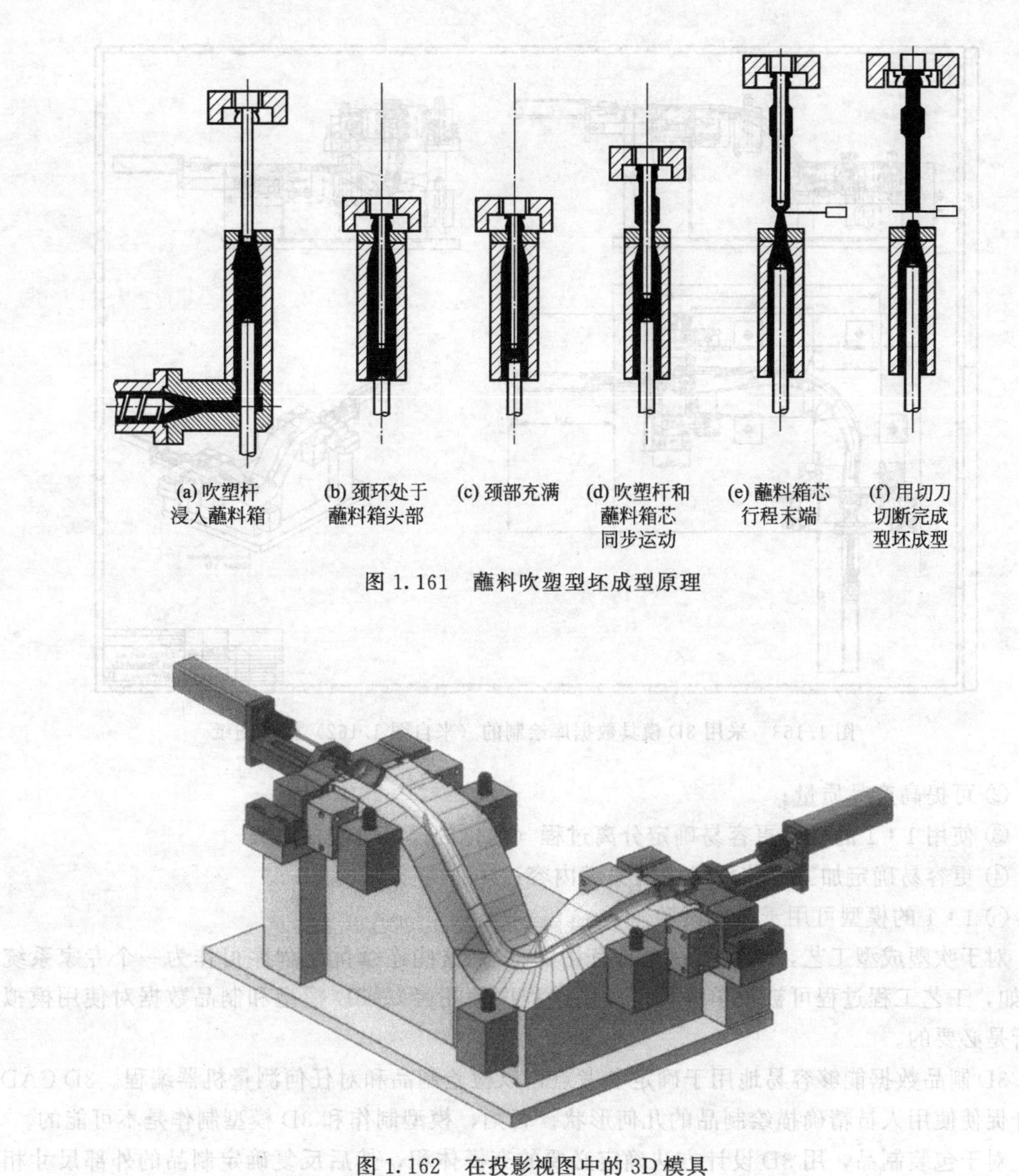

图 1.161 蘸料吹塑型坯成型原理

图 1.162 在投影视图中的 3D 模具

具的所有尺寸也可以从 3D 模型中获得。

促使采用 3DCAD/CAM 系统的是汽车工业。汽车制造商主要用 3D 技术发展他们的产品。因此，有可能进行持续的碰撞试验和与某些外部组装团队对接协调。采用合适的接口将这些数据提供给代理供应商。这可与代理供应商进行持续的数据交换。

非发达的国家迫使西欧模具制造市场增加机械制造产品和制造工艺的自动化。这只能通过智能的 CAD/CAM 的应用来实现。

这些交换的制品数据被传递到模具制造商的铣削程序中，或被模具制造商用于模具制造。在吹塑模具中，直接使用制品数据需要很多的工艺工程实践经验。

一个 1∶1 的模型可用于中间环节。因为大多数工艺研发工程师对吹塑成型和中间制品优化没有实践经验（对于工艺工程和经济原因）。这一模型可用于吹塑成型的原因如下：

① 可降低时间成本；

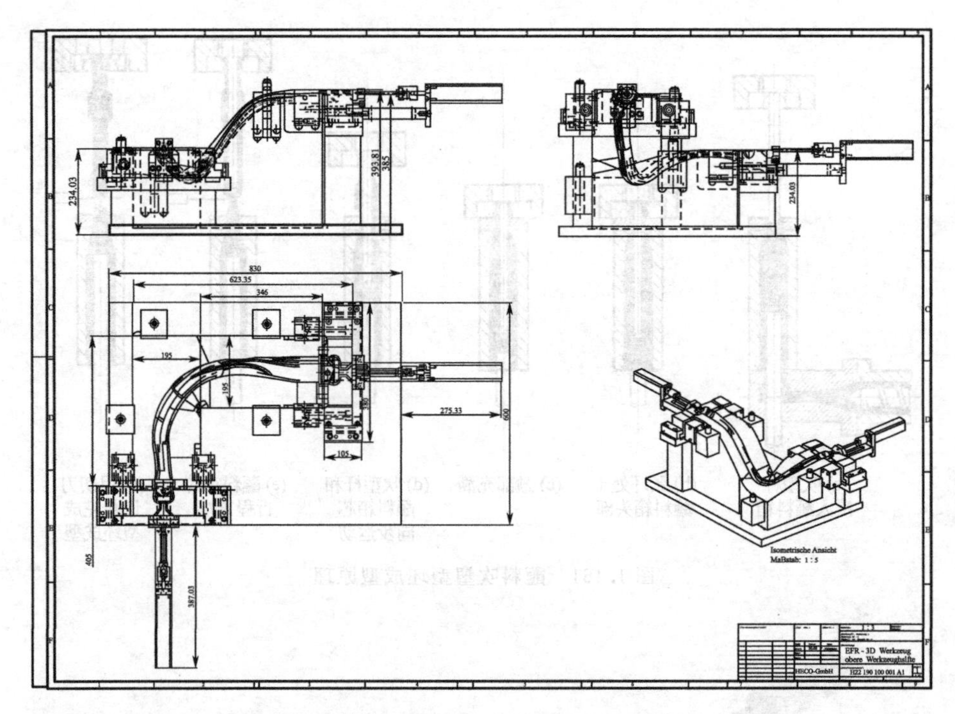

图 1.163　采用3D模具数据库绘制的（来自图 1.162）模具图纸

② 可提高产品质量；

③ 使用1∶1的模型更容易确定分离过程（优化的模具分型面）；

④ 更容易确定加工工艺技术中的关键内容；

⑤ 1∶1的模型可用于装配试验。

对于吹塑成型工艺，模拟程序也是有用的[10]。这些连续优化程序可作为一个专家系统（例如，工艺工程过程可被数学编程，提供给程序使用者）。3D模型和制品数据对使用模拟分析是必要的。

3D制品数据能够容易地用于确定参考点，以检验制品和对任何测量机器编程。3D CAD设计促使使用人员精确描绘制品的几何形状。否则，模型制作和3D模型制作是不可能的。

对于包装制品，用3D设计方法确定必要的充模体积，然后反复确定制品的外部尺寸相对较为容易。该方法可减少体积和尺寸的失误，这些失误会导致重复性工作的大量成本。制品的形状也可被容易地确定。期望的制品质量取决于中部的壁厚和材料的密度。

CAD具有如下优点：

① 能够准确描绘制品；

② 由于数据传递和过程透明度增加，可消除失误；

③ 容易改变设计，减少主要变化所引起的全部失误；

④ 可以抽取任何要求的数据，以检查模型、模具和制品的尺寸；

⑤ 快速向所有相关的人员传递信息。

通常，3D设计的较高成本可通过在模型使用过程中的成本优势得到补偿。

参 考 文 献

[1] Fritz, H.-G., *Systematische Verfahrensdarstellung angewandter Blasformtechnologien* In *Technologien des Blas-*

formens（1977）VDI-Verlag，Düsseldorf
[2]　Eiselen，O.，*Konzepte für Coextrusions-Blasformanlagen*，*Kunststoffe 78*（1988）5，pp. 385-389
[3]　Daubenbüchel，W.，*Qualitätssicherung und-überwachung an Extrusionsblasform-maschinen*，*Kunststoffe 72*（1982）5，pp. 250-256
[4]　Eiselen，O.，*Verfahrenstechnik beim Coextrusions-Blasformen*，*Kunststoffe 78*（1988），7，pp. 589-591
[5]　Kulik，M.，*Vom Vorformling zum Blasteil* In *Blasformen von Polypropylen*（1980）VDI-Verlag，Düsseldorf
[6]　Egle，W.，*Vermeiden von Schwitzwasser auf SpritzgieBund Blaswerkzeugen*，*Kunststoffe 76*（1986）1，pp. 32-34
[7]　Groh，M.，*Variantenreich*：*Nachkühlen beim Blasformen reduziert die Produktionsdauer deutlich Maschinenmarkt* 97（1991）9，pp. 46-49
[8]　SKZ-Seminar，*Erodieren*，*Polieren und Beschichten von Werkzeugen für die Kunststoffverarbeitung*（1993）
[9]　*Technologien des Blasformens*（1977）VDI-Verlag，Düsseldorf
[10]　Stiftung. Dr. R. H.，Simulation des Extrusionsblasformens *Blasformen und Extrusionswerkzeuge* May 6th（2005）

1.5　热成型模具

(P. Schwarzmann)

1.5.1　概述

在热成型过程中，材料（半成品）被夹持在外沿上，并在加热后拉伸。最终制品的壁厚是由制成表面与开始表面之间的拉伸比确定的。

在注射过程中与成型模具的接触主要是单面的。成型后制品的冷却途径是一侧面与模具接触冷却，另一侧面与空气或压缩空气冷却。

图1.164展示了热成型机理（在注射与真空组合机械预拉伸）。在大多数情况下，成型制品从合模沿分离。修边既可以在一个组合的成型冲切模具中的热成型装置中进行，也可以在独立的下游工位中进行。

这种热成型工艺中，也有可能进行无飞边的制品成型。例如，合模沿本身就是最终拉伸制品的一部分。

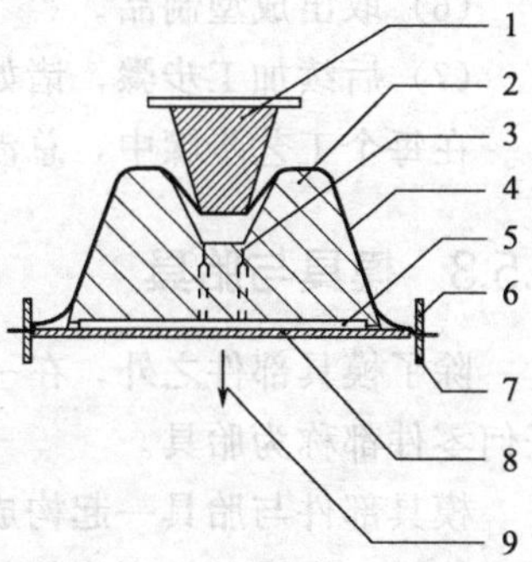

图1.164　热成型示意
1—助推塞；2—模具部分；3—空气通道；4—热塑性材料（半成品）；5—空气收集通道；6—上合模架；7—下合模架；8—模具托板；9—真空接口

最终制品和相关的要求，诸如几何形状、公差、制品数量、可叠起堆放性、刚度以及耐温性决定了模具的设计、材料的选择、模具的温度控制、必要的成型工艺以及所需的热成型机器。

模塑制品的壁厚分布主要是由模具和成型工艺所决定的。

成型的轮廓（模具轮廓的表面复制）是由注射中的材料温度、模具温度以及材料和模具表面之间产生的接触压力所决定的[1]。

1.5.2　热成型工艺

热成型中的基本过程如下：

(1) 夹住材料

① 在两个合模沿之间；

② 在两个半模之间；

③ 或一个合模沿和模具之间。

(2) 材料（半成品）加热至成型温度

① 通常用电加热器；

② 或接触式热板。

(3) 预成型方法

① 气动预拉伸；

② 用助推塞机械预拉伸；

③ 或用模具本身机械预拉伸。

(4) 成型方法

① 真空（真空成型）；

② 压缩空气（压力成型）；

③ 真空和压力成型；

④ 机械冲压、挤压、表面部分的校准的部分组合。

(5) 在脱模前成型制品的冷却方法

① 与模具接触；

② 冷空气（冷却气扇和冷却气腔）。

(6) 取出成型制品。

(7) 后续加工步骤，诸如冲孔、叠放、印刷及它们的组合。

在每个工艺步骤中，总涉及模具和胎具（对于所需的工艺）。

1.5.3 模具与胎具

除了模具部件之外，在一种专用成型机器中必需的，而且在每次模具更换后需要替换的任何零件都称为胎具。

模具部件与胎具一起构成了整套模具。

构成一个模具的更多部件如下（根据热成型装置）。

① 模具（所谓的“成型部件”），在它上面被成型。在较大的尺寸情况下，如果成型表面和成型机器允许的话，它可以是多腔模具。

② 助推塞，使用的条件是在材料必须被预拉伸以改善壁厚的分布时。拉拔深度与直径（宽度）的拉伸比大于0.25的阴模总是要求使用助推塞。助推塞安装在机器平台上，模具的背面。

③ 合模沿夹住成型过程中的材料（在预成型过程中，半成品不能夹在两个半模之间）。

a. 在辊式进给自动热成型机中，合模沿总是胎具零件，这意味着，根据成型制品的大小可改变合模沿的尺寸。

b. 对于片材加工机器，几乎所有的机器制造商均可提供可调节刀刃夹具。这些夹具是机器的零件，而不是胎具。

④ 模具托板，当材料表面（合模沿的宽度）必须大于成型阳模外轮廓时，在阳模里必须使用。成型阳模被固定在模具托板上。模具托板（成型时）总是与合模沿的夹持位置平齐。

⑤ 模具基座是模具（模具托板）与机器平台之间的连接件。每一个机器制造商对模具基座都有自己的机器特殊要求。

a. 模具基座通常是胎具部件。这意味着，根据成型制品的大小，需要不同的模具基座。

b. 也有些片材加工机器（ILLIG）带有可调节模具基座，它们是机器的部件，而不是胎具。

⑥ 温度控制模板（冷却模板）可用于成型模具的间接冷却（如果模具不能直接缓慢冷却的话）。

a. 冷却模板大多数为胎具。

b. 也有些片材机器带有可冷却基座。该基座是机器的部件，而不是胎具。

⑦ 所有的胎具，包括热成型装置的其他工位（预热工位、冲切工位、叠放工位）上的零件，都在整套模具中。在一台专用机器中使用模具生产时，需要这些胎具。

1.5.4 阳模或阴模

（1）阳模成型（见图 1.165）

① 模具的外轮廓形同热成型制品的内轮廓。

② 通过用模具本身预拉伸或气动预拉伸（如果机器充分配置的话）进行预成型。

③ 在脱模过程中，在底部面上，脱模力和恢复力作用在材料内的相同方向上。

（2）阴模成型（见图 1.165）

① 模具的内轮廓形同热成型制品的外轮廓。

② 必须使用助推塞进行机械预成型。

③ 在底部面上，脱模力和恢复力作用在材料内的相反方向上。

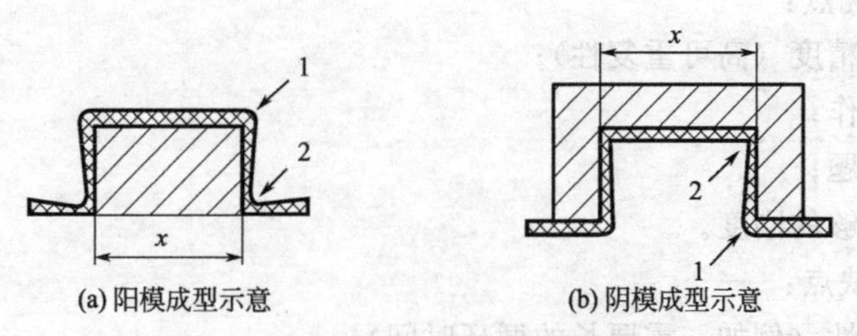

图 1.165　阳模成型与阴模成型的比较

1—较厚区域；2—较薄区域；x—成型尺寸

注意：热成型制品的外形必须与模具的接触面尺寸相同。

1.5.5 热成型模具设计原则

1.5.5.1 材料选择

（1）木材

① 枫树、山毛榉树为主要用材，用于样模制作；

② 胶合板作为托板、基板；

③ 密实板（酚醛树脂胶合的山毛榉胶合板，“酚醛胶合板”为一种建筑材料）。

木质模具不能油漆。作为成型的一种辅助手段，可以使用软皂。

木材具有如下优点：

① 容易快速机加工；

② 没有收缩问题；

③ 甚至对较大的制品也有足够的刚度。

木材具有如下缺点：

① 很差的导热性（例如，需要长的循环时间）；

② 不适合加热和冷却；

③ 尺寸易改变（木材表现）；

④ 排气通孔堵塞非常快；

⑤ 仅适用于短期运行模具和样模。

（2）树脂　树脂模具可用多种方式制作。

① 树脂混合物被填充到模型的“阴模”中（适用体积可达 $2000cm^3$）；“阴模”可用下列材料制作：塑料（例如热成型组分）、石膏、木材和硅橡胶。

② 用回填或薄片结构方法形成的树脂表面层（质量能符合样品）。

模型的阴腔用一层树脂涂敷。作为替代方法，薄片也可使用。然后，多孔冲压材料被压入，并根据尺寸进行回填和固化。

③ 树脂涂敷的坚固表层。

首先，模芯被制作成树脂表层的托板。这个托板用多孔冲压材料制成。然后将模芯与阴模或底部模型相连。表面浇铸是指用树脂混合物填充模腔（如在金属浇铸中所见）。

④ 用树脂喷涂方法进行的树脂成型。

树脂模具用两组分的涂料喷涂。该表面因喷涂而具有“粗糙砂粒状”结构，它可确保良好的排气性能。这一工艺几乎不用，只有少数几家公司熟悉这种工艺。

树脂具有如下优点：

① 高重复制造精度（高可重复性）；

② 易于快速操作；

③ 没有收缩问题；

④ 通常具有足够的刚度。

树脂具有如下缺点：

① 很差的导热性（例如，需要长的循环时间）；

② 不适合加热和冷却；

③ 刚度随温度增加而降低。

（3）铝　铝是热成型模具中最常用的一种材料。作为模具材料的铝的优点是它的良好的导热性和可使用性。特殊的合金可满足刚度的要求。现代计算机辅助铣削加工技术可制造出这种材料的短期运行模具。可在真空条件下用铸铝块制造出大容量模具。

陶瓷精确浇铸铝质模具仅仅适用于当铣削工艺成本太高的情况。应当注意：浇铸模型必须用铣削工艺进行制造。

铝-陶瓷精确浇铸的生产用于：

① 模型的制作，通常用木材；

② 用模型制作陶瓷浇铸模具；

③ 通过高质量铝合金进行模具制造，得到陶瓷模具。

铝材具有如下优点：

① 高重复制造精度（高可重复性）；

② 相对易于快速操作；

③ 足够的刚度；

④ 极佳的导热性。

铝材的缺点是：样模制造比较昂贵。

(4) 钢　钢材主要用于成型和冲切组合的模具（由于它的刚度和硬度）。应用范围包括模板、冲切头和导杆。

热成型模具的专用材料如下：

① 透气性板材　透气性板材可以是用铝砂填充的环氧树脂。这种材料的优点是无需钻通孔。缺点是低刚度和导热性较差。

② 电镀镍　高质量和昂贵的模具可用多孔电镀镍制造。在这种特殊工艺中，多孔电镀模具制造厚度可达2mm。这类模具可被回填，如果需要，可配置温控管。

③ 铜合金　在特殊情况下，高强度铜合金（例如铜铍合金）可用于实现非常短的冷却时间。

1.5.5.2 成型收缩

当制造模具时，必须考虑热塑性材料的成型收缩率。

热成型的成型收缩率值接近于注射成型的数值。材料供应商提供的成型收缩率数值一般为平均值。

热成型制品的收缩率取决于：

① 材料的成型温度（加热后的残余应力）；

② 模具的加工温度；

③ 取出制品的脱模温度；

④ 半成品的线胀系数（塑料薄膜或板材）；

⑤ 模具的线胀系数。

当材料被充分加热和脱模制品内达到均匀的脱模温度时，脱模制品将具有相同的成型收缩率。然而，存在的问题是，不同的脱模温度，得到的制品壁厚不同。

对于严格尺寸公差要求的制品，必须采用试验模具制造样品，以确定不同位置和不同方向上的成型收缩率。必须保持材料的均匀质量。

举例：喝水杯。

在大多数情况下，水杯的边缘和底部较厚，侧壁较薄。不同的脱模温度有不同的成型收缩率。较厚的区域有较高的成型收缩率。

1.5.5.3 脱模角

(1) 阳模　阳模成型的脱模制品会收缩至模具上。在脱模过程中，脱模制品越冷，依据温度长度上的变化（从凝固温度到脱模温度），收缩张力越大。

在脱模时，采用压缩空气使模塑制品从模具表面上分离。然后，模具从成品上移开。脱模角越大，脱模的速度越快。

在阳模中的脱模角：

① 应该不小于3°。

② 0.4°也可以用于缓慢脱模。在小脱模角中的困难是脱模空气体积流量如何适应脱模速度，而不使模塑制品变形。

③ 0°几乎是不可能的，在大规模生产中更不可能。必须小心确保，模塑制品的脱模温度以及模具的温度尽可能地接近塑性材料的固化温度。这可确保脱模制品不会在脱模过程中

收缩到模具上。

④ 小面积区域也可用负脱模角（侧凹结构）进行脱模。在这一过程中，模塑制品可能变形或拉伸。当过度拉伸时，可能在成品上发现痕迹（例如，应力发白现象）。(较大的侧凹结构可借助松动零件脱模)。

(2) 阴模　阴模成型的脱模制品会从模具壁面上收缩脱离。

在阴模中的脱模角：

① 通常建议采用3°。

② 不建议采用0°，但在极端情况下也可采用。所遇到的困难是脱模空气体积流量如何适应脱模速度，而不使脱模制品变形。

③ 在脱模中的多腔阴模行为与阳模类似。粗糙表面比光滑表面更难脱模。纹理越深，脱模角应越大。

1.5.5.4　半径

由于在脱模过程中产生的脱模压力，在阴模区域的半径比在阳模区域脱模更困难。

图1.166给出了一个导致脱模压力的示意图，在成型材料与模具表面之间的接触压力。在图1.166中的解释为：

① 凸（＋）面脱模不存在任何问题；这些模具表面上，材料部分的恢复力和脱模压力通过真空的形成，作用方向相同。在（＋）区域半径很易于形成。

② 凹（－）面呈现出较多的脱模困难；这些模具表面上，材料部分的恢复力和脱模压力通过真空的形成，作用方向相反。在（＋）区域半径形成较难。

在半径区域内较差的接触意味着：导热不良；由于不同的脱模温度而生产变形；可再制性差。

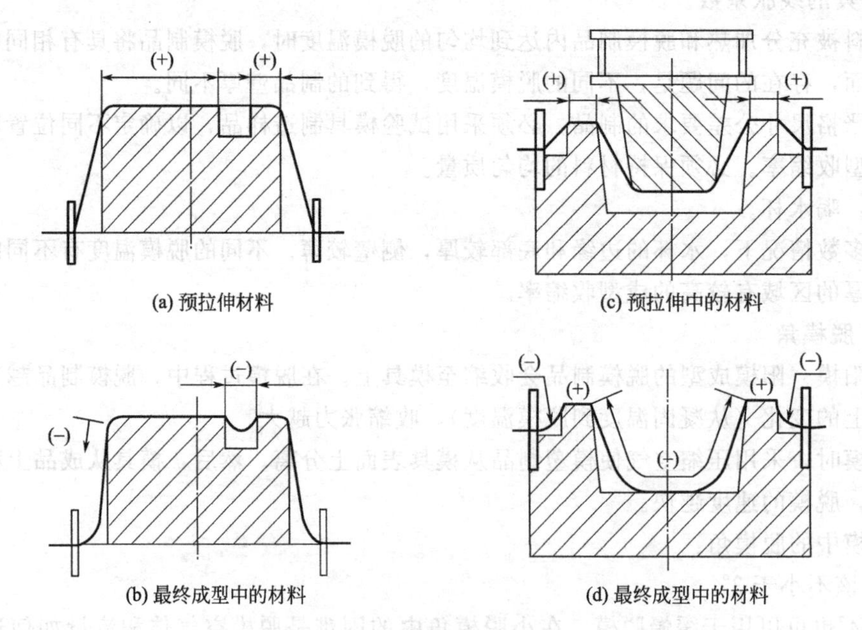

图1.166　导致脱模压力的示意图

(a)，(b) 阳模；(c)，(d) 阴模

对于中等成型范围和厚度大于1mm的材料的真空成型，在凹面区域的半径（R）参考

值为：

$R=1.5\times$材料厚度

几乎所有热塑性材料都可用的最小半径为0.2～0.5mm（与开始时材料的厚度无关）。前提是材料温度接近熔点、相对小的拉伸以及高模温。

形变条件，高宽比约为1∶1，脱模半径为压缩空气脱模的材料厚度的1.5倍。

在脱模力和反作用力叠加的区域（例如，阳模的上沿），可采用小半径。在脱模力和反作用力相反作用的区域（例如，阳模的上沿），应尽可能地采用大半径。

1.5.5.5　表面粗糙度

表面粗糙度的影响：

① 模具和材料之间的滑动行为；

② 模具和材料之间的排气流动；

③ 透明制品的透明度。

用轻微粗糙的表面可实现最佳的传递。表面太光滑会阻止模具与塑料之间的排气。这将导致气穴或环状或波状痕迹。表面太粗糙会导致紊乱的模具表面，并使塑料滑动困难。

在成型时塑料必须滑移的边沿上，在塑料制品滑移的方向上可使其粗糙不平。深阴模的边沿可抛光。当没有气体滞留时，可抛光表面。制造透明制品是个例外，因为空气滞留是希望的。

最好使用无真空或压缩空气的骨架式模具制造透明工业制品。骨架式模具的制造如同一个脚手架，仅展示出成型边沿的外轮廓。

如果成型制品不能用骨架式模具进行生产的话，模具也可用导热性很差的材料制成，如木材和树脂，并常常用软的织物材料贴面（如手套材料）。如果使用铝材，模具必须加热到高温，表面必须抛光，而且避免在可见表面出现排气通孔。在模具表面和最终制品之间少量的气体滞留可保证在最终制品上透明的表面。

1.5.5.6　助推塞

助推塞的材料必须具有如下性能：

① 当接触时被加热的材料不能挤压；

② 对被加热材料有良好的滑动和摩擦行为；

③ 足够的耐热性；

④ 足够的机械刚度；

⑤ 良好的可加工性（铣、车、抛光）。

1.5.5.6.1　助推塞材料

在片材加工机器中，最广泛采用木材作为助推塞材料。用实木可实现最佳的滑动能力（例如枫木）。使用者应该注意木纹的方向，如图1.167所示。不能使用胶合板，以避免产生痕迹。使用一层软质材料作为木质柱塞的涂层（如手套材料），可减小挤压和改善滑动性能。不应使用任何层状材料的木质柱塞，或它们磨损非常快。

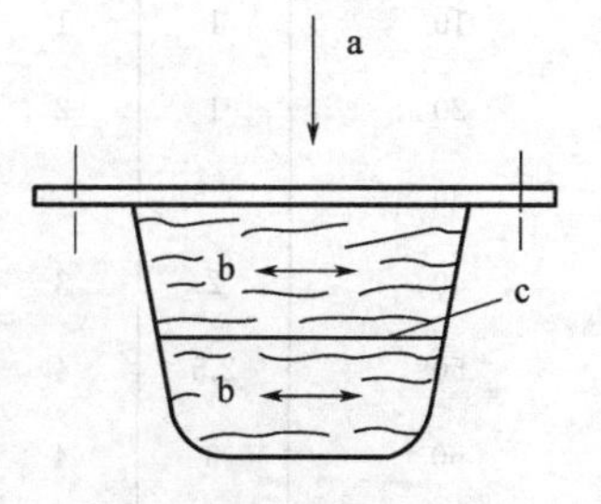

图1.167　当用木材制造助推塞时的木纹方向

a—柱塞的运动方向；

b—木纹的取向（实木）；

c—黏结（如果必要）

(1) 硬化毛毡（用深度渗透木质底漆的毛毡）　比木材昂贵，不再需要用手套材料制成薄片层状。

(2) 合成发泡材料　几乎是普遍用于助推塞的一种材料，也广泛用于滚压机中。

(3) 树脂（例如，聚氨酯树脂）填充云母后具有较好的滑动能力，当使用助推塞使结构非常复杂时，这种树脂可专用于真空机器中。

(4) 金属材料　通常为铝，用于助推塞材料，可用于下列用途：

① 当机械载荷对木材或树脂太大时；

② 当助推塞应有框架轮廓或作为一个轮轴时；

③ 当由于特殊的温度控制和加热而使用被加热的金属助推塞时。

(5) 聚四氟乙烯（PTFE）（例如，特氟隆）可在特殊的情况下作为助推塞材料，如当材料在传递时表面特别黏时。

(6) 聚甲醛（POM）可用于制造透明模塑制品的助推塞材料。

1.5.5.6.2　确定阴模的助推塞外形

没有“简便”的数学公式用于计算助推塞的外形。初步计算步骤如下：

① 用模具轮廓可确定助推塞的外形。

② 在助推塞和模具外形之间的距离 a 可被计算。

$a=1.5\times$材料厚度$+x$

$x=1\sim3$mm

$x=1$mm，材料厚度为0.2～1mm；

$x=3$mm，材料厚度大于6mm。

③ 底部助推塞的半径可见下表。

④ 推荐的上部柱塞外形（距离和半径）贯处了初时的轮廓，当模具收回时可被修正（如果需要）。

⑤ 对于缓慢运转的机器（片材加工机器），底部面积足够。

⑥ 对于快速运转的机器（自动滚轧机），助推塞应该具有完整的轮廓（包括侧壁的外形），因此在拉伸过程中，过量的气体可被排出（在脱模制品底部）。因此，模具特殊的干涉边沿必须被考虑。

⑦ 柱塞外形变化的一般方法是：增加半径 R；如果需要，减小直径。

助推塞径/mm	材料厚度/mm										
	<1	1	2	3	4	5	6	7	8	9	10
10	1	1	1								
20	1	2	2.5	3	3	3					
30	1.5	2.5	3	4	4	4	4	4			
40	2	3	4	4	4	4	4	4	4	4	
50	2.5	4	4	5	5	5	5	5	5	5	5
60	3	4	5	5	5	5	5	5	5	5	5～6
70	3.5	5	5	5	5	5	5	5	5	5～6	5～6
80	4	5	5	5	5	5	5	5	5～6	5～6	5～6
90	4.5	5	5	5	5	5	5	5～6	5～6	5～6	5～6
100	5	5	5	5	5	5	5～6	5～6	5～6	5～6	5～6

1.5.5.6.3　确定阳模的助推塞外形

在阳模中，助推塞主要被用于：

① 避免在底部边沿上出现厚边；

② 在脱模过程中，作为一种辅助脱模，机械支撑脱模制品（当注入空气时）。

1.5.5.7　排气设计

排气通孔的数量和直径以及排气槽的宽度必须足够大，便于快速排气（抽气）。另一方面，排气孔不应在模塑制品上留下任何痕迹。

（1）排气通孔

① 直径为0.4～0.5mm的通孔可用于：

a. 非常深的脱模形状的阴模；

b. 微细木纹表面；

c. 在结晶熔点以上的PP和PE压力成型。

② 直径为0.5～0.6mm的通孔可用于：

a. 压力成型；

b. PP和PE的真空成型；

c. 真空成型中的敏感外观表面（如亮丽表面或明显木纹表面）。

③ 直径为0.8mm的通孔可用于：真空成型。

④ 直径为1.0mm的通孔可用于：6mm以上的厚板，但不适用PP或PE。

⑤ 直径为1.0～1.5mm的通孔可用于：软发泡材料。

⑥ 直径为6mm的缝隙喷嘴可用于：大容量的脱模。

⑦ 直径为8mm的缝隙喷嘴可用于：高深容量的脱模（例如，在很深的脱模深度和全成型区域的阴模中）。

（2）排气槽

① 0.2～0.3mm深的槽可用于：PE和PP的所有材料厚度，如果模具接触在可视面上的话；对于其他材料：槽深可达0.5（0.8）mm。

② 0.5mm深的槽可用于常用数值。

③ 0.6～0.8mm深的槽可用于：非常快速的排气，主要用于快速运转的自动滚轧机的模具中，但不适用于PE和PP材料。

排气横截面的结构如图1.168所示。

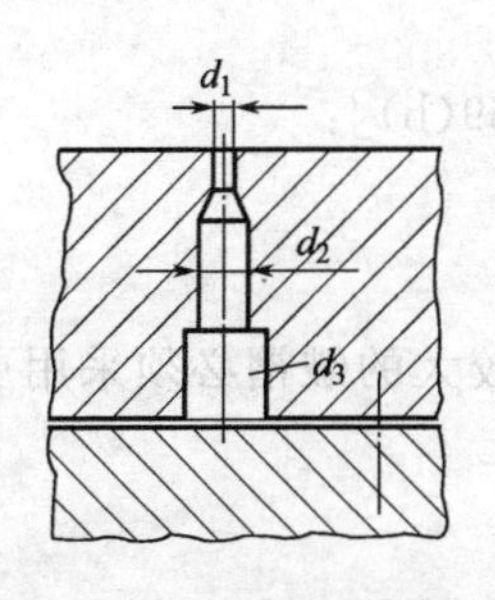

(a) 垂直于模具表面的排气通孔

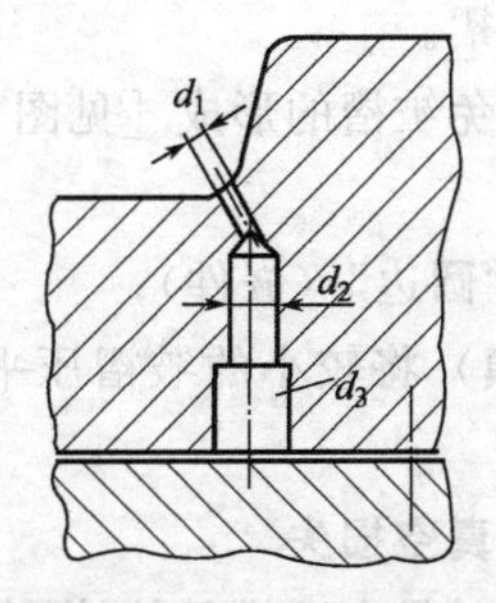

(b)“负半径”的埋头孔

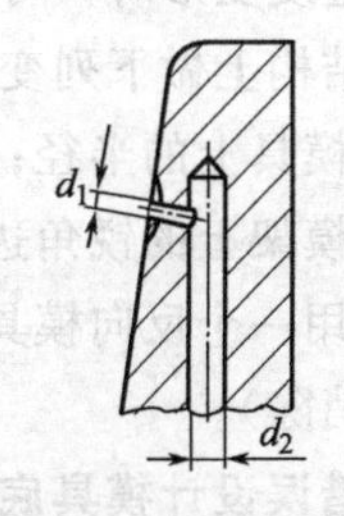

(c) 侧排气的排气流道

图1.168　排气通孔的结构

模具表面上的排气通孔在d_1为2～4mm之后，应变为较大的直径d_2和较大的宽度d_3。太长（深）的排气孔d_1可减小排气流速和难以钻孔。

(3) 排气流道系统的设计　当模具表面和真空连接之间不发生空气滞留（由于横截面狭窄）时，可正确设计排气通孔。必须设计出排气流道系统的分流道，以便排气流道横截面积的总和在气体流动方向上是增加的。

检查用真空成型或真空与压力成型方法的热成型机器的排气“质量”的一个例子为：

在模具的工作位置上，当采用真空和无插入材料时，真空度（在－1～0量级上）对于小模具应该不超过－0.4；对于大型模具不超过0.3（如果无模具的热成型机器显示－0.2值的话）。

1.5.5.8　模腔

用于真空成型的阳模大型模腔应该用树脂填充，以减少排气时间。模腔应根据厚度和刚度进行增强。必须考虑因使用真空方法而产生的表面载荷。

吹口腔应该尽可能地小，以减少达到最大成型压力所用的时间和降低压缩空气的成本。

1.5.5.9　阳模中避免皱褶现象

图1.169展示了皱褶是如何形成的。

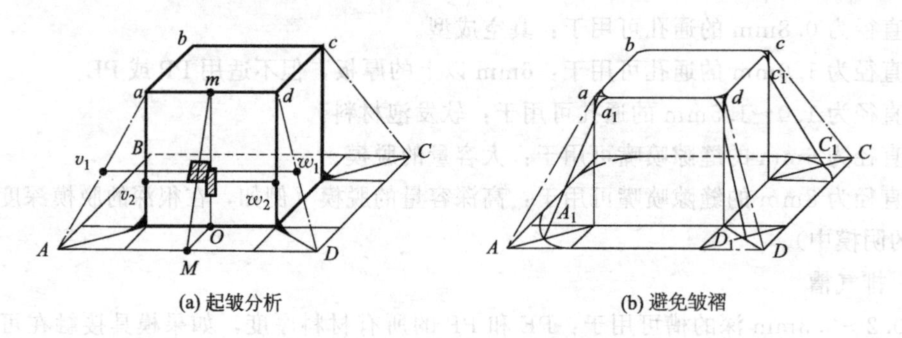

图1.169　阳模中底边上起皱的示意

当阳模（这里呈立方体形状）的“abcd”面从底部进入热模具中，被夹持的材料（被夹持在合模架ABCD上）拉伸到帐篷形状。后续的脱模压力（真空或压缩空气）将帐篷的所有壁面挤压到模具的壁面上。在这一过程中，在垂直位置上，材料得到拉伸（Mm变成$MO+Om$）。在横截面方向上，材料被压缩（长度v_1w_1变为v_2w_2）。当受热的热材料在模具底边区域过度变形时，可产生皱褶。

在模具结构上做下列变化可避免皱褶的形成［见图1.169(b)]：

① 增加模具上的半径；

② 将合模架上的锐角边改为“圆边”（嵌件）；

③ 可使用一个反向模具（冲模）将较小的皱褶压平（较大的皱褶必须采用更换模具或拉拔的方式消除）。

1.5.5.10　错误设计模具底面时的真空损失

真空损失总是泄漏的结果。有时是由于模具的结构，而不是由于较差的密封导致的。

图1.170a(f) 给出了在片材加工机器中用固定板式框架和固定板式基座的密封示意图。

① 如果固定板式基座太高，机器的上合模架不能将冷材料压在下合模架的密封垫 f4 上。这意味着，固定板式基座的高度不能超过合模位置（密封垫 f4)。

② 在应用真空成型过程中，材料的整个模腔上升至机器平台的密封垫 f1 后被撤出。由

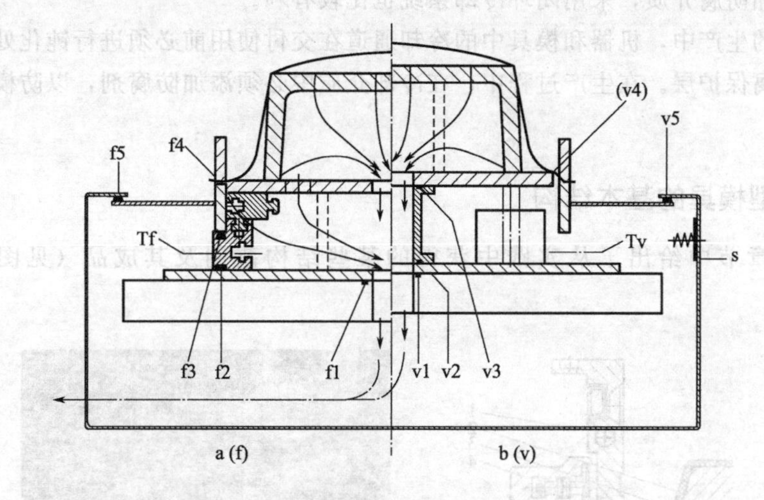

图 1.170 ILLIG 平压机的成型工位上的密封

a（f)—带有固定板式基座的模具，密封件为 f1，f2，f3，f4，f5；温控 Tf 通道被密封；

b（v)—带有固定板式基座的模具，密封件为 v1，v2，v3 和（v4)；温控 Tv 通道无密封

于固定板式基座的基板与机器平台的密封垫 f1 的密封作用，基板的刚度必须足够，以避免向上弯曲（可能导致真空损失)。因此，大型固定板式基座的基板必须被加强，如图 1.170a (f) 所示。

图 1.170b(v) 给出了在片材加工机器中用可调节基座的密封示意图。

① 如果固定板式基座太深，或机器平台的行程不够，模具托架模板的边缘不能将材料在密封垫 v4 上密封。在模具托架模板与上合模框架之间应保留一个小的间距。在带有可调节合模框架的机器中，可以对上合模框架进行密封（作为一个替代方案)。

② 在应用真空成型过程中，材料的整个模腔上升至机器平台的密封垫 v1 后被撤出。由于固定板式基座的模具托架模板与可调节成型基座的密封垫 v1 的密封作用，模具托架模板的刚度必须足够以避免向上弯曲（可能导致真空损失)。因此，大型成型模具的托架模板必须被加强，如图 1.170 所示。

1.5.5.11 热成型模具温控建议

模具的成本可用需要生产的制品数量进行核算。如果需要生产的制品数量太少（多数情况是制造专用制品)，可采用最便宜的模具。

如果由于刚度和质量的原因，不能选用木材、树脂和塑料材料的话，必须制造不能加热的铝质模具。(当成型制品数量较少时，可在烤箱内或采用辐射加热系统将铝质模具加热到生产温度)。通过计算生产成本来决定制品数量，而因加热增加的额外成本对这些制品数量应该是合算的。

在热成型模具中，通常使用水作为冷却介质。冷却量（水流量）可用热容量的减少量进行计算。在片材加工机器中，可采用冷风机吹模塑制品表面的方法减少热容量。采用空气减少的热容量可占整个被减少的热容量的 50%。

在热成型模具中，冷却水进出口的温差通常从5℃到10℃（最大值）。

只有在带有剪切切割的成型/冲切模具中，为了防止切到框架边缘（由于两块半模的线膨胀），所需的最大温差为1.5℃。

因为可添加防腐介质，采用闭环冷却系统也比较有利。

在最先进的生产中，机器和模具中的冷却通道在交付使用前必须进行钝化处理。这意味着，可采用防腐保护层。在生产过程中，在冷却介质中必须添加防腐剂，以防模具和机器的沉淀和腐蚀。

1.5.6 热成型模具的基本结构

在下面的章节中给出了从实践中获得的某些结构范例及其成品（见图1.171～图1.173）。

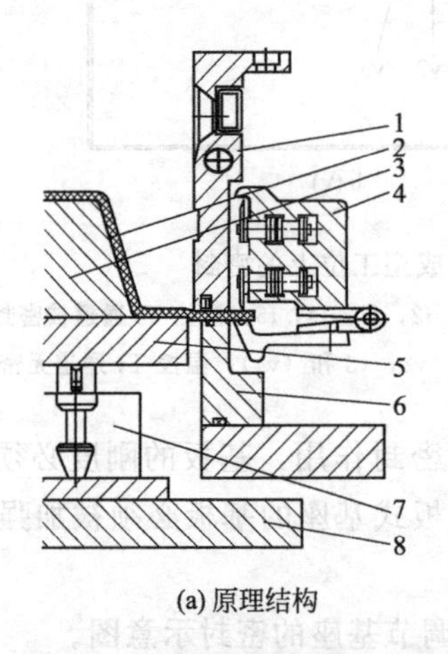

(a) 原理结构

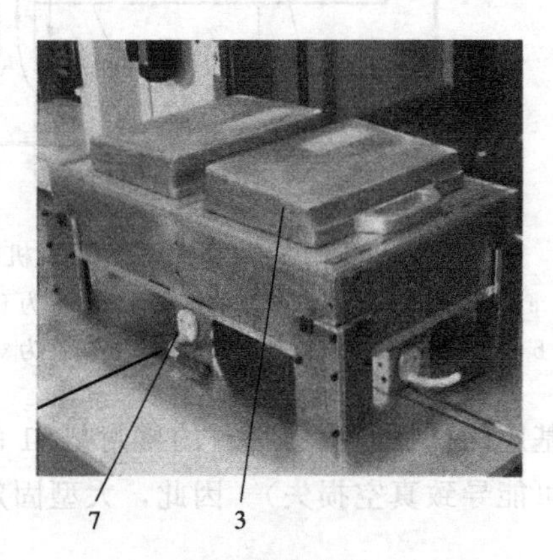

(b) 模具范例

(c) 模具工位，前盖打开

(d) 未切割的成型制品

图1.171 带有可调节合模框架和自动供料的可调节基座的片材加工机器的模具结构（由Fa. ILLIG公司提供）

1—上合模框架；2—拉拔制品；3—阳模板；4—传递链；5—模具托架模板；6—下合模框架；7—模具基座；8—机器平台

1.5.6.1 片材加工机器上的真空成型

1.5.6.2 带剪切的成型/冲切模具的气压成型

1.5.6.3 带钢带模的成型/冲切模具的气压成型

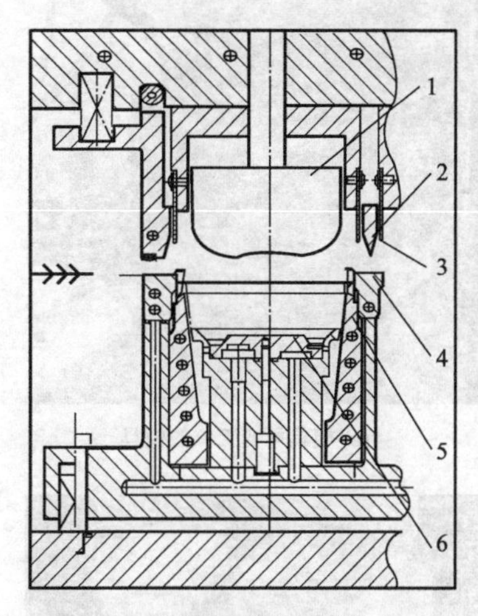

(a) 模具结构的横截面

(b) 模具

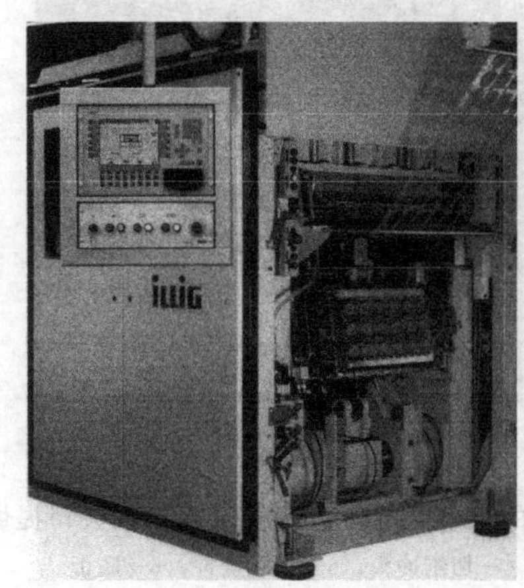

(c) 带有成型模具的机器，
在叠摞工位模具被倾斜

(d) 在成型/冲切模具中成型
和冲切的热成型制品

图 1.172 带有剪切切割功能成型/冲切模具的
压缩空气成型（由 Fa. ILLIG 公司提供）

1—助推塞；2—冲切夹具；3—切割板；4—切割
冲头；5—模具嵌件；6—顶杆底板

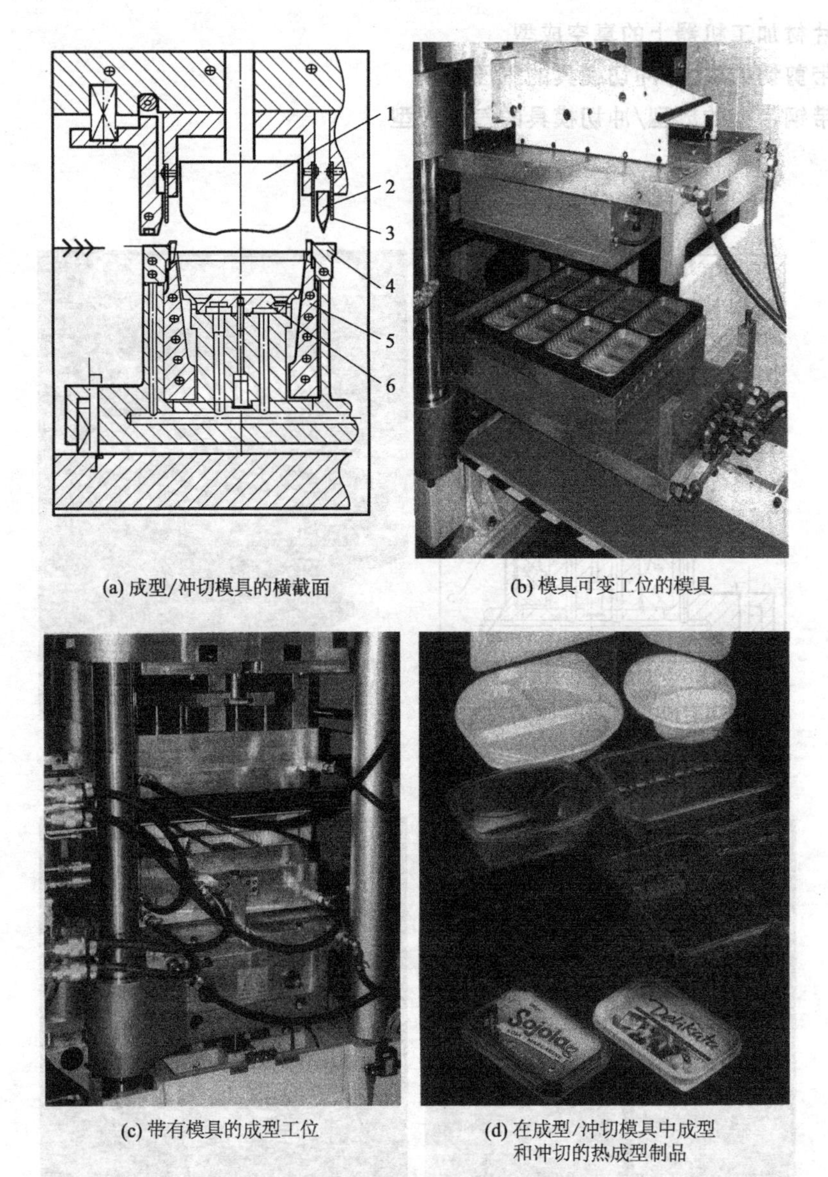

(a) 成型/冲切模具的横截面

(b) 模具可变工位的模具

(c) 带有模具的成型工位

(d) 在成型/冲切模具中成型和冲切的热成型制品

图 1.173 带有钢刀口模的成型/冲切模具的压缩空气成型（由 Fa. ILLIG 公司提供）

1—助推塞；2—冲切夹具；3—切割板；4—切割冲头；5—模具嵌件；6—底板

参考文献

[1] Schwarzmann，P.，Thermoformen in der Praxis，Illig，A.（Hrsg.）（1997）Carl Hanser Verlag，Munich，ISBN 3-446-19153-4

1.6 滚塑成型与搪塑成型模具

（O. Wandres，R. Hentrich）

1.6.1 加工工艺简述

为了能经济地制造出无熔合缝的中空塑料制品，生产者可以应用熟知的吹塑和滚塑成型工艺。滚塑方法最初用于 PVC 或塑料溶胶制品的制造。从 20 世纪 50 年代滚塑的“工业化”以来，PE 是最广泛使用的加工材料。PE 可应用于不同的密度和质量、干混和共混、紫外线（UV）固化、导电以及荧光制品等方面。其他的通用材料为 PVC 以及 PP、PA 6、PA 12 和 PC。所有的真实颜色均可选用，甚至可模拟天然色彩（例如，石头、陶瓷等）。

所用塑料材料多为粉体。被计量的材料送入单腔或多腔模具中。根据给定的制品尺寸和表面形状，塑料材料的加入量决定了中空制品的厚度。填充、闭合的滚塑模具（使用合模元件）与模具托架相连，该托架又与机器和驱动部件相连。

这种方法最重要的特征是，模具应该缓慢地围绕两个互为直角的轴旋转。这种旋转发生在熔体过程和冷却过程中。在循环空气炉（高达 350℃）内，熔化塑料材料后，在冷却工位使用水-空气混合物或冷却空气将模具和制品冷却。

制造一个滚塑制品的循环时间可为 5～40min，这取决于不同的因素。重要的影响因素是模具的形状和尺寸、机器的性能、选择的材料以及壁厚。

1.6.2　滚塑制品的强度

在其他塑料模塑工艺中，制品的外部轮廓在壁厚的某些点上较厚的地方，滚塑制品的外部轮廓和半径处较厚。因此，滚塑制品是非常硬的。为了增加滚塑制品的刚度，最简便的方案是增加质量和壁厚。

除了可用 PUR 发泡材料填充中空塑料空间外，PE 发泡材料也可作为第二层材料滚塑到模具中。这种材料混合物的精确计量对于这种应用是必要的（例如，由具有不同熔点的两种材料混合物支撑的塑料粉体）。因此，首先滚塑形成一个固体塑料表层，接着激活第二种材料的液体发泡剂涂敷材料（热感应原理），然后开始发泡过程。另一种可选方案是，在滚塑第一种塑料材料层后，将液体发泡剂涂敷材料加入到模具中。这种方案可通过人工操作填充的方法，或使用所谓的“落料箱”进行。这是一种完全隔离的容器，它与模具外部相连，并打开（在期望的时间点上）一个通往模具的通道，加入“第二种注射料”。

可通过刚硬的筋或通过塑料制品单个壁面之间的连接点的整合实现增加制品的稳定性。

1.6.3　模具技术要求

如上述的生产过程中，滚塑模具被置于许多加热或冷却的环节中。典型的工艺是模具被加热至 300℃以上，然后又被冷却至环境温度（在每一个生产循环中）。

这些极端的温度变化不仅要求恰当的模具选择，更重要的是要求相应的设计。为了用最小的能量加热和冷却模具，模具壁厚应尽可能地薄，并应选用导热性能良好的材料。此外，在设计中，也必须考虑模具的闭合及在托架上模具的装配，以便于能够快速和安全地操作。最重要的是，在模具和模腔（在多腔模具中）合缝间的泄漏应降低到最低限度。如果在生产中发生塑料泄漏，将引起的问题是：制品的壁厚可能会减小以及塑料材料可能烟至模具的外表面。这种烧煳的硬壳清除困难，并产生隔热作用，因此影响通过模具壁的热量传递。另外，将积累额外的溢料，这将增加最终成本。

模腔的表面质量和形状将传递到模塑零件的表面。制品的形状、可能倒陷的位置和表面的质量，有可能带有纹理结构，将决定正确模塑材料的选择和最合适的制造工艺。对于加工 PE、PP、X-PE、PA、PC 和 PVC（例如，当生产 PVC 时发生氯化氢的腐蚀问题）不同的要求也应该在模具设计中加以考虑。

1.6.4 滚塑模具的命名

由于这些模具简单易懂，滚塑模具的设计非常多样。除了单腔模具外（一个模具生产一个制品），还有双腔或多腔模具（在一个模具中可生产两个或多个制品，并可机械分离）以及组合模具（在一个可转换的模具中生产不同的制品）。图 1.174 给出了这样一种组合模具。

这种铸铝滚塑模具可用嵌件改进，用它可成型反转阶梯结构的 BBQ-Donut® Half（见图 1.175）或摩托车和雨伞支架的一半结构。这种模具可由 10 个模片组成。

图 1.174 BBQ-Donut 模具

图 1.175 BBQ-Donut® Half 模具

图 1.175 展示了一个组装的最终制品（漂流烤肉船-“BBQ-Donut®”）。两个半圈是用一个改进后的组合模具制造的。这两个滚塑半圈的材料为 PE，每个尺寸为 4000mm×2000mm×12000mm。

单个模具每次仅可制造一个制品。如果需求高于一个模具的生产量的话，可制作相同的多个模具。对于大批量的生产，建议采用所谓的星形概念（多个模腔组装在一个框架内）。被组装的多腔的开闭模动作在同一个步骤内完成，这将显著节省操作时间。

滚塑模具的结构可采用两个部件（两个模具壳），或根据复杂程度，采用 3、4 或 5 个部件（见图 1.174）。

模具如何剖分主要取决于成型塑料材料的可脱模性。这意味着模具必须被剖分，以便于模具壳从制品中分离或滚塑制品从模具壳中分离时，不会引起损伤。对于选择模具分离的更多判断准则（例如，表面美观要求、模具块的常规操作等）可争取制造出更多的模塑制品。

1.6.5 模具的类型

用于滚塑生产的模具可选用不同的导热性材料（每一种设计都存在着优点和缺点）来制造。最适合滚塑模具的选择基于技术标准（尺寸、复杂性、精度、表面结构、计划数量等）和经济因素，如成本和生产时间等。

如今，铝质模具（铸铝和数控铣）或钢板模具可用于滚塑生产。电镀成型已经用于 PVC 溶胶的特殊滚塑模具中。还有其他几种材料可用于样品试制生产中。

1.6.5.1 滚塑样模

由于生产滚塑塑料制品时的高温载荷，使用廉价的试样模具几乎是不可能的。滚塑模具必须具有一定的导热性和稳定的承受加热和冷却过程中温度变化的能力。

在构造试样中，采用模具壳用金属喷涂工艺制造的模具。由于金属喷涂工艺，这种方法仅适用于简单和扁平外形。

被喷涂的金属相对疏松，这将导致塑料制品有缺陷的表面质量。另外，这类金属仅能承受一定程度的持续温度变化；一段时间后它将导致多孔表面，并易于破裂。

试样成型中的一种替代方法是采用碳纤维壳体，它采用热压成型制造。这种方法的优点是，在模具设计中几乎没有限制。其缺点是高生产成本和有限的使用寿命。

图 1.176 展示了一个用于生产 400L 油箱的碳纤维试样模具，它具有简化的框架和螺旋式的凸缘。所需固定构件如油位感应器、螺纹配件、嵌件等的装配，可在工业化设计中使试样转动。

图 1.176 碳纤维成型壳体的试样模具

1.6.5.2 板式钢制滚塑模具

对于大型制品（储存容器）和外形相对简单的制品，可采用板式钢制模具，模具壁厚一般为 1.5～4mm。不同的钢板可采用焊接连接。经过消除残余应力的热处理后，模具配合表面必须重新修整，以得到较好的密封。焊缝必须抛光和打磨。表面的质量取决于操作工人的技能。

图 1.177 给出了一种制造检验室（直径 1000mm，高度 2200mm）的板式钢制滚塑模具。在打开模具壳体前，安装在脱模相反方向上的 8 个旋转筒节必须采用铰接系统归位。

图 1.177　板式钢制模具

1.6.5.3　铝制滚塑模具

铝制滚塑模具由数控铣或铸铝模具壳体来制造（这两种方法之间的组合也是可选的）。也可制造出一种组合的铸铝材料和数控铣加工的壳体的模具。另外，也可用不同的材料（铝和钢）制造壳体模具。

这两种应用的生产步骤有显著区别。模具壳体的完整结构和外形分离及边缘的设计均必须由机加工铝制模具的生产决定。一个模具制造初始都是阳模生产（每个样品、图纸或 3D 数据）。

当被加工的铝块非常扁平，或生产时间非常紧急，或所需的公差要求非常高时，通常采用数控加工模具。

对于经济的滚塑成型生产，模具壳体必须被加工到一定的厚度，因此，壳体的两侧都需加工，以将确保模具壁面上具有等量和快速的热传递。

图 1.178 展示了一种生产轴盖（直径 700mm）的数控加工的铝制滚塑模具，配有钢制弯管支架和手柄合模机构。

用铸铝方法制造的模具壳体，其优点是，可制造大型和较深的模具壳体，或用于后续的模具制造。对于铸铝模具壳体的制造，首先需制造出由沙型或沙/陶瓷模具制成的浇铸模具。铝浇铸过程可人工进行，见图 1.179。

当制造这样的浇铸模具时，需要制造出阴模。这些阴模与所需的模具壳体相呼应，并已经具有模具的凸缘和模具的厚度（通常为 7～12mm）。

这些阴模既可依据数据库，也可用之前制造的阳模进行制造。附加在阳模上的结构，如琥珀纹理、赤陶或石头纹理等，可被复制在铸造模具和铸铝上。

根据铝的铸造工艺类型，铸造模具也存在微小差异。制造这类铸造模具的常用现代方式为数控铣加工用 CAM 数据库成型的沙型部件。这需要非常复杂的模具壳体结构（见数控铣

图 1.178　数控加工的滚塑成型模具

图 1.179　铝的浇铸

模具）。模具壳体的轮廓可采用 CAM 数据库进行数控铣。图 1.180 展示了一种沙型浇铸模具的 5 轴数控加工过程，该模具可用于制造铸铝滚塑成型模具，生产公园休闲椅。一个数控锡模具的制造所需时间为 5～6 周，而一个浇铸模具标准的生产时间为 8～10 周。模具的尺寸和复杂程度是影响制造时间的重要因素。

1.6.5.4　电铸模具

在电铸模具中，一个模型被勾画出最小细节（见 4.3 节）。因此，与最终制品相同的阳模是电铸滚塑模具和搪塑模具的依据。必要的技术要点，如表面质量、尺寸公差、装配部件均必须确定。例如，在假肢制造中，可使用滚塑模具得到精确的外观，模具内部轮廓是人类皮肤的外观。这显示了电铸模具的精度和从耐腐蚀材料制造足够模型的技能。

制造模型的所需条件受滚塑加工方法以及嵌入组件材料的影响很大。对于已经具有侧凹结构的组件，可以选用弹性材料（PVC、TPU 和 TPO）。此外，必须确保在组件可视表面区域不能有模具痕迹。

因此，单个零件的滚塑和搪塑成型模具是先决条件，并可提供顶出弹性组件的开口。通

图 1.180　沙型模具数控加工

过小的模具开口，也在电铸模具中制造出顶出组件。

对于大规模生产的玩具娃娃零件和玩具动物，必须采用多个相同模具。因此，制作模型的方法如下。

首先，原型模用合适的蜡成型，此后，制造出所谓的母模，可用于在旋转炉中成型单个的模型（用于制造短期运行模具）。在较硬底座上的厚壁 PVC 模型是非常普遍的。如果需要，可能的弹性 PVC 模型可通过在其内壁涂敷铸模树脂和石蜡使其稳固。当用这种模型制造工艺制造原型模时，考虑双倍的材料收缩量是很重要的。因此，在原型模和母模中考虑延伸部分（锥形连接零件等）是有益的，它们将在合模系统中是必需的（由于 PVC 模型，这些外形将被复制到短期运行模具中）。

为了制造假肢，可选择人体前肢的硅胶阴模，这类模型可使用石蜡或专用铸模树脂制成。这可确保将细微的皮肤毛孔和皮肤构造精确地复制到电铸模具中。

为了教学需要，科学的和解剖学教具。这些模型通常用较硬的 PVC 在滚塑成型工艺中制造。为了对模型进行讲解，可采用放大模型（见图 1.181）。或原形骨头（骨骼解说）。这些模型嵌入到塑性黏土中，以便能够塑造出脱模功能的制品。由于解剖外形，分型面通常为波浪形的，也可以被浇铸，以及配有固定结构（如榫槽结构），因此，这种模具零件将装配在一起（不可变换的）。硅胶阴模可制造成两个或多个零件，模具商使用这种模型，可制造出具有两个或多个环氧树脂零件的模型，这种模型可作为后续加工的模型。采用这种方法，也可以将细微的骨骼结构设计到电铸模具的内表面上。

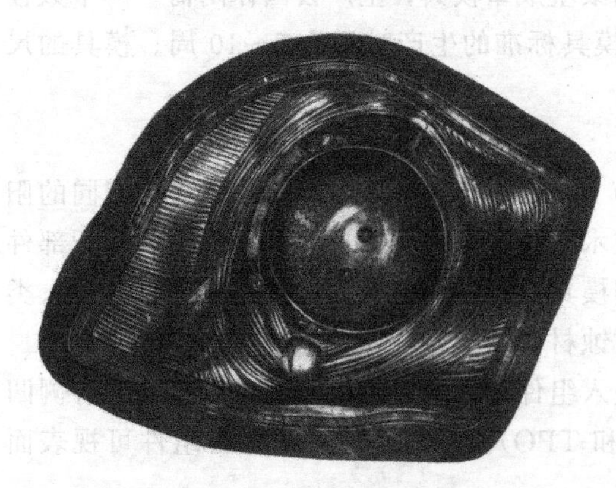

图 1.181　制造电铸模具的模型，用于生产解剖学教具（例如，眼睛）

这些单个模型可配有托架和接触式给料装置。在清理后，这些模型将被涂敷一层银（层厚＜$1\mu m$），使它们具有导电性。在电铸成型过程中，涂银模型形成负极。在负极上使用合适的电解液，如表面电镀中那样，铜和锌被沉积到所需的壁厚。对于中小型电成型模具，其理想壁厚为2～3mm；对于大型模具，根据设计和表面几何结构，壁厚可高达5mm。根据所需壁厚和表面结构的复杂性，电铸过程可持续2～8周。达到壁厚的设定值后，将托架和给料装置移开，取出模型。电铸模具是阳模型的负镜像，为了正常工作，需要连接固定元件和合模装置。最初，电铸滚塑成型模具仅在酸性铜溶液池中进行加工。这一工艺的优点是铜的导热性好和铜液池的易操作性。铜液池可在室温下操作，因此可考虑使用石蜡模型。因为从这些酸液池中分离出的铜非常软，(在池中)成型的电铸模具很容易被机械损坏。另一个缺点是，使用PVC的裂变产品可导致腐蚀的风险。为了避免腐蚀发生，用铜制成的电铸模具可在其内表面进行化学镀镍（如果需要，在外表面也可镀镍)。这种化学镀镍涂层在微米级范围，对于模具表面的影响可忽略。然而，非常薄的镀镍层使用寿命有限，因此，铜电铸模具必须不断地进行镀镍。

为了消除这些困难和满足汽车工业大规模生产的要求，现在的技术发展水平已经能够用氨基磺酸镍制造电铸模具，这可确保较高的耐磨和防腐性能。在制造氨基磺酸镍电镀模具的过程中，有可能增加局部厚度（如与合模元件连接的多组件模具的凸缘区域)。

应当注意的是，与铜相比，镍的导热性较差。因此，用1～2mm的氨基磺酸镍制造模具，然后用硬铜增强是有可能的。这种组合结构结合了镍的优点以及铜的良好的导热性。

1.6.6 模具结构

1.6.6.1 模具的支撑与合模机构

滚塑成型工艺是一种无压过程。这表明，这些半模具，像在其他加工操作中那样（如注射成型)，不需要很高的合模压力。在双轴旋转运动中，它们仍必须闭合在一起，以防止物料的泄漏。因此，这些半模或是夹紧，或是螺丝固定。

最经济的选择之一是使用螺栓固定模具的凸缘。然而，每个循环后，螺栓都要取出，在充料后，螺栓又得再次连接。图1.176给出了一个螺栓固定模具凸缘的例子。此例中，循环时间的重要性其次。

为了使半模具有稳定性和均匀夹紧，在凸缘上连接了一个钢架结构。手动合模装置、气缸、或类似的闭合装置可安装在这个模架上。此外，应对易发脆的、薄壁模具壳提供保护。钢模架的制造或用弯管或焊接钢管，如图1.178所示，或用钢板。

使用气缸合模是可能的。然而，对气缸必须使用专用材料（如Kalrez®的密封件)，这是因为在滚塑成型生产中的典型温度，因此，这将导致这些特殊气缸非常高的生产成本。由于采用这样的闭合装置，因此，气缸仅适用于大批量的生产，如花盆和儿童玩具。图1.182给出了一个环状行星结构，用于同时生产8个直径为700mm的花盆。

在这个3000mm大的行星机构中，使用专用的气缸将单个模具夹紧。为了最佳的传热，铝制模具配有所谓的效益销（Profit Pins™）和一层永久脱模涂层。

1.6.6.2 模具壁厚与对中

与薄壁钢制模具（1.5～3mm）相比，铝制模具的壁非常厚。7～15mm的壁厚可用于浇铸模具（取决于浇铸工艺的质量)。用铝材经数控铣的模具壳中，标准的壁厚为7mm。

与钢板相比，因较厚的壁厚引起的传热材料的缺点，可由铝材的导热性弥补（关于电铸模具的壁厚，见4.3节)。

如果不考虑材料，必须考虑模具中的壁厚应该是均等的。一般而言，模具的壁厚越均

图 1.182 花盆模具的行星机构

等，滚塑成型制品的壁厚越均等。

为了进一步改善铝制浇铸模具的热吸收，可将前面提到的效益销浇铸进去。

在模具的外侧，小锥形塞可扩大模具表面，并可改善模具的热吸收和热消散。效益销可部分地连接在问题区域或者全部区域。为了缩短生产过程，图 1.182 中给出的花盆可配有这样的效益销。

为了将不同的模具壳较容易地组合在一起和达到最佳的精度，定位元件包括在成型凸缘中。通常，这些定位元件为钢销钉。也可选择榫槽定位元件。

1.6.6.3 模具表面与修饰

表面结构（铸铝模具中）如木纹结构、布纹结构和皮革纹理，均可设计到模型中。图 1.183 给出了一个用 PVC 生产解剖学模型的铝制模具。对比直接在模具内部制造表面的方法，也可以通过合适的再加工修饰金属表面。最常用的表面处理是用不同尺寸的沙粒研磨到高光泽的抛光，以及通过喷沙和喷丸硬化的表面处理。铝制模具中的表面结构可由再加工的工艺——喷丸硬化决定。对于钢制模具这是不可能的。

特别在精细表面（蚀刻结构），建议通过一层永久脱模涂层保护和细化金属表面。

由于滚塑成型模具相对简单的构造，表面修饰多半比在注射模具中简单。通常，修饰方法为焊接、从已有的壁厚加工，或嵌入新铣或浇铸的组件。

1.6.7 模具辅助结构

1.6.7.1 模具排气

通过在炉内加热，模具内的空气膨胀。冷却时相反，模具内的空气收缩。由于这个原因，必须给滚塑模具配置排气装置，因为过压和负压均会影响模具的使用寿命和塑料制品的质量。可使用多种不同的方法进行这样的模具排气。最广泛使用的方法是，用 PTFE 制成的管子，将其压入穿过模具壁，深入到模具内部，可进行空气交换。在模具几何结构中，模具内的粉末可与 PTFE 管接触或粉末从该管中泄漏，可使用钢丝绒和塑料薄片做密封件。作为替代方法，也可使用过滤棒或所谓的 Supavent™ 堵塞（用耐温硅胶制成的产品）。

1.6.7.2 短效脱模剂

在滚塑模具中熔化的塑料具有与模具壁面黏着的性能。这一行为是生产滚塑制品所必需

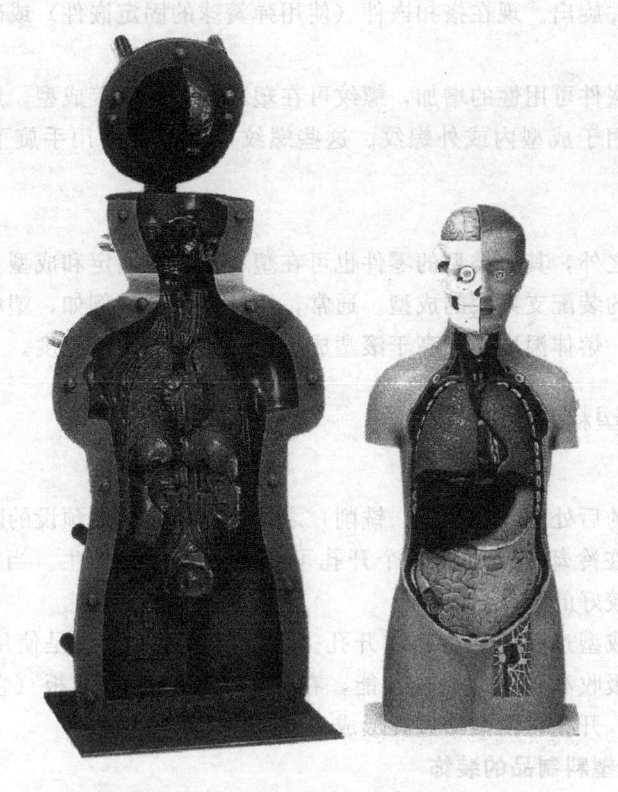

图 1.183 模具和解剖学模型

的。然而，黏着力不能很高，否则，塑料制品从模具上脱模将很困难，或完全不可能。为了防止这种情况发生，需使用脱模剂。脱模剂周期性地喷涂在模具表面，赋予模具表面足够的黏着力和必要的脱模性能。多数水基短效脱模剂被喷涂到模具上，或人工用碎布洒在模具上。在生产循环中，脱模剂层会不断变薄，所以，经 50～500 循环后，脱模剂就必须更换一次。依据所使用的塑料材料（如 PVC）、复杂性以及模具表面的质量（例如，被抛光的模具表面），脱模剂不总是需要的。

1.6.7.3 模具涂敷（长效脱模涂层）

由于重复和经济性地生产，所谓的长效脱模涂层近些年来其重要性日渐增加。通常，模具涂层被薄薄地喷涂在专备的金属表面上，并逐层固化。较早的长效涂层具有非常强的脱模性能，并多数仅适用于带有强收缩情况的模芯涂敷。现在，可见到各种模具涂层。

当今可用的涂层技术可允许降低脱模性能（使用 PTFE 模具零件）和影响塑料制品最终的触摸视觉。表面光泽等级（根据涂层）可有不同的细微差别选择，从无光泽到高光泽。

随着设计影响的增加，涂层赋予了多种专有性能，如改善模具的传热性、改善塑料熔体的流动特性以及改善梯度混合。使用长效涂层不仅只限于成型表面，也可用于模具凸缘和模具的外侧，以便减少维护与保养工作。

1.6.7.4 螺纹

滚塑成型塑料制品内的必要装配节点可被紧固在模具内部，如螺纹嵌件等。环绕这类嵌件，塑料熔融并成型为一种稳定的黏结。螺纹嵌件也可用螺栓固定在模具内，但它必须在每一次循环中被旋紧并旋出。现在搭扣嵌件（使用弹簧球的固定嵌件）或磁性夹具已经被广泛使用。

随着模内螺纹嵌件可用性的增加，螺纹可在塑料材料内直接成型。用铜、钢或铝制成的专用螺纹成型器可用于成型内或外螺纹。这些螺纹成型器必须用手旋下，以便塑料制品的脱模。

1.6.7.5 其他嵌件

除了螺纹嵌件之外，其他类型的零件也可在塑料制品内固定和成型。例如一种常用的类型是，用金属制成的装配支架中的成型。通常，用其他材料（例如，塑料材料）制成的嵌件也可被使用。然而，熔体温度必须高于滚塑成型塑料制品的熔体温度。

1.6.8 滚塑成型塑料制品的后处理

1.6.8.1 开孔

除了滚塑制品的后处理（如钻孔、铣削）之外，塑料制品上预设的断口可在模具上引入一个刀口而形成。在冷却制品中的这个开孔可在一个行程中产生。当加工（如使用切刀）时，可考虑到刀口较好的导向。

也可以在滚塑成型过程中直接形成开孔。最广泛采用的方法是使用 PTFE 棒和板。由于减少了材料的热吸收和很强的脱模性能，在这样的 PTFE 棒或板（它们与模具连接）上不会发生材料烧结。开孔可由滚塑过程形成。

1.6.8.2 滚塑成型塑料制品的装饰

几乎所有的被滚塑加工的材料都具有自脱模性能，使得后续的丝网印刷、涂料和放置黏结物的装饰常常非常困难。制备这样的塑料制品是可能的，但工艺非常复杂。目前，存在有特殊研发的技术使用模内系统装饰塑料制品。例如，采用箔片载体直接将彩色图标涂敷在模具表面。熔化的塑料材料在加工过程中与箔片永久地粘接在一起。这是熔解而不是黏合在一起，这表明涂敷装饰具有防刮伤性和几乎不可损坏性。

1.6.9 搪塑成型工艺的电铸模具

汽车制造商对材料质量和车内装饰外观要求最高的标准。设计者除了功能性、几何结构之外，还要求良好的视觉和触觉、具有指定光泽度的特殊表面结构，以及组件的双重色调。为了实现这些要求，特别使用软质材料，如 PVC、TPU 和 TPO，制造仪表盘、门窗沿、仪表盘上手套箱盖，以及中心仪表台（见图 1.184）。这些零件的制造需在滚塑模具中进行，这些模具的设计依据是搪塑技术。

与滚塑成型相比，在搪塑成型技术中，使用敞口模具。在预加热搪塑模具后，模具与一个容器相连，该容器充满粉状原料（因此，国际通用术语为“粉体搪塑”）。通过旋转和振动，原料被带入到预加热的电铸模具中。一个确切的、可能限定的原料量停留在模具壁上。剩余的粉料返回容器中。接着，模具和容器分离，后续的过程中，粉体持续地被烧结成软泥皮。接着将模具冷却到约 40℃，此时可将软泥皮取出。使用坚固托架将这层皮插入到发泡模具中，并通过发泡与托架粘接（见图 1.185 和图 1.186）。

对于加热和冷却，可使用不同的工艺体系，这需要合适的电铸模具壳体。

① 壁厚为 3～4mm 的由氨基磺酸镍制成的模具，可用热空气或在砂层中加热，通过喷淋水汽混合物或冷空气进行冷却。

图 1.184 成型的木理纹细节

图 1.185 具有双电铸模具成型轮廓，可同时生产两个仪表盘

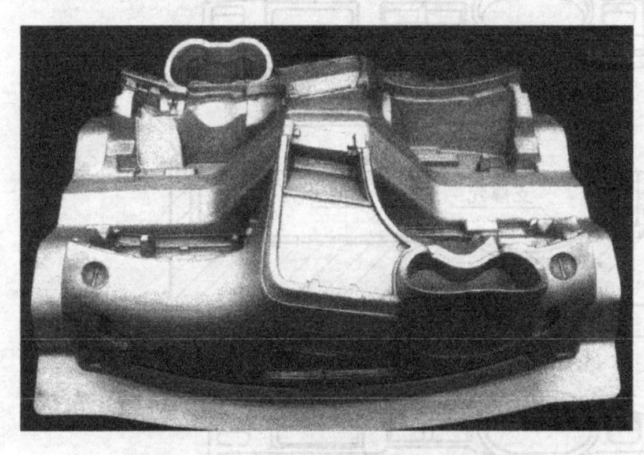

图 1.186 双侧电铸模具外轮廓上的突变几何结构，电铸时必须避免

图 1.187 使用热油温控的完整电铸模具

② 壁厚为 4～5mm 的由氨基磺酸镍制成的模具，可钎焊上钢制温控管，因此可用换热油进行加热或冷却（见图 1.187）。

③ 壁厚为 3～5mm 的由氨基磺酸镍制成的模具，其背面具有双壁结构。这种双壁既可以用金属板或者用电铸模具壳制成，并被油封粘接在电铸模具壳的凸缘上。使用专用的连接油嘴，将油通入到电铸模具与双壁之间的空间，以保证模具的加热和冷却。

为了满足应用技术和设计部分对结构、表面形状、搪塑模具表面尺寸稳定性的最大需求，可以制造出这样的电铸模具。采用复杂和昂贵的模型技术可以实现这样的目标。图 1.188 给出了从 CAD 数据到最终电铸模具壳的原理途径。

基于由客户给出的 CAD 数据，可确定所谓的“脱离表面”，并由客户、发泡模具制造商和电铸单位之间验证其可行性。此外，还应该设计出密封表面，以确保粉体泄漏的安全密封（采用对粉体箱连接器的弹性密封），以及在模具托架中电铸模具壳凸缘的密封。为了使从脱离表面和连接器表面流出的物料泄漏量尽可能地少，以及确保该技术的可行性，必须非常仔细地研究这些元件的结构。

使用这种设计和考虑所选材料的收缩量和在模型技术中期望的收缩量，用切削材料制成

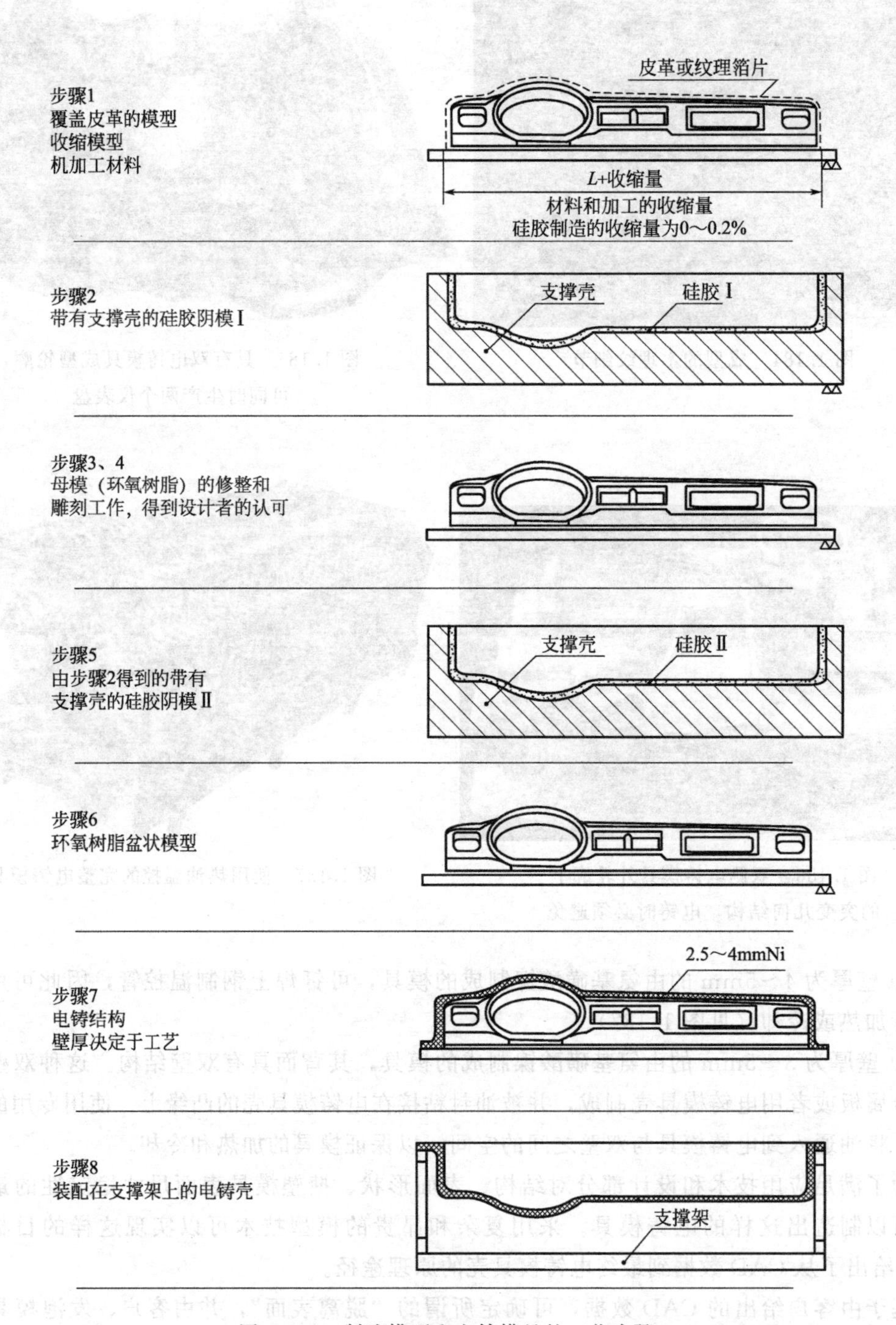

图 1.188　制造模型和电铸模具的工艺步骤

原始模型的铣削将作为下一步加工步骤。在精加工原始模型表面后，可获得汽车厂设计部门的认可。需要特别注意光滑曲线、半径变化和过渡以及装配零件的凹形与沟槽。一旦完成原始模型，下一步是加工木理纹。它可用下列方法加工：

① 必须加工木理纹的区域需要用真皮革或木理纹箔片粘接（当铣削时，必须考虑箔片

或皮革的硬度)；

② 在 Flotek 过程中制造木理纹；

③ 对于特殊的情况，可采用光化学蚀刻技术加工的钢制模型。

方法②和③通常称为“技术木理纹”。

一种所谓的“仿制模型”可用一种易于加工的材料铣削成型（偏离原始模型 6～20mm)，平行仿形铣。这种仿制模型是制造 GRP（玻纤增强塑料）支撑壳的依据，它可用层板钢架稳固。这个支架取决于组件的几何结构（可由一件或多件构成)。

这一构造的模型（由设计和应用技术认可的）被固定在支撑壳的内部，并用足够的硅胶浇铸（应该事先进行硅胶的相容性试验）在原始模型和支撑壳之间的空间内。最好选择线性收缩率小于 0.1%的硅胶。在完成对这个硅胶阴模的检查后，用环氧树脂制成母模。母模是非常重要的，因为在汽车的整个生产过程中，它将作为模具制造的模型。雕刻师的任务是修饰和雕刻皮革或图形细节，以及最小半径的修饰，这些细节是无法通过覆盖箔片或皮革进行复制的。当需要徽章和标签（例如，纹理面上的安全气囊标志）时，可在母模上进行机械雕刻。

在通过客户的最终认可和定稿后，可以浇铸所谓的“工艺硅胶模型”。用这种硅胶模型，可生产 5～6 个环氧树脂盆状阳模。然后，这种工艺硅胶模型必须重新制造。因为盆状模型的质量决定了电铸模具的质量和尺寸稳定性，CAD 数据的另一次的控制传递是必需的。尽管有许多步骤，在装配组件区域的公差（相对 CAD 数据）±0.2 和在空腔区域的±0.5 是应该达到的。为了满足这些严格的公差，在模具制造中应该有最严格的要求（见图 1.189)。

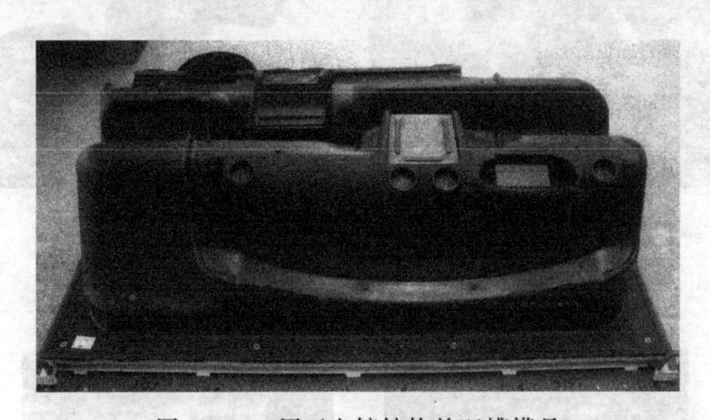

图 1.189 用于电镀结构的双槽模具

制备盆状模型（按照上述内容)，使其具有导电性，并放入氨基磺酸镍池中进行电镀。根据尺寸、几何形状和要求的壁厚，模型停留在电解池中 3～7 周时间，包括腐坏（更新附加阳极和插入表面层)。当达到所需壁厚时，加工终止，模具壳被研磨到外观轮廓尺寸。如果需要，凸缘表面也必须被铣削，固定通孔必须被钻出。经过盆状模型的热脱模或化学脱模后，内部轮廓被清理，模具被检测，测量数据与 CAD 数据对比，最后进行规定的表面处理。根据设计者要求，使用射线或光化学蚀刻进行表面处理（上亮光漆或两道亮光漆)。

为了实现仪表盘和其他内装饰配件的经济生产，目前的技术水平是使用多腔电铸模具。最常见的仪表盘生产采用双模具，手套箱盖和类似的小零件的制造常采用 16 腔模具。多腔模具的缺点是存在着一个单腔提前损坏的可能性。作为应急措施，可将这个损坏的模腔从模具中分离出来，并将替代品放置在这个空隙中。其优点是可使用单个模腔，并将这些模腔组合为一个多腔模具放入到一个模架中。因此，可使用复杂的连接器（它可联合粉料箱和电铸模具）。

值得牢记的是，由于在加热和冷却之间变换，电铸模具的尺寸会发生变化。这可能在模具内引起极高的应力。为了使这些应力尽可能地小，电铸模具应该在模具托架内浮动，以便它们能自由膨胀。如果已采取所有的预防措施，在电铸模具内仍发生应力破坏的话，可通过激光焊接和后蚀刻技术进行修复工作。然而，电铸模具的使用寿命还是受限于极高的热力学应力。

1.7 热塑性泡沫塑料制品成型模具

（N. Reuber）

1.7.1 热塑性泡沫塑料

热塑性泡沫塑料是一种闭孔泡沫材料，在加工成最终制品之前，它们是预膨胀颗粒（见图 1.190 和图 1.191）。

(a) PS-E　　(b) PP-E

图 1.190　泡沫颗粒

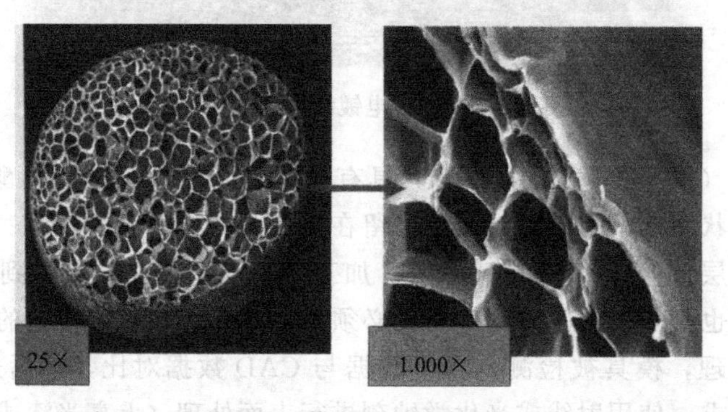

图 1.191　一种 PS-E 泡沫颗粒的横截面及放大图（源自 Nova 化学品公司）

材料的松密度通常为 8～200kg/m^3。含发泡剂和不含泡沫剂是这两种泡沫材料的显著区别（见表 1.8）。

含有发泡剂的颗粒发泡，是将一种物理发泡剂（通常是低沸点烷烃，如丁烷或戊烷）储存在聚合物的基材中。

表 1.8 热塑性泡沫塑料一览表

聚合物	商品名	制造厂商	松密度/(kg/m³)	使用温度/℃	主要应用范围	发泡蒸气压/MPa	发泡温度/℃
含有机发泡剂							
可发泡聚苯乙烯(EPS)	Styrofoam®	BASF,DE	多数为15～30,较高和较低密度也是可能的	可达80	包装,建筑隔热	0.08～0.12	117～123
	EPS	Sunpor,AT					
	EPS	Nova Innovene,CH					
	Dylite®	Nova Innovene,CH	50～100		薄壁饮水杯,食品包装		
	Gedexcel®	Nova Innovene,CH	16～50		用于泡沫塑料溶失法的模型		
	Styrochem®	Styrochem,US					
	Suncolor®,保护	Sunpor,AT	40		自行车头盔、运动头盔、安全帽、高透光性包装		
	Peripor®	BASF,DE	多数为15～30,较高和较低密度也是可能的		与地面接触的建筑空间的隔离(周边隔离),房顶密封的平面层隔离(翻转房顶,绿色房顶结构),在公路基础中作为防冻保护		
可发泡聚苯乙烯(EPS),含红外吸收剂	Neopolen®	BASF,DE	当一次预发泡时最低密度约为15,当后发泡时最低密度约为9	可达80	因增加了红外辐射的吸收或反射而改善隔热性的泡沫颗粒。建筑外表面隔热、内层隔热、空心墙隔热,房梁间的隔热、沥青屋顶的倾斜工作台,碰撞消音、隔热	0.06～0.12	117～123
	Lambdapor®	Sunpor,AT	11～30				
	EPS银色聚合物	Nova Innovene,CH	11～35				
可发泡聚苯乙烯共聚物	Nyrol® EEF	GE塑料	大约30,和更高	可达90,到104最多可1h	聚苯乙烯和聚苯醚的混合物(PPE,PPO),可用于增加耐温要求的模塑制品,例如,在热水中的仪表盘,汽车工业的模塑制品。不能用于食品包装	>0.1	>120
	Suncolor® PPE	Sunpor,AT					
	Dytherm®	Nova Innovene,CH	20～100				
可发泡聚苯乙烯共聚物	Arcel®	Nova Innovene,CH	15～35	可达80	能量吸收成型制品,多用途运输包装	0.1～0.15	120～127
可发泡聚亚甲基-甲基丙烯酸共聚物(PMMA)	Clearpor®	JPS公司,JP	23～30	可达80	用于泡沫塑料溶失法的模型,特别是对于由于含碳量低造成的铁酸盐浇铸材料	0.07～0.08	118～127
可发泡聚乙烯(EPE)	Eperan®	Kaneka,B	20～35	可达80	包装	0.1～0.15	120～128
	ARPRO® EPR	JSP国际公司,F					

续表

聚合物	商品名	制造厂商	松密度/(kg/m³)	使用温度/℃	主要应用范围	发泡蒸气压/MPa	发泡温度/℃
无机发泡剂							
可发泡聚丙烯	Neopolen®	BASF,DE	15～180	可达约100，根据机械应力及时间可达110和更高	保险杠芯、汽车内儿童安全座椅、玩具熊盒、防晒板、防撞保护、通风管、充电托架、运输包装、隔热功能的包装	0.26～0.35	139～148
	ARPRO® EPP	JSP国际公司，F					
	Eperan® PP	Kaneka,B					
	ARPRO® P-EPP	JSP国际公司，F	22～82	可达100	具有多孔颗粒构造能力的消音板，在特殊音频范围内改善音响效果		

原材料供应商以颗粒的形式提供这些泡沫材料，并在被加工为成型制品前，必须在所谓的预发泡供应商那里发泡成泡状颗粒。最终制品的目标密度已经在预发泡中确定了。为了达到非常低的松密度，在单个发泡步骤之间需要用过渡存储方法进行多次预膨胀过程。经过依据材料性能的过渡储存时期后，材料可被加工为成型制品。在这一过渡储存期间，发泡剂可能从颗粒中逸出。同时，空气可能从环境中渗入到颗粒中。当将颗粒加工为成型制品，以保持膨胀压力，使模腔完全充满时，需要保留发泡剂的含量。

无促进剂的泡沫材料已经由原材料供应商在高压锅内或挤出机中预发泡处理，然后提供给加工商作为颗粒状泡沫材料。这些泡沫塑料已经用特殊的工艺处理成接近目标密度（在加工为成型制品前）。成型制品的密度可通过在模具中对发泡颗粒施加机械压缩或通过所谓的反向压力填充来确定。完全充满模腔所需的膨胀压力由颗粒内的气体膨胀所形成。附加的膨胀压力可由在加工前的长时间（4～12h）作用在颗粒上的压缩空气形成。被称为压力负载的这种方法中，空气渗入到颗粒中。当加热时，增加的内部压力可引起颗粒的膨胀。

几乎所有的泡沫颗粒都有不同的颜色和颗粒尺寸。在预发泡后将PS-E变成白色的染料也有供货。许多材料都具有特殊的性能（由材料商提供），这可由储存在聚合物母体材料中或涂敷在颗粒表面的添加剂来实现。通过埋入石磨或铝粒，可显著降低热传递。通过涂层改变泡沫材料性能的例子是，阻燃剂和防静电涂层。

在EPS白皮书中给出了在结构件、试验程序和标准化中关于PS-E模塑制品的基本要求[1]。

1.7.2 普通发泡成型

1.7.2.1 加工工艺简述

成型模塑机器（见图1.192）可用于制造热塑性泡沫颗粒的成型制品。这类机器的主要构成为：带有两个蒸汽室的合模装置，在蒸汽室内模具的分型面、充模装置，以及引导加工介质的管线与阀门等。

这类工艺可分解为下列步骤：

① 用泡沫颗粒填充模腔；

② 泡沫颗粒的膨胀和熔化；

图 1.192 成型模塑机器（照片由 Kurtz 股份有限公司提供）

③ 成型制品的冷却与固化；

④ 最终成型制品的脱模。

1.7.2.1.1 充模

模塑制品生产中，充模过程是最重要的步骤，因为其中所发生的错误在后续加工中将无法更正，特别是成型制品的非均匀性、多孔以及极差的熔化区域，这些多数是由充模失误引起的。泡沫颗粒由气动输送设备送入模腔中。从储存容器（储料罐）将颗粒（用管道）送入充模注料器中，然后将颗粒送入模腔中。空气可作为输送介质。送料的空气流经模具的开孔壁面。通过不同的方法可建立送料所需的压力降。

当采用无压充模时，在送料管道中使用一个在充模注料器开孔内的喷射管嘴，可建立真空。储料罐和模具分别处于真空排气状态。由于喷射管嘴的真空作用，泡沫颗粒从储料罐中吸出，并被吹入模腔中。

在压力充模过程中（见图 1.193），储料罐中的超压是由发生在喷射管嘴中的压力差产生的。这一超压维持着送料过程和导致较短的充模周期以及较好的模具填充。

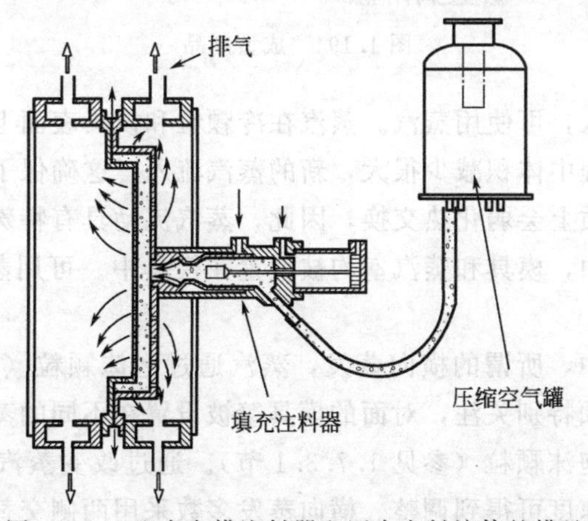

图 1.193 配有充模注料器和压力充料熔体的模具

反压充模用于闭孔、软泡沫颗粒（PP-E 和 PE-E）的充模中。在反压充模过程中，返压发生在模具内，它将导致送料装置内的压力增加。从而使颗粒压缩。与无返压的压力充模相比，这种方法可在模具中填充更多的颗粒。通过改变压力值，成型制品的重量可变化，并可随着目标重量而进行调整。较小的颗粒（通过压缩）可被送入模具空间，其横截面小于初始颗粒直径所占的面积。

在这种开口充模过程中，充模过程之前模具不能完全闭合。在充满现有增大的模腔后，模具闭合，泡沫颗粒被机械压缩。模具必须有一个进口区域，以使泡沫颗粒不能从模具的分型面中泄漏。这种方法的优点是，通过在分型面上的缝隙可附加模具的排气功能。此外，模腔在垂直于合模方向上模具面积增大，模具壁厚减小，有利于更好地充模。借助于缝隙尺寸的变化，成型制品的重量可被设定，充模行为可被改变。缝隙越大，成型制品越重，薄壁制品区域填充得越好。典型的缝隙尺寸为 1～20mm，在极端情况下，对于厚壁制品，甚至可达 80mm。这种方法的缺点是，成型制品不同的厚度引起不均匀的密度分布。

1.7.2.1.2　膨胀与熔化

通过送入饱和水蒸气，泡沫颗粒被加热到熔化温度。塑料材料变得柔软和可变形。同时，发泡剂蒸发，微泡内的气体试图膨胀。泡沫颗粒膨胀和（几乎完全）充满缝隙，由于初始的颗粒为圆形，这种情况总是存在着（见图 1.194）。在压力和温度的影响下，这些颗粒呈现多面体形状，并在相邻的表面上相互熔接。

(a) 未完全充满和熔化，泡沫颗粒之间有间隙

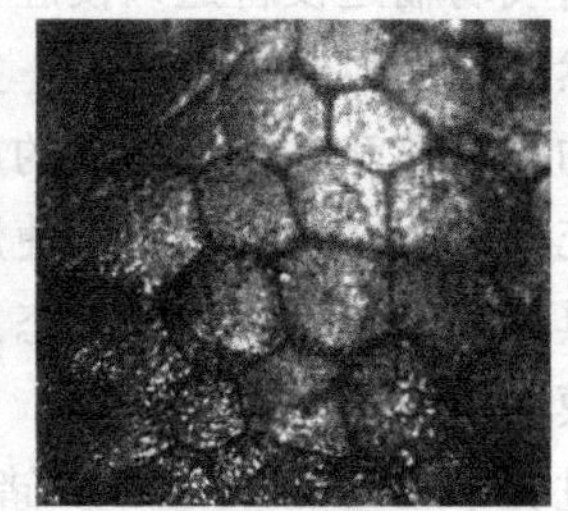

(b) 充分充满和熔化

图 1.194　成型制品

为了快速的能量输入，可使用蒸汽。蒸汽在冷颗粒和模具表面上被冷凝，并释放出其蒸发热焓。由于在冷凝过程中体积减少很大，新的蒸汽流入。这确保了非常有效和快速的热交换。惰性气体如空气实质上会弱化热交换，因此，蒸汽流动具有特殊的作用。

在传统的发泡过程中，模具和蒸汽室均被设置在模具中。可用蒸汽冲洗（见图 1.195），以消除惰性气体。

在下一个蒸发步骤中，所谓的横向蒸发，蒸汽通过泡沫颗粒（见图 1.196）。特别是当设计模具分型面时，必须特别关注，对面的模具壁被设置在不同的蒸汽室上，以便用相应的压力差使蒸汽必须流过泡沫颗粒（参见 1.7.3.1 节）。通过改变蒸汽压力和两个蒸汽室的压力差，温度和气体流动速度可得到调整。横向蒸发多数采用两侧交替的方法。首先，蒸汽从蒸汽室 1 流向蒸汽室 2，反之亦然。特别是在第一次横向蒸发步骤中，模腔中的颗粒仍然可流动[2]。方向、时间和蒸发压力对泡沫颗粒的变形、残余应力、收缩行为和熔化具有显著的影响。

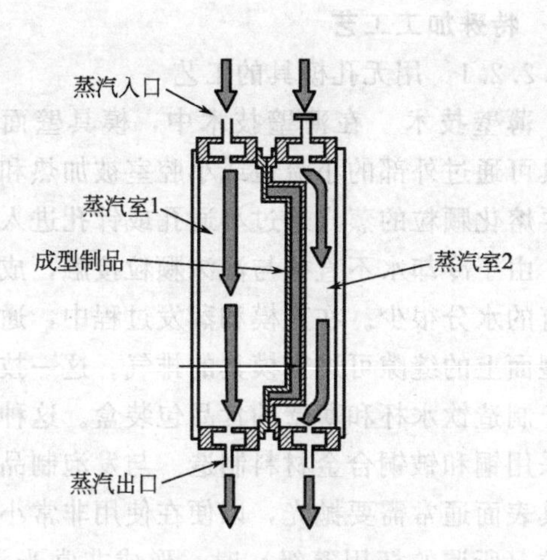

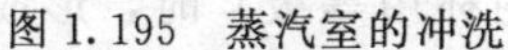

图 1.195 蒸汽室的冲洗

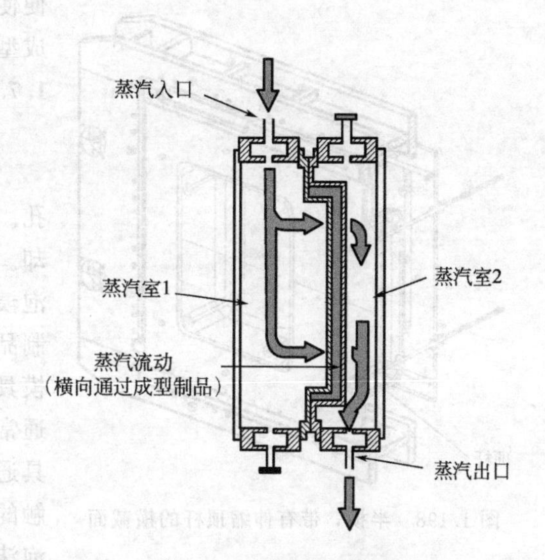

图 1.196 横向蒸汽流动

在后续的热压罐蒸发过程中（压力守恒），蒸汽室的出口关闭，蒸汽的压力均匀。在这一步骤中，可实现均匀的熔化和表面条件。当热压罐蒸发过程结束时，气体推进剂和多孔气体温度达到它们的最大值，因此，也达到了颗粒的最大膨胀压力。根据材料和蒸发操作，发泡压力可达 2bar，它将作用在模具的表面作为机械表面压力。在蒸发过程结束时，成型制品和模具的温度在 120（对于 PS-E）～150℃（对于 PP-E）。

1.7.2.1.3 冷却与固化

成型制品必须被冷却到发泡压力几乎消失，以便它们能在无任何不可控的膨胀下脱模。典型的脱模温度为 80～85℃（对于 PS-E）和 70～80℃（对于 PP-E）。

可通过在模具外表面喷洒水冷却（见图 1.197）至温度达到 95℃。水在成型制品和模具表面上形成一层薄膜，可通过降低腔室内的压力使其蒸发。水可从成型制品和模具中带走蒸发热焓（这需要通过蒸发实现）。通常使用真空泵将压力室中的压力降低至约 200mbar。这一过程结束时，发泡制品尺寸稳定并可脱模。

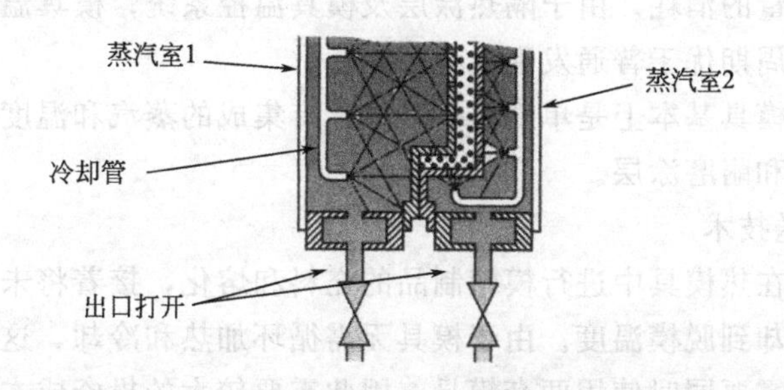

图 1.197 具有冷却能力和指定喷淋的模具剖面

1.7.2.1.4 脱模

为了移出成型制品，模具被打开，成型制品以特殊的方式传递到两半模具的任何一块上。通常采用压缩空气或在一个半模上采用真空将制品移开。在模具被完全打开后，用短促的压缩空气吹出发泡制品。在大多数情况下，机械顶杆（见图 1.198）被整合在模具中，以

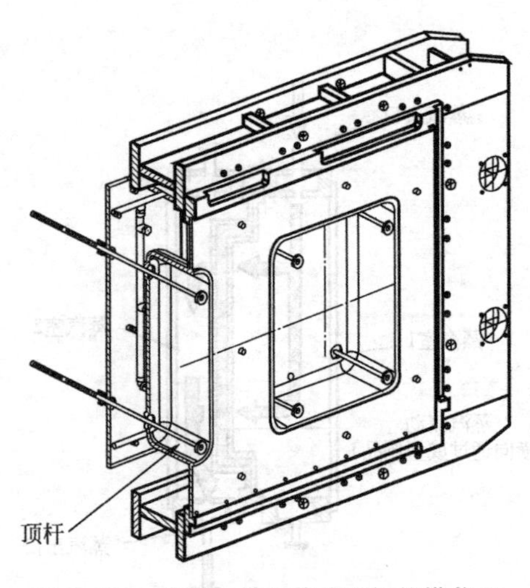

图 1.198 半模，带有伸缩顶杆的横截面

便使脱模过程更可靠，或实现指定的脱模速度，将成型制品送入操作装置。

1.7.2.2 特殊加工工艺

1.7.2.2.1 用无孔模具的工艺

(1) 薄壁技术 在薄壁技术中，模具壁面无孔。模具可通过外部的小流道或小腔室被加热和冷却。需要熔化颗粒的蒸汽通过小通孔或针孔进入发泡模具。由于冷却水不直接与泡沫颗粒接触，成型制品含有的水分很少。在充模和蒸发过程中，通过模具分型面上的缝隙可进行模具的排气。这一技术通常用于制造饮水杯和薄壁的食品包装盒。这种模具通常采用铜和铍铜合金材料制造。与发泡制品接触的模具表面通常需要抛光，以便在使用非常小的泡沫颗粒（所谓的杯用等级）时，形成非常光滑、光彩照人的成型制品表面。

(2) 模具-结皮 PS-E 和 PP-E 的热塑性性能可用于制造非常光滑、光彩照人的成型制品表面。因此，模具壁面不能打孔，可在背面设置独立的加热和冷却室。借助这些加热室，发泡颗粒熔融到模具壁面，在成型制品表面形成一层薄热塑性表皮。这些区域的加热可采用水蒸气[3]或温度控制仪器。不进行结皮的模具区域可配备蒸汽室、开孔和冷却系统。

形成的模塑表面完美复制了模具的表面，并且也展现出非常细微的纹理结构。被抛光的模具表面几乎是反射面，尽管带有微小的凹坑形状缺陷。PE-E 可形成轻微脆性表皮，具有较高的抗穿透性，在进一步的机械压力作用下会发生破裂。

这种表面不防水和不防渗气。PP-E 形成光滑、弹性表层，也可提供较好的耐磨性。使用这样的表层，可保护可重复使用的承载支架的边角不打滑和耐磨。

1.7.2.2.2 低温横向（LTH）工艺

低温横向（LTH）工艺在模塑制品生产中通过避免对模具部件的循环加热和冷却，在很大程度上可减少能量的消耗。由于隔热涂层及模具温控系统，模具温度恒定。无需模具冷却到脱模温度，生产周期优于普通发泡成型。

这一技术所需的模具基本上是单件模具，并具有集成的蒸汽和温度控制流道，以及专为这一工艺研发的蒸汽和耐磨涂层。

1.7.2.2.3 传送技术

通过传送技术，在热模具中进行模塑制品的充料和熔化，接着将未冷却的成型制品转移到冷却模具，然后冷却到脱模温度。由于模具无需循环加热和冷却，这一工艺也可减少能量消耗。它的缺点是，需要同时使用两套模具，因此需要较大的投资成本。模塑制品的质量也低于普通的发泡成型方法。

1.7.2.2.4 多密度工艺

在这一工艺中，一个模塑制品中可同时实现不同的发泡材料性能。具有输送能力和家装性能、并具有较高和较低密度的模塑制品可被发泡成型。用于日用包装的泡沫垫可在仪器的支撑区域提供高密度的结构（见图 1.199）。泡沫垫的其他部位可用廉价、低密度泡沫塑料制成，这些部位仅有助于较好的搬运操作。在一个模具中，可使用型芯抽杆区分不同密度的区域。

在单一过程中，型芯抽杆由薄金属侧抽构成，这些侧抽可分离单个的区域。这些区域可同时用不同规定密度的材料填充。

接着，侧抽被抽出。泡沫颗粒充满整个模腔（模腔由金属侧抽组成），并仅有轻微的混合至密度限度。接着进行熔化、固化和脱模，如前所述。

这一工艺的缺点是，所有的密度材料在相同的工艺参数下加工，这将限制在单个区域内的最大密度差。此外，不是所有内部界面的几何形状都能制出。

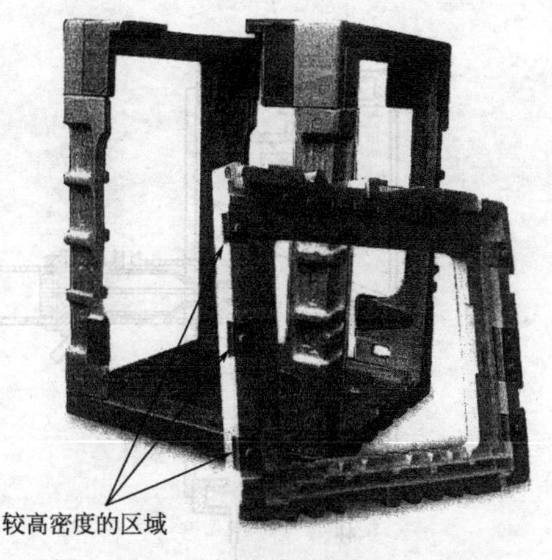

图 1.199 不同密度的泡沫垫（照片由 Kurts 有限公司提供）

在多级过程中，一种密度的区域首先按照所需条件被填充、熔化和固化。其他密度材料的区域被型芯抽杆和侧抽所限制。此后，型芯抽杆和侧抽被抽出，更多的密度材料被填充和熔化。

1.7.3 模具结构

1.7.3.1 模具结构的基本要求

对于发泡成型模具，两个半模由型芯或阳模、阴模组成（见图 1.200）。

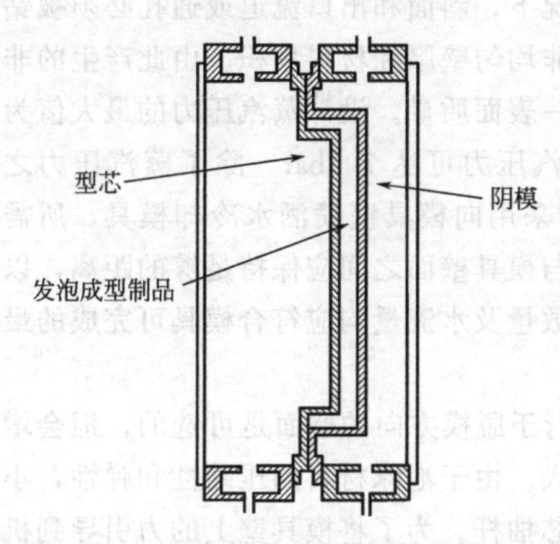

图 1.200 具有型芯和阴模的模具剖面图

设计模塑制品时，应注意结构与发泡相适应。应避免明显不同的壁厚，并保证成型制品的薄壁厚度在泡沫颗粒直径尺寸范围内。对所有的加工步骤以及引导气体流入泡沫颗粒而言，模具壁面的气体渗透性非常重要。

图 1.201 展示了气体流过制造箱体模塑制品模具的情况。在图 1.201(a) 的模具结构中，横向蒸发流动的气体被限制在两个模腔之间（因压力差的原因），并流过箱体壁面和箱底。在图 1.201(b) 的模具结构中，箱体壁（X 区域）内的模具壁在相同的蒸汽室内。

这种结构造成通过泡沫颗粒的蒸汽不足，在箱体壁中的泡沫颗粒熔化明显弱化。这种结构的更多缺点是，较差的填充行为和更长的循环时间。

充料口的位置确定需要大量的实践经验，因为目前还没有用于泡沫颗粒充模的商业模拟软件。模具壁上的开孔将影响到充模行为和泡沫颗粒的熔化。常见的方法是，压制型芯排气口和狭缝气嘴应当为 8mm、10mm 或 12mm（见 1.7.3.3 节），其相距间隔为 25～40mm。建议在模具的背面设置狭缝气嘴，采用一半的间隔。在较小表面和较小半径的情况下，可采用直径为 4～8mm 的较小气嘴。在这些情况中，可选用直径为 0.5～1mm 的通孔。对于大型、方形模塑制品，特别是用 PP-E 和 PE-E 材料制成的制品，可采用非常大面积的开缝片

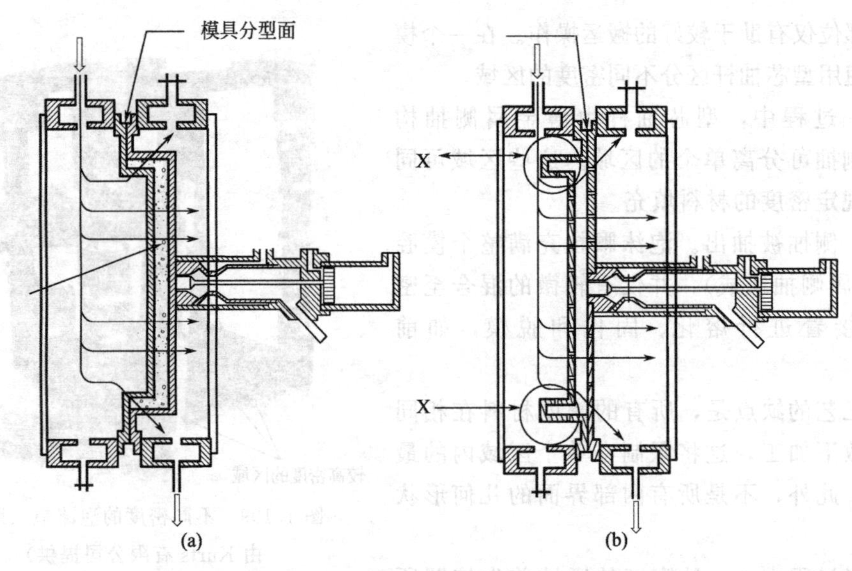

图 1.201 配有气体流动的箱体模具剖面图

材和圆孔筛片。实现可渗透气体的模具壁面的替代工艺是烧结气嘴，类似于风动消音器，用多孔材料（多数用铝）制成的壁，或用钢片材料层压的模具[4]。通过或强或弱的开孔，可影响气体流动，因此可实现最佳的充模和熔化效果。

模具结构中更进一步的要求是模具（所有壁面）和泡沫颗粒的均匀加热和冷却。蒸汽必须能无阻畅流模具周围。成型冷凝物不能沉积下来，而应该能流出。能够积聚冷却物和冷却水的区域，主要是在水平表面和肋条之间。在这些情况下，斜面和出口流道或通孔必须被钻孔。正如在所有的无切割生产过程中一样，应该避免非均匀壁厚和材料累积。由此产生的非均匀温度分布将会导致非均质熔化和模塑制品的非均一表面质量。设计蒸汽压力的最大值为1.5bar（PS-E）和5bar（PP-E）；对于特殊材料，蒸汽压力可达7.5bar。除了蒸汽压力之外，混合物发泡压力约为1bar，最大值为2bar。通常采用向模具壁喷洒水冷却模具。所需的冷却系统和喷淋水嘴被设置在蒸汽室内。喷淋水嘴与模具壁面之间应保持足够的距离，以便能形成足够大的喷淋锥角。单独喷淋水嘴的位置、数量及水流量均应符合模具可完成的最佳结果。

脱模角为0.5°～1°较容易脱模和更简单脱模。平行于脱模方向的壁面是可选的，但会增加脱模力。必须注意模具的稳定性和顶杆表面应足够大。由于泡沫材料的压缩性和弹性，小的、局部侧凹是可选的。大而深的侧凹结构将需要型芯抽杆。为了将模具壁上的力引导到机器结构上，在蒸汽室中必须安装支撑结构。这些力来源于发泡压力、脱模压力，以及在发泡过程中的压力差。VDMA 片材分篇草案（Verband Deutscher Maschinen-und Anlagenbau-German Engineering Federation），VDMA 24473[5] 给出了参考文献和解释规范。大多数情况下，材料内的表观应力通常不是所需壁厚的决定因素，却是可允许的变形量。勒条和支撑是良好的结构方法，可用低模具重量达到较高的刚度。当使用不同材料时，由于这些组件热膨胀量不同，恒定温度的变化将会引发问题的产生。大温度膨胀（多数是铝制材料）往往引起热应力和螺纹连接的组件的相对移动。特别值得注意的是，在开闭模过程中（在引擎盖型芯的进口区域），相反移动铝制品在相对运动中不能直接接触。在少量摩擦和移动中产生的冷黏结将导致沟槽和破裂。当设计时，应通过给移动部件、对中装置、青铜轴套和导轨等留足间隙以避免这种情况的发生。

对于每种机器的特殊性，必须考虑不同形状成型机器的装配尺寸、对中、附件以及连接件（如冷却水）。

应当考虑模塑成型混合物的收缩量。典型的收缩率值，对于PS-E为0.5%～0.7%；对于PP-E为1%～2%。在任何情况下，都应当考虑材料制造商的意见。从模塑成型混合物供应商那里可获得更精确的数值（例如，文献［6］或［7］）。

在铣削后，模具表面多半不再进行处理，尽管涂敷一层PTFE可能会改善填充和脱模过程。在制品可见表面，主要的努力依然是消除意外痕迹和改善模塑制品表面的触视感觉。选用的方法为带有微小排气通孔的蚀刻纹路、嵌入式网孔、在可见表面上免用排气通孔结构以及通过边角和分型面上的狭缝对模具排气。

1.7.3.2 模具材料

适用的材料是其具有良好导热性和小的比热容。由于使用水蒸气作为加热介质和水作为冷却剂，因此防腐性强也非常重要。设计温度大约是：对于PS-E为120℃，对于PP-E为150℃。热载荷循环大于100000次寿命周期。在大多数情况下，极佳的加工性和良好的可焊接性以及偶尔的抛光性是必需的。

成型模具的主体是铝质材料。外部成型模具部件通常是用砂型铸件，然后机加工。G-AlSi12和G-AlSi10Mg是常用的铸造合金。防腐合金G-AlMg3Si是良好的可抛光材料。最新的技术是用半成品制造模具。结合很高加工性能的多轴数铣车床，CAM可允许制造出更经济的模具。然后，可使用锻铝合金，如AlMg3和AlMgSi。这些材料具有高强度大应变。它们可焊、防腐以及非常好的可加工性。

高合金钢由于其较差的导热性和可加工性，仅用于特殊情况。

1.7.3.3 模具设备

图1.202展示了一套配有必要设备的典型模具。

（1）充模注料器 最重要的设备部件是充模注料器（见图1.203）。它可将泡沫颗粒送入模具中。

充模时，轴套气动抽回，喷射管嘴的压缩空气被打开。真空施加在充模注料器和材料输送软管上。真空从储料罐中吸出泡沫颗粒。空气流的载荷为8%～10%（体积分数），但也可以设定更低。当模具充料至料嘴位置时，在料嘴内的冲击压力变得很高，以至于压缩空气的主体（来自喷射管嘴）再也无法流过模具，并通过送料软管流入储料罐内，这种现象称为自动反吹。仍停留在软管中的过量颗粒被反吹到储料罐内。反吹一旦开始，充模过程完成，充模注料器的轴套可被关闭。采用多工位气缸，充模注料器可替代顶杆功能。相对小的横截面积是该轴套的缺点，因为这可能引起发泡制品的破坏。

（2）冷却水的冷却管线和喷淋水嘴 冷却管线多半是锡焊（铜管）或焊接（VA-管）管系统，并螺旋有圆锥喷嘴。这些喷淋水嘴应该有较大的锥形角，能在蒸汽室的有限空间内设计冷却管线。必须进行喷嘴的定位，以便能形成均匀喷淋模式，模具壁的所有表面都能被均匀冷却。一套模具重复使用制造较多模塑制品和深厚制品，必须建造一个似鹿角的结构。

（3）温度传感器 温度传感器大多数使用带有弹簧压紧装置和密封的Pt100，用于通过模具温度设定脱模时间。

（4）发泡压力测量系统 发泡压力测量系统也可作为设定脱模时间的判据。存在有气动

(a)

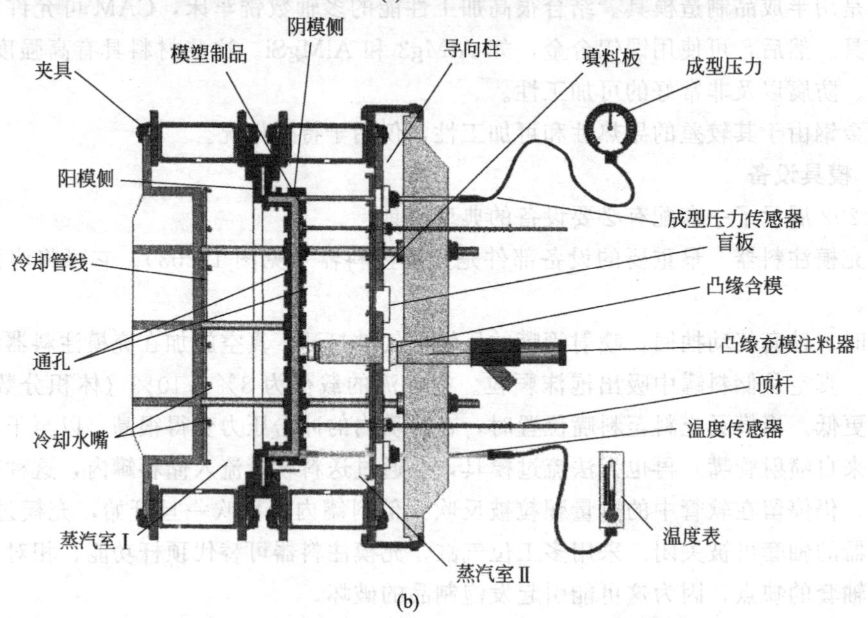

(b)

图 1.202 (a) 模具照片（照片由 Kurts 有限公司提供）
及 (b) 配有典型模具设备的模具原理图

和电子发泡压力测量系统。

(5) 顶杆 顶杆通常由杆和板构成，以便减少对发泡制品的表面压力。驱动顶杆的方式有：用启动块或板，或者带有对中操作的环的机械运动，或非同步的独立气动驱动。采用弹簧可使顶杆复位。

(6) 狭缝气嘴或型芯气孔 狭缝气嘴和型芯气孔可用于不同的直径。狭缝气嘴的横剖面

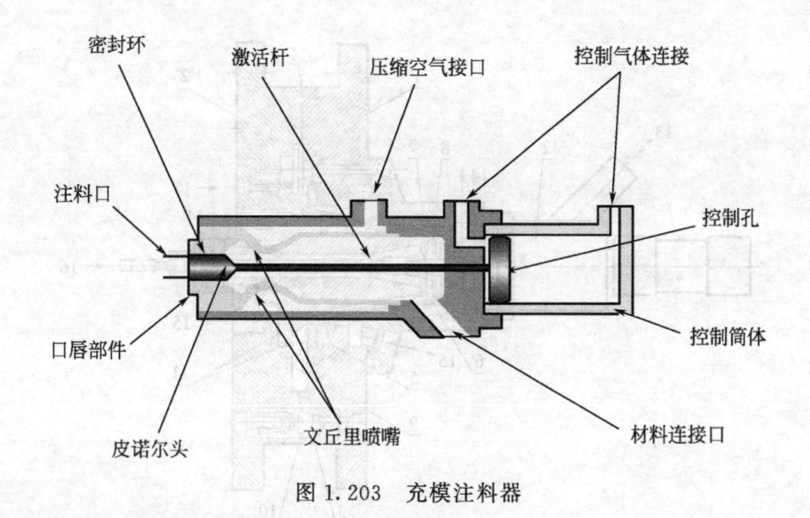

图 1.203 充模注料器

积略大于型芯气孔。狭缝气嘴在安装和操作过程中很容易受损。

(7) 型芯抽杆 针对这种模具，必须设计型芯抽杆。它的驱动可直接采用气缸或连杆机构（曲柄）。在特殊情况下，可选用液压驱动型芯抽杆。

1.7.3.4 特殊模具设计

1.7.3.4.1 单块模具

所谓的单块模具是指具有集成蒸汽室或蒸汽分布流道的模具。常规的被组装在模塑成型机器中的蒸汽室（由于相对较大的体积）不能用于单块模具中。采用独立的接入口将所有的加工介质（蒸汽、空气、水、真空和冷凝液）直接通入到模具中。单块模具相对较小的体积减少了大量的能耗。当需要许多型芯抽杆和侧向定位的型芯抽杆时，单块模具就显示出较多的优点。单块模具可用于在溶失泡沫塑料区域（砂型铸造的失芯模型）中的大型制造和如LHT工艺中的节能概念。

1.7.3.4.2 用于隔热板和小模块的可调节壁厚的模具（逐渐或连续）

在建筑行业，通常使用PS-E作为隔热板。特别是当需要吸水率较小时，如在建筑底层设置周边隔离板，可在成型模塑机器上制造这些隔离板。由于这种机器频繁地转换到生产其他板材厚度（根据常用隔离板的数量），必须考虑常变化的模具。这种转换可采用最简单的办法，使用插入式构架，这需要模具的部分分离，可采用带有人工插入的间隔块的液压转换装置，直至配有厚度与平行偏移量之间平衡的电动可调节模具（确保在建筑行业要求的最大精度[8]范围内）。

1.7.3.4.3 薄壁技术的模具

这类模具主要制造成如单块模具（见图 1.204）。其特征为：基本上消除了开孔，通过间隙和狭缝对模具实施排气，通过小通孔和环形间隙通入蒸汽，以及使用铜和铜铍合金以实现较小的壁厚和良好的导热性及足够的刚度。

1.7.4 块体模具

1.7.4.1 加工工艺简述

用于建筑行业的隔热板材通常从PS-E块体切割而成，这些块体是通过块体模具制造的（见图 1.205）。这类块体通常是方形的，特殊情况下也可以是圆柱形的。切割这种块体可采

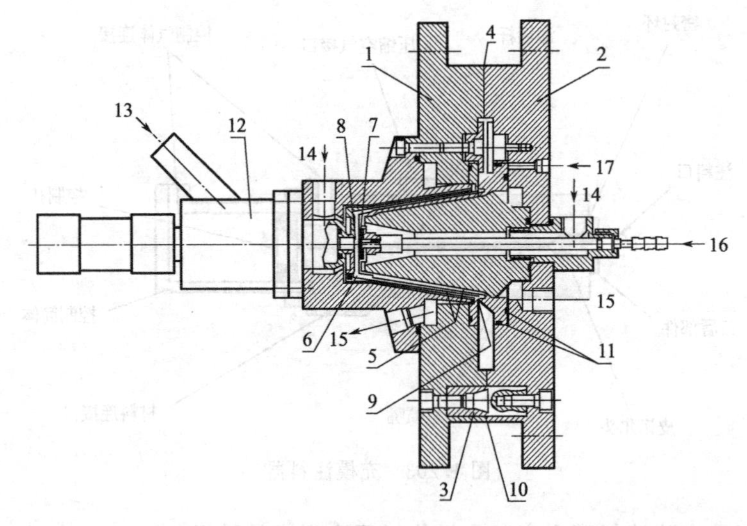

图 1.204 饮料杯模具

1—充模侧模板；2—阳模侧模板；3—对中装置；4—模具分型面；5—成型模具的盖和型芯；6—模腔；7—通入发泡蒸汽的环隙；8—充料口；9—排气环隙；10—排气间隙；11—O形环密封；12—充模顶杆；13—PS-E泡沫颗粒的入口；14—加热蒸汽和冷却水的入口；15—冷凝液和冷却水的出口；16—发泡蒸汽的接入口；17—顶杆空气的入口

用切割装置中的加热金属丝进行，这种切割装置通常采用自动操作。

图 1.205 块体模具（照片由Kurts有限公司提供）

这种块体的尺寸大约为 1m×1.2m，长 4～8m。这种块体模具通常是不可调节的。存在有一侧或两侧壁面可调节系统，以调整尺寸到最终制品。通常竖直放置块体模具。这样可以节省安装空间，发泡后的块体通常可在临时仓库以直立姿态进行传送。在充满模具后，泡沫颗粒用水蒸气熔化，并用真空固化。但是，不能用水冷却。

使用吹风机将泡沫颗粒从大型料仓中输送到块体模具，并采用顶杆将颗粒吹入块体模具中。由于其大气量，无需使用昂贵的压缩空气。在竖直的块体模具中，必须确保，由于落差的高度和块体模具中空气的流动，无泡沫颗粒的分离情况发生。不应该形成较高或较低密度的区域。在蒸汽加热前，采用绝对气压为 0.4bar 的真空度将部分惰性气体排出。如在模具成型机器中所见的模具冲刷是不常用的，但在特殊情况中是可选的。这种冲刷工序可清除残存的惰性气体，并可在很大程度上改善从水蒸气到泡沫颗粒的热量传递。与成型模塑机器进行比较，用它进入泡沫颗粒的气流仅能来自于两个蒸汽室，而块体模具中的气流可来自于3个侧壁，可从两个侧壁排气。图 1.206 给出了典型的蒸煮方案。使用不同的蒸煮参数，如方向、压力和时间，必须实现泡沫颗粒可能的均质熔化。不用冷却水，仅采用真空使冷凝液蒸发而进行固化。

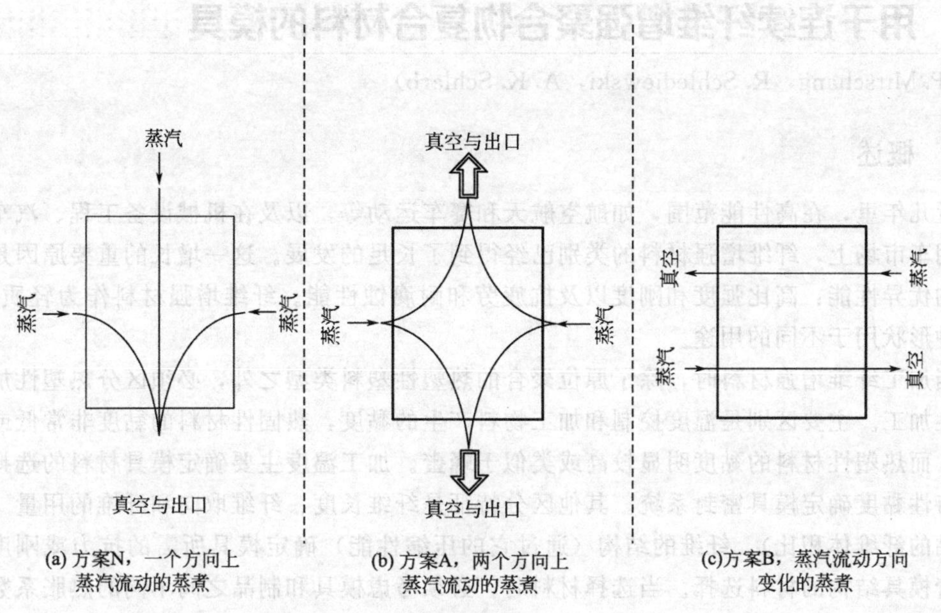

图 1.206　块体模具中的蒸煮方案

对于脱模，可采用液压驱动顶杆打开一侧壁面，将发泡塑料块体推向辊筒传送装置。为了改进脱模过程，在脱模方向应当引入一个小拔模角。在配有可调节侧壁的块体模具中，通常无需采用拔模角，但侧壁应该能缩回。

1.7.4.2　结构设计

一个块体模具的构造通常为一个方形焊接钢架，它的一侧建有一个门，此门必须大于块体侧表面积，以使块体脱模。

模具壁面设计必须能承受因蒸煮和发泡压力而产生的约 2bar 的膨胀载荷。外部结构能够吸收因内部压力和发泡块体产生的所有力。与发泡块体接触并能引入蒸汽到泡沫塑料的内壁仅能承受来自发泡压力的力，它的构成为楔形丝网和带槽筛板。这些结构制造需要采用高合金、耐腐蚀钢。槽缝的宽度通常为 0.5mm。采用一个输送管系统将蒸汽输入到外运转框架与楔形丝网之间的空间。蒸汽必须能均匀分布，以便得到一个均匀的蒸发过程。用于脱模的可移动侧壁通常由铰接以及形状匹配、液压驱动的合模机构等构成。

参　考　文　献

[1] EPS White Book，EUMEPS Background Information on Standardization of EPS，EUMEPS，June（2003）

[2] Biedermann，S. et al.，*Filling the Void in Lost Foam Patterns*，Modern Casting，December（2006）

[3] BASF AG，*Partikelschaumstoff-Formteile auf der Basis von Olefinpolymerisaten mit verdichteter，glatter Außenhaut und Verfahren zu ihrer Herstellung*：DE4308764A1，patent application（1993）

[4] *Fagerdala Deutschland GmbH*：*Formwerkzeug zur Herstellung von Partikelschaumformteilen*：EP 1 448 350 B1，European patent（2002）

[5] VDMA，VDMA 24473，*Anforderungen an Werkzeuge zur Verarbeitung von Partikelschaum*，VDMA Einheitsblatt Entwurf，May（2007）

[6] BASF AG，*Vorläufige Technische Information Neopolen*：P9225K TI KSB/NM 43509. BASF AG，January（1998）

[7] Nova Chemicals，*Arcel Tooling and Part Design Guide*（2003）Nova Chemicals Corporation

[8] Kurtz GmbH，*Werkzeug zur Herstellung von Formteilen*：DE202004003679U1，utility model document（2004）

1.8 用于连续纤维增强聚合物复合材料的模具

(P. Mitschang, R. Schledjewski, A. K. Schlarb)

1.8.1 概述

近几年里，在高性能范围，如航空航天和赛车运动等，以及在机械设备工程、汽车工业和商用车市场上，纤维增强材料的类别已经得到了长足的发展。这一增长的重要原因是这些材料的优异性能：高比强度和刚度以及抗疲劳和耐腐蚀性能。纤维增强材料作为轻质材料，以各种形状用于不同的用途。

当加工纤维增强材料时，除了原位聚合的热塑性塑料类型之外，必须区分热塑性加工和热固性加工。主要区别是温度控制和加工物料产生的黏度，热固性材料的黏度非常低或类似于水，而热塑性材料的黏度明显较高或类似于蜂蜜。加工温度主要确定模具材料的选择，而材料特性黏度确定模具密封系统。其他区分特征是纤维长度、纤维取向和纤维的用量（被加工制品的纤维体积比）。纤维的结构（通过它的压缩性能）确定模具所需的抗力或刚度，也影响着模具结构的材料选择。当选择材料时，必须考虑模具和制品之间不同的热胀系数。根据纤维的方向和类型（玻纤或碳纤维），纤维增强材料也展现出非常不同的性能。最后，在模具结构中必须考虑加工工序的特殊限制和加工差异。

1.8.2 真空热压罐技术成型模具

1.8.2.1 简述

预浸加工或热压罐技术是一种高组分要求的加工工艺。预浸料坯材料是半成品，纤维结构（或是单向或是织布）已经被浸入到热固性基材中（通常是环氧树脂）。预浸料坯材料采用加载程序相互叠放成摞，在真空袋中被压实，然后在热压罐中采用编程温度和压力曲线将其固化。

可采用两种加工技术，即“软芯技术”和“硬芯技术”。如名所示，这两种方法在设计和型芯使用的材料方面存在差异。

在“软芯技术”中，一侧模具表面被设计为硬的。这一硬表面通常是模具的腔体，它与模具的外轮廓相贴（见图 1.207～图 1.210）。第二个模型表面由弹性垫构成，在固化过程中，这个垫上的热压罐压力被传递（垂直恒压）到制品的表面。由于这个弹性垫的柔性，在这一薄层中避免了气泡。可能仍存在于无纺布内的残余气体和湿气，可采用真空排出。这一弹性垫能够被局部硬化，以确保较厚部分和整体外形尺寸的精确性。

在“硬芯技术”中，通常采用铝质多件式硬芯，与无纺布部件相贴。在加热过程中，通过该芯的热膨胀提供成型压力。

如果模具制造精度高和预浸材料具有精密的公差，才能确保无空隙制品的质量。

1.8.2.2 预浸料坯低压热压罐成型方法

通过使用能确定纤维取向和纤维层数及尺寸的专用分层系统，手工或用自控设备（叠层机器）将各层相互叠加在一起。在热压罐中后续的固化工序后，在一个材料特有的周期后（根据温度和压力），树脂变为液体（排出可能的残余空气），然后，树脂被分布在无纺布中。在这个周期的固化过程中，树脂在 7.5bar 压力和 120～180℃温度下被硬化。在制品移出模具之后，后续的固化能赋予制品所需的质量性能。

在固化过程中，模具的任务是保持制品几何形状（如在无纺布中成型的那样）。因为预浸料坯叠层体积比硬化层叠板多15%，在设计中要考虑避免残余空气和分层现象并同时保持制品几何形状，这样的设计是困难的。

1.8.2.3 软芯法成型模具

1.8.2.3.1 样模

样模（仿制）（见图1.207），也称为原型芯，通常用于确定被制造的制品表面。也用于复制更多的模型。型芯以及后续的模具均需要修正。

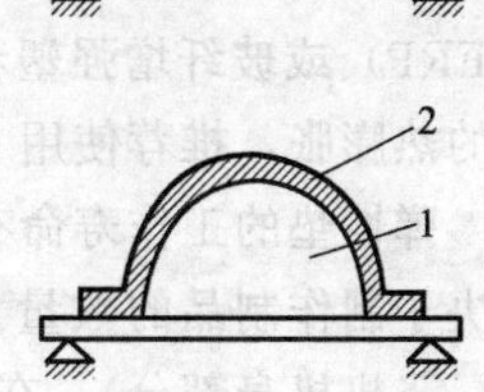

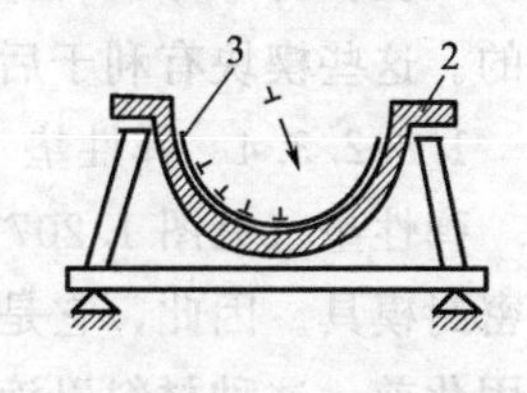

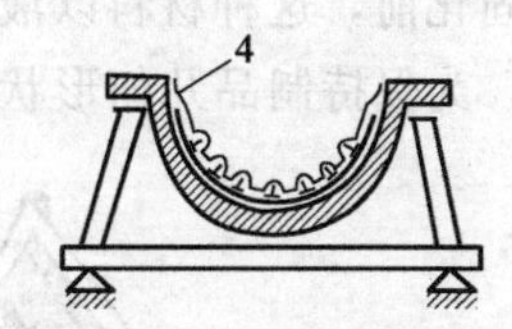

图1.207 模具制作步骤
1—NC研磨的原型芯；2—CFK模腔；3—制品模型；4—弹性垫

根据用途和形状（弯曲度的大小、复杂的形状）和复制的模具，用于样模材料的选择应按下列准则确定：

① 制造时间；
② 存放中的长期行为；
③ 精度；
④ 容易修正；
⑤ 硬度；
⑥ 成型条件（压力、温度、操作）；
⑦ 制造成本（材料成本、机加工成本等）；
⑧ 脱模剂的效能。

考虑到专用的相关准则，下列材料被认为适用于样模表面：铸铝、铸钢合金、Ureol，Obo-wood，Rohacell。在轻微弯曲形状的情况下，焊接铝、或焊接钢结构优势明显。

1.8.2.3.2 模腔

在样模制成之后，制作腔体（见图1.207）。按图纸通过机加工也可以制作腔体（与样模制作方法类同）。缺点是，在磨损或复制模具后，必须再机加工一个新的、昂贵的零件。也可以用不同的材料制作这种模腔。当选择材料时，应考虑某些原则。

由于腔体（放置在制品光滑表面上）在热压罐中受到极端载荷，有些公司已经进行了持续的研发工作，以适应这种模具的要求和延长其使用寿命。

除了使用寿命之外，下列准则是重要的：

① 制造成本；
② 硬度（通常增加衬料）；
③ 脱模剂的性能；
④ 加热和冷却过程中的行为；
⑤ 热膨胀行为；
⑥ 翘曲；
⑦ 用样模脱模过程中的硬化温度（应该尽可能地低，以保护样模）；
⑧ 可加工性。

用于模具零件的新的纤维增强环氧树脂体系可适应这类任务。特别是在较低温度下（40～60℃）能固化的树脂可用作样模的材料。

1.8.2.3.3 制品仿型

对弹性垫的制造需要仿型。在腔体内逐步放置弹性垫（见图 1.207 和图 1.208），它的形状与要制的制品相同。根据所需的精度，可用于仿型的材料有：铝、碳纤维增强聚合物（CFRP）或玻纤增强塑料（GFRP）。为了在约 120℃硬化过程中防止仿型件与弹性垫之间不同的热膨胀，推荐使用 CFRP。

弹性垫的工作寿命有限（取决于部件的几何形状和操作方法），必须能被重复制作，这取决于制作制品的数量。这一点必须在设计中加以考虑。在制作大弯曲面板的情况下（例如，飞机机身部分），在其内部用型材进行加固，纵向加强肋边缘上楔块的使用被证明是合适的。这些楔块有利于后续的弹性垫脱模和增长它的工作寿命。

1.8.2.3.4 弹性垫

弹性垫（见图 1.207 和图 1.209）用于整体度高、单片制品的生产，以便支撑刚性零件和密封模具。因此，它是模具的另一半，由一种或多或少弹性的可固化材料组成（空气垫）。在固化前，这种材料以液态或可塑性状态放置在仿型模腔上。由纤维材料制作的单个刚性件，为保持制品几何形状所需的弹性垫提供了必要的稳定性。

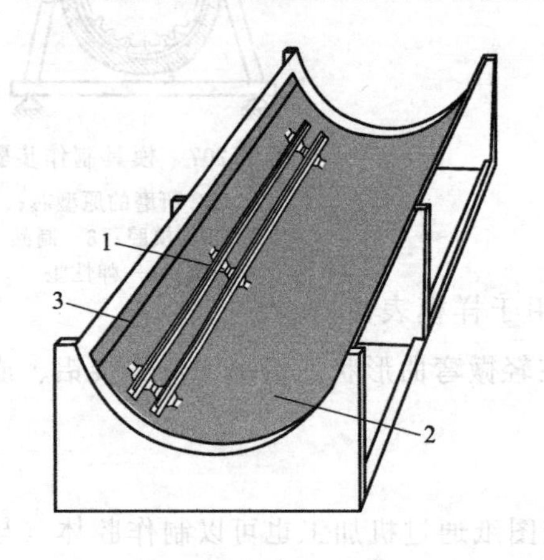

图 1.208 仿型制造（纵向加强肋的仿型＝层叠厚度）

1—仿型构架；2—仿型嵌板；3—用于纵向接头仿型的嵌入楔块

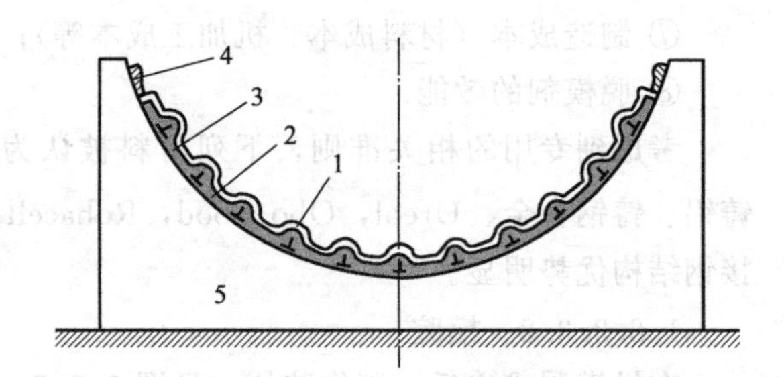

图 1.209 弹性垫的制作

1—真空板和织布层；2—仿型件；3—弹性垫；4—密封条；5—模腔体

在制品硬化过程中，即使在高达 200℃时，也必须确保树脂与纤维比例的不变性和纤维的取向，在这个温度下，预浸渍叠层树脂变成液体。因此，弹性垫是制品的阴模，它包含有制品的加固件和刚性件，并形成内表面形状。弹性垫代替薄板，在固化过程中不用加固件，该垫通常足以密封面板。由于叠层的体积（在固化时）大于层叠板（当固化时）约 15%，弹性垫必须能够变形，以便允许热压罐压力对制品的连贯动作。仅仅用这种方法就可避免空隙和分层现象，确保得到高质量的制品。

1.8.2.3.5 制造制品

图 1.210 展示了在制造这种制品中的各个步骤。用于制造单片纤维制品的基础材料是预浸渍的纤维织布或单向纤维。以环氧树脂基料制成的预浸料坯材料具有有限的处理时间和可在约−18℃温度下长时间保存。

为了易于加工，在两边有轻微的黏性和用一层薄膜保护。为了消除在叠层过程中已经形

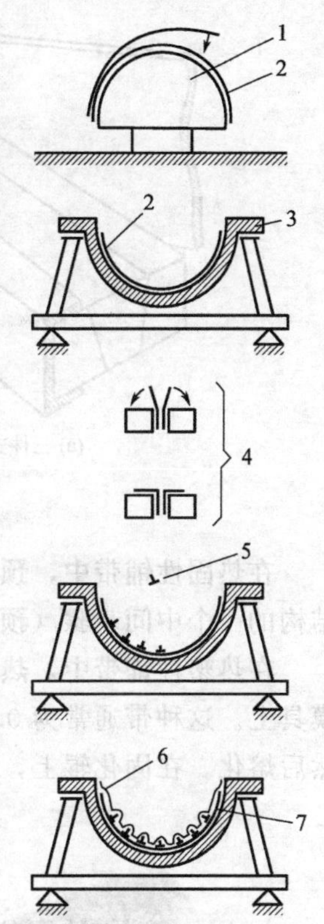

图 1.210 制品制造
1—叠层阳芯；2—叠层；3—CFRP 腔体；4—纵向加强肋的制作；5—纵向加强肋；6—弹性垫；7—制品

成的残余空气，在达到一定层数后，对叠层施加真空。同时，叠层被挤压和强化。形面加固件（例如，纵向加强肋）分别被放置和定形。完成之后，叠层将置于模腔内（见图 1.210）。接着，纵向加强肋可放置在叠层的上面或垫的凹陷处（在适合于人工操作的辅助刚度的冷冻条件下）。现在将弹性垫精确地置于层之上，在其边缘仔细地密封。为了易于脱模，在放置预浸料坯材料之前，必须用脱模剂对模具和弹性垫进行喷涂。

在压力、温度和特定的循环时间的条件下，在热压罐内固化制品。其后，模塑件被小心地从模具中移出和修边。

在大多数情况下，用粗糙研磨布清理足以清除任何树脂的飞边。图 1.211 中展示的一种空客飞机耐压舱壁是在热压罐内制造的。

1.8.2.4 硬芯法成型模具

1.8.2.4.1 模具结构和材料

类似于软芯方法，这里也需要一个模具腔体；然而，因为在热压罐中进行贴合和固化的过程中有较高的压力产生，这类腔体必须是较硬的。因此，由铝或钢材制造腔体，不用上述样模的条件下单个研磨腔体。通常是分离的型芯用铝能非常精确地制造出来（见图 1.212）。

1.8.2.4.2 制品的制造

下面用航空结构的例子来描述使用硬芯法的制造过程。以面板片坯和带材形式提供切坯。用手将片坯置于模具中，用半自动过程围着型芯缠绕带材。对于垂直尾翼骨架的矩形模块式型芯，在单一的施工过程中，围着型芯缠绕多层带材；围着侧壁的组件型芯手工缠绕带材，然后，用自动机械折叠夹具将这些带材折叠起来（见图 1.212）。

图 1.211 空客飞机耐压舱壁（由空客德国有限公司提供）

制品被固化和脱模。首先，三件式模块的中心零件从制品中移出，然后移走两侧模块（见图 1.212）。在移走所有型芯部分后，制品从模具中取出，然后送到机械抛光处。在自控过程中，清理型芯上的残留树脂，再用脱模剂喷涂一次。型芯零件再次被组装成组件型芯，放置在托架上用于下一次缠绕过程。模腔也被清理和用脱模剂喷涂。

1.8.2.5 用于自动铺带技术的模具

在自动铺带中，应该区分热固性预浸料坯与热塑性半成品之间的显著差别。

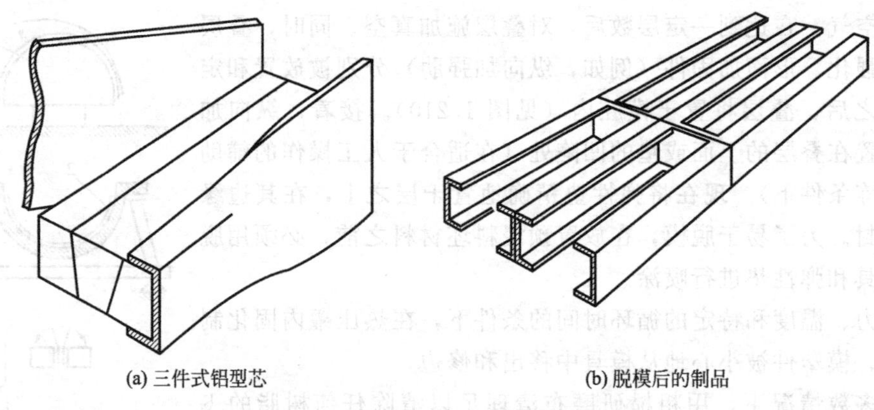
(a) 三件式铝型芯　　(b) 脱模后的制品

图 1.212　增强元件结构和铝型芯装置

在热固性铺带中，预浸料坯的手工“铺放”过程是自动的。可在模具内或通过平面织布结构的一个中间步骤（预浸层片），直接进行这一过程。上述条件可用于模具设计和要求中。

在热塑性铺带中，热塑性塑料、单向纤维增强、全浸渍和固化的元件，所谓的带被放入模具上。这种带通常为 0.12～1mm 厚和 5～300mm 宽。在放入时这种带通过一个加热源，然后熔化。在固化辊上，带被压入模具中（模具也由一个加热源加热），或者熔化的层状带通过施压固化，然后冷却。如果无需原位固化，也可以在后续的热压罐内进行固化。用于热塑性铺带的铺带模具通常为敞口模具。由于加工热塑性纤维增强塑料材料，温度可高达 450℃。固化所需的压力可高达 3MPa。由于流行的线接触方式，局部压力可更高。铝制和钢制模具是常用的。在这一过程开始的第一层的粘接和制造后的制品容易脱模是非常重要的。通过适当的温度控制可实现这两个要求。通过温度控制，可减小可能的残余应力。图 1.213 展示了带有凹凸面的热塑性铺带模具。

图 1.213　带有凹凸面的模具

1.8.3　连续纤维增强热塑性塑料

1.8.3.1　加工工艺简介和基本原理

这一章节着重介绍连续纤维增强热塑性材料和适于高容积生产这些材料所需的模具。图 1.214 描述了完整的生产工艺链。

图中给出了半成品的生产，作为第一个加工步骤，可提供完全浸渍和固化的纤维增强板(所谓的有机片材)。通过将耗时的浸渍步骤转换到半成品制造中，可在成型加工步骤中提高生产速度（例如，热成型）[1]。如果需要，最终制品可以黏接组装。由诱导焊接或振动焊接的接合技术（取决于制品）特别适合于热塑性纤维增强材料。

1.8.3.2　半成品生产的模具

1.8.3.2.1　加工工艺简介和基本原理

热塑性半成品生产可分为下列过程：浸渍、固化和转变到固体状态。在加工过程中，送

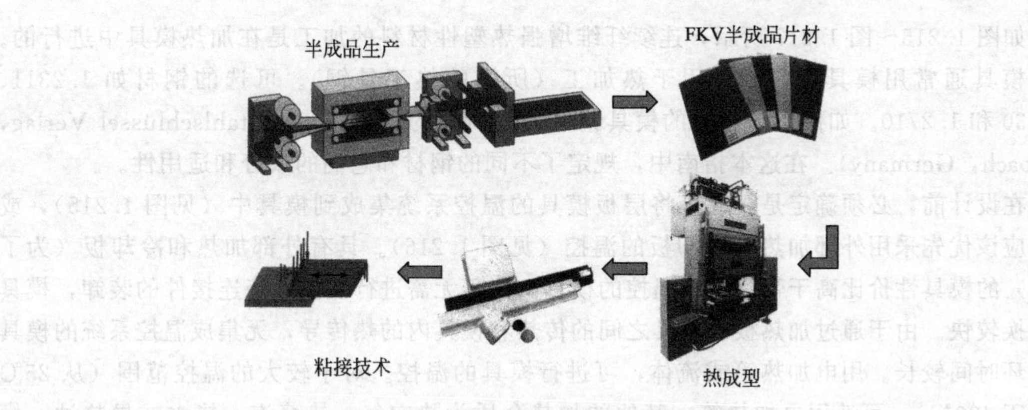

图 1.214　连续纤维增强材料加工工艺链

入的材料（纤维和基材）取决于工艺所需的控制参数，即温度 T、时间 t 和压力 p，这些参数将决定半成品的最终性能[2]。

对于浸渍，热塑性基材被加热到高于它的熔融温度，以便在渗透过程中每一条增强纤维都能完全被基材浸湿。由于热塑性基材的高熔体黏度（100～1000Pa·s），浸湿和渗透过程仅仅在同时施加压力后才能实现。在固化阶段，材料在压力下被冷却，并返回到固态。在冷却过程中，热塑性基材的相态形成[2]。

1.8.3.2.2　用于半成品片材的模具

制造半成品可采用静态、半连续性系统。影响一个系统复杂性的因素有：最高加工温度、工艺压力以及在加工循环过程中的变异可行性[3]。

根据这种加工过程，不同系统的类型由不同的模具种类和压力曲线构成。静态压机可由全封闭或两侧封闭的模具构成。因为必须确保在喂料方向上的物料流动，因此，半连续性工作压机仅能在全敞开或两侧敞开的模具上运行。但是，连续性工作压机由循环带构成，它可施加压力到要制造的层状制品上。图 1.215～图 1.217 给出了三种不同类型系统的模具举例示意。

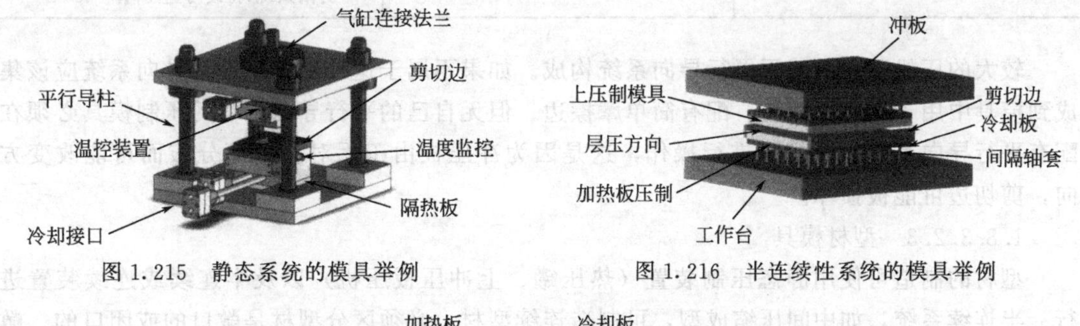

图 1.215　静态系统的模具举例　　图 1.216　半连续性系统的模具举例

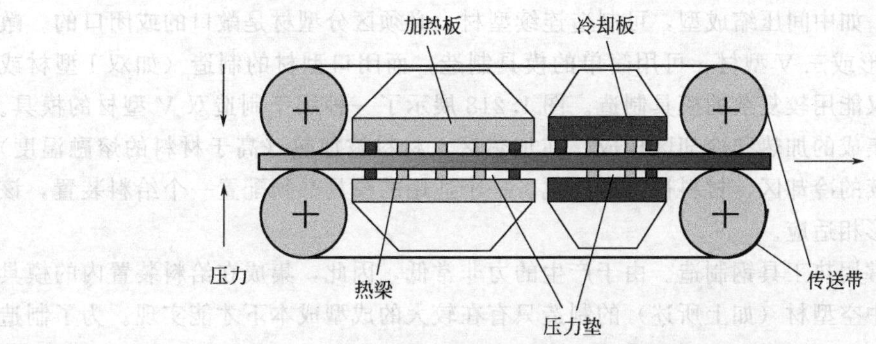

图 1.217　连续性系统的模具举例（等压双带压制技术）

如图 1.215～图 1.217 所示，连续纤维增强热塑性材料的加工是在加热模具中进行的。这些模具通常用模具钢制成，用于热加工（所谓的热工具钢）。可选的钢材如 1.2311、1.1730 和 1.2710。如何选择适用的模具钢可参阅所谓的钢材指南（Stahlschlüssel Verlag，Marbach，Germany）。在这本指南中，规定了不同的钢材和它们的成分和适用性。

在设计前，必须确定是否应该将层板模具的温控系统集成到模具中（见图 1.215），或是否应该优先采用外部加热和冷却板的温控（见图 1.216）。具有外部加热和冷却板（为了温控）的模具性价比高于带有集成温控的模具。由于无需进行温控系统连接件的装卸，模具的更换较快。由于通过加热板和模具之间的传热和模具内的热传导，无集成温控系统的模具的循环时间较长。用电加热箱或流体，可进行模具的温控。对于较大的温控范围（从 25℃到大于 400℃），可选用电加热箱。其他的加热介质为热空气、热蒸汽、热水或导热油。模具温控的最有效（高效能）的流体是导热油。导热油有硅油和高温油（氟化聚酯油）之分。当采用硅油时，在开放环境（有空气）中，加工温度约为 200℃，在封闭系统（无空气）中约为 250℃。高温油在开放系统中高达 250℃，在封闭系统中高达 350℃。如果采用热空气作为加热介质，最高温度可达 400℃。热水和热蒸汽系统的加热温度范围为 100～180℃。表 1.9 列出了用不同热源可实现的温度概述。

表 1.9 不同加热介质的温度范围

热源	加热介质	温度范围
电加热板或模具	电	持续可达 $T_{max}>400$℃
采用流体加热的板或模具	空气和热空气	持续可达 $T_{max}>400$℃
	热水或热蒸汽	100～180℃
	硅油	开放系统，持续可达 $T_{max}=200$℃
		封闭系统，持续可达 $T_{max}=250$℃
	高温油	开放系统，持续可达 $T_{max}=250$℃
		封闭系统，持续可达 $T_{max}=300$℃

较大的压机通常由冲压平行导向系统构成。如果不属于这种情况，平行导向系统应该集成到模具中用于模具的剪切。配有简单摩擦边、但无自己的平行导向结构的压制模具必须在配有平行导向系统的压机中进行操作，这是因为冲压板由于无对称载荷分布而可能改变方向，剪切边可能被损坏。

1.8.3.2.3 型材模具

型材的制造可使用静态压制装置（热压罐、上冲压板压机）以及半连续或连续装置进行。半连续系统，如中间压缩成型，可制造连续型材。必须区分型材是敞口的或闭口的。敞口连续型材如 U 形或三 V 型材，可用简单的模具制造，而闭口型材的制造（如双 I 型材或矩形中空型材）仅能用较复杂的模具制造。图 1.218 展示了一种用于制造双 V 型材的模具。这种模具由一个集成的加热和冷却区构成。在加热区，材料被加热（高于材料的熔融温度）和浸渍，而在后续的冷却区，材料被挤压固化。一个适用的模具必须配置一个给料装置，该模具与制品的外形相适应。

压制模具通常用热工具钢制造。由于产生的力非常低，因此，集成在给料装置内的模具可用铝材制造。中空型材（如上所述）的制造只有在较大的成型成本下才能实现。为了制造出中空外形，必须将材料沿型芯圆周层压。必须注意将型芯固定在系统之前的位置上，以使

图 1.218　在作为中间压制的热压机上用于连续制造双 V 型材的型材模具

型芯不会被带入系统。根据中空型材要求，有时需要附加侧向气缸，向型材侧壁施加压力。如果采用垂直工作标准气缸，不会有压力施加在压制模具的侧壁上。对于用中间压制成型方法制造型材的模具的制造，正确的认识热塑性纤维-塑料复合材料是必要的。

1.8.3.3　用于成型技术的模具（热成型）

1.8.3.3.1　加工工艺的简介和基本原理

图 1.219 描述了热成型的常用工艺。对于这种成型工艺，加工温度必须上升至热塑性树脂的熔点之上。达到所需温度之后，将半成品放入压机内，用一个传递装置加工，以避免层状表面通过对流较早的冷却。由于连续纤维增强的效果，被加热的复合材料的硬度较高（与无增强片材的加工相比），这样可使操作更加容易。

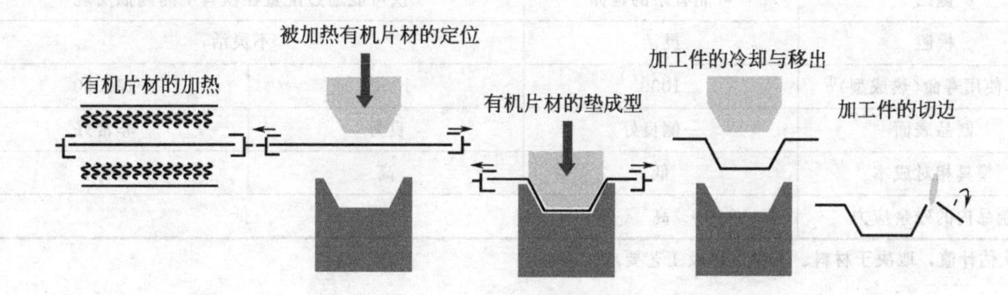

图 1.219　有机片材的典型加工工艺

通过各种不同的模具结构可实现后续的热成型过程。然而，这些模具通常在热成型过程中均有均匀的压力分布，以避免分层和缺陷。可实现的成型精度受到不同因素的影响。其中纤维结构的包覆性能是最重要的决定因素。另外，增强结构的角度在热成型过程中可能发生改变。在材料增厚高达 100%的很强的变形区域内，根据基材含量，这些影响因素都可能很显著。强烈推荐包覆模拟或实验测定材料的增厚，以确保用固定模腔加工的最佳模具设计(例如，金属冲压加工)。

在后续的冷却过程中，存储在基材内的热量必须能传递至模具，以使基材温度降至固化温度以下。在冷却制品后，压机打开，成型制品可移出。热成型循环的循环时间依赖于制品和断开加热，最好低于 1min。表 1.10 给出了几种选择的主要聚合物的加工参数。在随后的冲压和熔接后（这一过程中残留物被去除），完成制品制造。如果选用合适的制品几何结构，可采用集成到热成型循环中的修边装置进行修边。所有的后续热成型工艺均含有这些加工步骤：加热、热成型、冷却以及修边[4,5]。

表 1.10 被选材料的加工参数

聚合物	有机片材温度/℃	模具温度/℃	热成型压力/bar
PP	230	90	20～40
PA6	270	130	20～40
PA12	240	100	20～40
PC	300	130	20～40
PET	300	130	20～40
PBT	260	100	20～40
PPS	320	120	20～40
PEEK	360	100	20～40

1.8.3.3.2 冲压成型的模具

冲压成型工艺是用精确定义的上下冲模和快速闭合压机成型加热有机片材的加工过程。这种工艺可有低于 1min 的极短的循环时间。冲压成型工艺根据上冲模的类型，可分为纯金属冲压或硅橡胶冲压工艺。

在纯金属冲压工艺中，两个半模用金属制成。在硅橡胶冲压成型中，一个半模是用弹性材料制成的（通常是上半模）。表 1.11 给出了这两种工艺重要特性的对比。

表 1.11 冲压成型工艺的对比

项 目	硅橡胶冲压成型工艺	金属冲压成型工艺	
		铝	钢
压力分布	均匀	不规则	
侧凹	可能有限的延伸	仅可能通过配置在模具中的侧抽实现	
模腔	灵活	不灵活	
模具使用寿命(热成型)①	1000	10000	100000
制品表面	一侧良好	良好	非常好
模具相对成本	低	高	最高
制品内的残余应力	高	低	

① 估计值，取决于材料、成型度以及工艺要求。

所有这些工艺在张力传递过程中通常均有规定的半成品给料量，以减小或完全避免起皱。可采用机械或气动夹具或通过弹簧进行这一过程（见图 1.220）。

压机的合模速度通常为两级。从成型过程开始时的 40mm/s 必须降至合模过程最后 10mm 的 5mm/s[5~7]。在纯金属冲压成型工艺中，闭合模具的模腔被精确界定，在高包覆和局部材料增厚区域必须适应这种工艺。为了避免熔融基材过早的冷却，可根据基材聚合物加热半模（见表 1.10）。采用电加热器（配置在半模上）或通过油或水加热可进行这种恒定的模具控温。由于固定模具，不存在垂直于压制方向上的压紧力。应当避免在垂直于压制方向上的制品表面，或应该设计一个 3°～5°的脱模角。这将使得成品脱模比较容易。

在纤维增强聚合物复合材料（FRPC）中的纤维在模具表面可留下痕迹和不规则纹路，由于摩擦行为中的变化，可影响制品的表面以及包覆。半模应该用模具钢制造，以实现高于 5000 次的成型加工目标次数或对最终表面质量的高要求（A 级表面）。通过增加表面硬度可增长使用寿命（例如，表面硬化、氮化等）。在第一次成型加工之前以及在加工过程中有规律的停工时，应该用液体脱模剂喷洒模具。这可防止在成型过程中熔融基材的粘接，并可有利于脱模。

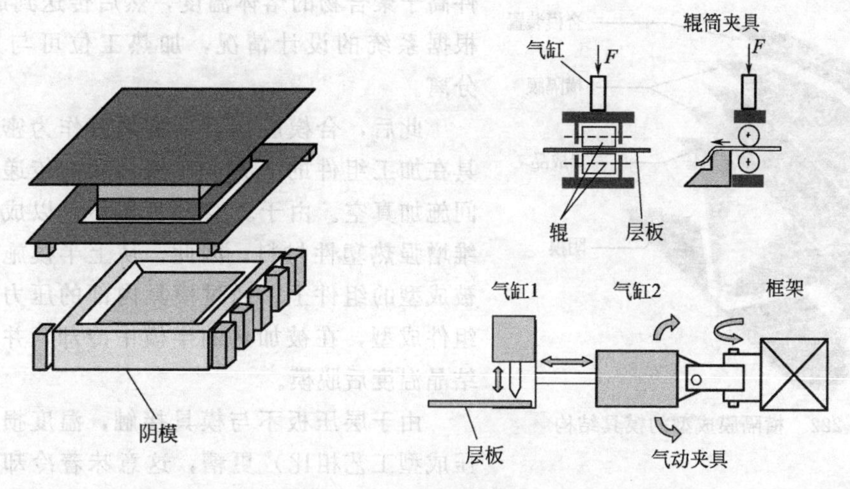

图 1.220 引入薄膜应力至成型层板内的气动夹具和辊筒夹具

当采用硅胶冲压成型工艺时，制品表面的质量仅受到金属基材在一侧的正面影响。这一工艺的优点（与金属冲压成型相比）是均匀施加的挤压力。存在有垂直于压制方向的挤压力（弹性体的横向膨胀），这将允许轻微的侧凹。另一个优点是较低的模具成本，因为仅有一半模必须机加工。硅胶冲模的几何形状在浇铸工艺中制造成下半模形状。

由半成品确定的模腔必须由嵌入到下半模的石蜡板（规定的厚度）制成。作为硅胶冲模的初始材料，可采用硅胶或聚氨酯浇铸弹性体。与聚氨酯比较，硅胶浇铸弹性体有较大的热阻性，但有较低的抗裂性。使用寿命和可能的成型精度强烈地依赖于硅胶的断裂强度、断裂伸长率以及在成型过程中产生的温度。图 1.221 展示了用金属制成的下半模和硅胶冲模的模具。

图 1.221 用金属制成的下半模和硅胶冲模的成型模具

1.8.3.3.3 用于横隔膜技术的模具

横隔膜成型是一种最古老的加工工艺，用于从连续纤维增强热塑性材料制造薄壁制品。这种非等温横隔膜成型已经广泛使用。它比热压罐内的横隔膜成型有较短的循环时间[8,9]。

在非等温横隔膜成型中，有机片材放置在两个超弹性箔片（横隔膜）之间，然后施加真空（见图 1.222）。这些横隔膜由高耐温弹性体构成，例如氟硅胶（FVMO）或丙烯腈橡胶（ACM），并在特定的温度范围内具有数百百分比的伸长率。用辐射或热传导加热成型的组

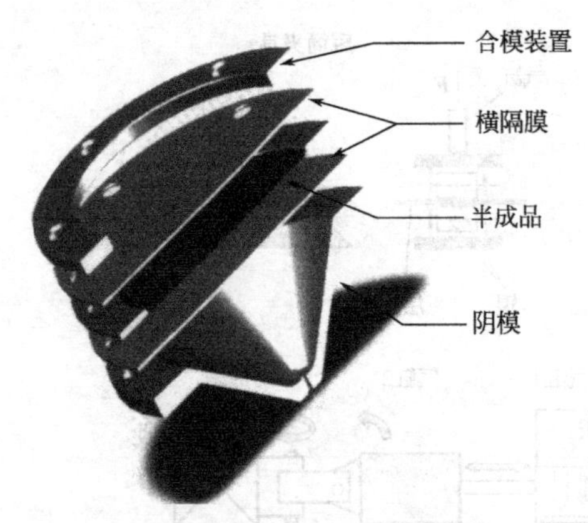

图 1.222　横隔膜成型的模具结构

件高于聚合物的熔体温度，然后传送到成型工位。根据系统的设计情况，加热工位可与成型工位分离。

此后，合模腔闭合，横隔膜作为密封垫。模具在加工组件的下方。在模具和被传递的组件之间施加真空。由于真空的负压不足以成型连续纤维增强热塑性材料，因此，从上半模施加压力至被成型的组件上。通过模具内部的压力使横隔膜组件成型，在被加热的半模中冷却，并在低于再结晶温度后脱模。

由于层压板不与模具接触，温度损失（与冲压成型工艺相比）更糟，这意味着冷却循环时间增加。与冲压成型工艺相比，由于横隔膜的保护而不会发生模具表面上的纤维痕迹，因此，模具的使用寿命增加，模具磨损显著降低。

1.8.3.3.4　用于三明治制品的模具

为了用热成型工艺生产热塑性塑料的三明治制品，必须区分多步法的三明治制品热成型或困难的一步法工艺。

在多步法的三明治成型中，首先将顶层和型芯分别放置，然后进行后续步骤[10]。由于顶层几何结构的不同，必须有至少两个成型模具和不同的加工步骤。由于所需制品的精确性，应该在独立的金属冲模的模具中进行成型。

在一步法的三明治成型中，预成型的型芯材料放置在两个顶层之间，固定，然后像组件一样一起加热。当达到顶层聚合物基材的熔融温度和型芯聚合物的玻璃化转变温度后，将该组件传递到压机内和变形[11]。型芯材料在软化条件下只能有条件地吸收压缩力。当选择正确的型芯材料时，必须考虑这一因素。

为了制造三明治结构，因为在成型过程中压力分布不能受到影响，因此，不能采用硅胶冲模成型工艺和横隔膜成型工艺。在金属冲模成型工艺中，成型压力可适应于通过模腔和上层粘接在一起的压力条件。

图 1.223 展示了一种金属冲模成型的模具，用一个合模框架和一个成型制品成型三明治结构。由于型芯材料的可压缩性，上层材料中较高密度的偏差是可以接受的，可在制品中进行后续的局部增厚，而无需对模具进行任何修正。

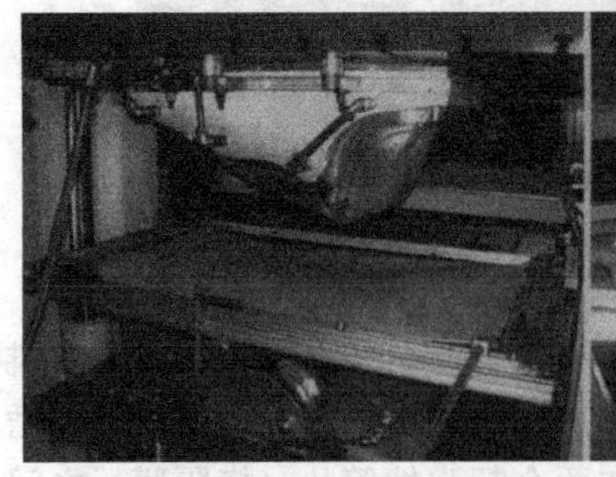
(a) 夹持在合模框架内的三明治组件
(GF/PP-PMI发泡材料-GF-PP)

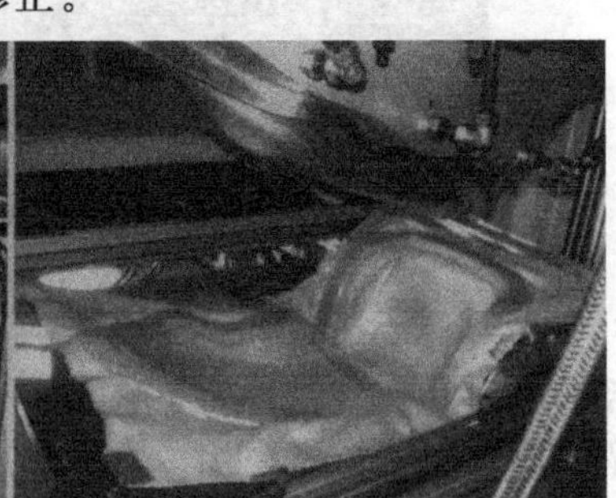
(b) 直接成型后的制品
(在模具中)

图 1.223　在一步法工艺中三明治制品的成型

1.8.3.3.5 用于一步法成型的模具

通过整合加工步骤（如熔接或冲孔）到成型过程中，整体加工链的有效性明显增加。特别是，通过将熔接过程整合为热成型的一个工艺步骤，可选择功能性的和增强的元件实现整合的加工。这也需要将连接件集成到成型模具和一个适应的过程控制。当设计这样的集成模具时，必须将功能性元件与分离、独立控制的压力传送器连接，作为模具内的侧抽模块。图1.224展示了在热成型过程中连接L型材的结构。

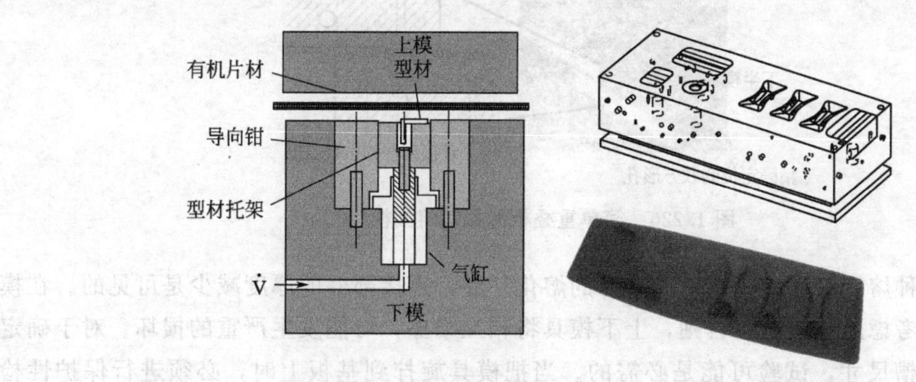

图1.224 实现裁剪毛坯技术的结构图和带有工艺集成肋条连接的成型制品

L型材被嵌入到侧抽模块内。为了确保成型过程中有机片材的良好黏结，L型材在与有机片材接触成型加工之前，必须被单独加热。此时，L型材没有完全熔融，因此，根据熔接方法的规则，可进行规定的加工控制。

在热塑性纤维增强塑料制品中集成轴承元件的类似模具结构也是可选的[12]。

如图1.225所示，加工所需的模具移动可通过单独模具组件的机械配合重复实现。必须注意确保选择用于这种层板的合适材料。

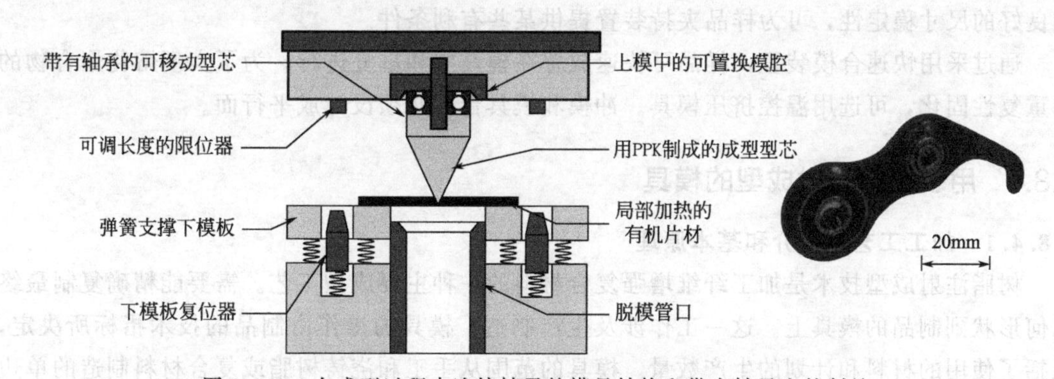

图1.225 在成型过程中连接轴承的模具结构和带有轴承座的制品

1.8.3.4 用于熔接技术的模具

纤维增强塑料制品的两种最重要的熔接方法是振动熔接和电磁感应熔接。

在振动熔接工艺中，采用240Hz频率的压力将连接组件相互挤压在一起。通过摩擦产生热量。

振动熔接的关键在于连接部件的相对移动。这需要能传递振动频率的精确模具。必须能满足0.05mm的公差。因为热是在连接区域内直接生成的，因此，对模具材料没有特殊要求。由于高尺寸稳定性的原因，通常选用铝制或钢制模具。在下半模中的连接部件被设置为振动。在上半模中的连接部件可采用低真空固定。在连接部件之间的相对移动可采用专用机器振动系统挤压进行。上半模连同固定的连接部件是振动系统的部件。应该注意这种仪器制造商的说明书，关于最大质量和质量分布（模具和连接件）。图 1.226 展示了一种用于简单重叠接头的熔接模具。

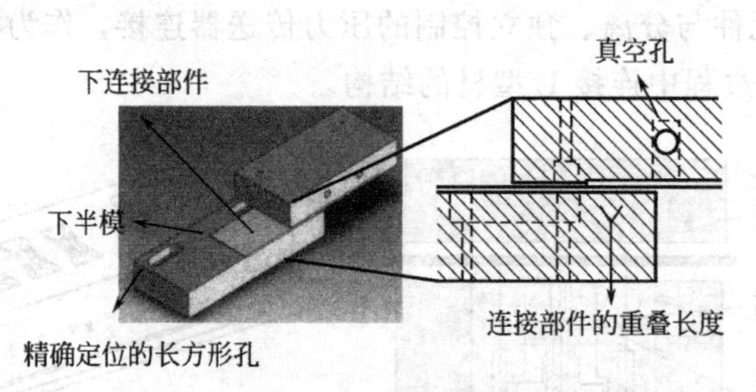

图 1.226 简单重叠板的振动熔接模具

由于在这种熔接过程中，熔化的基材的熔化外溢，连接部件的厚度减少是可见的。在模具设计时必须考虑这一因素，否则，上下模具将相互摩擦，可能发生严重的损坏。对于确定所需的模具凹槽尺寸，试验可能是必需的。当把模具旋拧到基板上时，必须进行保护性检测，以防螺栓的振动松动。

在电磁感应熔接工艺中，被加热的零件放置在高频振荡的磁场中。因此，诱导产生涡流，通过阻抗损耗加热零件。如果连接零件是导电的，例如碳纤维增强塑料，连接零件自身被加热。如果不属于这种情况，需要另外的熔接材料（导电性的）。对于指定和有效的生成热量，对选用材料有特殊的要求。

由于这一原因，对连接零件的夹持装置应该用非导电性材料制成。可选用陶瓷和玻纤增强绝缘材料。由于玻纤增强高性能塑料具有高机械强度、良好的热电绝热性能、易于加工性和良好的尺寸稳定性，可为样品夹持装置提供某些有利条件。

通过采用快速合模装置，样品可快速放置在模具中和重复进行。为了实现熔化聚合物的可重复性固化，可选用温控挤压模具。冲模和模具台面必须设计成平行面。

1.8.4 用于树脂注射成型的模具

1.8.4.1 加工工艺的简介和基本原理

树脂注射成型技术是加工纤维增强复合材料的一种主要成型工艺。需要能精确复制最终几何形状到制品的模具上。这一工作涉及生产制造，模具的操作由制品的技术指标所决定，包括了使用的材料和计划的生产数量。模具的范围从手工和浇铸树脂或复合材料制造的单边模具，到用镀铬、高光泽抛光表面的加热复杂钢制模具，用于生产轿车可见区域的制品。

在树脂注射工艺中的各种加工变化也为模具的设计提供了更多的选择。最重要的基本功能类似于所有的模具结构。这些功能包括增强半成品的压制和制品的外轮廓成型，直至固化和脱模[2,13,14]。

在真空注射成型工艺中（真空辅助树脂注射成型，[VARI]），这是最简单的树脂注射成型工艺，可使用带有一个固定半模和一个可变动半模的模具，以及两个固定半模的模具（见图 1.227）。纺织半成品放置在模具中，模具闭合，并施加真空。真空可保证模具处在闭合状态以及增强结构被压制。打开进料口后，纺织结构被注入到纤维材料中的基材浸透。固

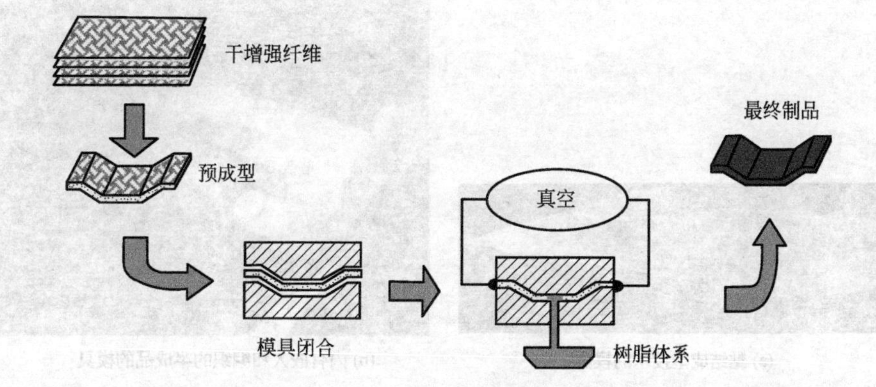

图 1.227　真空注射成型工艺

化后，最终制品可从模具中移出。

另一种非常通用的工艺（1950 年以来就已知）是树脂传递成型（RTM）工艺。不是通过真空进行充模，而是通过压力充模。一个制品的基本生产工艺类似于真空成型工艺，但在注射模具方面要求更高。在压力承载注射成型工艺中，仅能使用固定半模的模具结构。

在所有的工艺中，由于采用组装的半成品纤维制品（型坯），充模时间可显著减少。这也为制造复杂空间结构的制品增加了可行性。

1.8.4.2　用于型坯技术的模具

型坯或纺织型坯是一种干燥的纤维结构，然后用基材浸透，再转化成固化纤维增强塑料制品。如果该型坯是增强结构（依据制品的几何结构），型坯也可以称为网格形状型坯。型坯可以是 3D 结构（三维纤维取向）以及 3D 几何结构（三维制品几何结构），通常由不同的单个部件组成[2]。

通常，加工型坯可分为不同的两种方法。3D 纺织技术可用于直接制造型坯。采用黏结或缝合技术通常基于纺织物的中间制品，一般为两维纺织物。

1.8.4.2.1　黏结成型模具

在黏结成型技术中，采用热塑性塑料黏结剂将编织的纤维结构固定成最终的外形。在切割和堆放成层板后，用黏结剂包覆的半成品在压制模具中成型，加热，然后再次冷却。热塑性塑料黏结剂被加热到熔融温度以上，当冷却时，将型坯的单纤维束黏结。单独加工步骤见图 1.228。

用于黏结成型技术中的模具可用金属材料以及塑料或纤维增强塑料制成。重要的是，材料能承受高达 200℃的温度，该温度可能会发生在加热阶段。由于机械性能适中，铝制模具使用非常频繁。当选择铝材时，必须注意，防止熔化的热塑性塑料黏结剂粘贴在模具表面。可使用脱模剂，但必须确保能为后续的加工步骤（树脂注射成型）提供足够的兼容性。在选择模具材料前，确定制品数量也很重要。通过适当的表面处理，能够实现 10000 件制品的成型（例如，硬阳极氧化处理）。

当采用真空薄膜压实时，模具的制作非常简单。成型型坯结构通常用小模块成型（通常为阳模）。多个模块可组装在一个成型模具中。应该设计这些模块的分离，以便在定位后，半成品纤维制件不能移动。如果这样无法实现，选用在真空薄膜下的阴模。由于成型的型坯保留的布质性能，取决于材料或生产的折中方案在压制模具的精度中是可以接受的。

为了实现高生产数量或外形的高精度，在冲模成型系统中的投资可能是经济有效的。在

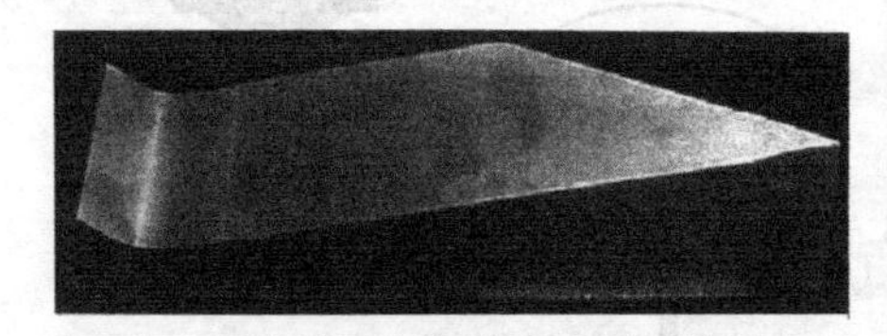

(a) 黏结成型技术的模具

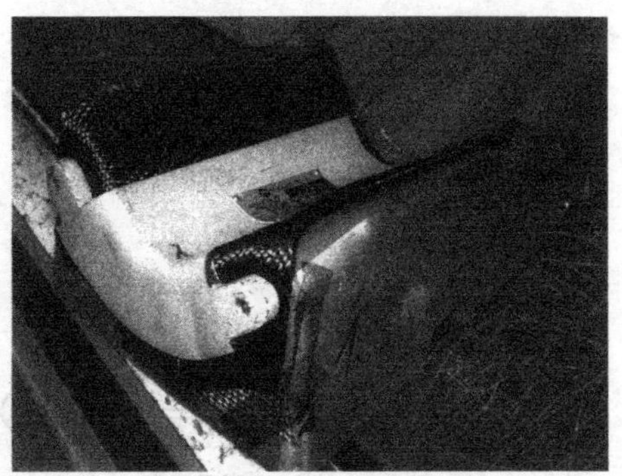

(b) 内有嵌入和编织的半成品的模具

(c) 内有在加热和冷却过程中固定半成品的真空薄膜下型坯的模具

(d) 制成的型坯

图 1.228 黏结技术的加工过程（由欧洲直升机德国有限公司提供）

切割和堆放成层板后，黏结包覆的半成品在加热区加热。然后，半成品在冷型坯模具中成型和冷却。由于合模装置和再给料装置是所需的，可生成型坯。这个型坯在几何形状上可能是精确的，但与最终外形不是精确相符的，因为仍需修边步骤。这一工艺直接与热塑性纤维增强塑料的冲模成型类似。

相应地，应该提出耐磨的相同模具要求，由于通常使用低熔热塑性塑料作为黏结剂，模具的热载不是很高。模具的表面质量也可被显著降低。用聚酯或胶合板制成的模具可用于原型样品的生产。

1.8.4.2.2 缝合技术模具

另一种制造型坯的工艺是织物完型技术。基于缝合技术的典型的织物生产技术将用在增强半成品制品的平块上或在单个制品上，这些平块或单个制品已被制作成最终尺寸，然后借助缝合技术将其组装成复杂的 3D 几何结构[15]。

依据应用要求，型坯模具可以是简单的编织辅助物或复杂的缝合模板。型坯模具必须能执行不同的功能。

① 纺织：在型坯模具中使用编织辅助物，将两维剪裁增强件（TRs）成型为 3D 几何结构。

② 固定：将多个 TRs 定位，型坯模具中采用固定辅助物将其固定。

③ 导向：编织和固定的 TRs 被导入缝合系统，可执行必要的缝合操作。

④ 增加辅助功能，例如，功能元件（嵌件）的定位。

依据这一用途，对型坯模具提出不同的要求。如果需要用手工制作的型坯，可在最简单的情况下采用缝合模板和类似的辅助物。对于复杂而较小的制品，推荐使用替代的型坯模具，它可专用于使用自动化技术的场合。

在切割工序后可用的单个 TRs 用缝合模板（在后续的步骤中）被组装成子型坯（见图 1.229）。通过这一型坯组装步骤，单个 TRs 可被精确地形成模板的外形，然后相互准确定位。通过一个组装缝将此位置固定（见图 1.229）。这一型坯组装步骤可形成一个网格形状的型坯，它可简单、精确、可重复地定位到树脂注射成形模具中。

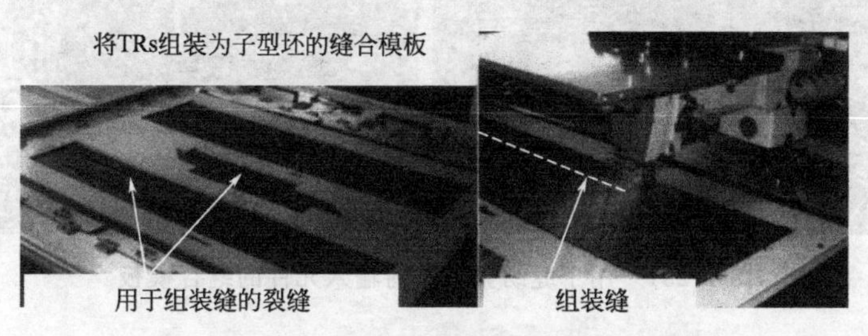

图 1.229　将剪裁增强件缝合组装成子型坯

在缝纫机中使用的所有型坯模具，应该实现轻型结构。由于在缝纫中（材料通常要移动）的高动态工作过程，模具的质量必须保持非常低。由于缝合过程对扰动非常敏感（缝纫针和模具的碰撞，因模具的共振产生的针头的磨损和跳针），因此要求模具高精度。复杂的缝合模板也用于制造复杂、不规则的型坯。下面将描述一种 3D 缝合模板功能的例子。

图 1.230 展示了一个模具的分解图形，可很清楚地看到其结构和加工过程。型坯的第一部分（子型坯 1）插入到底板的导向框架内。采用缝纫裂缝，可容易地识别出缝合位置。然后将编织模具和第二个型坯（子型坯 2）插入到模具中，用盖板固定。最后，用缝纫机将单个的子型坯缝合成一个组装型坯（见图 1.230）。在缝合工序完成后，移出编织模具，然后

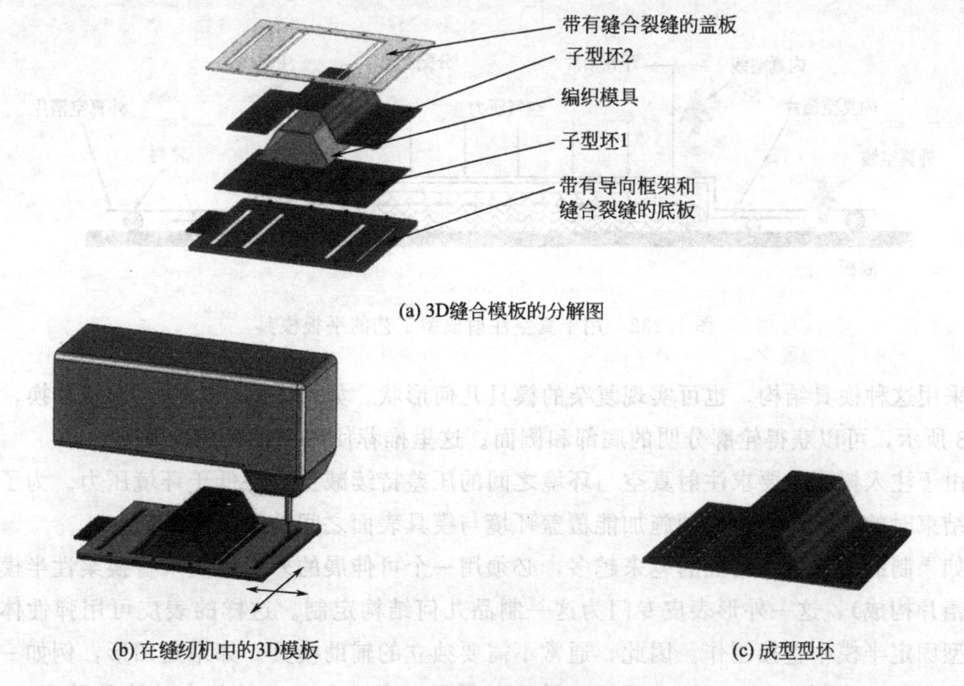

图 1.230　3D 缝合模板

可再次使用。

整体缝合和固定载荷输入的元件，所谓的嵌件，在型坯成型过程中应该能精确定位，并应该避免增强结构与嵌件之间的相对移动。图 1.231 给出了一个固定嵌件的缝合模板。用定位块将金属嵌件固定和定位到螺纹杆上。

图 1.231 用于缝纫整合载荷输入元件的缝合模板

1.8.4.3 用于真空辅助成型工艺的模具

如果一个树脂注射成型工艺（它只能借助真空进行）选用于 FRPC 制品的制造，下列两种结构可用于注射模具的制造。

1.8.4.3.1 带有一个固定和柔性半模的模具

带有柔性半模的工艺中，也称为真空袋装，只能采用环境大气压压实纤维。由于这种模具的主要任务是制品的外形成型，因此，它们可比两个固定半模的闭合模具简单得多。

这些工艺的优点是，可以选择一种分配工具，可与穿孔的箔片（必须有良好的脱模性能）一起插入到纤维材料中，这可确保制品的快速注射成型（浸透纤维结构）。在这一简单的模具中，如图 1.232 所示，底板是固定半模，可被一定程度地拉伸的真空箔片是柔性半模。

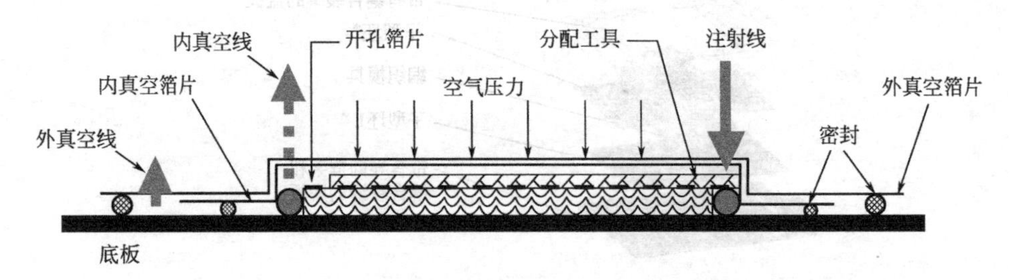

图 1.232 用于真空注射成型工艺的平板模具

采用这种模具结构，也可实现复杂的模具几何形状。如果底板用一个外形板替换，如图 1.233 所示，可以获得轮廓分明的底部和侧面。这里推荐使用一种分配工具。

由于注入树脂，要求注射真空与环境之间的压差持续减少，并低于环境压力。为了保持注射结束时的压实压力，必须施加能覆盖环境与模具表面之间的第二次真空。

如果制品的复杂性增加的越来越多，必须用一个可伸展的外形表皮来替换柔性半模（由真空箔片构成），这一外形表皮专门为这一制品几何结构定制。这样的表皮可用弹性体在外形成型固定半模中直接制作。因此，通常不需要独立的辅助模具。如果是凹形，例如一个球瓣的内表面，当制造表皮（注入石蜡）时，必须要考虑准备制造的复合结构的壁厚，否则，

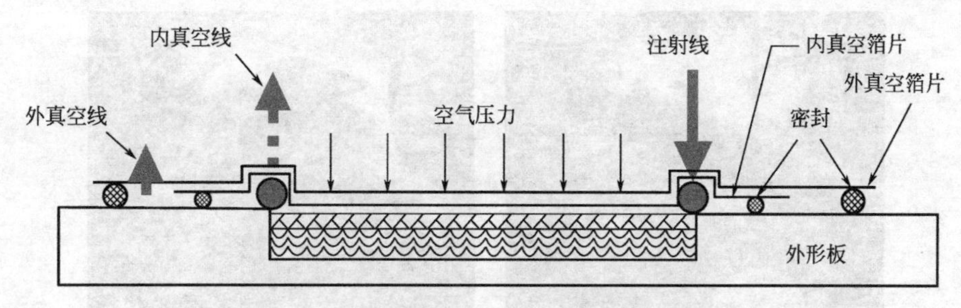

图 1.233 用于真空注射成型的带有清晰外部轮廓的模具

这表皮可能会很大。在后续的生产过程中，只有当外形表皮被充分拉伸和无局部挤压时，才能制成无皱褶制品。为了实现这一目标，在使用弹性体材料前，可给注射成型模具使用一种“位置夹具”。这种位置夹具必须具有成型制品的最小厚度。如果固化弹性体材料所需的固化温度不是很高，可选用自粘性石蜡板（见图 1.234）。可伸展外形表皮与真空箔片一起构成了外形半模（见图 1.235）。

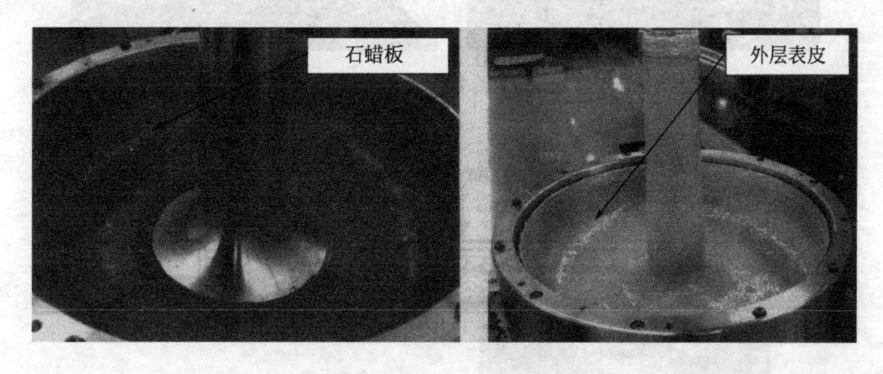

图 1.234 在凹形注射成型模具中制造外形表皮

仅用一个固定半模的注射成型模具也可构成多部件型芯模具。图 1.236 展示了一种模块化结构的模具，它用木材制造，并用表面涂层覆盖。这些单个零件具有足够的相互拔模角，以便在固化基材后，从成型的中空制品中移出完整的型芯模具不会发生问题。这种模具仅能形成准备制造的制品的内轮廓。在这种情况下，外形半模再次是真空箔片（见图 1.237）。

1.8.4.3.2 带有两个固定半模的模具

如图 1.238 所示，闭合的 RTM 模具除了制品的外形成型外，还必须能完成其他的重要任务。在这种模具中，从上到下，从外部施加的力 F 必须通过模具到增强结构上，以压实增强的胶合层。

特别当选用较高的纤维体积含量时，将产生非常高的力，这个力必须由注射成型模具结构承受。压实压力的大小取决于纤维的体积含量，对于标准的纤维织物，这是必需的，图 1.239 给出了这两者的关系曲线。此外，当设计整个系统时，必须通过合模系统（合模机构或压机）施加挤压和合模力，并保持在必要的承受范围内。

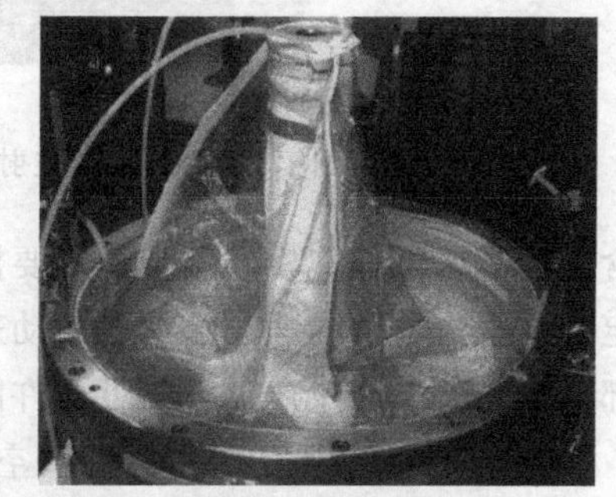

图 1.235 准备进行树脂注射成型的注射模具

纤维体积含量以指数趋势决定了增强结构的流动阻力。对于模具的充模时间，这意味着含有较高纤维体积

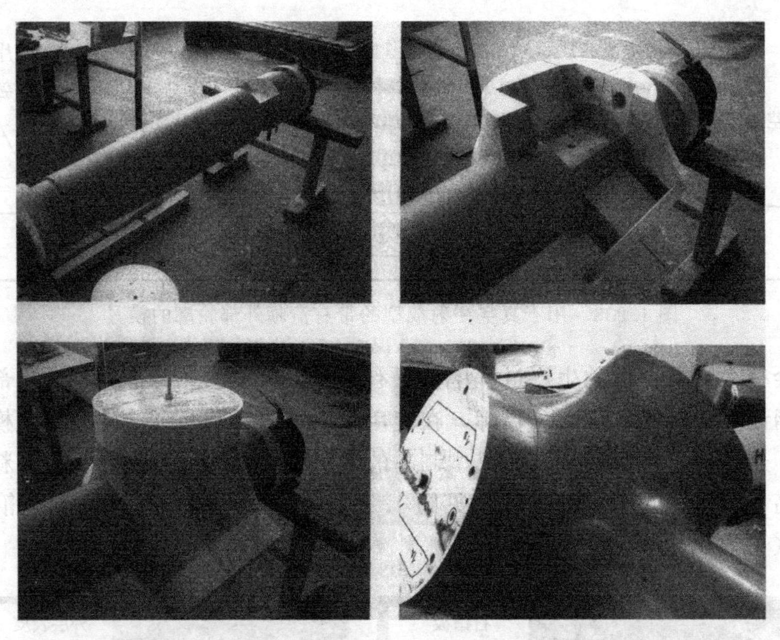

图 1.236 用表面涂层木材制作的模块化结构模具

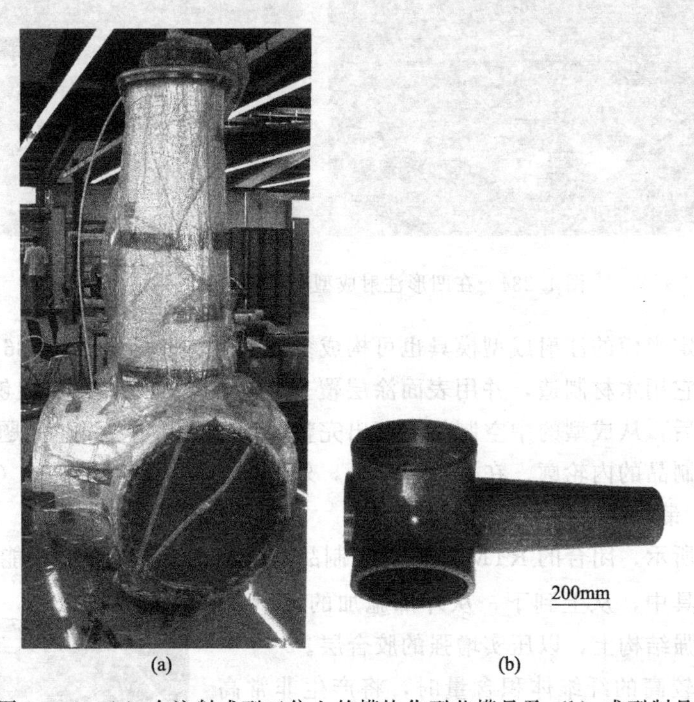

图 1.237 (a) 在注射成型工位上的模块化型芯模具及 (b) 成型制品

含量制品区域的充模（用基材）要慢于较低纤维含量的区域。最大的模腔承受能力可通过确定纤维含量分数的静态可承受波动来限定，这需依据生产时间或制品的公差。对于给定的内部压力，关于在生产过程中可允许的模具变形量，这是另一个设计参数。

由于 1bar 的压力差可在纯真空支持的注射成型中用作驱动压力，因此，在模具中可实现的流动途径非常有限。通过施加额外的注射压力可进行流道的增大或因快速充模而减小加工时间。这一因素也应在模具的设计中考虑。

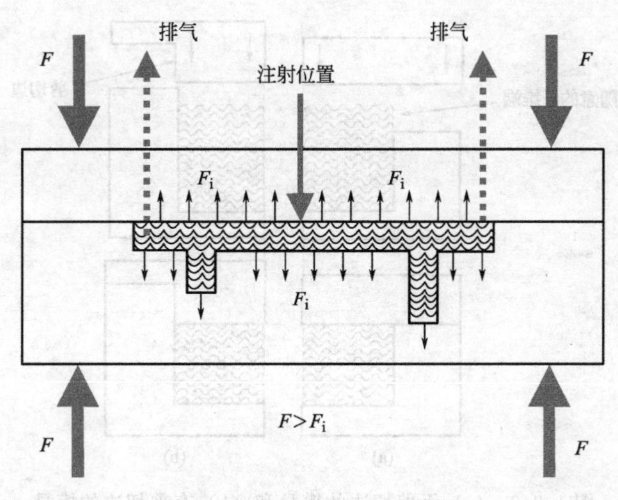

图 1.238　闭合的 RTM 模具

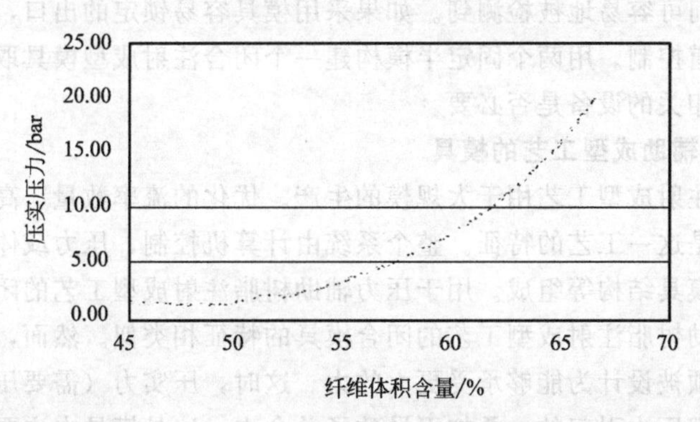

图 1.239　不同纤维体积含量的压实压力（标准纤维织物）

在用两个或多个零件制成的闭合模具中，对于模具设计，应该遵守某些基本原则。拔模角用于脱模。这个角应该高约 5～10mm，与垂直表面最小值为 2°～5°。应该确保最佳的模腔密封，以便不会因热固性材料而发生模具零件的粘接。应根据使用的树脂体系和需要的固化周期，提供模具的加热冷却系统。

为了保证增强结构能顺利地插入到模腔内，可选用带有剪切边的模具（见图 1.240）。将增强胶合层精确地定位到模具中是一个优势，它与模具较高的复杂性和较高的模具成本相对应。

在浇口类型上，模具可因复杂性而不同。最简单的浇口类型是点浇口。树脂通过通孔(在一个或多个位置上）直接注入到增强织物中。点浇口通常设置在制品的表面，也可放在边角上。

线浇口在技术上更为复杂。树脂首先沿着制品的边沿分布到指定的距离，然后采用薄膜浇口流到增强织物中。线浇口的主要优点是较短的注射时间。通常，应该选择浇口的位置，以便在模具中实现可验证的流动。用于确定流动波峰的现代模拟软件在复杂的几何结构中是很有用的。

模具的排气对于工艺的控制也很重要。在真空辅助加工中，真空泵在整个加工过程中始终处于能动状态，并通过树脂收集器避免基材的渗入。如果在这种排气管线上使用塑料管，

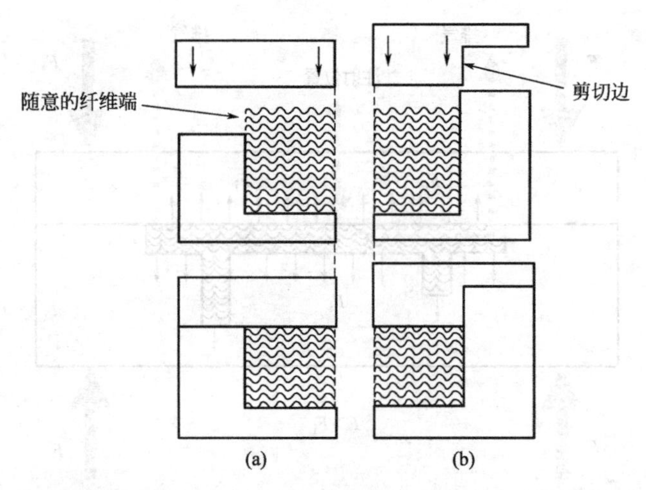

图 1.240 (a) 无剪切边的模具和 (b) 有剪切边的模具

树脂流出模具的瞬间可容易地被检测到。如果采用模具容易锁定的出口，在闭合模具结构中也可以实现在线流道控制。用两个固定半模构建一个闭合注射成型模具取决于，实际应用是否被验证，或工艺相关的设备是否必要。

1.8.4.4 用于压力辅助成型工艺的模具

压力辅助树脂注射成型工艺用于大规模的生产。优化的流率数量、高纤维体积含量以及可再生的表面形态是这一工艺的特征。整个系统由计算机控制、压力或体积控制基材注射单元和闭合的、固定模具结构等组成。用于压力辅助树脂注射成型工艺的闭合模具的所有基本特征与用于真空辅助树脂注射成型工艺的闭合模具的特征相类似。然而，用于压力辅助树脂注射成型的模具必须被设计为能够承受更大的力。这时，压实力（需要压实增强纤维）和另一个力（由基材内部压力引起的）叠加而导致了总合力，这是模具中主要的力。在设计模具和合模装置时，必须确保合模力总是大于模具中主要的最大合力。

在优化产量的工艺中，模腔和模具的设计必须符合效率准则。另外，也应该考虑质量要求和重复性。可选择的模具材料受限于高压、可能的耐磨模具以及极佳的表面质量。回收树脂体系的挑战必须在模具材料选择中考虑。

易于机加工的铝材可适用于这种模具材料的选择。因为铝材的表面质量是足够的。然而，连续生产需要模具的较长使用寿命。出于这一原因，可选择高强度钢。它们的表面可硬化处理、研磨，然后抛光。

采用尽可能少的模具组件可加速模具的改进过程和型坯的嵌入。所有的模具组件必须是形状相配或连接受力相配，以及被密封（见图 1.241）。随着模具组件几何结构的增加，对模具强度和刚度的要求更加复杂，并无法再通过成型模具组件来实现。因此，可采用决定力传递的模具托架。

图 1.242 展示了一种铝制多组件注射成型模具，用于生产原型样品。这种模具的设计可使所有的模具组件相互密封，并螺纹紧固在一起。无需单独的合模装置。模具的设计考虑了所有可能发生的力。在逐步插入半成品和逐步合模过程中，增强纤维可在每一个所需的方向上被压实。由于制品的结构设计，出现侧凹，可选用失芯模型。在成功的树脂注射和完成固化循环后，制品被脱模（在独立的步骤中）。模具的螺纹连接旋开到合适的程度，制品才被取出。随着失芯被移出，脱模过程完成。

图 1.241 生产客车内部结构制品的 RTM 模具（由德国沃夫安格公司提供）

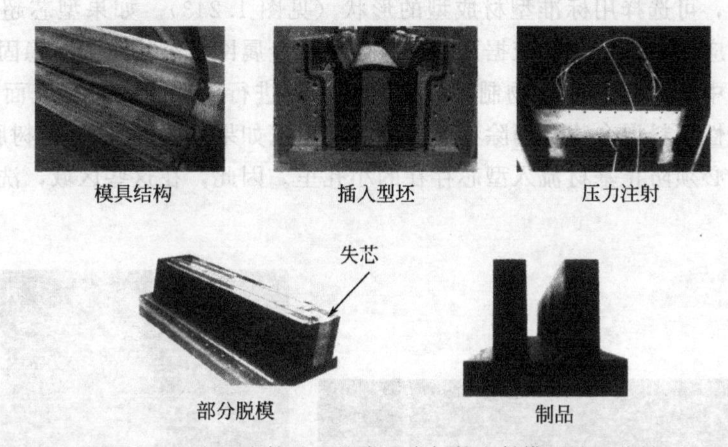

图 1.242 在压力辅助工艺中用多部件注射模具的工艺链

借助模拟软件，输入模具的几何参数、纤维结构、纤维体积含量、黏度模型、浇口种类以及渗透率，模腔的充模行为得到可视化。随着制品复杂性的增加，制品的“干燥”、未湿润区域尤其在压力辅助工艺中可看到。由于这一创新设计的可行性，压力注射的浇口和排气变化可被测试，而无需任何时间或高成本的试验操作。

在注射和固化循环过程中，反应基材体系要求敏感的温度控制。在设计时，特别对于成型的放热反应，应该充分考虑导热性和热容方面。

在注射成型过程中，监测传感器用于制造过程的质量控制。在压力辅助注射工艺中，超声波测量或介电测量可用于这一目的。传感器系统必须包括到模具中，并采用有效分析设计成能承受的载荷。

由于出现的树脂收缩而发生可能的沉陷痕迹和表面缺陷，可借助注射系统增加保压，或采用模具托架（压机）挤压来解决。在后一种情况中，被嵌入的密封系统必须能补偿附加的距离。在这两种情况中，当设计这样的模具时，必须考虑增加的内部压力。

1.8.4.5 用于中空制品成型的模具

根据制品的几何结构，借助不同的加工过程，可进行中空制品的制造。这时，上述用于真空和压力辅助工艺的模具结构和模具要求也适用于中空制品的制造。对于制造制品中的空腔，增加了新的模具要求。

在吹塑成型 RTM 工艺中，可选用闭合的注射成型模具。首先，将一个柔性、可膨胀管（毛坯）放到增强织物结构中。将形成的型坯插入模具中，并将毛坯与压缩空气接口连接。

在闭合模具后，将高于后续注射压力的压力施加到毛坯上。毛坯与外形成型模具壁面一起形成模腔，用描述的方法可进行实际的树脂注射。在固化基材后，毛坯内的压力可降低至环境压力，然后可从模具中移出制品。最后，从成型的制品中移出毛坯。如果由于制品几何结构而无法实现，可将毛坯留在制品中。

制造中空制品的另一种选择是适用模块化构造的型芯模具。如果制品的几何结构和型坯的条件允许的话，这种方法可在闭合的 RTM 模具中实施。

当制造中空制品时，选用可溶性、因而可洗的（从成型制品中洗去）型芯材料（例如，水溶性 Aquapour®[16]）可提供一种新的选择。这种材料以粉末状供货，可与水混合成可浇铸混合物，它可与石膏成分相比。作为这种型芯的浇铸模具，各种模型制作材料都可选用，因为除了对表面限制之外，没有其他明显的限制条件。这种型芯可在室温下加工。对于简单制品型芯的制造，可选择用标准型材成型的形状（见图 1.243）。如果型芯超过了一定的尺寸，必须提供相应的增强结构。依据几何形状，可将金属网状结构（为了稳固）浇铸到型芯中。从型芯模具中取出浇铸混合物制品，接着在炉内进行干燥。在进行表面密封的涂敷之前，可采用相容性填料混合物，消除型芯上的小缺陷（如果必要的话）。在树脂注射过程中，这一表面密封层必须防止基材流入型芯存在的小孔里。因此，在这些区域，洗去型芯材料将是不可能的。

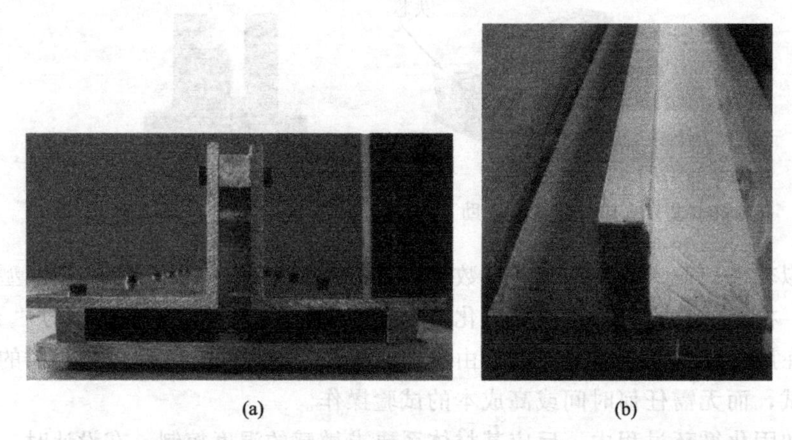

(a) (b)

图 1.243 (a) 用标准型材制作的浇铸模具及 (b) 取出的含金属增强结构的型芯

在第二次、最终干燥过程后，型坯可沿型芯放置。制品模具以这种组件形式放入。在设计中，制品模具必须呈模块化，因为在闭合过程中，这种组件只能被压实到最终尺寸。在注射和固化过程结束后，含有型芯的制品从模具中移出（见图 1.244）。

在最后的步骤中，型芯材料从制品空腔内移出。如果选用了水溶性型芯材料，可在压力下用水进行这一步骤。采用这种工艺，可制造较长的中空型材，以及带有侧凹结构的、几何结构复杂的型腔。

一种类似的工艺（对于基本加工流程）选择一种可在低温（<80℃）下熔融的金属材料作为型芯材料，以替代水溶性材料，这种方法称为溶芯浇铸法（失去石蜡浇铸）。因此，型芯可在独立的浇铸模具中进行。在树脂注射和后续的基材固化工序完成之后，成型的制品被加热到金属的熔点之上，可使型芯材料熔化。

另一种可选的加工类型是采用由泡沫塑料制成的溶失型芯。这种泡沫塑料应该是闭孔泡沫材料，因为它可防止泡沫型芯在注射阶段被树脂填充。如果它是开孔泡沫塑料，表面必须

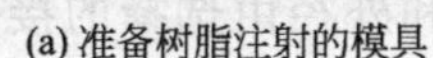

(a) 准备树脂注射的模具

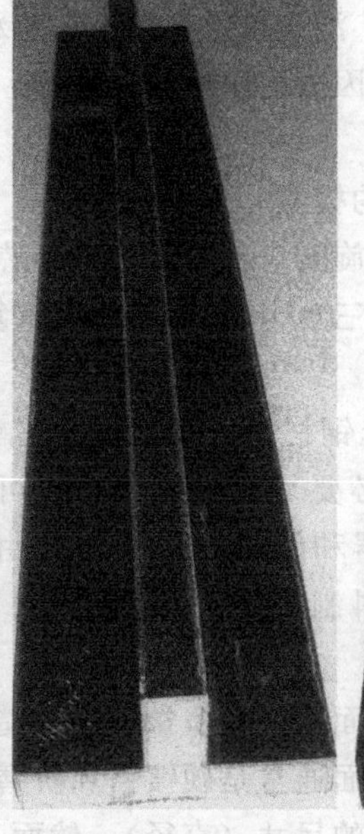

(b) 脱模后含有型芯的制品

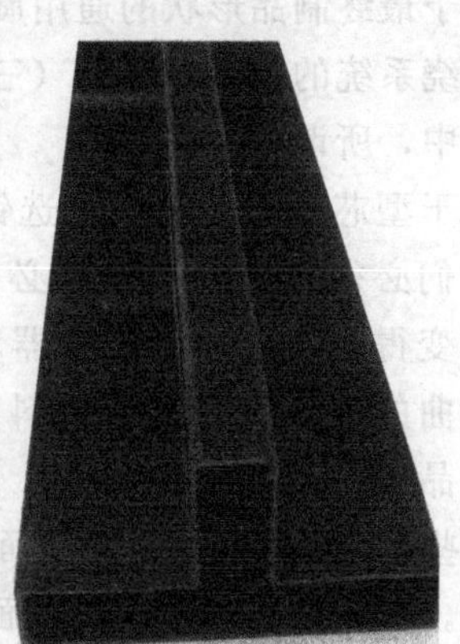

(c) 分离型芯材料后的制品

图 1.244 中空制品的模具

在形成外轮廓之后密封。可用树脂涂敷或通过在箔片中的包装，进行这样的操作。所有满足压缩强度（纤维压实和注射压力）和温度（固化和放热反应）要求的泡沫材料均可选用。表1.12 给出了典型的泡沫塑料的热载荷和机械载荷的限制。

表 1.12 不同泡沫塑料的力学性能

密度 ρ /(kg/m³)	T_{max} /℃	弹性模量 E_3 /MPa	压缩强度 σ_3 /MPa	剪切模量 G_{12},G_{13} /MPa	剪切强度 R_{13},R_{23} /MPa
PUR 泡沫材料					
30	100	10	0.2	3	0.2
PVC 泡沫材料					
30	80	20	0.3	13	0.35
60	80	60	0.75	22	0.7
PMI 泡沫材料					
52	215	75	0.8	19	0.8
110	215	180	3.6	50	2.4

1.8.5 用于缠绕技术的模具

1.8.5.1 加工工艺简介和基本原理

缠绕技术是制造常规旋转对称制品的一种工艺，如管、辊或容器。几何复杂、不必旋转对称的制品，例如弯头和 T 形件，可用缠绕工艺制造。粗纱纤维（如玻纤、碳纤维、芳族聚酰胺纤维、涤纶纤维或玄武岩纤维）可被缠绕在旋转的阳模上。热固性体系，如低密度环氧树脂或聚酯可作为基材。

用于传统湿绕工艺的缠绕机的基本构成为：用于单芯或多芯的夹持和旋转装置、导线机构（在多方向上旋转和斜动）、浸透粗纱纤维的树脂槽和储存纤维材料的线轴架。在热塑性塑料缠绕中，不需要树脂槽，因为可制造充分浸透、单向增强带。然而，需要加热段来加热材料和固化辊来加工这种带。

1.8.5.2 用于对称旋转制品的模具

赋予最终制品形状的通用旋转对称模具称为型芯。它既可以直接、或借助特殊转换器固定在缠绕系统的驱动纱锭上（三爪卡盘）。型芯可重复使用（根据制品几何结构），或留在成型制品中，所谓的“失芯”。

适于型芯制造的材料可选钢材（极少情况下选铝材）。标准的圆形件或管可用作小型芯，它们必须减小到（如果必要）所需的外径，可采用车削加工。轻微的锥度可使后续的脱模变得较容易。用于容器和管的较大型芯是由一个稳定的内部结构组成的，这个结构用弯曲的钢板或用复合材料制成的覆盖物包覆。这些大型的型芯必须是可移动的，以保证制品的脱模。

这些可重复使用型芯的表面需要有非常低的粗糙度，使被缠绕制品的粘接最小和使脱模较容易。与材料接触的这些表面通常是硬镀铬和研磨或抛光的。因此，被缠绕制品有很高的表面质量、在内侧由型芯确定的尺寸（直径）。然而，表面和外径由选择的接头和缠绕工艺决定。根据应用的目的，可能需要再加工（研磨）或涂敷（涂漆、碎屑保护层、易燃和 UV 保护）制品。

在压力罐中的“失芯”可实现附加功能，为内部容器（衬里）。这些失芯形成了必要的介质抗力（如腐蚀），作为一种扩散阻隔（如氢气），或能够牢固地连接管线（如阀门和配件）。这里，用耐腐蚀钢或铝制造的焊接容器，以及用热塑性塑料制造的吹塑成型塑料容器并配有集成、金属连接法兰，均可使用。水洗型芯几乎很少使用（例如，带有侧凹的制品）。制造这些的材料可以熔融或用溶剂溶解（例如，专用石膏、泡沫塑料）。

型芯几何形状主要由被制造制品的尺寸决定。对表面设计有某些限制。侧凹或内凹曲面的制造（升起粗纱）是非常困难的，应优先选用圆筒缠绕纱锭。

通过型芯的轻质结构可避免不可接受的变形。

当缠绕圆筒型制品时，在反转区域，经线必须被改进。当缠绕角度较小时，可能发生粗纱的滑移。因此，被缠绕制品的这一区域会有缺陷，不能使用。可使用固定纤维的别针，以避免滑移。因此，次品可最少，或有效长度可增加。也可实现 0°纤维取向。

由于合成树脂的高黏结力和被固化制品的收缩率，在增强材料被缠绕到型芯上之前，必须仔细制备表面。可以人工除去树脂残存物和其他污物，对于大型芯轴也可借助专用清理机器。接着，涂抹脱模剂。黏结性可得到降低，以利于后续的取出。多数脱模剂必须被涂抹几层。然后再擦去，并可使用几个生产循环。

根据使用的材料，也许有必要预热型芯。型芯没有内置的加热系统（油或电），它们必须在炉内加热（到要求的温度）。

基材固化后，大多数昂贵的型芯必须从制品中移出。圆筒型型芯可用液压驱动装置拔出或压出。组成大型缠绕型芯，以便它们可在制品内部被拆解为单独的零件。

对于特殊的应用目的（例如，水箱或低压领域的蓄水池），在缠绕几层后切开制品，拔出型芯，也许是可行的。然后，在切割边沿上，可将此件再次黏结起来，这个缠绕的容器可用于继续缠绕过程。

参 考 文 献

[1] Wöginger，A.，Prozesstechnolgien zur Herstellung kontinuierlich faserverstärkter thermoplastischer Halbzeuge，Series of publications，volume 41，Prof. Dr.-Ing. Alois Schlarb（Ed.）（2004）Kaiserslautern

[2] Neitzel，M.，Mitschang，P.，*Handbuch Verbundwerkstoffe*（2004）Carl Hanser Verlag，Munich

[3] Giehl，S.，Mitschang，P.，Faserverstärkte Sandwich-und Profilstrukturen in einem Schritt，*Kunststoffe*（2005）95，pp. 76-78

[4] Nowacki，J.，Schuster，J.，Mitschang，P.，Neitzel，M.，Thermoformen von GFK，*Kunststoffe* 89（1999）6，pp. 56-60

[5] Breuer，U. P.，*Beitrag zur Umformtechnik gewebeverstärkter Thermoplaste*（1997）Fortschrittsberichte，VDI-Verlag，VDI-2/433，Düsseldorf

[6] Jehrke，M.，*Umformen gewebeverstärkter thermoplastischer Prepregs mit Polypropylenund Polyamidmatrix im Preßverfahren*（1995）PhD Thesis RWTH，Aachen

[7] Scherer，R.，*Charakterisierung des Zwischenlagenabgleitens beim Thermoformen von Kontinuierlich faserverstärkten Polypropylen-Laminaten*（1992）Fortschrittsberichte，VDI-Verlag，VDI-5/288，Düsseldorf

[8] Ziegmann，G.，Umformen im Diaphragma-Verfahren In *Faserverbundwerkstoffe mit thermoplastischer Matrix*，Bartz，W. J.（Ed.）（1997）Expert Verlag，Renningen Malmsheim，pp. 143-160

[9] Pohl，C.，Michaeli，W.，*Automated Diaphragm-Forming-Ling for Processing of Thermoplastic Composites with reduced Cycle Time*. Proceedings，43rd International SAMPE Symposium，May 31-June 4（1998），S. 1979-1991

[10] Mehn，R.，GF-T5hermoplastverbunde im PKW-Bereich In *Moderne Werkstoffe*. Bartz，W. J.（Ed.）Expert Verlag 2000，Renningen，pp. 302-324

[11] Breuer，U.，Ostgathe，M.，Neitzel，M.，Manufacturing of All-Thermoplastic Sandwich Systems by a One-Step Forming Technique *Polymer Composites* 19（1998）3，pp. 275-279

[12] Mitschang，P.，Kontinuierlich faserverstärkte Thermoplaste-Neue Werkstoff-und Prozessoptionen. Tagungsband 10. Europäische Automobil-Konferenz "Vision Kunststoff-Automobil 2015"，Bad Nauheim，27th 28th of June（2006）

[13] Parnas，R. S.，*Liquid Compostite Molding*（1996）Hanser，Munich

[14] Arbeitsgemeinschaft Verstärkte Kunststoffe-Technische Vereinigunge. V.（AVK-TV）. Faserverstärkte Kunststoffe und duroplastische Formmassen，（2004）Frankfurt

[15] Mitschang，P.，Prozessentwicklung und ganzheitliches Leichtbaukonzept zur durchgängigen abfallfreien Preform-RTM Fertigung. Pro-Preform RTM-Abschlussbericht BMBF-Projekt Förderkennzeichen，IVW series of publications volume 46，Prof. Dr.-Ing. Alois K. Schlarb（Ed.）（2004）02PP2460 Kaiserslautern

[16] Advanced Ceramics Research，Inc.（*www.acrtucson.com*）

1.9 加工弹性体材料的模具

（Th. Bauernhansl，K，Zoller）

随着 Goodyear 发现了橡胶硫化，1839 年弹性体材料加工技术开始发展。随着中南美洲的印第安人已经在使用非交联天然橡胶，作为它的替代品，一种交联、高弹性材料（橡胶）被进一步研发出来，进而能够在各个方面得到应用，尤其是技术应用领域。弹性体材料在我们的现代生活中是不可或缺的。特别是，弹性体材料所具有的几乎无限可调的弹性能力、热稳定性、高耐磨性和耐介质腐蚀性使之对于所有的工业应用都是不可或缺的[1]。

根据用途不同，采用不同的弹性体材料，它们都是按照预定的不同组分的特定配方混合而成的。这样产生的多组分体系是基于决定混合物主要性质（例如低温特性）。其次，使用塑化剂可以改善弹性体材料的低温特性，以及使用填充材料（如炭黑或二氧化硅）可以影响作为填充材料载体的聚合物基材。通过仔细地选择填充物，弹性体材料可以适用于不同的应用[2]。

橡胶混合物经过硫化（交联），可以生产出不同几何形状的稳定弹性体材料产品。这个过程需要在高压和高温的模具中进行，这相当于塑化成型的过程。这种采用的交联体系决定了加工性能，网状的化学结构以及弹性体材料的物理性能。两种最常用的网状化是硫黄和过氧化物交联。橡胶混合物经过硫化后，弹性体制品在模具外冷却，并根据弹性体产品的类型或目的进行加工处理[1]。各种成型技术的详细内容和所需的模具技术将在下面的内容中进行阐述。而且对不同类型的模具以及用于弹性体成型的模具设计及制造方法特点也将进行描述。对于弹性体材料类型、材料性能和混炼技术的讨论，以及弹性体材料的性能测试的更多细节请参阅相关的文献［3］。

1.9.1 压塑成型（CM）

压塑成型是最古老的、至今仍在使用的加工弹性体材料产品的工艺。这种工艺在发达国家主要用于小批量的、用其他方法无法加工的弹性体材料。由于此种工艺对误差的高度稳定性，在一些发展中国家像中国和印度也经常采用。由于模具的成本相对较低，原型样品通常用压塑成型的方法制造。因此，与其他方法相比，用短期运行模具生产速度快、经济性好。

压塑成型的基本原理是通过压力和加热使固体坯料（预成型，但无固化的混合物）成型。这块固体料的尺寸要尽可能地根据产品的质量或体积确定。不超过5%的过余尺寸也是允许的。根据制品的几何形状的复杂程度和所采用的工艺的准确性，采用精确计量的固体坯料[3]。

固体坯料嵌入到打开的已经加热到180℃的模具中（见图1.245）。然后模具在150～700bar的压力下闭合。所施加的压力取决于橡胶混合物的黏度和模具中的流动阻力。弹性体材料在高温和压力的作用下塑化，变得可成型，与模腔的几何形状相吻合。多余的材料收集到沿分型面的溢流槽中。在达到设定的交联度后，打开模具，取出产品，如果需要做后加工处理。

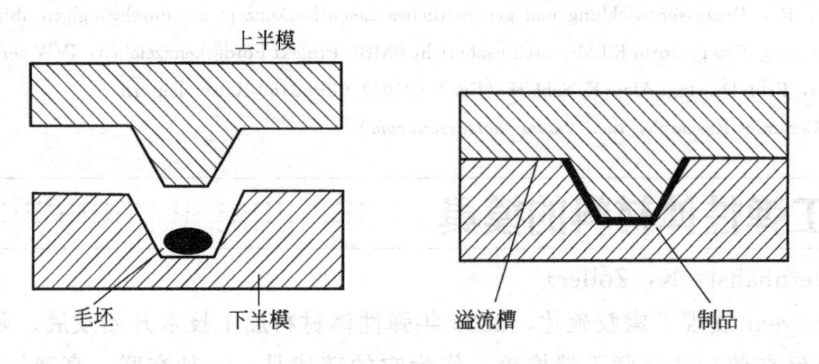

图1.245　模压成型的开启与闭合

交联持续时间取决于弹性体制品的壁厚、体积和所用的混合物。对于厚壁制品要花费若干小时。经过冷却，固体坯料会有少量收缩，在设计模具时应考虑到这个收缩量。这种情况下，可采用基于经验值的模拟分析[1]。

压塑成型的特点是精确确定坯料质量、压印面设计、溢流槽以及确定所需的合模压力。

模具的结构通常分为两部分。两个成型板由锥形导杆定位。典型地，一个模具可有将近100个模腔，它们可被同时“压缩”。

压塑成型的优点如下：

① 可加工所有常见类型的弹性体材料；

② 非常耐用的工艺；

③ 所需要的操作参数少；

④ 快速成型能力；

⑤ 模具和机器的成本效益好；

⑥ 过程简单；

⑦ 很大的灵活性。

压模的制造成本相对较低，不需要复杂、昂贵的形状结构。压塑成型工艺对弹性体材料所引起的内应力是最小的，它可允许对许多复杂产品的微加工。

压塑成型的缺点如下：

① 生产周期较长；

② 飞边；

③ 初加工（坯料的生产）和后续加工（除去飞边）；

④ 用指定的无弹性体材料表面覆盖嵌件（如金属）是困难的或不可能的，因为模具在塑化开始阶段仍然是开启的，因此嵌件在模具中无法固定；

⑤ 变形力和锁模力是通过气缸施加的，这使得工艺参数的优化变得复杂；

⑥ 加工过程难以实现自动化；

⑦ 人工操作导致的工艺偏差是不可避免的；

⑧ 坯料的高成本；

⑨ 部件的不准确位置公差。

压塑成型主要的缺点是成型周期长。因为坯料嵌入模具时是冷的，然后再加热，加热时间比较长，并且坯料要经过预处理和后处理来去除多余的飞边。由于对坯料质量的准确性要求，坯料的制造很昂贵。整个加工过程或许是耐用的，但是在设计工艺中也是相对粗糙的（没有准确的确定飞边），这往往是不能实现工艺自动化的原因，并且将会影响部件的位置公差。

1.9.2 传递模塑成型（TM）

传递模塑成型工艺是前面讨论的压塑成型工艺的改进版。传递模塑成型和压塑成型所用到的主要机器是相同的。两种工艺的主要区别是传递模塑成型的塑化过程和交联过程发生在两个分离的系统中。传递模塑成型主要适用于质量要求高的小尺寸制品（最大直径 100mm）的生产。加工的材料邵氏 A 硬度范围为 80～85。

在最简单的情况下，传递模塑工艺用到的模具主要由三个主要部件组成。上下模连接着压板，中间部分是可拆卸的。上模的主要作用像压力活塞。中间部分容纳混合物，并且在模腔中有注射流道，腔室是由中间部分和下模组成一体的（见图 1.246）。一个锥形导杆用于定位模具两个部分的相互位置。模腔室代表性的数目是 1～20 个（有特殊加工要求的可以达到 100 个）。

将具有预定尺寸的坯料圆盘嵌入到上下模之间的位移腔室中，腔室的温度已预先加热到 170～180℃。然后，中间部件和下垫板之间的腔室闭合。这时模具完全闭合。上模像活塞一样作用到中间板上，使位移腔室的体积持续减小。通过产生的压力和温度，弹性体材料塑化并且被挤入腔室里的注射孔。然后经过缩径的钻孔（流道）进一步加热弹性体材料，因此混合物所吸收的热量或者是来自模具的壁面加热或者是摩擦产生的热。

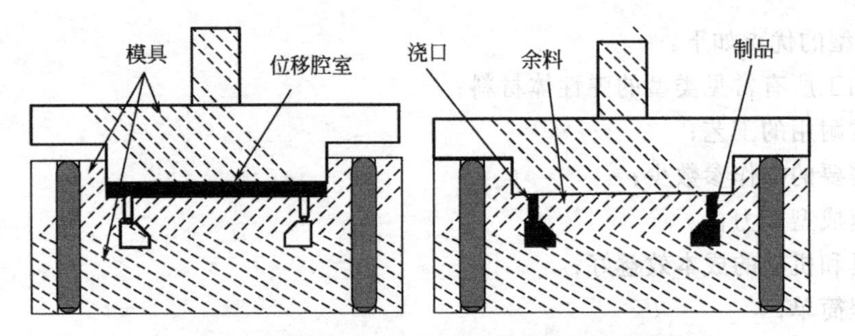

图 1.246 带有毛坯或产品及余料的传递成型模具

当设计传递成型模具时，引入的热量可能会导致制品的过早熟化，因而产生不期望的交联（例如焦化），这尤其需要考虑到。

这种工艺的设计思路是，在型腔完全充满后，余料保留在位移型腔中作为熔体垫层。因此这层熔融垫板（活塞）的压力应该大于这些腔室的模具内部压力的总和，否则腔室会打开。然后，在成型腔和位移腔室的弹性体材料发生交联。在达到所需的交联度后，模具和位移型腔打开，取出制品（多数情况下，这些产品不需要进一步的加工）。注射通孔的几何形状选择的依据应该是，尽可能地使制品容易脱模（即应该有设定的目标制动点）。存留在位移型腔内的弹性体材料需要移除并且一定要丢弃（大约占所用材料的 15%）。所必需的压力取决于混合物的黏度在 200～400bar，而模具的温度在 150～180℃的范围。本工艺的加热时间明显少于压塑成型工艺。建议将坯料预先加热到 50℃，这样将进一步缩短加工周期的时间。传递模塑成型的特点在于注射通孔的设计（指定间隔以确保制品的注射成型）、所需合模压力的确定以及与腔室相关的位移型腔精确几何形状的设计。此外，精确的位置定位和压力分布的确定是使得制造的制品无飞边的先决条件。

传递模塑成型具有如下优点：

① 合理设计的无重复加工的制品；

② 简单而可靠的工艺；

③ 对操作者的技能要求少；

④ 快速成型能力；

⑤ 带活塞的上模可以应用于多种模具。

传递模塑成型最主要的优点在于可以生产无飞边制品和制造尺寸公差要求严格的产品。因此这种方法特别适用于小尺寸且外形复杂制品的生产。

无飞边制品的制造需要根据压力、热量分布以及保证腔室的排气前提下对模具进行准确的设计。因此，模具的分型面的几何设计非常重要，这样可使分型面的压力条件和表面结构允许腔室内气体排出。但不使弹性体材料溢出。著名的模具制造商对每一条分型线进行显微成像并且很注重表面的设计，以便于表面压力不至于太高，因为太高的压力会导致微结构在几个行程后破坏，干扰加工过程的正常进行（气泡夹杂、飞边、增加模具的污染等）。

传递模塑成型具有如下缺点：

① 相对长的生产周期；

② 需要预处理工作（坯料圆盘的制作）；

③ 材料的浪费；

④ 模具较为昂贵；

⑤ 型腔需要准确的定位。

传递模塑成型最主要的缺点是费用。生产无飞边产品的模具结构都非常复杂并且制造成本很高。因此传递模塑成型工艺对于多型腔模具来说是划算的（通常超过 20 个型腔）。

而且，并不是所有制品的几何结构都是可以制造的，经过每一次传统传递模塑生产之后，每个周期后都会有余料（来自位移型腔活塞的固化弹性体），它们都需要处理（作为废品），这大概占所有耗材的 70%。

1.9.3 注射成型（IM）

注射成型工艺是制造弹性体材料模塑制品的最新、最重要的工艺。它在应用于橡胶工业之前已经在塑料行业应用了许多年。

该工艺与传递模塑成型非常相似。在对闭合的模具进行注射之前，原材料通过螺杆注射系统被输入，并且输送到螺杆前方的贮料腔，通过摩擦和加热机筒的热传导，混合物被加热并且预塑化。通常会采用螺杆或者活塞将预塑化的材料压入压射缸。注射螺杆或者注射活塞通过注射流道或者分配流道将弹性体材料压入到闭合的模具中（见图 1.247）。因此，采用压力（耗散）和注射系统的几何结构会将附加热量引入到橡胶混合物中。

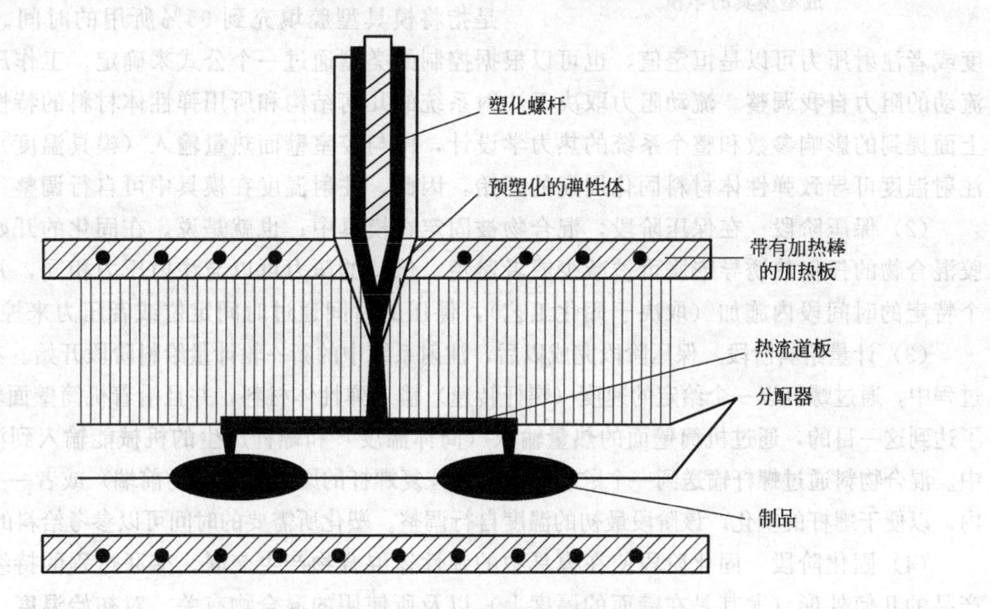

图 1.247 带有注射单元的闭合注射成型模具

在固化过程中，压力缸将再次由螺杆（计量）充满。固化完成以后，打开模具，取出制品，模具再次闭合并且开始一个新的循环。此外，真空可以用来保证型腔中的气体排除，进而避免加工缺陷。这可以通过集成在模具中的真空腔室（模具定位）或者真空流道来实现。在某些应用中，甚至可能通过压力缸来实现真空。

通过使用螺杆和活塞，塑化过程和注射过程可以分别进行控制，因此，可以对此进行更好的设计。另外，在注射成型工艺中，通过对每个工序的单独控制，可优化整个工艺过程。这给出多种可能性，以及大大增加了该工艺过程的复杂性。

注射成型工艺基本上适用于全系列的精密制品，甚至可与金属零件组合生产。由于完全闭合的模具，非完全涂层金属表面的制造也是可能的。因为对橡胶混合物有多种能量的输入

（螺杆、压力缸、分配流道等），尤其是通过注射过程的独立的液压系统，可以得到比传递模塑成型工艺的压力明显要高的压力（高达 2500bar），并且进入每个独立型腔的进口温度（大约 100℃）与固化温度相当。此外，型腔可以快速地充满。通过对工艺的优化设计，得到的加热时间相比于先前提到的方法会短很多。理想的情况是，固化时间与塑化时间大致相当。在这种状态下，在最低的热载荷下将会得到最高的参考温度。

图 1.248　带有 9 个型腔的注射成型模具的半模

由于生产这种模具的成本很高、对注射成型机器的高投入以及将注射成型工艺工业化所做的很大努力，注射成型工艺主要适用于中、大批量的制品生产。注射成型的模具通常由三个模板组成（见图 1.248）。在注射过程中进入的空气和有真空所增加的空气通过分型面逸出。

下面将以整个注塑过程工艺周期为例，简要介绍注射成型最主要的工艺参数。

（1）注射阶段　在注射过程中，注射时间通过注射速度或者注射压力来进行调整。注射时间是指将模具型腔填充到 95％所用的时间。注射速度或者注射压力可以是恒定值，也可以根据控制的类型通过一个公式来确定。工作压力根据流动的阻力自我调整。流动阻力取决于注射系统的几何结构和所用弹性体材料的特性。由于上面提到的影响参数和整个系统的热力学设计，由与腔室壁面热量输入（模具温度）相关的注射温度可导致弹性体材料固化周期的开始，因此，注射温度在模具中可自行调整。

（2）保压阶段　在保压阶段，混合物被固定在模具中；也就是说，在固化的开始阶段橡胶混合物的任何热诱导膨胀可被减少或者避免。保持的压力可以与注射压力相同，并且在一个特定的时间段内施加（取决于固化工艺），保压的时间通过时间定位或者压力来控制。

（3）计量给料阶段　保压阶段完成以后，注射系统中的新一轮计量给料阶段开始。在给料的过程中，通过螺杆以一个给定的速度（螺杆转速）输入弹性体材料，并且沿着机筒壁面塑化。为了达到这一目的，通过机筒壁面的热量输入（筒体温度）和螺杆产生的机械能输入到混合物料中。混合物料通过螺杆输送到一个贮料腔（采用往复螺杆的原理在螺杆的前端）或者一个活塞缸内，以便于螺杆的塑化。该阶段最初的温度自行调整。塑化所需要的时间可以参考给料的时间。

（4）固化阶段　固化阶段使在模具中的弹性体混合物产生交联。交联过程的持续时间与产品的几何外形（尤其是在壁面的厚度上）以及所使用的混合物有关。对初始温度、注射温度、模具温度的优化可以缩短固化的时间。在固化过程中，所设定的压力形式可以通过保压和机器的闭合压力来补偿。这保证了所制造的制品高品质且无飞边。

现在的注射成型工艺为使用者提供了许多且几乎令人迷惑的设置参数。工艺流程参数涉及根据每种制品不同的阶段不同的时间、速度、压力、温度、力和路径，所用的模具以及所用的弹性体混合物。这样做的目的是生产产品经济性及质量尽量稳定。获得最佳工艺流程参数的所需时间仍然取决于工艺师和使用者的经验以及所用资源的质量（模具、弹性体材料、机器），尽管可借助技术帮助（例如，通过所谓的固化时间计算程序）。

注射成型具有如下优点：

① 由于固化开始时混合物的高温，固化时间及周期时间短；

② 不需要预处理工艺（例如，坯料的生产）；

③ 易于实现自动化；

④ 加热原材料的热量可以由机械能产生；

⑤ 调整性好，因此通用性也很好；

⑥ 可制得无返修制品；

⑦ 更加均匀的模具温度；

⑧ 制品的高精度形位公差；

⑨ 可制得复杂外形的制品。

注塑成型工艺最主要的优点在于，由于其优异的调整性可以实现广泛的应用。同时这也是一个主要的缺点，因为只有高级技术人员才可以使稳定、可靠的注塑工艺产业化。另一个主要的优点是，具有指定的工艺顺序以及制品的精确可重复制造性，这大大简化了整个工艺过程的自动化（见图 1.249）。在弹性体材料领域以及塑料工业中，向模具内嵌入镶嵌件和完全固化产品的取出通常是由操作系统完成的（如机器人）。

图 1.249　从注塑模具全自动顶出产品（下方）

注射成型具有如下缺点：

① 相对较高的成本投入；

② 由于准确性要求较高，模具比较昂贵；

③ 工艺过程敏感性强；

④ 高的维护费用；

⑤ 并不是所有的弹性体种类都可以使用；

⑥ 过程控制复杂；

⑦ 对黏合剂系统需求较高。

注射成型工艺使用非常复杂，且需要高技术的安装工程师。此外，注射成型（尤其是模具）设备的维护比较频繁，至今仍然不适用于所有类型的弹性体材料。

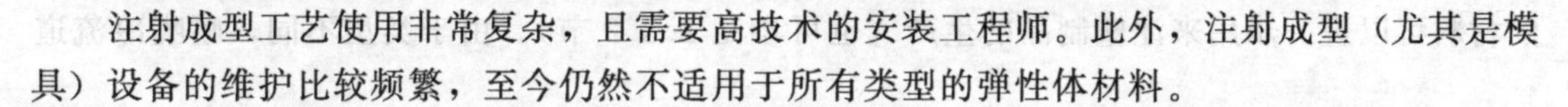

1.9.4　附加工艺

1.9.4.1　工艺组合

在注射压缩成型工艺中，弹性体材料通过注射系统注入到轻微打开的模具中。然后模具完全闭合或者闭合时留有 1/100mm 的缝隙。通过这种工艺组合，可以制造出一些仍然连接“表皮”的平整精密零件，例如 O 形圈、无飞边密封件或薄膜。

在注射传递模塑过程中，弹性体材料通过注射系统输送到传递成型腔室（位移型腔）。后续的工艺与传递模塑工艺相似。注射传递模塑工艺的优点是节省时间。由于较高的传递成型腔室的起始温度，弹性体材料混合物可在较高温度下快速进入腔室中。这可导致较短的加热时间，同时可避免由于压力导致的二次成型。然而，注射传递模塑法使弹性体混合物承受了高载荷，因此并不可以应用到所有制品的生产以代替传递模塑成型。

如果传递腔与模具热态分离（例如，成为一个冷却的位移型腔，并且与模具侧壁绝热），那么就有可能阻止腔室里的弹性体混合物固化，并且残渣也可用于下一个加工周期（否则就应该将完全固化的橡胶清除）。注射喷嘴设计的几何结构要保证几何结构固化点和热固化点完全一致。这将保证无部分固化的材料进入下一个加工周期，进而保障制品的质量。这同时也适用于冷却传递腔或传递成型冷流道（见图 1.250），它们也可用于没有注射系统的传递模塑成型[3]。

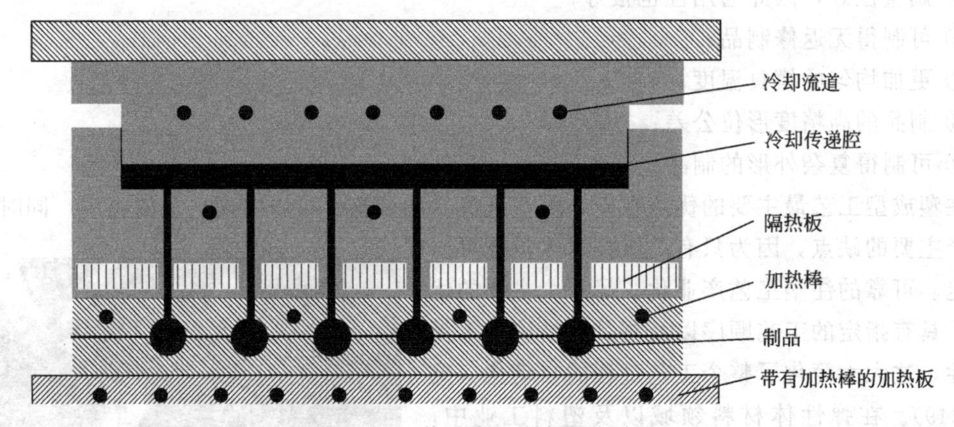

图 1.250　传递成型的冷流道原理

1.9.4.2　浇口体系

在经典的传递模塑加工工艺中，热流道集流腔用来将来自注射系统喷嘴的混合物分配到单独的腔室。经过充模后留在热流道集流腔中的弹性体固化，并且在模具打开后移出。热流道位于第一分型面，制品在第二分型面。

在热流道中完全固化的材料就是（工艺相关的）废料，并且必须要丢弃。这个必要的移出废料的过程增加了整个加工循环流程自动化的难度。

为了消除对传递模塑成型效率的负面影响，越来越多的弹性体加工商依赖于冷流道集流腔（见图 1.251）。冷流道集流腔是模具的低温浇口区域，这里可防止弹性体混合物的固化。通过冷流道技术，在制造橡胶制品的过程中，固化的废料明显减少，因为在冷流道中未固化的材料可以进一步用来注塑制品的生产（也可参见 2.3.2 节）。由于类型不同，喷嘴冷流道

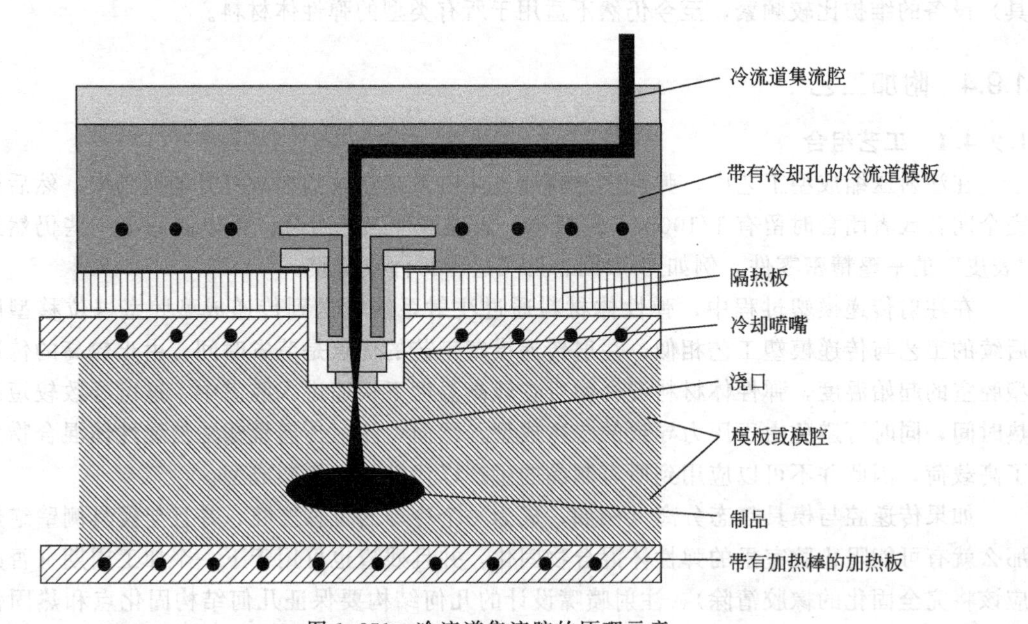

图 1.251　冷流道集流腔的原理示意

和传递模（见传递模塑工艺）中的冷流道区别明显。以下将更详细地介绍喷嘴冷流道技术。

喷嘴冷流道可应用于橡胶制品生产的注塑成型工艺中。浇口流道集流腔通过一个使用冷却介质调温的冷流道块。注射模具的加热固化部位的过渡通过独立的冷却喷嘴元件完成。冷却介质通常是混合特殊添加剂的水。固化部分与冷却浇口区域的热分离通过隔热板完成。位于冷流道块中的橡胶没有固化，不必当作废料丢弃，它可以在下一个模塑制品的生产周期中直接使用。传递模塑冷流道技术通常应用于多腔室（多达 120 个）和较小体积的模塑橡胶制品，而喷嘴冷流道更适合于小数目腔室（2～48 个）和大体积模塑制品。

3 种不同冷流道集流腔（根据应用情况选择的）可以分为：钻孔式冷流道、铣削式和开缝式冷流道、管式冷流道。

正如其名，钻孔式冷流道在一块钢块上钻削加工得到。嵌件可以用于流道必要的转向。用于给冷流道调温的冷却流道可以通过钻深孔实现。这样设计的优点是稳定并且实现成本效益。由于弹性体流动特性的复杂性，流道的几何结构和表面对加工过程的可靠性具有很大的影响。最终目的是在高压下（最好是注射压力水平）均匀地充满型腔。这种设计的缺点也是钻孔的冷流道。由于生产工艺引起的流道的非最优几何结构（钻孔和嵌件），高的压力降、温度变化和所谓的死水区（经过几次循环和固化，材料堆积的冷流道区域）将会产生。随着喷嘴或者冷流道腔室数目的增加，和随着使用材料的硬度或温度敏感性的增加，采用钻孔式流道的适用性降低。由于闭合的结构，清洗和维护都不是很容易。

在流道设计中，开缝式或者铣削式冷流道提供了更多的灵活性。开缝式流道被铣削加工在一个集流腔层的两个模板上或者两个集流腔层的三个模板上。然后，用螺纹将这些模板精确地连接在一起。冷流道也可以通过在冷流道块上钻深孔得到。通常，流道的理想几何结构由模拟确定（取决于弹性体材料）。因此，弹性体可以在低压力损失和没有质量问题的情况下加工。这种流道的缺点是较高的生产成本和密封问题。这些相互挤压在一起的模板必须用很高的精度进行设计与加工，或提供合适的密封来防止模板件间的弹性体材料泄漏。开缝式冷流道的清洗和维护非常简单；然而，这项工作必须由有经验的人员来完成，以保证正确地组装。开缝式冷流道经常用于质量要求高的制品以及弹性体混合物，但是它们难以加工并有许多喷嘴（多达 48 个）。管式冷流道由嵌入凹槽的管子构成，并且通过弯头连接。

由于此种设计的模块化结构，冷流道块可被快速和廉价地制造。然而，并不是所有的情况下可以连接管子，因此，得到的流道结构不是最优的。在管式冷流道中的温度分布也是难以调整的。管式冷流道通常应用于标准件和中等质量制品的生产中。

为了进一步减小注射成型过程中的材料使用量以及方便该过程的自动化，所谓的阀门式冷流道集流腔被研发出来。这些系统是由带针阀的腔室来界定。这个过程与塑料加工相似，可直接进行注射成型，并且无需后处理或浪费材料（来自腔室）的情况下进行脱模。这只有在浇口区域使用无功能化和结构相关表面情况下才有可能。此外，浇口的位置也应考虑，因为并不是所有的位置都能保证对腔室进行完全和无流线填充。针阀从开启位置到闭合位置的移动可以由气动、液压或电动实现。所有市场上常见的系统都有各自的优缺点，也应该像评

图 1.252 用带有冷流道集流腔生产的无飞边制品

价不同流道系统一样对它们进行特定应用的评价。液压系统通常非常大并且易发生泄漏。气压门阀定位困难，因此需花费更多的时间，但是便宜小巧。电动驱动具有热敏感性，并且通常较为昂贵，但是可以保证针阀的准确定位。原则上，门阀式浇口冷流道集流腔应该只应用于加工贵重的弹性体材料，或者在自动化领域有较高要求的情况（见图 1.252）。

1.9.5 模具制造

经过对弹性体加工工艺的回顾，以下将阐述模具制造中的细节。对试验模具或样模与短期运行模具之间加以区别。

1.9.5.1 模具类型

样模需要快速地制造并且尽量接近生产实际，为客户提供快速的原形制品，并保证加工过程接近实际生产。（单个）腔室通常由软材料（铝或者未硬化的模具钢）制造。模具的结构通常不是非常的复杂，以便于可以快速地进行修改。每一种制品的小批量（多达 1000 件）的生产制造可以由样模完成。

短期运行模具可根据制品的数量和使用寿命来设计。模具腔室的数目和加工方式以及自动化程度根据制品的规格技术参数来确定。为了脱模工艺的优化和使用寿命，短期运行模具通常是由硬化钢（硬度高达 65HRC）制作，并进行喷涂处理。

1.9.5.2 模具研发

在制造弹性体材料模具的过程中，要设计模具必须先确定模具的结构。模具的收缩量将根据弹性体材料的种类或工艺，并基于使用图表或者软件的经验来确定。

当根据使用的橡胶（加工性、成本）和产品（功能、几何结构、数目等）选择浇口系统以后，就可确定注射方式。注射的类型包括直接注射、定点注射、或者在集流腔层上的膜浇口（某些情况下）。注射类型的选择根据基本结构，如模塑成型机的结构而定。

所要生产的制品实际上是放在模具中的，分离面的确定可根据制品的几何结构、制造可行性、弹性体材料的流动路径以及型腔的排气性。制品的移动性以及模具的移动类型也需要考虑。根据自动化的过程和程度，制品脱模的方法可以是手动、带有手动的顶杆、顶针或顶锥（连接在机器的顶出装置上）、操作系统、或通过电刷。尽管弹性体材料在脱模过程中是非常有弹性的，但也应该注意制品的侧凹结构。一方面，这应该在模具中展现出来；另一方面，脱模力不应该使制品产生任何断裂（微裂纹经常产生）。

模具的设计依赖于流变学和热动力学方面的知识。模具中产生的必要或可能的压力应该予以平衡，进而保证均匀的充满型腔，和确定模具的热力区域和热分离[1]。

应该确定模板的或许是模具嵌件的导向系统。由于成本的原因，最好选用标准模具制造商的标准导向构件。除了避免模板和腔室的对中系统的超静定问题，保证 200℃时的正常运转是非常重要的。如果在腔室自我对中中用到了导向锥，应该特别注意工艺性（尽可能地精确）。

对于钻孔和轴，必须考虑热膨胀，并且应该在构造的过程中计算出来。模具的组装和生产相关的设计不应该被忽视。原则上，成型的几何结构和整个模具的结构应该按照产品的最优成本效益生产的方式进行设计。应该提供平整的分型面，采用结构的平板尺寸标准，腔室直径的选取应该考虑不需要太多的机加工。为了避免昂贵的投入，应该选择合适的半径和长宽比，公差只能设定在功能性相关的尺寸上。

模具的排气技术对于零件的质量非常重要。根据工艺和弹性体材料，可以采用铣削的排气槽，加工的表面以及粗糙的模型。通过真空室的真空和真空流道来保证排气也很重要。在注射压缩成型工艺中，模具并不是完全闭合的，腔室只在注射完成后闭合，模具的排气可以通过模具的分型面间隙完成。根据特定的弹性体类型选择钢材，可按下列准则进行：

① 基于年产量的循环加工次数；

② 模具的设计和几何结构；

③ 模具制造商的机加工能力；

④ 制造工艺（例如，未经硫化处理的电火花加工钢）；

⑤ 必要的表面处理。

根据弹性体，选取合适的表面对于模具制造商来说也是很重要的。除了部件的可移动性和降低污染之外，模具抵抗腐蚀性弹性体材料的能力也起到主要的作用[2]。

一方面，高铬钢抛光面可以用作保护面；另一方面，对于弹性体材料模具，0.05mm 的高铬电镀层是最常见、并且是最廉价的表面涂层。目前，铬的氮化物涂层正在被广泛应用。除了这些涂层，也可以选择很多的其他方式，例如陶瓷涂层或者钛表面等。

实际的制造生产过程和热塑性塑料的模具制造过程相似，区别在于所需要的精度要高于热塑性塑料模具的功能区域（如分型面）的制造精度（见图 1.253）。因此，举个例子，即使是 0.001mm 的偏差在生产中也可以导致飞边的形成。在过去的工艺中需要对多余的边进行切边；目前，微铣削、HSC 铣削（见图 1.254）、硬车削、激光加工正在被快速地应用。

图 1.253 模具型腔的测量

图 1.254 模具型腔的 HSC 铣削

弹性体模具经过组装和调整，开始验证模具。为了达到这个目标，模具被置于成型机器上，加热至工作温度，根据成型技术，确定所需体积量的弹性体材料，弹性体经过固化，脱模。当在充模、排气、脱模中出现问题时，就需要不停地进行优化。有经验的模具制造商，只需要一到两个周期就可以解决问题。

廉价的模具一般使用周期较短，这意味着在必要的模具清洗、长使用寿命，以及在相对较低的购买价格条件下稳定加工期之间要有较长的时间。正确的选择工艺，优化的流变和热力学设计，合适的钢材选择，相关（功能确定）尺寸的精密制造，以及恰当的表面涂层均可保证弹性体材料模具制造的质量。

参 考 文 献

[1] The Technology Library, *Technische Elastomerwerkstoffe* (2006) SV Corporate Media

[2] Schmitt, W., *Kunststoffe und Elastomere in der Kunststofftechnik* (1987) Kohlhammer, Stuttgart

[3] Röthemeyer, F., Sommer, F., *Kautschuktechnologie* (2001) Carl Hanser Verlag, Munich

1.10 微注射成型模具

(G. Konzilia)

1.10.1 概述

1.10.1.1 注射成型工艺

如何区别微注射成型工艺和“常规”注塑工艺？除了零件或结构尺寸之外，工艺流程基本是一样的。通常，甚至在实际注射成型工艺过程以及模具的制造中也采用一样的程序。许多研究（如NEXUS专案组市场分析）也指出了当前的潜力以及未来的发展。在微注塑成型中整个工艺过程都非常重要。因此，这个工艺过程经常参考微系统技术（MST）。该工艺的协调包括：

① 模塑制品；

② 注塑模具；

③ 注塑机；

④ 外围设备（例如，干净的厂房，处理设施）；

⑤ 质量担保和进一步的步骤。

这些都应该是MST集成的元素。

这为设计师、项目工程师和研发工程师提出了新的挑战。

1.10.1.2 成型制品设计

在微注射成型中，可被区为两大类组件：

① 具有微观结构的注塑成型制品（微注塑成型制品）或领域（见图1.255）。这是最影响表面的方面。

② 微注塑件，或者说低质量的小零件以及最小的尺寸和结构（见图1.256）。

在任何情况下，可能会要求不同的公差、表面特性和精确度。对于微注塑成型零件，有着“常规”塑料零件一样的规则（例如，避免凹陷点等）。微型模具制作经验和初步测试都是非常有必要的。在这里，与顾客的合作应优先于这个标准形状方面的考虑。

图1.255 组件的微结构

（源自：Z-werkzeugbau-GmbH公司，多恩比恩，奥地利）

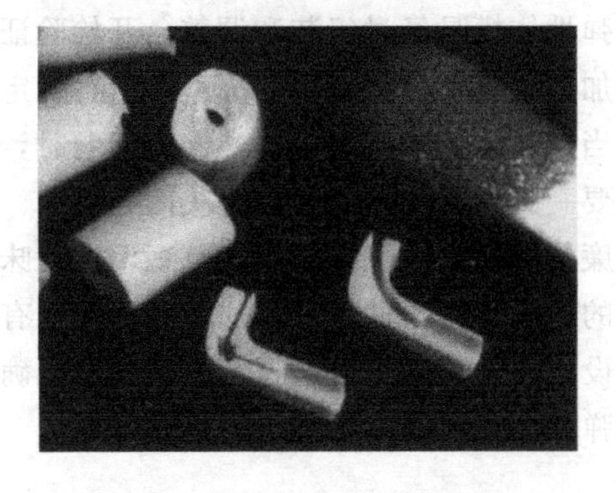

图1.256 微注塑成型零件

（源自：Z-werkzeugbau-GmbH公司，多恩比恩，奥地利）

与客户合作：如果制定了一个微科技项目，在合作伙伴之间的条款应该从一开始就清楚地确定下来。当一个人认为“微”是小零件时，另一个可能认为是纳米技术。如果照片中的零件是典型的火柴头大小（见图 1.257 和图 1.258），误解是不可避免的。

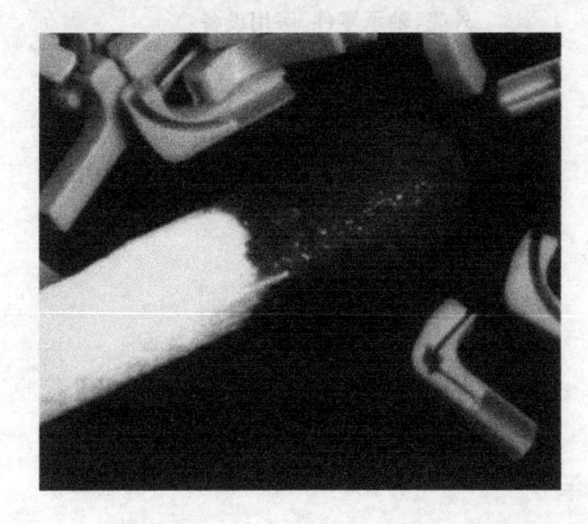

图 1.257 和图 1.258 象征性的尺度关系和测量的比较

（源自：Z-werkzeugbau-GmbH 公司，奥地利）

在“草图清晰”的假设条件下，合作伙伴确认双方都有相同的基本信息。草图、制图和样品很少会以合适的尺寸或外形呈现。因此准备一个真实大小的样品很有帮助。在许多情况下，这是唯一正确面对挑战的途径。

顾客总是或经常对他的产品形成一个意像。这个意像包含表面、结构、独特的形状以至于更多。在最后，当顾客看到产品时，就很容易看出产品是否符合这个想像的图像。如果符合，这个项目就是成功的；否则，就是争取妥协的开始，这意味着时间和金钱，也意味着要妥协地工作。但即使成功的项目，并不总是马上获得成功。它们需要返工、改进和耐久性。

1.10.1.3　注射成型制品的材料

除了各种所示的材料（见表 1.13），新材料的研发也在探索中。如果给定少量的材料，这样做有点慢。使用市面上的标准材料也很重要。

表 1.13　微技术中经常使用的材料

材料		可能的应用
热塑性材料		
PC	聚碳酸酯	CD，镜片，医疗配件，流控配件
PMMA	聚甲基丙烯酸甲酯	镜片，盖子
POM	聚甲醛	轴承零件，齿轮
PAI	聚酰胺酰亚胺	
PEI	聚醚酰亚胺	
PSU	聚砜	光学部件
PPE	聚苯醚	
PA	聚酰胺	外壳，齿轮
PEEK	聚醚醚酮	泵配件，轴承零件
PET	聚对苯二甲酸乙二醇酯	

续表

材料		可能的应用
热塑性材料		
LCP	液晶聚合物	外壳，轴承零件，医用设备
PVDF	聚偏氟乙烯	
PBT	聚对苯二甲酸丁二醇酯	外壳
PFA	全氟烷氧基烷烃	
PE	聚乙烯	滤波器
PP	聚丙烯	滤波器
PS	聚苯乙烯	流控配件
ABS	丙烯腈-丁二烯-苯乙烯共聚物	机械，医药组件
PPS	聚苯硫醚	轴承零件
ETFE	乙烯-四氟乙烯共聚物	
COC	环烯烃共聚物	镜片，流控配件
SAN	苯乙烯-丙烯腈共聚物	光学部件
弹性材料		
TPE	热塑性弹性体	密封件，可变形元件
TPU	热塑性聚氨酯弹性体	
特种材料		
MIM	金属注射成型	齿轮，外壳，医用组件
CIM	陶瓷注射成型	连接器，光纤流路
PDLL	生物乳酸	医学应用

当规划一个项目时，不仅要考虑其可用性，性能和加工的现有经验也是很重要的。对于所有种类的塑料，有无数的子基团、变种、混合（共混物）和衍生物。各种填料也是必不可少的。

小颗粒、易流动的材料、最小的颗粒尺寸、尺寸达微颗粒或微纤维水平的填充材料通常也是所需的。理论上，从单个颗粒、到许多微组分都可被用于注射成型。单个颗粒都需要有高的纯度和好的均匀性。因此，微纳米颗粒的所有品质方面都应被考虑。

1.10.2 设计

1.10.2.1 微注射成型模具

设计者的任务是将与顾客的合同内容写入生产和制造的指导文件中。这些内容包括模具以及先前提到的注射成型工艺的知识、必要的环境、和随后的加工工艺。

对标准件和特种制造、生产方法的广泛认知，可以促使在适宜的成本和合理的时间内生产出模具。模具嵌件的设计是设计者另一项重要的任务。特别是在要求严格公差的情况下，这些嵌件结构的设计非常必要，这样可以在第一次注塑试验和接下来的测量后，有可能重新制作和修正，以及将时间和花费控制在合理的限度内。

在一定的情况下，进行初步的实验很有必要。在微注射成型过程中的早期零件研发和模具设计中，计算机辅助模拟分析很有帮助。在一定情况下，这些程序会因零件结构的尺寸而不堪重负。市场上可用的程序应经过详细的评价和测试阶段才可使用。

1.10.2.1.1 浇口

在微型零件的注射成型模具中，浇口系统（见图1.259）往往会是一个挑战。通常，浇口系统的体积是零件体积的数倍，型腔数量、材料、浇注点以及注塑模具的尺寸都是决定浇口的因素。让材料没有损伤且保证质量地注入型腔是很重要的。计算出所需浇口的体积会很有用，这样就可以考虑到材料在螺杆中停留的时间。因此，微注塑系统的设计者必须提供给浇口的详细信息。在某些特殊情况下，从制品中移去浇口系统不应被轻视。

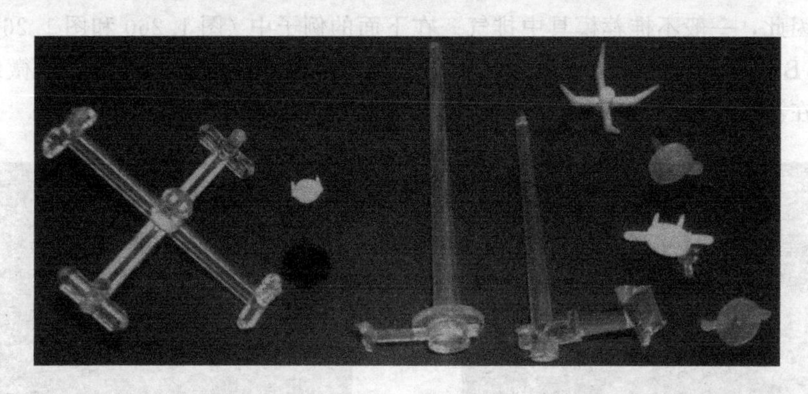

图1.259 各种浇口

（源自：Z-werkzeugbau-GmbH公司，奥地利）

另一个挑战是浇口与型腔的过渡。理论上说，普通注射模具的所有浇口模型都是可用的。但是，对于小的结构，浇口点的横截面尺寸也可相应地变小。特别是，必须检查浇口横截面的比例是否适合制品的体积。由于浇口的快速“冷冻”，在某些情况下，注射成型时的保压可能无法利用。因此，这样会影响制品的质量。特别在多腔模具中常遇到这一情况。这会导致个别型腔生产不规则、不同质量的产品。在这些情况下，浇口也是一个精确的组件，必须确保均匀充模，并要考虑到填充量、流动性能以及压力等因素。

选择和设计浇口很有用，因为它在后续的操作中可作为托架或操作件。如前所述，在这种情况下，设计者获取这一系统的广泛知识是很重要的。

当使用热流道技术时，尺寸和安装选项以及热量分配系统都是需要考虑的。在喂料系统中（机器和模具），材料额外的测试时间必须包含在计算内。

1.10.2.1.2 脱模与顶出

标准模具制造的知识常常是无法应用在最小制品和结构中。如果构件在模具中移动时没有残留是理想的。同样，也不能轻视公差和生产的差异性。选择一个好的模具分离方式很重要。有必要设计这样的结构，当喷嘴一侧的模具零件沿开模方向移动时，确保成型的制品保留在顶杆一侧。

顶杆本身设计是下一个挑战。通过零件的几何形状，同时根据大小，可能有必要不使用传统意义上的顶杆结构。替代方案如脱模板、移出操作装置、空气阀，以及富有想象力的设计师的许多独特的解决方法，均可在这里被选用。在常规的顶出系统中，应该经常考虑到应用非常小的顶杆直径。为了防止侧向力的影响和损坏的精致元件，顶杆系统可以由自由移动的滚珠导轨支撑。但固定导柱时，需要考虑热膨胀。

1.10.2.1.3 排气

将排气选项考虑到设计中也很重要。模具嵌件、分型面、排气槽以及顶杆种类的选择非常有用，并可解决很多注射成型中的问题。为了排除空气并因此可让物料无障碍填充，也可以制造盲孔嵌件。许多时候，通过分型面上的型腔就可以简单地解决一个问题。另一种变化是模具的排气。通过真空连接使模具排气。这将使材料被快速注入，也将影响到制品的质量，因为可防止所谓的活塞效应的发生。

重要的不仅仅是直接从腔中排气，只有在整个模具区域，包括注射系统和固定孔，为模塑制品排气，才可以在模腔中应用一个安全的真空系统。外表上，系统必须密封保护好。排气过程也影响着循环时间。特别在大规模生产时，应该考虑到排气的较长循环时间和必要的能量消耗。因此，一般不推荐模具中排气。在下面的例子中（图 1.260 和图 1.261），说明模具 A 和模具 B 具有不同的微细结构。因此，这是一个很好的例子，因为这些微细结构出现在模板上，在注射时空气滞留在这些微细结构中。

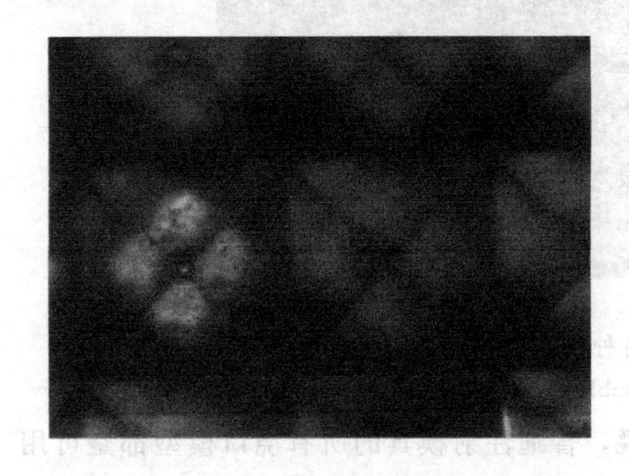

图 1.260　模具 A 微细结构（未进行抽真空），放大 100 倍

图 1.261　模具 B 微细结构现状（进行抽真空），放大 150 倍

（源自：Z-werkzeugbau-GmbH 公司，奥地利）

多孔材料也可以作为排气的选择。设计高质量的模具几何形状和材料的微型结构是优先考虑的。由被注射的材料和它们的强度或硬度堵塞微孔是这些材料应用的关键。因为这些材料大多还在试验阶段，建议对准备选用的材料和结构进行一系列实验。

1.10.2.1.4　模具引导与对中

在传统模具中使用的导向系统，原则上依然可以被使用。导柱和圆柱微调对中必定有发挥功能的作用。对于最小的组件，有必要决定是否使用这个部分。在微型结构中，在分型面上最小的瑕疵也可能干扰并使组件失效。

在微型模具中经常用到倾斜表面和锥形表面。理论上，模具闭合时，模具半模靠彼此完成定位。如果工作没有做到绝对精确，模具半模就会相互绷紧（有锥形面就不会容易这样）。当开模时，张力释放，会有一个很小的横向移动。这个移动会破坏模塑制品，至少能使其微小变形。这不仅影响尺寸稳定性，也会影响到过程：无法再从模具中移出模塑制品。

平导轨提供了安全的解决方案。它们被安放在模具的两侧，这样用四根导轨始终为两分型面导向；导向方向适于模塑制品，当打开模具直到塑料制品从模具的一侧中完全脱离（大多为喷嘴一侧）时，导向系统一直都处在工作状态（见图 1.262）。如果合模张力可以避免，建议设计的一个模具半模至少是可移动的。这样为模具定位，可减小分型面的偏移。

1.10.2.1.5　温度控制与冷却

在标准的模具中必须冷却的材料，对小型产品的模有必要进行加热来维持理想的模具壁面温度。模具的大小和体积（质量和表面）起着至关重要的作用。因此使用温度控制的术语比冷却更合适。

可以利用液体介质来进行温度控制，也可通过电力系统。这里，加热筒、加热带以及加热圈都比较常见。用其他材料做实验，以及由此得到的一些新的温度控制选择，比如电阻加热或感应加热，至少在一定程度上可被引入到微成型工艺中。在实验阶段，新材料的研发允许人们设计出在一次成型中的加热系统和模具。除了单一的温度控制之外，通过传感器来控制温度状况已被证明是有效的，并可提供附加的、往往是非常有用的信息。

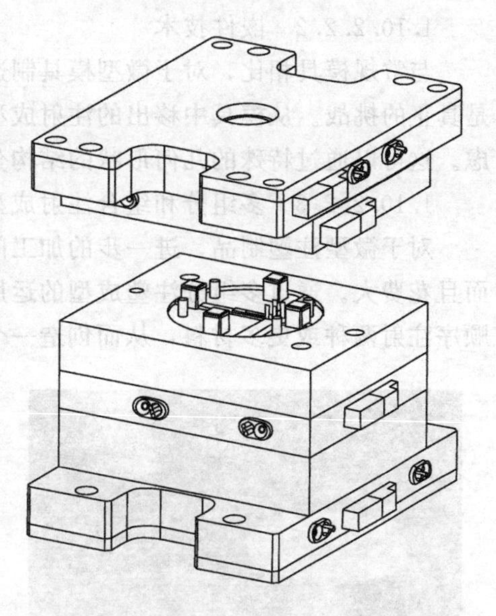

图 1.262 微注射成型模具的导向原理
（源自：Z-werkzeugbau-GmbH，A）

1.10.2.2 特殊工艺与替代工艺

1.10.2.2.1 变模温

变模温工艺的原理（见图 1.263）是基于这样的事实，模具在高温下（在熔融温度范围内）充模，模塑制品在模具内冷却后从模具中取出。

图 1.263 带有感应加热的变温模具
（源自：Z-werkzeugbau-GmbH 公司，奥地利）

模具和模具元件的加热意味着额外的花费，模具的生产不仅有更高的维护要求，而且由于加热和随后的冷却所需耗能的较高操作成本。

实际上更长的周期时间，这也可能是一分钟或在最佳条件下更长。与标准模具比较，在微型模具制作中，已经可以通过尺寸降低调质模具嵌件的质量。也可能发现加热替代选项的优势。所以，除了流体和电加热板或加热套之外，也可以使用电阻加热和感应加热。现在，使用外加热系统，从外部来加热模具型腔（当打开模具时）。从模具的剩余区域将“变温区”的热分离应该被考虑到设计中。

这种原理的优点是，在注塑过程中由于较高的模具壁温，熔体不会固化，但会渗透到最小的几何结构中，并且可以精确地成型。通常，使用真空来防止气穴的产生。

1.10.2.2.2 嵌件技术

与常规模具相比，对于微型模具制造中的设计者来说，嵌件以及注塑成型制品的尺寸才是真正的挑战。从模具中移出的注射成型混合物中的嵌件的耐用性和它的后续使用必须被考虑。这可以通过特殊的几何形状的结构分析来实现，但也与嵌件的表面处理有关。

1.10.2.2.3 多组分和组合注射成型技术

对于微型注塑制品，进一步的加工问题总会出现。最小制品的进一步加工经常会更困难而且花费大。通过多组分注塑成型的运用，可避免这样的组装操作。通过这种方法，同时或顺序注射两种或更多材料，从而创造一个复合材料制品。

图 1.264 多组分注塑成型制品
（源自：Oechsler AG）

这种方法支持不同的功能，如外壳和密封件。在选择注塑成型制品的材料时，必须考虑到其特性。注塑成型制品既可以形成一个牢固的连接，也可以彼此可移动的独立件。加工参数如模壁温度和熔体温度也很重要。

注塑机的先进制造商为他们的注塑机提供了这种技术。用在一台机器上的多个注射单元或集成旋转注射单元可得到很好的效果。虽然初期投资较大，将来的节省在许多情况下可以证明这种技术的优势。一个效果显著的项目是微型行星减速机，如图 1.264 所示。这个减速机完全是在一个模具中通过三个步骤完成的。

1.10.2.2.4 压缩注射成型技术

压缩注射成型技术主要应用在必须精确成型的微结构或微轮廓中，但也适用于精密零件，如透镜。液体材质的材料可以经过压花装置压制成产品。这给人的印象是除此之外是不可能的。这也是弥补厚制品（透镜）的材料收缩的好选项，同时可以获得安全的轮廓成型或防止产生凹痕。注塑机可以装备压花装置，压缩装置也可以直接集成到一个注塑模具上。然后，压缩行程可以是气动、电动、或液压操作。为了有机会介入这一过程，设计这样的模具是明智的，以便压缩行程可设置和监控。一个简单的方法是在模具上安装千分表，与压缩行程相连。对于有这一选项的注塑机而言，均可得到用于测量和控制仪器的相关软件和硬件。

1.10.2.2.5 热压印技术

这个过程也被称为真空热压、热成型、热冲压或压缩成型。热压印技术本身与注塑成型工艺无关，但它是微型和纳米结构压印成型领域的重要的选择。对用于注塑成型加工的所有材料几乎都适用。在这一工艺中，一个结构被压入热塑性材料中（片材，薄膜，加工的粒料）。压缩时需要高压力，压力取决于结构的尺寸和面积。塑料的温度必须达到软化温度，这样塑料才能充满模具嵌件，并形成细微的印记。同样在这个工艺中，真空装置可以用来提高成型精度。通过热压缩成型，可以成型高长宽比的结构，而不像在注射成型中那么高的横向压力被施加到模具结构上，注射成型的注射压力可超过 1000Pa。

热压印技术的主要应用如下：

① 微光学元件中的微结构和纳米结构；

② 全息防伪特征；

③ 射流元件；

④ 晶格结构；

⑤ 试制系列；

⑥ 平面结构（棱镜，反光零件，以及光学结构）。

对模具嵌件的生产，与注塑模具有同样的可能性和方法。这些结构本身会较容易加工，从而也较便宜。其他的优点是简单的系统和设备技术以及很短的安装时间，特别是当更换材料时，因为没必要转换和清洗机器（螺杆、喷嘴）。

一个缺点是周期时间长。可以高达注射成型周期的 20 倍时间，这取决于材料和压印深度。

热压印的特别程序包括：双面压印、热压复合层、微型热成型。

1.10.2.3　环境与连续工艺

就环境与连续工艺而言，微型注塑成型工艺（MST）和常规注塑成型相似。零件的尺寸对 MST 工艺有额外的影响。下面举例说明。

① 在微型或标准和微注射组合中，组合几台注射成型机器的操作系统。微注射成型制品被精确定位在模具中，且放置在一个精确指定的位置上。这样方便操作单元移出和进一步将制品传递到测试、检验、控制、包装和组装工序。

② 可以提供模具和注塑机内的成型制品的控制功能。

③ 除了连续过程之外，清洁度的问题也是这一情况的一个重要组成部分。在微注射成型技术的许多领域，洁净室或洁净室舱的使用是需要的或强制性的。

④ 另一个问题是静电，因为组件导致静电污染。对于非常小的组件，它也有可能由于静电电荷，使该部分不能以受控的方式满足后续工艺。

模具不得不建设性地为它做准备。涂料取代导向系统和喷射系统的润滑，耐磨材料和结构调整的设计应该在这里强调。

尤其是这个主题，事先观察整个系统很重要。为了成功应用“微系统技术”，需要处理与分析综合利用、总成本、位置和许多其他问题。

1.10.3　制造

1.10.3.1　结构

大多数的模具部件可由常规模具制造技术来覆盖，特别是加工技术。在激光烧结和涂层技术领域的新技术提供了更多改进潜力的选择机会。

1.10.3.1.1　结构零件材料

根据制造技术，结构零件的通用材料今天依然使用。当选择材料时，热桥、保温能力、强度、热膨胀性、耐温性、磨损性能都需要考虑在内。对于新的技术，建议从制造商或将来的加工伙伴处得到规范。相关信息可以通过会议和研讨会得到，比从文献中得到的更好。

1.10.3.1.2　标准零件

目前已有提供相应产品的标准件厂家。特别是在温度介质、加热元件、导向件和结构部件的连接件领域，可以观察到制造商的显著增加。导向件，如前所述，可被设计成浮动的，这意味着提供标准系统就足够了。它也可以切换到冲压标准件（拥有不同精度）或定制的产品以及高精度制导。即便是最大直径为 0.2mm 的顶杆，也有以低成本生产出合格尺寸的生产商。

1.10.3.2 模腔堆叠件

模腔堆叠件是直接地或在模具的周边环境中使用的模具部件。

模腔堆叠件材料推荐使用在传统模具加工中用到的经济适用型材料。原因是有许多钢和粉末冶金材料可以选用，而且轻金属和有色金属较廉价。此外，已有与这些材料相关的使用和加工的知识和经验。根据部件的几何形状，可以适当使用更好质量的材料。通常需要使用具有细微组织和均匀结构的材料。大的碳化物或碳化物累积物、夹杂物和杂质可能会导致缺陷。缺陷通常是最后才发现，通常会导致制作好的贵重模塑制品不能使用。

这里有一些影响材料选择的建议：切削加工性、可腐蚀性、激光加工、必要的硬度、表面处理、抛光的影响、涂层的可能性、制造用的刀具材料、结构尺寸、强度、磨损和磨蚀（由注射材料导致）都要考虑。

在模具嵌件的"替代生产方法"中，制造工艺往往是由材料决定的。因此，对材料要充分了解和做好必要的计划措施。并决定模具嵌件的合适数量或恰当的表面涂层来防止磨损。

1.10.4 制造技术

机器和模具制造商在微模具制造领域日益活跃。许多制造商现在可以提供具有使用更小模具能力的高精度机器。这也将重新建立所谓的替代方法。不仅有新的技术，同时也有已经存在的工艺和制造革新技术，如在电子工业中的蚀刻技术，现在也可被用于实际模具制作中。这是因为传统的模具制作流程经常不能满足微尺度范围内获得必要的结果。

1.10.4.1 机械制造技术

在微型模具制造中常见的重要机械制造技术有如下几种

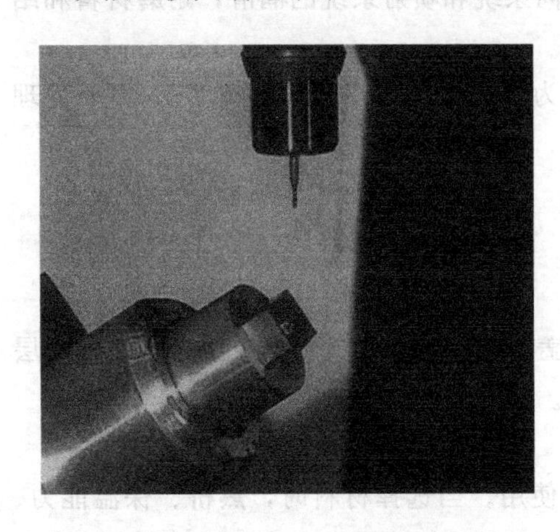

图 1.265 5轴机器的微铣削
（源自：Z-werkzeugbau-GmbH 公司，奥地利）

（1）3D 微铣削（见图 1.265）

① 刀具直径可达 30μm。

② 刀具材料：碳化物、钻石、钢铁、陶瓷。

③ 钢、黄铜、铜、青铜、铝、塑料的机械加工。

④ 多达 5 轴的机器。

（2）超精密加工（见图 1.266）

① 刀具材料：PCD（多晶金刚石）、MCD（单晶金刚石）、金刚石。

② 磨削和表面处理。

③ 金刚石车削。

（3）微细电火花加工（见图 1.267）

① 形状和精度在很大程度上取决于电极的制造。

② 电极材料：石墨、铜、钨铜、钨硬质合金。

③ 采用所有的机械加工技术，可用于电极的制造。

（4）微线切割（见图 1.268）

① 最小线直径可达 10μm。

② 二维轮廓。

图 1.266 金刚石刀具磨削

（源自：Z-werkzeugbau-GmbH 公司，奥地利）

图 1.267 电极（从右到左：石墨、铜、钨）

（源自：Z-werkzeugbau-GmbH 公司，奥地利）

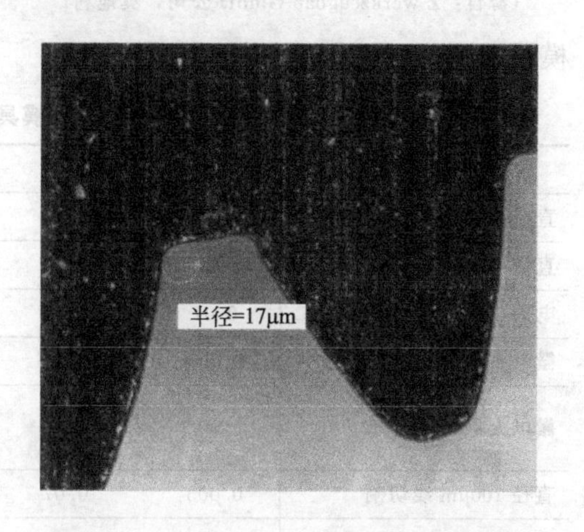

图 1.268 20μm 直径的线切割的齿轮轮廓

（源自：Z-werkzeugbau-GmbH 公司，奥地利）

（5）磨削加工（见图 1.269）

① 砂轮决定了质量和结构。

② 表面研磨。

③ 研磨夹具。

④ 外圆磨削。

（6）激光加工（见图 1.270）

① 多种形式的激光加工。

② 激光束堆焊、选择性激光熔化。

③ 连接、抛光、雕刻。

其他方法包括超声波辅助电火花加工、超声波辅助微观刨平、超声波加工或微型钻孔。

市场上可提供模具机器附加的设备，并创建新的加工选择，例如“腐蚀性车削”或借助爆破膜成型结构。因此，在微系统技术领域为新的模具设计提供了可能性。被关注的精度的附加课题是机器的本身和工件的夹紧系统。在这两种情况下，有不同的系统和精度水平。微

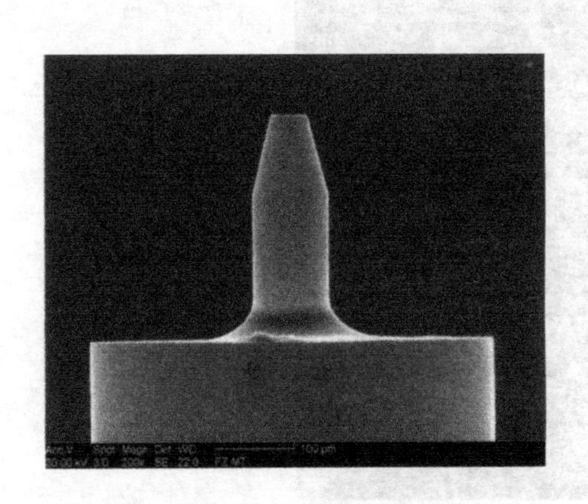

图 1.269 用 100μm 直径的外圆磨削工艺制造的销钉
（源自：Z-werkzeugbau-GmbH 公司，奥地利）

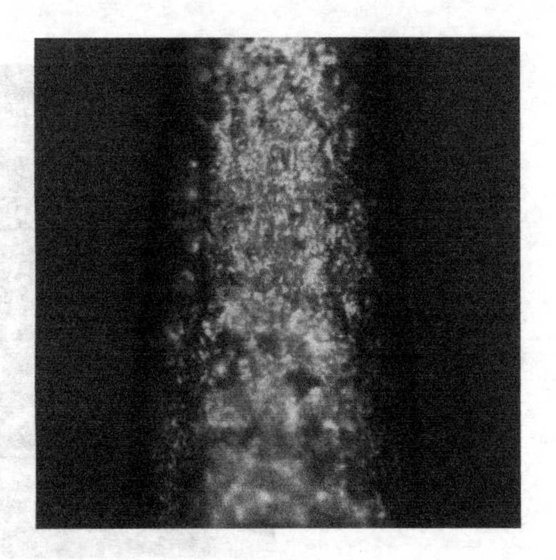

图 1.270 激光加工的模具轮廓
（源自：Z-werkzeugbau-GmbH 公司，奥地利）

模具领域中重要的制造技术见表 1.14。

表 1.14 微模具领域中重要的制造技术

加工类型	精度(±)	半径	半径 R_T	表面 R_a	表面 VDI	复杂性
直径 500μm 的微铣削刀具	0.005	0.25	0.01	0.40		1
直径 100μm 的微铣削刀具	0.0025	0.05	0.005	0.15		6
电火花	0.01	0.05	0.02	1.12	21	3～4
微电火花	0.005	0.025	0.0025	0.5	14～15	8～10
微电火花	0.002	0.01	0.001	0.20 0.12	6 5	15～20
直径 100μm 线切割	0.005	0.07		0.4	12	2～4
直径 20μm 线切割	0.001	0.015		0.1	4	15～20

表 1.14 给出了机械加工技术的总体情况。表中给出的数值是近似的。随着机械和模具领域的新科技和新发展，现在可获得更好的性能。

表中，“复杂性”的值可用于不同处理技术的比较。如果该部件是用直径为 0.5mm 铣刀加工，其圆角半径需要的是 0.05mm，而不是 0.25mm 的铣刀，一定要使用到直径 0.1mm 的铣刀。结果是使成本增加（复杂性）6 倍。如果一个零件最终必须使用电火花加工制造，成本可以增加到 20 倍[1]。制造方法是与顾客技术讨论和技术可能性的结果。经验和各种可能性的详细知识，各种工艺的优点和缺点，以及顾客特殊要求是加工方法选择时必须考虑的。

由于不同处理方法的费用是不同的，选择加工方法时考虑成本很重要，而且在做计划时也应考虑。不仅仅是因为成本，花费的时间也不同。当然，顾客的要求具有优先权，因此可以确认一个非常昂贵的工艺，如果它能符合特定的标准来制造一种产品的话，或者因为对客户的市场优势可以保证的话。

1.10.4.2 替代制造工艺

形成部件形状的制造过程中，那些特别用于标准模具制作以及微模具制作的替代制造工艺如下。

(1) 电镀工艺

① 电成型 在这一过程中，“原型”是采用机械微加工技术制造的。实际的模具嵌件是由电镀工艺制造而成。这种模具嵌件厚度的范围从零点几毫米到十毫米。优势是可用于正反冲压，而且一个模型可以成型多个模具嵌件。

② 电镀层 这里电镀的材料被应用到基体上，例如钢。零件可以直接使用，或者进一步加工以获得特定的性能。诸如电镀复制品也可以由金属包覆的塑料部件制成。

③ LIGA 技术（光刻、电镀、成型） 在该技术中，显微组织或直接、或通过覆膜结合到一种合适的材料中，它通常在承载板上采用紫外线光刻、同步辐射光刻，或 X 射线光刻。被加工的空隙通过电镀处理使其填充有金属。实际的模具嵌件是由这些金属零件制造而成的。

所有这些方法允许非常小到“纳米范围”内的结构的高精度制造。高纵横比（例如，从网格深度到网格宽度）以及高表面质量也是另一个优势。必须考虑到，与钢比较，用于注射过程的材料仅具有有限的寿命。也应该注意到，不是所有的工艺都有脱模角的概念。这需要额外的脱模可能性。

(2) 通过硅基工艺制造模具 硅材质模具嵌件（见图 1.271）是由光刻和蚀刻工艺生产的，这是几十年来在电子工业中公知的技术。这个领域的新技术是 3D 方法，这使微小结构的印迹成为可能。在模具制造中，固定和保护模具嵌件很重要。破裂的风险是非常高的。

(3) 激光烧结工艺 利用一个激光系统，金属粉末被焊接而形成嵌件。这种工艺源于快速制样领域。许多不同的材料可被利用，而且这些材料可进一步加工和后处理。其优点是可形成空腔，从而确保了最佳的温度控制情况。

图 1.271 硅材质模芯
（源自：Z-werkzeugbau-GmbH 公司，奥地利）

(4) 金属应用工艺 这种工艺是通过熔合工艺将金属应用到基体上，某些加工技术，也可用于温度控制。非钢材料可用于大规模的、重型钢芯上，以及后续可进行金刚石的机加工，以满足高要求。

这种工艺可能会与表面处理方法在技术上重叠。由于使用了相似的或相同的程序和技术，因此，由于使用了相似的或相同的工艺和技术，这种技术边界并不总是能被区分。

1.10.4.3 表面处理和改进

同样是微机械加工，表面和零件的功能有关，如粗糙度和光学要求，但也可能是模具功能的需要。光学组件可能和这种功能有关（如看到的镜头）。对于模具的功能，脱模性能可能是表面处理的原因。对于小制品的顶出，“光滑”的表面是更好或者甚至是必要的。

抛光往往不能用手工完成，因为结构不允许。对于其他抛光技术，必须仔细地检查，以确定它们在表面和结构上有什么影响。这可能会导致不希望的腐蚀和棱角变圆。适当的材料选择是“必需的”。

涂层的课题非常广泛和普遍，它在微模具制造中可提供几点优势。所有类型的涂层工艺均可适用，从电镀工艺，如镍涂层和塑料涂层（如聚四氟乙烯），或用于各种硬质涂层的真空科技工艺，这些为最常见的。优势如下：

① 通过减少磨损、摩擦和耐腐蚀性的清洁度；

② 耐磨损性，用于无润滑操作，例如在洁净室中；

③ 提高注射材料的流动性，从而改善了充模能力，通过均匀冷却并因此减少薄壁制品的翘曲；

④ 改善表面质量，如粗糙度、耐磨性和黏合性；

⑤ 填充的注射材料的耐磨性，从而增加了使用寿命；

⑥ 通过减小注入模具材料的黏附性，提高模塑制品的顶出性能；

⑦ 尺寸的最小校正（可以进行建设性的规划，比如收缩）；

⑧ 减少周期时间和维护成本。

将这些融入设计中和调整到基础材料和尺寸精度或公差，以及到加工的注射材料，对涂层都是有利的。建议经常与相应的涂料专家展开讨论。

1.10.4.4 质量保证

在制造过程结束后是测量技术。开始用的测量技术，以及接触和非接触测量仪器，被集成在加工机器上，有广泛的产品可以选用。这与微成型制品制造商创建的可能性有很大不同。调整现有的测量系统肯定是需要的。第一步应该是小心地考虑和计算。测量装置和测量方法是非常昂贵的。良好的教育以及工作人员的经验和操作是必要的。一台测量装置不可能一直覆盖全部的要求范围。

为了方便对采集方式做决定，需要对要求和信息全过程处理。与大学、学院以及研究机构建立伙伴关系也是完全合适的。适当的人员和必要的技术经常会有更多的便利。

1.10.5 注射成型机械

如前所述，特别是在微型模具加工中，注射过程与模具制造密切相关。因此，这一部分（至少在一定程度上）也将被集成。注射机的微型注塑工艺的要求如下：

① 精确的设置低注射质量；

② 可用商业粒料（颗粒大小）；

③ 均质熔体的形成；

④ 熔体在塑化和注射单元中短的停留时间，甚至是非常小的注射体积；

⑤ 精确的模架导向；

⑥ 集成系统，例如洁净室，处理系统，控制设备和其他；

⑦ 常常，高注射压力和注射速度是必要的。

现在，所有的先进注塑机制造商可提供这些系统。对于敏感和脆弱的结构，模具保护可能需要额外的设备。这同样适用于查询器、传感器和机器控制器。在微系统科技领域，提供额外的设备和先进的机器控制装置是很常见的。

同样在注塑机的周围环境中，额外的装备是必需的。如果这些系统已经可与机器相连，并且与控制系统联网，会使得系统具有很大的优势。这样的装置可以是洁净室系统、防静电系统、真空泵以及以结构化方式存储的处理单元系统。同样的原理也适用于测试、检验和质量保证。

在从注射模具中移出微制品的过程中，保持和输送这一制品到正确位置是可能的。上述提到的附加设施的可能性，为制品和模具以及整个过程，提供了进一步的保证和安全性。

1.10.6 模具维护

模具维护非常强烈地依赖于模具的具体情况。因此，同样的规则可能也适用于标准的模具。它通常还需要考虑到具体情况，特别是机械清洁方法，如处理不当会导致微结构模塑制品的损伤。

在某些情况中，很有必要建立清理概念。这些包括从机械清洁的选择，使用溶剂和清洁剂，到非常复杂的系统，例如超声波清洗、激光清洗或等离子体清洗等。除了用于清理的适当环境和必要的防护装备之外，购买、储存、设备和处置也都必须考虑到。

模具维护时，除了清除生产中的沉积物、腐蚀和结垢或模具冷却系统的污染物，附加设施本身也必须维护。尤其是非常小的模具，其连接会更小，因而更容易受到损伤。

对模具或成型制品的保管和储存需要更多的关心。可保护模具防尘和湿气的可锁定箱（模具可被存储其中）已经研发成功。对于特殊材料的模具嵌件，还必须提供隔绝空气的保护（氧化和湿度）。

1.10.7 展望

对于致力于微注射成型系统领域的技术人员而言，在未来创建开放式的教育、训练和技术的平台是非常重要的。与大学、学院以及研究机构的继续合作也很重要。注射模具加工的全部领域将会快速、大幅的变化。举例如下：

① 机械加工工艺；

② 模塑制品的制造方案；

③ 模具以及微制品本身的新材料；

④ 温控系统；

⑤ 机械技术。

所有这些例子需要进一步的研发和创新。个人的经验和作用可以促使成功，以使在微纳米领域也有所创新。

“替代制造工艺”（1.10.4.1.2节）今天已经在使用。但比例相对于传统模具的生产技术依然很低，原因是较高的制造成本和缺乏认识。将来在大规模制造中，会需要更小的结构和制品。因此，在传统模具制造中的“替代制造工艺”的重要性将大大增加。

参 考 文 献

[1] Konzilia，G.，Microtechnology：A Question of Detail，*Kunststoffe* (2004) 6，pp. 27-29

1.11 样模和小批量生产模具

(R. Hofmann)

1.11.1 概述

越来越短的产品寿命周期需要新的材料和方法生产样模和小批量模具。由于更短的产品升级周期和市场上对产品质量更高的工业需求，尤其在原型阶段的设计，面临着研发时间和成本增长的压力。在模型的传统生产中的开发和生产的高成本需要新的技术，以缩短开发时间，并大大地改变目前的竞争局面。同时开发的速度也是很重要的。开发的过程因原型的应用而加速发展。它将提供设计、功能和生产试验，早期已经包含建设、开发和生产计划。快速获取模型可有助于缩短计划阶段，提升产品质量。

1.11.2 间接样品成型

1.11.2.1 硅树脂模具中真空浇铸聚氨酯（PU）

1.11.2.1.1 真空浇铸PU工艺

对小批量、快速和廉价生产样模，真空浇铸是应用最广泛的技术之一（见图1.272）。几天之内，硅胶模具经过光固化、研磨或烧结零件就可以加工出来。借助真空浇铸单元，可使用基于环氧或聚氨酯的双组分浇铸树脂的样模，在固化状态下，依据弯曲强度、抗冲击强度和耐热性，这些样模类似于热塑性塑料。利用特殊的铸模树脂，可以浇铸透明或两到三种颜色的组分（见图1.273）。可以在任何肖氏硬度下，或在双组分浇铸中，生产软质零件，也可以在硬部件上制造软质零件。真空浇铸过程允许小的薄壁件或者大件的加工。树脂的混合和浇铸可以在一个合适的模具中进行，真空压力低于1mbar。在没有泡孔的情况下，可以精确填充非常薄壁或轮廓复杂的透明部件。

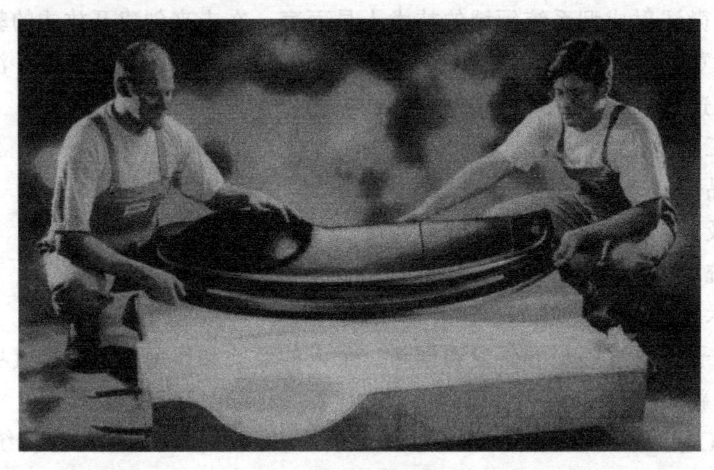

图1.272 在硅胶模具中制成的设备仪表板样模

由于铸件和模室都在真空下，充模可以快速进行，而没有压缩空气产生的背压产生。在铸造模腔和成型模腔中，在不同的压力系统下，高黏度树脂可在浇铸腔室内由不同的压力系统产生不同的真空，因此，才可浇铸更高黏性的材料（见图1.274和图1.275）。

树脂在浇铸室的停留期（加工时间）至少有1～5min，在模温60℃时，树脂加工少于1h就可以从模具中移除（见图1.276）。

工艺：母模模塑工艺。

模具类型：示范样品，设计样品，功能模型，样模。

材料：环氧树脂，聚氨酯。

最大部件尺寸：1900mm×900mm。

部件数目：30～50个。

图 1.273 两或三组分的样品

图 1.274 低黏度聚氨酯浇铸树脂在模室中的浇铸过程

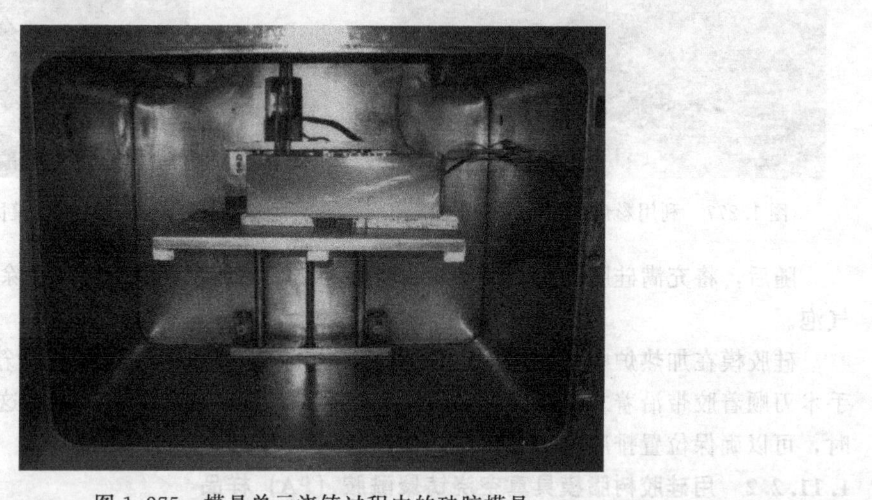

图 1.275 模具单元浇铸过程中的硅胶模具

生产周期：2～5 天。

精确度：1～2（1＝非常精确，6＝不精确）。

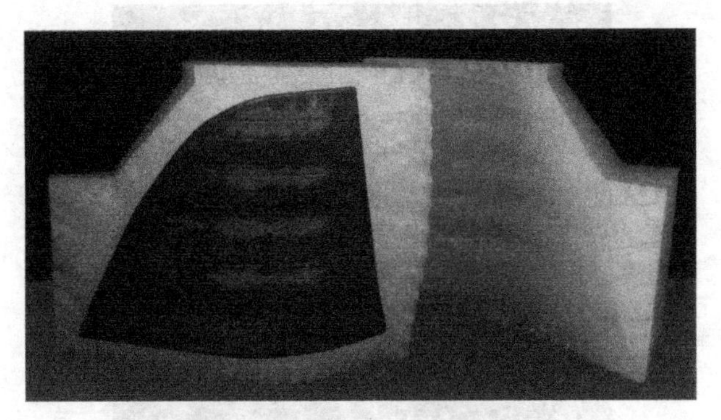

图 1.276 完成的制品：红色半透明尾灯

1.11.2.1.2 样品的硅胶模 UP 的制造

硅胶模具的制造，需要一个母模。母模的制作方法为光固化、选择性激光烧结或者研磨，然后用脱模剂清理和处理。然后，分型线可以用彩色胶带确定（见图 1.277）。

浇口和冒口系统也加在这个部分，并且用胶带固定在模盒上（见图 1.278）。然后，用硅胶填充装有初始模型的砂箱。硅胶相对来说是一种特别的材料（见图 1.279），黏度很低并且其制备的模具不会产生空隙和气孔。

由于硅胶质量损耗率较低（低于 0.1%），因此浇铸而成的功能模型的尺寸准确度得以保证。在接下来的浇铸过程中，通常透明的硅胶将在低于 1mbar 的压力下进行脱气，然后与交联剂混合。脱气过程中，硅胶的体积会膨胀至 3 倍，当泡沫混合物再次破裂时，这一操作就完成了。在常压下，将完成脱气的混合物倒进模箱中，夹带的空气应尽可能少。

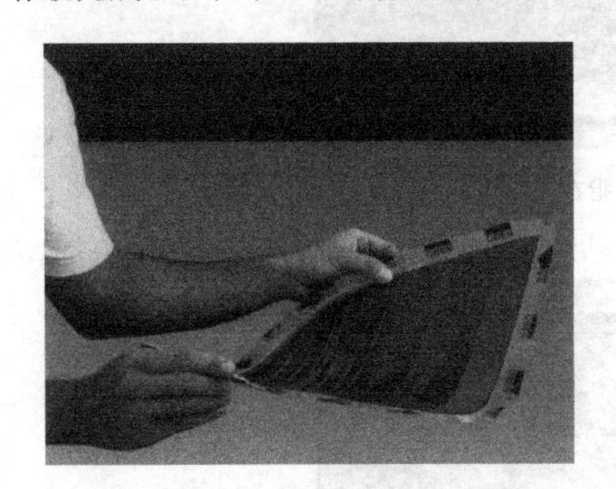

图 1.277 利用彩色胶带确定分型线

图 1.278 将母模固定在开放的模箱中

随后，将充满硅胶的模箱脱气，需在真空炉中放置较短时间，去除浇铸过程中出现的气泡。

硅胶模在加热炉中处理一夜，温度控制在 40℃。24h 后，首先将砂箱移开，用扩张钳和手术刀顺着胶带沿着之前确定好的分界线将半模打开（见图 1.280）。这样，重新装配半模时，可以确保位置排序的准确定位。

1.11.2.2 用硅胶树脂模具真空浇铸聚酰胺（PA）样品

聚酰胺真空浇铸是标准真空浇铸的改进版，通过在硅胶模具中浇铸聚酰胺 6（PA6）制造模塑制品（见图 1.281）。硅胶模具的加工与聚氨酯真空技术方式相同。

标准真空浇铸与聚酰胺浇铸的不同之处是模温，聚酰胺浇铸的模温变化范围为 140～

图 1.279　浇铸硅胶

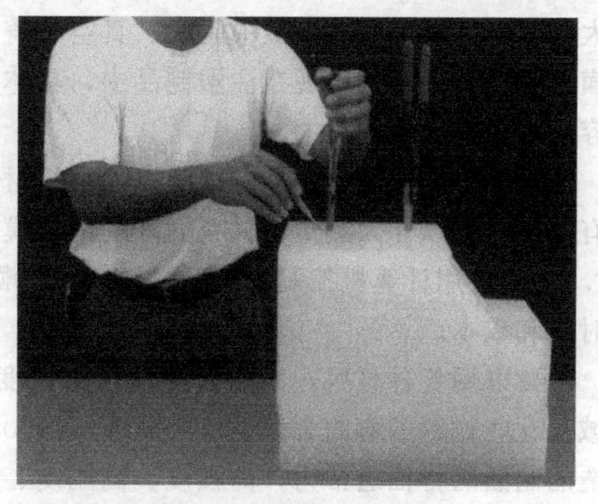

图 1.280　将两半模切开

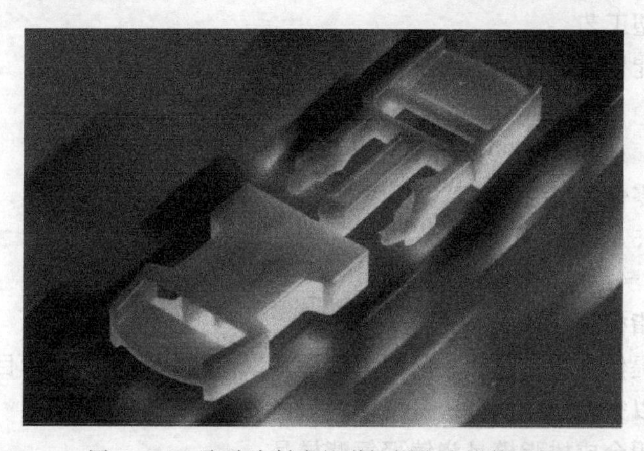

图 1.281　聚酰胺制成的弹性插头连接件原样

160℃。这就意味着这种模具必须使用高质量的硅胶。

最初的组分为单体，富含添加剂和催化剂（图 1.282 为实例）。这些硅胶注塑精度高，而且产出量达 30～50 个聚酰胺铸模零件。

双组分聚酰胺 6 材料以聚酰胺模数被加工，并在真空中被注入硅胶模具中。处理之后，进行样模的精确压实。用这种方法可以轻松地制作带有侧凹的模塑制品。2min 后，浇铸过程完成；大约 6min 后脱模完成。用这种方法可以在最短的时间内花费最低的成本获得高质量的模塑制品。

聚酰胺 6 是热塑性材料，其物性与经过注塑前的原材料一致。由于机械和力学性能与其他常见的热塑性材料相似，不仅可以实现原样的制作，也可以生产制品。其他特征包括了易着色、表面电镀处理，可焊接。此外，这种材料具有高冲击强度和韧性。

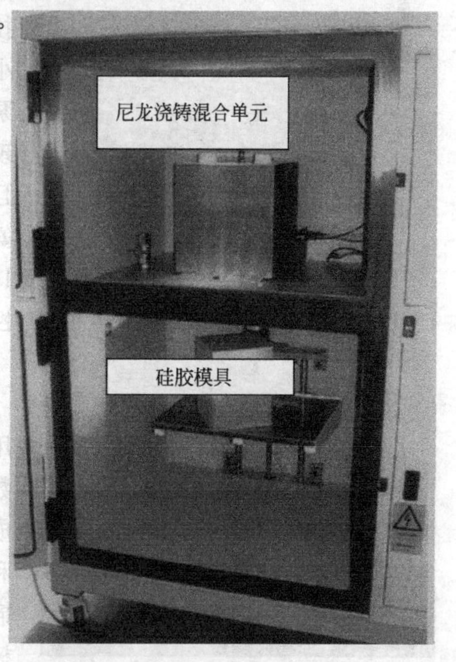

图 1.282　聚酰胺浇铸单元图

通过有机硅化合物在铸模制造中的灵活应用，

大侧凹铸件也可以从模型中脱离。真空下铸件具有很高的精准度并且不含气孔。由于过多的横截面，凹陷经常出现在注塑制品中，具体原因还不是很清楚。甚至 0.3mm 的条纹也会很容易出现在浇铸制品中。

聚酰胺浇铸可以轻易应用于嵌入塑料材料或金属。除了移出浇口，几乎无需再加工。所有的材料可以作为热塑性材料循环利用，模塑制品的浇铸可以在聚酰胺真空浇铸机器（见图 1.282）上用计算机控制注入系统（SPS）顺利地完成，最大的优点就是生产周期短，节约时间和成本。

可以用各种材料，比如，弹性、高强度和极具刚性的材料，它们各自有不同的应用领域。这些材料的弯曲强度达 700MPa、1000MPa 和 1200MPa。在聚酰胺真空浇铸方法中制造的制品的特征通常为，高强度、高刚度、低密度、高机械强度，良好的耐磨性，还有耐化学溶剂性。模具最大外形尺寸为 900mm×600mm×500mm。目前浇铸最大质量为 1.5kg。

工艺：母模模塑工艺。

模型类型：功能模型，样模，小批量零部件。

材料：聚酰胺。

最大零件尺寸：100mm×900mm。

单个模具制造零件数目：30～50 个。

生产周期：2～5 天。

精度：3～4（1＝很精确，6＝不精确）。

1.11.2.3 合成树脂模具

合成树脂模塑提供全功能和原装前期零部件。以前期试验和测试为目的，小批量可以用模具制造出。也可以完整记载模具研发阶段的任何变化。

1.11.2.3.1 用合成树脂模具浇铸聚氨酯样品

双组分聚氨酯化合物的快速加工很适合外壳、汽车内外装饰和其他原样和小批量生产的技术零件的制造。浇铸时间大约为 1min，可以在较小的定量给料和混合单元下加工，使用齿轮泵或活塞泵，输送量为每分钟 15kg。在反应混合物入口处会出现相对较低压力，因此合成树脂更适合设计模具，而且还可以很快地制造出来，并且成本较低。双组分聚氨酯化合物可以在模温 30～40℃下加工，脱模时间为 10～30min（见图 1.283～图 1.285）。原样零件力学性能优良，与 ABS-PP 或弹性体的性能相符。

图 1.283 夹紧模具

1.11.2.3.2 合成树脂模具的制造

对于合成树脂模具的制造，需要 CAD 数据。利用 CAD 数据，可以创建模具分离和浇铸系统。CAD 数据转换为 CNC 研磨技术，树脂块的研磨就可以完成［见图 1.286（a）］。此后，对表面进行砂纸磨光和着色。树脂块材料用脱模剂处理并进行磨光。砂箱插入分型面，由此形成合成树脂模具的轮廓。模型用树脂表面涂覆，最好无气泡保留［见图 1.286（b）］。随后，要涂覆玻璃纤维的耦合层［见图 1.286（c）］。

图 1.284 浇铸塑料制品

适当反应时间之后，将由环氧树脂和铝粉制成的基底材料压到模具中［见图 1.286（d）］。

在含铝混合物中，插有铜管，这是为了后续合成树脂模具的温度控制。顶层材料形成一个直平面和一层洁净的模具表面［见图 1.286（e）］。

24h 后，模型就可以从合成树脂模具中移出。模塑成的零件的壁厚要在 CNC 研磨机上研磨而成［见图 1.286（f）］。砂纸磨光和着色之后，用脱模剂处理两个半模，用密封件或导向件将半模安装在一起［见图 1.286（g）］。

工艺：研磨和浇铸工艺。

模型类型：功能型模型，样模，小批量零部件。

材料：聚氨酯。

零件尺寸：最大至 2000mm。

单个模具制造零件数目：100～300。

生产周期：10～20 天。

精度：2～3（1＝很精确，6＝不精确）。

图 1.285 移出浇铸件

1.11.2.4 用于注射成型合成树脂模具的制造

合成树脂模具由模具树脂制成，满足注塑成型和吹塑成型的要求，可以达到铝的稳定性，并提供高质量表面，它们具有极高的玻璃化转化温度、高耐温性和压缩强度。收缩率接近于零（＋0.02%）。除了高铝含量，模具树脂可以很好地浇铸，并保证较高的压印精度。由于优良的抗化学溶剂性和高材料密度，模腔可以根据需要抛光打磨，然后可用于制造高精度、光滑表面的制品。当使用制模用树脂时，不用减少表面硬度和压缩强度就可以完成对模具的修模。制模用树脂可以使注塑或吹塑零件加工快速，成本降低。有望实现所有热塑性塑料（见图 1.287）对制造高质量、高尺寸精度零件的加工。

用浇铸树脂制造模具嵌件到阳模中，是一种主要、简单的方法。特别推荐用光固化零件

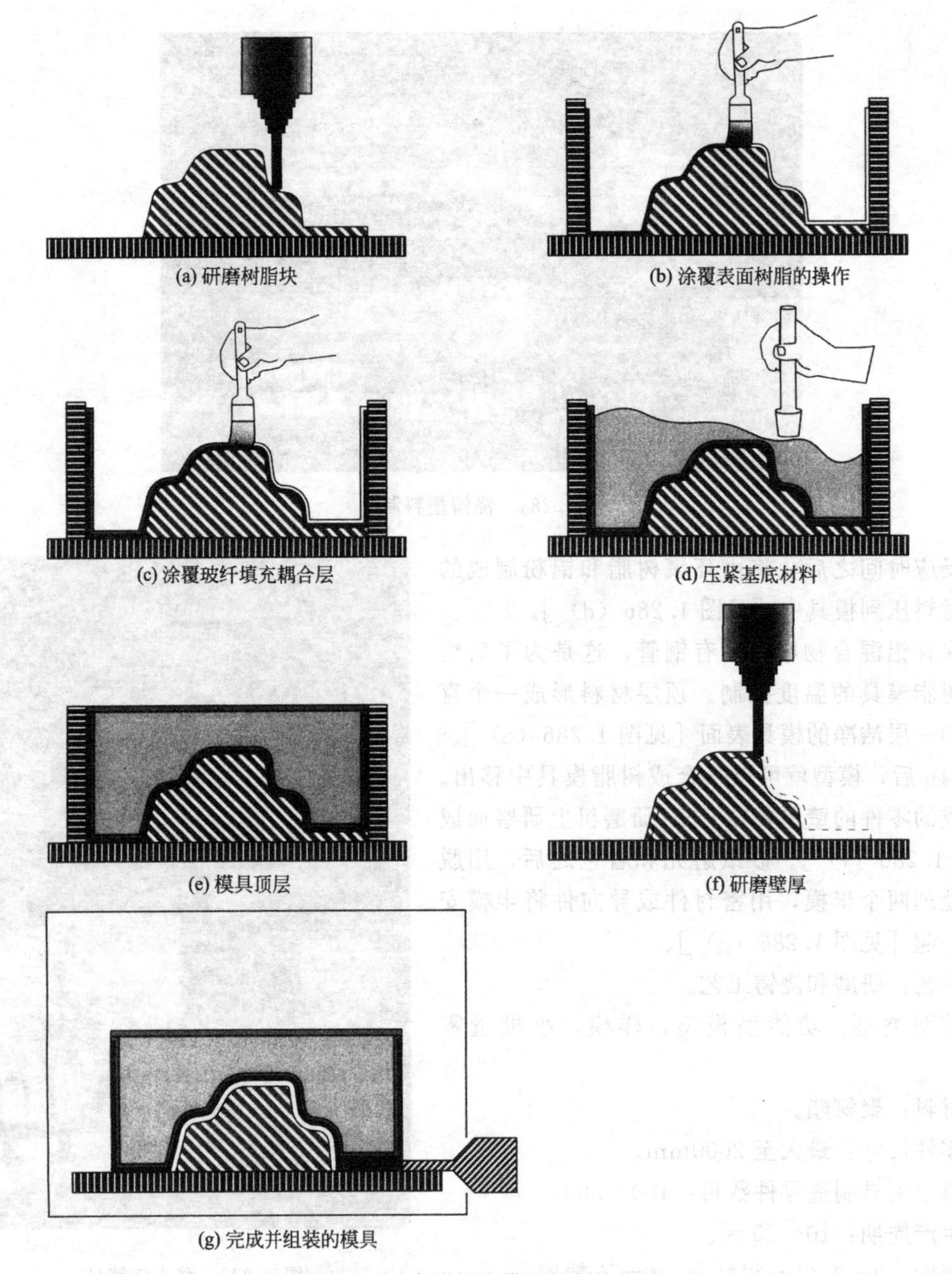

图 1.286 合成树脂模具的制造步骤

来生产阳模。用传统的模型制造技术，在第一个半模浇铸之前确定分离平面。浇铸树脂是高含铝的环氧或丙烯酸酯。这种方法更适合不太复杂的制品的生产。对于错综复杂的内部结构和肋板，推荐使用金属嵌件。至今为止，对相对较小部件，已经积累更多的经验。根据注射成型材料，可以注射成型 200 个以上的小批量产品，而不会在模具上留下磨损的痕迹。

应该开发更多的金属模具嵌件，以尽可能地接近最初设计的加工条件。通常，无法达到钢制模具的热学和力学性能；然而，相比在使用塑料模具中，尤其是依赖模具中的冷却条件，这种区别相对较小。在制造钢制模具中，也可以使用精细浇铸或 LaserCUSING®，如像用于压力浇铸的模具嵌件。

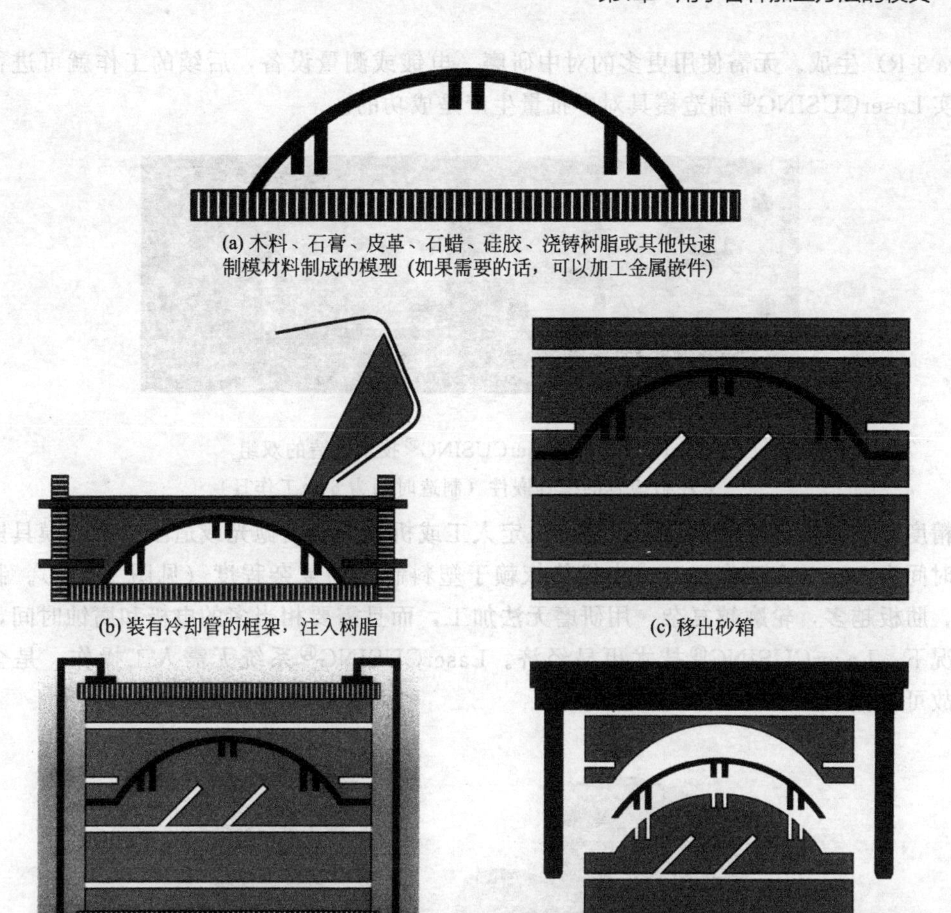

(a) 木料、石膏、皮革、石蜡、硅胶、浇铸树脂或其他快速制模材料制成的模型（如果需要的话，可以加工金属嵌件）
(b) 装有冷却管的框架，注入树脂
(c) 移出砂箱
(d) 加热炉中的模具热处理
(e) 完成的注射模具

图 1.287 注塑模具制造步骤

工艺：研磨和浇铸工艺。

模型类型：功能型模型，样模，小批量零部件。

材料：热塑性材料，热固性材料，弹性体。

最大零件尺寸：350mm×350mm。

单个模具制造零件数目：50～300个。

生产周期：10～20天。

精度：2～4（1=很精确，6=不精确）。

1.11.2.5 基于激光LaserCUSIN®技术范例的通过生成制造工艺制造的模具

使用快速样模工艺直接制造样模具有很大优势（同见4.7节）。通过LaserCUSING®和改进工序，可毫无限制地使用样模和小批量生产的模具。并且，在标准注塑模具单元中，玻纤填充率高达70%的热塑性材料依然可以加工成数千种注塑成型制品。

在钢制标准模架中嵌入LaserCUSING®嵌件。这种嵌件可以在几天内用不同的材料直接加工而成，例如铝、不锈钢和热工具钢（见图1.288）。如果其后的注射成型制品的精度不小于0.1mm，不需要花费太多的人力，使用LaserCUSING®嵌件即可完成。若为了更高的精度，则需要更多的人工。这些嵌件可在LaserCUSING®机上的挂载系统直接（如

Erowa 3-R）生成。无需使用更多的对中研磨、电镀或测量设备，后续的工作就可进行。已经证实 LaserCUSING® 制造模具对中批量生产是成功的。

图 1.288 用 LaserCUSING® 技术制造的双组分注射模具的模具嵌件（制造时间为 6 个工作日）

精度和表面质量依靠再加工，这也决定人工或机器的表面抛光或适当精度。模具嵌件的交货时间为 5～10 个工作日。成本优势依赖于塑料制品的复杂程度（见图 1.289）。制品越复杂，肋板越多，轮廓越复杂，用研磨无法加工，而且需要相当多的电极和腐蚀时间，在这种情况下，LaserCUSING® 技术更显经济。LaserCUSING® 系统无需人工操作，是全自动的，故可靠性强。

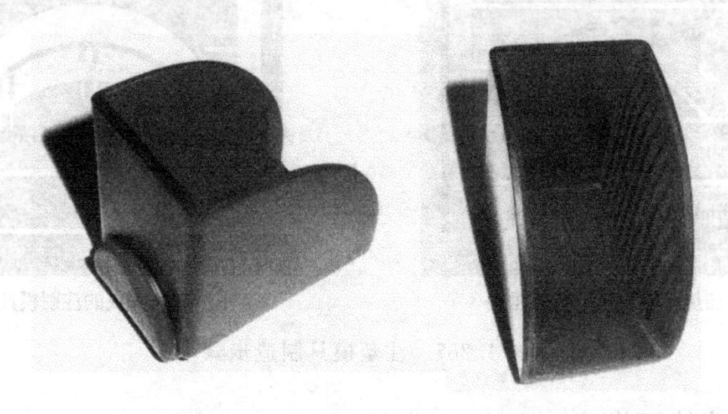

图 1.289 双组分注射成型制品

为优化制品的质量和翘曲，原型样模采用最优冷却技术很重要。LaserCUSING® 最具特色的是，特定的冷却系统已经配备在 3D 的模具设计中［见图 1.290（a）和（b）］，然后可以放置（在层状结构中）在模具嵌件中［见图 1.290（c）］。这种特定的表面冷却类型，如图 1.290 所示，提供了最优的冷却条件，能够形成最少的翘曲和凹陷痕迹，并且在塑料部件的关键点上形成快速注射循环。

工艺：激光熔融工艺。

模型类型：小批量零部件。

材料：热塑性材料，热固性材料，弹性体。

最大零件尺寸：350mm×350mm。

单个模具制造零件数目：100～1000 个。

生产周期：5～10 天。

精度：2～3（1＝很精确，6＝不精确）。

1.11.2.6 铝制模具

对于小批量生产，使用铝制模具是注射模具较经济的选择。利用预先确定的 CAD 数据

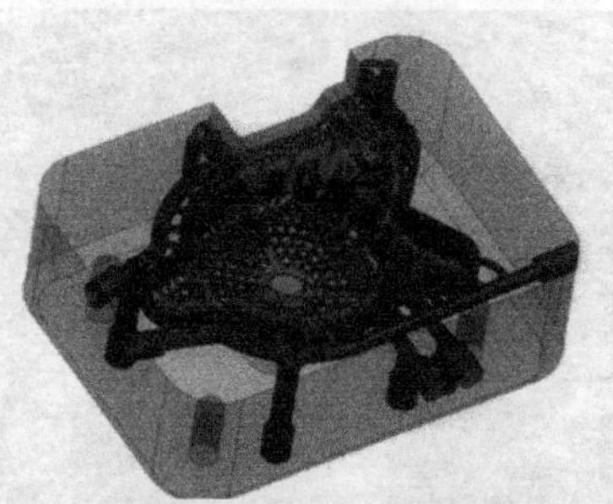

(a) 模具嵌件中表面冷却的构造

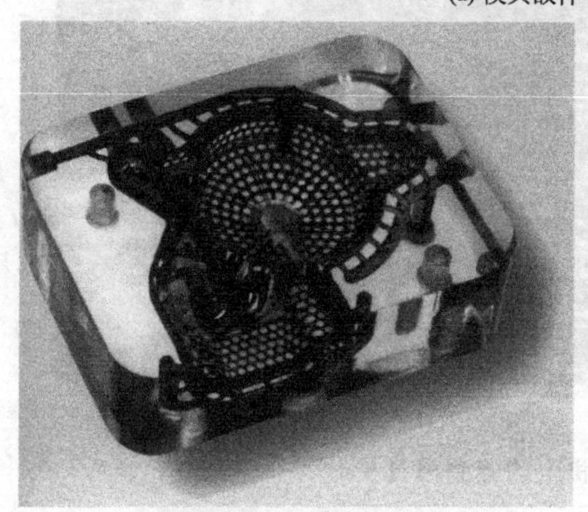

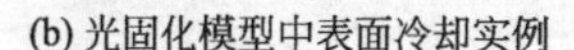

(b) 光固化模型中表面冷却实例　　(c) 带有集成冷却系统的模具嵌件，用LaserCUSING®技术制造

图 1.290　模具中的表面冷却

对模具进行研磨。这种加工相对于钢制模具，更为经济和快速。很简单和很复杂的零件均可以由初始材料加工。当初始零件需要拉伸、落锤测试或其他材料测试时，铝制模具更适合用于制造批量为1000～10000个的制品（见图1.291）。

1.11.2.6.1　铝制模具的制造

可以使用CAD数据设计整个模具。这里，根据塑料设计优化塑料制品，其中包括模塑流场分析。这可保证液态塑料保持所需的流体温度，甚至直到模腔中最远的角落。然而，甚至在加工的早期阶段，都可对反常行为进行评估，并可转化到后续小批量产品的生产中。为了利用快速工具制模的概念，在标准模架中设计了变化的模具嵌件。这种变化的模具嵌件是在高速机加工（高速切割）过程中制造的。

在电火花机器上用电极可加工复杂几何体。因此，铝制模具在根本上不同于钢制小批量生产模具。由于成本较高，钢制模具需要优化到较低的生产周期。而对铝制模具这种优化是不需要的。模具的简单设计就足够了，比如利用较为活动零件或者嵌件代替复杂的滑块。这种简单的设计促使模具的生产周期大大缩短。

1.11.2.6.2　带有激光LaserCUSIN®活动零件的铝制模具

在现代原型样模制造中，可以很好地组合不同的技术。因此，铝制混合模具可以通过高速研磨加工，活动零件和滑块可以在LaserCUSING®中加工，这显著节约时间（见图1.292和图1.293）。通过CAD设计，同时现代5轴高速研磨机与LaserCUSING®工序相结合，加工混合模具可能只需几天。

1.11.2.6.3　铝材

铝材是更短生产时间的“模具制造的钥匙”（同见3.2节）。对成本和省时的研究需要永

(a) 上半模

(b) 下半模

图 1.291 在注射成型机上的铝制模具

图 1.292 从注塑成型零件上移出活动零件

图 1.293 LaserCUSING® 技术制造的活动零部件

久性的替代品方案和创新的方法。因此，在原样的制作过程中，在以往主要使用钢材的领域，需要检测材料的适用性。在塑料工业中，易加工和高热导性能的材料对解决这些问题起到了很关键的推动作用。具有高机械应力和适于塑料加工的特种铝材已经研制出来了。

因此，目前铝材已经在塑料加工中占据了重要的地位。通过改变合金成分的类型和含量，可以选择性地改变某些特性（通常为力学性能）。经过价格分析之后，材料的力学、物理和化学性能的有机结合，可以提供正确的加工方案。

除了相比钢材超过 60％的质量优势和操作优势外，铝的轻质、快速加工和高热导性以及抗腐蚀性都促成了它的广泛应用。这也减少了塑料模具的生产时间，因此，制品制造的生产周期的缩短也减少了其生产成本。

铝合金的性能：铝的密度为 $2.8g/cm^3$，弹性模量为 $70000N/mm^2$。在法向力（拉伸、压缩、弯曲）载荷下，弹性变形相当于铝模量比，高于钢材的 3 倍。在铝合金模具制造中，力学性能的最小值可以在 DIN/EN 485 标准中查询。

表 1.15 给出不同材料的选择组成和对比的可能性。由于高芯模强度，铝材可以应用于

新的领域。

板材在 T651 状态下制造，这就意味着这些零件可在低应力和拉伸状态下制造。材料以加工所需的条件供货，而无需热处理。(已经证实，这些材料以其优越的性能，在航空工业中的机加工结构零件中，占耐用薄件体积的 50%以上)。

由上述高速机加工（高速切割）技术，为模具制造商节约了时间和成本。它的特征优势如下：

① 大的切割体积；

② 是传统加工技术的 5～10 倍；

③ 增加的切割和进刀速度；

④ 降低的机加工力和温度水平；

⑤ 高质量表面（无需再加工）；

⑥ 以最少的划痕刀具磨损，进入板材内部进行高强度铝合金的加工。

表 1.15　不同铝材的性能

合金	熔体温度区间/℃(K)	密度/(kg/dm³)	热胀系数(20℃/100℃)/$10^{-6}K^{-4}$	比热容(0～100℃)/[J/(kg·K)]	杨氏模量 E /MPa	热导率 λ(20℃)/[W/(m·K)]	电阻率 ρ(20℃)/$10^{-3}\mu\Omega\cdot m$
2017A	510/640	2.79	23.4	920	74000	134	51
2024	502/638	2.77	21.1	875	73000	151	45
2219	545/645	2.84	22.5	864	71000	121	59
3003	643/654	2.73	23.2	893	69000	159	42
3005	632/653	2.73	23.2	897	69000	166	39
5049	620/650	2.71	23.7	—	—	—	—
5754	590/645	2.67	23.8	900	70000	132	53
5083	574/638	2.66	24.2	900	71000	177	59
6060	615/655	2.70	23.4	945	69000	200	33
6082	570/645	2.71	23.5	960	69000	174	42
7070	604/645	2.78	23.1	875	71.500	137	49
7075	477/635	2.80	23.4	960	72000	130	52
7050	490/635	2.83	23.5	860	71500	154	43

表 1.16　各种制造类型一览表

技术	工艺	模型类型	材料	最大零件尺寸	单模生产零件数量	生产时间/天	精度 1=很精确 6=不精确
硅胶模具 聚氨酯	母模成型工艺	图示实例 设计实例 功能性模型 样模	环氧树脂 聚氨酯	1900×1900	30～50	2～5	1～2
硅胶模具 聚酰胺	母模成型工艺	功能性模型 样模 小批量制品	聚酰胺	100×900	30～50	2～5	3～4
合成树脂 注塑模具	研磨和浇铸工艺	功能性模型 样模 小批量制品	聚酰胺		50～300	10～20	2～4

续表

技术	工艺	模型类型	材料	最大零件尺寸	单模生产零件数量	生产时间/天	精度 1=很精确 6=不精确
合成树脂模具	研磨和浇铸工艺	功能性模型 样模 小批量制品	聚氨酯		100～300	10～20	2～3
光固化组合模具	快速制样	样模 小批量制品	热塑性 热固性 弹性体	500×500	20～100	5～10	3～5
LaserCUSING制模具	激光熔融技术	小批量制品	热塑性 热固性 弹性体	350×350	100～1000	5～10	2～3
铝制模具	研磨加工	小批量制品	热塑性 热固性 弹性体		1000～3000	10～20	1～2

人们仅仅知道电火花腐蚀和线切割腐蚀应用在钢材加工中。其实，铝也同样可以用电火花腐蚀，而且比钢材加工的切削率更高。此外，没有所谓的“白层”（它在钢材中硬度极高），因此所需的抛光可降低到最低水平。性能增加是显著的：粗加工可提速6～8倍，精加工可提速3～5倍，精细加工相比钢材提速2倍。后续抛光的时间降至钢材加工所需时间的1/3。

铝材较低的抗磨损性能可以通过适当的表面处理来补偿，因此可以实现足够长的寿命。已经证实，硬质阳极氧化、化学镀镍、镀铬以及特殊的化学涂层都有利于脱模。

工艺：研磨。

模型类型：小批量零部件。

材料：热塑性材料，热固性材料，弹性体。

最大零件尺寸：最高达2000mm。

单个模具制造零件数量：1000～3000个。

生产周期：10～20天。

精度：1～2（1=很精确，6=不精确）。

最后，表1.16给出在原型样模、预加工和小批量生产技术中各种制造工艺的对比。

第❷章

模具设计

2.1 设计过程

(P. Karlinger，F. Hinken)

2.1.1 概述

一般来说，模具制造具有非常广泛的应用范围，而且塑料制造中许多工艺需要模具。模具在许多方面具有其独特的优点；这些特点来源于工艺过程，其他特点则是由历史演变而来(见图 2.1)。

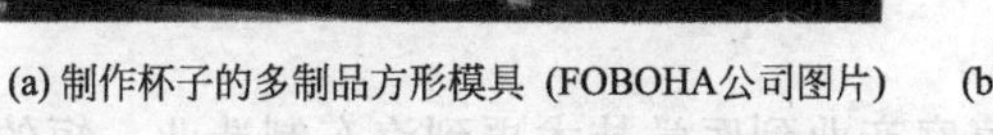

(a) 制作杯子的多制品方形模具 (FOBOHA公司图片)　(b) 背面注射模具的半模 (Georg Kaufmann公司图片)

图 2.1　多制品技术模具和背面注射成型的例子

注射模具的制造在模具制造业中所占比例最大，并且已得到了长足的发展。正因此，下面列出的注意事项和工艺反映出了注射模具制造商的经验，并且应该为其他工艺所借鉴。当然，在某些领域的工艺比注塑模具制造中用时更短。修边和折边模具应该特别强调。

2.1.1.1　注射成型模具

注射成型技术在过去的几年中已经取得了巨大的发展。由于新技术和新材料的应用，这一周期已经明显缩短。此外，对于塑料制品的强度和表面质量的要求也越来越高。需要关注的是结构部件，比如在汽车行业中前后的模块化部件，这些地方的钢制部件常常由塑料代替，或者在汽车的内、外部塑料制件，它们的表面质量经常是人们关注的焦点。

此外。由于特种技术的应用（见图 2.2），塑料产业和模具制造业应该将重心倾向于新的发展上。因此，除了模具制造的一些常规问题，将新技术和现有完善的工艺技术整合到模具设计中也是一个值得关注的问题。

越来越复杂的关联关系和必需的加工工艺知识使得模具制造商认识到自身并不仅仅是一个通过使用图纸制造和设计模具的纯粹服务商，更多的是一个研发塑料制品项目团队的一部分。

2.1.1.2 模具设计阶段

模具始终是研发链的前端，并且极大地推动了模具设计的功能性、质量和效率。当人们谈论经济性时，所指的并不是模具的成本，而是可获得的周期时间以及模具的附加功能与部件的整合性。图 2.3 所示为软管喷嘴与阀体组装在一起，这是一个不同尺寸和不同颜色的组合体系。对于新型的阀体，具有整体尺寸标记的软管喷嘴以及可移动的固定杆，它们都是由多组分工艺注射成型的。

这种工艺早期阶段中的分类使得模具的设计十分困难，因为许多参数还没有完全确定下来，并且这些参数在设计的过程终还会变化（见图 2.4）。因此，尽可能早地优化细节问题，或者记载一些突出的问题是十分必要的，以便将这些问题吸收到模具的设计当中去。

模具设计过程的基本依据及原理仍然可以在教科书上找到。设计的步骤可以分为三个主要的步骤（见图 2.5）。

(1) 探索原理　首先，应该确定基本原理。也可以讨论使用哪些专用技术。必须使用恰当的评估基准对单个设计的可能性进行谨慎的评估和分析。所有过程的基本机理就是确保加工的完全自动化。

(2) 尺寸确定　尺寸标注的 3 个最重要的工作是力学设计、热力学设计及流变学设计。这三种方法应该受到同样的重视。当然，力学尺寸设计稍微具有优势，因为在任何情况下都要确保功能性。在所有的方法中，数值方法也就是熟知的模拟方法是有效可行的。即使这种方法目前已经可以达到很高的计算精度且具有重要的意义，但在模具制造中仍然很少应用这种方法。

(3) 模具设计　在这个过程中，平板尺寸的设计和准则，冷流道的数目、位置、尺寸，浇注系统的种类，注射腔室的数目将会在详细的绘图中展现。近些年来，二维绘图向三维绘图的过渡转换已基本完成。精密复杂的加工机器是模具制造业所必需的，所有自由形态的表面都可以由这些机器加工，这极大地促进了模具制造业将所有模具的设计向着三维程序转变。

在所有行业，研发周期越来越短，从家庭产业到医学技术再到汽车制造业，短的研发周期已经显示出了它们在模具制造业中的作用。传统的连续化研发已经经历了一个工程转变。通过使用额外的原样，结果得以很快地保证，如果有必要，也可以采用逆向研发（见图 2.6）。

在模具制造中短的研发周期意味着“模具开发”必须在无制品指定数据的条件下展开，除了以上的不确定性因素（见图 2.4），模具制造也受到另外一种因素的影响，即在此阶段至多 90％的模具几何形状得以确定。这就意味着在探索阶段和最终确定阶段，新增加的侧

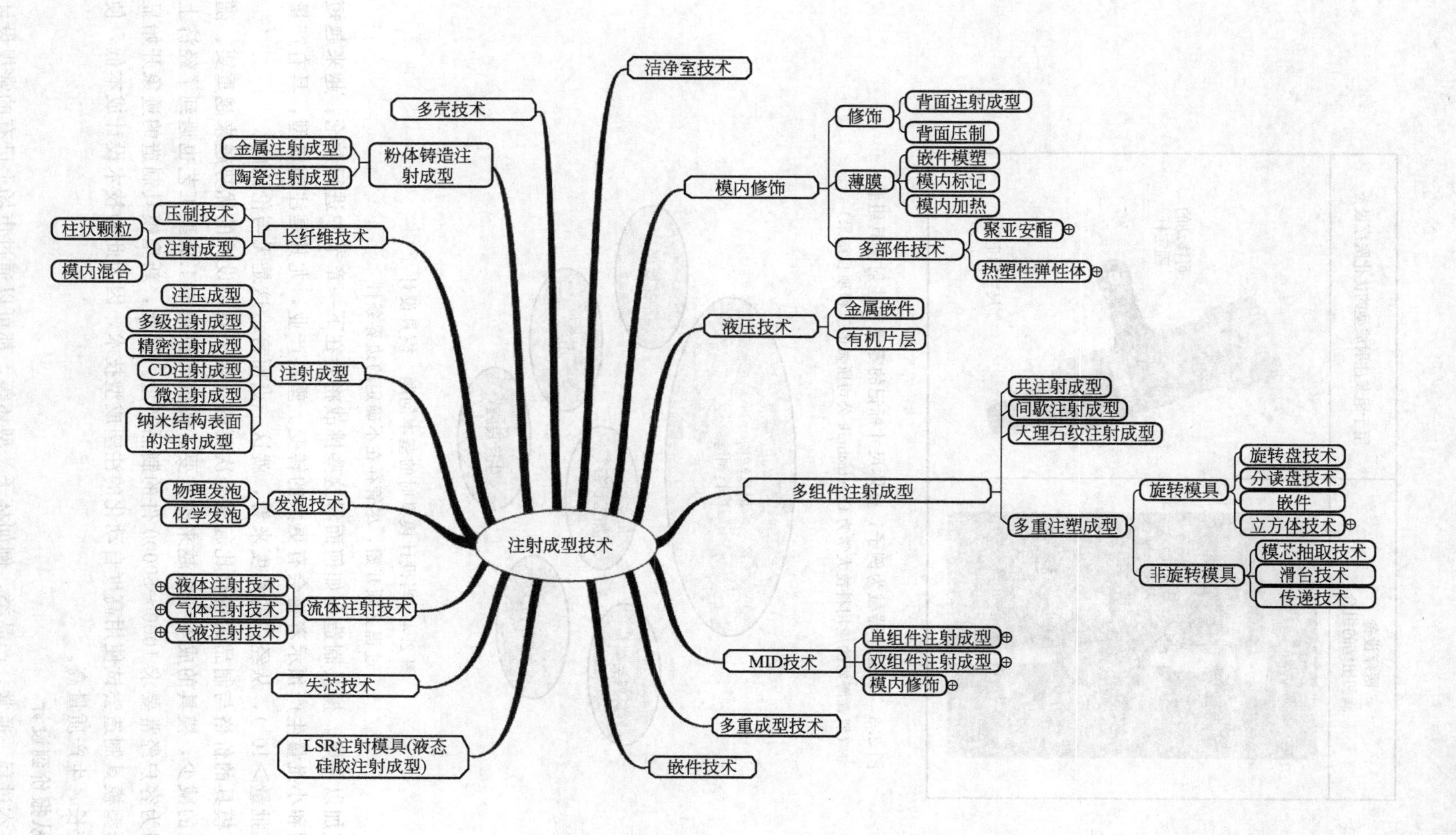

图2.2 注射成型过程中特殊工艺的综述

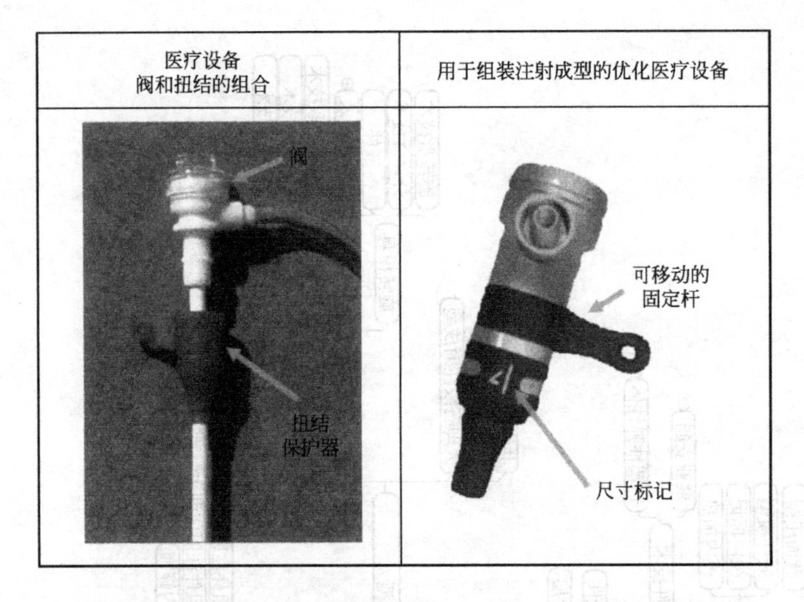

图 2.3　以医疗器械为例子，整体尺寸标记的零件和注射模具组装
（罗森海姆的应用科技大学为 Createchnik 公司所做的工程项目结果）

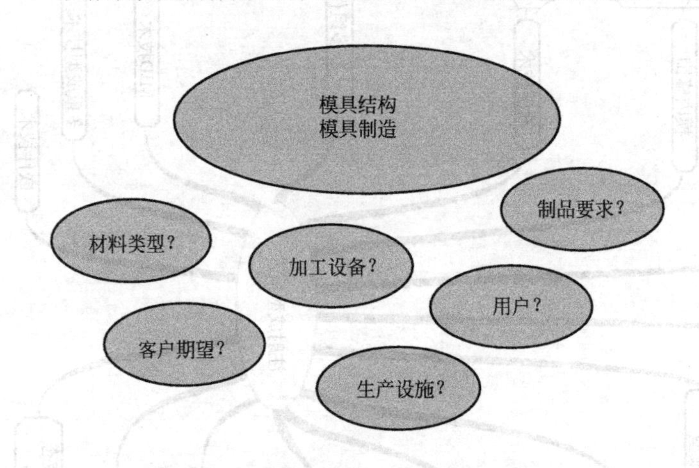

图 2.4　当设计模具时的基本问题：模具设计过程必须开始，尽管存在不确定的边界条件

凹结构应该加以考虑。模具制造业如何面对这些挑战将会在下一章节中进行讨论。越来越短的研发周期和小批量生产预示着将会有更大的转变。塑料产业，尤其是注塑成型，具有产量大的优势（批量>10^5），从经济的角度来看，就这一点而言，这是无与伦比的。

通常，模具的价格与制品的价格比起来是次要的。今天自由设计的优势越来越重要。随着制品批量的减少，模具的成本变得越来越重要。传统的快速加工成型工艺也遇到了经济上的困难，因为客户经常要求 1000～50000 件的制品产量。因此，新型模具制造的迹象开始显现。这种新型模具制造尝试使用高度自动化的注塑成型技术，因为此种技术设计成本低，使用寿命也较长，生产质量高。

2.1.1.3　从报价到设计

（1）基本过程　通常，产品类，例如杯子、型坯等，都可以通过市场上已有的常规设计结构中得到。然而，设计人员不能盲目地恪守这些经验，而应该将这些经验作为额外的内容

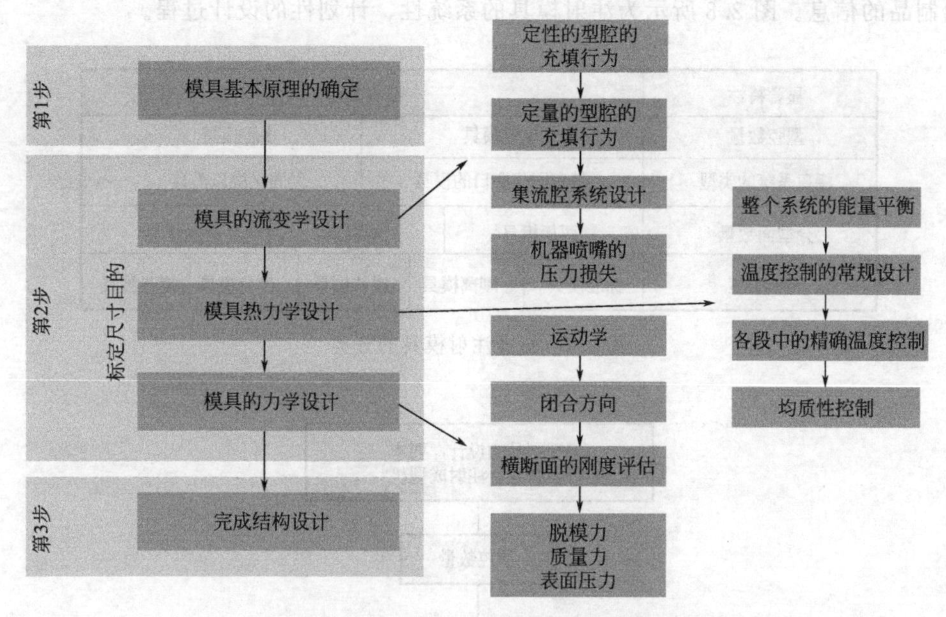

图 2.5 模具设计过程的步骤和任务

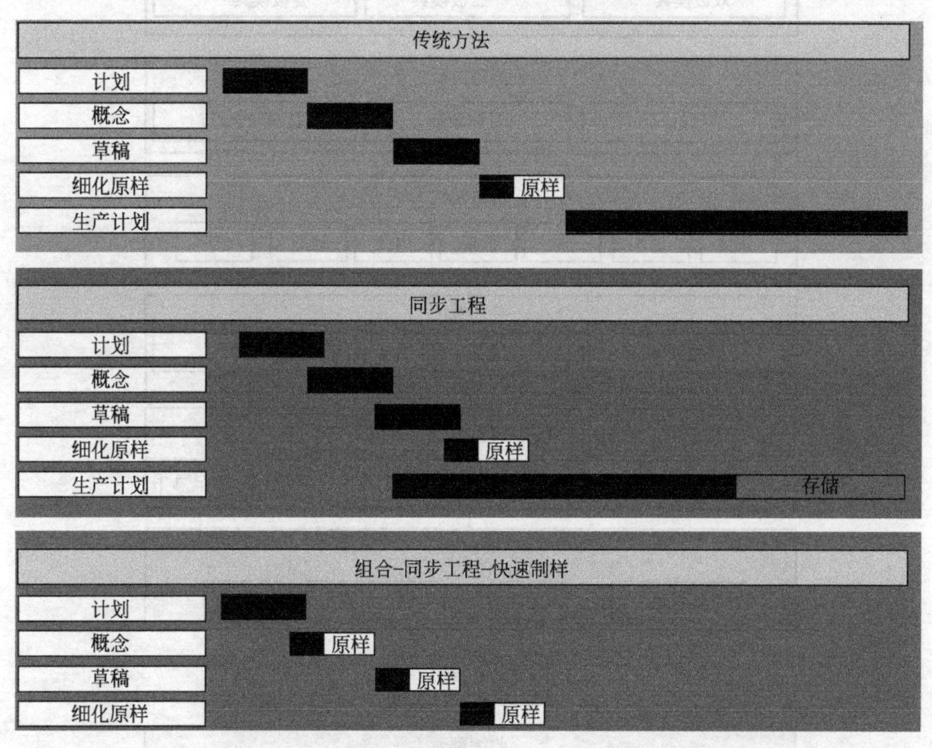

图 2.6 不同设计方法和在产品研发中的耗时举例

吸收到自己的设计中。市场上持续不断的竞争，也要求我们不断地研发新产品。

根据模具结构的主要特点和功能，其分类列在图 2.7 中，同时在德国标准化学会 DIN 16750中也有说明。

传统的模具制造今天仍然可以实现一系列塑料制品的生产，在设计过程开始之前，需要公布出制品的信息。图 2.8 所示为注射模具的系统性、计划性的设计过程。

<table>
<tr><th>显著特性</th><th colspan="5">模具类型</th></tr>
<tr><td>型腔数量</td><td colspan="3">单腔模具</td><td colspan="2">多腔模具</td></tr>
<tr><td>浇口系统的类型</td><td colspan="3">带有固化浇口的模具</td><td colspan="2">无固化浇口模具</td></tr>
<tr><td>分型面数量</td><td colspan="2">两板模具</td><td colspan="2">三板模具</td><td>叠板模具</td></tr>
<tr><td>脱模类型</td><td>标准模具</td><td>剥离模具</td><td>滑块模具</td><td>剖分模具</td><td>旋开模具</td></tr>
</table>

图 2.7　标准注射模具的分类

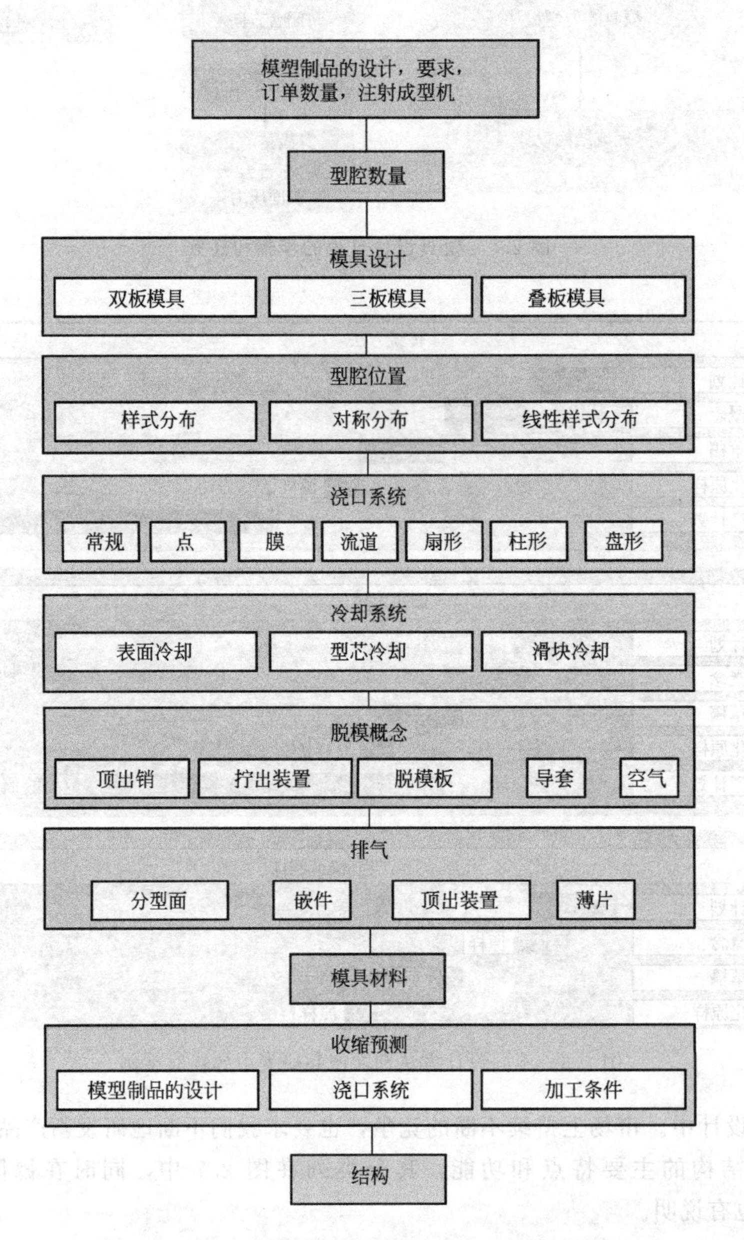

图 2.8　注射模具系统性和计划性的设计图表

在设计开始之前的报价阶段，模具制造过程中的建议需要采纳，并且应该做出相应的改变。模具做出改变的理由通常是下列原因之一：

① 全面消除组件上的设计错误；

② 简化模具设计和结构；

③ 注射成型更具有可靠性；

④ 提高产品的质量；

⑤ 整合附加功能。

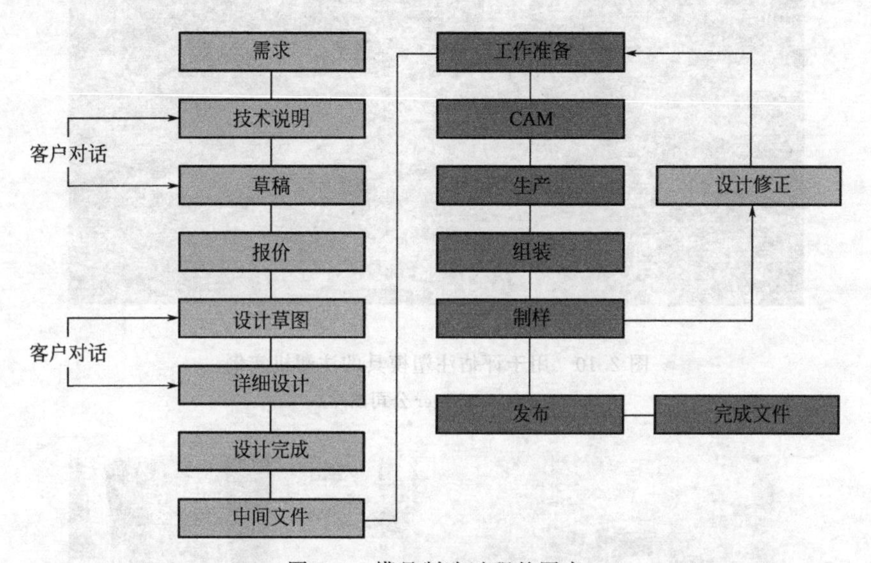

图 2.9　模具制造过程的图表

由于日益增加的时间压力和来源于产品相关的原样很早就需要，塑料工业（对于大批量机加工数量的模具）需要尽早开始设计。这样的工作任务不能由模具制造商们单独完成，而是需要与客户进行长期沟通协作。在报价前，模具制造商需要和客户进行密集的对话讨论。

模具的概念通常以 3D 的形式展现出来，在提交之前，对此必须进行讨论。尤其是在组件的设计上，可能需要做出改动，因为这将影响模具的功能，这些都需要与客户进行协商并且整合到设计草稿中去（见图 2.9）。

即使提交了报价之后，与客户之间的对话也不应该结束。中间步骤也应包括其中，即使到了细化阶段。对于一些复杂的工程，设计和文件的发布需要都与客户进行协商。

即使是大型的模具，对大型注塑机（压力高达 40000kN）的投资，和用于制样和后续制品测量的 3D 测量系统（见图 2.10 和图 2.11）都不会引起太多的担忧。

（2）调查和说明　根据客户的要求通过一系列不同的方式完成对于模具的调查工作，这些调查的方式可以分为以下形式：

① 通常发给模具制造商的标准表格；

② 文本文件或者带有草图的展示组件，所有问题区域（例如滑块、可见表面、纹理等）的详细描述；

③ 一个 3D 数据模型。

尽管需求的类型不同，建议进行深入的工作将调查的内容转换为一份包含所有重要的问题的内部标准化文件。

图 2.10 用于评估注塑模具的注塑机实例

（来自 Schneider 公司图片）

图 2.11 使用 3D 测量机器测量模具组件

（来自 Schneider 公司图片）

模具的调查除了包括一般性数据，例如客户、制品名称、材料，也应该收集与项目相关和工艺特定的数据。对于工程管理、取样位置、样品批量大小的一般性问题的要求也应该像技术问题一样定义，例如表面质量、单个模具组件的回火，或者模具中是否应该包含“臂端工具”。

图 2.12 所示为一份模具调查表格的整体示意图。这份文件应该进一步地完善并且适应市场的需要和变化。

通过模具调查表中的数据，可以得到订单的草图设计。这个设计通常是二维的，在很少的情况下，假如可以得到模塑制品所需质量要求的相关数据的话，可以采用三维设计。在不远的将来，3D设计的趋势将会增加。

模具要求明细				
名称：			工号：	
绘图/数据库：			日期：	
联系人：			订单号：	

制品	颗粒	
	收缩率/%：	需要的循环时间/s：

注射模具	型腔的数目：		
	全自动□ 半自动□ 带有可移除装置□		
	滑块模具□ 叠模□ 三板模具□		
	其他约定：		
确定时间	项目开始：	1. 检查	

设计	提供设计： 是 □ 否□

当设计时，应该具备制造模具的以下文件：	
完整尺寸的纸质绘图□	ZSB图纸□
CAD数据2D/3D实体□	根据CAD准则的数据转换

如果没有提供设计，以下几点应该予以考虑：由SF核准草图。原始图纸应该是SF负责，并且在模具制造完成后提交。

语言：德语□英语□	
其他：	

零件列表由SF按照模版提供。需要提供冷却系统、液压、终端开关的图表。

语言：德语□英语□
其他：

制造	适用于机器	

（注意快速合模）后续的规定和指导同样适用：采购方面，设计准则，检查单，机器规格数据表以及其他的需求。

项目监测每周需要提交MS项目的日程表。工艺的改进需要以图片的形式展现。

图 2.12

模具结构	材料			渗氮	淬火	表面硬化	提供 是	否
模具框架								
模具母板								
嵌件基体								
模具板孔侧								
嵌件孔侧								
滑块								
型芯（冷却）								
中板								
快速脱模板								

尺寸（长，宽，高）	
基体模板	
型芯侧边	

直接在模具板中的腔室□ 可移半模□ 喷嘴侧□

作为嵌件的腔室□ 可移动半模□ 喷嘴侧□

模具细节	热绝缘板	是□ 否□
	注解	

表面	基体侧：粒度	参照图纸□ EDM□ 抛光□ 高光泽度□ 喷砂□ 侵蚀□
	型芯测：粒度	参照图纸□ EDM□ 抛光□ 高光泽度□ 喷砂□ 侵蚀□
	注解	

纹理化		是□ 否□
制品脱模□	基体侧□	型芯测□

热流道系统 stäubli 快速脱模□ 串联控制□ 开放系统□ 阀门□

注射位置 外部□ 内部□ 侧面□

注射技术 冷棒□ 冷流道□ 冷流道脱模利用□

一个附加的分型面

对于增强型材料和聚酰胺，热流道喷嘴需要保护□

是否有热流道系统： 是□ 否□ 喷嘴数：

制造商备用件

注射的类型	流道式浇口（可互换）□	薄膜浇口□	扇形浇口□	点状浇口□
	香蕉式浇口□			
注解				

顶出	驱动	机械式□	液压□	钩锁紧装置□
		一步□	两步□	
	推杆 DIN 1530A□	方形推杆□	顶套□	
	刮刀环□	分离杆□	分离板□	
	倾斜式顶出□			
	所有的顶出杆抛光和电火花加工 □			
	顶出板的驱动： 液压 □			

排气确保充分的排气。不能预测的气穴在第一次注射之后需要排除。

滑块	滑块的数目
	注解

导向零件主要导向件：	矩形□	圆形□	辊轴导杆□
	带有四个导向和四个推针的顶出板		
	顶出板的导套需要沉浸到模具板中（0.2mm 空气）		
	衬套（L min 1.5×Φ）	带有固体润滑□	不带有固体润滑□

冷却确保	强力冷却（需要达到预先设定的循环周期）	
	冷却周期的最小数目： 注射端□	顶出端□
	喷嘴和半模一个独立的周期□	
	所有的型芯和滑块被冷却 □	
	Amcolov 型芯 □	
	需要带竖管的冷却芯轴 □	
	stäubli 快速脱模 □	

液压缸	制造商		备用件	

终端开关	液压缸□	顶出板 □	滑块□
	集成到缸体上的终端开关□		
	两侧带有可调凸轮的机械式终端开关□		
	制造商：		

电器可以自由的暂停

压力传感器	数目：		制造商	

温度传感器	数目：		制造商	
日期标记	是□	否□	制造商	

图 2.12

安装中心	安装公司 Dolezych□	运输桥□

运输安全	模具需要安装两个运输锁（在机器上，运动侧和后侧）

模具标记	模具的数据需要附在模具上（SF公司需要的话），功能性的计划表也需要一并附着 是□ 否□

初步制样	包含的价格是：	制样		制件包含
模具验收	使用SF检测单来对注塑模具进行检验。当交付模具的时候，注射工艺参数卡片和图纸（TIFF G4格式）也一并交付。交货后，模具需要刷漆并且需要贴上冷却示意图。			
制品的价格	包含制品价格：	是□	否□	
	注解			

运输	模具运送至SF的费用应该单独列出来
	制样的数目

其他条款		

图 2.12　模具设计中重要数据的表格（样例）

尽管有工艺图纸，草图中也应该包含以下信息：

① 整体尺寸；

② 钢材型号；

③ 浇口系统；

④ 脱模的滑块位置；

⑤ 控制系统；

⑥ 分型面的位置；

⑦ 冷却；

⑧ 顶杆位置；

⑨ 周期时间估计（如有需要）。

经过与客户的协商之后，利用调查信息所得到的数据以及草图就可以获得有约束力的报价。

(3) 设计草稿　相比于常常以二维方式和草稿完成的草图，实际的设计草稿将会在后续加以细化，并且是以三维的方式呈现。本质上，以上所提到的位置都是由它们的尺寸确定的。这就意味着分割点是固定的，浇口系统是依据尺寸集成到模具上的，并且也会确定滑块的大小和形状。除此之外，冷却系统也基本上确定。

在这一阶段，如果必要，已经进入整合工艺模拟阶段。在不确定的情况下，可以指定注射点的位置和必要的控温通孔流道。

在设计的结束阶段，建议设计人员与客户进行协商，目的是发布模具的设计。这是很重要的，有助于主要的订单下达，并且不会因为不必要的运输时间而延长模具的制造。

(4) 细节设计　今天，细节设计阶段通常是以三维方式来充分完善的。这可简化和加速在工作准备中的生产过程和机器程序的编制（见图 2.13)。

除了模具的技术规划，当进行设计时，组织流程也应该予以考虑。需要注意以下几点。

① 是否提供计算机辅助设计（CAD）版本？当有外部设计人员参与设计的时候，这是非常重要的。

② 必须符合为客户和自身所规定的每一个组件和模块的文件结构。

③ 使用正规厂商的标准件，或者与自身使用的标准件的设计相匹配。

这些要点都非常重要，因为在大型项目中，不同的设计工程师是以团队形式在工作。

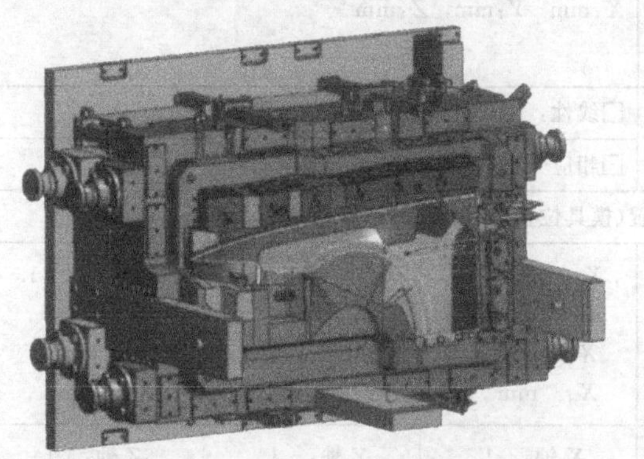
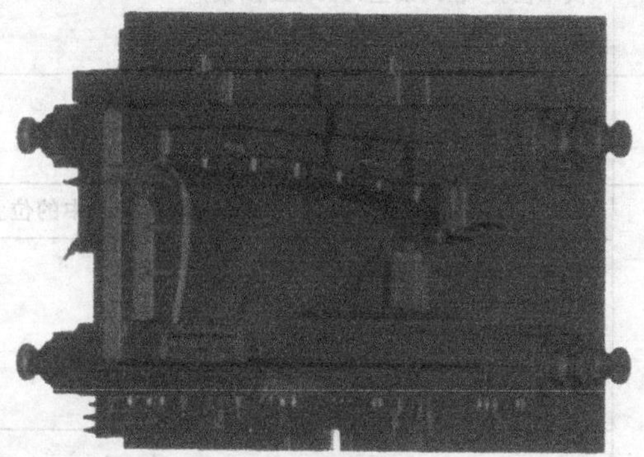

图 2.13　注塑模具的完整 3D 设计（Schneider 公司图片）

(5) 最终检查和文件说明　在一个正规模具设计项目的最后阶段，除了模具最终安装到设备上以及组件的测量，一份关于模具的详细文件是必备的。这份文件将会为用户提供模具正常工作的信息和维护的帮助，并为模具变化提供必要的信息。

文件应该包含以下信息。

① 模具功能的描述。除了常用的组件，如滑块、热流道阀等，专用模具的特殊零件（例如刻度盘）也应有所表述。

② 模具的制冷方式和连接图解。

③ 模具的电路图。

④ 模具的图纸。今天习惯上在文件中写入重要三维数据的来源。详细的图纸和三维数据只有在有特殊要求时提供。

⑤ 维护和保养的时间周期。

⑥ 与最重要的工艺参数或者设定参数的模式协议。

⑦ 样品的数据表格。

⑧ 钢材的证书（如有需要）。

因此，正如在报价阶段提到的，最重要的数据都要写到公司指定的表格中。这不仅仅有助于工作量，而且可以保证恒久的质量标准（见图 2.14)。

模具数据表

订单/项目参数			
客户:公司		最终客户:	
项目:		项目编号:	
产品:		产品编号:	
产品材料:{化学名称},{商品名称},{制造商}			
模具类型:单个型腔注射成型模具			
客户联系人:	部门:	电话:	传真:
内部联系人:	部门:	Const:	
数控加工	产品:	IPL:	

模具或者库存编号(客户)					
1.	汽车交叉点基准点的确定 (汽车位置)在网线上(100mm图案) (基准点需要在产品内或者靠近产品)		X:mm Y:mm Z:mm		
2.	原始数据的减小。基准点附近网线		□线性: % □相应矢量 X= Y= Z=		
3.	原始数据(车辆位置)在型腔中的位置(模具位置)变位和旋转(运动基准参考点)				
	模具中车线交点位置	Cav. 1 Cav. 2 Cav. 3 Cav. 4	X: mm 1. X: mm 2. X: mm . X: mm .	Y: mm 1. Y: mm . Y: mm . Y: mm .	Z: mm 1. Z: mm . Z: mm . Z: mm .
	绕基准点旋转	Cav. 1 Cav. 2 Cav. 3 Cav. 4	X 轴: 1. X 轴: 1. X 轴: 1. X 轴: 1.	Y 轴: 1. Y 轴: 1. Y 轴: 1. Y 轴: 1.	Z 轴: 1. Z 轴: 1. Z 轴: 1. Z 轴: 1.
	镜像	Cav. 2 Cav. 3 Cav. 4	Y/Z 面 1. Y/Z 面 . Y/Z 面 .	X/Z 面 1. X/Z 面 . X/Z 面 .	X/Y 面 1. X/Y 面 . X/Y 面 .
4.			文件名称:		

模具尺寸	X: mm	Y: mm	Z: mm
固定侧重量: kg	移动侧重量: kg		总重量: kg
注塑成型/压力浇铸机:krauss Maffei{1300}			
组件列表位置-序号,示意图			

页码	图纸文件名　图纸内容	模型的名称　图的名称	Rev. Nr.
Pg. 1			

图 2.14 模具数据表的样表

2.1.1.4 注射成型模具的设计过程

在 2.1.1.3 节中，对于有大量资金投入、复杂且长期的模具工程的过程进行了描述。下面将会对标准模具的设计过程进行描述。

许多这类模具项目并不被视为一个客户与模具制造商之间的合作项目。签约仪式以后，模具制造商就单独地承担起项目工作，直到产品的交付。模具制造商和客户之间的联系非常少。如果需要协商的话，这个过程应该在模具的设计阶段完成，目的就是为了减少成本和增加模具的生产安全。

基于项目数据（特别是几何数据、产品数据和数据），设计的过程应该总是由内到外进行（见图 2.15）。这意味着设计的第一步是模具的型腔。在后续步骤中，对顶出机构、温控系统、浇口系统进行优化设计，最后确定结构。当用带有标准件的 CAD 程序进行设计时，这种方法特别有用，因为模具尺寸的改变仅能在后续的设计过程、经过相当大的努力来完成。为了解决这个问题，将会采用模板（他们通常这样称呼），在模板中储存着标准件的目录，通过这些资源，结构尺寸的变化可以在设计过程中的任何时候进行。

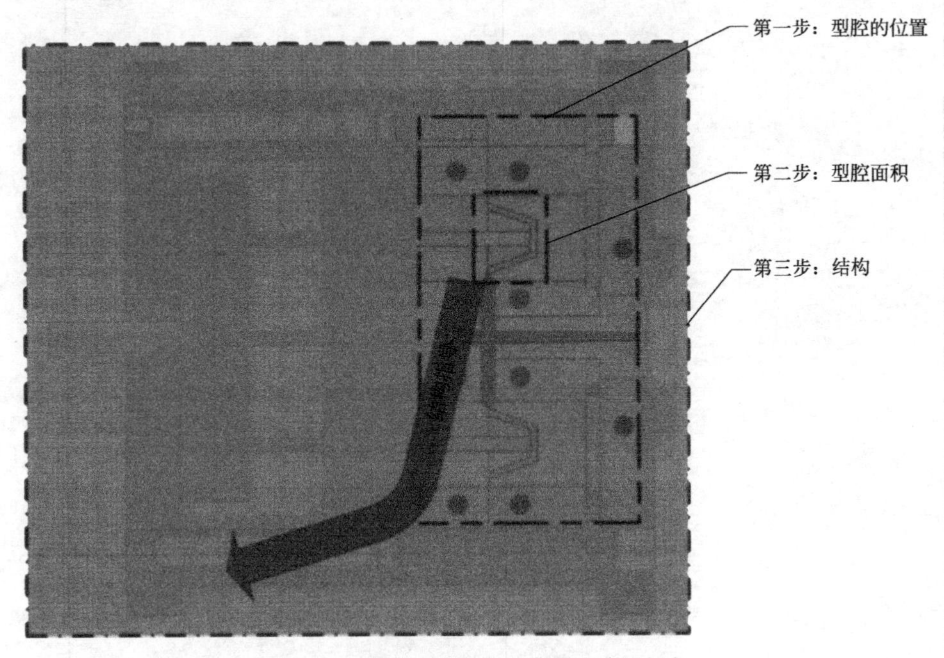

图 2.15 模具的型腔作为模具设计的起点

建议像图 2.16 一样将模具的设计过程划分为三个阶段。

阶段 1：在这一过程中，确定分型面以及滑块的数量和位置。对模具的型腔、模具嵌件、型芯的基本形状也应进行详细的说明。还应与客户进行协商模具的型腔数目，如果没有给出的话。最后，在这个阶段，将会确定模具型腔的位置。

阶段 2：第一步应该从确定模板厚度开始。目前确定模板厚度大多数仍然通过分析的方法完成。几乎很少用到计算结构力学的程序（有限元法）。第二步，应该确定基本的设计标准，并且要相互比较。值得注意的是顶出机构、浇口系统和温度控制（参见图 2.5）。

阶段 3：在这个阶段，将会对阶段 2 中的所述要点进行详细的设计。在阶段 2，可以用原始尺寸的草图来完成相关工作。在本阶段，仅仅使用 CAD 程序来完成相关工作。最后一步，可将带有商标或制造商标记的滑块、对中和可能的排气或者可互换的嵌件整合到产品中。

图 2.17 所示为小箱子形状的模塑制品。可以看出，系统性的设计过程非常重要。建议一步步地进行这一步骤。对于其他的模具类型，特别是特殊的模具，例如多组件模具，按照顺序做稍微修改是很有必要的，但是这样的修改要更适应这个结构才行。

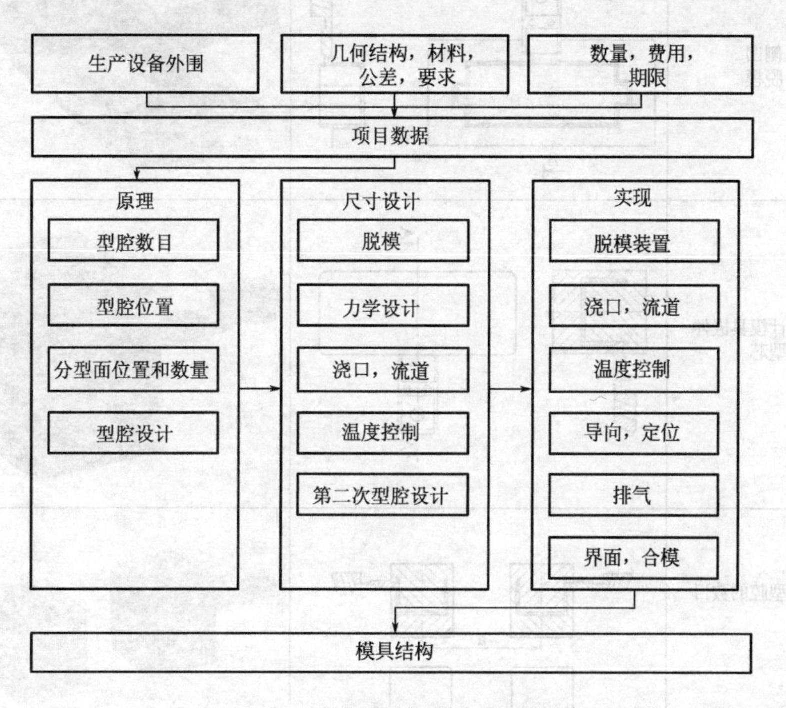

图 2.16 模具设计中的阶段和结构

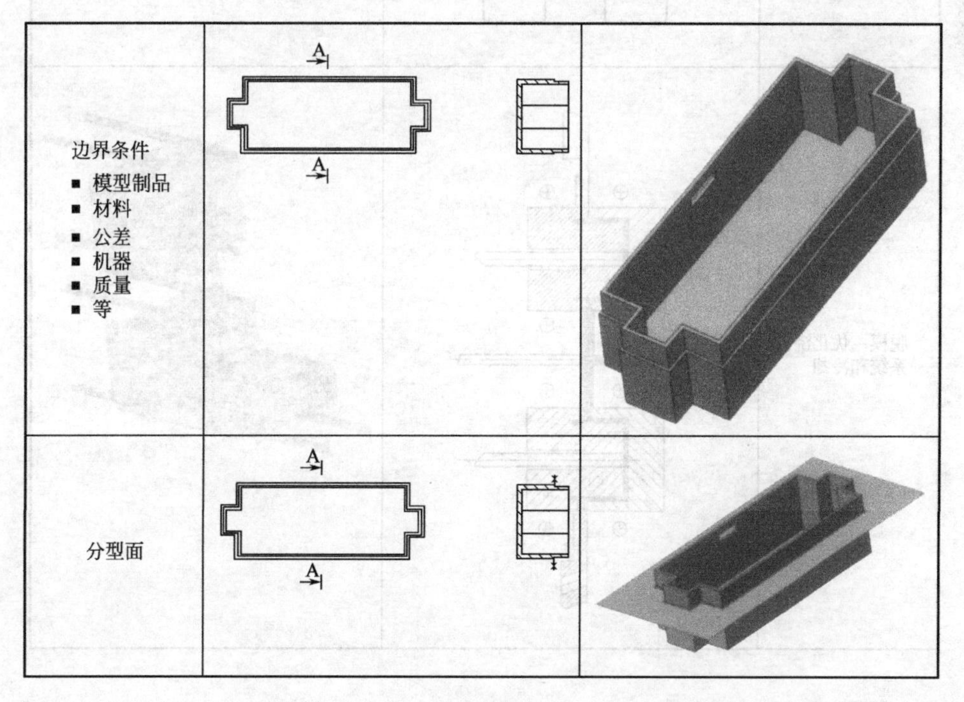

图 2.17

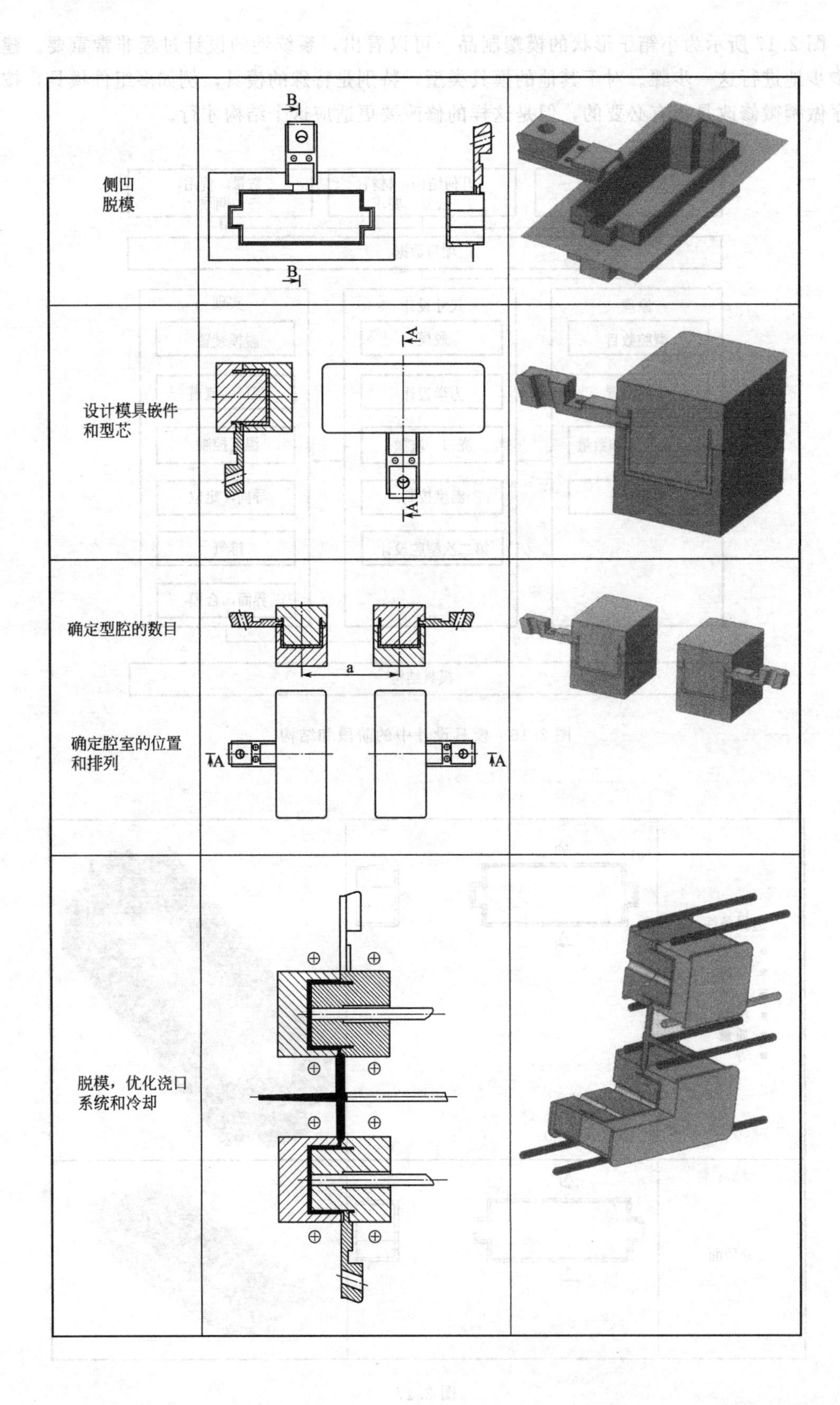
侧凹
脱模
B
B
设计模具嵌件
和型芯
A
A
确定型腔的数目
a
确定腔室的位置
和排列
A
A
脱模，优化浇口
系统和冷却

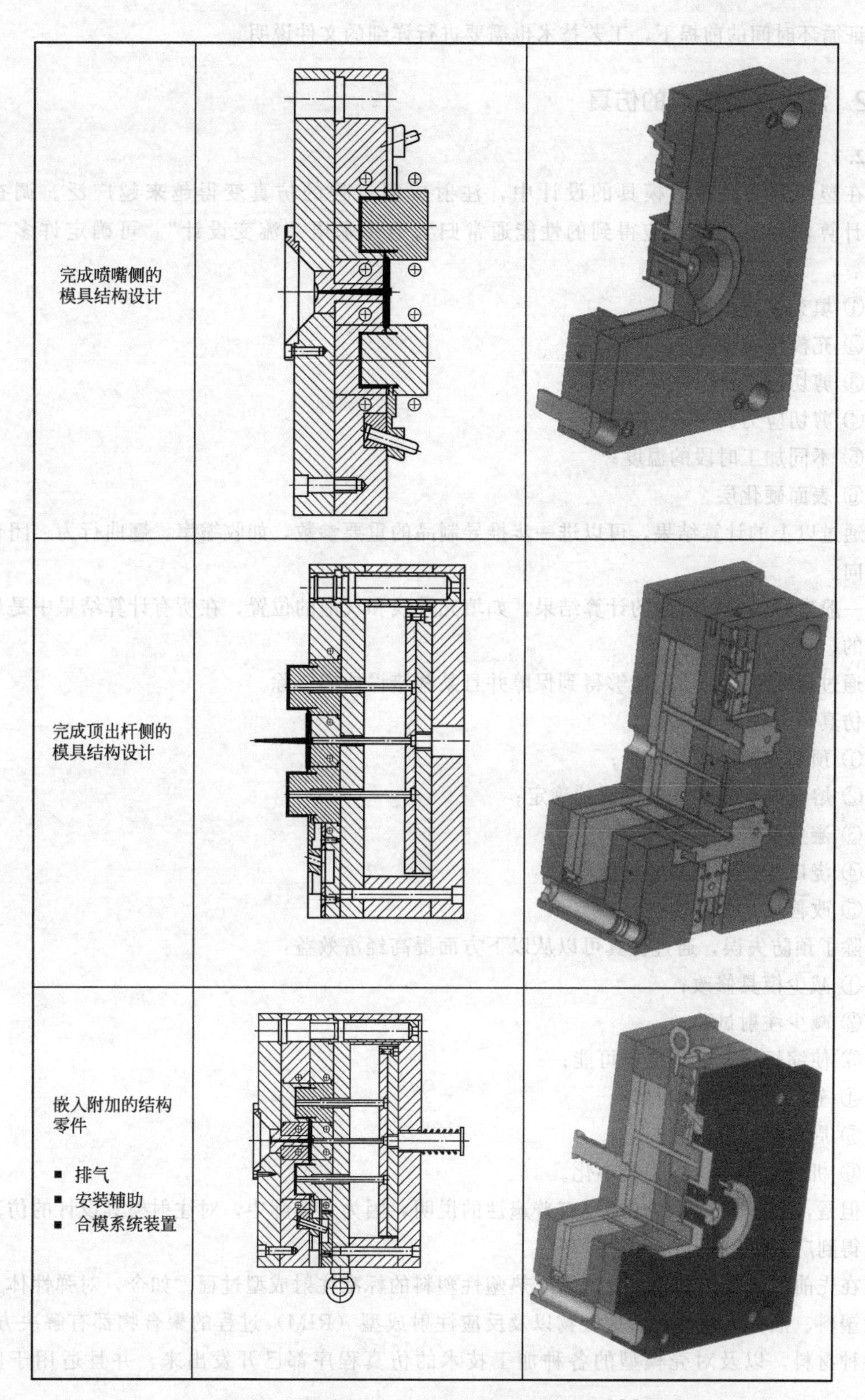

完成喷嘴侧的
模具结构设计
完成顶出杆侧的
模具结构设计
嵌入附加的结构
零件
■ 排气
■ 安装辅助
■ 合模系统装置

图 2.17 有侧通孔小箱子的模具滑块的设计[1]

正如前面所述，精心制作的说明文件和客户的制样在模具制造简单工程中是不常见的。

在保证循环时间的前提下，工艺技术也需要进行详细的文件说明。

2.1.2 注射成型模具的仿真

2.1.2.1 概述

在塑料制品及注塑模具的设计中，注射成型过程的仿真变得越来越广泛。调查显示，计算流动过程以及应得到的性能通常归为通用术语“流变设计”。可确定许多工艺参数：

① 填充模式；

② 充模压力；

③ 剪切速率；

④ 剪切应力；

⑤ 不同加工时段的温度；

⑥ 表面硬化层。

通过以上的计算结果，可以进一步推导制品的重要参数，如收缩率、翘曲行为、闭合力及取向。

一般来说，充模阶段的计算结果，如填充模线和气泡的位置，在所有计算结果中是最被认可的。

通过提前模拟，质量能够得到保障并且某些错误能够排除。

仿真可以得到：

① 预期充模问题的分析；

② 熔合线位置和气泡位置的确定；

③ 避免材料损坏；

④ 浇口与成型制品的权衡；

⑤ 改善尺寸的稳定性。

除了预防失误，通过仿真可以从以下方面提高经济效益：

① 减少模具修改；

② 减少注射试验；

③ 使缩短研发时间变得可能；

④ 节省模塑制品的材料；

⑤ 周期时间最小化；

⑥ 机器所需的合模力最小化。

但是，关于节省百分比还没有普遍性的说明，因为在实际中，对注射模具设计的仿真还没有得到广泛的应用。

在先前的流变仿真中，只考虑了热塑性塑料的标准注射成型过程。如今，对弹性体、热固性塑料、液体有机硅树脂聚合物以及反应注射成型（RIM）过程的聚合物都有解决方案。对各种材料，以及对壳模型的各种加工技术的仿真程序都已开发出来，并且适用于所有种类。

根据CAD中现有的数据结构，采用表面或体积模型计算更可取。但是，在不同的模型下，目前还不能实现所有的加载计算的可能性（见图2.18）。

目前的计算方法				
项目		壳模型	表面模型	体模型
充模阶段	标准注射成型	T,E,LSR,RIM	T,E,LSR,RIM	T,E,LSR,RIM
	压塑成型	T,E,LSR,RIM	T,E,LSR,RIM	(T)
	级联注塑	T	T	T
	GIT	T	(T)	T
	2-K-夹层注射	T	(T)	
保压/加热阶段	标准注射成型	T,E,LSR,RIM	T,E,LSR,RIM	T,E,LSR,RIM
	压塑成型	T,E,LSR,RIM	T,E,LSR,RIM	(T)
	级联注塑	T	T	T
	GIT	T	(T)	T
	2-K-夹层注射	T	(T)	
纤维取向		T,E,LSR,RIM	T,E,LSR,RIM	T,E,RIM
热分析	冷却时间	T,E	T,E	T,RIM
	冷却系统	T	T	T,RIM
	模具及模塑制品			T,E,LSR,RIM
收缩及翘曲		T	T	T

图 2.18 与各自模型计算的可能性（根据文献［2］）

T—热塑性塑料；LSR—液体有机硅树脂；E—弹性体；RIM—反应注射成型

许多研发者希望在单个数据级别上的工作能够持续一段时间。当前的交换格式给研发人员使用完整的开发链和所有模块提供了相当好的可能性，如果有此需要并负担得起的话（见图 2.19）。

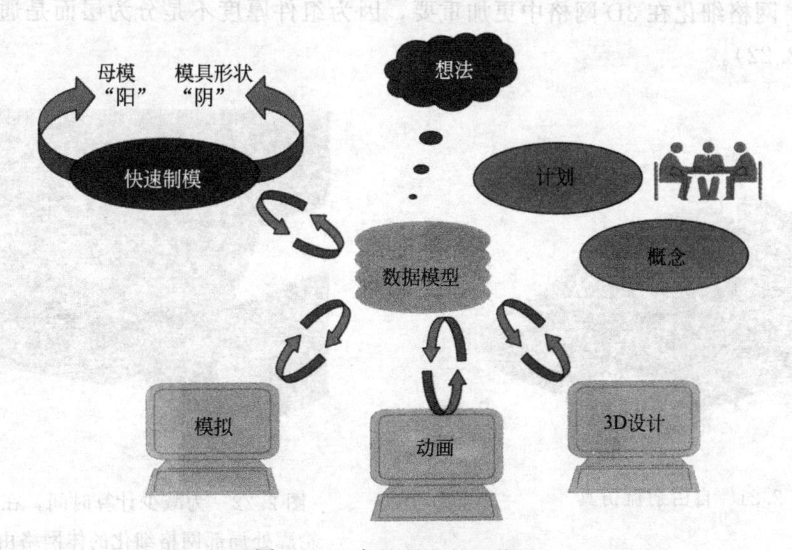

图 2.19 产品研发的可能性

2.1.2.2 模具类型

如上所述，计算方法相当依赖于数据模型。几何形状能以点、线、面、体模型从不同的角度加以说明，并且在CAD程序中根据目的具有不同的优势（见图2.20）。因此，例如自由形式的表面可以从表面模型中产生和修改。

CAD系统中模型类型			网格类型		
单元维度	单元	模型类型	中面网格	面网格	体网格
0D	点	角模型			
1D	线	边模型			
2D	面	面模型			
3D	体	体模型			

图2.20 CAD系统中的模型类型及仿真系统中的网格

随着3D程序的运用，将来物理模型肯定能得到更好的应用，并将会提高计算结果的质量。此外，在自由射流仿真的现有可能性中，如图2.21所示，新的计算结果将会在不久的将来得到进一步研发。值得注意的是，在流动仿真中，流道的厚度对计算结果有着重要影响，这就有必要使壁厚网格更精细。对有限元网格所得到的高单元数，需要较高的计算能力或较长的计算时间。这一界面问题对于注射成型仿真程序进一步研发的影响定会多于新的计算可能性。对于中面模型和表面模型，制品的厚度均被分为固定层。计算时间稍微增长，与单元数不成比例。为减少计算时间又不失准确性，网格是动态细化的。也就是说，精细结构是紧密网格。网格细化在3D网格中更加重要，因为组件厚度不是分为层而是通过网格来表现的（见图2.22）。

图2.21 自由射流仿真

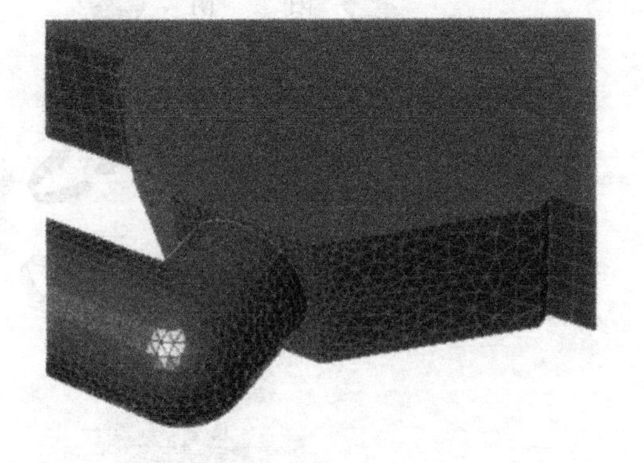

图2.22 为减少计算时间，在关键部件轮廓处局部网格细化的体网络由SimpaTec GmbH的Moldex完成

2.1.2.3 流型

流型的基础是波传播原理，如物理学中的光波或水波（见图2.23）。然而在简单的模型

中，流型仍需通过分割及随后的圆形法进行研究。尤其在复杂制品上，仿真程序给予研发人员很大的支持。程序利用材料模型、几何和与工艺相关的边界条件反复地计算流动波峰，以图表的形式为使用者显示出结果。

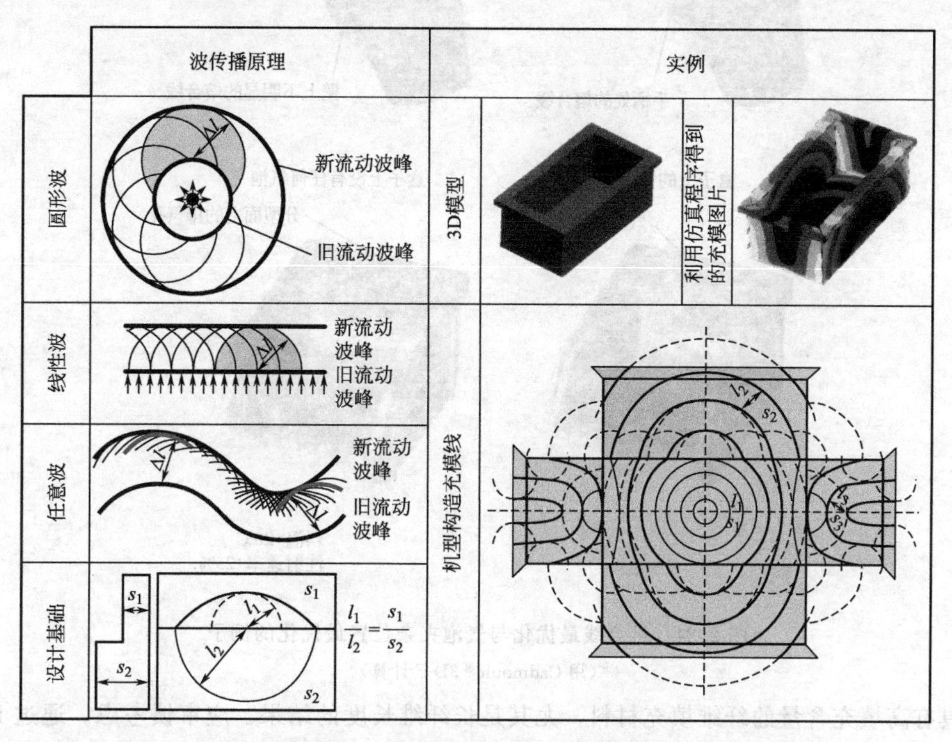

图 2.23 流型方法的基础：波传播原理

关于最优浇口位置的预测能避免熔合线出现在关键区域，或避免出现气泡，这些都已具有相当高的准确性。通过壁厚调整或在模具设计阶段修正几何形状来采取相应的措施。如图 2.24 中的例子所示，通过改变手柄处壁厚，熔合线就到了杯体区域，或是通过改变斜槽背面壁厚以避免夹杂气泡。

理论上，工艺参数对流型的影响是可以分析的。然而，应该考虑到机器上最后设定的参数通常是受表面要求影响的，而这是不能提前预测的。出于这个原因，在仿真时应该注意熔合线和气泡夹杂的位置是固定的，并很少取决于材料和工艺参数（见图 2.24）。

2.1.2.4 收缩与翘曲

收缩与翘曲一直是有关模具的敏感话题。从原材料制造商那得到的关于材料收缩率的数据通常范围广泛，并且只包括取向的主方向。模具中后续的改变通常很难实现，尤其是在许多材料被去除以后。

对于简单的制品，例如圆盘，收缩与翘曲之间的关系不需要大量的计算工作就很容易了解和理解，但这通常不适用于复杂制品。仿真程序对此提供了补充，并支持研发者用于局部收缩值的分析和定义以及翘曲预测。温度控制和浇口位置的影响能够提前完善并最小化，或者能够在模具中采取措施（见图 2.25）。

在收缩和翘曲分析中，除了材料数据外，工艺参数同样有着重要作用。充模阶段和保压阶段的数据对计算结果很重要。尽管事实上工艺参数不能完全提前确定，因为表面条件和品质特性影响到工艺，但是结果对于均匀的非增强的填充材料是很实用的。

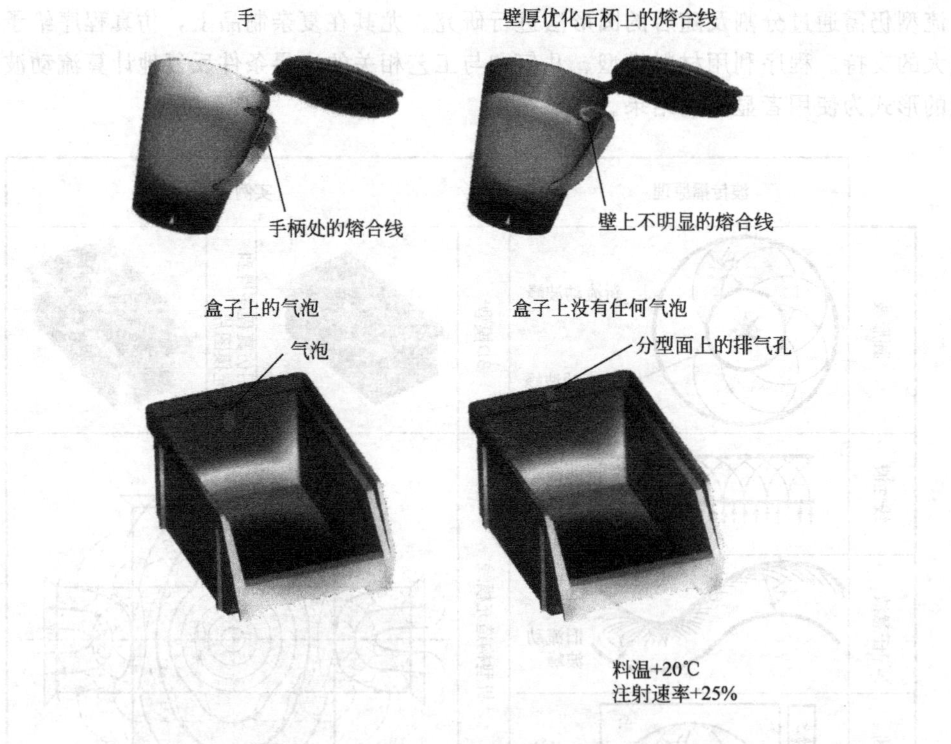

图 2.24 熔合线最优化与气泡夹杂位置最优化的例子

（用 Cadmould® 3D-F 计算）

具有高填充含量的纤维填充材料，尤其是长纤维长度的结果，应审慎考虑。通过 BASF 在模型零件上大量的研究表明，大多情况下翘曲方向能正确定义，而翘曲的强度一直不能准确地确定[2]。因长纤维填充和纤维填充的热塑性塑料不断增长的市场份额，将来这一问题会得到尽早解决。在原材料制造商与仿真公司的合作项目中，新的算法正在研究[3]（见图 2.26）。

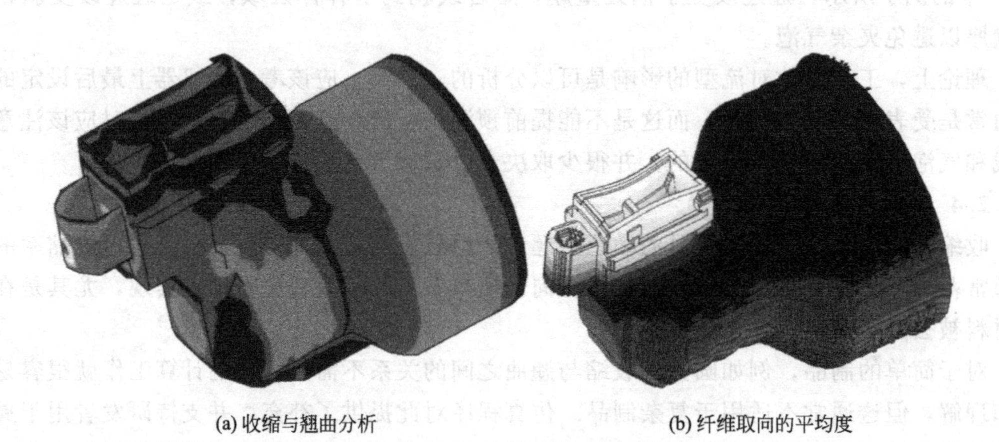

(a) 收缩与翘曲分析
(b) 纤维取向的平均度

图 2.25 以盖的一半为例分析收缩与翘曲[1]

2.1.2.5 散热设计

一个周期的 60％取决于冷却时间。一个模具的效率很大程度上依赖于最佳的散热设计（见图 2.27）。文献中描述的冷却的概念在设计中由于必要的折衷不能一直实现。这就导致

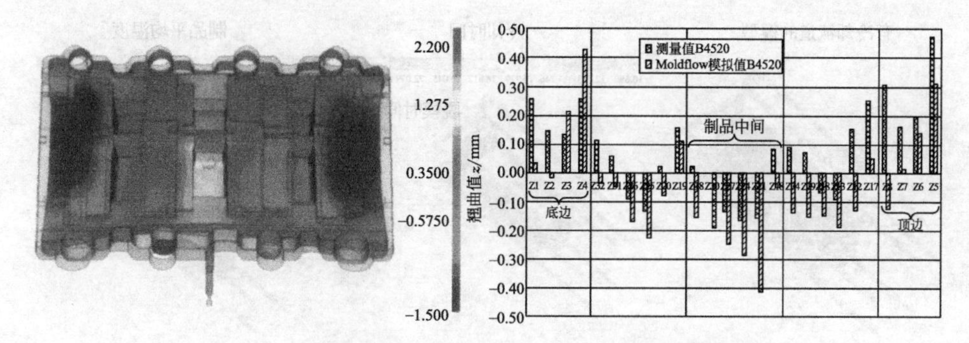

图 2.26 翘曲阶段及纤维增强热塑性塑料制品的比较

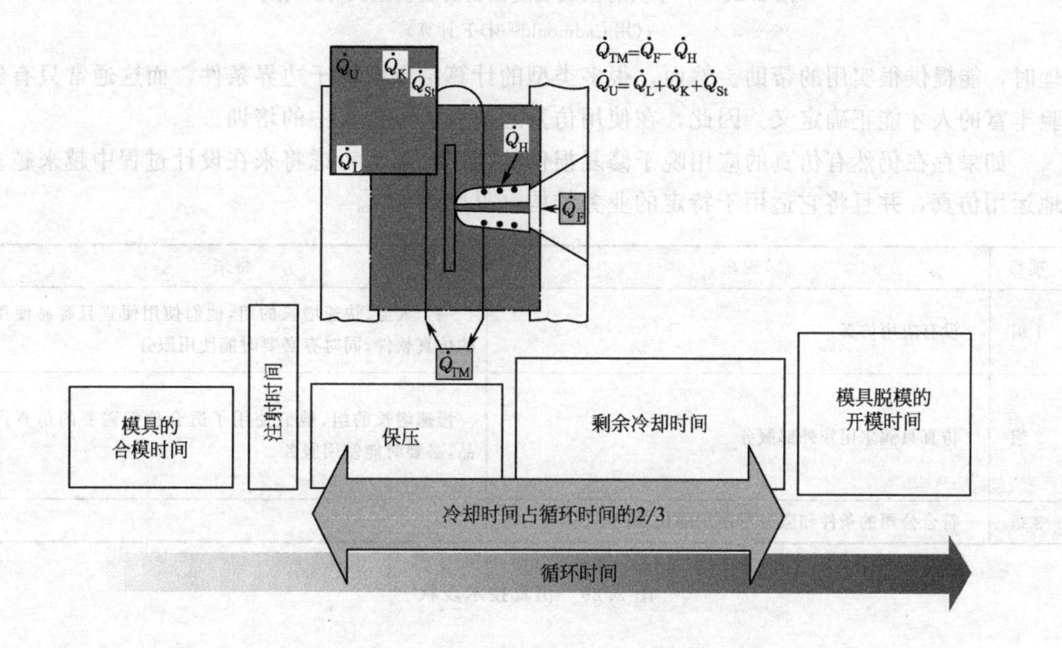

图 2.27 注射成型中的热流动及周期图

$\dot{Q}_{TM}$—通过热介质加入和取出的热流；$\dot{Q}_F$—热模具材料的热流；$\dot{Q}_H$—附加的热流，如热流道；$\dot{Q}_U$—到环境的热流；$\dot{Q}_L$—通过热传导的热流；$\dot{Q}_K$—对流传热的热流；$\dot{Q}_{St}$—热辐射的热流

模具的局部区域不能最佳回火。结果，冷却时间延长，周期产生了没必要的延长。

对于简单的制品，能够应用与流型方法相似的构建环形法。然而，复杂制品有（例如）不同肋深度、肋密度与自由形式的表面结合，那些方法的局限很快显现，用数值方法设计是有必要的。

为了计算，除了已导入的模塑制品外，冷却系统也在仿真中显示。计算结果同时显示模塑制品的温度和局部冷却时间（见图 2.28）。应当注意，设计草稿中的冷却流道不容易导入，所以大多数情况下需要重新设计。

2.1.2.6 小结

仿真对注射成型制品的研发是一个非常好并且有意义的支持，它应该应用于每一次注射成型和模具制造操作中，因为仿真通常要比试制好。仿真程序能提供很多机会，如果运用合

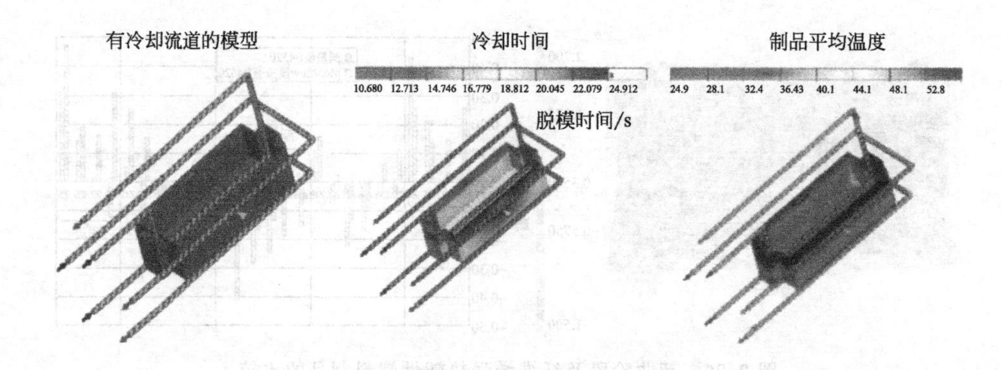

图 2.28 一个具有集成温度控制的盖模型及计算结果

(用 Cadmould® 3D-F 计算)

理时，能提供很实用的帮助。然而，很多类型的计算结果取决于边界条件，而这通常只有经验丰富的人才能正确定义。因此，在使用仿真之前应该进行集中的培训。

如果存在仍然有仿真的应用晚于修复损伤的情况，那么考虑将来在设计过程中越来越多地运用仿真，并且将它适用于特定的业务结构（见图 2.29）。

项目	现在	将来
1组	没有应用仿真	一个大型、快速增长的组，他们使用便宜且容易使用的仿真软件，同时有必要时能使用服务
2组	仿真只偶尔用作外部服务	慢速增长的组，他们使用了适合他们需要的仿真产品，必要时能使用服务
3组	符合公司的条件和服务可使用的仿真产品	

图 2.29 仿真技术现状[1]

参 考 文 献

[1] Menges，G.，Michaeli，W.，Mohren，P.，*Spritzgießwerkzeuge*，6th ed.（2997）Carl Hanser Verlag，Munich

[2] Filz，P.，Spritzgießsimulation，lecture manuscript at the University of Applied Sciences Rosenheim（2004）

[3] Bernnat，A.，*Verzugsberechnung：Zufall oder zuverlässig？*（2006）VDI-Spritzgießertagung，Baden Baden

2.2 标准化及标准

(J. Gockel，A. Brandt)

2.2.1 注射成型和热流道模具的标准化

在德国标准协会（DIN）或德国标准化研究所，标准委员会 NA 121“模具和合模装置”论述了压塑、注射和压铸模具组件的标准。标准化工作代表制造业（如标准部件制造商）以及有关各方合作研发的工作。在本书中，标准是上述模具的标准化组件。拥有大量的标准化组件是设计和模具制造的一个优势。

许多注射模具标准同样被国际标准化组织（ISO）国际标准化，因此实现世界范围内的有效性。ISO是基于日内瓦国家标准机构（ISO成员公司）的全球联盟。在注射成型领域，履行ISO标准化职责的是ISO/TC29，模具，SC8小组委员会，冲压技术工具和注射成型模具。注塑模具的发展由WG3工作组执行，由德国人担任秘书和主席。

为了便于国际交流，一套术语标准已经开发出来并出版，即ISO 12165“压塑、注塑、压铸模具零件——术语和符号”。因此，所有相关的组件都用英语、德语、法语和瑞典语列出了名称。

此外，国际模具及加工协会（ISTMA）已经开发了一套有10种不同语言的技术词典[1]，它包含了冲压工具、夹具和模具制造的术语。随着业务关系日益全球化，现在的第三版对模具制造商和使用者已成为必不可少的帮助。

基于标注的位置编号和零件列表（见表2.1），注射成型模具（见图2.30）中反复出现的组件大多是国家标准和国际标准的。此外，通常有必要开发工作标准，根据这些标准制造特定的组件，并提供给客户。公司特定的组件一般不是标准化的，因为标准化个别案例无任何意义。在设计图中，标准组件作为参考。在零件列表中（见表2.1），名称都参照ISO 12165[2]。

表2.1 零件列表

位置编号	产品编号	说明	标准
1	K12	合模板，带对中凹槽的凸台	DIN 16760-1
2	Z20	对中套	DIN 16759
3	Z11	无对中凸面的导向轴套	DIN 16716
4	Z71	有眼螺栓	DIN 580
5	Z00	导向柱，带对中套的凸台	DIN 16761
6	Z1227	安装外壳	连接协议 DIN 16765
7	Z31	内六角圆柱头螺栓	DIN EN ISO 4762
8	Z69	弹簧垫圈	DIN 472
9	Z35	内六角定位螺栓	DIN EN ISO 4026
10	Z011	导向柱	ISO 8017
11	Z33	内六角沉头螺钉	DIN EN ISO 10642
12	Z121	隔热板	DIN 16713
13	Z57	支撑棍	DIN ISO 10073
14	Z41	圆柱头顶出销	DIN ISO 6751
15	Z05	定位装置	DIN ISO 8406
16	Z01	斜导柱	DIN ISO 8404
17	Z25	圆柱销	DIN EN ISO 8734
18	Z81	自由通道连接接头	DIN 1766-1
19	K100	对中法兰，固定端	DIN ISO 10907-1
	…	标准化组件的其他示例	
	Z38	带肩螺钉	ISO 7379
	Z42	锥形头顶出销	DIN 1530-3
	Z46	扁杆顶出销	DIN ISO 8693

续表

位置编号	产品编号	说明	标准
	Z51	进口衬套	DIN ISO 10072
	Z53	浇口衬套	DIN ISO 16915
	Z60	圆线截面压缩弹簧	DIN EN 13906-1

为注射成型模具、压铸模具和热流道系统制定热侧边模具规格表，并公布为 DIN 或 DIN ISO 标准已证明是有用的。

这些表应对以减少成本为目的的模具或热流道系统进行详细说明，并有助于避免模具要求（报价阶段）和模具订单的合同当事人双方之间的误解。它们应包含关于材料采购、操作设备和从热流道系统到模具表面的模具结构设计的详细信息。

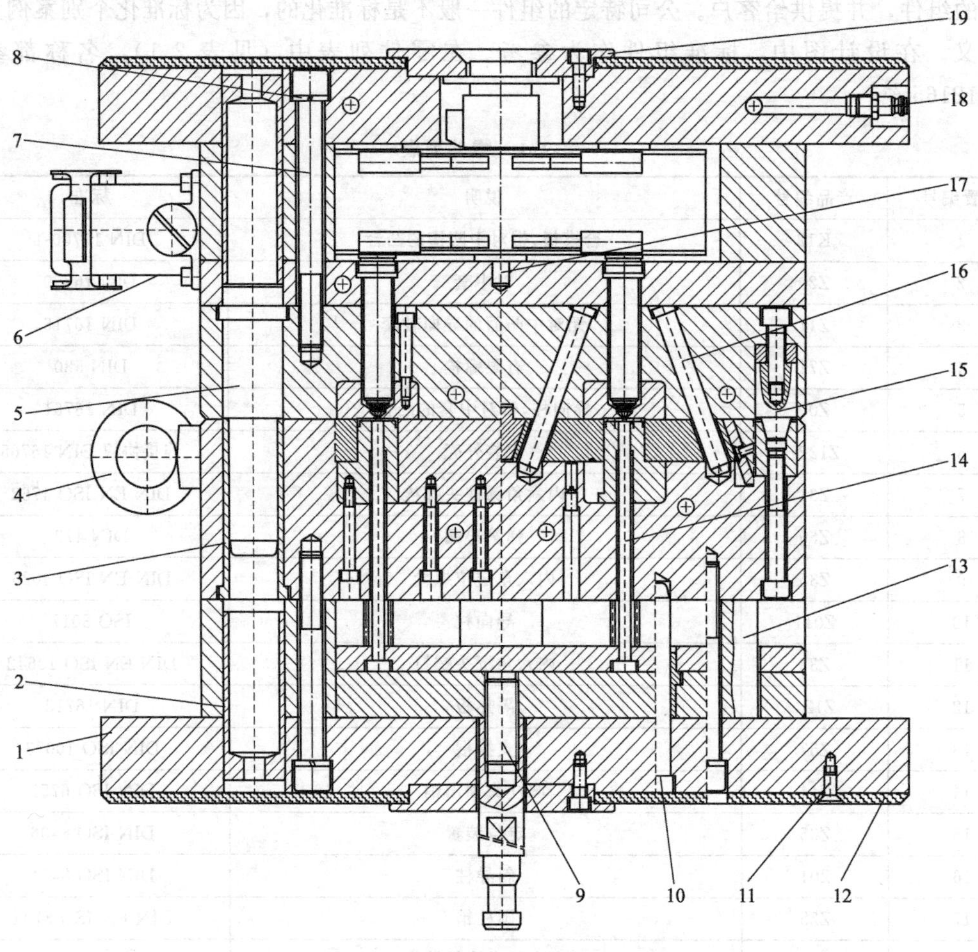

图 2.30　标准化组件的设计图示例

也应该讨论机器设定数据、操作数据等细节。尤其是如下标准或标准草案：

① E DIN 16764-3“模具说明书——第 3 部分：热流道系统/热半模”；

② DIN ISO 16916“注射成型模具说明书”；

③ E DIN ISO 24233“压铸成型模具说明书”。

除了物质和术语标准，另一主题已通过 DIN 16765[2]“热流道模具与模具加热的电气连接”解决。在此标准中，定义了电源与信号线路的控制环路。它以连接器 A 和 B 区分，当电源与信号线路处于不同线路时，连接器 A 控制模具的控制元件，当电源与信号处于同一线路时，连接器 B 可用。

该标准进行了主题总结，并在 CD 上可使用 DIN 袖珍书 262“压塑成型、注射成型和压铸成型模具”第三版。

2.2.2 模具制造标准

标准能帮助制造商以最简单、最经济的方式完成模具的设计和制造。随着标准零件的多样化（见图 2.30 和图 2.31），即塑料加工的标准化组件使得模具制造能够简单快速地完成。

标准组件符合界定的标准，并在很小的公差范围内加工制造。其特别的优势是可互换性。无论是哪个组件在磨损或有其他的损坏后必须替换，它要求在短时间内从相关标准件供货商那里进货。

在日益增长的全球化塑料加工工业中，世界范围的可用性确保了最大的服务便利。标准件供货商已经活跃在各种 DIN 委员会好多年了，他们根据重新修订的标准竭力满足现有的工业需求。

标准范围从以各种平板规格和钢种的预定义模具到导向元件、制造塑料制品的零件及它们的可追溯性，从简单到复杂的几何形状的各种顶杆元件和特殊温度连接，以及工具和模具制造的许多其他零件。

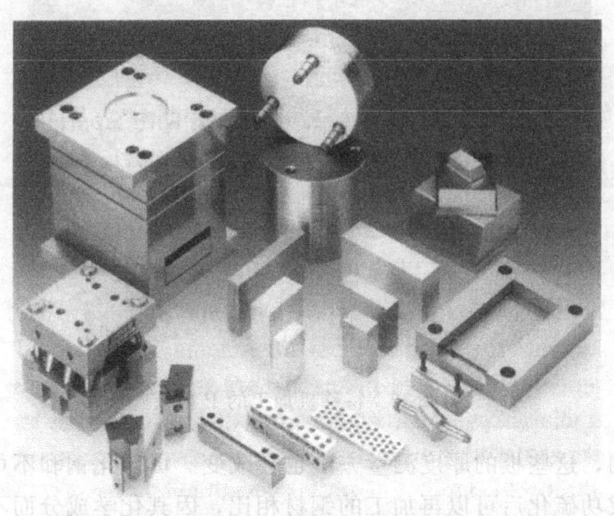

图 2.31 K-/P-和 Z-标准（钻孔/未钻孔模板及配件）

该标准项目的完成涵盖了由注射成型机的熔体流动直接进入模腔的各种热流道技术和喷嘴系列。

通过所谓的标准模块，可轻松创建 CAD 绘图的程序，便于在早期阶段设计工程师的设计过程。通过利用存储的各自标准的 2D 或 3D 数据可以减少设计时间。在设计完成后，能直接生成零件列表，并通过电子邮件或传真发送给标准件供货商。当然，具有适当导向的互联网数据库同样能应用到所需的产品标准范围的汇编之中。

工具和模具设计中最重要的标准已列出并解释如下。包含所有方面的最常用的标准件的完整描述将超出本章节的范围。

2.2.2.1 模具

标准化模具适用于不同模具尺寸。市场上可买到的模具尺寸范围在 75mm×75mm 到 796mm×996mm，平板厚度为 10～196mm。基本上有两种不同档次的板材。

第一种且最常用的是 K 型板。这些都设有用于各板的导向和定位的系统钻孔，以及可以根据尺寸调整的通孔或螺纹孔。经典模具结构包含双面合模板的喷嘴，任选的中间板或热流道板架，喷嘴支架板，两块模板，中间板在顶出杆侧，有顶出销和合模板的顶出装置位于顶出杆一侧。所需的导向元件如顶柱、套管、套筒可适于各种模板尺寸。

所有模板在所有侧边被磨圆，设计的平行度为 0.008～100。厚度公差为＋0.05/0.25mm。通过这样的设计，模具制造商能直接加工安装而无需返工。模具制造商可专注于成型轮廓，而无需考虑模架的制造。

如果有必要，因几何形状而无法使用预加工的 K 型板的话，可使用相同尺寸范围的未钻孔的 P 型板。P 型板具有以下几个可以使用的质量等级：所有侧边磨圆的平板，并与 K 型板具有相同的平行度和公差，但是具有稍微大点的余量和预研磨平板，甚至具有更大的余量和更广泛的平行度。

这对于去除大量金属以及后续的热处理尤其有用。

图 2.32　特殊机加工的 P 型板

根据材料的不同，这些板的厚度测量方法也会改变。可硫化钢和不可硫化钢之间存在着区别。与那些经过成功硫化后可以再加工的钢材相比，因其化学成分而不适于进行下游热处理的钢材的加工余量较低。这减少了模具制造者的模具完成时间，并且保证了整个模具的制造过程的周转时间。

为了在模具制造的过程中实现更深入的改进模具，许多标准件制造商提供了很多改良钢板的附加加工信息，这些板材在现代化加工中心进行加工（根据客户要求）（见图 2.32）。

也应该要考虑昂贵的深孔钻加工和复杂的磨削加工。所有的模具外形的加工工艺步骤都可以在标准件制造商那里得到。通过模具制造商的扩展工作台，可以实现更优的质量和精度。

（1）模具的特殊类型　在许多塑料加工工业的应用中，建议使用目前已成熟使用的模具。它们具有完整的结构，并可适用于作为带有横向分型面的扩展组件的生产制样，例如绕线管。剖分式模具的设计中有许多不同的设计（见图 2.33）。

这些模具的设计使模具制造商只需要嵌入模具的轮廓，并且保证模具的冷却即可。剖分式模具以剖分类型的不同进行区分。剖分的类型包括曲线式运动，但是最常见的类型还是斜向引导式。

图 2.33 剖分式模具顶出系统

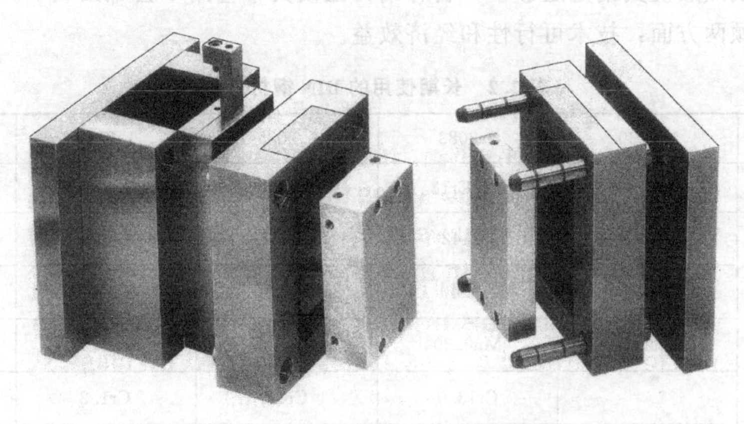

图 2.34 带有互换式模具嵌件的快速更换模具系统

这种类型可以再划分为顶出结构和脱模结构。因此，几乎涵盖了所有可能的应用。

这些结构是由预硬化模具钢材，例如 1.2312 或者耐腐蚀钢 1.2085 制成的，然而，剖分式结构可由不同材料制作完成。在这里，可以使用表面淬火钢和深度淬火钢。

对于小批量的生产，可以采用特殊的可互换的标准模具（见图 2.34）。这些模具都是标准化模具，带有固定框架以及可互换的模具嵌件，包括了顶出装置。

这些结构的特殊类型使得小批量或原样制造具有经济性。在预定义的嵌件上，加工模具轮廓（在注射成型机上快速制样）的方法有磨削、电火花加工、高速磨削以及最新的激光烧结。嵌件可以由热煅模具钢和铝材制成。

在这样的标准模具中可以对不同产品进行测试或生产，因此，极大地减少了原样或短期运行的制造成本。然而，由于有限的应用尺寸，限制了其应用领域。

(2) 模具制造的材料　如今，什么是制造模具的合适材料的问题不能像以往那样容易回答了。

在 DIN 标准（见表 2.2）已知的材料中，许多从国外进口的同类钢材以及新研发的钢材现在可用来替代传统的钢材。

DIN 标准中没有分类的钢材，其中包括了所谓的品牌名称，现在大量出现在市场上。这些钢材（见表 2.3）以优异的性能为特点，顾客可根据特定的应用来加以选择。这可允许模具制造商根据模具的类型和应用准确地调整材料。

如今，顾客可根据后续热处理、涂层或蚀刻的需要明确选择所需的材料性能，如耐腐蚀性、焊接性和低翘曲行为。性能组合，例如良好的耐腐蚀性，易于机加工，还有更多性能能够实现。

材料的更高成本可很快补偿在钢材的各种性能上。因此，模具钢 Toolox44 经淬火和回火后硬度达到 44HRC，可直接用作轮廓用钢。因此能够避免耗成本耗时间的热处理以及后续的后处理。

如今，耐腐蚀性材料发挥着显著作用。这些材料的特点是铬含量（<15%）高。铬使得材料的机加工性能差，但 1.2099HASCO.M 不会这样。这种钢由于含碳量低，只有少许碳化物组成。因此，为了使材料具有高的耐腐蚀性，只需少量的铬。由于它的硫含量，它仍然具有优良的机加工性能。

尽管已有这些新研发成果，但存在已久的 DIN 钢材依然发挥着重要作用。在标准应用中，深度淬火或热锻模具钢是足够了，名牌钢材在模具中应用不会赚回成本。因此，钢材的选择应一直兼顾两方面：技术可行性和经济效益。

表 2.2　长期使用的 DIN 钢材质量

模具编号	1.1730	1.2083	1.2085	1.2162	1.2311
DIN 分类	C45W	X42Cr13	X33CrS16	21MnCr5	40CrMnMo7
组分/%	C0.45	C0.42	C0.33	C0.21	C0.40
	Si0.30	Si0.40	Si1.0	Si0.25	Si0.30
	Mn0.70	Mn0.30	Mn1.0	Mn1.25	Mn1.50
		Cr13.0	Cr16	Cr1.2	Cr1.90
			S0.075		Mo0.20
			P0.0330		
抗拉强度/(N/mm²)	约 650	约 780	约 1000	约 720	约 1080
类型	非合金模具钢	耐腐蚀的表面淬火钢	耐腐蚀热处理的不锈钢	标准表面淬火钢	热处理模具钢
应用实例	用于模具、工具和夹具制造的未硬化组分	模具板和塑料加工的嵌件，特别适用于化学腐蚀性塑料的制造	用于腐蚀性塑料和腐蚀温度控制介质的模具板	模具板和用于塑料加工的嵌件	模具板和用于塑料加工的嵌件。易抛光。光蚀刻和结构 EDM 是可能的

续表

模具编号	1.2312	1.2343	1.2379	1.2764	1.2767
DIN 分类	40CrMnMoS86	X38CrMoV51	X155CrVMo121	X19NiCrMo4	X45NiCrMo4
组分/%	C0.40	C0.38	C1.6	C0.19	C0.45
	Si0.40	Si1.05	Si0.25	Si0.27	Si0.25
	Mn1.50	Mn0.40	Mn0.3	Mn0.30	Mn0.30
	Cr1.90	Cr5.15	Cr12.0	Cr1.25	Cr1.35
	Mo0.20	Mo1.25	V1.0	Mo0.20	Mo0.25
	S0.07	V0.38		Ni4.05	Ni4.05
抗拉强度/(N/mm²)	约 1080	约 700	约 855	约 850	约 880
类型	热处理模具钢(加工性能好)	标准的热煅模具钢	高合金铬钢	特殊表面淬火钢(高抛光)	特殊淬火钢(高抛光)
应用实例	用于塑料材料制造的模具板,承受压力模架和注射成型	模具板和用于Al、Mg、Zn压铸嵌件,模具板和塑料材料制造的嵌件	模具板和冲孔切割和冲压	模具板和用于塑料材料制造的嵌件,尤其是高光泽度抛光	模具板和用于塑料材料制造的嵌件,高抗压强度和抗弯强度,以及高光泽抛光

表 2.3 新一代模具钢材

名称	材料编号		
	1.2099HASCO.M	Toolox 33	Toolox 44
成分	碳 0.05%	碳 0.24%	碳 0.31%
	硅 0.35%	硅 1.10%	硅 0.60%
	锰 1.2%	锰 0.80%	锰 0.90%
	硫 0.14%	铬 1.20%	铬 1.35%
	铬 12.7%	钼 0.35%	钼 0.80%
拉伸强度	1060N/mm²	300HB	44HRC
类型	耐腐蚀塑料模具钢(很好的加工性)	回火模具钢	回火和淬火模具钢
应用	模具框架钢	模具框架钢	表面淬火钢,模具框架钢

2.2.2.2 模具制造中标准化的导向元件

在注塑成型中,为了保证生产出完美的制品和高的精度(除了外形轮廓的详细设计),两个半模之间高精度的导向元件是必需的。

由标准件制造商提供的导向元件通常是参照 DIN/ISO 标准进行标准化的。

导向元件的类型有很多。最主要的元件是对中套筒,有此元件才能保证模具板可以准确地相互连接。此外,导向针和导向套筒嵌入到模具板中(见图 2.35)。与整个模具的通孔系统相契合的导向得以保障。所谓容易保养维护的导向元件(见图 2.36)已被人们广泛熟识。

导向套筒是由特殊的青铜合金制作的,并且装有润滑油脂。通过嵌入的固体润滑剂,导

图 2.35　带有导向元件和附件的模具结构 3D 绘图

向系统自动地被润滑，油或者油脂的使用不是必需的。这些元件在模具温度低于 200℃的时候可以满足各种应用。平面导向元件在导向系统的设计中都会出现。这些由传统加工方法，例如锯削和磨削制作的元件，可以适应各种需求。

附加的定位装置也包含在导向元件中。根据所要生产的制品的要求，圆形［见图 2.37（a）］或者方形对中装置［见图 2.37（b）］是十分必要的。除了现存的导向系统，这些对中装置可被嵌入到模具的分型面上。当模具闭合的时候，它们在模具半模相互接触之前起作用。模具的半模通过锥形面的导向准确地移动到另一半上面。

2.2.2.3　脱模标准件

目前注塑制品不仅有广泛的应用，而且具有毫无瑕疵的外观。逐渐增多的零件需要从模具中脱离

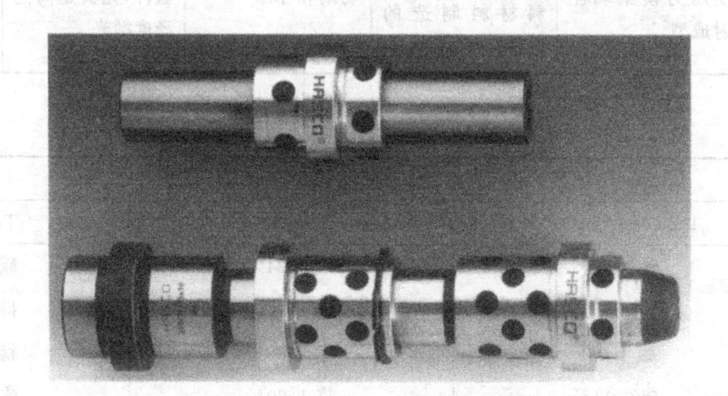

图 2.36　导向元件上的容易维修的导套

(a) 圆形

(b) 方形

图 2.37　固定模具板的对中装置

出来以保证模具永久使用，同时没有脱模剂造成的可见的痕迹留在零件上，这种痕迹对外观会有持久的影响。

标准脱模元件应该在计划和设计阶段有效利用，例如，以一种成本经济的方式使用CAD文件。

对于脱模侧凹和内螺纹，使用可拆卸型芯（见图2.38）。以下两种技术方案可作为标准模具装置使用：

① 带有内芯，实心中心螺柱，分离套筒；

② 带有内芯和导向力扇片的可拆卸型芯。

在这两种变种中，一旦内芯抽去，移动的脱模元件（壳层）会向内部塌陷。将型芯淬火，并为加工轮廓或者必需的螺纹部分的研磨做准备。这些型芯专用于制作模具所要求的脱模方法，不需要其他的设备安装在模具上。

对于一些型芯，在模塑制品上的固定中心螺栓会引起横截面上的断裂。因此，需要注意模塑制品不要陷入可拆卸塌陷的型芯中。这一工作可在脱模辅助工具的帮助下完成（例如，空气吹室）。

由于模塑制品的几何形状，很多塑料制品需要在各个阶段被顶出。通常采用产品从浇口处以逐步脱离的方式分离，和从模具中顶出。

图2.38 脱模侧凹和螺纹的可塌陷型芯

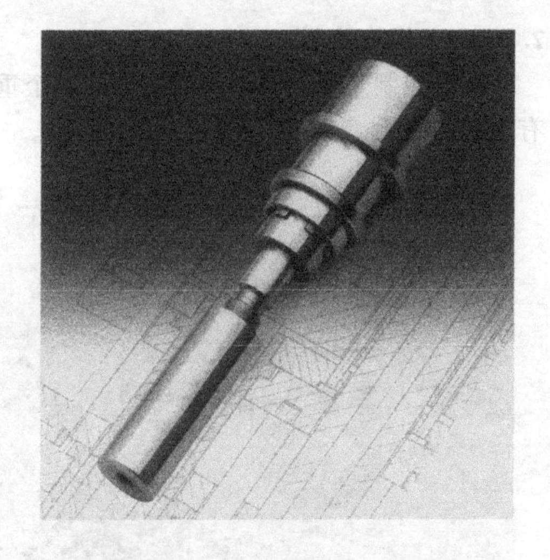

图2.39 带有分散安装的双阶顶出杆，用于冲程运动的部分

对于单个冲程，使用标准双阶顶出杆（见图2.39），其可以将机器的顶出运动分为两个单独的冲程。

这些精密部件成对地安装在中心或者偏心位置。其由液压机顶出杆、注射模具顶出杆和通过机器的打开运动驱动。复位操作通过机器的液压顶出杆或者背压销机械地进行。

正常情况下，顶出销和滑动套筒由扇形片正向相连，一起驱动第一冲程（冲程1）。在指定位置，锥形套筒撞击和扇形片与锥形套筒和滑动套筒彼此相结合，并释放冲程2。最初操作的顶出模板被固定。两段冲程的长度完全得到控制，并且，延时的顶出运动可以顺利实施。

门闩式输送杆：对于具有多个分型面的成型，需要用门闩式输送杆（见图2.40）。根据模具尺寸和指定载荷，至少有两件连接在模具一侧。当打开模具时，指定一个分型面为开启状态。一旦门闩式输送杆的正向连接被机械松开，第二分型面将被放开。另外，之前所述的外部圆形连接在模具上的门闩式输送杆（见图 2.41），在注射模具内组合的类型也是可以使用的。

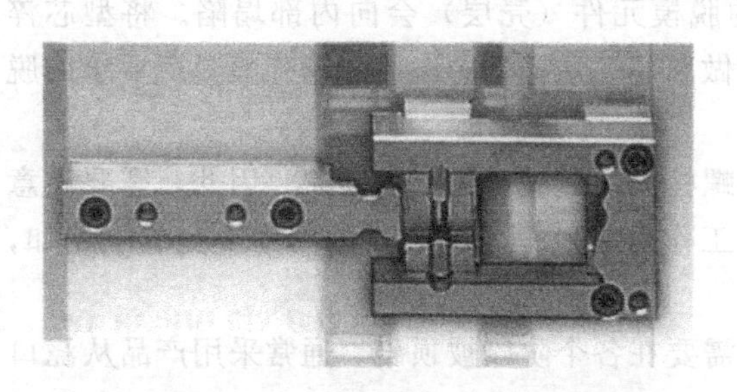

图 2.40 多分型面模具的门闩式闭模装置

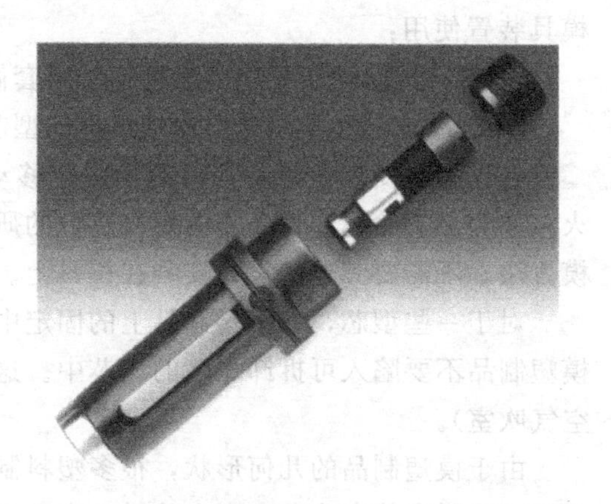

图 2.41 多分型面模具的圆形门闩式输送杆

2.2.2.4 温度控制

温度控制是模具和工具制造中的一个重要问题，对减少制品的冷却时间和节省周期时间有很大的潜力。

图 2.42 带有节流阀的直角式或斜角式快速连接器

对有效的冷却存在着几条标准。大范围的水供应连接器（见图 2.42）和相关的阀已经成为今天模具制造标准的一部分。最常用的冷却系统的冷却流道直径为 9mm、13mm 和 19mm。目前有时候，已经采用公称直径为 5mm 的流道用于小型芯的温度控制。带有节流阀或者不带有节流阀快速连接器是可以得到的。开放式系统的优势在于冷却周期中存在较低的压力降，缺陷是在打开连接器时温控介质的泄漏。封闭式系统可以有效地防止此类情况发生，它们可以关闭冷却流道并且阻止氧气的进入，进而减少腐蚀的发生。

大范围的匹配管子可完成这一基本程序。不同颜色的 PVC（白色或者红色）仍然广泛使用。有金属网的氟橡胶或者聚四氟乙烯（PTFE）管子可在较高的温度范围内使用。

在带油的模具温度控制中，金属网软管被广泛应用，因为它可以承受高温和侵蚀性介质油。

(1) 型芯冷却和偏转元件　由塑料或者铝材制成的螺旋芯棒（见图 2.43）用在冷却型芯上已经有好长一段时间。温控介质通过单头或双头螺纹输入到型芯，然后再排出介质。

如果由于空间狭小不能使用上面提到的元件，可以使用所谓的偏转元件（见图 2.44）

或者喷泉冷却系统。使用横向挡板或者管子将温控介质输入到模具型芯，注射产生的热量按照一定的次序排出。

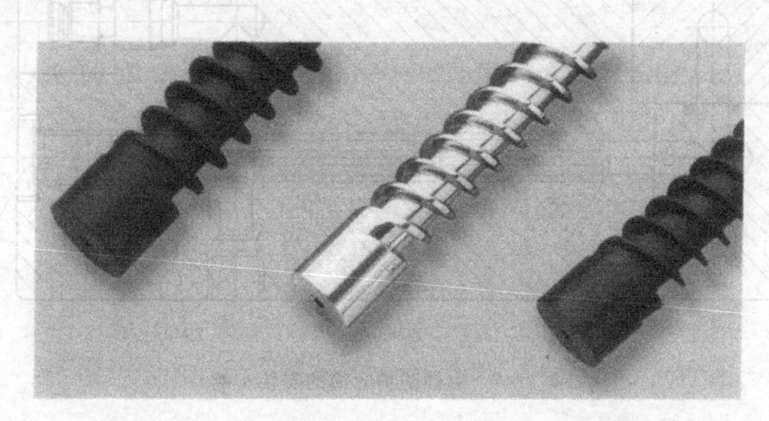

图 2.43 由铝材和塑料制成的单头和双头螺纹芯棒

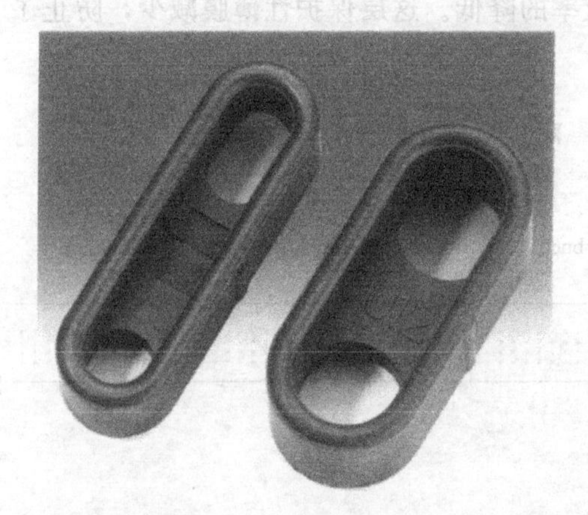

图 2.44 偏转元件，更适宜于复合模具嵌件

图 2.45 由热工具钢淬火的顶出杆

在一些复杂或者难以接触到的型腔区域，可以用标准化的钢材/铜芯棒（见图 2.45）排出特定的热量。直径为 2.5～12mm 的标准化芯棒可用于热点的定向排出。这些芯棒是由钢套和铜芯的复合材料制成，它们经过特殊的工艺结合在一起（MECOBOND® 技术）。

铜芯可直接去除熔体的热量，而塑料冷却得很快，制品可被移出。

在使用复合材料的顶杆时的优势是，与传统的铜质元件相比，它们能够抵抗磨损材料和相应的磨损。

(2) 腐蚀的防护　腐蚀是实现有效温控的最大的敌人。在冷却流道中，仅仅 0.1mm 厚度的锈蚀层就可以导致冷却能力的下降。

出于此原因，在可以使用的地方，都可使用耐腐蚀钢材。在不能使用这种方法的地方，可采用防腐套筒（见图 2.46）。在冷却回路开始处可采用这些套筒（见图 2.47），作为

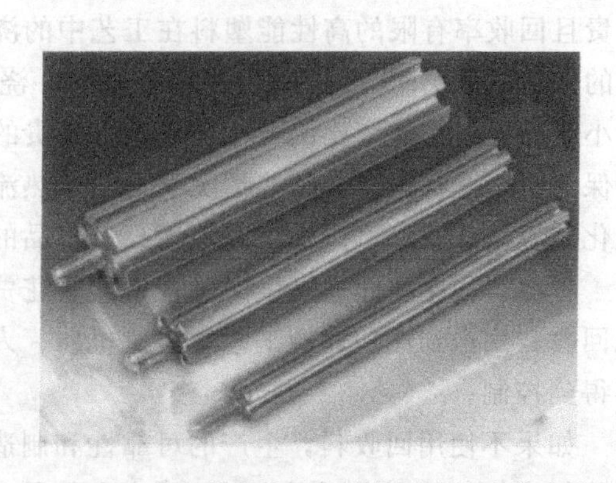

图 2.46 减少腐蚀和石灰结垢形成的防腐套筒

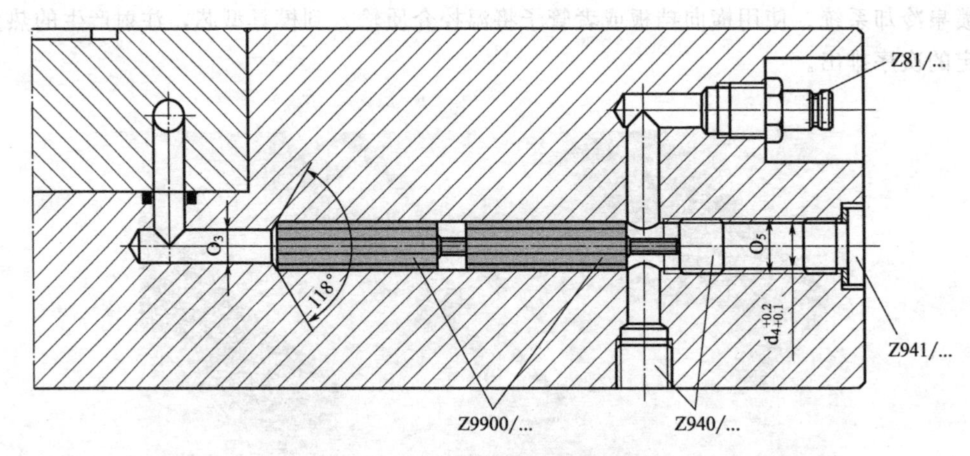

图 2.47 腐蚀防护套筒的安装实例

温控介质的水在套筒周围环绕流动。在模板和防腐套筒之间形成原电池。套筒缓慢溶解，套筒的微细颗粒附着在流道表面，而不会引起冷却效率的降低。这层保护性薄膜减少，防止了冷却流道的腐蚀。

参 考 文 献

[1] ISTMA，*www.istma.com*

[2] N. N.，Press-，Spritzgieβ-und Druckgieβwerkzeuge. DIN-Taschenbuch，Beuth Verlag GmbH，Berlin，*www.beuth.de*

2.3 热流道和冷流道技术

(D. Paulmann，M. Sander)

2.3.1 使用热流道技术的优点

减少循环时间是降低产品成本和提高效率的关键。当使用热流道系统时，必须在分流道或浇口凝固前采取措施。由于冷却时间主导了循环时间，而且在计算冷却时间中，固化横截面的壁厚与冷却时间呈平方关系，因此避免“厚浇口”和庞大的分料系统，可以显著降低循环时间。

降低原材料的用量直接影响每个制品的成本。因此，热流道的应用是可取的，特别是在昂贵且回收率有限的高性能塑料在工艺中的浇口固化，以及在制品质量与浇口固化质量不合适的比例的情况时。图 2.48 清楚地表明，浇口的体积是总注射体积的一个重要组成部分。对小制品而言，这个比例可能会更差。昂贵的原料是（均匀，无热损伤）通过热流道系统部分保持了熔融状态。在某些情况下，一个热流道系统允许较小的机器配有一个较小的螺杆或塑化装置。然后，可以加工并注射只有产品的实际体积。

将浇口固化料回送到生产过程中需要花费资金。浇口分离、转移、研磨和清理，以及将此回收料回送到注塑成型工艺中需要机器、人和时间。如果模具采用热流道系统，这些成本将得到控制。

如果不使用回收料，生产的可靠性和制造的制品的质量会提高。产品的力学、光学和热性能相当好，并不会因回收料的纯度和数量而发生改变。这样避免了由于浇口堵塞引起的生

图 2.48 模框转换，粘接着分流道固化料

产中断。

由于需要手动改变，浇口经常会影响自动化注塑生产的能力。许多因素会影响自动化生产，如会阻碍脱模操作的非自由下落的浇口料，需要定期从机器中去除的缠绕、大量的浇口支架料，以及需要从注射成型制品中手动移除的浇口料。在这种情况下，热流道提供了一个有效的补救措施。

注塑机需要的合模力由压力、模塑制品和流道的投影面积决定。当浇口面积与产品投影面积之比不合适时，可确定必要的注射成型机的规格。在这些情况下，热流道可以使产品在更小、更便宜的机器上生产。

尤其是在主动关闭热流道系统（针阀）中，用于主动过程控制的可能性显著增加。在系统压力下打开浇口，可导致更均匀的充模，并因此可保持一致的产品质量。使用大的开放式针阀，保压的传递优于常规的冷流道浇口。多腔模具可以主动地达到“平衡”。

注射点的形状和光学质量受到指定方式的影响。通过控制浇口的熔体温度，可以显著提高制品性能。剪切速率会降低，如图 2.49 所示。

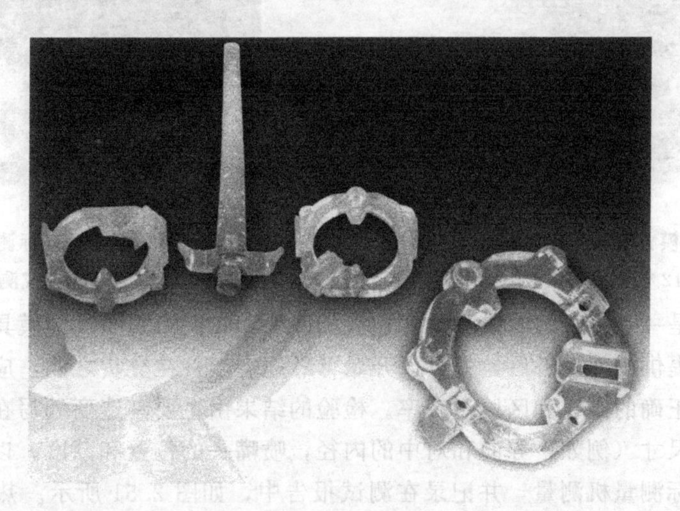

图 2.49 带有浇口和可见剪切效应的光纤具有极佳的光学质量或直接连接针阀（前景）

由于材料在小流道浇口的浇口区域有较高的剪切，影响产品质量的乳白色区域出现在制品中。通过用阀门浇口的热流道直接浇注制品，熔体流动的横截面可以显著增加，剪切可以

减少，产品质量得到提高。

热流道技术的应用仅允许特定几何形状的制品和模具。采用热流道系统，其可达到的浇口位置是传统方法无法达到的；通过顺序注射，可以完全避免主动运动或填充线；在多组分注射成型模具中，可以注射多达 5 种的材料；可以建立高速堆叠模具；薄膜和织物能被重新注入；可以实现气水喷射技术；可实现多腔模具；可以优化洁净室生产；并且可以实现共注射技术。

2.3.2 热流道系统和热半模的设计

如果模具被认为是生产工艺的组成部分，模具的部件被视为一个连贯的功能装置——这意味着它的组件和功能分类会相互作用——就很清楚地证明了热流道系统的正确设计非常重要，同时要考虑产品的所有参数、模具、材料以及准确、高效的生产工艺。热半模包括了所有部件和热流道喷嘴、合模板框架板和喷嘴模板，以及所有相关的标准件和连接件。

在与客户密切协商中，对于每种应用，这个设计包是单独构思、设计、制造的。图 2.50 显示了这样一个热半模。它包括准备连接加热器和温度传感器的电线连接器，温控、导向和合模元件，这些都与模具相协调。

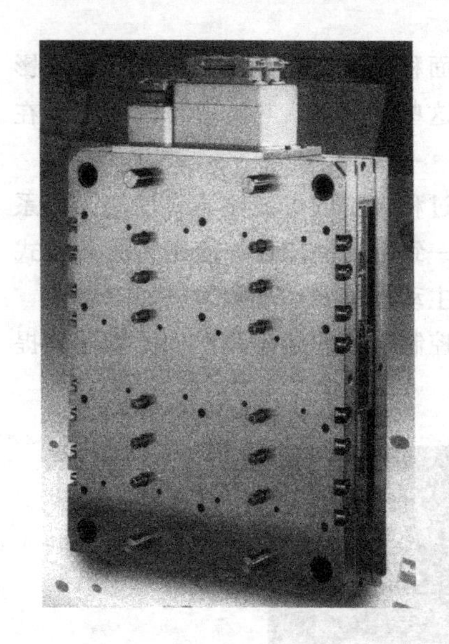

图 2.50 热半模，可以连接或安装 12 模腔

图 2.51 用坐标测量机测量热半模，完成测试文档

客户收到的是一个完整的电线和准备连接的系统，它们只需与其他模具零件相连接。连接相应的控制和提供的外设备后，就可以开始可靠地生产。在交货之前，应检查热半模中所有的电气部件、正确的布线和区域占有率。检验的结果由主要制造商编写在诊断报告中。

所有相关的尺寸（例如，导向和对中的内径，喷嘴头的位置和高度，以及安装尺寸）在装配状态下用坐标测量机测量，并记录在测试报告中，如图 2.51 所示。热半模的概念允许模具制造商及注塑成型的专家极大地缩短热流道模具的设计和生产时间。这不仅可以使用在热流道系统的设计和建造中，而且可以使用在热流道制造商对整个固定半模的设计和建造中。

在规划阶段，模具设计师和热流道设计师之间的紧密合作，对于一个项目的顺利执行和优化产品质量是必不可少的条件。一些服务提供商还支持客户除了型腔区域之外的注射模具的设计、制造和完成组装。

2.3.3 应用领域和范例

在热通道区域的结构技术同质化的建造和建设性的原则，对应用的地区和领域是很有意义的。每一个生产环节需要特定的解决方案和产品特性。主要热流道制造商的普通划分是不同的。例如，某些最常见的分类包括电气应用系统；插头和连接器；汽车内外的应用，以及技术领域；包装和盒盖；化妆品和优质光学产品；医疗行业的解决方案；小型和微型零件，这里仅举几个例子。对于不同的应用领域的技术解决方案的原则示例叙述如下。

2.3.3.1 包装零件、盒盖的热流道方案及各种聚烯烃的应用

特别是在有限的安装空间中对注射方案的聚烯烃的应用，额外的小模腔的间距和长、纤细的热流道喷嘴的设计可用于密封帽和化妆品行业的内浇口。这些产品（由于其紧凑的尺寸）能够达到塑料零件的浇口位置，而传统的喷嘴尺寸是不可能做到的。前喷嘴密封件的配合直径必须是最小的，有时仅为 7mm。浇口位置可以紧挨芯或圆顶。喷嘴最大长度可达 200mm，喷嘴轴的安装空间通常小于 14mm。这些尺寸也允许密封帽或盒盖的内浇口在模具的喷嘴侧配有冷却和旋松设备。这种热流道喷嘴系列如图 2.52 所示，它们以长度细小的变化灵活地作为标准产品，因此可有各种各样的应用。

通过最小直径小于 18mm 的头，最小的多腔模具的尺寸可以非常小。最小模尺寸将不再依赖于热流道的喷嘴尺寸。从在法兰设计的分型面中拔出模腔后，在最紧凑的喷嘴中，喷嘴、加热器和热电偶是可互换的。这简化了维护，并最大限度地减少模具的停机时间。在经典的变化中，所有的组件通常也需替换。为了更换加热器和热电偶，必须拆卸模具的喷嘴侧。靠近这一点的热电偶将保证附近浇口的温度记录。根据每个喷嘴的类型和长度，在实际试验中对喷嘴加热器进行优化。通过在整个喷嘴长度上的均匀的温度分布，可避免材料的损伤。喷嘴头通常是由一种具有优良的热传导性铍钴铜合金制造的，并镀镍或涂层。冷却模腔面积的保温是通过由钛或热导率低的特殊钢制成的密封环进行。

作为细长喷嘴的一个理想的补充，某些热流道制造商提供调温浇口衬套，以实现从浇口区域的最佳散热。这些浇口衬套的设计分别对应于每一种应用，并为客户规范制造。在它们

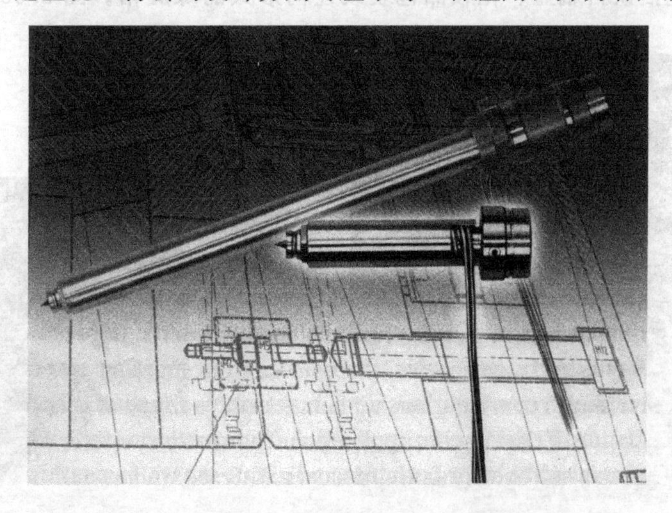

图 2.52 应用于盒盖和包装面积的细长喷嘴“紧密注射”

图 2.53 在配有“紧凑注射”喷嘴的8腔模具中制造的易拉瓶盖

可保证注射和装配情况的最优结果，通常在这种情况中，散热是一个问题。在2～15g中小注射量的范围内，加工聚烯烃、聚苯乙烯的喷嘴特别有用。图2.53展示了一个由聚丙烯油瓶盖。这种注射是在一个长、狭窄的喷嘴内的中心完成的，这个几何结构内有撕裂拉环（箭头指向浇口位置）。用于注射拉环的模具组件很大程度地限制了热流道喷嘴的可用空间。在模具喷嘴侧必要的运动显著地增加了模具组件的高度，因此，除了小直径外，还需要特别长的热流道喷嘴。

加工聚烯烃的其他喷嘴体现在痕迹的质量、压力稳定性、维护的友好性。这些喷嘴是专为要求苛刻的多腔和高速填充模具而应用的；它们是模块化的，很容易制造。在这些喷嘴中，用户可以把一个很宽范围内的直径和长度进行组合，并针对具体应用将很广泛的配件组合在一起。直径约13mm的最小喷嘴适用于内浇口及内部空间有限的浇口，并可用于长度可达150mm的标准件。喷嘴的最大配合直径约为22mm，一头直径为50mm。长度范围可达250mm。喷嘴头的个体化选择允许最佳适应于特殊要求的场合。图2.54显示了该喷嘴主体、加热、热电偶、喷嘴头、喷嘴和用于该模块化喷嘴的其他可选组件。

由TiN涂层的铍钴铜合金，或者钼合金制成的单孔、三孔、顶端开口的喷嘴范围以不同喷嘴头角度作为标准。最佳的喷嘴头选择可保证外观无瑕的制品和良好的浇口点，同时可避免螺旋纹和流纹。如钛隔热环的零件可用于减少从喷嘴到冷却模腔的热传递，以及精确地完成半球盖几何形状的前室嵌件。

借助调整最佳高度的间隔件，以及定位前室和钛隔热环的间隔套，均可有利于模具的安装。为了加速颜色变化，通过使用隔热盖可减小半球区域的塑料用量。这种类型的喷嘴另一个优点是持续的维护友好性。这种喷嘴头以及热电偶和加热器可从前端更换，无需从机器中移出模具。通过对含有在喷嘴模板和喷嘴侧模腔模板之间的电缆线路的热半模的适当结构设计，在拔出模板后，可以快速而方便地改变每个喷嘴组件。这可减少停机时间、提高生产效率。典型的应用包括饮料瓶盖、化妆品包装或任何形式的螺旋帽。图2.55所示的翻转顶盖

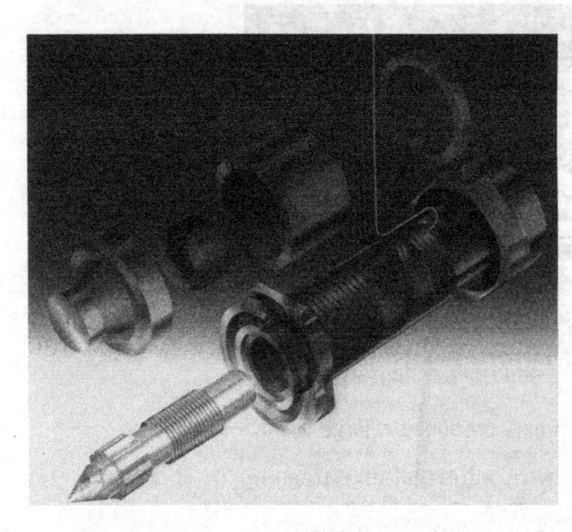

图 2.54 用于高速填充模具的模块化“快速注射”喷嘴

图 2.55 翻转顶盖，大规模生产（百万级）

是本产品领域中一个典型的例子，由于大量的生产，对热流道系统的耐久性要求特别严格。

2.3.3.2 技术组件的热流道方案

热流道喷嘴的具体设计理念是处理高性能塑料领域的加工任务。可以从范围广泛的不同直径和长度的组合中选择适当的喷嘴大小，喷嘴头直径为16～60mm，长度为50～300mm。各种不同几何图形和材料可确保最佳的视觉外观、热传导以及浇口点的高耐磨性。根据应用需要，可选择和使用特殊的铍钴铜、碳化钨或钼合金。

一般来说，所有这些喷嘴在理论上是模块化和可互换的。简单地改变喷嘴头，就能定制系统，以适应改变工艺条件和塑料或浇口设计的修改。图2.56显示了用于加工工程塑料的典型喷嘴和不同的喷嘴的几何图形。

图2.56 制造工程塑料的热流道喷嘴的“技术喷射”

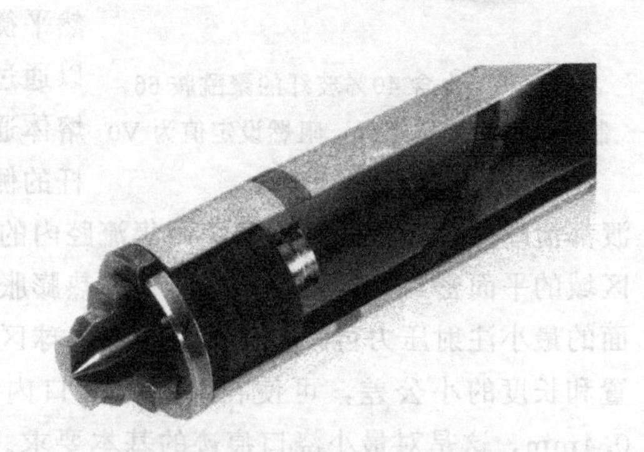

图2.57 “鱼雷喷嘴”的截面，显示了鱼雷和加热器的位置

在依赖过程的尖喷嘴头磨损中，更换喷嘴头无需从模具分型面上拆下热流道系统。热电偶和加热器也可以互换。不同类型的前室喷嘴嵌件使安装变得容易，这是因为消除了前喷嘴进入模具的形式。尤其对于小直径和大的安装深度，这种配合区域的精密制造对模具制造商是一个相当大的挑战。通过用一个精确研磨的配合安装嵌件，安装会变得相当容易。用特殊硬质合金制成的鱼雷头，并结合钢制固定螺母（同时在前喷嘴区承担密封功能），可以保证高抗化学磨损性，尤其在加工阻燃材料过程中因释放气体而发生的化学腐蚀。图2.57中的横截面显示了这样一个配有螺旋固定前室的鱼雷头的装配。也显示了在靠近浇口的鱼雷区域相当大的热输出喷嘴加热器的位置。

用于工程塑料制造的喷嘴的另一个重要特点是在喷嘴长度方向的温度分布的均匀性。当在一个小的工艺区间加工熔体时，特定的值必须满足这个要求。在这种单喷嘴的变体中，最佳的温度分布是通过喷嘴头额外的热传导来实现的。

因此，该系统的喷嘴的所有好处都可用于没有热流道集流腔的单个应用，即使不用相邻的机器喷嘴驱动。喷嘴主体通常由特殊的耐热模具钢制成。这保证了较高的抗压强度，甚至持续温度可高于300℃。用这些喷嘴的概念，可在2000bar或更高的注射压力下可靠地加工填料含量超过40%的塑料和适应V0级的材料。图2.58显示了用这种喷嘴系列制造的系列产品的典型代表。高加工温度、窄工艺区间以及模具零件的磨损和化学磨损风险是这类技术部件的特征。

图 2.58　由含 40%玻纤的聚酰胺 66 制成的电缆连接螺母，阻燃设定值为 V0

2.3.3.3 小型和微注射成型制品的热流道方案

与热流道有关的解决方案已专门开发用于在限定空间内小型和微注射成型制品的多腔、无浇口的注射。作为一个标准的系统，可提供解决方案的为 4、8 和 16 的注入点，和仅 8mm、10mm 或 20mm 的间隔。特殊规格可根据要求定制。热流道系统的最小安装尺寸允许模具使用的外部尺寸为 75mm×75mm。因此，即使用小型注射机如 Babyplast，也可以实现模块化、多腔热流道的直接连接。微型热流道系统的外部尺寸，如图 2.59 所示，只有 34mm×32mm×100mm。

对每个浇注点的要求如压力相等和所有模腔的均匀充模也适用于这些小系统。这是通过整个系统的自然平衡来实现的。相等的流动长度和相等的横截面可以通过一种新型的熔体流动系统实现。在集流腔内的熔体通道没有被钻出，但可用五轴机加工铣削在圆柱杆的侧表面。在图 2.60 中，熔体流道的软的、圆角过渡都清晰可见。因此，可避免因集流腔内的锐边或死角造成的材料损伤。顶尖附近的小半球区域的平面密封可补偿集流腔的径向热膨胀，并且避免了通过阻碍热膨胀的应力。施加到表面的最小注射压力可减少浮力。在小半球区域内的小材料体积便于材料的快速变化。尖端位置和长度的小公差，可使在高温下浇口内的尖端精确定位，因此，最小的浇口直径约为 0.4mm，这是对最小浇口痕迹的基本要求。这些系统的尖端由铍钴铜或一种特殊的钼合金制造，具有很高的耐磨性和良好的热传导性。在整个集流腔长度上的匹配的热输出能确保均匀的温度分布和在所有尖端上沿流动路径的温度均匀。

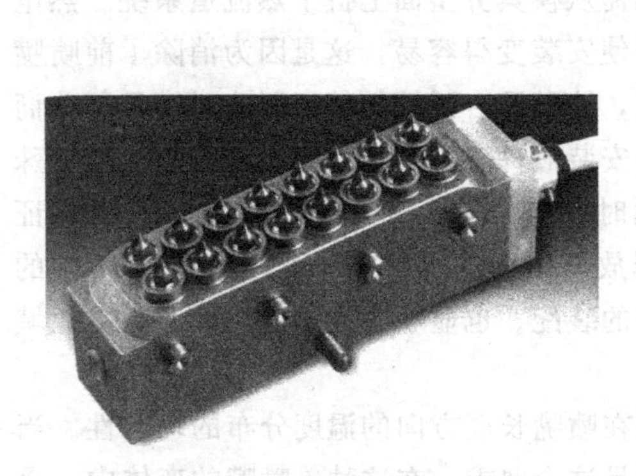

图 2.59　16 浇口位置的微热流道系统

图 2.60　五轴铣削用于自然平衡的集流腔杆

由钛元素制成的支持件可将热传导到模具的热损失最小化。即使在微系统中，加热、热电偶和喷嘴头均可互换。

优于传统系统的一个优点是减少多腔应用的控制复杂性。每个集流腔仅需要一个控制点。这些系统适合于加工聚烯烃、聚苯乙烯和聚乙缩醛。在与制造商协商后也有可能应用到其他塑料上。基本上，每个喷嘴头的注射质量可能为 0.05～2g。如图 2.61 所示，聚甲醛产品只有 0.1g 的产品质量和在小型注塑机“Babyplast”的一个四腔模具中生产。

2.3.3.4 通过喷嘴和多喷嘴的多点浇口的热流道方案

多浇口喷嘴主要用于由一个喷嘴连接几个部件，或由多个浇口点填充一个部件。可选用由铍钴铜、碳化钨或钼合金制成的开放和常规的喷嘴头，如用于侧浇口或阀门浇口的喷嘴和用于凹槽的可调喷嘴头等的特殊设计。可选用的标准件的规格有两个、四个、六个和八个喷嘴，20～50mm 的中径，75～95mm 的不同长度。除了多喷嘴概念的明显优势，如多腔模的成本效益设计和节省空间的结构等，这一概念的临界点需要特别注意。节距圆越大，径向热膨胀越大，热膨胀可使任何类型的喷嘴头机械密封产生剪切载荷。某些多喷嘴的概念完全放弃喷嘴头密封或在密封件中阻碍热膨胀来吸收剪切应力。但是，这意味着很差的材料交换和浮力或密封的问题，以及在循环荷载作用下发生破裂的风险。一种特殊的喷嘴头密封，通过为每个喷嘴提供一种全新的密封系统来解决这些问题。它显示在图 2.62 的背景中。

图 2.61　用微型热流道成型系统制成的 POM（聚甲醛）“弹簧”的微制品

图 2.62　独立尖端密封的多喷嘴

通过注射小半球中用特殊特殊塑料（MurSeal®）制成的密封帽，可密封每个喷嘴头。这种新型密封材料不仅耐温和抗压，还有弹性。这种加工的塑料材料只填充洗好的半球区域。可以实现快速的材料变化和颜色变化。由 TZM 制成的特殊设计的三孔喷嘴头可保证在浇口区具有良好的热传导性。同时，该喷嘴头的材料具有较高的抗磨损性，该区域所受的注射压力最小。较低的力作用在喷嘴和模具嵌件上，这对于增加喷嘴和模具的使用寿命有积极的影响。冷、暖之间的尺寸规格的差异可由密封盖材料的弹性补偿。即使喷嘴中径较大，也可在冷态下安装。类似由脆性材料制成的密封帽开裂的情况现在已不再出现。在高达 280℃ 时依然能保持密封盖材料的抗压和尺寸稳定。优化的半球帽和喷嘴头的几何形状允许最小的浇口尺寸和塑料制品上浇口痕迹的良好光学质量。由于温度分布和控制电路上调节多个喷嘴头，多浇口喷嘴主要适于制造聚烯烃、聚苯乙烯、丙烯腈-丁二烯-苯乙烯共聚物（ABS），以及有更大工艺区间的其他塑料。只有某些工程塑料可与热流道制造商协商后再加工。

2.3.3.5 针阀热流道方案

特别是在热流道区域，针阀技术对定性的和技术的变化的提供了很大潜力，并在未来几年将稳步增长。这类塑料产品的优点是浇口痕迹最小。因此，针阀浇口技术对在可见和使用表面上的直接浇注是理想的，这些表面要求几乎无“不可见”的浇口。浇口痕迹被光学隐蔽了。技术制品的功能表面往往需要“光滑”的浇口，这不影响制品的功能或组件的配合精度。相对于传统的热通道连接，浇口点的有针对性的开启和关闭还有其他优点。

更好的保压压力传递、减少剪切的影响、避免热流道喷嘴的偏离、快速充模和因此较短的循环时间、和更高的生产力都是这些过程的一些优势。某些特殊的注射成型过程，如顺序注射，只能使用针阀系统。通过连续浇注，熔接线可被避免或被转移到不会对制品的力学性质产生负面影响的区域。对于大的可见部件（例如，汽车制造中），通过选择性地打开和关闭的浇口，可完全避免熔接线。气体和水的注入以及发泡过程只能采用针阀系统，避免了在热流道系统中辅助介质的回流。在多腔模具中，用较小的制品质量，无需过载可实现均匀的制品填充。通过针和套筒的组合，能够通过一个浇口进行多制品的注射。

配有直接集成到模具合模板上的气动活塞调节器的针驱动器已证明是成功的。如图 2.63 所示，标准化的结构可以很容易地安装，如径向补偿和针调整等重要功能已被集成到组件中。

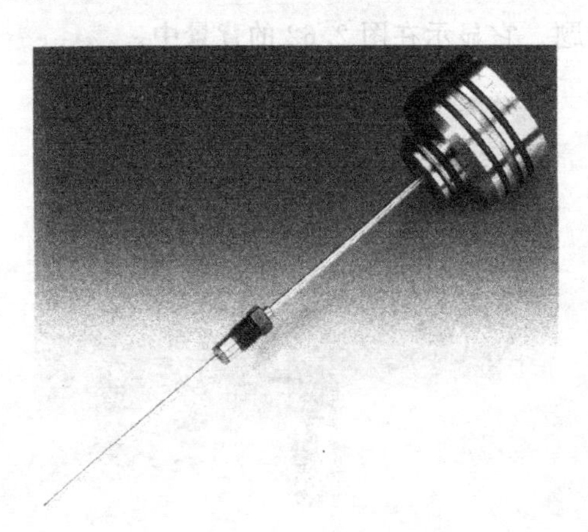

图 2.63　针导向和阀门喷嘴的气动针驱动

这些活塞通过 6～8bar 的气压或通过有更高功率要求的中间压力倍增器来驱动。活塞直径尺寸在 40mm 左右，以便有足够的力量建立关闭时的保压压力。4～8mm 的行程长度允许宽的针头缩回，这允许了成型制品的低剪切充模。氟橡胶密封件的使用使驱动区域温度大于 100℃成为可能。使用特殊的气动控制单元，可以根据从注射成型机控制器发出的信号调节开启和关闭的确切时间。为了生产环境的整洁，该驱动器只有有限的适用性。这是因为使用了润滑空气，尽管它比液压驱动明显更清洁。

一种常用的变化是液压针驱动，或直接装在模具合模板中，或作为一个完整的驱动单元安装在热流道集流腔中，如图 2.64 所示。驱动介质是来自机器或一个单独的液压动力装置中的液压油。尺寸从小于 20mm 开始，因为较高的压力（60～80bar）也能保证在较小的活塞面积上有足够的合模力。行程长度超过 8mm 成为可能，这也保证大直径针可以远离喷嘴的浇口面。驱动区域中的温度必须永久保持低于 80℃，否则合成油会失去它们的性能。

这种组合系统的合模板需要强制冷却。组合系统需要热流道集流腔和驱动单元之间具有良好的隔热。操作是通过注射成型机或外部设备进行的。为了洁净的生产环境，液压驱动器只能有限使用，因为即使最少的油泄漏也会导致洁净室的环境污染。板式驱动器是经常使用的，特别是紧模腔间隔和多腔系统。阀门浇口喷嘴被固定到一个类似于注射装置的板式组件中，它是由气动或液动驱动的。针的间隔只能由喷嘴尺寸确定，因此可以非常小。

力的大小和行程长度均取决于使用的驱动器，并可以设计得很灵活。驱动装置安装环境中的温度必须通过设计措施保持在允许的范围内。尤其重要的是，板式驱动是刚性结构。必须通过精确的板导向可靠地防止倾斜。通过注射成型机或外部设备实施操作，这取决于驱动器装置的要求。特别是对于中心安装单针关闭系统，不同类型的杠杆、棒、或者连锁外形也被用于针的驱动。这些驱动器通常由通过安装到模具外侧的气缸的液压或气压控制。控制、行程和施力由驱动装置的类型确定。清洁的生产环境的适宜性也由驱动器的类型决定。

新型电针驱动器可分为伺服电机驱动器和电磁驱动器。对于伺服电机，用阀针使旋转运动变为轴向行程运动。对于电磁铁，两个电磁线圈移动一个衔铁。图 2.65 显示了使用在喷嘴头中针导向的热流道喷嘴（靠近浇口），连接到关闭针的电磁驱动单元。

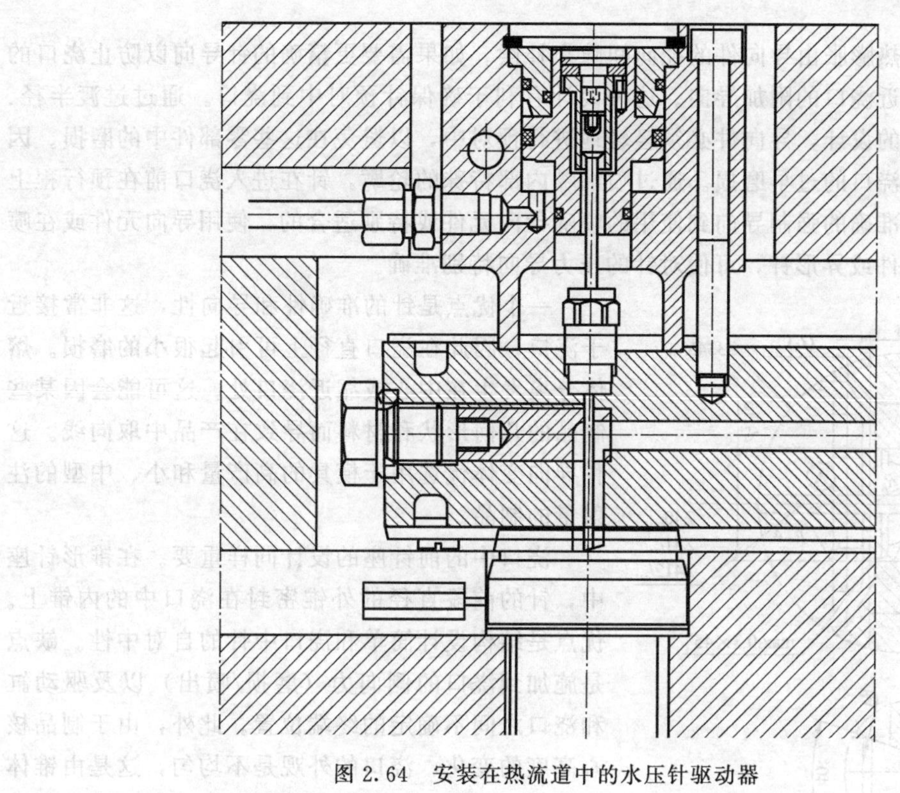

图 2.64　安装在热流道中的水压针驱动器

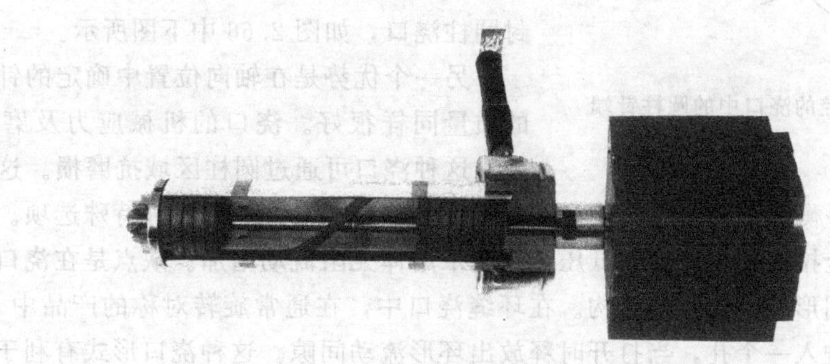

图 2.65　电磁驱动的阀浇口喷嘴

电磁驱动器可以安装在 50mm×50mm×60mm 以上的空间；伺服电机需要较大的安装高度。电磁铁要求行程长度可达 3mm，如前所述，使用接近浇口的针导向的特殊喷嘴头。在这些结构的驱动区域内的温度必须保持冷却（<80℃）。伺服电机的控制需要相对昂贵的外部控制设备，这些设备也扩大其应用的灵活性。电磁铁可以通过注射成型机的控制装置直接操作，或添加简单的变压器设备以实现多腔应用。这两个系统非常适用于洁净室的应用和全电式机器的使用。集流腔体中的导向通常是导向的变体，所述导向元件是被旋拧或插入集流腔块中的。

导针的位置受集流腔径向热膨胀的影响。当钻导向孔时，必须考虑热膨胀。一个优点是易插入、磨损情况下易更换和使用标准喷嘴的可能性。为保证精确的控制和安全密封，导孔必须磨削加工（R_z4）。喷嘴头部的导向件或直接结合在该喷嘴体中，或单独进行密封和导向元件的组合。在喷嘴和集流腔之间的连接被设计为一个滑动座中，热膨胀不影响针的位置。

集流腔体的热膨胀由导向件的径向间隙来补偿。如果需要更精确的针导向以防止浇口的磨损，应提供靠近浇口的附加导向。这种设计有利于确保针预对中到浇口。通过过渡半径、针角以及喷嘴头的设计，导向件必须轻轻地进行预对中，以避免在这些零部件中的磨损。因此极大地防止了浇口的过早磨损。通过喷油嘴内部特殊的轮廓，针在进入浇口前在预行程上被预对中。特别准确的强制导向到使用的喷嘴导向元件或特别适合的，使用导向元件或在喷嘴头中特殊配合件或异形针，可使对针的压力导向特别准确。

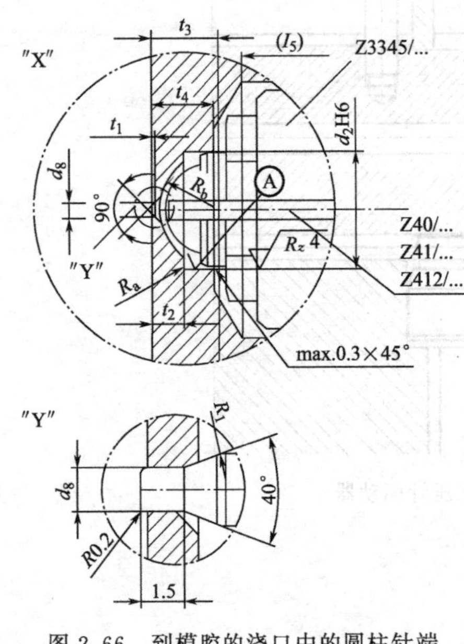

图 2.66 到模腔的浇口中的圆柱针端

一个优点是针的准确性和导向性，这非常接近于浇口，因此在浇口直径上可引起很小的磨损。熔体分离发生在中心或靠近浇口处。这可能会因某些制品的几何形状和材料而导致在产品中取向线。这种导向变体优选用于模具的高产量和小、中型的注射量的制品。

浇口中的前针座的设计同样重要。在锥形针座中，针的前段直径的外锥密封在浇口中的内锥上。优点是结构设计简单和浇口中针的自对中性。缺点是施加到浇口的侧向力（磨损/喷出）以及驱动缸和浇口之间不确定的终端位置。此外，由于制品核心高度的变化，浇口的外观是不均匀，这是由锥体材料的置换引起的。在圆柱形针座中，针的外径密封圆柱浇口，如图 2.66 中下图所示。

另一个优势是在轴向位置中确定的针端。浇口的质量同样很好。浇口的机械应力及磨损减小得多。这种浇口可通过圆柱区域抗磨损。这种系统在针的终位置中力平衡明显。除了圆锥和圆柱针座和浇口之外，还有各种特殊选项。侧浇口可从熔体流道中完全拉出针，以便在低压力损失下熔体无阻流动增加。缺点是在浇口处不对称加热和复杂（椭圆形）密封几何结构。在环缝浇口中，在通常旋转对称的产品中（如齿轮、CD、DVD），针进入一个孔，当打开时释放出环形流动间隙。这种浇口形式有利于径向精度高地填补制品。

通过一个喷嘴注射几个制品是这种浇口设计的另一个特殊优点。通过针和一个喷嘴（浇口）套筒的结合，模芯收缩的解决方案，即不同层的材料通过一个注射点以及层状程序均可实现。在这种阀门浇口的变体中，喷嘴中熔体流动和驱动器的制造是一个特殊的挑战。被加工的材料必须在相同的加工区间。在磨损情况下，简单的针调整和容易更换针，对于阀门浇口系统的调试和维护是重要的。在轴向方向上调整针应在操作温度下进行，这是为了考虑在针位置的热膨胀。这种调整主要通过螺纹和锁紧螺母进行。某些伺服电机驱动的系统能够在过程中自动重建针的位置。

合模板、热流道集流腔和喷嘴/导针之间的热膨胀差异，可以通过驱动中的结构措施来补偿。该部件轮廓的前端部分调整的针必须固定，以防止操作中的扭曲。这可以通过驱动内部或外部的附加导向元件完成。高的针温度会导致“黏”的针和难看的浇口痕迹。针前端的涂层或结构化可以减少黏的倾向。塑料的温度、针的热容量、针和冷却浇口之间的接触面积，以及热传导的接触时间均可影响针的温度。

这些参数可以通过针的设计（例如空心），在浇口前的圆柱部分的接触面积优化（“合模面长度”），以及增强和延长冷却循环时间来改进。电动阀门浇口系统特别适用于医疗产品、食品包装，和所有在模具中油和润滑剂可能导致问题的应用中。驱动装置的驱动或是电磁，或是由伺服电机驱动，无需任何油或润滑空气。通过针驱动或其供应设施可消除制品的泄漏和污染，大大简化了模具的维护。由于油泄漏引起的针驱动系统的洁净室环境污染已不再是一个问题。电磁阀门浇口可以理想地与全电动注射成型机组合。舒适的控制和低能耗的安静操作也是其优点。

电磁系统安装到模具中非常简单，显然比安装常规针驱动更符合成本效益。不必将支撑孔钻入到合模板中。电磁铁的控制非常简单。通过从注射成型机待定的 24V 信号，可以触发针的行程。这种控制技术可以用任何现有机器的控制系统实现。顶出销可作为阀针，阀针可作为标准件（成本效益和现货）。针直径可能是 2mm、2.5mm 或 3mm。此外，多腔阀浇口热流道系统可以用电磁针驱动器很容易地建立（见图 2.67）。

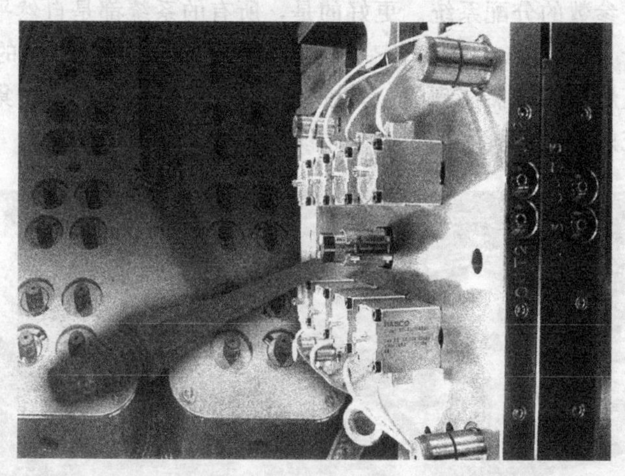

图 2.67　带电磁驱动阀门浇口系统的 32 腔模具“飞镖尖”

2.3.4　热流道集流腔系统、线绕系统及热半模

当选择适当的热流道为特定的应用时，有一些决定成功或失败的因素。尤其是堵塞和偏转。熔体应该用尽可能低的剪切力从机器喷嘴到热流道流动，并没有死角和边缘。此外，应特别注意集流腔的加热。均匀的温度分布可保证均匀的热量输入到熔体流道中，这可避免局部过热而损坏材料。集流腔的平衡（自然或流变）以及熔体流道直径的设计和表面质量是成功生产的关键因素。冷却模中的热集流腔的热绝缘和避免通过传导、对流和辐射的过多的热量损失可有不同的解决方法。机械稳定性和长期的耐压性更是决定性的因素。下面描述了从标准转向器和有线系统完成热半模。转向器如图 2.68 所示，转向器应用的场合为，必须以简单的方式完成单一偏心浇口。可选用的集流腔体的标准尺寸为 40～180mm，通常会有现货供应。通过使用专用钢制转向器可实现无“死角”的熔体保存材料的转向，这可用在集流腔中的垂直配合件中。

标准转向器的圆形熔体流道可保证无死角或边缘柔和的材料导向。这种“流动单元技术”也能快速换色。维护特别方便，因为采用柔性管加热器加热集流腔。当需要修理时，这

图 2.68 用于单个模腔的偏心浇注的集流腔体

些自由弯曲的矩形加热元件可以现场更换加热系统，以保证集流腔体的最佳换热。对于更复杂的分布，特别是在多腔系统中，必须注意热流道集流腔的设计是单独针对每个应用的。灵活性、安全生产、可使熔体材料柔和流动的引导和相对容易的维护是关键。技术先进的热流道模具由特殊钢制造。

通过材料的最佳均匀性和预定的机加工参数，可得到无槽和振痕的材料流道通孔最光滑的表面。可避免滞留物料，并且保证成型制品的高质量。研磨抛光可以进一步提高熔体流道的表面质量，这可能对重要和频繁的颜色变化有益。

通过对熔体流道通孔的变径设计（取决于特定的应用），可优化关于保压时间、压力降和减压的行为等相反参数的分配系统。更好的是，所有的系统都是自然平衡的，如果有必要的话，可以使用基于 Moldflow 计算的流变平衡集流腔。复杂型腔排列的灵活平衡在几个层面上是通过使用垂直熔体转向器实现的，其中每个转向器可以包含多个集流腔层。这种折流的原理可使用在传统的分配系统和完全有线系统（见图 2.69）中。

图 2.69 带有一个垂直收缩转向器和完全有线系统的 8 腔集流腔系统

通过缩小钢制转向器的堵块能够保证系统的气密性，即使喷射压力非常高。现代系统通过空气环隙绝缘进行热优化，并采用具有低热导率的高强度钛元件支撑。由陶瓷材料制成的支撑也可使用，但是要严格评估力学稳定性和抗剪切应力的疲劳强度，这些可能发生在加热和冷却系统中。抛光铝反射板能通过辐射减少热损失。热流道系统的整个框架能避免模具中的烟囱效应和不同的热分布。完全有线热流道系统补充了安装的标准系统的广泛范围、安装系统，以及一个更有关系组件的热半模。在系统设计中，客户收到一个完整的系统、完全有线和管状，但没有侧喷嘴模板。系统是在与客户建立密切的磋商后单独设计制造的。喷嘴或旋拧到集流腔中，或最好浮在热流道上。这可避免由有害热膨胀在喷嘴上引起的应力。

尺寸精度和适当的电气线路的保证由热流道制造商负责。此外，制造商通常要保证自由喷嘴和集流腔之间的空隙。完全有线系统的主要优点是避免了模具制造中额外的连接工作和易于模具维护。通过使用这些系统，可以在模具制造中节省时间的同时，保持模板生产的灵活性。另一个优点是可插拔的布线，这可以保证电气安全。

最高的可靠性和完全无故障的集成到注射成型模具中可以用热半模实现，这在第 2.3.2 节中已有描述。所有与热流道侧有关的边界条件是由热流道生产商考虑的，并在完成组装中实现。

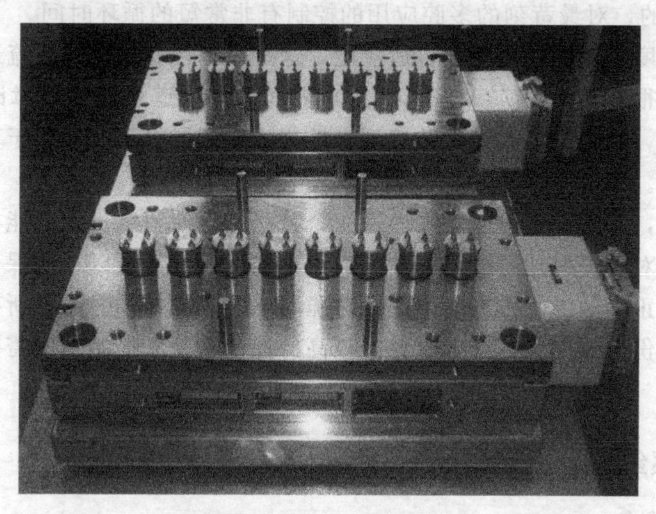

图 2.70 组装完毕的使用多喷嘴连接 32 腔的热半模

图 2.70 显示了两个这种交钥匙系统，配备多喷嘴的内容已在第 2.3.3.4 节描述。

2.3.5 热流道控制技术

选择合适的控制技术可以对注塑生产零件的质量和生产率产生关键作用。通常，特殊的热流道控制技术在注塑机控制中具有明显的优势。市场提供了广泛的控制器，从较廉价的用于单喷嘴的单一区域控制器，到基于 PC 的模糊逻辑和触摸屏显示多域控制器。产品的多元化可以选择为每个特定的控制任务的最优控制器和各控制截面。不同的控制选项和对所有的控制参数的影响之间的妥协，和每个控制在低价位的简单、实际操作，常常是不容易找到的。简单的控制器可用于控制标准的加热器、加热块和独立的喷嘴。设定目标值是为了方便用户，易于用十进制开关或数字输入。设定值和实际值显示在数字显示器上。这些控制器通常是由一个预编程启动器组成，用于柔和加热元件，并让温度减少 50%。极性错误或温度传感器的破损由控制器诊断并显示出来。

微处理器控制的多区域控制器的特征在于，在可抽出滑动技术中的 1～128 区的模块化设计，简单的设定点的调整是通过十进制安全开关或通过数字输入进行的，并且有非常高的性价比。

功能操作的特点，如使用方便的可读式数字显示确定故障诊断，显式故障诊断用易读的数字显示，在热传感器发生中断的情况下会自动切换到手动模式，对注射成型机无电位连接，有标准的报警输入输出，启动及报警限值的编程，以及温度降低的编程，都是现代控制设备的标准执行包的所有内容。约 3600W 的功率可用于每个控制模块。通过现有的标准接口，控制信号在某些情况下可从注射成型机获得，如生产中发生自动降温引起的生产中断。此外，如在停工停产中的升压（用于启动或颜色的变化，短期温度增加）和温度下降等功能，可以通过简单地按下一个按钮即可实现。即使是最苛刻的快速控制任务和小质量可靠的热流道控制喷嘴，都可以可靠地用 PID 控制器控制。对于几乎任何控制情况都能自由优化。

因此，除了软启动、降低温度、报警值、报警参数和其他赋值外，短期温度的增加（增强功能）和各种不同的记忆设置也可以进行操作。与PC通讯的中性接口和用于PPS（生产、计划与控制系统）的数据采集系统，如今在市场上已经可以见到较低的价格。多域控制器都是基于工业PC建立的，对最苛刻的多腔应用的控制有非常短的循环时间。

根据不同的精度、功能、易用性、适应性，这些控制代表如今的热流道系统的分类。所有的控制功能可以很容易地适应Windows用户界面。热流道系统的故障诊断分析也是可能的，以及主从结构，和将图纸或照片装载到人性化的触摸屏显示，可用于直观化的调整喷嘴和热流道块控制区。

通过组块控制，它通常也可以定义多达4个独立的可编程组。此功能在两个或多组分注射成型中很有利。对于每一种组分，具体的启动和加工参数都可以单独保存。因此，可以避免由于温度高或不正确的温度设置而引起的对脆弱软制品的损伤。通过所有工艺数据的长期存储，可以提供一份质量保证的详细文件。较高的控制精度和控制技术需要使用高质量的连接和布线部件。

2.3.6 冷流道系统

2.3.6.1 功能与优点

市场上冷流道系统（CRS）可用于硅橡胶（LSR）和其他弹性体的加工。利用CRS加工热固性塑料还处于研发阶段。

利用CRS的目标是无废料、高质量地生产交联成型制品。

与热流道系统相反，在CRS中加工的材料被冷却或硬化。因此，在CRS中，材料的标准温度是20～80℃，然后加热模具到200℃。通过比较，该（热塑性）材料在热流道加热到180～380℃，然后在模具中冷却。

液体硅橡胶呈液体或黏稠膏状，在模腔中可以加热固化，并因此交联。所以，必须保证被加工材料在特定条件下的冷流道输送，以防止到达模腔之前过早固化。

CRS可以设计为开放式或封闭式系统。在开放系统中，必须防止硅橡胶到喷嘴尖端（在模具的一半或更多）的固化。一个清晰的冷热分离需要很多的经验，并且在实践中往往不能最好地实现。然而，开放系统的一个主要的优势是，生产相同的模具尺寸，可以使用尽可能小的喷嘴距离和更大的模腔。由于省略了整个喷嘴控制，开放的CRS相当小，并且比较便宜。这些优势相对于封闭的CRS系统会带来高压损失和低注射量。

机器受限系统和模具受限的冷流道系统之间存在区别。标准化的冷流道系统在经济上贡献很大。标准元件是优选配备阻气门的关闭喷嘴，这提供了巨大的经济效益和生产优势。

一个封闭的CRS是由阀门喷嘴控制的。在图2.71中，这样的系统显示为一个模具。在注射成型机，右半模通过快速合模系统和CRS加热后与热模板连接，分型面则在这两个半模之间。图2.72显示的是相应的CRS。喷嘴可以用液压、气动或电驱动控制。使用这种喷嘴控制，在低压力损失和高注射量的条件下，可以达到精确的冷热分离。此外，单个喷嘴是精确可控的，并可以影响不同的材料加工条件，以及生产质量稳定的制品。

可选择不同长度的喷嘴类型，并根据应用和注射体积大小使用不同的喷嘴。

对注射成型机的注射单元，也可根据不同的应用选择不同的喷嘴。喷嘴安装到机器的塑化单元中。用从混合和计量装置直接进料的单喷嘴完成用于注射大容量制品的程序，如绝缘体。

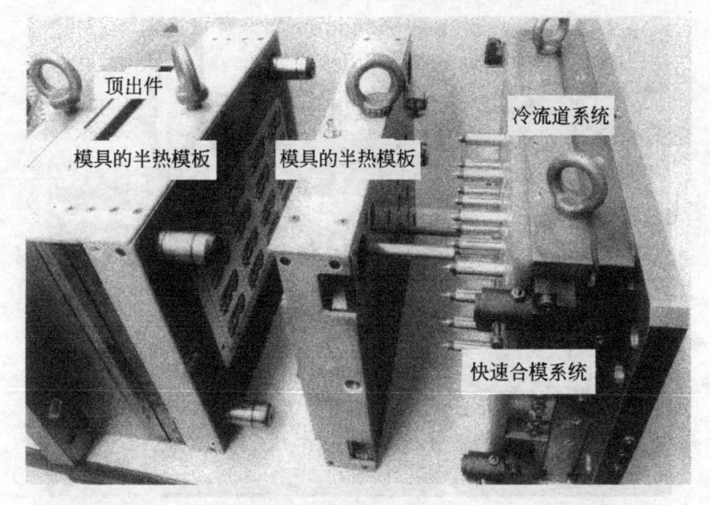

图 2.71 一个 CSR 模具的模具概念（DME 公司图片）

图 2.72 16 腔冷流道系统（DME 公司图片）

2.3.6.2 可加工材料

硅橡胶可作为硬质橡胶加工（HTV），硬质橡胶是过氧化交联或附加交联的液体橡胶（LSR）。LSR 的橡胶加工温度约为 20℃，而 HTV 高达 80℃；交联发生在 160～200℃。

硅橡胶耐热、抗老化、耐化学腐蚀，它们的特点是在－70～200℃宽的温度范围内能保持其力学性能。标准类型的邵氏 A 硬度为 20～90。可提供导电类型、氟硅类型、厌油、快速交联以及难改性的类型硅橡胶。硅橡胶可用于汽车工业和机械工程、电子与电气工程以及医疗、卫生和住房领域，以及应用于食品工业中（图 2.73～图 2.76 显示硅橡胶制成的典型产品）。

在传统注射成型机改进机上，基本上可以加工所有类型的硅橡胶。相应的注射单元和多组分应用的筒体模块由制造商提供。

2.3.6.3 模具技术

在新型模具设计中，必须确保其高力学稳定性。只有这样才能保证喷嘴紧贴模具。不断的热诱导应力严重影响到喷嘴头。坚固的模具能减少发生应力的影响。

注射成型模具必须要有足够的力学稳定性，以避免模具分型面上形成不必要的飞边和超

图 2.73 在半模中的婴儿奶嘴用 CRS（DME 公司图片）

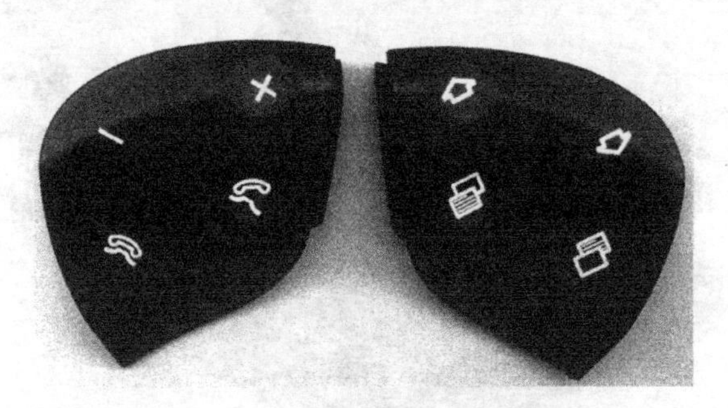

图 2.74 一个汽车方向盘的按键帽，用 CRS 制造（DME 公司图片）

图 2.75 硅橡胶制成的咖啡自动售货机的阀门嵌件（DME 公司图片）

图 2.76 硅橡胶制成的口罩（DME 公司图片）

出测量公差。由于低黏度的硅橡胶，超过 0.005 公差的元件容易形成飞边。因此，硅橡胶注射模具是需要足够排气的紧模具。通过具体的措施，这个问题也是可以消除的。应用真空技术是一种常见的做法。

浇口系统：硅橡胶可用注射成型工艺加工。冷流道系统作为浇口系统使用，已证明是有利的。冷流道系统的任务是引导橡胶到集流腔或部件，但没有显著的温度上升，同时避免压力下降，保持均匀的压力分布。浇口集流腔必须保持平衡。对部件的连接可以使用薄膜浇口、环形浇口或针孔形浇口。槽形浇口也是可能的。由于硅橡胶良好的流动性，流道可以比热塑性塑料加工成更小的尺寸。

2.3.6.4　脱模

最有效的脱模原则的选择依赖于排序，通常也是一个重要的决定。根据这一选择可判断制品脱模时是否损坏或仍然可用。主顶出件类型有圆形顶出件、套筒顶出件及平面顶出件。

这些顶出件，或它们的组合是有利于的，这是由于注射成型机是专为它们制作的，且循环时间较短。浇口痕迹和薄壁件的变形必须考虑这些解决方案。

相反，也可以使用以下脱模类型：

① 脱模，无论是手动或用拔出装置；

② 用操作和抹刷装置脱模；

③ 用中间板连接的吹出脱模。

这些脱模类型需要一个简单结构的模具，通常用硅胶模具制作。其缺点是较长的循环时间。

除了这些脱模类型，如用空气顶出件吹出制品的模具的喷射技术也可使用。通常，这些顶出件设计成蘑菇形顶出件。这种技术是有效的，但很复杂。由于严格的公差要求，圆柱形顶出件通常不适合。

由于模塑制品壁面的高黏着性，顶出可能受到不同模具表面的影响。对于硅橡胶来说，抛光面附着力强，粗糙的表面允许更容易的脱模。

2.3.6.5　模温控制

在实践中，重要的是模具的外形要足够的绝缘。为了避免热损失，模具温度稳定保持在约200℃，模具与冷流道和机器之间通过绝缘板保持隔热。好用且实际的绝缘能显著地增加经济效益。模具中硅橡胶材料交联主要由模具中均匀的温度分布决定，并直接影响产品的质量。

均匀的模具温度控制对制品的质量和最小循环时间有重大影响。可以使用不同的解决方案。常用的是标准的加热器、加热圈或加热板，它们能保证模具内温度均匀分布。也可以使用如油类的流体加热模具，但必须保证足够的能量。计算得到需要约50W/kg的能量来加热材料。

冷流道系统有更高的需求，要求温度控制更加可靠，特别是喷嘴。主要用水作为冷却介质。优点是冷却回路的可变数量，以确保冷流道块内均匀的温度模式，其中包括安装的喷嘴。

2.4　注射成型模具的温度控制

(P. Thienel)

注射成型模具是最昂贵、技术最复杂的设备之一，需求多变，精确度标准高。注射成型模具需要高效能工作，以生产高质量的制品。为达到这种效果，需要有一个持续工作的换热器。特别是对于高质量注射模具，必须要以较高的性价比制造，最重要的是塑料提供给模具的热量，能够以最快的速度均匀地传递到每个横截面上。温控系统的类型和设计对加工效率（循环时间）和产品质量有决定性的影响。这些参量均受到所选有效温控器的影响。温控器的选择、设计和尺寸确定不是简单的工作，很多模具设计者通常对其没有经验，所以没有重视。

不符合实际需求的系统会导致表面损坏、高残余应力、翘曲甚至零件的破裂，也可能造成模具的损坏。另外，不充分的冷却，因长循环时间而降低工作效率[1~5]。

“冷却”这个词应该避免，因为模具的控温不仅指去除热量，还包括某一温度值的特定设置，这会影响零件可再生产性。

2.4.1 模温控制的任务和目的

注射成型模具的温度控制必须要完成两个主要任务（见图 2.77）。为了满足所需的制品质量和性质，保证温度在模具中的热量及均匀分布，注射成型模具需要持续地在短时间内分散获得的热量。在这里，质量和效率通常是两个彼此矛盾的因素。

在温度控制中，要找到可能短的循环时间和优质的制品质量的折中点（见图 2.78）。根据较短生产周期的需求，应该强力冷却模具。

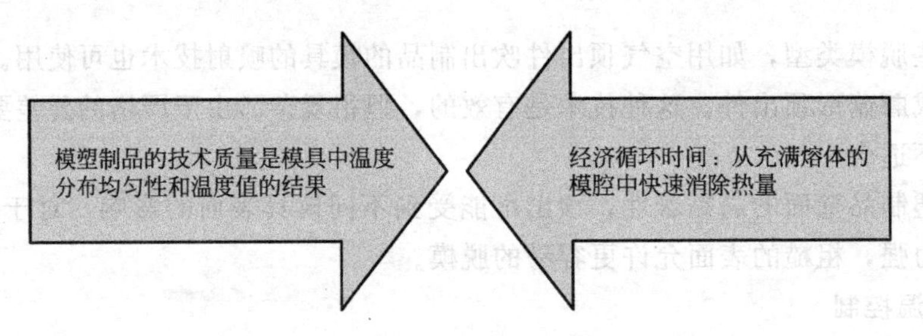

图 2.77　模温控制的主要任务

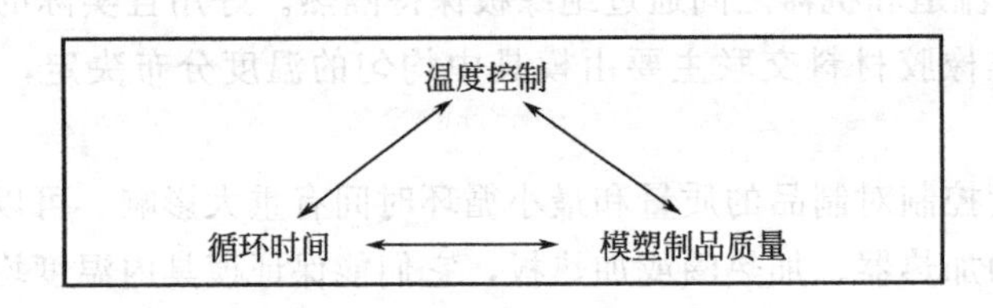

图 2.78　模温控制的折中点[6]

这会影响到模塑制品的质量。以下模温控制的目的重点是[1]：

① 模腔目标温度（由原材料制造商制定的或者经验所得）必须尽可能精准地控制。

② 模腔表面温度应该尽可能地均匀分布。否则将一方面引起模腔壁和温度控制介质的温度差异，另一方面引起流体进出口的温度差异。

为了达到上述目的和要求，除了传统的温度控制，未来将使用新的温控技术和概念：

① 基于等温图的温度控制；

② 真空钎焊；

③ 扩散焊接；

④ 使用高热导率的材料；

⑤ 使用导热块；

⑥ 变温过程控制（介质和感应加热）；

⑦ 脉冲温度控制；

⑧ 模芯冷却；

⑨ 高压温度控制；

⑩ 二氧化碳冷却。

在实际应用前，为了得到最优的温度控制，注射成型模具越来越多地使用计算方法进行标定。通常，将会用到系统边界理论和复杂应用的有限元理论。

2.4.2 加工温度对冷却和循环时间的影响

图 2.79 中展示的表格说明，脱模和模腔的温度对循环时间（冷却时间）有较大的影响。从中很清楚看出，循环时间可以受到温度控制的强烈影响。然而，熔体温度的影响却很小。模腔温度升高 1℃和脱模温度降低 1℃都会延长 2%的循环时间；但熔体温度升高 1℃仅延长 0.3%的循环时间。

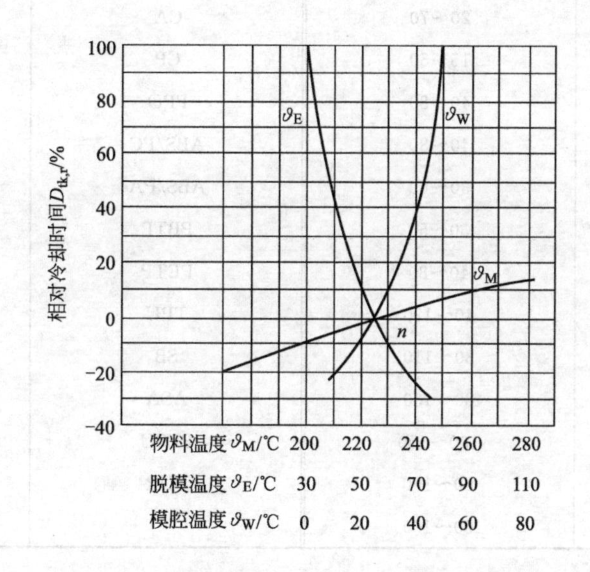

图 2.79 相对冷却时间随料温、模腔温度和脱模温度变化的函数[7]
例：聚苯乙烯，壁厚 2mm（图中 n 为当前操作点）

2.4.3 模腔温度

模腔温度是模腔表面在循环过程中产生的温度。这个温度不应是随意产生的，而应该谨慎地设定，并调整到期望值。它不是一个定值，而在生产过程中是波动的。模腔温度在循环过程中会产生锯齿状的波动（见图 2.80）。温度的波动介于开模（无模塑制品）的最低模腔温度和注射阶段（接触温度）与熔体直接接触的最高壁温之间。

由于温度是波动的（图 2.80），计算冷却时间时必须给出参考值和平均模腔温度的计算。这些值应该是恒定的。如果不是，根本无法生产出恒定和可复制品质的产品。

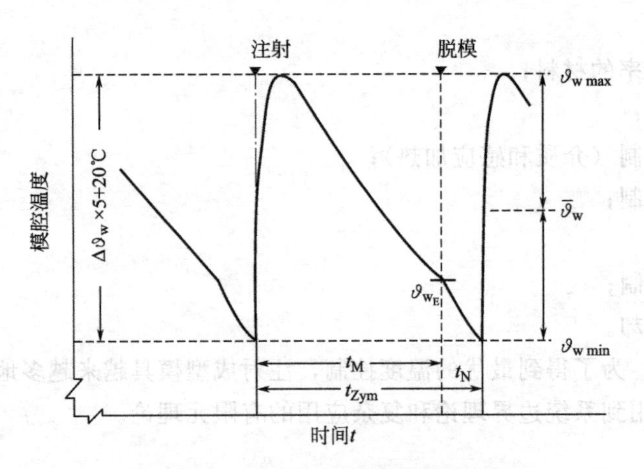

图 2.80 一个循环中模腔温度的变化

表 2.4 热塑性塑料材料的模腔温度

塑料	模腔温度/℃	塑料	模腔温度/℃
PE-LD	20～60	PA-GF	60～120
PE-HD	20～60	CAB	40～80
PP	20～70	CA	40～80
PS	15～50	CP	40～80
ABS	40～80	PPO	80～120
SAN	40～80	ABS/PC	70～90
$PVC_{硬}$	30～60	ABS/PA	80～100
$PVC_{软}$	30～50	PBTP	60～80
PMMA	40～80	PETP	120～140
POM	40～120	TPU	20～50
PC	80～110	SB	30～70
PC-GF	80～130	ASA	40～80
PC-HT	100～150	PESU	140～190
PA6	60～100	PUR	20～80
PA66	60～100		

模腔温度或者平均模腔温度来自引入的模塑制品热量、模塑混合物、温控系统布局、温控介质、温度控制平均温度和循环时间的相互作用，即最重要的因素。表 2.4 给出了对于最重要的热塑性材料的模腔温度范围。为了控制和适当调整温度，在温控装置上的合理调整和检测是远不够的，唯一决定性因素是模具温度的实际测量。如果必要的话，应该用适合的参数监控和控制。

一般而言，希望得到整个模具表面的均匀温度。如果某个零件的区域需要高温或低温加热，则需要调整不同的温度，例如，在质量累积和弯曲补差时。壁温的完全均匀分布，尤其对于带有空间膨胀的复杂模塑制品，在实际中是无法达到的，但仍然是理想目标。升高模腔温度的影响如下：

① 更长的冷却时间/循环时间，大约每升高 1℃冷却时间增加 2%（见图 2.79）；

② 精确的表面痕迹（光滑，粗糙）；
③ 更低的残余应力；
④ 结构匀称；
⑤ 更好的保压效果；
⑥ 结晶度增加；
⑦ 更低的收缩率；
⑧ 更好的耐热性；
⑨ 较低的取向；
⑩ 更低的流阻；
⑪ 更长的密封时间。

2.4.4 温控对模塑制品性能的影响

（1）表面质量 模具表面的精度很大程度上取决于模腔温度。随着模腔温度的升高（结构和光泽的调整），可以压印出较好的结构化和抛光表面。通过升高模腔温度，玻纤向模腔表面的渗出可能会降低或消除。

通过升高模腔温度，可以减少熔接线，或者可以通过在模具上特定的热设备加以消除（变温方法[6]）。

（2）力学性能 随模腔温度升高，弹性模量增大，粗糙度反而降低。

（3）收缩和翘曲 模腔温度升高，成型收缩增大。较低的模腔温度不仅减少成型收缩，而且会增加不可控制和不合需求的后收缩。

不均匀的温度控制或热扩散会导致因收缩或残余应力引起的相当大的翘曲；这种影响通常用于在目标温度控制下的模具校正。

（4）结构性能 模腔温度升高，结晶度增加：后结晶（收缩）会引起粗糙度的改变。高的模腔温度为表面层提供了更均匀的结构。

（5）残余应力 较高模腔温度下，模塑制品中的拉伸和压缩的残余应力会减少。主要发生在拐角处的拉伸断裂，在较高的模腔温度下会减少或消除。

（6）尺寸偏差 生产中不均匀的温度控制可能会引起产品尺寸偏差。利用操作性优良的温控器，尺寸可以被调整，可以保持恒定，也可以返工。

（7）流动性 模具中的物料流动路径可以受到温度控制的影响：较高的温度可以增大最大流动路径。

（8）脱模 通过模具的温度控制，可以调整必需的脱模刚度。温度控制可以影响到脱模力（收缩、刚度、黏着倾向）。

2.4.5 对温控系统的要求

为了注射模具设计温控系统，应该了解、满足或参照相应的标准，它们包括：
① 应该坚持期望模腔温度；
② 模具模腔表面温度应该尽可能均匀；
③ 冷却时间（或循环时间）应该参照预定质量，尽可能短；
④ 必须具有足够的冷却能力。

为了满足这些要求，需要调整以下几个方面：

① 导入的模塑制品的热量；

② 由辐射、对流、传导损失的热量；

③ 冷却或循环时间；

④ 冷却流道的直径、位置和排布；

⑤ 加热/冷却介质的总量；

⑥ 温控系统中的压力降；

⑦ 温控装置的冷却和泵送功率；

⑧ 温度控制（内部或外部）；

⑨ 温度传感器的位置和分布。

如果没有计算与设计，这些方面将不相协调，那么最佳温度将或多或少出现偏差。

2.4.6 温控流道

温控流道是最简单和最常用的温控元件。它可以有不同的形状、排布及调整。最经济的方式就是钻圆形孔。然而，从物理角度分析，非圆形流道由于具有更大的接触面积而更高效。然而，圆形温控流道对模板刚度的影响最低。

一般而言，温控流道应该安排在离模具表面较近的位置，流道之间的距离尽可能地小，流道直径应该尽可能大。然而，要达到此目的要受到很多限制：模板的稳定性要得到保证，压力降作为流道长度的函数不应该大于某一限制，随流道到模腔表面的距离增加，模腔温度均匀性得到改善。另外，由于几何形状和技术原因，冷却流道不总是相协调。这些关键区域可以用其他辅助手段进行加热，后面会有介绍。

因此，冷却流道的排列必须要通过计算优化，找到一个折中点。

由于每个模塑制品必须单个加热，关于温控流道的排布，只能给出粗略的意见：

① 常用的流道直径为 6～14mm；

② 较小管径的多级冷却流道比数量较少的大管径流道要好；

③ 小管径长管会导致较大压力损失，这会使温控装置出现问题（泵特性曲线）；

④ 管径和流道间距离以及距模具表面的距离对温度控制误差和介质的雷诺数 Re（有益 $Re>2300$，否则引起湍流）有很大影响，所以进行流道输出的热量计算和数值校核非常有用。

由于温度控制经常通过流道进行，没有扩散（理想），而是用选择性温度控制，可以引起模腔温度波形差异。温度控制偏差 j（与理想温度的偏差）主要由冷却流道的几何排布导致，主要以百分比的形式给出。温度控制偏差不应该超过以下值[1]：

半结晶热塑性塑料，$j=2.5\%\sim5\%$；

无定形热塑性塑料，$j=5\%\sim10\%$。

可以按照以下关系进行计算：

$$j=2.4Bi^{0.22}\left(\frac{B}{A}\right)^{2.8\left|\ln\left(\frac{B}{A}\right)\right|}$$

式中 A——距模塑制品表面的距离，$A=(0.8\sim1.5)B$；

B——冷却流道之间的距离，$B\approx(2.5-3.5D)_K$。

$$Bi=\frac{\alpha_{TM}D_K}{\lambda_W}$$

式中 Bi——毕奥数；

D_K——管径；

α_{TM}——介质传热系数；

λ_W——模具材料的热导率。

冷却流道距模腔表面的距离增大，同时流道间距减小时，模腔温度的均匀性将得到改善（见图 2.81）。

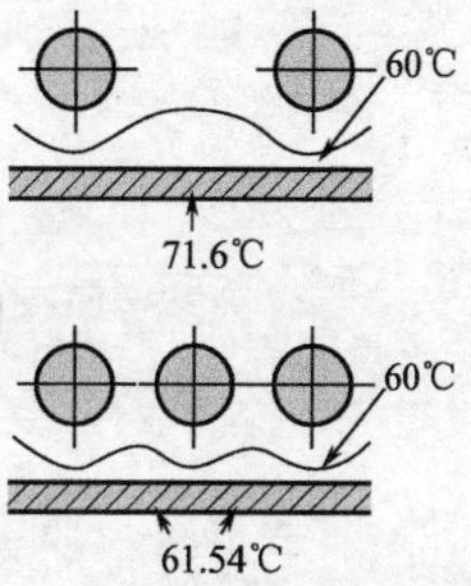

图 2.81 温控流道的分布对温度控制误差的影响[6]

2.4.7 流动原理

模具中的温控流道可以三种基本方式流动。

2.4.7.1 串联温度控制

在这种方法中，流道通过模具区域。流道有出口和进口（见图 2.82）。

(1) 优点 沉积、腐蚀或异物引起的堵塞会即刻被检测出。

(2) 缺点 在整个流道内，介质的温度上升：模具区域有不同温度。

2.4.7.2 并联温度控制

在这种方法中，输水流道被划分为多级平行流道或者型芯冷却（见图 2.83）。

(1) 优点 均匀的模温控制。

(2) 缺点 局部堵塞不易察觉。

第三个原理实现有两种可能性：逆流原理。在这种情况下，流道排布使冷管和热管彼此穿插，这样将几乎消除温度差异。在很多情况下，这个原理多用于平板系列温度控制（以螺旋为例），螺旋将从外侧到内侧，然后从内侧到外侧。在“热”和“冷”螺旋区域之间的平均值通常是相同的。

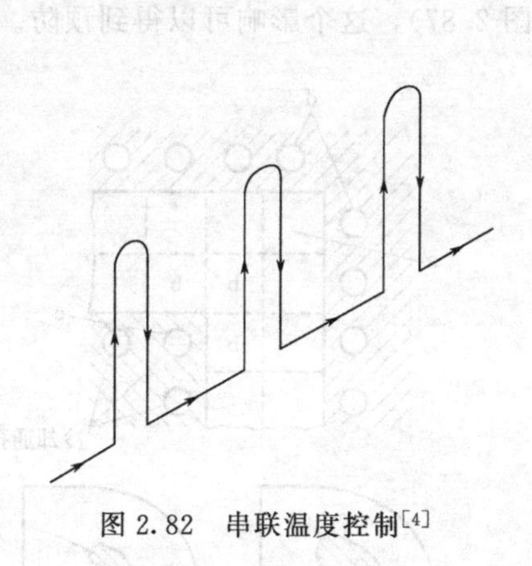

图 2.82 串联温度控制[4]

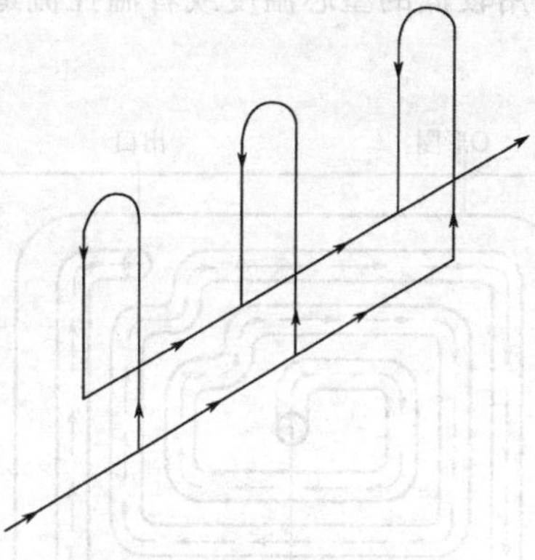

图 2.83 并联温度控制[4]

2.4.8 常规温控方案的实用设计

2.4.8.1 平板温度控制

图 2.84 和图 2.85 给出了平板温度控制的两个示例。O 形圈在有铣削温控流道的两层模板中起到密封元件的作用。

2.4.8.2 模塑制品壁角的温度控制

模塑制品壁角的温度需要认真考虑，如壁角的翘曲可以避免。在温控流道排布中，在通

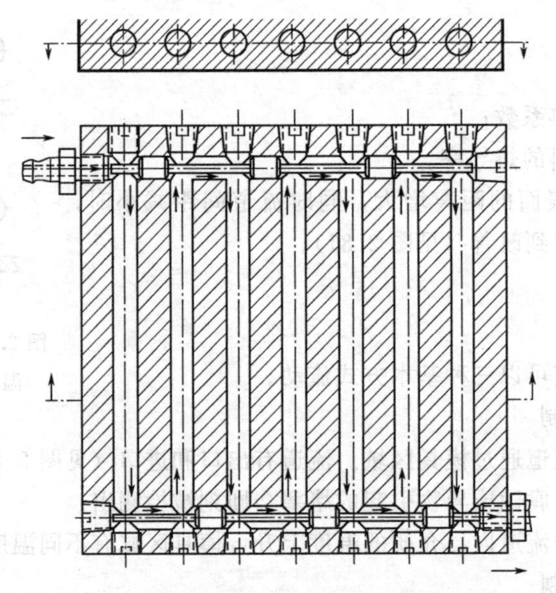

图 2.84 利用横向通孔和密封塞的平板串联温控

孔区域的热量扩散不可避免地要比型芯区的好。这是因为在型芯区域接触面较小。这将在塑料聚合物型芯在型芯方向上产生位移（见图 2.86）。其中，移动的残余熔体的收缩会导致壁角几何形状的变形。

为了解释模塑制品壁角不同的热量传递，在图 2.86 中将这个区域划分为均匀的模塑制品方模塑制品块（虚线）。在通孔区域，两个冷却流道（d）排布成一个方块（a）；在型芯区域，仅一个冷却管道（c）排布在三个方块中（b）。

利用较低的型芯温度或者温控流道布局优化（见图 2.87），这个影响可以得到预防。

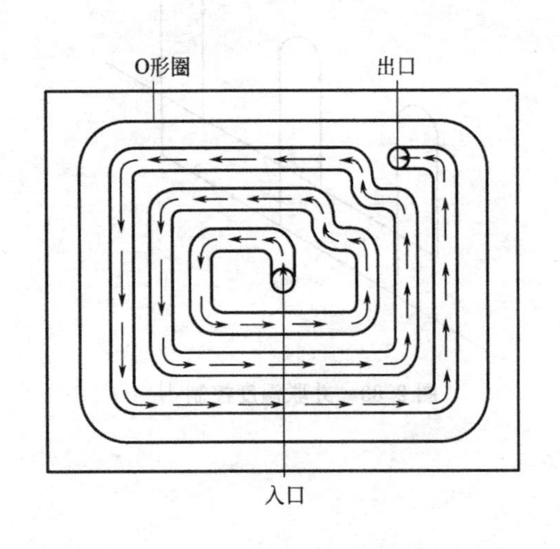

图 2.85 有铣削流道的平板串联温控作为模板的嵌件——通过 O 形圈密封[4]

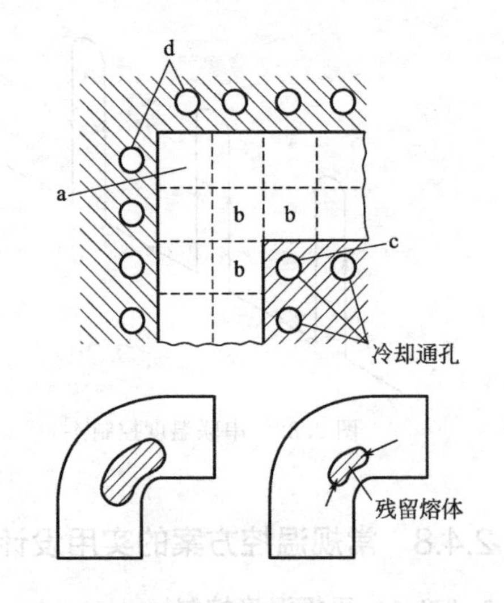

图 2.86 温度控制和模塑制品壁角的固化[2]

a，b—模塑制品方形壁角；c，d—冷却流道

2.4.8.3 模芯温度控制

通常利用一个温控表进行模芯温度控制，其可引导温控介质进入模芯，再把介质排出。较大的矩形模芯可以用若干平面排布的温控表调温。下面给出了模芯温控的一些基本的

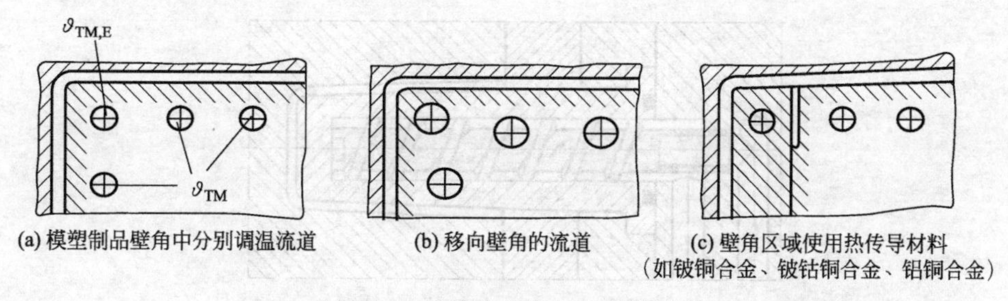

(a) 模塑制品壁角中分别调温流道　(b) 移向壁角的流道　(c) 壁角区域使用热传导材料（如铍铜合金、铍钴铜合金、铝铜合金）

图 2.87 壁角温度控制的可能性[8]

实例。

2.4.8.3.1 温控管路

温控管插进模芯通孔（见图 2.88），并与输送介质装置相连，温控介质（如水或空气）流经温控管，在前端流出，在模芯通孔和温控管之间回流到出口。

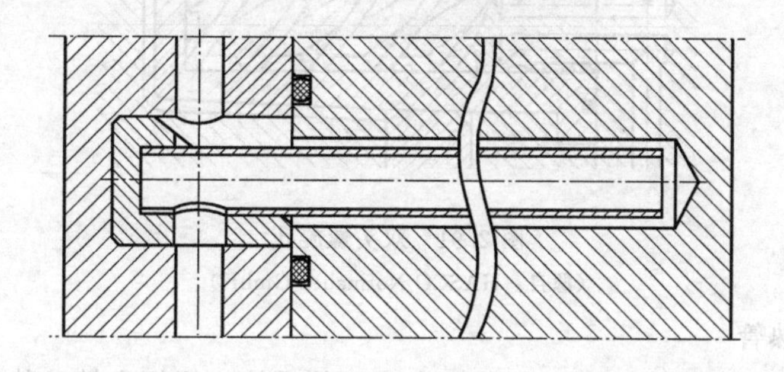

图 2.88 温控管

（源自：STRACK Norma GmbH）

2.4.8.3.2 隔离板（折流杆）

隔离板（见图 2.89）是冷却模芯最简单的形式。一个板将模芯通孔分为两个腔室，它们在模芯通孔底层相连。通过进口，温控介质可以流进模芯通孔，然后在第二层腔回流到出口。

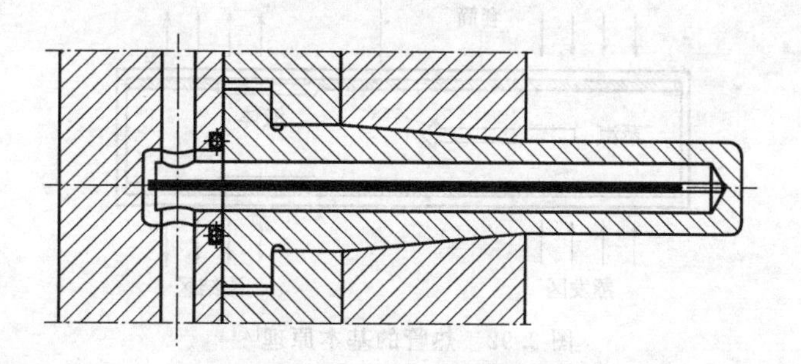

图 2.89 用隔离板进行温度控制

（源自：STRACK Norma GmbH）

2.4.8.3.3 螺旋流道

螺旋型芯被精确地嵌入模芯通孔内，其将流体沿着通孔壁流动，以保证良好的热量传递。螺旋孔（见图 2.90 和图 2.91）可以是单头螺纹的，也可以是双头螺纹的。在单头螺纹螺旋孔中，介质通过通孔被带入模芯，然后通过螺旋槽回流。双头螺纹螺旋模芯将温度控制介质通过第一螺旋槽进入模芯，并通过第二螺旋槽流回出口。

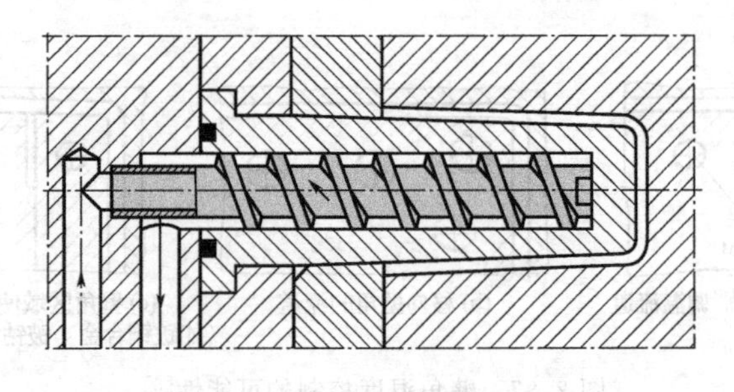
图 2.90　单头螺旋孔

（源自：HASCO Normalien GmbH）

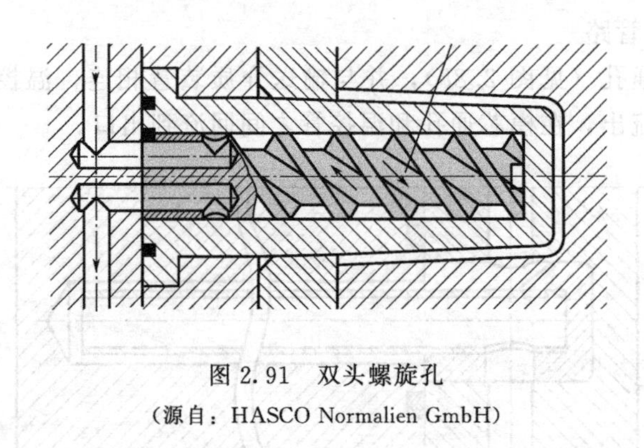
图 2.91　双头螺旋孔

（源自：HASCO Normalien GmbH）

2.4.8.3.4　热管

热管（操作原理如图 2.92 所示）是一个独立的系统，用挥发性液体的蒸发传递热量。在这种情况下，热量可沿着管的长度通过液体的蒸发和冷凝过程传递热量。如果管子“冷”端被温控流道冷却，则热量就会发生扩散。对于温控流道不能直接到达的其他地方，热管的作用是理想的。利用密集的热管，热量可以局部移出，然后转移到几何上有利的位置。热管也适用于加热细长的模芯或者其他不能直接到达的位置。

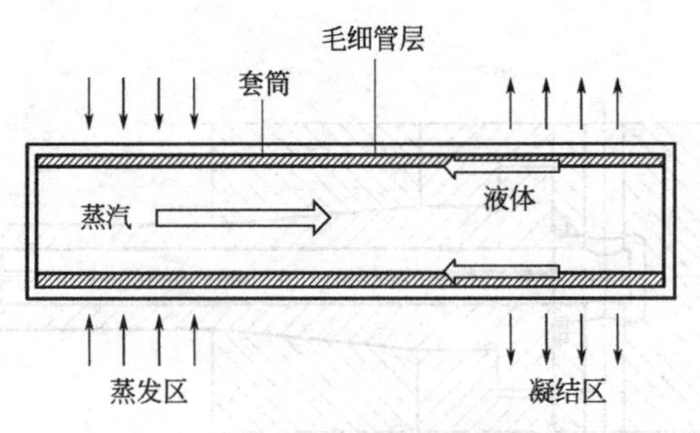

图 2.92　热管的基本原理[4]

热管的安装位置决定其性能。最佳的位置就是高处有温度控制（冷却）的竖直位置（见图 2.93）。

在任何情况下，都要关注每个制造商产品的规格。热量扩散是有限的，而且通常可以与液体温度控制相比较，但是，其可为铜棒扩散热量的数倍。研究已证实，水平安装位置（见图 2.94）不能工作。一些制造商和用户则得出相反结论。他们认为，只有使用改进的系统才能够保证蒸汽的自然循环，即使是水平的安装位置，也可以正常工作。

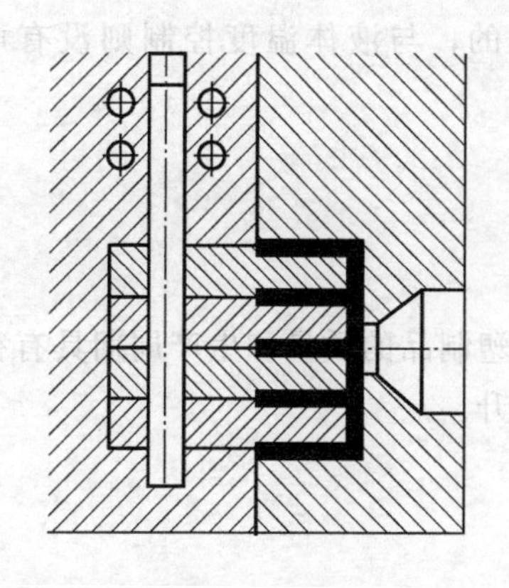

图 2.93　通过传统冷却流道的、带有冷却区域的导热块的最佳安装位置
（源自：HASCO Normalien GmbH）

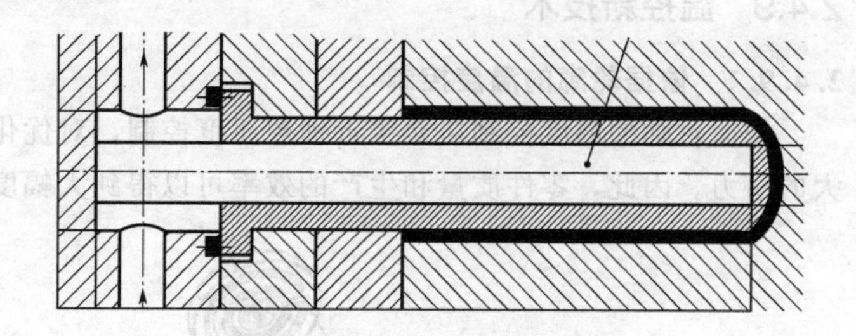

图 2.94　水平安装位置上的导热块
（源自：HASCO Normalien GmbH）

2.4.8.4　其他常规温控选项

2.4.8.4.1　采用圆周温度控制

模腔加热可以用合并在嵌件中的环形管道进行（见图 2.95）。这些嵌件应该用 O 形圈进行密封。这种结构的优点是管道易于清洁（必要时）。另外，也可以实现相对对角的温度控制。

2.4.8.4.2　不同材质的嵌件

金属材料的不同导热性可用于注射成型模具的温度控制中。以这种方式，热量可以从临界区域或难以接触的区域排出。通常，可以使用铜制元件（铍铜合金），或者整合成一个部件到模具嵌件中。

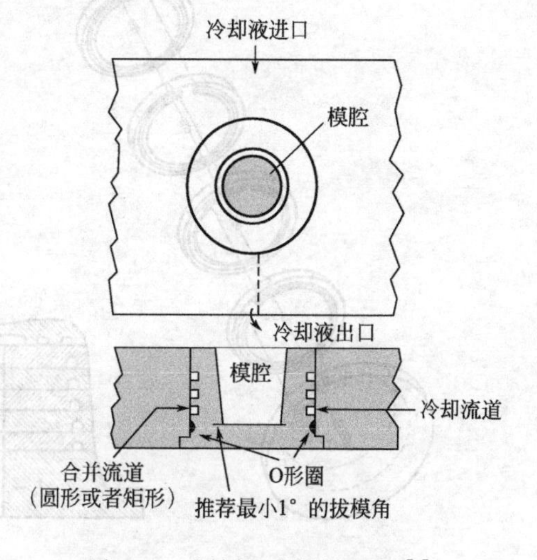

图 2.95　圆周温度控制（圆）[6]

应用包括：

① 模塑制品拐角处的温度控制（见图 2.96）；

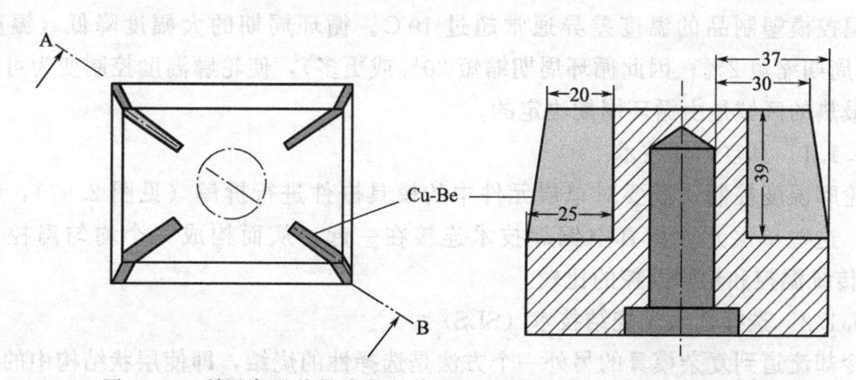

图 2.96　利用高导热性嵌件的临界区域的温度控制（如 CuBe）[3]

② 细长模芯和肋板的热量扩散；

③ 铜合金制成的完整嵌件。

然而，需要注意的是，热量只能传导而不能扩散。例如，在其他区域，铜质元件能够向

温控流道提供热量。铜合金较高的导热性与钢相比是有限的，与液体温度控制则没有可比性。

2.4.9 温控新技术

2.4.9.1 依据轮廓的温度控制

依据轮廓的温度控制非常接近理想温度控制，对优化模塑制品的质量和生产周期具有很大的潜力。因此，零件质量和生产的效率可以得到大幅度提升。

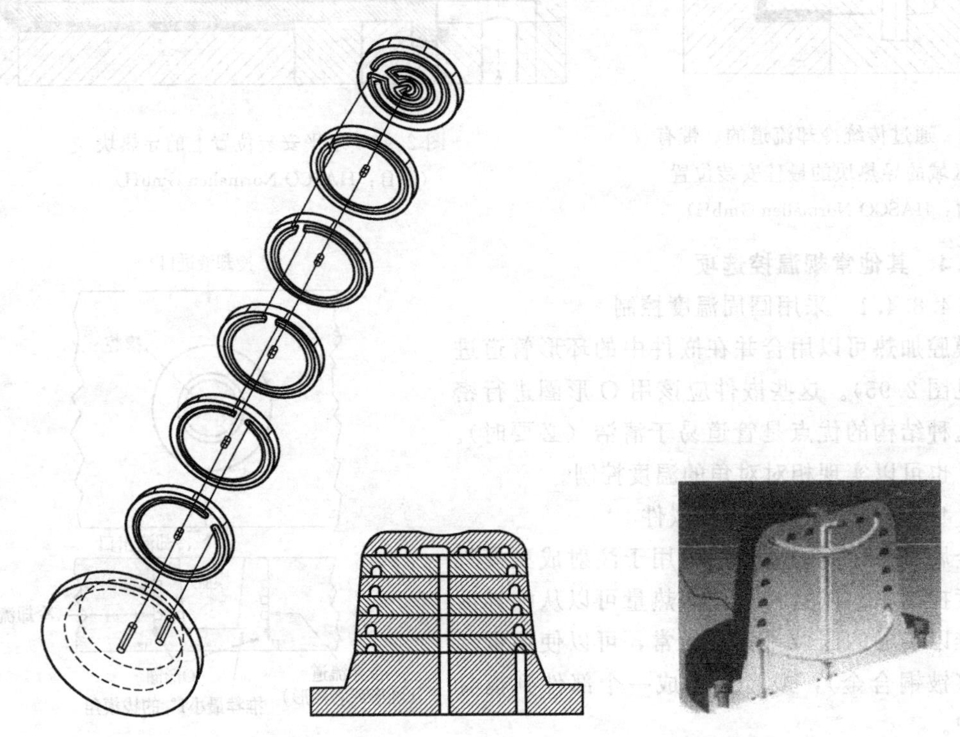

图 2.97 CONTURA® 系统的模芯层状结构

（源自：Innova Engineering GmbH）

传统温控模塑制品的温度差异通常超过 10℃。循环周期的大幅度降低（温度每升高 1℃，循环周期缩短 2%；因此循环周期缩短 20%或更多），使轮廓温度控制变为可能，因为模塑制品最热的区域是由循环周期决定的。

2.4.9.1.1 真空铜焊技术

对于轮廓温度控制，需要对单层元件中的模具嵌件进行拆解（见图 2.97），装入温控管。然后，这些单层元件用真空铜焊技术连接在一起，从而构成一个均匀温控系统。图 2.98 展示传统温控和轮廓温控的比较。

2.4.9.1.2 选择性激光烧结技术（SLS）

调整冷却流道到复杂模具的另外一个方法是选择性的烧结，即使层状结构中的所有金属材料熔融。单组分金属粉体一层层完全熔融。组分密度从而达到接近 100%。通过特殊的处理加工可达到表面高质量和硬度。

大量的冷却系统可以用激光烧结加工实现。这些系统被加工成网状结构，并置于需要冷却的表面之下（见图 2.99）。通过这种方法，冷却介质（例如水或者 CO_2）可以转移到靠近

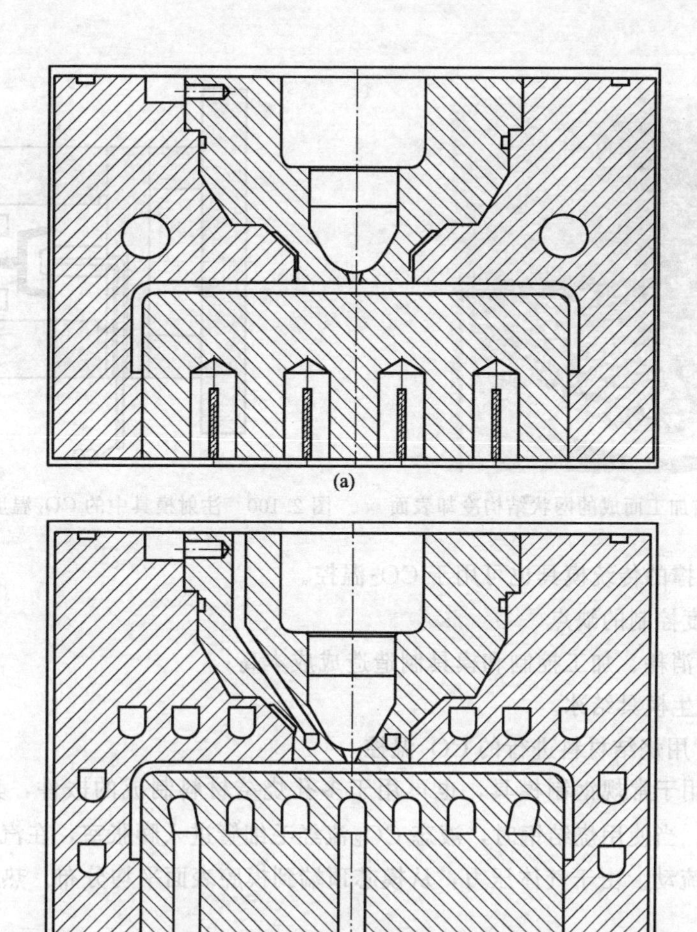

图 2.98 传统温控（a）和轮廓温控（b）比较

（源自：Innova Engineering GmbH）

表面的位置（2mm），以实现温度的平均分布[9]。

2.4.9.2 CO_2温度控制

CO_2温度控制具有高效温控性能，可以用于不易触及处和材料堆积处的细长状模芯的温控。然而，这种温控方法只是作为对问题区域的补充性措施，而不是唯一的温控方法。另外，这种温控方法会造成很大的成本花费。

（1）CO_2温度控制的基本原理　模具嵌件包括可以用液态二氧化碳通过毛细管（$\phi=0.8\sim1.5$mm）进行加载的扩充模腔（见图 2.100）。这里，液体膨胀为气态，能量在膨胀（汽化）过程中被吸收，从而模腔温度降至－78.9℃，实现了模具局部温度的骤降。

（2）CO_2 温度控制的优点

① 模塑制品（质量）中的温度更加均匀；

② 模具中最紧密的地方也可被调温；

③ 毛细管气体供给的高灵活性；

④ 厚壁区域的分离温度控制；

⑤ 高效温控产生的较短循环周期；

图 2.99 激光烧结加工而成的网状结构冷却表面

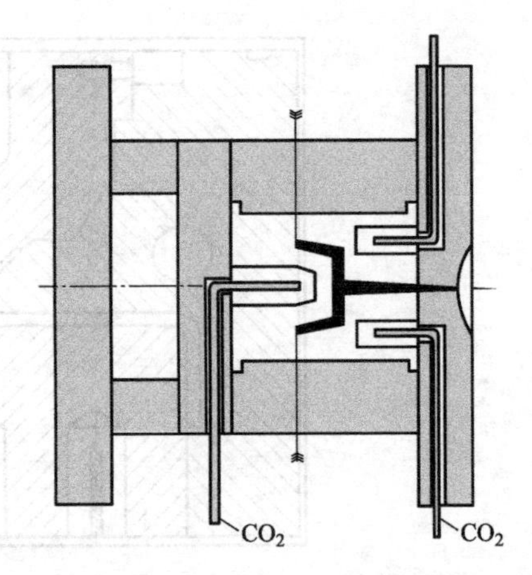

图 2.100 注射模具中的 CO_2 温度控制（示意图）[6]

⑥ 常用钢支撑的传统模具也可用于 CO_2 温控。

(3) CO_2 温度控制的缺点

① 二氧化碳消耗、加工控制和模具制造造成成本高；

② 可能会产生模具结冰。

2.4.9.2.1 用烧结材料进行的 CO_2 温控

CO_2 温控可用于常规钢制模具，也可用于多孔烧结材料制成的嵌件，其主要成分为钢（TOOLVAC®）。当使用烧结钢时，液态 CO_2 流经毛细管进入膨胀室，在汽化阶段，CO_2 渗入多孔材料中并流动。由于气体压力，从模芯顶端到模腔表面平均分布。热量从模塑制品中直接排出。

(1) 优点

① 最优的温度控制；

② 高效的温度控制性能。

(2) 缺点

① 弯曲强度较差（遵循设计指导）；

② 气孔容易堵塞（全面清洗）；

③ 烧结材料不易加工和焊接。

2.4.9.2.2 用通用钢材的 CO_2 温度控制

通用钢制模板的温度控制中，CO_2 也会进入膨胀室并且汽化。然而 CO_2 不能通过钢，例如，只有在膨胀室表面发生热量转移。其温度控制性能与应用烧结材料的温控性能相比较差。虽然如此，仍有两个关键优势：

① 通用钢制模具可以承受较高的弯曲应力；

② CO_2 温度控制可以引入现有的模具中。

2.4.9.3 动态温度控制

动态温度控制是非等温过程控制。这里，模具使用了两个独立的不同温度循环（见图 2.101）。

在模塑材料被注射之前，局部区域或者模腔的温度由第一温度控制回路控制到熔体温度。周围区域，比如模板的温度由第二温度控制回路保持在恒定值或低于脱模温度。

注射阶段过后很短时间内，第一回路与第二回路相连，使热的区域温度冷却到脱模温度。

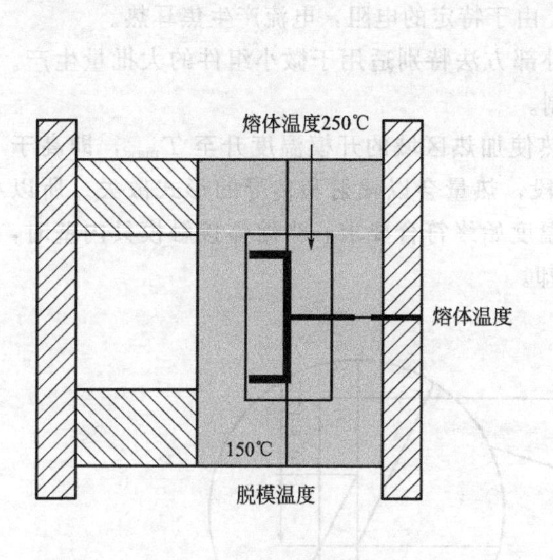

图 2.101 变模温控制[6]

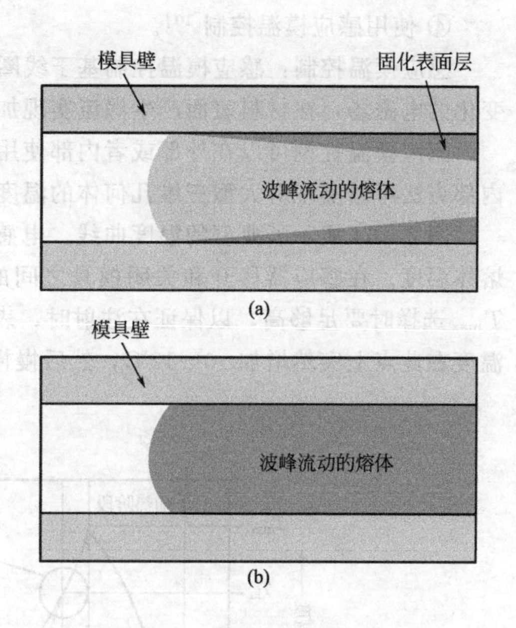

图 2.102 常规温度控制（a）与变模温控制（b）中的固化表面层的比较

这种方法会提高注射模塑制品的性能。在充模阶段，低温模具表面由于结冰所引起的表层固化会得到避免（见图 2.102）。

此外，变模温方法会防止出现明显的熔接线，例如，在熔体分离后重聚时。PROMOLD 方法是个很好的例子[5]。这里，注射前的表面由放置在熔接线下的温控管加热到模塑共混物的软化温度。在用常规模具时会出现一条明显的熔接线［见图 2.103（a）］。图 2.103（b）显示，变模温处理后熔接缺口就再也看不到了。

高的模腔温度使残余应力减少，并且分子表面取向减少。同时也可提高微细结构（微注射成型）的成型精度。

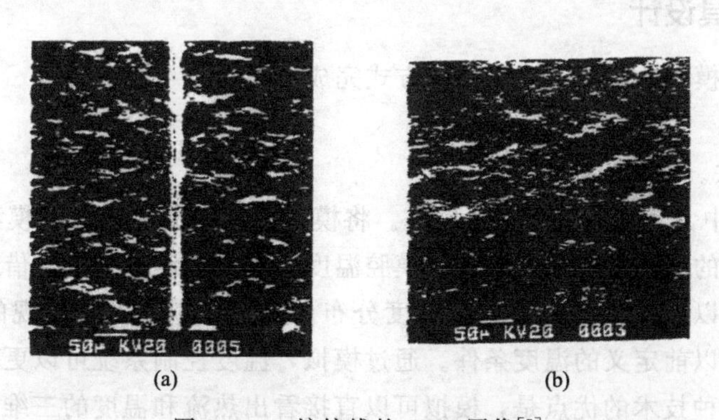

图 2.103 熔接线的 SEM 图像[5]

对变模温应用有一些不同概念：

① 使用液体介质（水/油）；

② 使用电阻措施；

③ 使用模腔表面温度控制；

④ 使用感应模温控制[10]。

感应模温控制：感应模温控制基于线圈高频电流产生的能量转化原理。其使用一个交替变化的电磁场，在材料表面产生涡流实现加热。由于特定的电阻，电流产生焦耳热。

感应模温控制可以在外部或者内部使用，外部方法特别适用于微小组件的大批量生产。内部方法可以实现对大型三维几何体的温度控制。

图 2.104 展示了典型的温度曲线。电感加热使加热区域的开模温度升至 T_{max}，即高于熔体温度。在感应器移开和关闭模具之间的时段，热量会以辐射和传导的形式散失。所以 T_{max} 选择时要足够高，以保证在注射时，表面温度始终符合要求。当熔体接触模具内壁时，温度在此点上突然增加 10～12℃，然后慢慢冷却。

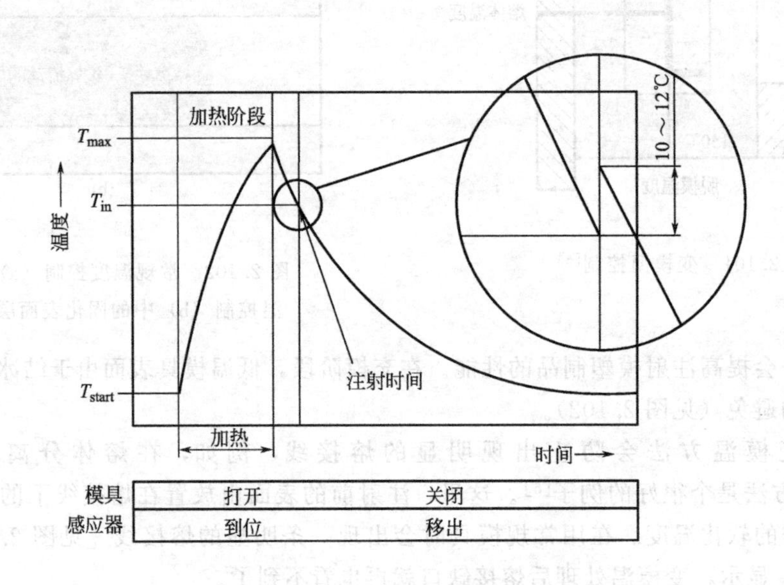

图 2.104　外部传感器模腔温度典型温度曲线[10,11]

2.4.10　散热模具设计

实际中，散热模具的设计主要以两种方式完成：

① FEM 计算；

② 系统边界法。

在 FEM 计算中，软件用有限元法操作。将模具或模塑制品的数据模型导入软件。数据模型同样包括零件的轮廓。在特定条件（模腔温度、熔体温度等）下，借助特定软件设计温度布局。计算机可以模拟模具中的三维温度分布。如果在某些区域出现的位置未达到预定值，那么需要修改以前定义的温度条件。通过模拟，温度控制系统可以更改配置直到达到最优的温度分布。这种技术的优点是，模拟可以直接看出热流和温度的三维分布。另外，这种技术是非常精确的（但要保证边界条件与实际一致）。缺点就是成本高、需要专业人员和相应软件的授权使用。因此，这种设计需要经常购买授权。

系统边界法在文献［1］中已得到论证，并提供了注射模具的温度控制系统“人工”计算。这个方法包含基于实际问题的温控系统技术规格的基础知识。因为复杂模塑制品和流道的几何模拟是不可能的，所以需要进行简化假设。尽管如此，这个方法对注射模具的散热设计是适用的，而且是在精确的物理关系之上的。简单的工具或者模具几何模型可以用系统边界法精确地计算。对于更加复杂的模具，要做简化假设、计算更多系统边界，然后组合起来。系统边界法的优点是，简单快捷，同时还保持足够的精度（可以通过持续发展的电脑程序实现），具有丰富的材料数据库，而且还有简洁清晰的结果显示[12]。

图 2.105 展示了一个完整注射模具上热流的平衡。在热流道浇口系统中，热平衡还必须包括供应的电热输入热流。

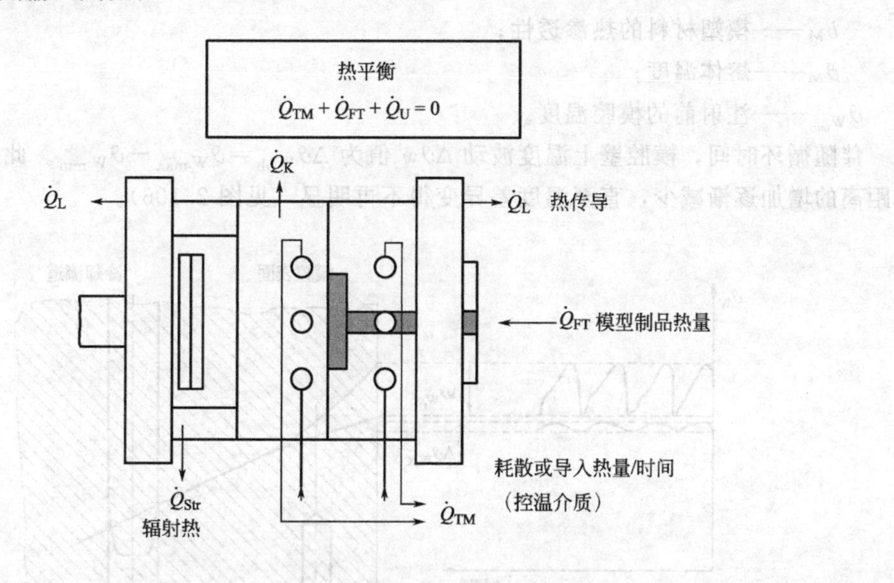

图 2.105 注射模具中的热流平衡，基于 WüBken[1]

Q_{FT}——热流，将热熔体带进模具；Q_{TM}——总热流，通过介质引入并扩散；

$\dot{Q}_L$——通过传导进入环境中的热量；$\dot{Q}_{Str}$——通过辐射进入环境中的热量；

$\dot{Q}_K$——通过对流进入环境中的热量；$\dot{Q}_U$——扩散进入环境中的热量；$\dot{Q}_U=\dot{Q}_L+\dot{Q}_{Str}+\dot{Q}_K$

系统边界法主要设计步骤[5,6,12]如下：

① 确定系统边界的平衡和热流量；

② 计算理论冷却时间；

③ 根据通过模塑制品引进的热量，由热平衡确定扩散热；

④ 根据扩散热确定温度控制介质的总量；

⑤ 确定直径、位置和冷却流道的排布；

⑥ 计算温度控制误差（模腔表面的温度差异）和流道布局的可能的修正；

⑦ 计算温度控制系统中的压力损失；

⑧ 利用设备的特征曲线选择合适的温控设备。

2.4.11 外部温控器的位置

外部温控器可以实现模腔温度的恒定。对于实际的温度控制，温度传感器（热电偶）是必需的，并放在模具的正确位置。通过注射的塑料，靠近模腔表面的温度发生强烈的波动

(见图 2.80)，这些是由物理因素（模具材料、形状、模塑共混物、温度）引起的，不会受到冷却系统的影响。

注射前，模腔温度是 $\vartheta_{W_{min}}$，当热塑料熔体接触模具表面时，接触温度 $\vartheta_{W_{max}}$ 在边界点瞬间确定，此边界点在循环中随着冷却不断降低。接触温度 $\vartheta_{W_{max}}$ 取决于模具的热渗透能力 b 和模塑共混物。以下为在不同温度下的两物体（模具/模塑共混物）接触公式：

$$\vartheta_{W_{max}}=\frac{b_W\vartheta_{W_{max}}+b_M\vartheta_M}{b_Wb_M}b=\sqrt{\lambda\rho C_p}$$

式中 b_W——模具材料的热渗透性；

b_M——模塑材料的热渗透性；

ϑ_M——熔体温度；

$\vartheta_{W_{min}}$——注射前的模腔温度。

伴随循环时间，模腔壁上温度波动 $\Delta\vartheta_W$ 值为 $\Delta\vartheta_{W\,ob}=\vartheta_{W\,max}-\vartheta_{W\,min}$。此值会随着模具壁距离的增加逐渐减少，直至温度差异变得不再明显（见图 2.106)。

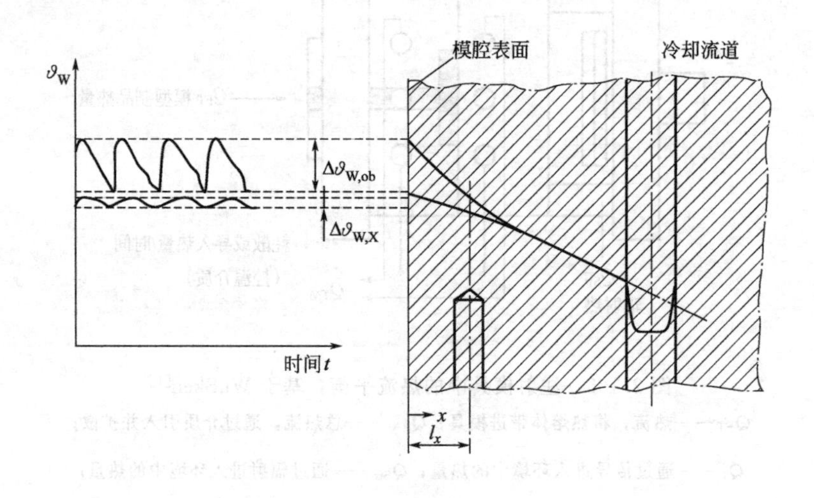

图 2.106 模腔内壁的温度振幅和距离 l_x 随时间的变化曲线[5]

如果借助热电偶位置 l_x，以无量纲表示的从模腔表面的任何距离 x 的温度振幅应用于温度波动 Λ，可以产生一个通用的结果，由它可以确定热电偶位置 l_x，使其在期望的温度振幅上（见图 2.107)。

实际测试显示，对于一个容易的外部温度控制，温度传感器的测量位置的温度振幅不应超过 $\vartheta_{W,x}=3\sim4$℃。

热电偶的定位：

除了温度传感器的位置，热电偶在模具中正确的安装位置对控制或者检测的质量具有重要的作用。在注射模具排布中，应该保证以下原则：

① 与模腔表面的距离（计算决定)；

② 传感器适当的安装位置取决于几何形状、模具设计以及冷却流道的排布；

③ 传感器应该安装在模具中，其所在位置上温度对模塑制品的质量和功能起到重要作用（例如，紧公差尺寸、翘曲位置、对力学性能要求较高的位置)；

④ 传感器不应安装在冷却流道后面，其他所有的位置都是适合的。

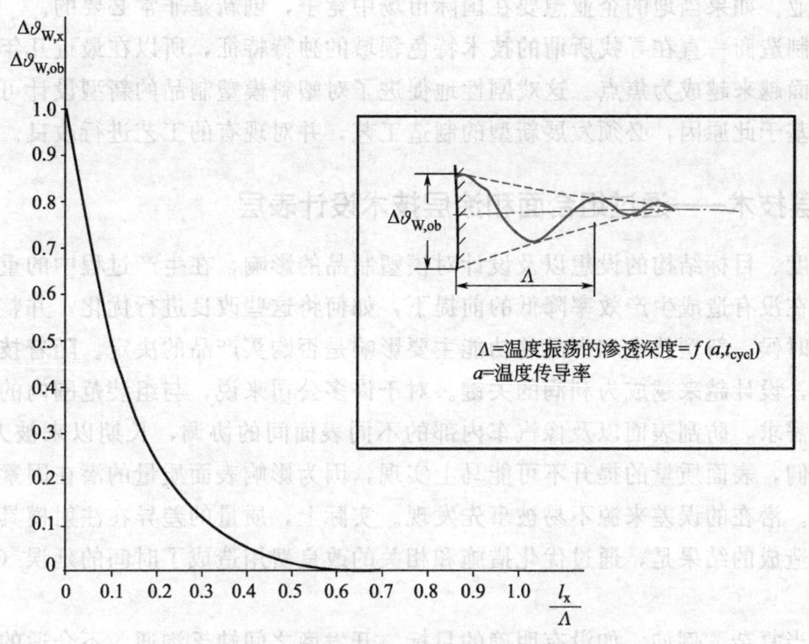

图 2.107 热电偶与模腔表面距离的无量纲表示[5]

参 考 文 献

[1] Wübken, G., *Thermisches Verhalten und thermische Auslegung von Spritzgießwerkzeugen* (1976) Technisch-wissenschaftlicher Bericht, IKV Aachen

[2] Schürmann, E., *Abschätzmethoden für die Auslegung von Spritzgießwerkzeugen* (1979) PhD Thesis, RWTH Aachen

[3] Zöllner, O., Optimierte Werkzeugtemperierung. Information publication from Fa. Bayer (ATI 1104d), Leverkusen (1997)

[4] Menges, G., Michaeli, W., Mohren, P., Anleitung zum Bau von Spritzgießwerkzeugen. 5. Auflage (1999) Hanser Verlag, Munich

[5] Thienel, P., Lecture notes Kunststofftechnik and Werkzeuge für Kunststoffe. Fachhochschule Südwestfalen, Plastic processing laboratory, Iserlohn (2007)

[6] Berghoff, M., Berlin, R., Görlitz, R., Hoster, B., Kürten, A., Kürten, Chr., Schmidt, J., Thienel, P., Training, seminar, and project notes of the ISK GmbH. Iserlohn (2003-2007)

[7] Thienel, P., Der Formfüllvorgang beim Spritzgießen von Thermoplasten. phD Thesis, RWTH Aachen (1977)

[8] Lappe, U., Gestaltung von Formteilen aus technischen *Kunststoffen*. VDI Bildungswerk, Düsseldorf (1995)

[9] Rapid Tooling: Firmengemeinschaftsprojekt am Lüdenscheider Kunststoff-Institut (KIMW) (2006, 2007)

[10] Induktive Werkzeugtemperierung: Company joint project of the Lüdenscheider. Kunststoff-Institut (KIMW) (2006, 2007)

[11] IKFF-Stuttgart. Project information, (2006)

[12] Innovative Temperiertechniken. Company joint project of the Iserlohner Kunststoff-technologic GmbH (ISK) (2002-2007)

2.5 新型模具技术

(T. Eulenstein)

如果想要参与国际竞争，就必须与世界先进的技术保持进步。在德国，这也适用于工具和模具制造业。如果当地的企业想要在国际市场中竞争，创新是非常必要的。

过去，制造商一直在寻找所谓的技术特色领域的独特特征，所以在最近几年，设计和塑料制品的表面越来越成为焦点。这戏剧性地促进了对塑料模塑制品的新型设计可能性的技术需要。正是基于此原因，必须发展新型的制造工艺，并对现有的工艺进行改良。

2.5.1 涂层技术——通过组合面和涂层技术设计表层

光泽程度、目标结构的设想以及设计对模塑制品的影响，在生产过程中的重要性正在增加。但是，在没有造成生产效率降低的前提下，如何将这些改良进行优化，并整合到生产中呢？在早些时候，新型技术和产品的功能主要影响是否购买产品的决定。随着技术设计特性的逐步调整，设计越来越成为利润的关键。对于许多公司来说，与组装范围内的平均光泽度一致的质量需求，防刮表面以及像汽车内部的不同表面间的协调，长期以来被人们所忽视。经验告诉我们，表面质量的提升不可能马上实现，因为影响表面质量的潜在因素都是不同的并且很复杂。潜在的误差来源不易被事先发现。实际上，质量的差异在注射模具的检查阶段可发现。这造成的结果是，通过优化措施和相关的改良费用造成了时间的延误（如人员或模具变动）。

原因相当复杂，例如，如没有明确的目标、开发商之间缺乏沟通、不合适的检测和评估标准，或者是设计和加工技术的影响。表面技术需要各个学科之间的协作，以及由所需要的信息指定的有针对性的项目管理措施来引导、使用、提升核心竞争力。

模具表面对模塑制品的表面有非常大的影响，因此对光泽度也有影响，因为其反映了模具的表面轮廓。

有纹理的模塑制品的表面光泽度差异的一个原因是，熔融塑料对模具表面轮廓的不均匀和不充足的复制。模具表面的高度复制决定了模塑制品的高精确度。当塑料表面有与模具结构中相同的图形和粗糙度时，可以达到模塑制品的最大消光度。光泽度的差异是由于塑料对模具壁面的不同复制程度引起的。这可以是由于不同的冷却条件或收缩量差异引起的。图2.108是由于光泽度不同引起的表面差异的两个典型例子。

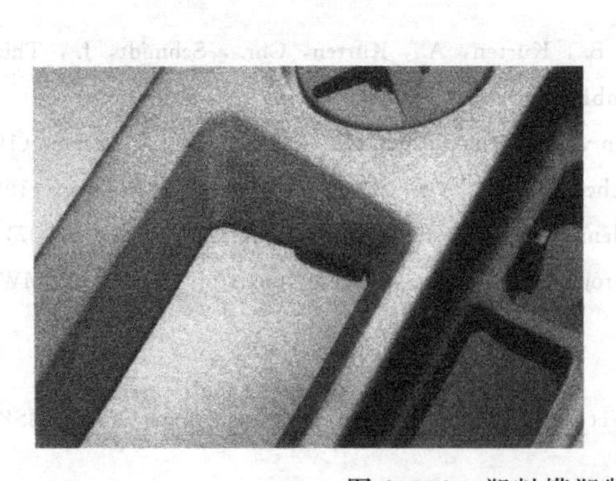

图 2.108 塑料模塑制品光泽度差异

通过使用特殊的涂层技术，或者与模具表面形貌调整相结合，可以改变模塑制品的光泽程度。特别是对于蚀刻和纹理化表面，在提高其光泽度的过程中，我们有许多新的方法。因此，具有以下的改进与优势：

① 表面缺陷的剔除。例如在壁厚变化区域的变形流线和光泽度偏差；

② 在一个组装过程中有许多材料构成的可见制品的光泽度调整；

③ 无光泽表面的生产；

④ 冷却时间的减少；

⑤ 似漆表面的产生；

⑥ 热固性表面的调整。

表面的特殊性质和涂层技术用来使模塑制品显得更加黯淡或更加光泽，例如，可避免对模塑制品的后续喷漆，或者在一个组合体中采用不同塑料以适应表面。对于那些根据设计要求用许多材料制造的零件，通常需要对光泽度进行调整，并且在系统组装中需要统一的表面。通常，对制品的喷漆是不可避免的。通过各种表面处理工艺的组合使用，在许多情况下可以调整到一个合适的光泽度。因此，不需要再对组件进行喷漆。同时，经过涂层技术一次性形成的光泽度被永久地保留，因为模具的表面可防磨损和损坏。另一个可能性是，可以消除在厚度有差异的区域表面的缺陷，例如变形流线和光泽不一。

(1) 无光面或者光泽面的产生 图 2.109 展示了可能引起塑料制件光泽度差异的原因。

(a) 模腔表面预处理和后处理 (b) 涂层的微粗糙度 (c) 涂层的热力学性能

图 2.109 光泽度差异的原因

为了结构表面的研发，对于模腔的预处理、后处理和通过涂层的纯预处理（例如蚀刻表面）的区别需要加以关注。为了改善设计，可以采用微辐射、无光处理及微无光技术。如图 2.110 所示，根据所采用的技术，可以得到涂层表面或者无光面。

(2) 涂层的微粗糙度 对于一些涂层工艺，在层沉积的过程中，表面可以形成微粗糙

图 2.110 模腔表面预处理和后处理的例子

度。微粗糙度的产生原因可能基于层形态学方面的因素，或者由工艺过程引起的。

（3）涂层的热力学性能　模具表面的再生产需要考虑几个参数：

① 模腔的温度；

② 接触温度；

③ 热不敏感性。

模腔的温度对于压印有直接的影响。一方面，模腔的温度与无定形材料的软化温度或者半晶体热塑性塑料的晶体熔融温度相近程度越大，模塑塑料对于模具表面的复制重现越精确；另一方面，需要考虑循环时间的经济性，因为高模腔温度意味着长的循环时间（模腔温度每升高1度会延长大概2%的循环时间）。

在注射成型的过程中，在模腔和塑料之间会形成不随时间变化的接触温度。模腔的温度变化非常微小（$\Delta\vartheta_W<15K$），然而，熔体塑料表面层自然被急冷超过100K。模塑塑料在模腔壁上突然凝固。接触温度的决定性的变量是热敏感度b。它主要是通过热导率λ、密度ρ和比热容C计算得到。

接触温度的升高可以延缓塑料表面层在模具壁面的凝固。在保压对模具模腔的熔融塑料进行调整之前，熔体流是不会凝固的。通过模腔表面的一个薄绝热层，在不显著延长循环时间的前提下，熔体的压缩流动行为可以达到所预期的改善，因为模具温度只是轻微的上升。热量会很快地穿透绝热层或者固化的材料层，因为其厚度非常薄，并且随后以类似未涂层模具导热的方式将热量排出。模腔温度只是轻微的上升。这有一个前提是，硬质材料层的热不敏感性要比模具材料的小。

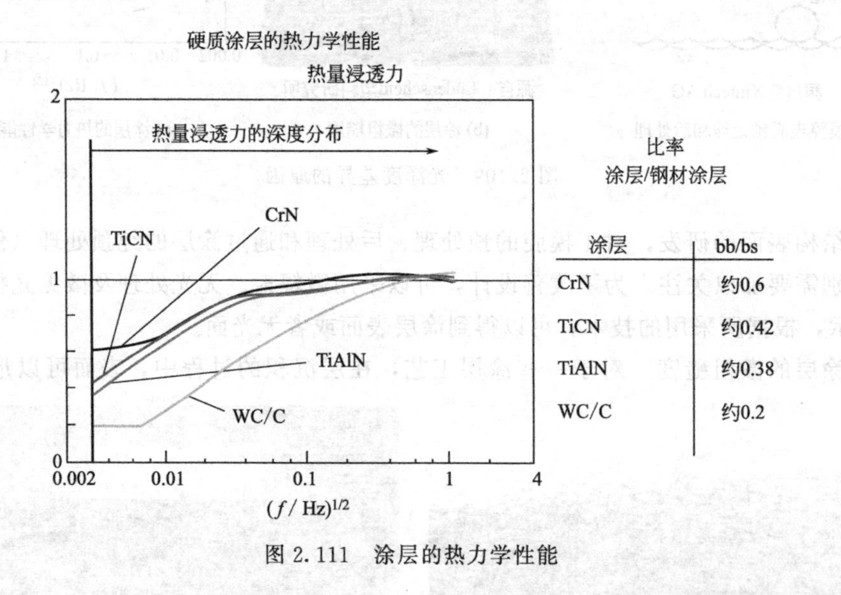

涂层	bb/bs
CrN	约0.6
TiCN	约0.42
TiAlN	约0.38
WC/C	约0.2

图 2.111　涂层的热力学性能

对涂层模具嵌件的测量是通过热波分析来完成的，结果显示，各种涂层的热不敏感性之间存在巨大的差异。图2.111给出了不同模具涂层材料热不敏感性的深度曲线。

对这些不同的热力学性能可以进行选择性的使用。它们的应用尤其包括如下几种：

① 具有无光泽表面和相同模腔温度的结构化模塑制品的生产；

② 在低模腔温度下具有相同光泽度的模塑制品的生产，因此经济效益的提高要通过缩短冷却时间和循环时间来实现。

在图2.112的例子中，采用物理气相沉积法（PVD）得到的氮化钛铝金属层（TiAlN）

的热力学性能（短暂的绝热）用于隐藏由PC（聚碳酸酯）制作的转动门盖的熔接线，并可调整其结构化表面的光泽度。图2.113显示了涂层表面和未进行涂层的表面的直观对比。

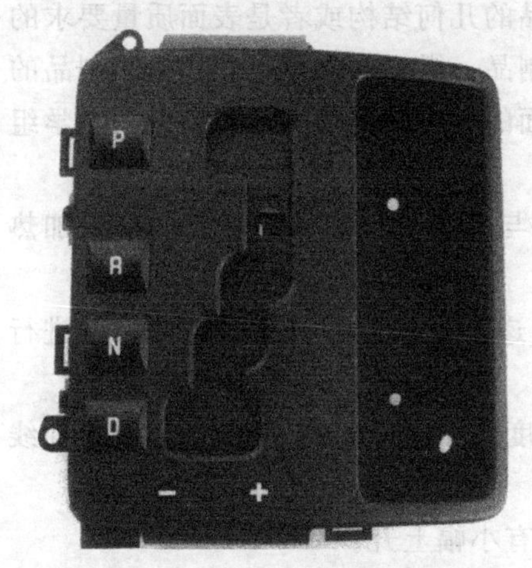

图2.112 转动门盖图

图2.113 样板，一半经过涂层（无光泽）

通过对模塑塑料和模具之间，以及每个模具零件之间的相互作用的特定控制，可以实现工艺的稳定性，因此机器和模具的停机时间会明显减少。除了通过表面涂层技术改善光泽度以外，还会在以下方面得到改善：①抗磨损性的增加；②脱模力的减小；③模具沉淀的减少；④滑移性能的改善。

这些方面的改善并不是仅限于注射模具。因此，除了热塑性塑料、热固性塑料、橡胶的加工工艺中的模具模腔之外，挤出模具、滑块、顶出系统、熔体控制系统以及回路阀都可以对其进行成功的改善。对于模具材料的不同处理方式，前沿技术的研发在最近几年已经被推迟。除了典型的模具钢，有色金属如铝铜合金可以通过不同的表面和涂层技术来实现优化。

这些技术成功应用的先决条件是使用适当的表面处理工艺。在这里，除了技术指标（如模具钢、表面结构、所用的模塑料、几何结构），各个方面的不良效应也应该考虑。

2.5.2 温控技术-注射成型模具的感应加热

通常，需要增加注射模具的模腔温度，以避免如模塑制品缺陷——熔接线，或者是精确地呈现表面微结构及细微的模具表面。这样的话，模具壁面温度升高会延长冷却时间。

为了杜绝持续的腔室高温，可以采用变模温系统。该系统中采用两个持续的调节回路，它是由两个相互独立或者是相互组合的电加热器和温度控制器组成的。两个过程的特征由模腔确定，腔室由一个回路加热至注射工艺的温度，然后通过第二个回路冷却至塑料的脱模温度。模腔温度保持恒定高温的优势是，塑料材料在注射时可以加热至熔融温度。缺点是较长的模具加热时间和冷却时间。一个可以作为变模温工艺的替代方法是，模具表面的感应加热。根据感应器的位置，模腔的近表面区域被加热的很快。实验表明，预设的腔室温度，150℃的温度变化可以在3s内完成。对于其他的应用（避免熔合线的切痕），在注射阶段仅需要30～60℃的温升。感应加热的组件是已知的，例如来自于淬火或锻造技术。此外，在家用领域，感应加热的电磁炉在市场上有销售。

感应加热是如何工作的呢？如果一个高频率电流通过一个感应器，它会在导电体中产生一个交变的电磁场。在导电体内会诱发涡电流，加热表面厚度区域（涡电流的穿透深度）。

穿透深度也取决于频率，因此它可以被调整。此外，通过感应加热，在导电体内会产生非接触温度的增加。

在注射成型工艺中，有用的应用随处可见，由于制品的几何结构或者是表面质量要求的需要，工艺过程需要高的腔室温度。例如薄壁技术、微制品、微结构以及传统的模塑制品的高标准表面质量的要求。在防止可见熔合线以及细微表面的无光泽压印的产生或者在光学组件的生产中（例如透镜）的例子有很多。

参考注射成型模具中所用到的技术（见图 2.114），与传统的温控系统相比，感应加热具有很多优势。

① 与传统的温控技术相比，热量不需要经过传导传递，可以无需与模具表面接触进行传递。

② 注射模具的感应加热为短时间内产生高的腔室温度增加了可能性（见图 2.115，曲线 1）。

③ 热量可以只施加到局部区域。毗邻区域的温度仅有小幅上升。

④ 根据感应器在模具中或模具上的位置，在靠近表面的地方可以产生所需要的腔室温度（表面效应）。这将会具有可以将更低的热量施加到模具中的优势。在基于流体的温控系统中，来自模具内部模腔方向的热量需要经过传递。因此，较大的模塑制品偶尔也会被加热。

⑤ 在最好的情况下，循环时间的增加可以保持在低或者中等水平，因为由于第三条所列出的效应（见图 2.115，曲线 1），所施加的热量会快速耗散。

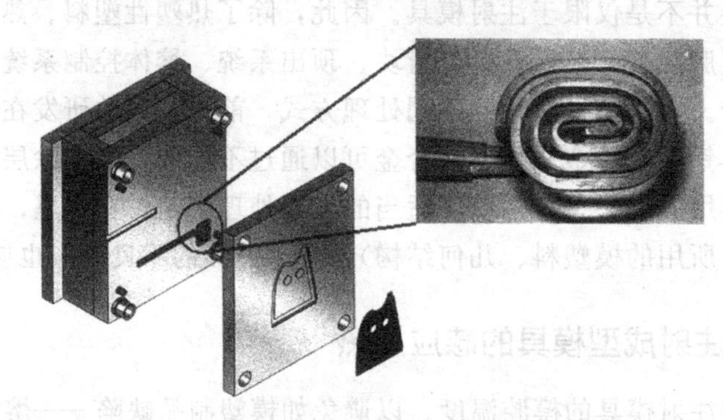

图 2.114 集成在注射成型模具中的感应器

除了所列出的优势以外，一些缺点可以揭示这项技术在实际应用中所面临的一些挑战：

① 在一些操作配置低的情况下，模具的附加部分会被无意中加热；

② 由于感应器的自我加热，在几乎所有的应用中它们必须要经过冷却。

原则上对于注射成型模具的感应加热，有三种不同的安置感应器的方案。在这里，技术原则如下：

① 使用外部感应器；

② 在模具需要加热的区域将感应器集成到模具中；

③ 将感应器集成在横跨需要加热区域的模具上。

第一种提到的方式提供了最大可能的自由度，因为模具的技术细节的作用不是很大。注射模具不需要进行结构性的调整，对比方式 2 和方式 3，因为感应器有可能通过装卸装置安装在打开的模具中，在需要加热区域的前方。

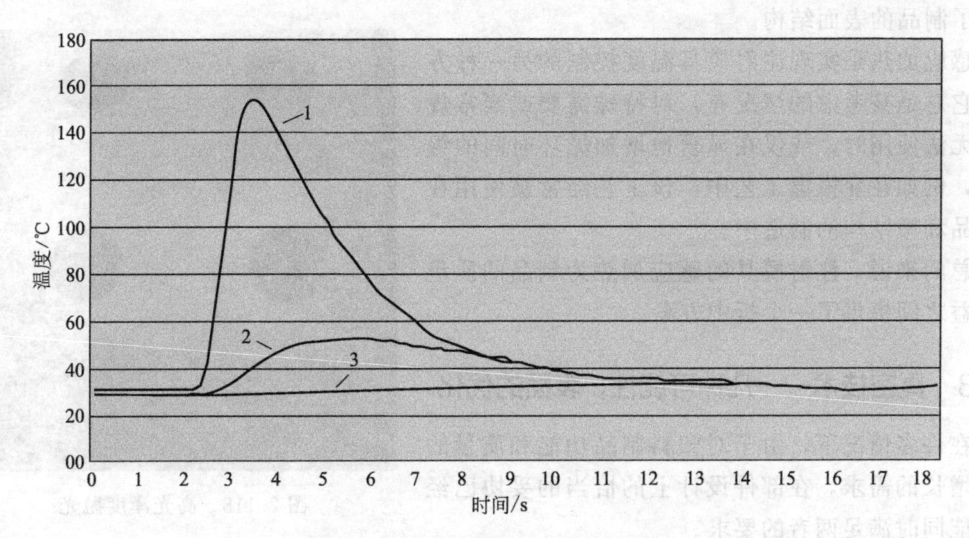

图 2.115 不同测量点的温度状况

该技术的缺点是，为了在模塑过程中达到需要的腔室温度，需要进行超温加热。这可能对循环时间和制品质量造成负面效应。

在方式 2 和方式 3 中，将感应器集成在模具中将是一个很大的挑战。一方面，需要确定感应器以及其必要的连线（电路和水路）是否可以集成到模具中；另一方面，通过感应器要加热的模具区域，需要使用合适的测量方法来确保不希望加热的区域却不被加热。结合接近于如图 2.116 所示的模具温度控制，这项技术的所有潜力会发挥出来。

在 Lüdenscheid 塑料研究所的关于模具感应加热的主题大会上，提出了一个由 20 家公司合作旨在实际测试和实施感应加热的联合项目。为了达到此目的，构建了一个集成了感应器的测试模具。图 2.117 和图 2.118 显示了具有不同表面的样品在模塑成型中被感应器加热。参考表面，短期的热量输入的影响是显而易见的。图 2.118 显示了一个可电镀 ABS 制品。在连接的地方没有可见的熔合线切痕。在图 2.117 中，在加热区域可以看到一个更加无光泽表面的结构。在外部未加热的区域显得比较光泽。感应热量在不增加循环时间的前提下

图 2.116 带有温控的、接近外形的感应加热模具嵌件

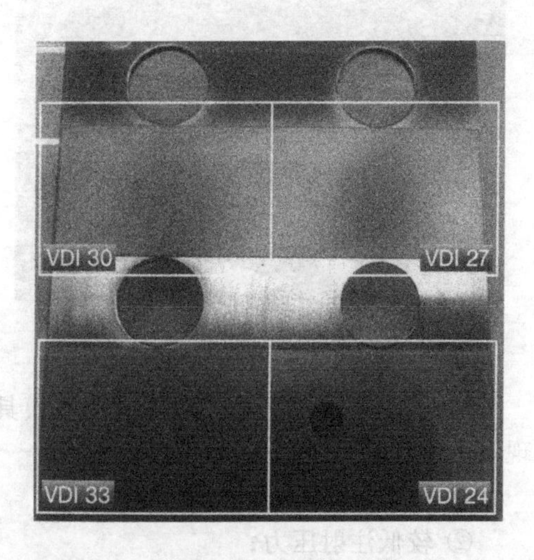

图 2.117 按照 VDI3000 的不同蚀刻结构

改善了制品的表面结构。

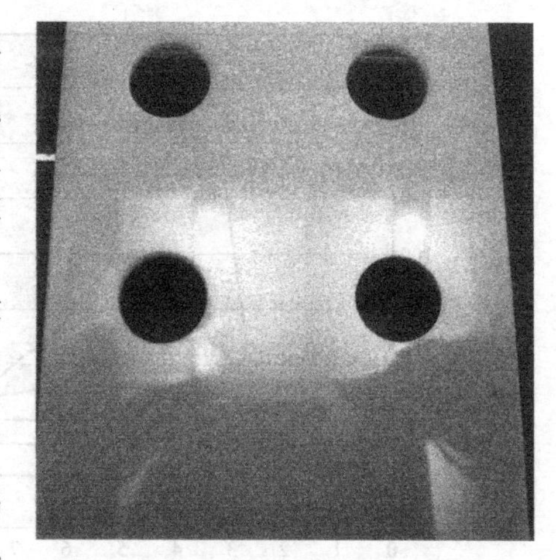
图 2.118 高光泽度抛光

感应加热是实现注射模具温度控制的另一种方法。它总是被考虑的情况有，对特殊需要或当常规方法无法使用时，或仅在显著地增加循环时间的组合中，例如在变模温工艺中，该工艺经常被使用在微制品和微结构的制造中。

总的来说，注射模具的感应加热为制品的质量和效益之间提供了一个折中方案。

2.5.3 真空技术——几种可能性，表面的优化

在许多情况下，由于对塑料制品功能和质量的日益增长的需求，在部件设计上的恰当的妥协已经不再能同时满足两者的要求。

在研发的第一阶段，制品的功能是最重要的，通常在后续的设计变化中才会遇到。这时候，模具或者组合件的设计已经完成，后续的变化会造成不利的厚度比，这将会给表面的质量带来负面影响。如果有些区域被设计得太薄，它们不能可靠地进行注射；在壁厚的区域，凹陷会发展，高抛光的表面会被指责为“不规则”。

不规则表面产生的原因是压缩空气，在注塑的过程中，它产生于聚合物熔体和模具的轮廓之间，因此妨碍了聚合物熔体在模具壁面的准确复制。

图 2.119 显示了一个“不规则”表面，并且解释了前述的效应。由于不充足的排气，空气在模具表面和熔体之间进行压缩，造成了一个波浪形的制品表面，这在高抛光面被认为是不规则的。图 2.120 展示了由于较好的排气所产生的无缺陷表面。

图 2.121 显示了腔室排气和未排气所产生结果的图像，以及相应的测量结果。经过排气的表面更加光滑。通过白光距离测量技术，可以发现使用 PC/ABS 材料的高抛光表面的平均粗糙度减少了 26%。

图 2.119 排气不充分生产的制品

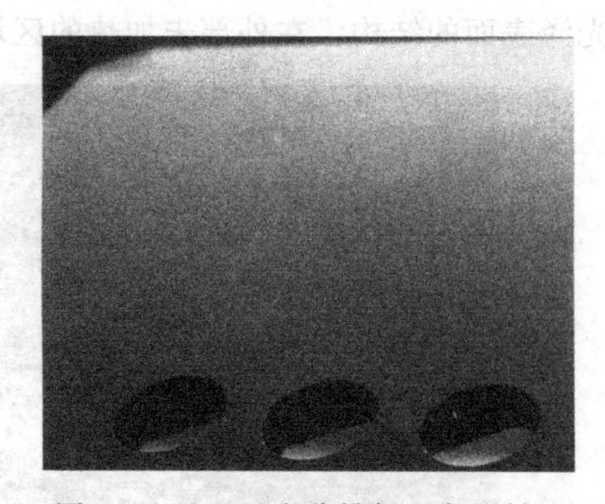
图 2.120 经过充分排气生产的制品

Lüdenscheid 塑料研究所的主动性模具排气项目的研究表明，通过采用真空技术可以实现以下的优势：

① 薄壁区域可进行可靠性注塑；

② 较低注射压力；

③ 改善熔合线强度；

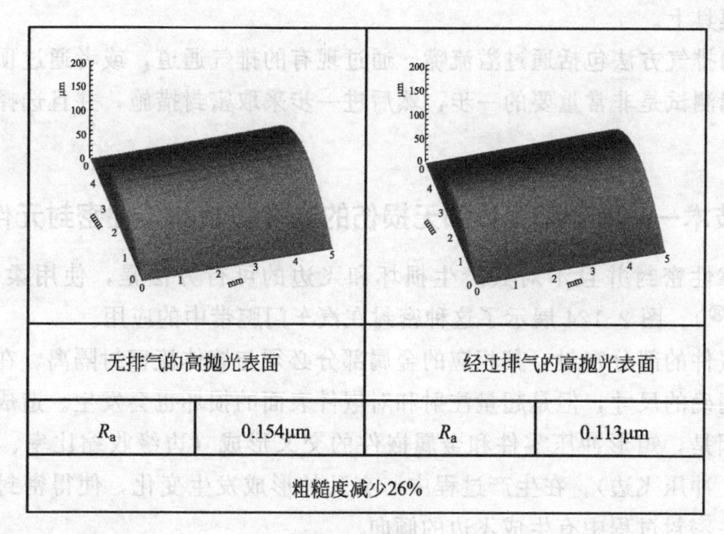

无排气的高抛光表面
经过排气的高抛光表面
R_a
0.154μm
R_a
0.113μm
粗糙度减少26%

图 2.121 无模腔排气和有排气所产生的不同结果

④ 无内燃机效应/烧嘴；

⑤ 较少的沉积形成；

⑥ 由热空气侵蚀引起的磨损显著较少；

⑦ 制品中无气泡和条纹；

⑧ 2-K 共混物上较高的黏合强度；

⑨ 通过更好的压印优化表面质量。

为了利用真空技术的所有优势，在设计阶段，必须考虑模具的密封。分型面的密封通常是不复杂的，因为可以采用图 2.122 的密封。对于移动模具的密封，如顶出机构、滑动机构，应该首先对整个顶出系统进行密封。如果这是不可实现的，那么对每一个移动的单元，必须进行单独密封。

为了模具腔室的排气，必须构建一个真空装置的接入口。图 2.123 所示为采用阀的方

图 2.122 集成密封环的半模

图 2.123 排气阀

式，它连接于模具上。

其他可能的排气方法包括通过溢流嘴、通过现有的排气通道，或者通过顶出装置。首先在模具上做泄漏测试是非常重要的一步，然后进一步采取密封措施，并且选择一种合适的排气方式。

2.5.4 模具技术——用于无飞边和无损伤的嵌件封装的柔性密封元件

嵌件的可靠性密封并且不对其产生损坏和飞边的可行方法是，使用柔性密封元件 A 4200（MurSeal®）。图 2.124 展示了这种密封在汽车门腕带中的应用。

对于金属嵌件的部分密封，其相应的金属部分必须与熔体流密封隔离。在这个区域，尽管注射模具有精确的尺寸，但是超量注射和对嵌件表面的损坏也会发生。造成超量注射（形成飞边）的原因是，矩形冲压零件和金属嵌件的交叉形成（边缘收缩比率、整洁切割百分比、折断表面、冲压飞边）。在生产过程中，交叉的形成发生变化，使得密封更加困难，这也使得该区域在密封过程中有生成飞边的倾向。

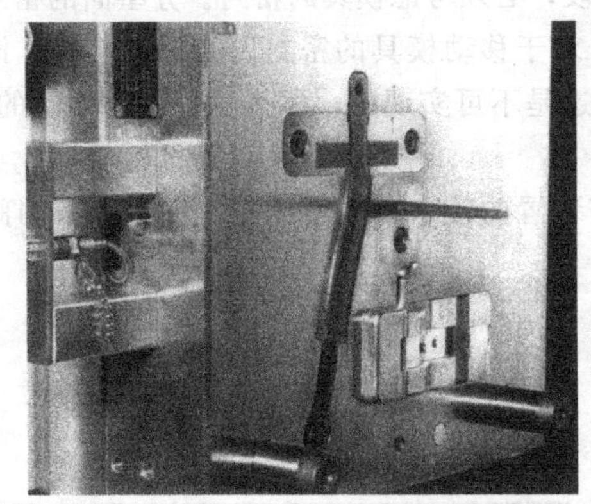

图 2.124 对于金属嵌件无飞边和无损伤的密封的柔性密封元件应用

另一个困难是嵌件有敏感表面，例如涂层面。因此，由于涂层厚度的变化加上嵌件误差的变化，在模具的插入、移动、闭合的操作过程中，嵌件的表面将会发生破坏。在这种情况下，表面损伤不仅可以引起混合部件的可见缺陷产生，而且可以导致零件失效（侵蚀）/或者需要更多的人工体力去重复工作。

（1）技术现状　依照当前的技术发展状况，在注射成型的过程中，在严苛的条件下，只有用热塑性材料才能对金属嵌件进行密封且不产生飞边和损伤。通常，由铜、铝或者另一种金属材料制成的可互换嵌件可用于模具中。在这里，嵌件通常不能独自适用于这些模具，这使得一些定期的互换变得非常有必要。另一种可行的方法是将嵌件压入到注射模具中。这可以暂时性地避免飞边的产生。由于这个原因，必须注意，会对注射模具和嵌件表面的损伤。

（2）通过柔性密封元件应用的创新　通过基础研究发现，可控制飞边的形成，在注射成型过程中使用柔性密封元件，对嵌件的无损密封是可靠的且有成本效益。在这里，柔性密封元件将会永久地安装到需要密封区域，且作为模具中的嵌件。经过机加工，半成品塑料可以代替传统的钢制密封元件。

柔性密封元件已经成功应用于一系列的注射模具中，主要是在汽车领域。柔性密封元件的材料可以由一系列的密封材料组成。具有良好实用经验的材料如 PPS 40% GF、PA6 30% GF、PBT 30% GF。柔性密封元件特别适用于 4mm 厚的板。最大的应用出现在一个直径 25mm、质量 5kg 的金属制品上。目前为止，已确认的密封成功案例数目多达 1000000 件，并且密封元件无可见磨损。

与 MurfeldtKunststoffe GmbH& Co，Dortmund 公司合作，已经生产出柔性密封元件的材料。在 2006 年 4 月，该公司已将份额移交给 HascoHasenclever GmbH 公司。这些公司中，可以提供一种被塑料加工工业称为 A4200（Murseal）的实用方案作为半成品。

（3）设计信息　为了在腔室的温度下达到足够的稳定性以及最佳的热耗散，柔性密封元件 A4200 必须整个安装到由模具钢制作的嵌件中。柔性密封元件的连接可以由螺丝、钳夹、防松栓通过摩擦来实现。

柔性密封元件应该嵌入到完全密封区域，这个区域可以在固定或者移动的模具上，如图 2.125 所示，在分型面上应该突出 0.1mm。

图 2.125　支撑 A4200 抗模腔压力的嵌件

突出部分导致了闭合模具的压缩，如果有必要，应该根据嵌件的几何结构来确定或者计算。由于柔性密封元件的变形，可以可靠地密封在闭合模具中熔体流动中嵌件不齐整的部分(如穿孔接口或者模具的复杂几何结构)。

柔性密封元件的节约使用不仅可以减少装置的成本，而且可以提高质量标准，降低废品率。

第3章 模具制造材料

3.1 塑料模具钢

(F. Hippenstiel)

3.1.1 概述

由于极其优异的性能组合，这对工具和模具非常重要，钢材是用于塑料模具制造工业中的主要材料。现在有一系列定制钢材可用于模具的制造，在钢材制造商那里经历了特殊的制造工艺，以达到全面应用所需的使用硬度。钢材的另一个显著特征是，它的功能特性可适于将来有特殊要求的适当的热处理和/或表面精加工。

除了必要的质量特征之外，另一个评价常用钢材适于塑料模具的准则是模具制造工艺的效率。在整个附加值链上直到最终塑料模具，下列的评价准则是：

① 材料的成本价格；

② 加工性能；

③ 后续热处理、接着机加工和/或表面处理的成本；

④ 辅助成本。

图 3.1 概括了依据钢材制造塑料模具的可能加工步骤。用于模具制造的最短和成本效益最佳的途径是常用预淬火塑料模具钢制造模具。如果希望一个较高的使用硬度，可将穿透淬火塑料模具钢在退火状态下预机加工，然后，常用真空淬火和硬机加工到最终尺寸。当选表面渗碳的塑料模具钢时，加工过程类似，用表面渗碳替代真空淬火。表面加工现在为工具和模具制造生产流程提供了更多的选择。一种经典的表面加工流程是穿透淬火塑料模具钢制造的模具表面加工（例如，镀铬、渗氮或镀 PVD）。在某些情况下，根据加工温度和升温热阻，可以对预淬火塑料模具钢进行某些表面加工工艺。

硬度通常指材料对一种物体穿透的抵抗力（在硬度试验中指定的试验物体）。测量硬度可有不同的指标，最常用的是布氏硬度（HB）、洛氏硬度（HRC）和维氏硬度（HV）。表 3.1 给出了基于 DIN 50150 标准[1]对比各种硬度值的概述。

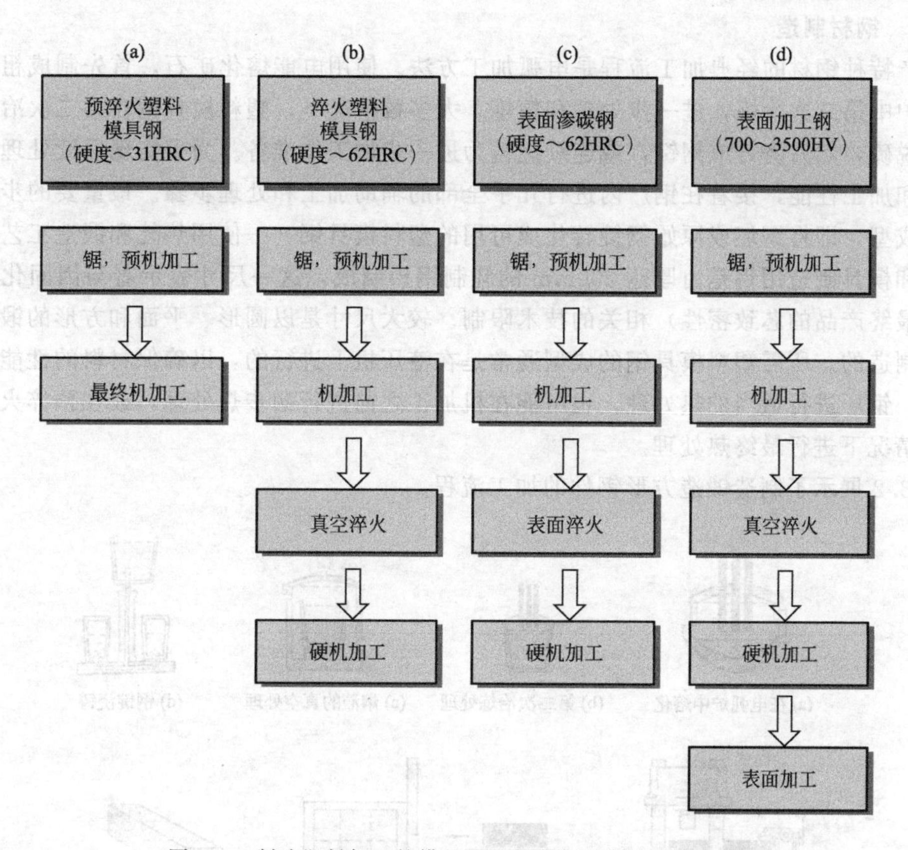

图 3.1　制造塑料加工的模具和工具用钢的制造阶段比较

表 3.1　取自 DIN 50150 标准的硬度值转换表

洛氏硬度/HRC	布氏硬度/HB	维氏硬度/HV	拉伸强度/MPa
25	253	266	854
30	287	302	970
35	329	345	1111
40	373	292	1262
45	424	446	1442
50	488	513	1668
55	566	596	1979
60	—	698	—

3.1.2　钢材制造与处理

钢材质量通过测试它们的技术性能进行评价，而模具和工具是根据它们的使用寿命，即根据它们的行为进行评估。专门的研究和许多年的实践已经在塑料模具钢的功能特性和加工特性之间建立起联系，形成了继续研发这一钢种的基础。但是，材料性能仅仅是影响使用寿命因素中的一部分；其他的影响因素包括模具的设计、制造的类型、操作条件、热处理和表面处理等。

3.1.2.1 钢材制造

生产特种钢材的经典加工流程是电弧加工方法。使用电能熔化矿石，首先制成粗钢，然后在钢炉中第二次冶炼，进一步处理和精炼。大多数情况下，塑料模具钢在第二次冶炼中也被深度脱硫，然后浇铸成钢锭，或连续浇铸为进一步加工作准备。为了实现后续处理所需的功能性和加工性能，接着在钢厂内进行几乎全部的辅助加工和处理步骤。最重要的步骤之一是金属成型，即将钢坯或原始钢锭转化成可用的塑料模具钢——使用热轧和锻造工艺。大多数工具和模具制造用钢是由厚达200mm的轧制钢板制成，这一尺寸表示着与因固化的残余气孔（最终产品的芯致密性）相关的技术限制。较大尺寸是以圆形、平面和方形的锻造钢件的形式制造的。所需塑料模具钢的成型通常是在液压机上进行的，以确保材料的性能。在成型之后，钢厂进行适当的热处理，也可能在机加工之前进行初步热处理，或在预淬火塑料模具钢的情况下进行最终热处理。

图3.2展示了制造锻造方形钢件的加工流程。

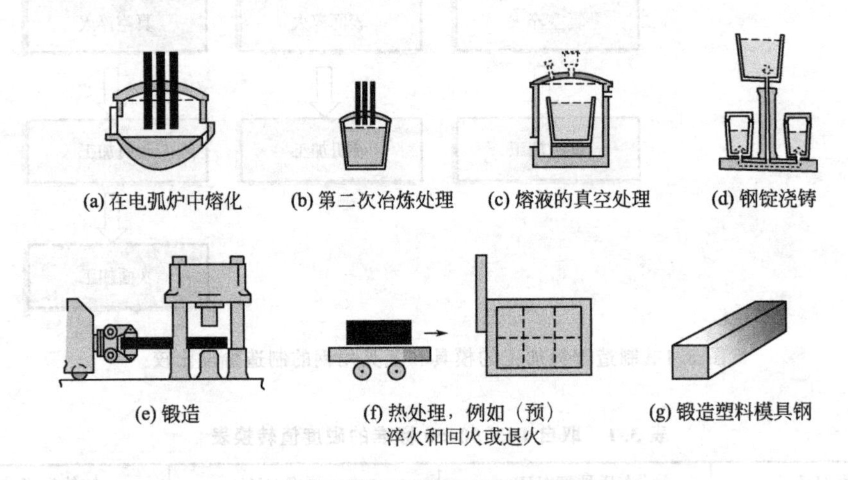

图3.2 制造大型塑料模具钢的主要步骤示意

除了常规的钢材制造工艺，还有一些特殊的冶金工艺，有时也可用于塑料模具钢的制造。这些新技术方案通常与已有常规钢材制造方法和应用的冶金技术相组合使用。熔化高含量合金元素钛和铝的钢材（例如，脱溶硬化塑料模具钢）的最佳方案是在真空感应炉中进行。特殊的熔化工艺，例如电渣重熔（ESR）或真空电弧重熔（VAR）可获得非常细的固化结构，这是因为与这一工艺相关的增加的固化速度；这一工艺也降低了有时源于预熔化的非金属杂质发生的概率。高合金钢的粉末冶金制造组合了几种有利的冶金特征。这一特殊的冶金工艺涉及了在中型感应炉中熔化和处理熔液。然后将这种溶液在喷雾室中保护气体环境下雾化，形成球状微细颗粒粉体。装入粉体密封舱，气体密封，然后在氩气环境中热等静压过程中压缩，建成一个完全密封的固体。这样压缩的合金可使用常规的方法热成型，尽管它们合金含量较高。另一种特殊的冶金工艺是“喷淋成型”，这包括了使用两个摆动喷嘴在保护气体环境中雾化熔液。这种熔液滴被喷淋到旋转启动板上，并快速冷却。熔液滴沉淀到启动板上，形成了固态钢制棒，可被进一步地适当加工。

3.1.2.2 热处理

根据塑料模具钢热处理的目的，可选用几种工艺，其中几个完全不同。在某种工艺中，在整个横截面上，材料的相态可有选择性地改变。用于这种情况的、较大差异的可选工艺是退火、正火、淬火、回火、或沉淀硬化等。其他工艺如氮化或表面硬化仅能使表面层发生变化。依据碳含量给出各种热处理工艺的特征温度范围，如铁碳平衡相态图（见图3.3）。较高合金钢的情况下，这些温度范围依据转变温度的改变而升高。

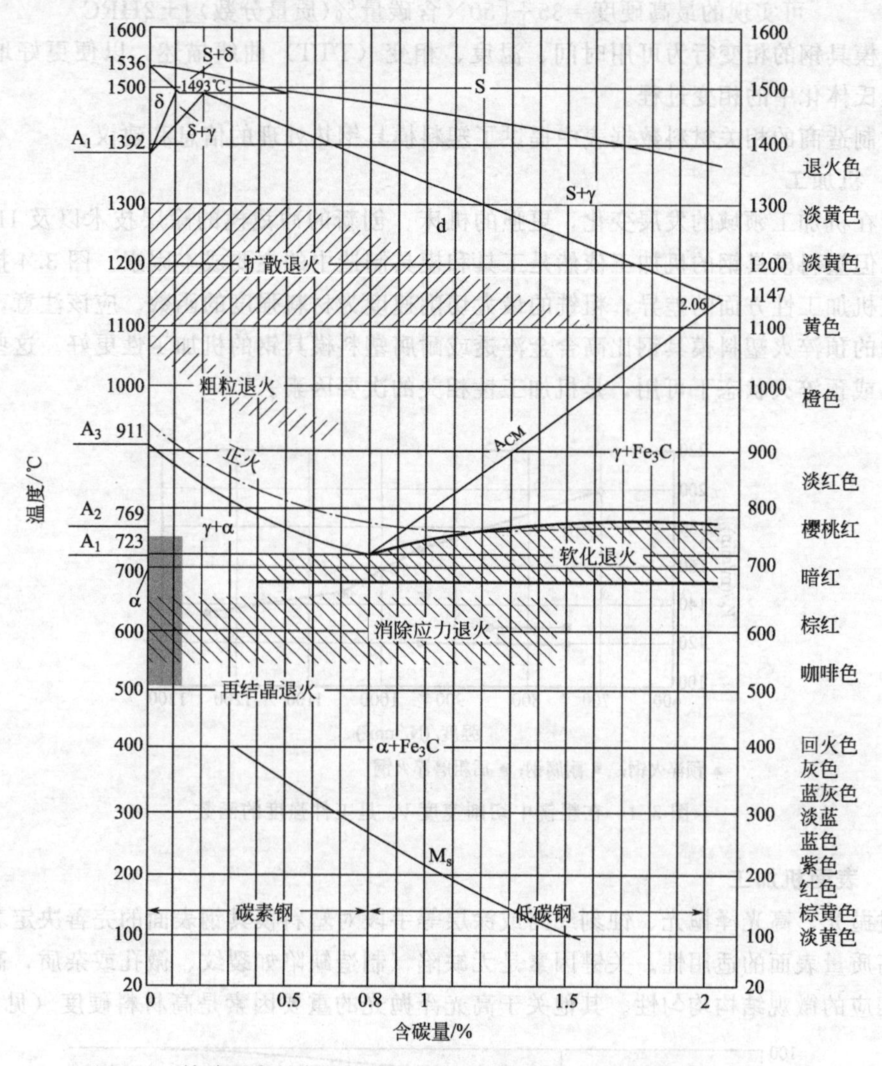

图3.3 铁碳平衡相态图部分区域，包括某些热处理工艺的温度范围

淬火的目标是尽可能地得到马氏体到贝氏体材料相态，它的特征是较高的硬度。当零件和模具被淬火硬化时，通常也要进行回火处理，以使强度性能符合特殊应力条件、转变残余奥氏体，或降低在后续的研磨过程中断裂的风险。特别是在约600℃较高温度范围内的回火，可实现强度和刚度之间的关系，这适用于所涉及的应力。

一种金属的铁原子结构可由被金属键结合在一起的铁原子表征。金属键力源自正电荷原子和外电子层的负电荷自由电子之间的吸引。在固态下，金属通常是结晶结构，因此，每个原子的空间排列是固定的。铁的结晶体系是立方结构的，根据热处理温度，有体心立方或面心立方晶体结构。碳含量高于0.8%的钢材，在正火状态下，有珠光铁素体微结构；对于含碳量较高的钢材，微观结构为珠光体和晶界渗碳体。如果钢材被加热到723℃以上，它的微观结构逐渐改变，并出现奥氏体。依据冷却速度，随着材料的冷却，其结构可转变为各种微观组织（马氏体、贝氏体、珠光体和铁素体）。钢材在马氏体范围内变化对淬火的适应性由淬透性表示，有潜在硬度增加和渗透硬度之间的区分。潜在硬度增加是关于碳含量和最高可能硬度（100%马氏体）之间的关系。碳含量高至0.6%可实现的最高硬度可由下式推导：

$$可实现的最高硬度=35+[50\times含碳量\%(质量分数)]\pm 2HRC$$

塑料模具钢的相变行为可用时间、温度、相变（TTT）曲线描述，以便更好地理解在淬火和奥氏体化中的相变过程。

钢材制造商的相关材料数据表中提供了塑料模具钢热处理的信息和建议。

3.1.2.3 机加工

尽管在机加工领域的发展变化，更强的机床、创新的冲裁模的涂层技术以及HSC铣削的引入，但塑料模具钢的机加工依然是工具和模具制造中的主要成本因素。图3.4描述了钢材之间在机加工性方面的差异，粗铣的最大切削速度为材料强度的函数。应该注意，中等强度范围内的预淬火塑料模具钢比高合金淬透或耐腐塑料模具钢的机加工性更好。这些钢材是否在退火或预淬火状态下可用，是机加工性相关的次要因素。

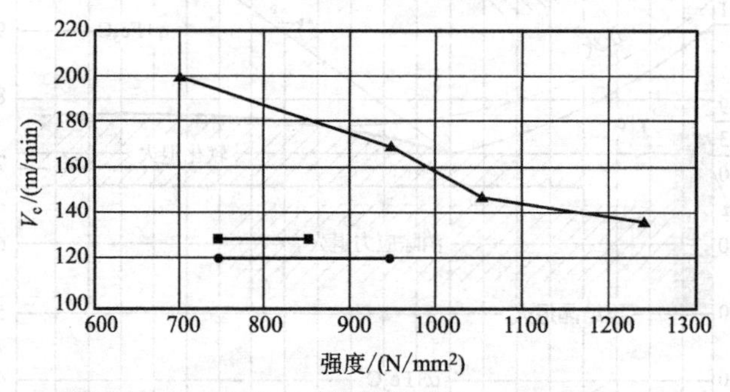

图3.4 在粗铣中切削速度 V_c 是工件强度的函数

3.1.2.4 表面机加工

通过抛光、高光泽抛光、蚀刻纹路或涂层等手段对塑料模具钢表面的完善决定着钢材赋予模具高质量表面的适用性。关键因素是无缺陷（制造缺陷如裂纹、微孔或杂质，高杂质等级）和相应的微观结构均匀性。其他关于高光泽抛光的重要因素是高材料硬度（见图3.5），

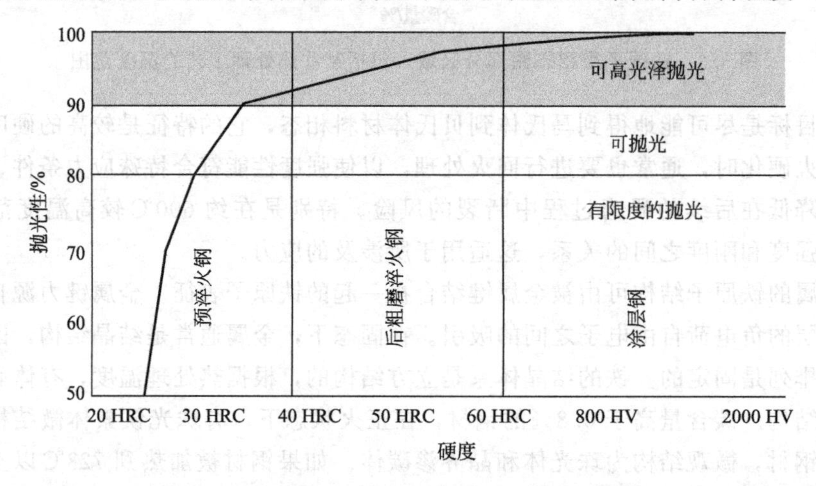

图3.5 塑料模具钢的抛光性是硬度的函数

摩擦和抛光混合物颗粒的尺寸分布，以及抛光者的技能。

预淬火塑料模具钢 1.2312（40CrMnMoS8-6），由于它高硫含量，不适合于高表面性能要求或机械应力的模具。因为与锰结合，硫能形成长链硫化物，它可引起下列问题：

① 由于蚀刻，钢表面出现带状纹路；

② 随着软锰硫化物从较硬钢基材溶解，抛光时会出现波纹；

③ 有条件的或限制性适于表面处理；

④ 焊接受限。

3.1.2.5 质量保证

除了测试化学组分和确定技术性能之外，无损材料检测对塑料模具钢也是重要的内容。例如，通常用超声波检测锻件内部缺陷，诸如残余孔隙或无金属夹杂物。机加工工件也可采用诸如磁粉探伤或着色探伤等方法进行表面探伤。

3.1.3 塑料模具钢综述

由于对塑料模具钢在加工和使用过程中的要求差异很大和时有冲突，因此，没有单一钢种可完全满足质量和经济性的所有要求。最重要的要求如下[2]：

① 良好的机加工性、良好的切屑形成、低切削力、低刀具磨损；

② 高导热性，例如注射成型过程加热的模具的快速冷却；

③ 淬透，在沿整个横截面上淬火和回火后理想的均匀淬火深度；

④ 高抗断裂和破碎，V 形刻痕和临界弯曲应力区域内的高断裂韧性；

⑤ 高耐腐蚀性，避免铁锈或腐蚀；

⑥ 回火稳定性，适于进行热涂敷加工；

⑦ 可焊接性，在结构改变或修补情况下的可焊接性；

⑧ 表面可淬性，激光淬火、火焰淬火或感应淬火；

⑨ 耐磨性，抵抗机械损坏和磨损；

⑩（高光泽）抛光性，适于生产镜面制品的模具表面抛光；

⑪ 蚀刻纹理性，适于在由光刻技术制造纹理后生产无缺陷表面；

⑫ 镀铬性，适于无缺陷电解液镀铬；

⑬ 渗氮性，在基质材料中无强度损失渗氮的淬火深度；

⑭ PVD 涂层性，适于 PVD 技术用生产高标准表面制品。

这些要求不可避免地传递到塑料模具钢的不同性能说明中。不同钢种可分类如下：

① 可用于所有标准应用的预淬火塑料模具钢（硬度范围 29～44HRC）；

② 用于（预）机加工后淬火的淬透塑料模具钢，例如，用于可承受高磨损的模具和工具（硬度范围 44～62HRC）；

③ 耐腐蚀塑料模具钢，例如，用于 PVC 加工，标准应用的预淬火硬度约 30HRC，在（预）机加工后淬火达 53HRC，用于高磨耗场合；

④ 表面硬化塑料模具钢（表面硬化后的表面硬度达 62HRC）；

⑤ 脱溶硬化塑料模具钢，用于高磨耗场合，脱溶硬化后的表面硬度达 55HRC；

⑥ 氮化钢，特别用于挤出机（氮化后的表面硬度达 1000HV）。

依据所需的最重要特征，表 3.2 给出了塑料模具钢分类。除了最近研发的新钢种之外，DIN EN ISO 4957 标准涵盖了用于塑料加工的模具和工具制造的钢材[3]。表 3.3 概述了最常用的塑料模具钢在这一标准中的化学成分。

表 3.2 依据所需最重要特征的塑料模具钢分类

塑料模具钢（材料钢号）	机加工性	导热性	断裂韧性	耐腐蚀性	可焊接性	耐磨性	高光泽抛光性	蚀刻纹理性	镀铬性	淬透性	氮化性	PVD涂层性	热强度
预淬火塑料模具钢													
1.2311	＋	＋	±	－－	＋	±	＋	＋	＋	±	＋	±	±
1.2312	＋＋	＋	－－	－－	－	±	－－	－－	－	±	±	－	±
1.2711	±	＋	＋	－－	＋	＋＋	＋＋	＋	＋＋	＋	＋	＋	＋
1.2738	＋	＋	±	－－	＋	±	＋	＋	＋	＋	＋	±	±
2738mod. TS①	＋	＋＋	＋	－－	＋＋	＋	＋＋	＋＋	＋＋	＋＋	＋	＋	＋
淬透塑料模具钢													
1.2343	±	±	＋	－－	±	＋＋	＋＋	±	＋＋	±	＋＋	＋＋	＋＋
1.2379	－	－－	－－	－－	－	＋＋	－－	－－	－	±	＋＋	－－	＋＋
1.2767	±	±	＋＋	－－	＋	＋＋	＋＋	＋＋	＋＋	＋	＋	＋	±
1.2842	＋	＋	±	－－	－	＋＋	－	±	＋	－	＋	＋	±
耐腐蚀塑料模具钢													
1.2083	±	－－	±	＋	＋	＋＋	＋＋	±	＋＋	－	±	±	＋
1.2085	＋＋	－－	－	±	＋	＋	－	－－	－	－	±	－	＋
1.2316	±	－－	＋	＋＋	＋	＋	＋＋	±	＋＋	＋＋	＋	＋＋	＋＋
用于表面渗碳塑料模具钢													
1.2162	＋	＋	±	－－	＋	＋＋	＋	±	＋	－－	－－	－－	－
1.2764	＋	±	＋	－－	＋	＋＋	＋＋	＋	＋	＋	－－	－－	－
脱溶硬化塑料模具钢													
1.2709	－－	－－	＋＋	±	＋＋	＋＋	＋	＋	＋	±	＋＋	＋＋	＋

① 改进型 1.2738，相当于，例如，Actuell 1200 或 2738 EHT Plus。

注：＋＋非常好；＋良好；－有条件适用；－－不适用。

表 3.3 用于塑料加工标准钢材的化学成分

材料钢号	德国牌号	化学成分(质量分数)/%								
		C	Si	Mn	P	S	Cr	Mo	Ni	其他
非合金模具钢										
1.1730	C45U	0.42～0.50	0.15～0.40	0.60～0.80	≤0.030	≤0.030	—	—	—	—
预淬火塑料模具钢										
1.2311①	40CrMnMo7	0.35～0.45	0.20～0.40	1.30～1.60	≤0.035	≤0.035	1.80～2.10	0.15～0.25	—	—
1.2312	40CrMnMoS8-6	0.35～0.45	0.30～0.50	1.40～1.60	≤0.030	0.05～0.10	1.80～2.00	0.15～0.25	—	—
1.2711①	54NiCrMoV6	0.50～0.60	0.15～0.35	0.50～0.80	≤0.025	≤0.025	0.60～0.80	0.25～0.35	1.50～0.50	V=0.07～0.12

续表

材料钢号	德国牌号	化学成分(质量分数)/%							
		C	Si	Mn	P	S	Cr	Mo	Ni	其他
预淬火塑料模具钢										
1.2738[①]	40CrMnNiMo8-6-4	0.35～0.45	0.20～0.40	1.30～1.60	≤0.030	≤0.030	1.80～2.10	0.15～0.25	0.90～1.20	—
2738mod. TS[②]	26MnCrNiMo6-5-4	0.26	0.10	1.45	≤0.015	≤0.002	1.25	0.60	1.05	V=0.12
淬透塑料模具钢										
1.2343[①]	X37CrMoV5-1	0.33～0.41	0.80～1.20	0.25～0.50	≤0.030	≤0.020	4.80～5.50	1.10～1.50	—	V=0.30～0.50
1.2379[①]	X153CrMoV12	1.45～1.60	0.10～0.60	0.20～0.60	≤0.030	≤0.030	11.00～13.00	0.70～1.00		V=0.70～1.00
1.2767[①]	45NiCrMo16	0.40～0.50	0.10～0.40	0.20～0.50	≤0.030	≤0.030	1.20～1.50	0.15～0.35	3.80～4.30	—
1.2842	90MnCrV8	0.85～0.95	0.10～0.40	1.80～2.20	≤0.030	≤0.030	0.20～0.50		—	V=0.05～0.20
耐腐蚀塑料模具钢										
1.2083[①]	X40Cr14	0.36～0.42	≤1.00	≤1.00	≤0.030	≤0.030	12.50～14.50	—	—	—
1.2085	X33CrS16	0.28～0.38	≤1.00	≤1.40	≤0.030	0.05～0.10	15.00～17.00	—	≤1.00	—
1.2316[①]	X38CrMo16	0.33～0.45	≤1.00	≤1.50	≤0.030	≤0.030	15.50～17.50	0.80～1.30	≤1.00	—
用于表面硬化塑料模具钢										
1.2162[①]	21MnCr5	0.18～0.24	0.15～0.35	1.10～1.40	≤0.030	≤0.030	1.00～1.30			—
1.2764[①]	X19NiCrMo4	0.16～0.22	0.10～0.40	0.15～0.45	≤0.030	≤0.030	1.10～1.40	0.15～0.25	3.80～4.30	—
脱溶硬化塑料模具钢										
1.2709[①]	X3NiCoMoTi8-9-5	≤0.03	≤0.10	≤0.15	≤0.010	≤0.010	≤0.25	4.50～5.20	17.00～19.00	Co=8.50～10.00;Ti=0.80～1.20
氮化钢										
1.7735	14CrMoV6-9	0.11～0.17	≤0.25	0.80～1.00	≤0.020	≤0.015	1.25～1.50	0.80～1.00	—	V=0.20～0.30
1.8519	31CrMoV9	0.27～0.34	≤0.40	0.40～0.70	≤0.025	≤0.035	2.30～2.70	0.15～0.25	—	V=0.10～0.20
1.8550	34CrAlNi7-10	0.30～0.37	≤0.40	0.40～0.70	≤0.025	≤0.035	1.50～1.80	0.15～0.25	0.85～1.15	Al=0.80～1.20

① 通常，这些材料用于超低脱硫，即S≤0.003%。

② 典型分析，相当于，例如，Actuell 1200 或 2738 EHT Plus。

设计塑料加工的模具需要了解被提供的或任何后续热处理的塑料模具钢的力学械性能及物理性能。为了制造出尺寸精确的塑料模塑制品，当机加工模腔时，必须考虑塑料模塑制品的收缩率；随着加热温度升高至模具工作温度时，模腔的热膨胀量是另一个在这一计算中需要考虑的因素。根据合金含量的不同，热胀系数是变化的。因此，表 3.4 给出了在 20～500℃温度范围内、关于普通的使用硬度的常用塑料模具钢的热胀系数。通常在生产塑料模塑制品过程中要冷却模具，以便能尽快冷却塑料成型混合物。这一冷却过程的控制因素为冷却流道的位置和尺寸大小、冷却介质的湍流和流动速度以及塑料模具钢的导热性。这在很大程度上取决于钢材的化学成分，同样也显示在与技术相关的温度范围的概述中。

表 3.4　用于塑料加工模具和工具制造常用钢材的特征和使用

钢号	供货状态	使用硬度	应用	热胀系数 $\alpha/(10^{-6}/K)$			热导率 λ/[W/(m·K)]		
				20～100℃	20～250℃	20～500℃	20℃	250℃	500℃
非合金模具钢									
1.1730	正火	最高值 190HB	合模板，低应力的模具框架	11.8	13.2	14.2	41.0	39.0	35.0
预淬火塑料模具钢									
1.2311	淬火加回火	280～325HB	淬火加回火钢厚度可达 400mm 的压制和注射成型模具	11.6	12.8	14.3	34.0	33.5	33.0
1.2312	淬火加回火	280～325HB	用于压制和注射成型模具的芯模零件，模具配件	11.6	12.8	14.3	34.0	33.5	33.0
1.2711	淬火加回火，可达需要值；退火	280～325HB；355～415HB 最高值 250HB	有较高机械应力和热应力的压制和注射成型模具，推荐表面淬火	11.0	12.4	13.5	33.0	35.0	33.0
1.2738	淬火加回火	280～325HB	压制和注射成型模具的阴模，淬火加回火钢厚度高于 400mm 的模具	11.6	12.8	14.3	34.0	33.5	33.0
2738 改进型 TS[①]	淬火加回火	280～325HB；310～355HB	大型模具，大尺寸的压制和注射成型模具的阴模	10.8	12.2	13.9	37.4	41.3	39.8
淬透塑料模具钢									
1.2343	退火，最高值 230HB	装配硬度 46～50HRC	高应力塑料模具，有高摩擦应力的模具嵌件	10.3	11.6	12.8	23.0	25.0	27.0
1.2379	退火，最高值 255HB	装配硬度约合计 63HRC	有很高抗耐磨性的塑料模具和模具嵌件	9.0	12.0	13.0	20.0	21.0	22.0
1.2767	退火，最高值 260HB	装配硬度为 50～54HRC	高应力塑料模具，车身制品的大型模具和高表面质量要求的模具	11.0	12.2	13.7	31.0	30.0	32.0
1.2842	退火，最高值 230HB	装配硬度为 57～62HRC	对抛光性和纹理性没有特殊要求的小型塑料模具	12.2	13.5	14.7	33.0	32.7	31.8

续表

钢号	供货状态	使用硬度	应用	热胀系数 $\alpha/(10^{-6}/K)$			热导率 $\lambda/[W/(m\cdot K)]$		
				20～100℃	20～250℃	20～500℃	20℃	250℃	500℃
耐腐蚀塑料模具钢									
1.2083	退火，最高值 230HB	装配硬度为 50～54HRC	中小型模具及模具嵌件，例如，用于 PVC 加工	11.0	12.5	13.5	23.0	24.0	25.0
1.2085	淬火加回火	265～310HB	中小型模具框架，例如，用于 PVC 加工的模具	10.0	12.0	13.2	23.0	24.0	25.0
1.2316	淬火加回火	265～310HB	模具嵌件，狭缝和型材口模，型材阴模，校准模具，吹塑模具，也适用于大中型模具	10.4	11.0	12.8	17.4	20.1	22.8
用于表面硬化塑料模具钢									
1.2162	退火，最高值 210HB	表面硬度达 62HRC 芯部硬度达 300HB	同时承受压缩应力和摩擦表面载荷的压制和注射成型模具	11.5	13.0	14.4	41.0	40.5	35.0
1.2764	退火，最高值 250HB	表面硬度达 62HRC 芯部硬度达 400HB	同时承受高压缩应力和摩擦表面载荷的压制和注射成型模具	11.5	12.8	14.0	36.0	37.0	34.0
淬火塑料模具钢									
1.2709	溶液退火，约 300HB	淬火后为 50～54HRC	有高韧性要求的模具嵌件和小型模具	10.0	16.0	17.3	12.0	15.0	19.0
氮化钢									
1.7735	淬火加回火 265～310HB	氮化后表面硬度约 850HV	最适用于塑化单元，螺杆和挤出机机筒	12.1	12.9	14.0	36.9	37.1	34.4
1.8519	淬火加回火 265～310HB	氮化后表面硬度约 800HV	最适用于塑化单元，螺杆和挤出机机筒	12.1	12.9	14.0	27.4	28.7	27.7
1.8550	淬火加回火 240～300HB	氮化后表面硬度约 1000HV	最适用于塑化单元，螺杆和挤出机机筒	12.1	13.0	14.0	27.4	28.7	27.7

① 改进型 1.2738，相当于，例如，Actuell 1200 或 2738 EHT Plus。

3.1.3.1 预淬火塑料模具钢

依据热载曲线，制钢完成后，通过适当的热处理（淬火加回火），可将这类钢的使用硬度调节到 29～44HRC。这类钢材初始为制造大型模具研发的，但现在已经成为所有常规尺寸模具的用钢，因此，现在大约 90％的塑料模具钢均为预淬火类供货。其显著的优点是减少了生产周期，因为在初机加工后无需后续的热处理。这也排除了因热处理变形所需的再次加工，这种变形是无法完全避免的。机加工技术的显著进步，如 HSC 铣削，可使加工预淬火钢变得容易和经济。为了极高应力下的使用，通过氮化、镀铬、镀镍或适当的模具表面 PVD 涂层，可增加其耐磨性。这种钢可以分为两大类。第一类包括钢号 1.2311

(40CrMnMo7)、1.2312(40CrMnMoS8-6)、1.2738(40CrMnNiMo8-6-4)和1.2316(X38CrMo16),这些钢材的标准硬度为29～34HRC,1.2316(X38CrMo16)的硬度范围是27～33HRC。这涵盖了不涉及过度磨损情况下的模具和工具制造中所有的标准应用。预淬火耐腐蚀钢1.2316(X38CrMo16)已经证明对含腐蚀应力的应用有效果(PVC和含侵蚀填料的模塑混合物)。第二类包含了钢号1.2711(54NiCrMoV6)和某些通常基于1.2738(40CrMnNiMo8-6-4)的最近新研发的钢种,通常用于承受较高磨损(适当地表面涂层)的塑料模具,或者超大型模具。在这类钢材中,硬度通常为34～44HRC。

常规钢材的塑料模具用钢受到物性限制的约束,特别是在大尺寸的情况中。在大于1000mm尺寸范围内不适当地淬透,和超过31HRC硬度的极低退火温度,可导致机加工时非均匀性的质量损失,或模具持久性的损失,这暴露出使用1.2738(40CrMnNiMo8-6-4)在制造非常大尺寸的模具和工具中的问题。通过适度改变化学成分,可达到显著的改善。图3.6给出了改进型钢材(2738.TS)的淬透性与常规模具钢1.2311(40CrMnMo7)和1.2738(40CrMnNiMo8-6-4)的比较。值得注意的是,1.2311(40CrMnMo7)的淬透性仅适用于小横截面的模具。用标准的1.2738(40CrMnNiMo8-6-4),可淬透横截面也限制在直径约1000mm,而用改进型2738.TS,淬透横截面可达1250mm。这样生产的钢锭,可用于稳定高硬度的大型模具,包括芯部。

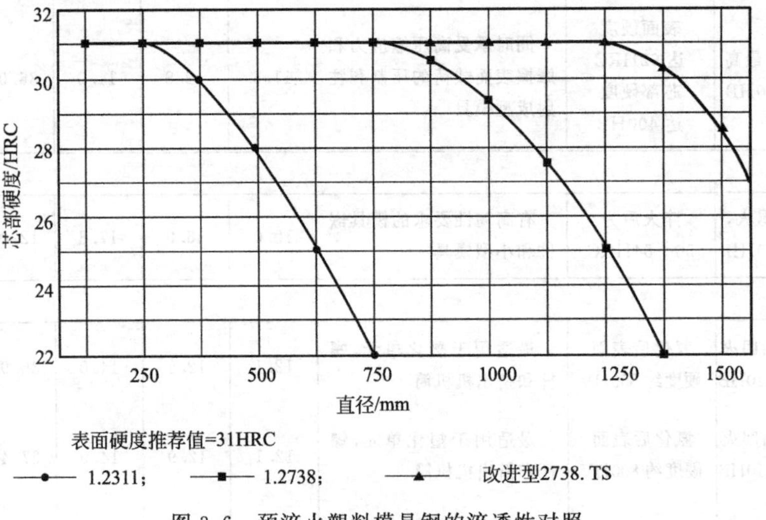

图3.6 预淬火塑料模具钢的淬透性对照

降低碳含量可得到更彻底的淬透效果和改善的淬透性,特别是在大尺寸情况下。合金元素硅和铬较低含量可降低在大型钢锭情况下发生的偏析,而增加钼和钒作为合金元素,也能确保合适的淬透性,并伴随着增加的回火稳定性,导致的硬度要高于标准钢1.2311(40CrMnMo7)和1.2738(40CrMnNiMo8-6-4)可能达到的硬度。图3.7展示了新塑料模具钢的改进型2738.TS可选范围,它覆盖了硬度达38HRC的大多数应用,由于它的化学成分和导致的性能,有助于显著简化在预淬透塑料模具钢中的材料结构。

3.1.3.2 淬透塑料模具钢

机加工后的热处理(淬火加回火)是决定淬透钢性能的一个主要因素。这类钢种由于其合金成分可被淬火到46～62HRC的使用硬度。现在使用的标准淬透钢材有1.2343(X37CrNoV5-1)、1.2379(X153CrMoV12)、1.2767(45NiCrMo16)和1.2842

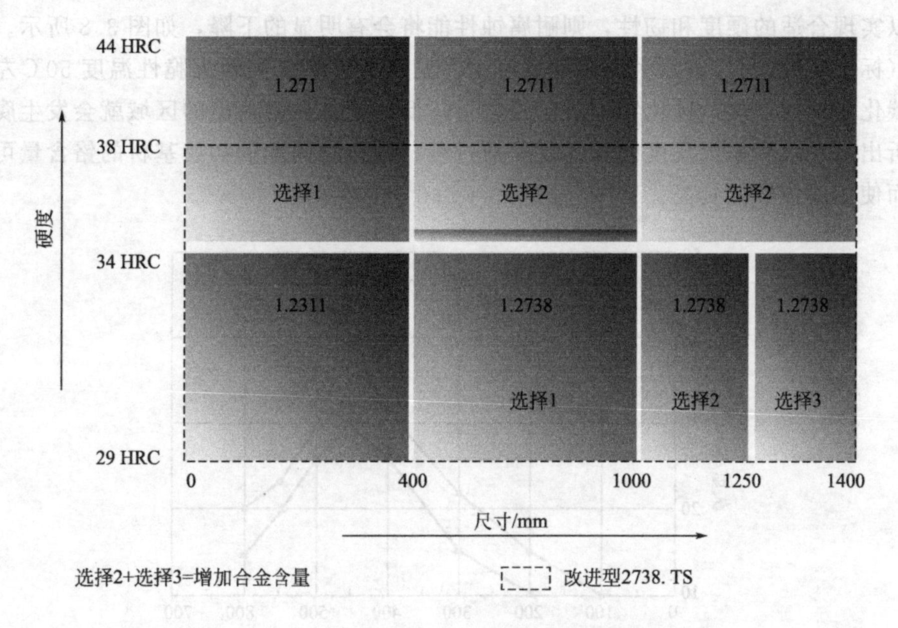

图 3.7 预淬透塑料模具钢领域的最新进展
（在尺寸和硬度很宽的范围内可帮助简化钢材的选择）

(90MnCrV8)。在奥氏体化后进行急速冷却形成马氏体，可实现这一硬度水平，并取决于合金元素含量和模具的表面/体积比。适当的铬、钼和/或镍含量可允许对非常大横截面的模具进行淬透。由于因其不适用的韧性，在模具有较大模腔深度的情况中可能存在破碎危险，因此这些钢种特别适用于有可能出现高压力峰值的浅模腔模具。一个特例是 1.2767 (45NiCrMo16)，由于其高镍含量而具有良好的韧性，因此，也适用于较大模腔深度，并有 50～54HRC 的硬度。淬透钢的另一个应用领域是塑料模具的模具嵌件，用于生产带有嵌件或密封面的模塑成型构件，在这里位置上通常会发生高边沿压力。现在可在真空热处理装置中进行淬火，以便尽可能地减小因在急冷过程中晶格结构变化而引起的尺寸或形状上的任何可能变化。

3.1.3.3 耐腐蚀塑料模具钢

特定的加工条件（例如，在加工塑料模塑成型混合物中引起的基于氯或溴的阻燃剂）可能需要塑料模具钢耐腐蚀的要求。在许多情况下，模具可由前面提到的塑料模具钢制得，并可采用电镀硬铬或化学镀镍进行防腐，但在复杂的模腔情况下，这存在着一定的困难。这就是频繁使用耐腐蚀钢的原因。可选用的钢号有 1.2083（X40Cr14）、1.2085（X33CrS16）和 1.2316（X38CrMo16）。这些钢材是以淬火加回火的状态供货，其使用硬度约为 30HRC [1.2085（X33CrS16）、1.2316（X38CrMo16）] 和软退火状态下的 1.2083（X40Cr14）。通过在机加工后的适当热处理，后者的高使用硬度可达 50～54HRC。1.2316（X38CrMo16）的改进型现在已经可供货。实际上，改善化学成分以通过尽可能地减少 δ-铁素体的形成，可实现改善的钢材均匀性。与标准类钢材相比，这可导致某些改善的功能特性，如耐腐蚀性、抛光性等。

热处理，特别是回火温度、回火方式、次数和析出碳化物的分布等对塑料模具钢的耐腐蚀性具有决定性的影响。当回火温度小于 400℃时，将会有细微的碳化物析出，几乎不会减少马氏体，而对耐腐蚀性能没有影响。如果在第二类回火脆性温度范围对耐腐蚀钢进行回火处理，以实现合适的硬度和韧性，则耐腐蚀性能将会有明显的下降，如图 3.8 所示。在煮沸试验中（标准腐蚀试验），最大腐蚀速度发生在温度高于第二类回火脆性温度 50℃左右，这时析出碳化物开始增加。碳化物周围的铬含量降低，于是在铬析出的区域就会发生腐蚀，碳化物被析出。在较高回火温度时，通过扩散过程，碳化物周围的初始基材的铬含量可重新恢复，从而使耐腐蚀性能提高。

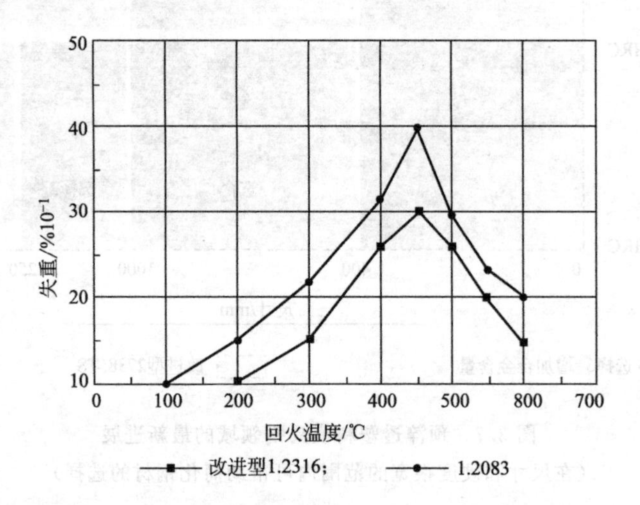

图 3.8 塑料模具钢 1.2083 和 1.2316（改进型）的耐腐蚀性为回火温度的函数

有点像预淬火钢的情况，再硫化耐腐蚀钢 1.2085（X33CrS16）具有非常好的机加工性能。但是，也存在着相应的缺点，如可抛光性、光电蚀刻性及有限的耐腐蚀性能，因此，这种钢应该用于耐腐蚀模具的芯部材料或模具框架。

一般来说，耐腐蚀钢都具有足够的耐磨性。可以通过表面处理来提高耐磨性，例如渗氮或硬镀铬。硬镀铬已被实践证明是有效的。渗氮会降低耐腐蚀性能，因此并不提倡渗氮处理。对这种特殊情况，可以使用甚至含碳量较高的其他类型的耐腐蚀钢。仅通过加入碳化物就可实现有效的耐磨保护。碳化物的类型、尺寸和形状，以及碳化物的分布具有决定性的影响，如图 3.9 所示。

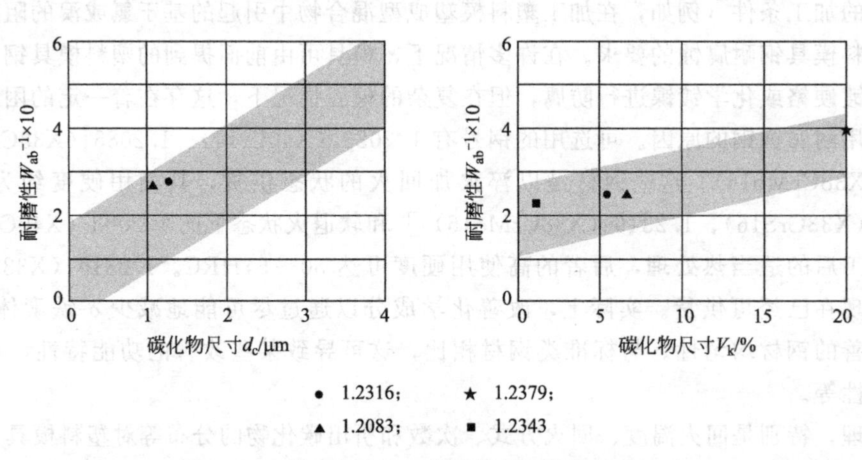

图 3.9 与淬透钢相比，耐磨性是碳化物尺寸以及耐腐蚀塑料模具钢碳化物含量的函数

但是，耐磨性和耐腐蚀性基本上是相反的材料性质，因为在耐腐蚀钢的情况下仅在基材中镍含量超过12%（质量分数）时，适当的防腐保护才是可预期的。由于碳元素和铬元素的亲和力较大，基体中的铬含量通常会因为碳化铬的形成而降低。因此，随着碳含量的增加会增加耐磨性，但会降低耐腐蚀性能。这种情况会随着磨损和腐蚀同时发生而加重。因此，在特殊情况下，当耐腐蚀层被磨损掉而又没有得到及时修复时，便会发生腐蚀。

3.1.3.4　表面硬化塑料模具钢

表面硬化钢具有相对低的碳含量，并用于渗碳后的淬火硬化。在这一特殊的热处理后，表面硬化钢可获得坚韧的芯部以及硬耐磨表面。从表面的高硬度（58～62HRC）到相对软芯部的逐渐转变是它的优点。为了得到比较高的表面硬度必须增加表面碳含量[有0.15%～0.25%（质量分数）的基本碳含量]，这可以通过在热处理过程中加入约0.8%（质量分数）的碳催化剂来实现，厚度范围在1～3μm。尽管表面硬化已经是改善材料性能的最重要的方法之一有70多年了，但它现在已经在模具和工具制造中失去了它的重要地位。目前钢号1.2162（21MnCr5）和1.2764（X19NiCrMo4）通常用于特殊用途。表面硬化钢的优点之一是在退火状态下的低强度，使得这些钢材极适用于切压工艺。对于较小模腔或多腔模具，这种方法仍然是一种经济生产工艺，但已经几乎完全失去了它的重要地位。在切压过程中，一个硬抛光的模腔沉式冲头被压入软底部口模中。这一基本概念是，外模具，即模腔沉式冲头，可被更简单地制造出来，比底部口模更精确。

由于热处理产生的尺寸和形状上的变化，对于表面硬化模具和工具而言，是需要考虑的问题，因此，在最终机加工过程中的附加成本也必须考虑。对尺寸和形状的预期变化必须进行适当的全面测量，否则，由于硬化层不适用的表面硬化厚度，将无法进行模腔的后续改变。图3.10比较了表面硬化钢种的可达到的芯部强度。此图发现，甚至对较小的直径，钢号1.2162（21MnCr5）存在有不适用的芯部强度。

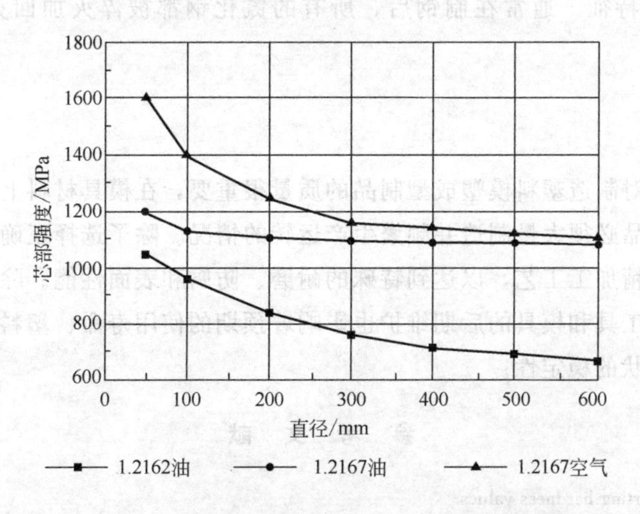

图3.10　表面硬化钢1.2162和1.2767的芯部强度为直径和急冷工艺的函数

（译者注：此图下部的钢号有误，应该以此翻译为准！）

3.1.3.5 沉淀硬化塑料模具钢

沉淀硬化或马氏体塑料模具钢是高合金低碳钢。碳含量约 0.03%（质量分数），镍含量通常约为 18%（质量分数），钴、钼和钛元素总计含量约 15%（质量分数）。随着从奥氏体范围开始冷却，坚韧、柔软的马氏体形成，在后续的回火中，合金元素以精细分布混合物的形式沉淀出来，通过“沉淀硬化”将这种微结构固定和硬化。这类钢初始的研发用于航空工业中的高强度钢，已经可有效地用于带有特别复杂模腔的小型模具，和承受极大弯曲载荷的模具芯部。钢号 1.2709（X3NiCoMoTi18-9-5）供货状态是固溶退火，硬度约 30HRC，并依然适合于在这种状态下机加工，因此可用于塑料模具制造。在约 490℃下进行退火处理后（沉淀硬化），钢硬度可达约 55HRC。机加工这种模具，必须进行全面测量由这种硬化工艺而引起的体积变化，允许的体积均匀减少量约 0.1%。如果模具承受严重的磨损，建议增加渗氮处理，因为马氏体钢不会形成碳化物，以抵抗磨损。由于其相近的加工温度，沉淀硬化可与渗氮结合进行。

3.1.3.6 氮化钢

在塑料加工领域，氮化钢是制造注射成型机塑化单元螺杆和挤出机机筒的常用钢。它们仅在特殊情况下才用于模具和工具制造，如模具带有非常薄的腹板。由于它们具有良好的回火稳定性，也适用于加工必须在较高模温下脱模的热固性塑料和硬质塑料。已经研发出特殊的氮化钢种。如果含有可形成氮化物的合金元素铬、钼、钒和铝，甚至大多数钢材都可被氮化。氮化工艺包括了在 350～580℃之间的温度将氮扩散到表层，因此，氮元素形成了坚硬、耐磨的表面。铝合金钢 1.8550（34CrAlNi7-10）的表面硬度可高达约 1000HV，芯部硬度在淬火和回火状态下为 25～31HRC。但是，由于韧度较差，因此渗氮层的厚度必须要加以控制。因此，无铝氮化钢 1.7735（14CrMoV6-9）和 1.8519（31CrMoV9）经常被优先选用。尽管这种钢渗氮后的表面硬度较低，但可以增加渗氮层的深度。在淬火和回火状态下的芯部硬度为 29～34HRC。这些氮化钢还具有较高韧性和较好的杂质等级等特征。通常在制钢后，所有的氮化钢都被淬火加回火处理，以提高芯部强度。

3.1.4 总结

由于模具材料对制造塑料模塑成型制品的质量很重要，在模具材料上节省成本是不明智的，特别是精密制品必须大量制造并频繁生产运转的情况。除了选择正确的钢材之外，也需要可用的附加表面精加工工艺，以达到特殊的耐磨、防腐和表面性能。除了所用的特殊钢材之外，工程设计和工具和模具的后期维护也影响着预期的使用寿命、塑料模塑成型制品的表面质量以及模具形状的稳定性。

参 考 文 献

[1] DIN 50150，Converting hardness values.

[2] *Hippenstiel*，*F.*，*Grimm*，*W.*，*Lubich*，*V.*，*Vetter*，*P.*：Handbook of plastic Mold Steels. Buderus Edelstahl GmbH（2002）Wetzlar

[3] DIN EN ISO 4957，Tool steels

3.2 铝合金

(A. Erstling)

3.2.1 概述

在这一百年内，铝已经从开始昂贵稀有金属成长为现在应用十分广泛的金属之一。它是最重要的工业材料之一，并在过去几十年里在几乎每个工业领域，它已经占有重要的地位。铝材的众多特性促使新应用的研发和需求的稳定增长，也为设计和使用人员提供了关键的优势。

铝材最重要优点可归纳如下：

① 轻质；

② 良好的导热性；

③ 良好的导电性；

④ 良好的耐腐蚀性；

⑤ 易于加工；

⑥ 可再循环利用。

铝材及其合金的其他特点如下：

① 无毒性和卫生性；

② 无磁性；

③ 无处理表面的高反射率，特别是热辐射。

由于它性能的多样性和这些性能的组合使用，铝材成为一种多用途材料，可用于要求质轻、保护、稳定、防腐和耐用性的场合。

铝的密度是 2.7kg/dm³，含有较重合金元素的铝合金密度大约为 2.9kg/dm³。铝的密度至少比钢大约低 65%，比铜合金低 70%。

铝合金的导热性能主要取决于合金元素、变形度和热处理条件，热导率范围为 110～220W/（m·K）。其热导率在钢［15～40W/（m·K）］和铜合金［210～320W/（m·K）］之间，可用于模具制造。

铝的耐腐蚀性能取决于其表面形成的自恢复稳定氧化物保护膜。材料的纯度越高，使用环境越干燥，耐腐蚀性能越好。对于模具制造，必须对耐腐蚀性能进行测试。

铝合金可由铸造或锻造制得。对于大型模具，可以铸造高达 5t、尺寸达 3000mm×2500mm×1000mm 的模具半模。铸造块厚度可达 1000mm。锻造合金的供货形状可以是压延圆形料坯或型材板，如轧制或锻造板。

最大拉伸和压制板厚度目前可达 200mm，或锻压高强度合金的厚度为 600mm。

3.2.2 模具材料

模具主要使用锻造铝材。而对于应力要求较低，和在机加工时需要去除较多材料的模具制造来说，使用铸造工艺，经济性更好。取决于所需性能，无论在高温还是在低温下，都可以很容易实现锻造和铸造。

在“模板”的应用中，铝材已经占据了非常重要的位置。在过去数十年中仅有钢材主导的领域，目前高强度铝材被已经用于制造模具的切削和冲压工具的生产。

铝板的特征如下。

① 它们的热导率4倍于钢材，因此可降低橡胶和塑料加工的循环时间，同时可以节能。

② 与钢材相比，它们可用数倍的切削速度来降低机加工时间。较高的切削速度可提供较好的性能及较好的表面。

③ 它们的轻质可易于铝制的装置和模具的操作和传递，并可有较短的装配时间。

④ 通过控制拉伸过程，它们可承受较低的残余应力，因此可制造出无翘曲的模板。无需后续处理，如淬火加回火。

⑤ 它们具有高强度，这有利于模具和装置的使用周期。由于较高的力学性能，如在钢材中的相同板厚可用于目标设计。

⑥ 它们具有良好的防腐性能。因此，无需昂贵的表面处理。然而，在机加工（电火花加工［EDM］）后，也可以制成镀铬板、镀镍板或硬阳极氧化铝板。

3.2.2.1 铸造材料

由于铝硅合金在570℃（含硅12.5%的铝合金）的较低温度下就能固化，因此铝硅合金最适于铸造。铝硅合金最适于铸造较细的筋和箱壁厚度相差较大的铸件。但是，因为这种合金的硬度很低，在机加工时容易沾污。如果不含铜，这种合金的耐腐蚀性能良好。在铝硅合金中加入镁或铜可以提高合金的硬度和强度。即使含3种合金元素，仍然易于铸造，由于硬度较高而具有较好的机加工性能，阳极电镀后可得到良好的保护。如果不保护，含铜合金比不含铜合金更易于腐蚀。

铝镁合金难以铸造，但可较好地防氯化氢（HCl）、含盐空气和海水的腐蚀。这种合金具有良好的机加工性能。铝铜钛合金通过淬火是所有铸造材料中硬度最高的合金。这种合金也难以铸造，因此，在模具的初始设计时，应对其硬度进行测试。在模具的设计阶段，就应与材料提供商保持合作关系。

3.2.2.2 锻造材料

铝镁合金和铝镁锰合金属于不可淬火等级的铝合金。镁含量的增加可以提高材料的硬度，但会使材料的韧性降低。铝镁硅合金属于可淬火的材料。硅化镁相的析出提高了材料的硬度。加入过量的硅或铜和铬，可以进一步提高材料的强度。为了提高材料的机加工性能，还要加入铅元素。根据锻造铝铜镁合金的成分，可以对其进行冷淬火（室温条件下）或热淬火处理。合金中的铜元素和镁元素都有助于提高材料的强度。

在铝锌镁合金中，锌元素和镁元素的组合可以提高材料的硬度。铝锌镁铜合金是所有可淬火材料中强度最高的合金。铜元素可以提高材料的强度和减小材料对拉伸应力的敏感性，这使得材料中可以含更多的锌和镁元素，以及铬元素。

所有的合金都可以进行冷、热淬火处理，但更提倡使用人工老化处理。由于具有极佳的强度值和机加工性能，这种合金是一种良好的模具制造材料。

表3.5列出了适用于模具材料的铝合金的德国牌号、材料号、国际注册号，以及适于模具制造的铝合金的组分。

表 3.5 模具制造中可选铝材的分类与组分

德国牌号	材料号	国际注册号	组分质量分数/%								
			Cu	Cr	Fe	Mg	Mn	Si	Ti	Zn	其他
AlMg3	3.3535	5754	0.1	0.3	0.4	2.6/3.6	0.5	0.4	0.15	0.2	
AlMg4.5Mn	3.3547	5083	0.1	0.05/0.25	0.4	4.0/4.9	0.4/1.0	0.4	0.15	0.25	
AlMgSi1	3.3215	6082	0.1	0.25	0.5	0.6/1.2	0.4/1.0	0.7/1.3	0.1	0.2	
AlCuMg1	3.1325	2017A	3.5/4.5	0.1	0.7	0.4/1.0	0.4/1.0	0.2/0.8	—	0.25	Ti+Zr0.25
AlZn4.5Mg1	3.4335	7020	0.2	0.1/0.35	0.4	1.0/1.4	0.05/0.5	0.35	—	4.0/5.0	Ti+Zr 0.08/0.25
AlZnMgCu0.5	3.4345	7022	0.5/1.0	0.1/0.3	0.5	2.6/3.7	0.4/1.0	0.5	—	4.3/5.2	Ti+Zr0.2
AlZnMgCu1.5	3.4365	7075	1.2/2.0	0.18/0.28	0.5	2.1/2.9	0.3	0.4	0.2	5.1/6.1	Ti+Zr0.25
G-AlSi12	3.2581	A413.0	0.05	—	0.5	0.05	0.01/0.4	10.5/13.5	0.15	0.1	
G-AlSi7Mg	3.2371	356.0	0.05	—	0.18	0.25/0.45	0.1	6.5/7.5	0.001/0.20	0.07	
G-Al-Si10Mg(Cu)	3.2383	XX	0.3	—	0.6	0.2/0.5	0.1/0.4	9/11	0.15	0.3	Ni0.1
G-AlCu4Ti	3.1841	XX	4.5/5.2	—	0.18	—	0.001/0.50	0.18	0.15/0.3	0.07	
G-AlCu4TiMg	3.1371	224.0	4.2/4.9	—	0.18	0.15/0.30	0.001/0.50	0.18	0.15/0.30	0.07	

3.2.2.3 力学性能和设计准则

锻造材料的机加工性能标准见 DIN/EN 485-1-3，铸造合金的机加工性能标准见 DIN 1725第二页。图 3.11 比较了几种重要铝材的力学性能。这些材料提供了标准性能以及不变的硬度、强度值和微粒细度，缺少厚板（可达 200mm 厚）横截面的张力。除了这些优势，在设计模具时，模具设计者还必须考虑材料的特殊性能。

如果以强度密度的比值来衡量材料的许用应力，那么铝合金比钢更具优势。如果单独以强度作为测量标准，同钢相比，达到相同强度的铝合金实际上能节省材料。然而如果考虑弹性变形（弯曲）和弯曲强度，70000N/mm^{2}的弹性模量对计算结果的影响是很大的。

尽管如此，对于筋部件来说，铝合金比钢材要节省大约 50%的材料。

如果模具是在较高温度下工作，则在设计时必须考虑到温度膨胀系数（约是钢的 2 倍）。这对于钢组件特别重要。

铝合金的研发工作一直在持续。目前，新的设计材料芯部强度接近于 600N/mm^2，如 ALUMOLD® 1-500（见表 3.6）。这种材料是专为塑料加工中的高机械应力设计的。它用于航空工业的合金生产已有 50 年的历史（例如，空客和波音）。它的力学性能沿着整个材料厚度直到芯部几乎保持不变。

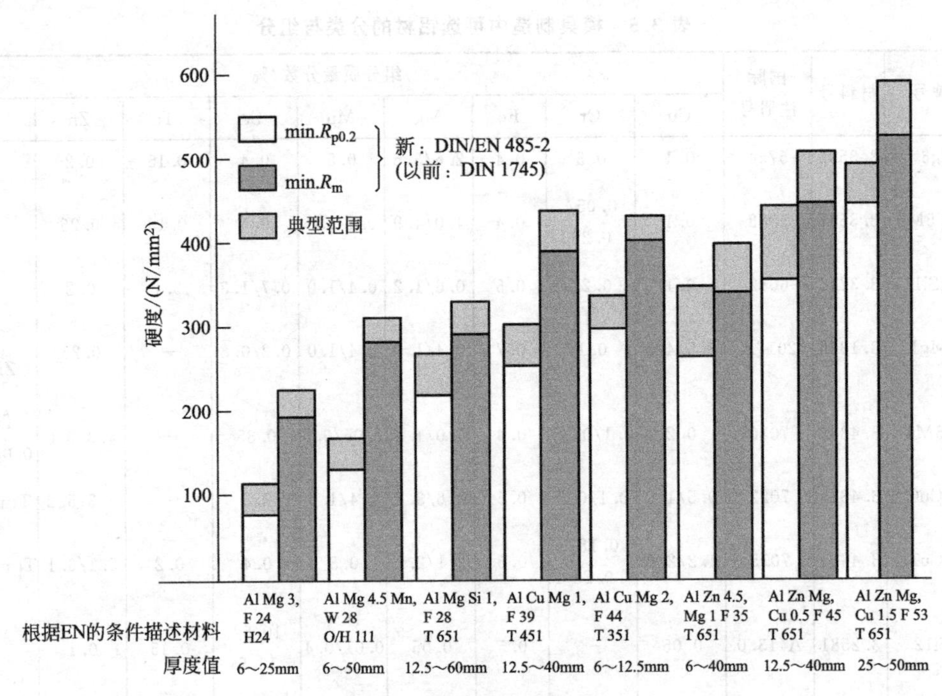

图 3.11 铝合金的力学性能

表 3.6 ALUMOLD 合金的性能

(a)力学性能

厚度/mm	R_m/MPa	$R_{p0.2}$/MPa	A5.65/%	R_m/MPa	$R_{p0.2}$/MPa	A5.65/%	硬度/HB
76～125	550	500	4	580	530	6	185
126～150	540	490	2.5	570	520	4	185
151～200	525	480	1	555	510	2	180
201～250	505	460	1	535	490	1.5	180
251～300	470	435	0.5	510	470	1.5	175
300～400①	450	370	3.0	520	460	9.0	
401～450①	440	350	3.0	520	460	9.0	
最小值				典型工厂值			

① T652F＝热轧、锻造、压制。

注：根据试验标准 ALCAN IS 5614/5505A。

(b)物理性能

性能	条件	数值
密度		2.9kg/dm³
热胀系数	(0～100℃)	23.7×10⁻⁶/K
热导率	(0～100℃)	153W/(m·K)
比热容	(0～100℃)	857J/(kg·K)
杨氏模量		72000N/mm²
泊松比		0.33
熔点范围		457～630℃

这些铝板是在低应力、拉伸或压制、或锻造设计条件下制造。在“轻、强和耐腐”条件下的如此客观的自由度是其他材料在相同尺寸（厚度高达 600mm）下无法实现的。图 3.12 展示了一种用 ALUMOLD1-500 制造的模具，用于生产聚碳酸酯（PC）材料的尾灯，可生产 1000 件。图 3.13 是一种用 ALUMOLD1-500 制造的四腔系列模具，用于生产聚甲醛（POM）材料的雨刷轮，可生产一百万件。

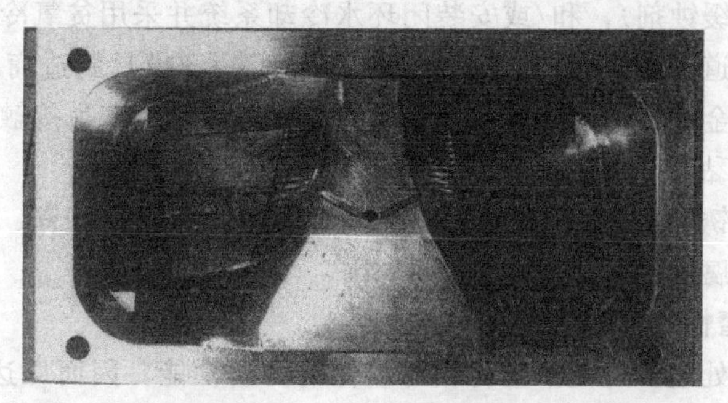

图 3.12 ALUMOLD1-500 制造的模具，用于生产尾灯

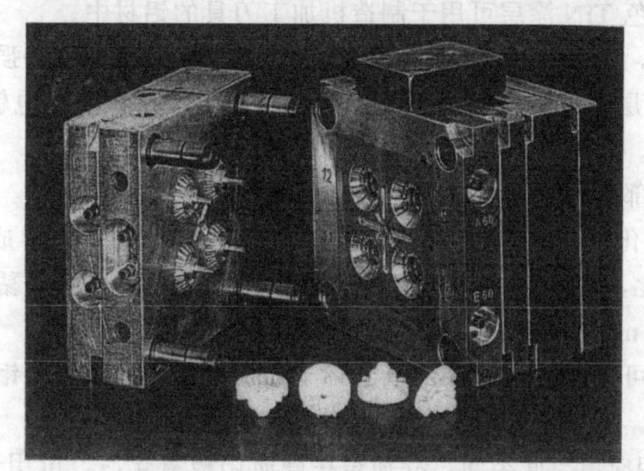

图 3.13 ALUMOLD1-500 制造的四腔系列模具，用于生产雨刷轮

3.2.2.4 腐蚀

在空气中，铝会被氧化形成一层薄的、黏结牢固的氧化物保护膜，这层保护膜对许多有机和无机腐蚀介质具有良好的防腐作用。如果这层保护膜遭到破坏或被机加工去除或剥离，新的一层又会自动形成，因为在空气或氧气中，表面上能立即生成一层密实的仅有 0.001μm 厚的氧化层。

氧化物保护膜的性能取决于合金的成分和薄膜形成的条件（如周围大气的组分和湿度）。基材的纯度越高，耐腐蚀性能越好。对于所有合金材料，耐腐蚀性能还受合金元素的类型和浓度的影响。在干燥条件下，氧化物保护膜甚至能抵抗腐蚀性气体的侵蚀。较高的空气湿度和急剧的温度变化会导致冷凝。盐分和气体溶解于这些小水滴中，如果使溶液的 pH 值降低至 3 以下，则溶液将呈酸性。这种酸性溶液将会破坏铝材的氧化物保护膜。

正如碳素钢、低合金钢一样，铝也会受到各种类型的侵蚀。模具制造商和使用者必须对如下侵蚀加以注意：

① 冷凝、静态腐蚀和酸浓缩液腐蚀；

② 水流道的侵蚀（冷却或冷却水循环）；

③ 接触腐蚀（电化学腐蚀）；

④ 应力腐蚀破坏。

通过采用合适的方法，各种类型腐蚀问题都可以得到控制。最简单的方法是，通过硬质阳极氧化法或化学镀镍法建立一表面敷层。通过正确的模具保养（保持空气干燥，采用碱性除垢剂溶液中和等），可以防止水/浓酸液的侵蚀。为了减小冷却水道受到的腐蚀作用，可以加入适当的抑制剂（缓蚀剂），和/或安装闭环水冷却系统并采用贫氧冷却水。

如果金属冷却管道不能被保护（例如，用化学镀镍），模具制造商应该避免在相同的冷却系统中采用铜铝合金材料。铝与其他贵金属（如铜）接触能产生接触腐蚀，这种腐蚀可以借助电绝缘离散剂或黏合剂加以预防。

经验表明铝与防锈元素铬组合，或采用铬镍钢或涂覆钢板（如锌、锡、化学镀镍及有机物涂层等）可以解决腐蚀问题。

3.2.2.5 摩擦与耐磨性

通过适当的表面处理，可调节铝材相对较低的防磨性能，因而可达到足够的使用寿命。有利于模塑成型的硬质阳极氧化法、化学镀镍法、镀铬以及特殊的化学涂层均已得到广泛的应用。表面涂层和金色 TiN 涂层可用于制造机加工刀具的铝材中。

为了保护铝制品，众多的表面层已得到广泛应用。价格和可用性强烈地依赖于其用途。PVC 涂层比电离子涂层廉价，但受到制品尺寸和批量的严格限制。电镀硬铬层可用于与其他层组合的防腐保护。

硬质阳极氧化层部分地应用或全方位地用于防腐和防磨保护。

(1) 硬质阳极氧化法　硬质阳极氧化法适用于铝合金。它能形成极硬的表面（约为350HV）。与涂层相比，阳极氧化层由金属自身形成（这就是不存在黏结问题的原因）。这种层的厚度可达 120μm；普通层的厚度为 50～60μm。

这种阳极氧化层可含润滑剂（聚四氟乙烯 PTFE、石墨、二硫化钼），以显著地降低摩擦系数（见表 3.7）。

ALUMOLD 的相应值与此类同，特别是在硬质阳极氧化后，可用于生产模具中。必须注意的是，硬质阳极氧化层的厚度在初始表面上约占 50%，另外约 50%在金属内部。研发这样的模具，应该找硬质阳极氧化方面的专家。

表 3.7　不同表面的摩擦系数（源自：ETCA，总部，国防部技术研发局）

材料＋表面处理	摩擦系数
7075 板	0.53
7075＋硬质阳极氧化	0.37
7075＋硬质阳极氧化＋PTFE	0.21
7075＋硬质阳极氧化＋MoS_2	0.18
7075＋硬质阳极氧化＋石墨	0.15

(2) 其他涂层　如钢和其他金属一样，铝材和它的合金适用于各种层，如铬和镍涂层。这类涂层可用不同的方法进行，但对基材的影响是不同的。

① 室温下的电解应用不会改变铝合金的力学性能，但总是需要注意的是：在不平整表面上的涂层厚度不总是相等的（如在模具内的情况），必须考虑塑料制品上的紧密度公差；在镀铬前一般需要镀铜；如果在涂层过程中出现裂纹，就会埋下腐蚀风险；电解镍层可与其

他材料（如 PTFE、SiC）同时使用，因此，这种涂层具有特殊的特征（PTFE 的低摩擦系数，SiC 的高耐磨性）。

② 真空条件（PVD）下使用涂层：所有金属和各种组合（如 TiC、WC 等）可选用这种方法涂层。然而，热处理的温度和持续时间可能对铝合金的力学性能有不利影响。

3.2.3 铝材模具制造

3.2.3.1 研磨工序

3.2.3.1.1 机加工

尽管铝合金具有相对较高的强度，但可以在高切削速度下进行机加工。正如前面介绍的，铝材的进刀速度在最小的刀具磨损条件下可以达钢材的 5 倍。如果使用针对铝材特制的合适刀具，充分和适时利用机加工的优点是可行的（见表 3.8）。根据 DIN 4990 标准，用高速钢或铣削车床使用的硬金属种类 K20 和 K10 制成的刀口的锐利圆形刀具可选用。为了避免在切削面上发生铝材磨损，这可能由切屑形成熔接（咬模边），因此，刀具的切削面应该精确机加工（细研磨、抛光或磨光）。矿物油乳液也可用于铝材机加工，并可作为一种冷却剂。建议在连续加工过程中，使用溶解在水中的合成润滑剂喷淋润滑。作为一种替代产品，目前也有植物基生物润滑剂可供选用。这些环境友好、无毒和快速降解的产品可实现高效、低加工成本和极佳的工作环境与卫生条件。一种新技术是高速机加工，即 HSC 技术（见表 3.9；也可参考 4.1 节）。在样品制造和口模及模具制造中，对短期运行模具的机械零件制造，其铣削加工循环周期可降低 10%。为了充分利用这些优点，高速铣削机器的设计必须充分考虑这种新技术的需要。HSC 技术为口模和模具制造商提供了潜在清晰、合理化的选择：电极、原型样品、或成型模具几乎可以被全部加工。

甚至对于注射和口模浇铸模具，尽管 EDM 不可能完全消除，但加工时间可缩短。

高速机加工的主要目标是：

① 实现较短的加工时间；

② 避免再次加工；

③ 降低润滑剂的使用（干加工/最少润滑）；

④ 节省时间和改善效率。

特别是对于铝合金，这种高速技术的潜在性能可得到充分利用。

表 3.8 切削尺寸和切削数据的标准值

刀具尺寸	车				铣				钻		摆锯(圆锯)	
	切削材料											
	SS		HM		SS		HM		SS	HM	SS	HM
铣削角 α②	10～7		10～8		10～6		10～8		120①	120①	8	9～7
切削角 δ②	40～30		24～10		25～20		20～15		35～20②	15～10②	25	8
③	▼	▼▼	▼	▼▼	▼	▼▼	▼	▼▼				
切削速度/(m/min)	100～200	200～500	150～400	250～700	150～300	250～600	300～800	500～1000	80～100	100～140	300～500	<1500
进刀速度/(mm/U)或(mm/atm)	0.2～0.5	0.05～0.25	0.3～0.6	0.05～0.1	0.1～0.5	0.03～0.1	0.1～0.6	0.03～0.1	0.02～0.50	0.06～0.30	<0.02	<0.03
切削深度 a/mm	<5	<0.5	<5	<0.5	<6	<0.5	<7	<0.5				

①后角；②螺旋角；③▼＝粗加工；▼▼＝磨平或精加工。

表 3.9 HSC 机加工

材料	■工件 ■半成品 ■料坯	机加工操作	速度 /(1/min)	模具 ϕ /mm	切削速度 /(m/min)	加工类型 ■常规(conv.) ■高速(HSC)
铸钢 GG25	铸坯	铣槽	24000	12	905	HSC 常规
		修边	20000	6	377	
铝材	板	生成平面	6000	160	3016	HSC 例 1
	压铸坯	油槽的仿形铣锻	45000	3.5	495	常规
		铝合金的铣削	36000	40	4524	HSC
		修边	30000	12	1131	HSC
	片材	曲面仿形铣	60000	20	3770	HSC 例 2
		铣槽	60000	4	754	Conv. 例 3
	板,例如飞机集成部件	薄壁杆的铣削	24000	50	3770	HSC
	挤出型材,尾翼	铣槽	35000	8	880	常规
塑料	板材	铣槽	80000	2.4	603	常规
	双孔构架	曲面仿形铣	20000	8	503	常规
复合材料	电路板	钻	100000	0.3	94	常规
	纤维增强复合材料	铣槽	40000	5	628	常规
	玻纤增强塑料	铣槽	60000	8	1508	
有色金属	石墨	铣槽	54000	6	1017	
	铜板(CuSn6)	铣削	40000	30	3770	HSC

3.2.3.1.2 研磨

无磁性材料在研磨过程中的缺点可通过一种技巧进行补偿：用钢杆将铝制面板固定，并安装在磁性工作台上；然后进行充分的砂洗抛光。真空夹持系统也可作为替代方法使用。

3.2.3.1.3 电火花加工（EDM）或线 EDM

EDM 的应用通常只被认为用在钢材加工中。但是，铝材也可容易地使用 EDM 进行加工，甚至可获得比钢材更高的切削速度（对于大多数部件）。而且，不会形成所谓的“白色亮层”（这对钢材是极其坚硬的），因此，任何所需的抛光都可减少到最低程度。主要使用的 EDM 技术可分为两种方法：轨道 EDM（P-EDM 工艺）和线 EDM（电火花线切割，或 EDC 工艺）。

在这种情况中，下列的调节原则可使用于脉冲发生器：调节脉冲电流和点火，可依据电极表面和所需加工表面，如对钢材的腐蚀；然而，应该通过切口减少脉冲持续时间，或应该通过切口增加脉冲持续时间。

性能的增加是惊人的。与钢材加工相比，在粗加工中快 6～8 倍，在精加工中快 3～5 倍，在精密加工中至少快 2 倍。后续的抛光时间只是约为抛光钢材的 1/3。

3.2.3.1.4 蚀刻

深度蚀刻可获得不同的美观表面。为了实现诱人的化学雕刻，需要结构均一和相同的力学性能。FORTAL® 7075 和 ALUMOLD® 由于其良好的力学性能，可被蚀刻得非常好。

3.2.3.2 焊接

在模具制造中使用焊接，主要为了修理模具。通常，铝材和铝合金可用所有已知的焊接方法进行焊接。实际上每种焊接工艺的使用，和所有金属一样，都会因合金元素的不同而不同，这需要考虑特殊的物理性能和效率。

根据 DIN 8593 标准，焊接是“材料组装黏结工艺”的一部分，根据 DIN 1910 标准，焊接工艺已被明确定义。在 DIN 8528 标准第一部分描述了“可焊接性”。对于在特殊的加工或结构状态下（铸造、锻造半成品、退火、冷淬火和矫正）特定的材料组分和不同的焊接工艺，可焊接性差别很大。对铝材与其他金属的焊接尤其是这样。表 3.10 给出了适用于铝材和铝合金焊接不同类型合金的锻造半成品或铸件的一览表。其中，仅对可行性进行了评估。仅适用于大多数可用厚度范围和初始状态。各种工艺的变化和可焊接材料厚度可以在这种方法的处理中进行参考。

表 3.10 焊接工艺和对铝材的适用性一览表和评估

焊接工艺	铝材和铝合金制造的锻造半成品														由下列类型合金制造的铸件											
	Al99,98R bis Al99		AlMn AlMnMg		AlMg AlMgMn		AlMgSi AlMgSiPb		AlCuMg AlCuMgPb		AlZnMg		AlZnMgCu		G-AlSi		G-AlSi-Mg		G-AlSiCu		G-AlMg		G-AlMgSi		G-AlCuTi		G-AlZnMg（非 DIN）	
	A	B	A	B	A	B	A	B	A	B	A	B	A	B	A	B	A	B	A	B	A	B	A	B	A	B	A	B
气体焊接	2	2	2	2	3	3	—	2	—	4	—	3	—	4	4	4	4	4	4	4	4	4	4	4	—	4	—	4
金属电弧焊接	—	4	—	4	—	4	—	4	—	4	—	4	—	4	—	3	—	3	—	3	—	4	—	4	—	4	—	4
WIG焊接	1	1	1	1	1	1	—	1	—	4	—	2	—	4	1	1	1	1	2	2	1	1	1	1	—	3	—	1
MIG焊接	—	1	—	1	—	1	—	1	—	4	—	1	—	4	—	1	—	1	—	2	—	1	—	1	—	3	—	1
等离子焊接	1	1	0	1	1	1	—	1	—	4	—	2	—	4	0	1	0	1	0	2	0	1	0	1	0	3	0	1
激光焊接	1	1	0	1	1	1	1	1	0	4	0	2	0	4	0	1	0	1	0	2	0	1	0	1	0	3	0	1

① 根据工艺合适材料厚度的评估：

1=最佳，4=最差可能的评估；

—=根据材料或工艺不可选；

0=原因仍然不明。

② 括弧里的数值是该工艺只是在实验室里测试，并不在实际使用。

注：A=无焊接填料。

B=有焊接填料。

与钢材比较，含有熔化金属的一层密实氧化层像一层皮肤，它当铝在空气中熔化时形成。它可防止与基材结合。用保护气体焊接（金属或钨惰性气体焊接）可引起已存在的氧化层破裂，保护气体层防止新的氧化层形成。在气体焊或电弧焊中，可使用助熔剂。在气体焊接中，助熔剂可涂在焊缝侧面。在电弧焊接中，助熔剂含在电焊条内。

焊接模具制造中使用的热淬火合金遇到的问题是，强度可能下降，焊缝破裂，敏感性较高。退火或在固态合金中均匀性的影响可能引起强度值不同程度的下降。如果在热影响区域不发生自硬化现象，如像 AlZnMg 的情况，硬度、拉伸强度和屈服强度的下降值可达浇铸状态的值。

激光束焊接：如果选择精密的高能激光，现在可达工业规模的高激光束质量，对于掺钕钇铝石榴石激光（Nd：YAG），其输出功率可达 4kW；对于 CO_2 激光，其输出功率可达 40kW。高能激光最重要的潜在应用是不同的焊接和切割。用激光辐射方法的铝合金焊接在最近几年已经成为日渐增长的重要方法，与传统的焊接工艺相比，甚至要求合模和定位装置更加精确（为 5～10 的倍率）。尽管如此，这种特殊的工艺优势包括：

① 高速机加工；

② 局部能量输入；

③ 高精度机加工；

④ 非接触和无作用力机加工；

⑤ 工件上的低热载荷；

⑥ 对机加工几何形状和材料选择的高灵活性；

⑦ 优良的自动化。

激光束提供了精密机加工的优势，甚至在用传统焊接方法无法加工的位置或材料。除此之外，在激光焊接过程中由于低热量输入，不会或仅发生最小翘曲。在非常快速冷却（如小于 1s）中，激光焊接可提供几乎无翘曲焊接，并且热影响区域非常狭窄。这些条件导致了无暇焊接工艺，可在材料表面性能方面创建期望的变化。

激光束被成功地应用于下列加工领域。

① 堆焊：修补、更改、修正、字体、DIN 标准符号、更改日期钢印，在抛光模具中的冲压（微孔）。

② 对接焊：嵌件（在工件和嵌件上的槽，以实现较大的进入深度）。特别是对于 7×××系列的高强度铝合金，这种方法已经用于实践。

3.2.3.3 铸造

各种常见铸造方法都可以用于铝材铸造。因为模具制造的数量较小，一般采用砂型铸造和重力浇铸（保留工艺）。

砂型铸造特别适用于单个大型模具的制造，以及中型铸件尺寸和系列的成型机器的制造。以翻砂制成的廉价模型制作这类铸造模具。很容易对模具进行修理，即使内凹结构也不成问题。

因为较高的模具成本，重力浇铸要求制品产量较大。铸造是在一个永久的铸铁模或钢模内进行的。传统的重力浇铸与低压重力浇铸是有区别的。对低压重力浇铸，熔融金属在轻微正压作用下，从底部被压入浇铸模腔。这能得到较好的填充和微观结构，从而得到较好的力学性能。但是，这种铸造机器的资金投入相对较大。

熔融铝合金的铸造性能取决于下列因素：特殊合金的凝固过程、熔体的流动和充模能力、形成气泡的倾向，保持充模压力的能力以及热裂缝的倾向。表面氧化物的形成和氢元素的吸收会影响铸件的纯度和多孔性。为了改善这种情况，可以采用各种净化技术，例如，用惰性气体和化学活性气体冲洗、熔体过滤、真空处理、或使用助焊剂以及覆盖助焊剂。

砂型铸造可使用木制、塑料和石膏模型。由于聚苯乙烯模型易于制造、价格便宜，对于单件铸件通常可使用这种模型。在使用时必须考虑 1%～1.4%的收缩率。在浇口处通常使用一个外浇口，该浇口带有一个插入的挡渣板（间接冒口）。分布均匀的浇口和浇道可确保无气泡浇铸。在材料积聚位置上的冷铸也有助于改善微观结构。

铸模可由手工制造（由于致密性较低，具有更好的排气性能），或机器制造。造模机器可以减轻模具制造者的劳动强度。机器可以保证型砂分布的均匀性，这有助于提高质量。如果铸造厂和模具制作者共同确定最优模具设计，这将是有益的。德国标准 DIN 1511 为铸型和附件的制造提供了准则。由于冷铸方法在模具制造中的应用不是很多，这里不再赘述。

3.2.4 应用

现在的新技术能够从设计到模具制造，再到最终塑料制品提供更加快速的途径。工业界不断要求生产金属样品模具更快、更廉价。然而，为了快速将样品转变为市场可选的产品，加速后续加工步骤是必要的。HSC 技术可为此做出重要的贡献。这种技术特别适用于高强度铝合金，可进行极佳的机加工。对于各种不同合金的特殊应用，在下列领域进行优选材料：

① 冲压、模压和先进复合材料模具；

② 初试模具、样品模具；

③ 吹塑模具、发泡成型模具；

④ 短期运行模具和小型模具；

⑤ 可生产一百万制品的系列模具，可根据塑料材料（可能有涂敷表面的制品）。

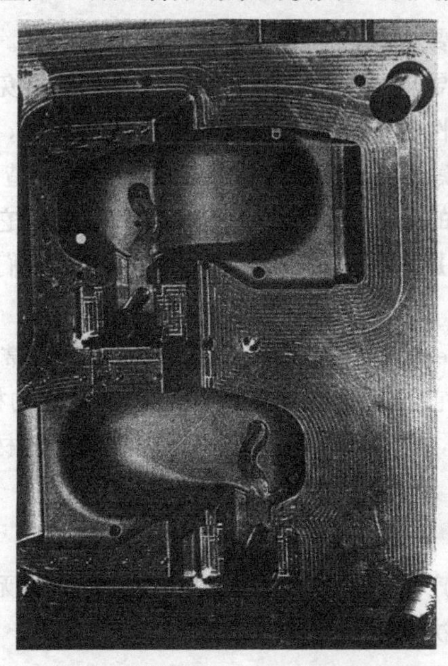
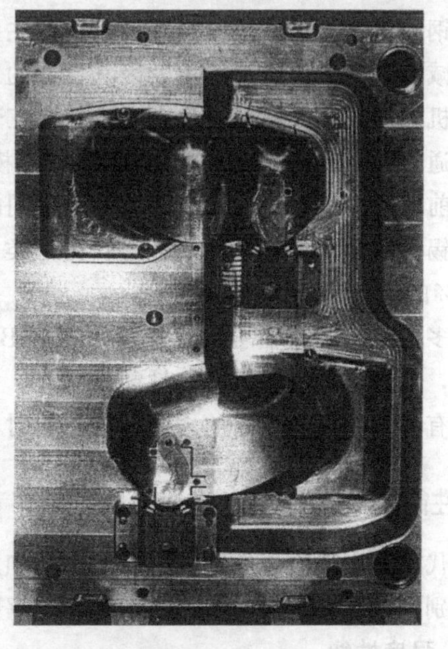

图 3.14 用 ALUMOLD1-500 材料制成的滑块模具，用于生产挡泥板（左图底部）

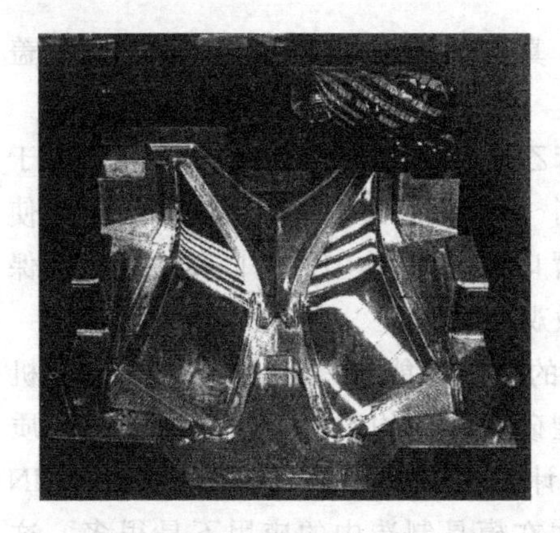

图 3.15 用 ALUMOLD1-500 材料制成的模具以及用它制成的制品

图 3.14 展示了用 ALUMOLD1-500 材料制成的滑块模具的两个半模。这里，儿童玩具车的挡泥板用聚丙烯（PP）制成，制造数量为 1000 件。图 3.15 展示了也是用 ALUMOLD1-500 材料制成的模具，以及用它制成的制品（其中含有 PC 制成的刮盘、用铝材制造的其他模具也包含在这个最终制成的模具中）。这个模具是高光泽抛光，设计最低产量为 1000 件。

因此，铝材是继钢材之后模具制造中最重要的材料，它可满足市场上对模具和塑料制品快速选择的需求。至少不会因为原材料只能生产一次，铝材由于其可重复利用性，可用于产品的更新换代。

参 考 文 献

[1] Mennig, G. (Ed.) *Werkzeuge für die Kunststoffverarbeitung* (1995) Hanser, Munich

[2] Pechiney, *Aluminium für Spritzgusswerkzeuge*, 1st ed. (1997) Rhenalu

[3] DIN-Taschenbuch 450-Aluminium 1, 2nd ed. (2005) Beuth Verlag

[4] Erstling, A., Einsatz von Aluminium im Werkzeug-und Formenbau, various journals. 3rd ed. (2001) Technologischer Leitfaden of ALMETamb

[5] Aluminium Taschenbuch, 15th ed. (1997) Aluminium-Verlag

[6] SchweiBen von Aluminium (1997) Aluminium Zentrale

3.3 铜合金-有色金属

(E. Seufert)

尽管钢和铝合金仍然是塑料模具制造的主要材料，但铜合金使用在稳步上升。由于可将循环周期减少到最低的经济压力，因其良好的导热性而使用铜合金经常是不可避免的。通过使用现代机加工技术，常可解决铜合金机加工性的现存问题。当今大多数情况中，可避免铸锭制造（通常为 CuCoBe/CuBe2/CuBe2.7），模塑制品可直接从热成型半成品制造。

在目前使用的铜合金中，应该区分为不同的两大类：一类是“青铜”合金，它们主要是含有铝和锡为主要合金元素的铜合金；另一类是所谓的“低合金的铜合金”，它们通常与含量低于 2%的镍、铬和铍合金。

与大多数常用的铜合金（CuCoNiBe/CuBe/CuNiSiCr）相比，青铜具有非常低的热导率；然而，它们也有极佳的滑移性能，因此，它们是制造导向元件及模具嵌件的极佳材料。当选择具有高热导率和良好的力学性能材料时，低合金的铜合金总是优先选择的材料。

3.3.1 性能

在现代模具制造中，由于其特殊的性能和产生的许多应用，铜合金已经成为无法替代的材料。特别引起注意的是，下列章节在研究解决方案中给出的准则。

3.3.1.1 强度性能

主要用于模具制造的合金几乎全是沉淀硬化合金钢，这意味着最终强度（硬度）很大程度上要受到指定热处理的影响（见表 3.11）。由于其较好的机加工性能，过去主要使用的溶液退火和由此得到的软材料状态目前已经极少使用。半成品主要以硬化状态供货，并可用当今加工技术进行很好的机加工。硬化状态的半成品使得模具制造商的后续硬化变得毫无必要，因为这将导致不期望的结果（硬度的非均匀分布/制品的翘曲）。铸件（例如，CuBe2.7 或 CuCoNiBe 铸件）至少可在铸造厂进行溶液退火或按照客户的要求进行淬火。

CuBe 合金可达到最高的强度。例如，用 $CuBe_2$ 合金可稳获 $1300N/mm^2$ 的拉伸强度（约 390HB 的硬度），伸长率（A5）＞3％。这与 1.2343 热工具钢非常吻合。应该注意铜合金的较低压缩强度（与钢相比）。建议在钢制框架中使用铜制模具嵌件，或在必须承受较大合模力的关键部位安装钢杆。

这一量级的强度是无铍合金无法达到的。高达 $650N/mm^2$ 的强度和大于 10％的拉伸率（A5）使得这些材料在制造低应力部件中需求旺盛，因为它们的价格较低。

含有各种不同合金的青铜已经被标准化，并可商业供货，它们覆盖了很宽的强度范围。在选择材料时，通常应该注意在强度、期望的滑移性能以及可加工性之间的综合考虑。最常用的含铝多种青铜合金之一是 CuAl10Ni5Fe4。它具有 $680N/mm^2$ 的强度和非常低的摩擦系数，与其他铜合金相比，它也是极易受腐蚀的。由于其极佳的滑移性（这对低合金的铜合金是不存在的）以及较高的热导率（至少是钢材的 3 倍），铝青铜既可以专用于高承载导向元件（阀门导杆/导向套）以及模具嵌件。

除了上述提到的合金之外，还有其他类型的合金，特别是在青铜类中，通过变化合金元素，可获得差异很大力学性能。

然而，在模具制造中，应该考虑在标准温度 20℃下强度的信息，它与塑料注射成型模具中的使用无关。对模具制造商而言，环境温度下的所选材料强度是很关键的。因此，应该注意由不同材料制造商提供的数据信息。

表 3.11　常用铜合金的力学性能

材料牌号	铸件				
	CuBe2.7	CuBe2	CuCoNiBe	CuNiSiCr	CuAl10Ni5Fe4
成分质量分数/%	Be2.7	Be1.90	Co1.0	Ni2.5	Al10
	Co0.5	Co+Ni0.3	Ni1.0	Cr0.4	Ni5
	Cu 其余	Cu 其余	Be0.5	Si0.7	Fe4
			Fe＜0.2	Cu 其余	Mn＜1.0
			Cu 其余		Cu 其余
密度/(g/cm³)	8.1	8.3	8.9	8.8	7.6
弹性模量/(N/mm²)	133000	135000	135000	140000	118000
拉伸强度/(N/mm²)	1150	1250	800	700	680
断裂伸长率(A5)/%	1	5	10	12	10
拉伸极限/(N/mm²)	1000	1100	620	570	320
硬度/HB	420	400	250	220	170～220

3.3.1.2 热性能

这里应该特别提及这些材料极佳的热性能，如良好的热导性、高热穿透性、高抗热冲击性等。从经济角度考虑，运行周期减小是判断模具材料使用的主要论点，它比钢材更贵。由于钢材较低的热导率，在运行周期较短的许多模具中，通过进一步优化复杂的冷却流道和使用大型温控装置是不可能的。更多的努力会快速地导致模具壁面温度非常大的差异，这将带来质量问题（缩痕或部分过热）。包括在关键点使用铜合金的设计结构（见图 3.16）能满足下列不同的要求：

① 运行周期缩短达 30%，因此可增加产量；

② 通过均匀的壁温可生产出质量极佳的产品；

③ 结构简单，因为可避免直角冷却流道。

图 3.16 展示了六腔模具，用于制造螺纹盖，上述提到的问题均已得到解决。

除了热导率之外，复合材料向模具壁面材料的传热也是一个重要的因素。热穿透性取决于热导率、密度以及比热。表 3.12 给出了各种常用模具材料的数值。BeCu 合金具有热导率和热穿透性的良好组合性能。为了完全概述传热和热量输送，涂层也必须被使用在模具中。因此，应该特别注意常用的镍涂层，因为它们的热穿透能力远低于铜基材料。

铜材料的第三个显著和非常重要的热性能是它们的抗热冲击性，特别是在非常高熔体温度（例如，聚醚醚酮 PEEK 或聚酰胺-酰亚胺 PAI 中高达约 360℃）的模具中。这一能力越高，在无任何损坏的条件下，可承受的、在部件内部相邻区域之间由温差引起的内应力的“负载周期”就越高。材料这种承受加热和冷却之间快速转换的能力用 R 因子表示。如表 3.13 中所示，CuBe 合金对热互相作用有更显著的抵抗能力（与钢材比较)。这种抵抗能力可导致较长的使用寿命，因为不会发生导致部件失效的热裂纹。

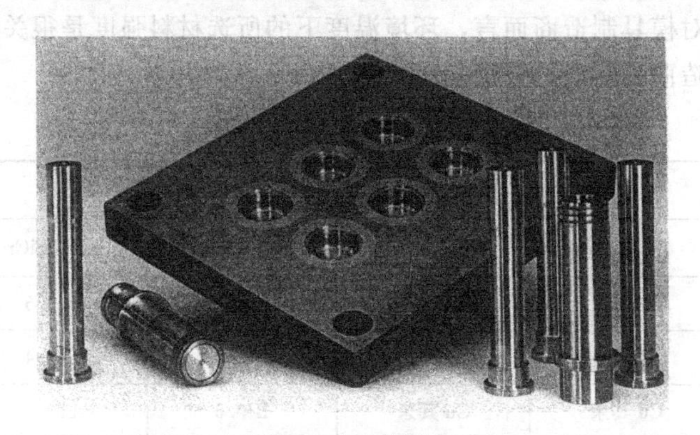

图 3.16　六腔模具

表 3.12　几种金属材料的热性能

材料	热导率/[W/(m·K)]	热穿透力/[W·s/(m²·K)]
$CuBe_2$	160	19800
CuCoNiBe	250	27700
碳素钢	30	14000
X12CrNi18 8	15	7700
AlZnMgCu	140	20100

表 3.13 几种金属材料的 R 因子

材料	R 因子
CuBe2	14600
CuCoNiBe	12100
Unalloyed Steel	7500
X12CrNi18.8	1500
AlZnMgCu	14250

3.3.2 机加工性

由于新的模具和工具技术，目前加工相关铜合金的模具制造几乎不存在问题。首先，用碳化物或陶瓷刀刃可进行几何确定切刃的机加工，这种刀刃用不同的基材和涂层可获得较为广泛的性能。另一方面，通过引入计算机辅助设计和辅助制造（CAD/CAM），通常能够进行优化机加工。特别是，应当注意，通过 CAD/CAM 系统的优化切削分布和在完全封闭的计算机数控（CNC）机器内的充分冷却。

这些事实以及在线和成型 EDM 中的巨大优势是机加工预先热处理半成品的主要原因，在模具制造中通常针对模具数量较少的情况。除此之外，半成品制件相比以前使用的铸件通常更易于快速选用，这也是在急剧降低模具生产周期中一个与性能相关的因素。

与各种铜合金性能不同的可能是，有些原则应该在任何机加工操作中需要考虑：

① 应在乳液中增加润滑剂的百分比（7%～8%），进行充分冷却；

② 应该使用锋利的刀具；

③ 如果可能，应该尽可能均匀地在所有侧面进行机加工，以避免翘曲。

表 3.14～表 3.17 中给出关于切削速度和进刀量的数值是稳定机加工条件下的平均值。当然，这些数值可根据模具形状、已有的个别情况以及机器进行调整。

3.3.2.1 车

由于较宽铜合金材料范围也是以强度值加以区分，为此，应该使用不同的刀具和切削参数。如果可能，特别是当切削固体材料时，也许留有一个小芯，并可用手掰断。如果必须使用 HSSE 刀具，表 3.14 中给出的规定值应该尽量减小，并必须确保均匀冷却。特别是在少稳定合金和在内部机加工的情况下，通过退刀实现切屑断开也许是必要的。

表 3.14 车铜合金的参考值

项 目	CuNiSiCr；CuCoNiBe	CuAl10Ni5Fe4；CuBe2；CuBe2.7
粗车	HM：ISO P10～P30；K10～K25 v_c：150～300m/min f：0.15～0.4mm 带有切削槽和断屑器的刀具	HM：ISO P10～P30；K10～K25 v_c：120～250m/min f：0.1～0.4mm 带有切削槽的刀具
精车	HM：ISO P10～P30；K10～K25 v_c：100～250m/min f：0.08～0.25mm 带有断屑器的凸形刀具	HM：ISO P10～P30；K10～K25 v_c：100～220m/min f：0.08～0.2mm 带有断屑器的凸形刀具

注：表中 v_c——切削速度；f——每转的进刀量；HM——碳化物品级。

3.3.2.2 铣

在铣削加工中，建议使用铣床底座和切板（见表3.15）。由于通常使用切板结构，因此有优化机加工和减少刀具种类的选择。用轴铣或球磨研磨的操作，实心碳化物铣刀要优于HSSE刀具。如果用HSSE制造的铣刀（例如，制成切割工具），必须很大地降低给定值。通常，制造商会给出不同材料的参考数据。如果对铜合金没有数据，拉伸强度值应该作为切割数据对照确定值。对于较高强度的铝青铜合金，必须注意：铣削从边到中心，因为这类材料容易发生边角破碎。

表3.15 铣铜合金的参考值

项 目	CuNiSiCr；CuCoNiBe	CuAl10Ni5Fe4；CuBe2；CuBe2.7
面铣	HM：ISO M30～M40；K30～K40 v_c：150～180m/min f_z：0.08～0.15mm 带有切削槽的刀具 用乳液或干冷	HM：ISO M30～M40；K30～K40 v_c：140～190m/min f_z：0.08～0.15mm 带有切削槽的刀具 用乳液或干冷
侧铣	HM：ISO M30～M40；K30～K40 v_c：200～240m/min f_z：0.08～0.12mm 带有切削槽的刀具 用乳液或干冷	HM：ISO M30～M40；K30～K40 v_c：100～220m/min f_z：0.08～0.10mm 带有切削槽的刀具 用乳液或干冷

注：表中 v_c——切削速度；f_z——每齿的进刀量。

3.3.2.3 钻

在现代生产中，HHS麻花钻头的重要性已经下降，因为所有可接触到的孔均可在数控机加工中心的铣削加工中同时钻孔。那些在铣削加工中相同的条件（见表3.16）均可用于机加工中心使用的切削插件或钻头上。

表3.16 钻铜合金的参考值

钻孔 ϕ/mm	CnNiSiCr；CuCoNiBe	CuAl 10Ni5Fe4；CuBe2；CuBe2.7
3～6	v_c：50～100m/min f：0.05～0.1mm	v_c：30～75m/min f：0.03～0.08mm
6～12	v_c：50～100m/min f：0.1～0.2mm	v_c：30～75m/min f：0.08～0.15mm
12～25	v_c：50～100m/min f：0.15～0.30mm	v_c：30～60m/min f：0.1～0.25mm

注：表中 v_c——切削速度；f——每转进刀量。

只要可能，特别是在深孔中（$t>5D$），可以使用模具内部高压冷却和退刀，类似于车削加工。短屑和冷却流体的高压有利于对深孔的冲洗，因而可防止钻头被“卡死”。

对于钻孔深度大于 $t=10D$，正如经常在冷却流道中的情况，必须使用非常锋利的HSS钻头（DIN 1869标准）。为了避免卡住钻头，将钻头尖研磨偏离中心0.1～0.3mm，对加工深孔是有利的，这不需要考虑特定的公差。建议使用尽可能增加浓度的冷却水乳液。

如果用铣削方法钻孔，建议从两侧钻通孔，以防止铝青铜材料出现边角破碎。

3.3.2.4 攻丝

用HSSE丝锥可进行攻丝。建议使用带涂层（TiCN）的锋利刀具和增加油含量（约

8%）的冷却乳液。因为铜材料容易使丝锥卡住，特别是在退刀时，根据螺纹的尺寸，建议钻孔的直径大于0.1～0.25mm。

通过减小所需扭矩，开式齿的丝锥可获得良好的效果。螺纹成型方法可用于较软的铜合金中，但几乎不适用于在模具制造中的高强度合金。对于在合适的数控机床上加工螺纹，建议使用同步加工的圆形铣。

3.3.2.5 铰

螺旋齿HSSE铰刀可提供良好的效果。不规则齿角分布的偶数齿，结合用液压夹具或CNC高精度夹具，可提供软切削，并可防止发生“哒哒”响声。

对于组装线生产，建议使用带有导向尾的螺旋齿实心碳化物或单刀刃的铰刀。关于切削速度和进刀量，应当参考由制造商提供的信息。

不选择最终尺寸太小的直径是很重要的，否则，铰刀可能被卡住，在材料表面可能发生表面硬化。表3.17给出了HSSE铰刀的切削数据。

表3.17 铰铜合金的参考值

ϕ/mm	v_c/(m/min)	进刀量/mm	最小直径/mm
<10	10～15	0.2～0.5	0.10～0.20
10～15	10～15	0.4～0.6	0.15～0.25
15～25	10～15	0.5～1.0	0.20～0.30
25～30	10～15	0.6～1.1	0.25～0.30

3.3.2.6 EDM

对导热性良好的材料的电火花加工从根本上奠定了机器和处理设备的稳定需求。与CuBe材料比较，由于铝青铜较低的导电和导热性能，因此是最好的蚀刻材料。在实际使用中，常使用较高的电流或安培值，正如在蚀刻钢材时可设定的那样；然而，同时可采用精轧成型，以尽可能地减少蚀刻电极的损耗。

用非常硬的石墨或钨铜合金制成的电极是理想的EDM蚀刻电极。对于不稳定工件的复杂铣削操作，线EDM是非常好的替代方法。切割铜合金的200mm最大材料厚度是很容易的。

3.3.2.7 焊接

尽管在大多数新设计中常有无焊缝结构，但铜合金的可焊接问题常常是非常重要的。修正设计或制造失误，以及修补由模具操作引起的磨损是潜在焊接工艺的主要应用。

原则上，当焊接可硬化的铜合金时，必须确保应尽可能不超过固化温度太多，并及时将其控制。由于合金元素的蒸发和在焊接影响区域内焊渣的增加，在结构中的负面影响是不可完全避免的。由于在硬化过程中发生的翘曲，通过新的热处理也无法消除在最终制品中产生的强度损失，这将可能使整个制品无法使用。

在所有的焊接工艺中，必须要消除焊接烟雾，以避免金属烟雾对人体健康造成伤害。建议使用纯氩气保护气体。

铝青铜的焊接可使用人工焊接方法，MIG/MAG和WIG（交流电）。用DIN 1733标准焊剂材料的SG-GuAl8Ni2，可容易实现对两个连接件的焊接以及大型结构件的焊接。

在CuNiSiCr或BeCu合金中，建议使用CuSi3或类似的CuBe焊剂材料。这里，WIG（直流负极）是最佳的焊接工艺。由于高导热性，建议将被焊接件预热到200℃。

相对于上述的“传统焊接技术”，这些年激光焊接已开始使用。这种方法的优点是激光具有非常高的能量密度和精确的可控性。特别是通过在轮廓成型模塑制品的边角上常使用这种材料焊接方法，由于其非常小的热影响区和非常精准的应用，可极大地减少对制品的弱化和必要的后处理工艺。通过使用便携式激光焊接设备以及激光焊接的非常清洁的加工方法（无飞溅和焊接烟雾），可在夹持的模具中直接进行次要的修补作业。使用输送气体将粉末焊剂材料吹入到激光焊接区域，可实现对平面的缺陷补焊。

另一种现代焊接工艺是电子束焊接。与激光焊接相比，它需要使用真空环境。因此，模具制造商和模具使用者无法使用电子束焊接方法。

这种方法的优点是，由于电子束巨大的能量密度和真空区域，它可将不同模具材料结合在一起。

如果使用激光和/或电子束焊接，生产出的制品可实现材料预期性能（例如，模具钢和高导热铜基材）的组合。这将使许多过去期望的、但技术无法实现的铜-钢复合结构成为现实。图 3.17 展示了一种注射成型浇注嘴，它上面有用铜质合金制成的高应力头和螺纹。

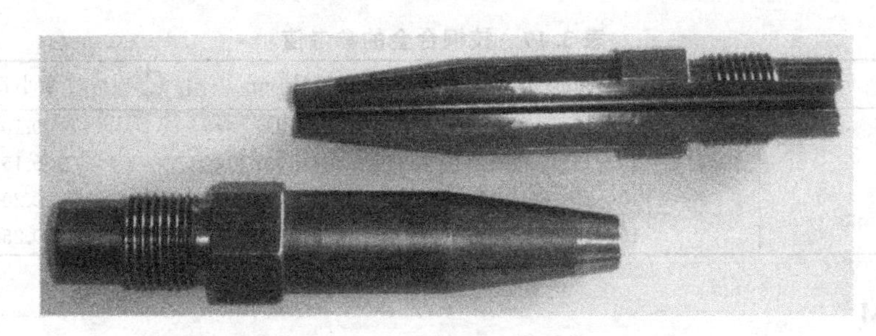

图 3.17 用组合材料制成的注射成型浇注嘴

3.3.3 表面

根据应用需要，模塑成型制品表面必须满足制品可视外观、磨损和腐蚀保护以及摩擦润滑化学反应保护的要求。为了实现这些目标，模具制造商可有不同的选择。这些可选方案如下。

3.3.3.1 抛光

铜材料在硬化状态下非常易于抛光。均匀、镜像表面的实现取决于特别微细和非常均匀的结构。热成型、退火半成品通常具有这样的结构。根据要求，仅通过极少步骤，即可实现最佳的表面质量。然而，必须小心进行预先的成型。可用毛毡或剑麻抛光轮（较硬的质量）配合由约 10μm 细砂制成的合适抛光膏进行预抛光。在下一个步骤中，建议使用法兰绒或纤维抛光轮进行相应的更细的抛光。如果用这种方法获得的质量仍然无法满足应用的需要，必须使用非常细的刷子抛光（例如，天然毛发）。

3.3.3.2 涂层

表面涂层作为一种防护手段，可用于所有模具制造中使用的铜合金，以防止化学反应或磨损保护。在热带气候条件下进行钢制模具操作中，防腐保护应该是必要的，由于表面上形成的氧化层（CuO/BeO）的良好抗腐能力，防腐保护可以被弃用。对于市场上可提供的 CVD 和 PVD 涂层材料，应该注意涂层使用的温度范围，以避免基材的结构变化。此外，应当考虑基材和涂层非常大的变化硬度。当韧性基材在极其硬脆涂层下弹性变形时，将会发生诸如涂层的破裂和剥落的负面影响。

电镀或化学镀铬和镀镍层是表面保护的良好选择。

上述所有的方法中，化学镀镍已经证明是非常好的涂层工艺。其主要优点如下：

① 在沉积过程中低温；

② 可适合不同类型的涂层（耐磨/不粘）；

③ 镀层厚度范围宽（尺寸可修正）；

④ 在使用过程中没有边角效应（无需修补）；

⑤ 可用于内孔的涂层。

化学镀镍的硬度值可达 60HRC，涂层后无需热处理。通过适当的热处理，硬度值可高于 70HRC。

3.3.3.3 结构化

为了改善模具制造中的外观和手感，可用电化学方法将图案刻到模具零件上。

通过蚀刻进行表面结构化，对铜合金的处理类似于钢材。仅有蚀刻介质和反应时间需要根据专家的经验进行调整。如果微纹规则结构可用，在所有的铜合金和青铜材料中均可获得均匀和完美的结果。

3.3.4 总结

由于铜合金杰出的性能，在现代模具制造中是不可替代的。如果没有铜合金的导热性、抗热冲击性和抗裂性，对模具的要求（例如，非常高质量下的最短生产循环周期）几乎是不可能实现的。将来另一个较大应用领域是铜和钢的结合。通过焊接钢或其他合金，铜材料极佳的热性能也可用于以前因其力学性能而无法成功应用的领域。通过使用现代制造技术，无需显著地增加成本，即可生产模塑成型制品，这将在塑料加工过程中长期实现优质高效。

第4章 模具制造和机加工方法

4.1 模具制造

(A. Klotzbücher)

4.1.1 概述

正如在其他活动领域，随着设计过程、模具塑造、编程、加工和装配中的技术改进，模具制造持续发生变化。这要求在面对新投资和培训的商业过程和重组中的持续变化。实际上模具的制造受到知识、经验以及保持不变的信息的重要影响，以下内容将说明“模具制造”过程的复杂性。

4.1.2 设计

4.1.2.1 研发

所有行动的开始都是产品设计。这项工作对产品未来的成功销售是非常重要的。观察、感受以及功能需求都要仔细检验、评估、测试，尤其是在产品创建过程中运转的可视化。当开发一种产品时，设计者会使用各种资源，但是在各种情况下，产品都是被完整设计的，因此需要进入 CAD 系统。如果一个立体模型存在，往往通过数字化表面，或者原型已经成为一个设计的零件，并通过铣削成一个立体模型，这种典型模型的产品用手工改进，并再由数字化设计。

4.1.2.2 可视技术

在很长一段时间内，人们认为在 CAD 系统中设计的产品足以评估设计。然而，以立体模型的方式的数据可视化、或者使用光固化或先于短期运行模具的原型样模，经证实，均是成功可用的。

4.1.2.3 立体模型

立体模型是带有三维结构的类似木质的可塑性模型，其结构可以根据视觉需求，利用黏合剂和锉刀进行制作。这里，设计者可以创建产品本身整体的形象，以及环绕立体结构的整体设计。这步仅仅提供视觉决策，不能进行功能测试。

4.1.2.4 光固化

这是20世纪90年代早期轰动一时的一项新技术，目前仍保持其价值。利用这种方法，生产的产品可以通过程序、激光系统和粉末辐射与实际产品的整套数据进行1∶1的功能测试。因此，这种方法不仅可以提供视觉检查，还可以用来安装测试。缺点在于，这种方法仅仅应用于特定尺寸，产品不能由原材料生产（见1.11节和4.7节）。在典型的光固化工艺中，程序的运转是独立的，并且不通过数据链。图4.1和图4.2分别展示了标准颜色产品的生产过程和手工处理表面（抛光）前的产品。

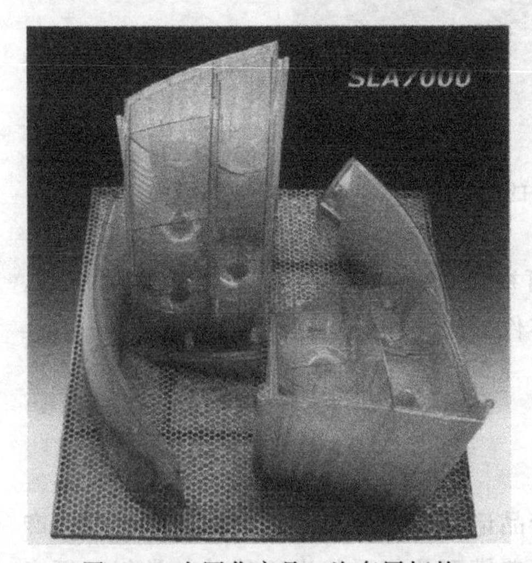

图4.1 光固化产品；汽车尾灯的安装条和灯罩

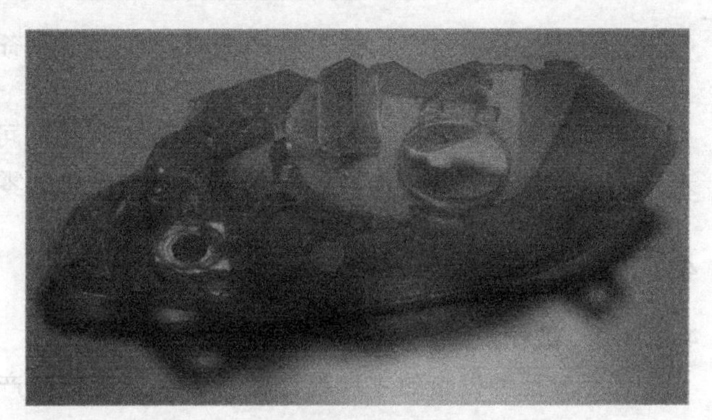

图4.2 光固化产品；汽车前灯灯罩，从灯座上脱离

当使用原样模具时，要实现产品几何数据到功能性模具的过程。这个实现的程度允许产品在其原始尺寸和原材料的基础上生产。可以结合小批量生产进行评估设计、感官、功能以及安装。

光固化的缺点在于价格高，生产周期较长，因为模具的生产需要花费数周时间。图4.3所示为整体模具结构的两个铝制半模。在注射过程中，在一个合适的注塑机上（见图4.4），商业用塑料粒料通过热流道进入模腔中，即形成模塑制品。

图4.3 灯罩安装条的铝制样模实例

图 4.4 注射成型机上试验准备的铝制模具实例

对于更复杂的产品鉴别，往往可以结合所述的可视化方法确定设计，比如，立体模型，未来样模零件决定其功能性，使用辅助的光固化的零件，完整组装决定产品结构。

4.1.3 数据模型

4.1.3.1 数据反馈

已经验证并发布的零件设计，现在必须反馈到产品记录中。例如，这可以通过改进的产品设计的机械过程来完成。在此操作中，传感器将沿着模型几何形状进行移动，类似于研磨过程。同时通过拍摄图像进行数据反馈，然后利用软件进行处理。

如果数据平面没有遗漏的话，也就是说，零件在电脑上已经通过评估和认可，当然，数据的修改可直接通过电脑上的数据交换来完成。

所有过程的共同特征是，后续在电脑上的数据修改是通过人工完成，并且需要有资质的人员花时间去做这项工作。

4.1.3.2 完成产品数据

许多研发机构都在从事先前描述的过程。在汽车工业和大多数产业中，通过这些机构，将预定设计研究工业化是很普遍的。另外，功能化方面也需考虑，法律和国际要求、规范和其他需求都由客户完成。这个持续数月的过程，建立了制造模具的基础，并满足了模具制造中的各种要求。

4.1.4 模具制造中的数据传递

4.1.4.1 数据质量的验证

当数据传递到操作设备的准备阶段，数据质量需要验证。在数据结构中，有公差和公差限，例如，嵌边的表面过度、密度和体积。数据的传输可能会造成数据的损失。

因此，在产品的最终设计中，不同公司之间有公差协议。如果边界条件定义无法满足，会导致相当大的成本和时间损失，或者发送的数据是无用的。因此，所以模具制造设计部门对实际数据的仔细验证是很有必要的。

4.1.4.2 可行性研究

定性的、有用的数据最初从设备设计师放置在计划的模具位置（见图 4.5）。要检验侧凹结构出现的位置，并在后续的开模操作过程中，这个侧凹结构必须使用滑块退出。在此研究中，将决定要创建的零件是否能够加工，或者怎么加工，表面的脱模角度是否满足要求。可能会出现模具制造无法实现的复杂结构，或者仅仅在特定条件下实现，这种条件在要求的质量标准下不再考虑后续产品的生产。

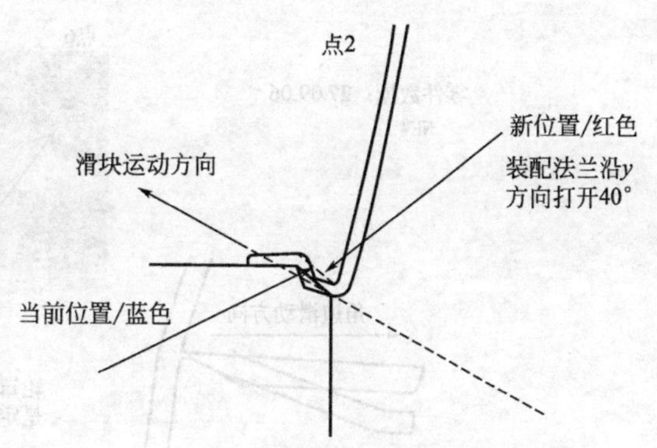

图 4.5 由产品数据得到的侧凹结构脱模部位的可视化横截面详图

4.1.5 反馈与沟通

如果以上提到的问题出现了，那么必须就解决方案与客户沟通（见图 4.6～图 4.8）。对于简单的问题，客户通常可以保持脱模角度，改变半径，调节任何变量。修改也可能到推翻预定设计的地步，因为这是摆脱非生产性技术说明的唯一途径。这种最坏情况的推测有相当大的影响，因为设计是产品的卖点，消费者会考虑产品的外观。

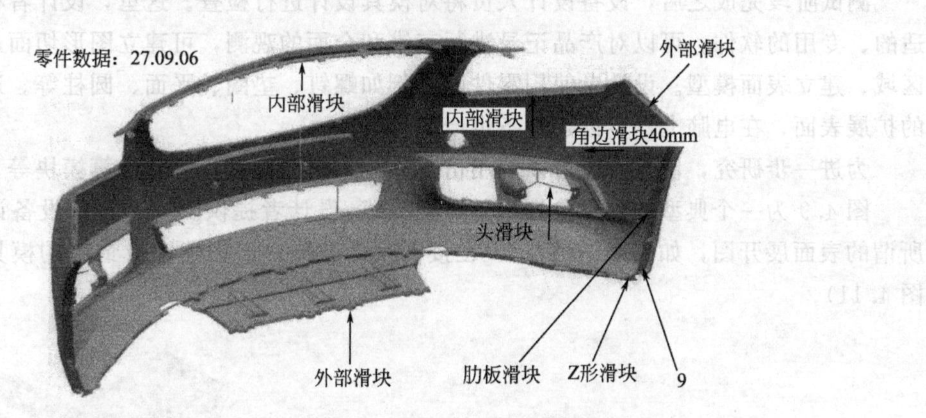

图 4.6 用小批量模具注射保险杠产品的滑块零件排列

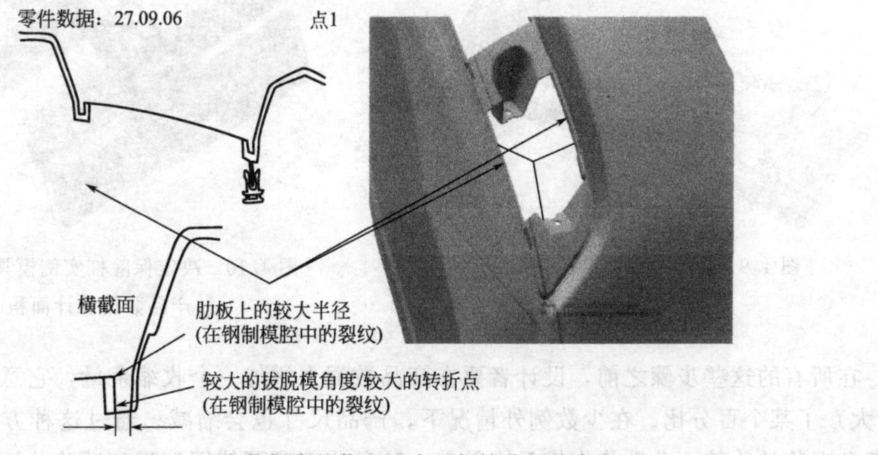

图 4.7 由数据库的信息图为可行性分析的内容

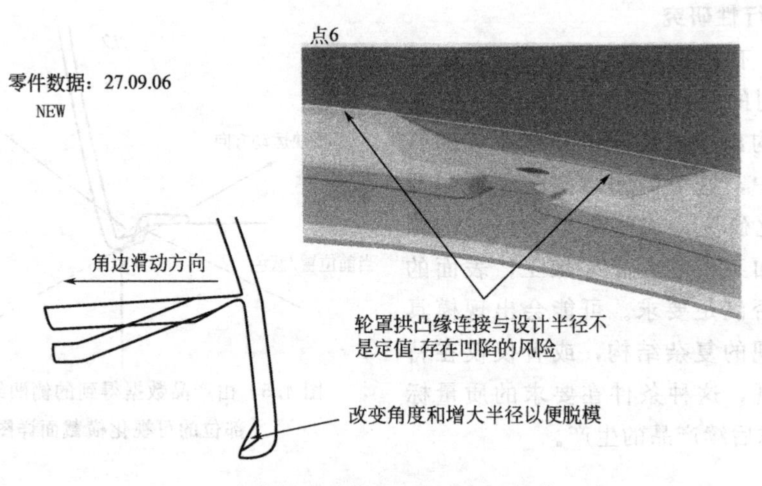

图 4.8 由数据库的信息图解释侧凹结构区域

4.1.6 设计

4.1.6.1 系统环境

测试阶段完成之后，设备设计人员将对模具设计进行检查。这里，设计者将利用一些合适的、专用的软件。可以对产品记录进行三维和全面的观测，可建立图形切面、显示和隐藏区域、建立表面模型。设计者使用零件库，例如螺钉、垫圈、平面、圆柱等。通过创建产品的扩展表面，在电脑上逐步创建准备生产的模具。

为进一步研究，设计者还可以利用仿真软件、碰撞函数、应力计算模块等。

图 4.9 为一个典型的前保险杠组件，由研发/设计者提供。第一步，设备设计者研发出所谓的表面展开图，如图 4.10 所示，在接下来的数周内，创建完成最终的模具分型面（见图 4.11）。

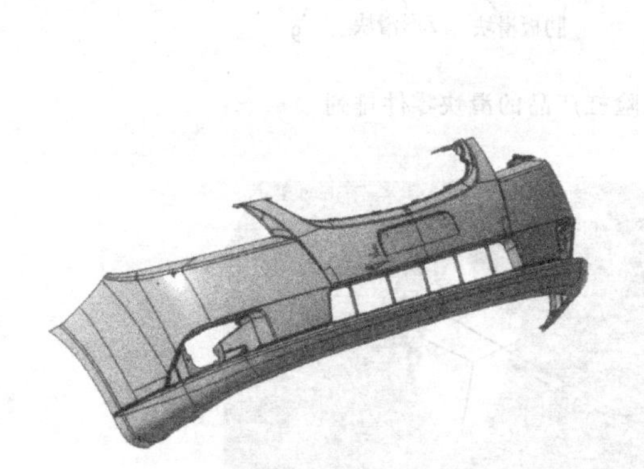

图 4.9 保险杠最终产品数据

图 4.10 决定保险杠实例模具分型面的产品数据设计面积

在所有的这些步骤之前，设计者要在产品数据上添加一个收缩余量，它意味着产品膨胀（增大）了某个百分比。在少数例外情况下，产品尺寸也会缩减。通过这种方式，在后续的模塑共混物的收缩百分数将在模具中补偿。这种收缩度可使用编程和试验的计算而得，并且通常由模具制造商提供。

尽管设计者的工作中有很多简化和有用的功能，但仍然需要传统的资质和技能。设计者必须认识到一个模具的要求和难度，并将其考虑到他的设计工作中。如果在这一阶段发生错误，将导致重大的成本损失；然而，假如设计者提出简单的解决方案，那么成本将大大降低。在模具制造阶段，可以影响到平均30%的模具成本。

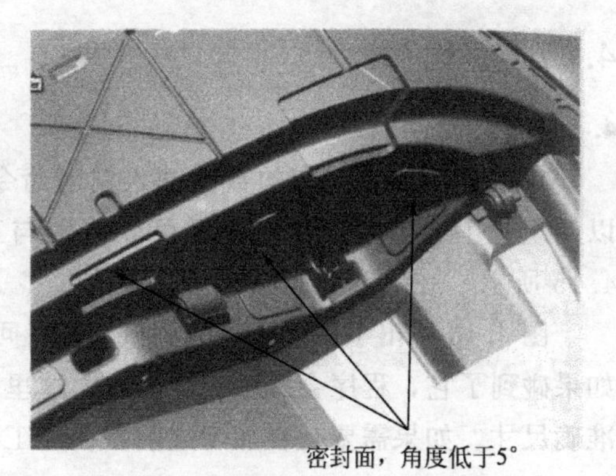

图 4.11　保险杠实例中指定产品数据的模具分型面的凸齿

4.1.6.2　发布

在模具设计的研发过程中，也会有发布的阶段。在大多数情况下，客户和设计负责人在一起，将检查设计品所有要求的功能、规范、要求和预约设计。如果设计需求与实施能够相符，那么设计将会投入生产。分模面上最小的脱模角度将会以模拟分析的形式进行测试（见图 4.12）；所有的介质连接，比如水、电、液压装置将会进入框图中进行核查（见图 4.13）；图 4.14 给出了用伸展滑动机构进行碰撞分析。

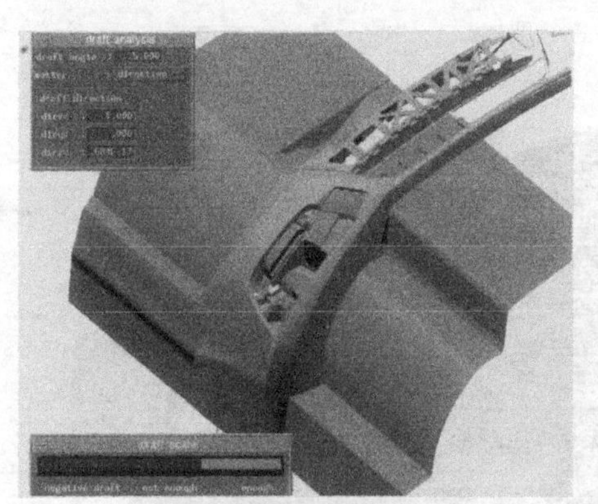

图 4.12　在模具扩展部位进行最小脱模角度测试

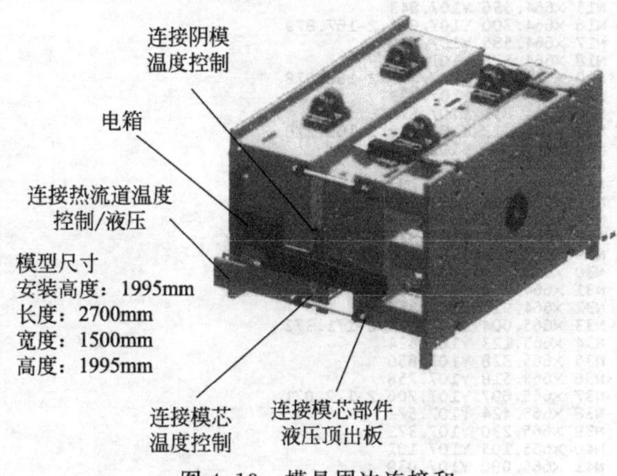

图 4.13　模具周边连接和模具尺寸的确定

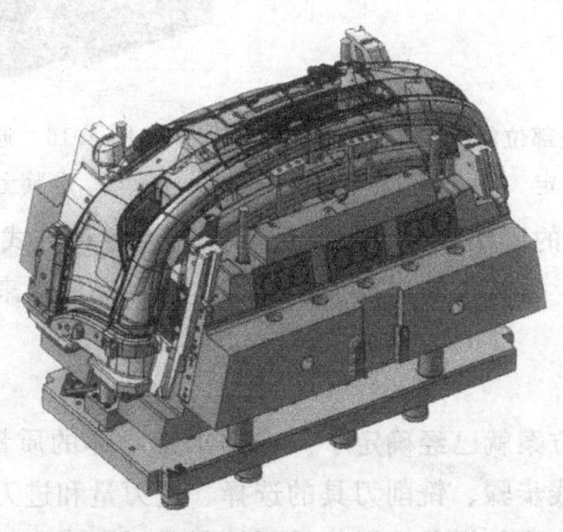

图 4.14　模芯侧整体模具组装图，包括所有可动的滑动功能件

4.1.7 编程

4.1.7.1 软件

在编程阶段，公布的数据输入铣削命令。编程可以应用各种不同的软件。测试步骤也可以用现有手册进行计算，这样可以避免与工件材料的铣削碰撞。然后输出程序语言，如图 4.15 所示，在电脑上以数字顺序排布。

图 4.16 给出了一个重要的测试功能。可视化的刀具直径在数字化实体上进行计算机导航，如果碰到了它，程序会提示一个警告。这里，必须要保证被铣削的模具工件与电脑模型一致的准确尺寸。如果需要，在加工之前，在加工部位再测量一遍尺寸，以确保尺寸的正确性。

```
N1 (DATEI   : gg.teb)
N2 (3043-0132-20-5)
N3 (Core part change)
N4 (23.11.06 DM    V5)
N5 (According to information)
N6 (NC Office tel. 841)
N7 M03
N8 (End-mill)           D=24.00 R=6.00)
N9 (Wall thickness = 0.00 Allowance = 0.05 Delivery = 0.70 Swing tip)
N10 (T015M06F1194S3316)
N11 X664.490 Y107.639 Z100.000 G00
N12 B0.000 C0.000 G01
N13 Z-157.180 G00
N14 Z-167.180 G01 F1194
N15 X664.556 Y107.843
N16 X664.700 Y107.867 Z-167.879
N17 X664.585 Y107.596
N18 X664.575 Y107.553
N19 X664.661 Y107.467 Z-168.578
N20 X664.759 Y107.733
N21 X664.853 Y107.871
N22 X665.012 Y107.859 Z-169.276
N23 X664.843 Y107.644
N24 X664.747 Y107.382
N25 X664.833 Y107.296 Z-169.975
N26 X664.933 Y107.566
N27 X665.110 Y107.783
N28 X665.175 Y107.835
N29 X665.344 Y107.801 Z-170.674
N30 X665.123 Y107.625
N31 X664.959 Y107.351
N32 X664.919 Y107.210
N33 X665.004 Y107.124 Z-171.372
N34 X665.123 Y107.424
N35 X665.328 Y107.650
N36 X665.518 Y107.758
N37 X665.697 Y107.706 Z-172.071
N38 X665.424 Y107.572
N39 X665.230 Y107.371
N40 X665.105 Y107.102
N41 X665.090 Y107.039
N42 X665.176 Y106.953 Z-172.770
N43 X665.298 Y107.259
N44 X665.470 Y107.455
N45 X665.755 Y107.613
N46 X683.059 Y90.389
N47 X682.808 Y90.282
N48 X682.604 Y90.104
N49 X682.465 Y89.868
N50 X682.418 Y89.711
N51 Z100.000 G00
N52 M30
```

图 4.15 加工修正部位的铣削步骤的确定

图 4.16 通过设置铣削步骤在电脑上进行碰撞分析

图 4.17 展示了程序员的操作程序。程序员可以通过各种方式达到理想的铣削程序。菜单和工具不断地自动更新，由软件制作商提供支持。这将保证未来的编程和生产能够以更强的竞争力和效率来实现。

4.1.7.2 方案

当编程的时候，铣削方案就已经确定了。根据加工物体的质量（加工前），需确定允许公差、所需表面质量、走线步骤、铣削刀具的选择、进刀量和进刀速度。

对于特殊要求的部位，比如锐角，溢值需要编程。对于难以到达的位置，应考虑弯头位

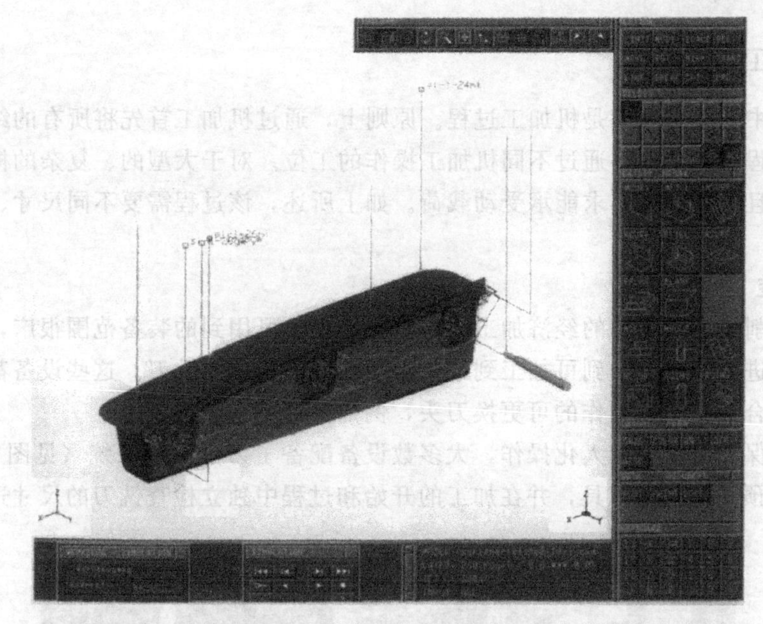

图 4.17 在编程电脑上带有一个菜单条的可视化的铣削运动

置。对于不能铣削的位置，编程者将决定是否需要电极和电火花加工。

单独铣削步骤如下：

① 粗加工出轮廓 10mm，刀具 *D*160mm，横向进刀量 5mm；

② 加工到 1mm，*D*66mm，2mm 横向进刀量；

③ 加工出转角部位，*D*52mm，2mm 横向进刀量；

④ 预精加工 0.3mm 的边界，*D*35mm，1.5mm 横向进刀量；

⑤ 预精加工到 0.3mm，*D*35mm，1.5mm 横向进刀量；

⑥ 精加工到 0.3mm，*D*6mm，0.5mm 横向进刀量；

⑦ 微精加工，0.00mm 允许公差，铣削刀具直径 *D*20/12/8/2/1mm，0.25mm 横向进刀量。

4.1.7.3 机器的选型

成功处理伴随选择合适的机械和合适的编程。对每个铣削步骤，可能要求其他机器的工作尽可能的经济。因此，对于粗加工，要求机器功率（kW）要适当。对于大型工件，要使用大型刀具头（见图 4.18）。对于精密零件，需要用精密机器以保证高速和快速进刀量。对于表面加工，通常需要所谓的高速设备（见图 4.19）用于高速和 0.1mm 级的快速进刀量。

图 4.18 粗加工

图 4.19 精加工

4.1.8 机加工

模具制造中的关键环节是机加工过程。原则上，通过机加工首先将所有的结构特征引入到模具中。过程中，工件将通过不同机加工操作的工位。对于大型的、复杂的模具，需要机器功率大，并且根据加工要求能承受动载荷。如上所述，该过程需要不同尺寸、不同类型的机器。

4.1.8.1 工装

合适的铣削设备对工件的经济加工起着重要作用。可用到的装备范围很广，例如，从尽可能大的横向进刀的刀头，到可加工到最小接触不到面积的立铣刀。这些设备都可以用特种合金钢、硬质合金、陶瓷制作的可更换刀头，例如嵌件。

同时为了保证机器的无人化操作，大多数设备配备了刀具更换系统（见图 4.20）。设备从刀具库取出预先确定的刀具，并在加工的开始和过程中独立检查铣刀的尺寸适用性。

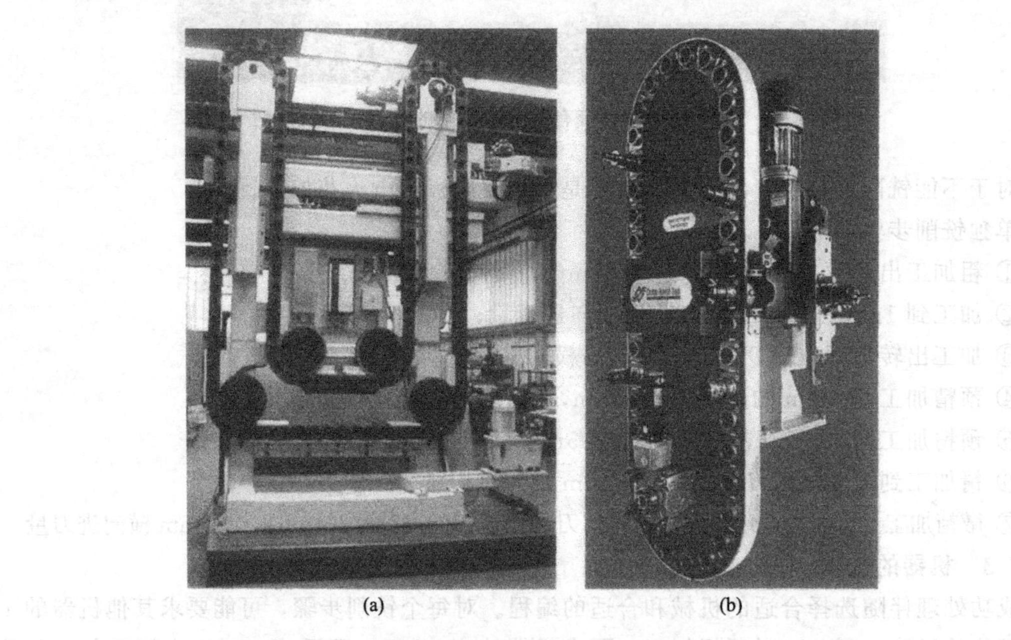

(a) (b)

图 4.20 刀具库的典型的机器布局（a）及刀具库（b）

4.1.8.2 无人操作

这类机器需要很高的投资成本，但其对生产模具是必需的。这些机器持续不断的更新需要能在短损耗期内的机械持续不断的改进。由于这种要求，就必须保持机器一天 24h 不断地运转。因此，这些机器在周末和假期需要轮班和无人操作。这些无人操作需要机器具备一定的技术条件，例如，刀具库和刀刃修正能力。可以用摄像头监控机器，然后操作者可以在家里通过电脑看到实时加工过程，对出现的干扰及时进行处理。通常也会使用到多机操作和机器自动编程（见图 4.21）。

4.1.8.3 发布

在机加工过程中和完成后，通常要在机床上进行初检（质量自检）。利用芯轴内的探针，可以检查单独的区域。利用塞规可以控制钻孔，用量块可以控制临界尺寸。实际的尺寸检查可在机器上进行。

图 4.21 五轴机床旁的编程站

4.1.9 尺寸检验

在质检区域会使用测量设备（见图 4.22）对机加工工件进行调整，这就意味着用参考面的数据库或 *XYZ* 方向的探针。已应用于铣削操作中的同样的数据也可用于工件的测量。通过探测表面、半径和通孔，利用检测软件计算通孔直径、半径和其他轴中心，进行目标值和实际值的比较。

图 4.22 三轴测量机器

测量结果是测量数据库，可以打印出并在测绘图上表示出来。

4.1.10 钻孔/深孔钻

模具在注射过程中需要冷却或者加热。为了达到这个目的，需要在工件上开孔，采用适当的机器将这些深孔放置在工件上。对于更复杂的模具结构来说，几乎每个成型的组件都有钻孔。

这种加工也可通过基于设计模板的编程进行（见图 4.23)。精确的温度控制对获得模具短循环时间尤为重要。由于目前成本的压力，完全有必要对所有部位同样进行温度控制。实现这一目的的方法有，分开冷却流道，小通孔，利用不同热导率的专用材料以及在模具外进行，例如，脉冲冷却（参见 2.4 节)。

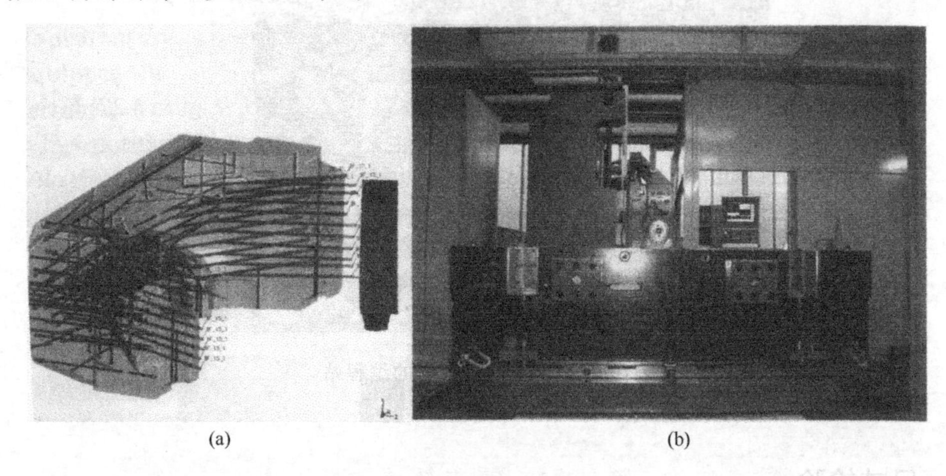

(a) (b)

图 4.23 保险杠阴模组件上的深孔排列，尺寸 2800mm×800mm×1500mm（a）及深孔钻上的芯部托板（b）

4.1.11 电火花加工

铣削不能加工的部位可以用腐蚀过程处理。首先，电极用铜铣削而成，或者是更常见的石墨电极。在需要腐蚀的工件调整到机床工作台上的加工位置后，用导电介质进行涂覆（见图 4.24)。需要腐蚀的工件与电极一起移动，并与工件有一定距离。因此，电极材料沿着三维方向进入腐蚀料液中。

图 4.24 阴模嵌件的腐蚀

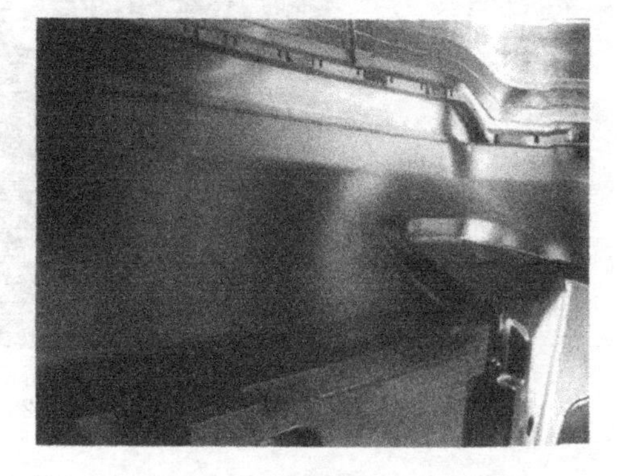

图 4.25 完成抛光后的阴模嵌件

4.1.12 表面精加工

这些加工步骤完成之后，要利用抛光对表面进行精加工（见图 4.25)。这个过程到今天依然是手工完成的，通常由专门训练的专业人员操作。利用磨具对铣削表面抛光，这就意味着通过去除材料用手工将铣削表面进行涂覆处理。另外，要对铣削表面给定一个导向方向。

导向因素确定了，因为模具中产品沿着顶出方向抛光会有明显改善。通常，产品质量标记为粗糙度 R_a，比如，R_a150 为内部产品（模芯零件），R_a320 为外部产品（外壳部分）。

在模具中的塑料材料流动特性受到抛光和排列的影响。对于滑块运动中的痕迹，塑料流动行为可受到模芯一侧的抛光粗糙度的影响，因此痕迹可以减少或避免。

模具中的脱模性能依赖于肋板和表面抛光。当正确选择模具中各个位置上的抛光等级时，一些脱模问题就会迎刃而解。

4.1.13　组装

对于模具的制造，需要成百上千的组件，这些都是由原材料通过机械或人工加工才能到达组合的阶段。很多组件按照它们经历的制造过程进行排列。

生产线的末端就是这些零件的组装。一般来说，模具由以下零件组成：模壳、模芯、滑动零件、热流道、合模板、液压电气设备、顶出板和标准零件。所有必需零件都在零件清单上，可以自制，也可以通过其他公司购买。根据结构安排，将零件各自连接起来。

这里，现代化厂房使用来自计算机终端的信息，从这里可以获取所有的设计信息，因此，可以实现无图纸化生产。如今，仅用了解模具功能的纸面信息就可以组装复杂的模具。利用这些现代的程序系统，模具数据可以被切割，可以了解冷却流道，零件可以被分离，零件可以被组装和拆解，可以了解更多的特征。

根据这些结构安排，模具一块块被拼接，其中，在这一阶段，包括基本的研磨、组装、排列和操作测试。零件组装件配备有温度控制系统与电路连接。所有的组件合并成两个主要部分：阴模和阳模。

完成这两部分组装后，接着要在模具制造试调用压机上对分模进行点磨（见图 4.26）。这里，两个半模要必须被点对点紧密地合在一块，因此，在后续的注射过程中，物料被控制在模腔里。物料的泄漏是一种缺陷，需要随后处理。

所述步骤伴随着各种中间检测步骤。因而，需要确定测量方案和公差。如果出现偏差，必须要返工或者重新加工。

图 4.26　装配好的注射模具的试调用压机

4.1.14 测试

在组装完成之后，需在注塑机上进行功能性测试（见图 4.27）。此过程将检查所有相关功能，包括：功能模具，脱模，循环，温度，参数化设置、流动类型，注射压力/时间/过程，零件的壁厚、光学设计、完成度、测量仪器上的尺寸精度，等等。

图 4.27 带有安装好的模芯零件的注塑机

当组装其他零件的时候，可以获得更多关于组件优化的知识。样品零件上色之后，可以评判表面；在收缩和着色过程后，可以检查模具中的收缩率。简言之，针对从制造的模具中制成的第一批组件会进行很多测试，用来对比设计和实际生产是否符合。

4.1.15 优化工艺及精加工

这个阶段需要持续数周：利用已知的知识，设计优化方案，使目标和过程尽可能地贴近原始状态。偏差总是存在的，所以需要公差规范。

这个方法通常需要持续数周，伴随更多的在注塑机上的测试。最后，这是一个向用户发布的产品，具备生产中定义的各种特性。

4.2 电火花加工（EDM）

（D. Schäffner，B. Mack）

4.2.1 概述

在 1943 年，俄罗斯物理学家 Lazarenko 发表了关于“因电火花产生的损耗转化”的文章。他研究了开关接触的损耗并发现了一种导电材料潜在的加工方法，借助电荷的破坏效果进行工件的腐蚀。他首次研发了火花腐蚀的方法。从 1954 年以后，这种腐蚀技术，电火花加工（EDM）已经持续地改进，并已成为目前高精度机加工方法之一。从事这一领域的员工是模具制造领域最受欢迎的专业人员，因为他们不仅熟悉工艺过程，而且会编程 3D-EDM 机器，并伴随着由于日益增长的复杂形状而增加的需求。

EDM 是针对导电材料的热腐蚀，它基于在刀具（电极）和导电工件之间的放电（打火花）。因此，每一种导电材料均可被加工，特别是在模具制造中的钢材和铝材。这种方法特别适用于非常坚硬的材料，而传统机加工工艺会受到限制。工件和模具被浸入到非导电液体介质中，所谓的“电介液”(通常是油或去离子水)。这种电介液是EDM加工所必需的。

原则上，电极与工件的距离小于0.5mm。通过离子流产生电压，这将在液体介质中形成气体，这种气体被电火花点燃。因此可产生数百万微小爆炸，将材料从工件上剥离。通过持续将电极引入到工件上，材料以各种方法剥离。尽管在不同的方法中除去材料的过程基本上是相同的，但这些方法可分类为：

① 刻模EDM；

② 线切割EDM；

③ 开孔EDM。

当然还有一些在制造中不太重要的方法，未列出。

(1) 刻模EDM　工件与刀具(见图4.28)均放在机器上，完全浸在上述电介液中。用移动装置将刀具接近工件。在加工开始时，用脉冲的方法，将刀具电极短暂而重复地抬起和接近工件。这一过程对冲刷被腐蚀的导电工件颗粒是必要的，因此可防止电极与工件之间的接触(短路)。

特别是对于刻模EDM，因为经过EDM，刀具的磨损是不可避免的，必须准备多个刀具用于加工，以便最终精确地制造出所需的轮廓。

(2) 线切割EDM　在这种加工方法中，刀具电极不产生材料的剥离，但可使用一轴不可重复使用的线来完成切割。然而，应该注意的是，用这种方法仅能加工孔、凹槽或外部轮廓。

线贯穿工件的上下端部(见图4.29)。在内凹槽中的起始孔是必须具备的。本法中，工件通常也是被完全浸入在电介液中。在某些情况中，强烈的冲刷也许是必要的。

(3) 开孔EDM　这种EDM方法，如前所述，用于制造通孔，该孔用于用线切割EDM进行后续的加工(见图4.30)。这种方法是刻模EDM在专用机器上的一种变异。因为对工件的加工无需接触，因此开孔直径可达0.2mm。

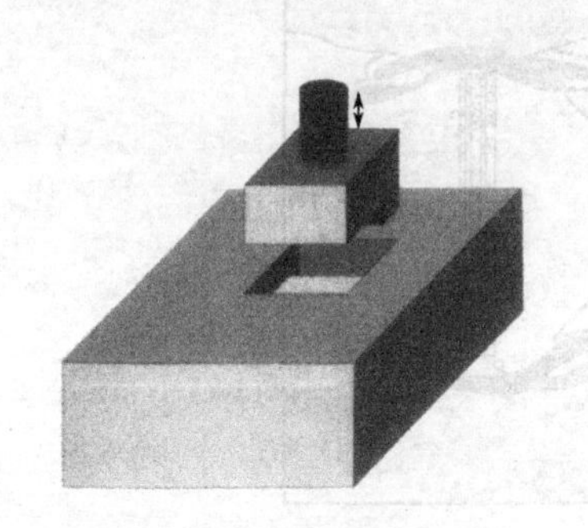

图4.28　刻模EDM示意

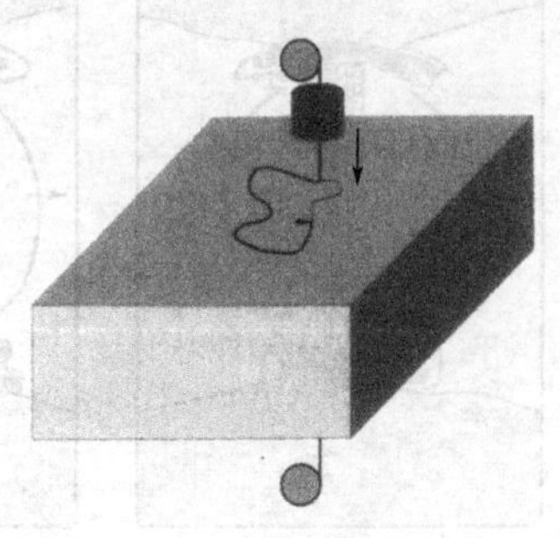

图4.29　线切割EDM示意

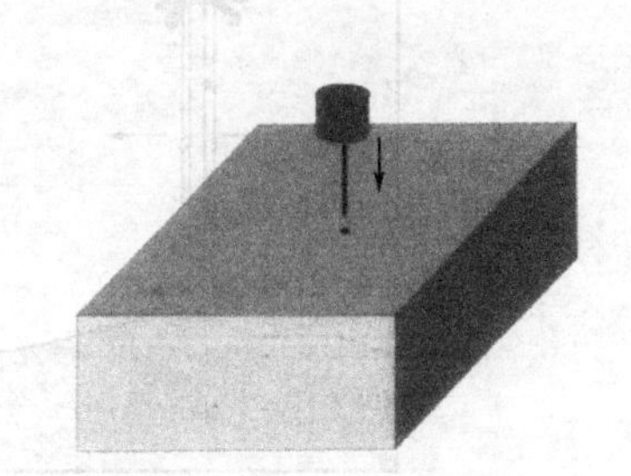

图4.30　开孔EDM示意

4.2.2 物理过程

在电火花机加工中，由电火花放电移除材料的效果正在被探索。一次放电具有非常轻微的能量，在1mJ～1J之间，因此，仅可产生很小的去除量。单位时间内单位体积的显著去除速率V_w只能通过短时间内的大量放电才能获得。高能量放电将引起去除速率的提高。产生的凹坑在表面上相互重叠，并产生粗糙度概念：高机加工能量引起较粗的表面(粗加工)，在能量较低时表面较细(精加工)。

工件和刀具均受到电火花腐蚀的影响，因此，在电火花加工的过程中会发生刀具的损耗，类似于机加工过程。

不可能总能预测刀具或工件是否受到增加的损耗；因此，电极的选择通常是根据经验确定的。

放电能量公式为：

$$W_e = U_e I_e t_e$$

式中 W_e——放电能量，J；

U_e——放电电压，V；

I_e——放电电流，A；

t_e——放电时间，s。

当施加脉冲电压后，在加工间隙就建立了电场。电场强度的最高值出现在工件和刀具之间最短的距离上。自由电荷载体吸收电场中的能量，并加热电介液，这会导致气泡的形成[见图 4.31(a)]。气泡的形成能导致吸收能量增加，这又会导致在刀具电极和工件之间最窄

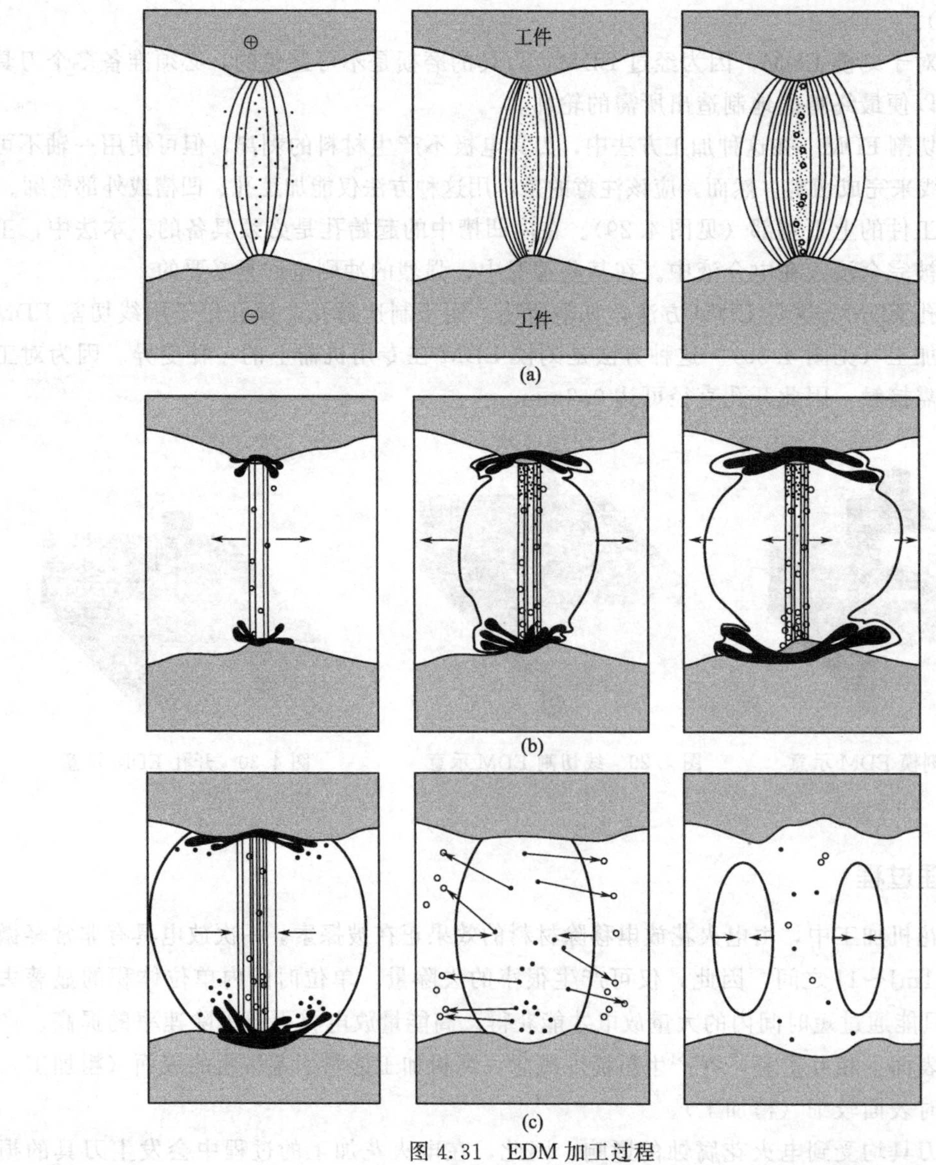

图 4.31 EDM 加工过程

的地方形成最小的等离子通道［见图 4.31(b)］。这个等离子通道的形成能产生高达 3000bar 压力和 40000K 温度。电场崩溃，导电的等离子通道和气泡向心聚爆［见图 4.31(c)］。

由高温和聚爆产生的高压将材料去除，并留下凹坑。电压以这种方式被极化，因此，等离子体中的离子从工件迁移到刀具的电极上。以这种方式，从工件去除的材料通常要比从刀具去除的材料多很多。刀具的损耗是不可避免的。在粗加工后，更换精加工电极，持续加工至获得最终尺寸为止。单个腐蚀过程进行百万次，从而导致整洁的最终表面。

4.2.3 公差与关键数据

粗加工：R_a小于 3μm。

精加工：R_a0.8～3μm。

微加工：R_a0.5～0.8μm。

微结构：R_a0.5～0.8μm。

线切割 EDM 中的线：校准至 1μm。

微结构的线直径：0.20～0.25mm。

钨丝直径：0.03mm。

线切割 EDM 中的平均去除速率：400mm^2（见后续解释）

开孔 EDM：最小直径 0.2mm。

线切割 EDM 精度：±2μm。

刻模 EDM 精度：±3μm。

线切割 EDM 的工件高度 200～600mm（根据机器类型）。

刻模 EDM 的工件高度 300～3000mm（根据机器类型）。

4.2.4 刻模 EDM

在图 4.32 的刻模 EDM 机器中，配有下行装置的上部刀具夹具、承载机器的前门以及刀具转换器均在下行装置的左侧。图 4.33 展示了典型的加工区域。

这种 EDM 机器可实现的最高精度为±3μm。刀具电极可用铜或石墨制造。石墨的优点以及是否使用这种材料制造电极的原则是较低的密度和易于加工。因此，石墨可用于复杂模具的制造（例如，扬声器罩）或大型电极，在汽车领域该电极尺寸可达 3m×3m×2m。因此这些材料可用于塑料工业制造小车进气格栅、挡泥板、保险杠或园林座椅以及大型容器，如垃圾箱。

在小型制品领域，通常使用铜作为电极材料。由于铜比石墨更稳定，这种材料可生产较小的零件。

图 4.34 展示了一个铜电极的阴模，配有电极夹具和加工工件的精密电极。在工件上可见凹坑，

图 4.32 刻模 EDM 机器

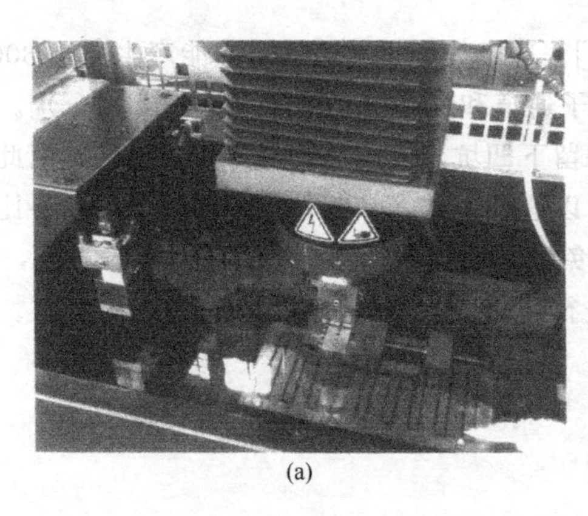
(a)

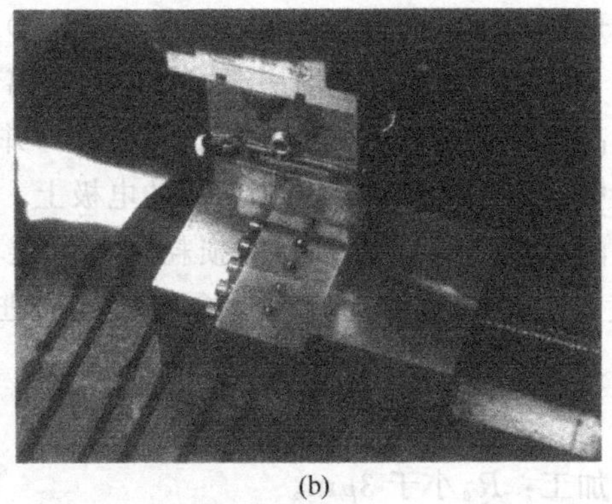
(b)

图 4.33 刻模 EDM 机器的加工区域（a）和刀具电极的细节描述（b）

在加工之后可留在工件上印记。

图 4.34 铜电极

（a）中从上到下显示的元件为：

—风箱，下方是下行装置；

—产生加工所需电压源的高压装置；

—铜制刀具电极（在这一事例中）；

—工件，某些零件已被预腐蚀；

—夹持系统（在这一事例中：简单紧密夹钳）；

—磁性工作台；

—装满电介液的机器；

—自动开关的刀具电极夹具（左侧）；

—精加工电极。

（b）已有预腐蚀区域，夹持系统，磁性工作台，电介液的工件

图 4.35 中的示例是螺纹形式的刀具电极。它需要一种专用控制器。工件被竖直夹紧，并在 X 或 Y 方向上加工。另一种选择是在刀具中加入一个螺纹或旋转轮齿，如图 4.36 中所示。

图 4.35 铜电极

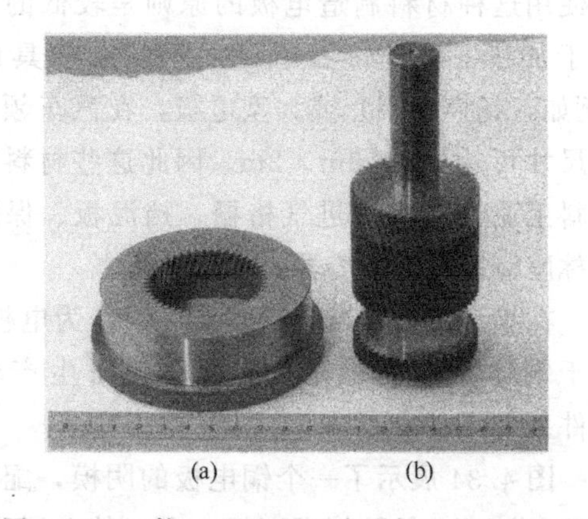
(a) (b)

图 4.36 工件（a）和用于齿形加工的电极（b）

这种工件要求机器的高技术含量和必要的编程。图 4.36(b) 显示的刀具（铜电极）在加工工件过程中，不仅在 Z 轴（垂直轴）移动，而且沿垂直方向下降时水平旋转。这样可加工出螺旋齿。

图 4.37(a) 展示了销钉，它们是用 3μm 的精度加工出来的。用这种线切割 EDM 制造出相应的结构［见图 4.37(b)］。图 4.37(b) 中左图显示销钉与该结构的配合。

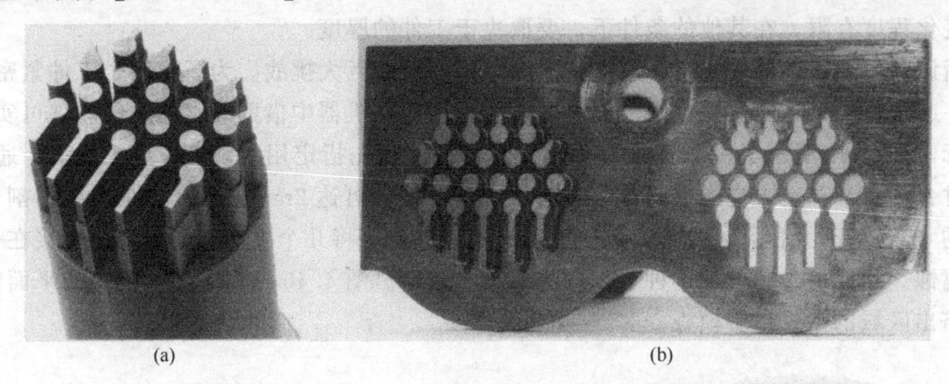

(a) (b)

图 4.37 通过刻模 EDM 加工的销钉（a）和相应结构（b）

4.2.5 线切割 EDM

图 4.38 展示了一台线切割 EDM 机器。线从顶部左端的线轴上引出，通过几个导轮，由一个导向轮（中心）通过工件，然后通过工件下方的刀具托架进入张力轮。

因为线需要从上部牵引到底部（类似锯条），因此，在线切割 EDM 中只能加工连续工件。通过工具台加工工件轮廓。线通常在相同的轴线上从上到下移动，其中，工具台在 XY 平面内移动。

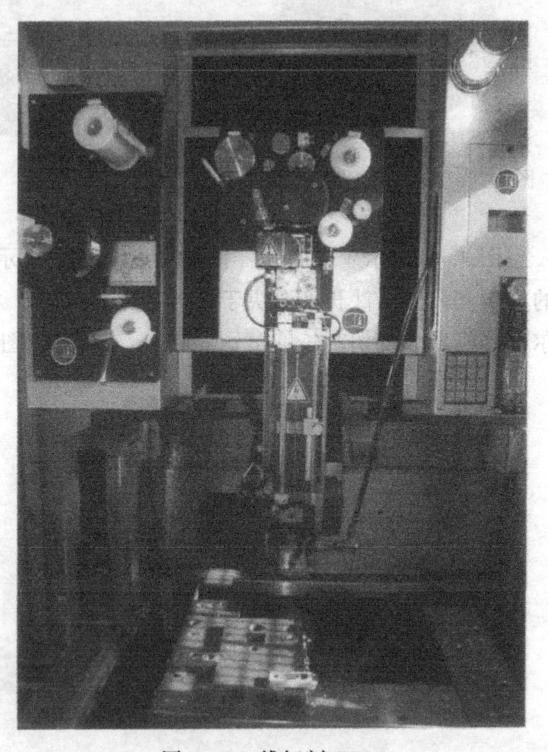

图 4.38 线切割 EDM
（无工件、电介液和夹持系统）

为了能分离工件内的凹槽，需要一个通孔。利用一台开孔钻孔机器可完成此项工作。这种机器开孔最小直径为 0.2mm。

线只一次通过工件，然后被收集，再次回收到下一台机器上，作为可回收废品。由于厚度精度在 1/1000mm 范围内，腐蚀线不能再用。电流强度、通过速度、线材料选择和进刀速度均影响表面质量。因此，为了提高精度，可进行预切割（粗加工）和后切割（如果必要）。

用线切割 EDM 可达到 ±2μm 的精度（轮廓）。线直径可被校准至 1μm。EDM 线通常用 0.20～0.25mm 直径的（标准）黄铜制成。特别精密加工的线直径可达 0.03mm。由于同时要求必要的强度，这些线用钨丝制成。

“切割速度”用 mm^2/min 作单位（实用术语）。如果工件高度为 100mm，切割速度为 $4mm^2/min$。参数设定后，机器全部自动化运行。如果线断裂，在穿线孔上通过该系统能自动再次穿线，并以较高的速度引到终端，然后再次继续进行切割工作（按照已定的编程）。

用今天的设备，上部机头可在 2D 方向移动。因此，上下模具的位置均可变化。然而，位置变化程度有限，在其他的条件下，要取决于工件的厚度。

新设备以及工件的变化意味着夹持工具总是面对着巨大挑战。为了将两个工件紧密地连接在一起，在每个加工步骤中都应该考虑线的直径。在机器中借助非常先进的软件可实现这一目标。图 4.39 展示了一个简单的工件，这个工件预先指定用线切割 EDM 加工。通过下部工件台的 *XY* 移动方向可获得这个轮廓。圆角的尺寸可达 2mm。通孔也是由线切割 EDM 加工的（需要开孔钻孔）。为了大量加工这样的工件，可将几个平板叠摞起来，焊接在一起，同时腐蚀。这样可显著增加这种加工方法的工作效率。图 4.40 给出了更加复杂的平面制品。它是挤出区域的型材牵引模板。

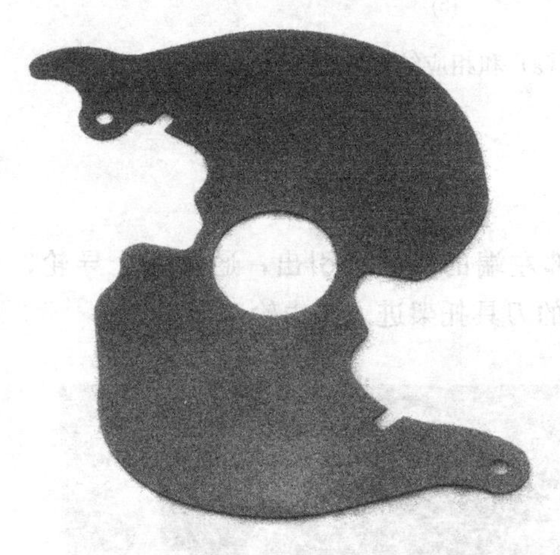

图 4.39 线切割 EDM 加工的典型工件

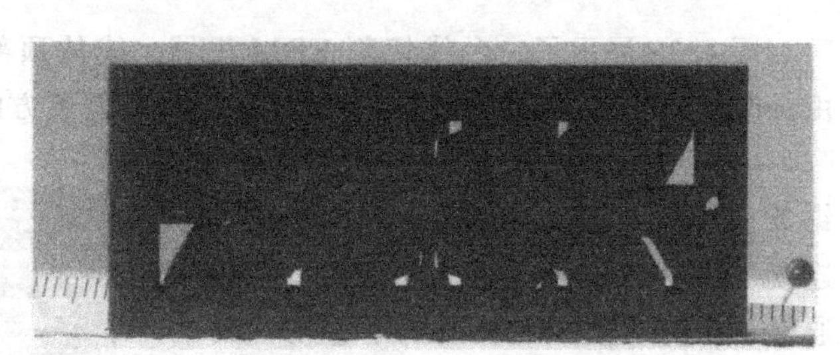

图 4.40 用于挤出的线切割腐蚀模板

图 4.41 显示了非常长零件的精度。图中显示的轮廓是在 300mm 长度上可获得的1/10mm 的面积。最大工件长度取决于机器的结构尺寸。标准的机器可获得长度为 350mm 的制品。偶尔有些机器的线切割长度可达 600mm。然而，图 4.42 给出的微型制品具有较大的壁厚。

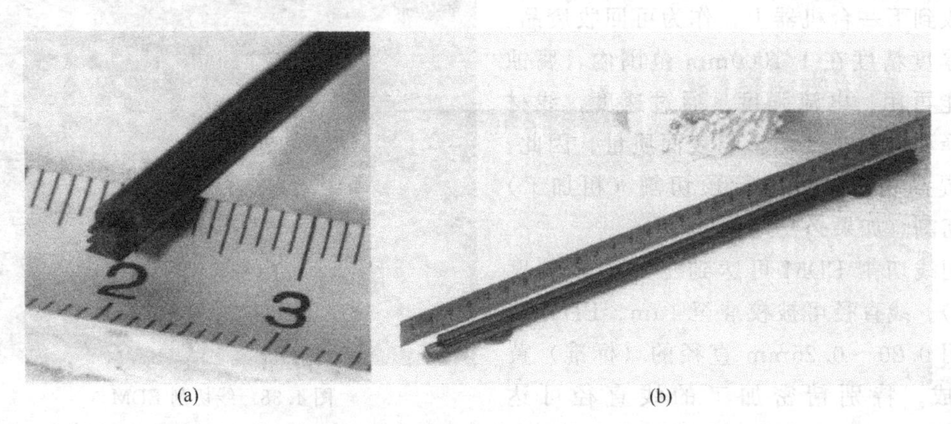

(a) (b)

图 4.41 线切割腐蚀纵向轮廓（a）与横截面（b）工件整个长度

图 4.42 具有较大厚度的微型制品

4.2.6 组合工序和特殊工序

在刻模 EDM 和线切割 EDM 组合工序中，可制造用于生产微型塑料制品的高精度嵌件。图 4.43 展示了这种工序用于微观钢印例子中的复杂性和精度。图 4.44 给出了另一个组合制品。

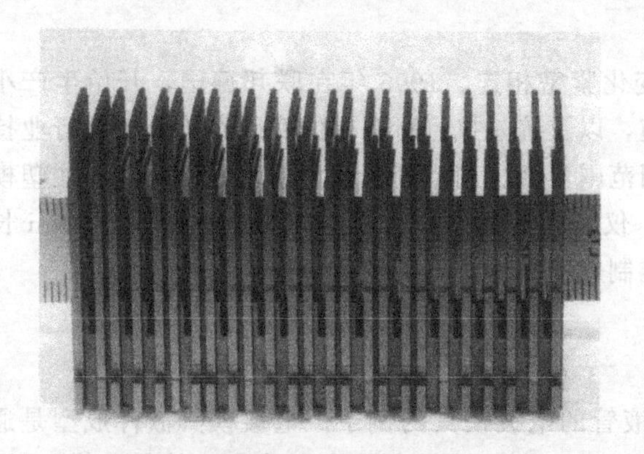

图 4.43 刻模 EDM 和线切割 EDM 组合工序的举例

图 4.44 高精度组合制品

进行上下轮廓的不同加工（取决于机器）可得到 3D 形状。本法中，模具台不仅可以在 XY 平面内移动，而且可在 Z 方向上摆动。然而，这种轮廓只能部分实现。因此，必须考虑工件的高度和在 Z 方向上的转动范围。图 4.45 给出了一个例子。

图 4.46 给出了一个在圆形表面上制造斜孔的一个特殊工序的示意。用传统的钻孔方法制造这样的孔几乎是不可能的，因为钻孔不是直线的。激光加工可能是另一种选择，但是，边角不可能被清理干净。

尽管 EDM 的研发已有半个世纪的历程和应用，但它依然是焕发活力的加工方法，它仍然具有很多潜在的用途有待开发，特别是在模具制造中。

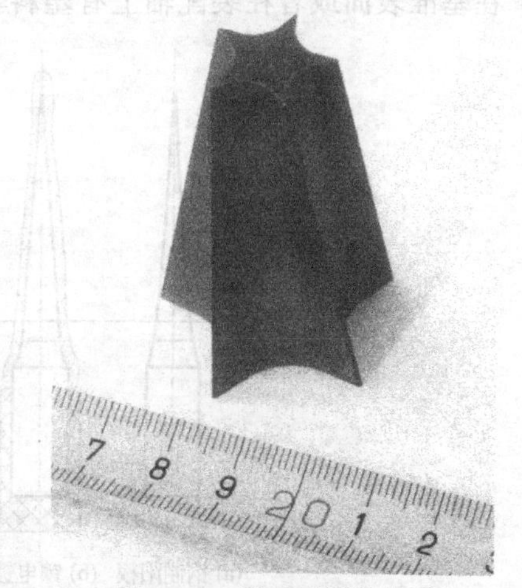

图 4.45 通过不同的上下轮廓制造的 3D 制品

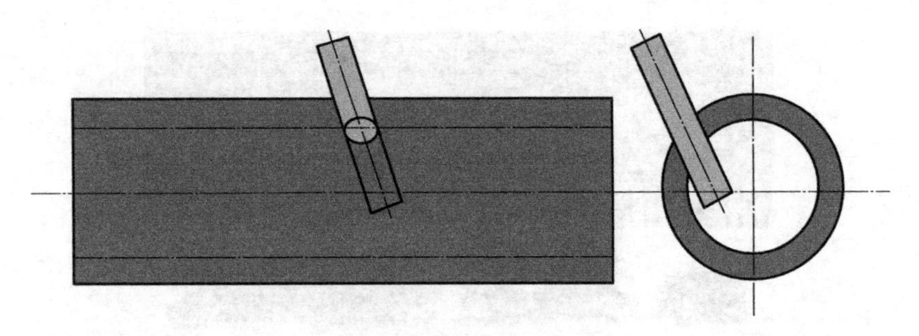

图 4.46 斜孔制造示意

4.3 电镀嵌件与模具

(R. Hentrich)

4.3.1 概述

电镀的发展与塑料加工行业的进步和变化紧密相连。1995 年在联邦德国，开始生产小件电镀模具。通过安装最现代化的生产设施，以及统一执行所取得的实践经验，电镀行业持续稳步发展，并拥有广泛的应用范围。应用范围包括：用于制造微型精密零件的镀锌注塑模具嵌件；用于制造真皮革结构的外壳模具；仪表板的制造；在航空航天工业中大于 10m 长的轻型部件的制造；在汽车行业中由碳纤维制成的特殊车体部位的制造。

4.3.2 工艺描述

图 4.47 描述了用注射成型制造微量吸液管的电镀模具的例子。电镀模具嵌件成型是通过所谓的“阳模”然后电镀而成，这意味着模具对应于塑料产品来制造（这就是阳模）。因此，对应的模腔和电镀嵌件是阴模。为此，阳模可以由金属或非金属材料制成，并且必须按照电镀设计者的设计准则设计而成，然后准备电镀过程。

在基准表面或者在装配轴上有塑料套以及与电镀液池的阴极杆相连的导线。在引入到电

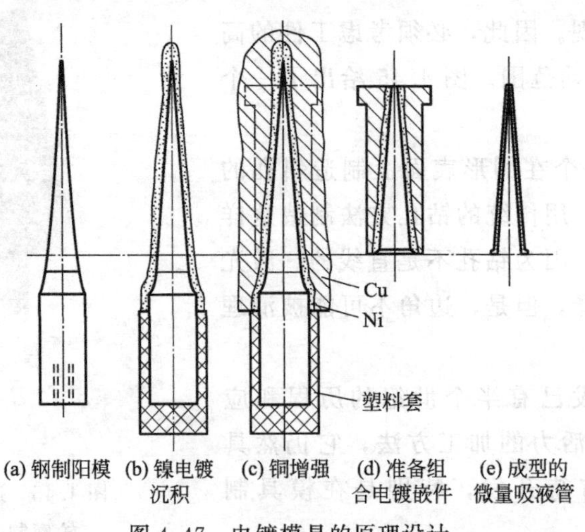

图 4.47 电镀模具的原理设计

镀池前，根据不同模型材料进行预处理是必需的。镍不应粘到基体材料上，因此，金属模型必须在浸入电镀液前钝化。塑料模型，所谓的非导体，必须做成具有导电性。一般是通过化学镀银的方法来实现的。镀银层的厚度小于1μm，通常在评估该表面时可以忽略。

将准备好的模具放入到镍电镀池中，池中的组分、沉积参数、电流密度、电镀液温度、pH值等都应符合要求；电镀镍层或者镍和硬铜的组合沉积层都应符合所有的相关要求。根据表面的几何形状和使用目的，可以实现最厚20mm的壁厚。所需求的壁厚与在电镀池中停留的时间密切相关。为了快速且经济地获得电镀模具，模具设计和电镀设计者之间的早期协调是必要的，以确定外部轮廓和壁厚，从而建立进行电镀的时间表。

在注塑模具中，对外轮廓进行机械处理时，电镀模具仍旧处于模型状态。在外表面处理后，通过一个适当的拉脱装置将外部模型拉出电镀模具。在确定了高度尺寸之后，可将完成的模具嵌件准备装到母模上。这里，可以看到电镀模具生产的优势。包括电火花在内的所有主要加工方法均需要铣磨或重塑的操作，其中都会有一些难以控制的公差需要考虑在内。而在电镀过程中，材料被镀到阳模上不会萎缩，这就导致可在阴模嵌件中在微米范围内精确复制所有用过的阳模表面结构。阳模表面质量和尺寸精度决定了生产模具嵌件的稳定质量，因此，也决定了准备生产的塑料制品的稳定质量。

现代塑料和它们的相应模加工方法，在温度、压力、脱模能力和分型面的设计等各方面对模具有不同的要求。设计者在设计模具时应考虑到这些要求。这也意味着当使用电镀嵌件时，高度的灵活性是很有必要的。

电镀模具的生产商，大多是服务于电镀行业的专家，在每个模具制造厂可以发现有不同、特殊的电解质液被应用。在大多数应用中，常使用硫酸镍和氨基磺酸镍溶液。如果使用特殊添加剂，如钴和有机化合物以及镍沉淀物可适用于预期的用途，无应力和硬度可变，这些材料均可电镀。深镀能力，即电镀电解质的能力，即使是在带有凹凸结构的复杂几何轮廓情况下，都能均匀覆盖镍涂层，这种能力是近几年与相关专用技术应用一起改进的。

上述有机添加剂的分解产物可能在个别情况下产生不利影响。硬镍矿在硫酸浴中最高温度为300℃。对于电镀设计者，知道那些电镀过程所需要的处理方法是非常重要的，使用镍的好处是在电镀时可以采用特定的应用程序。

4.3.3 电镀材料

尽管电镀模具在应用、设计、实施方面有很大不同，它们相同之处是电镀都采用镍材料。在模具制造过程中，镍是高强度、高耐腐蚀模具钢的一种合金组分。纯镍几乎不会直接加工为模具的零件。由于它的化学、物理、机加工性能，镍材料已经成为在先进的电镀加工中独立的制品，如干式剃须刀中的剪切网面、抛物面镜子、压力缸、过滤器，航空航天和机器人技术的复杂部件，以及微米精度制品，例如，医药驱动等。在模具制造中通过厚层镀镍，可用于修复受损部件。

在电镀加工中，镍材料所提供的所有优点都可用于模具制造。镍在塑料材料的加工中最重要的特性如下。

(1) 耐磨性和硬度　一般来说，镍的磨损性能取决于组成和硬度，其磨损性能几乎达到硬铬的性能。一般注射成型的电镀模具嵌件所用镍的硬度可达到44～48HRC。在其他应用中，比如在航空工业或者泥浆技术中，氨基磺酸镍的硬度大约为25HRC。

(2) 耐腐蚀性　镍可以提供高效保护，防止空气氧化，更重要的是它对腐蚀性介质的抵抗能力，例如，在PVC加工中的应用。

(3) 塑料制品的脱模能力　质量完美的镍镀层有延展性、无孔、并拥有完美的表面质量。在生产过程中，塑料制品可以轻易从模具中脱出。在PU生产中，镍层的高钝性可以大幅减少脱模剂的使用，从而满足对环保型生产的需求。同时，可以获得改进表面质量的重复生产。

(4) 高保真　模型表面的微细轮廓可以通过电镀准确地传递到电镀模具嵌件上，如真皮革粒，皮肤纹理，用在微反射镜下的精致钻石切割，高光泽抛光等。

4.3.4 模型材料及模型设计

为了成功制造电镀模具，阳模的决定性影响已经被写入程序描述中。为了确保成功，当做计划时，电镀工程师的建议和技术要求都应考虑在内。为了阳模的加工制造，金属和非金属材料均可使用：材料必须适用于特殊用途。在实践中，表4.1中所列材料均为可用。当做一个选择时，需要特别注意，用金属模做出的电镀模具嵌件拥有比较好的表面质量和高的尺寸稳定性。金属模型的另一优点是，通常，如果有必要，完全一致的模具嵌件可用于电镀结构。对于侧凹结构和难以脱模的制品，可使用热塑性材料，如聚甲基丙烯酸甲酯（PMMA）作为模型材料，可做成螺钉和直径可达15mm的螺杆齿轮。也有例外，比如高精度要求的小螺丝，由于PMMA的柔软性，不能被切割。在这样的场合下，应该使用黄铜模型。在镀镍模具镀镍结构完成后，这些黄铜模型可被化学去除。

表4.1　制造阳模的材料

材　料	特　性
金属材料	
拉制黄铜 如Ms58,Ms62	容易加工,易于抛光,对机械应力敏感
不锈钢， 如1.4300,1.4306	对机械应力不敏感,耐腐蚀,表面质量好,加工困难
非金属材料	
PMMA	容易加工,适用于轮廓难脱模的情况
滚塑PVC制品	特别适用于旋转玩具模具制造;注意:尺寸不稳定!
环氧浇注树脂	特别适用于小、中型模型、复制模型、侧凹模型
环氧层压树脂	适用中、大型模型;注意:出于稳定的原因,加强肋或型材框架必须层压!
模具材料(PUR)	材料容易加工,可用浇铸块材,特别适用于航空工业和汽车发动机等大型模型,微孔表面必须密封

当复制模型时，可使用环氧树脂。浇注树脂或硅胶阴模可用母模制造。浇注树脂阳模现在可在这些模具中浇铸成型。当模型材料对电解液不稳定时，也可使用这种工艺，例如，木材、石膏、皮革等。在特殊的情况下，可使用所谓的直接涂层模型。这些模型可由一种特殊的聚氨酯模具材料制造而成，并用于制造用合适的薄膜材料来制作纹理结构的效果。这种方法通常用于原样模型的制造，为设计者评估产品提供了较好的途径。

当选择浇注树脂时，应该特别注意轻微收缩问题。此外，阳模的顶层是有一种无填料、耐酸和无孔表面的树脂，且应染成暗色。在以前，在航空和汽车工业中制造大的模型时，将模型专门制成层状结构，这种方法现在仍然在使用。这些模型包括一种表层树脂和 5～10mm 厚的玻璃纤维层，里面由玻璃纤维筋或钢框架组成，由型钢制成，层压结构可保证模型有足够的硬度。今天，由于现代磨床，经常使用模具材料来制造这些模型，以节省时间和花费。一般而言，浇铸聚氨酯坯料安装在型钢上，可使用 CAD 数据铣削，且要考虑到被加工材料的收缩量。最后，成功地得到一个聚氨酯涂层和精研表面。经过测量后，这些模型可以在电镀沉积中直接使用，可以保证所需的精度和表面质量。本法中，一个特性应该引起注意：模具材料经常以层压形式存在，且经常黏合在一起形成块状。由于在镍表面上的这种节点较明显，所以不提倡用这种方法。生产尺寸精确、表面质量好的模型花费很大。为了在模型多次注射成型模具中减少生产模型的成本，多种复制模型的方法已研发出来，它们特别适合生产小型制品如钢笔或口红管。一种方法是，生产一个基于黄铜或钢铁阳模的所谓的母电镀模具，然后将这个母模补充到一个小的模具上。在母模具中，在高压、恒温下将塑料粉末压制成模型。这样的产品表面质量高、尺寸稳定、收缩率低。直径至 10mm 的小型制品的收缩率，为 0.03～0.05mm，在确定模型尺寸中应该考虑这种收缩率。

电镀模具对表面质量的要求是不同的。洋娃娃和动物玩具，期望是丝缎面。为此，这种侧凹结构突出的电镀模具用金刚砂或其他类研磨料进行“喷砂”处理。对织构化或光滑的表面，通过蚀刻或用不同材料混合物的特殊爆破进行表面处理是必要的。

如果生产实践表明，部分壁厚是不均匀的，补救的方法可为，由金属板安装的辅助板，或者用铝的粉刷，或用旋转模来改进壁厚。由塑料或钢铁制成的嵌件可以固定到模塑制品的壁内，但必须将嵌件预热到模具的初始温度。针状嵌件必须使用在有孔的地方，可以防止旋转中塑料的泄漏。

如果嵌件是由磁性材料制成，就可用所谓的磁性夹具固定。

4.3.5 夹具和安装支架

一般来说，固定旋转模具时会用适当的支撑作为支架。对于电镀模具，支撑肋和承重法兰起到这个作用。除了连接，这些元件还应保护模具防止断裂，同时也作为安装的紧固件，如图 4.48 所示。在大多数情况下，这些元件被牢固地焊在模具的表面，这影响了传热。通过选择角钢、带孔板、薄片钢以及其他材料来尽可能地降低这些夹具和支架对导热的影响。

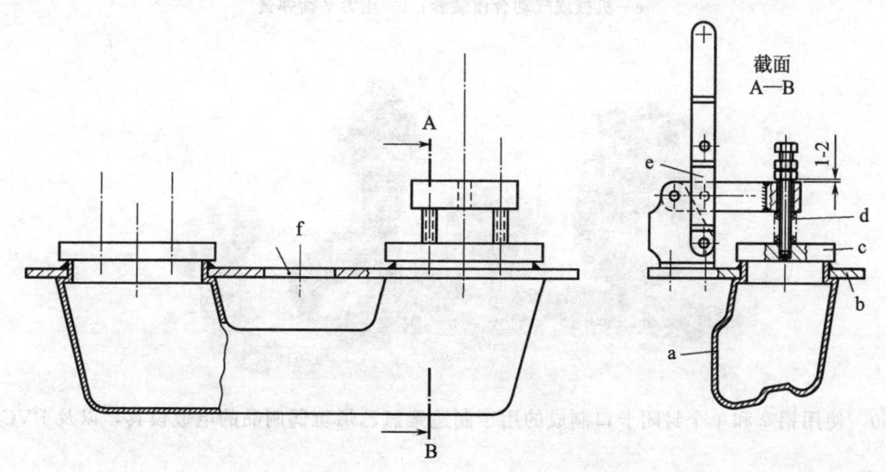

图 4.48 带有合模装置的电镀模具

同时，安装位置要在不影响模壁增厚的区域。

对于大型模具，比如仪表盘，具有不同热膨胀性能的刚性焊接接头会产生张力，导致使用寿命短。为了避免张力的产生，大型模具被浮动安装在机器模架上。

为了得到经济、清洁的产品，旋转模所需的合模装置必须操作快速、安全且持久封紧。对于简单的平面机加工开口，如生产玩具拼图和小汽车扶手，可使用平面铝盖，它通过商用快速脱模装置来移动和锁定。与快速脱模活动臂连接的螺杆可调节铝盖。

在许多情况下，使用附加的弹簧可补偿小角偏差。但是，这些必须是耐温弹簧，因为普通弹簧容易很快疲劳。对于其他模具类型，也可选择螺帽、合模支架，或者辅助夹具。在任何情况下，合模单元的加持力应适应模具的大小和其密封表面。即便锁模装置被小心地设计且密封面光洁，很差的热膨胀仍可导致密封出现问题。在实践中可用 PTFE 或硅橡胶制成的中间层提供帮助。

在许多情况下，封闭不仅是为了密封，也可以塑形。旋转对称密封塞的锥形密封面可以安全地为玩具娃娃封闭模具开口。封闭卡口装置对单个模具是有利的，而系列模具是通过合模支架和弹簧平衡法实现合模的（见图 4.49）。密封塞和它的前端延伸到电镀模具里，得到合适的模具轮廓，因此，形成了玩具娃娃的头、胳膊和腿的连接（见图 4.50）。

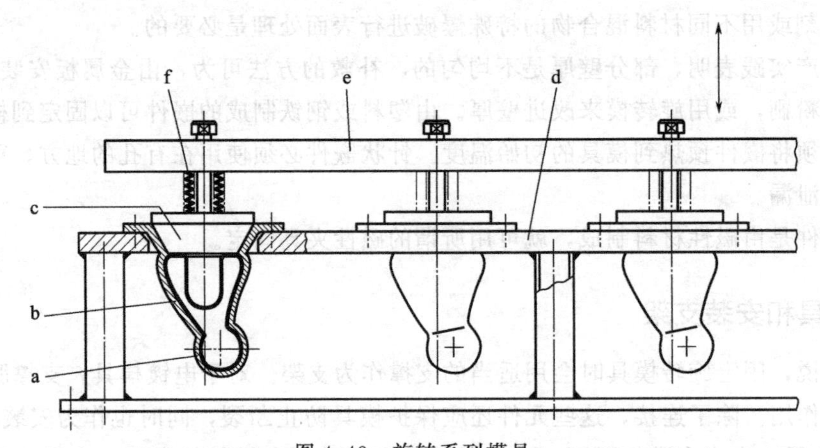

图 4.49 旋转系列模具

a—PVC 制品（玩具）；b—电铸成型模；c—铝盖，锥形成型件；d—支撑架；e—机械或气动合模装置；f—压力平衡弹簧

图 4.50 使用铝塞和单个封闭卡口制成的用于制造聚氯乙烯玩偶制品的电镀模具，以及 PVC 样品

如果在有显著侧凹 PVC 产品脱模过程中出现问题，可以使用下列方法：设计穿过芯轴

的密封帽，并将其向里延伸，形成PVC制品的内凹槽；仅用薄膜进行密封，这样成品容易破膜而出；中空探针被嵌入在内槽中，它连接着一个软管和三通阀。

为了方便脱模，三通阀被切换到真空。脱模后再形成轮廓是很重要的，三条路径可以提供压缩空气。这种方法的先决条件是脱模温度为40～50℃。

在加工球时，与芯轴形成的一个相似的凹槽作为充气阀壳体，在玩具元件内，它是“小猪”的壳体。

4.3.6 电镀注射成型嵌件的精加工和安装

为了满足注塑模具的精度要求，在从电镀嵌件中取出模型前，对电镀模具嵌件的外轮廓进行机加工是很有用的。

初始的电镀模具被精确地对中到合模轴上，或以参考模型的表面为基准，且在专门设计的刚性机床上进行加工。图4.47描述了模具嵌件在高度方向上被过量加工。这个增量对避免模具尖角的变钝很有用，将在稍后讨论。在外表面加工、脱模后，模具轮廓的深度被加工到最终尺寸，这取决于模型轮廓的伸长率。在用镍铜组合材料制成的这些模具嵌件中，这两种材料也出现在分型面上。切削速度、进刀量和切削深度应适合于特定的条件，因为它们是在相同的加工条件下研磨或翻转的。

在注塑模具中，应特别注意电镀模具在钢制或母模中的安装，因为产生的注塑压力不能被电镀嵌件所吸收。因为这个原因，电镀模具嵌件必须可以自由活动地被安装在母模上。所以，注塑压力可以快速地传递到周围钢制模具上。可以避免因配合间隙可能产生的裂纹。

如果金属模型用于电镀，模具轮廓除了清洁之外不需要其他的再加工。当用塑料模型时，必须要覆盖上一层导电银层，最初黏附在轮廓表面，需要通过化学方法或通过抛光去除。

4.3.7 效率与使用寿命

电镀模具的经济优势在于阳模比较容易加工，而用其他方法制成的阴模上完成模具轮廓和表面是比较困难的。除了上面提到作为模具材料的镍的优势外，下面是由电镀方法带来的更多优势：

① 由于在制造阳模中更好的控制，可以保证高尺寸精度；

② 无淬火变形；

③ 当使用镍铜组合材料时，由于良好的散热导致生产快速；

④ 根据金属模型可制造出与最小细节相配的模具嵌件；

⑤ 有可能使技术价值和镍的性能适应改变的应用参数。

电镀模具嵌件可能达到的寿命与钢制模具的寿命紧密相关。电镀模具优于钢模，与PVC加工中制造的沉积产品相比，具有高耐腐蚀性。但是，先决条件是有个尺寸正好合适的母模，即它们不能在注射压力下回弹。

作为其他生产工艺的一个替代方法，电镀方式在注塑模具制作领域的经济和科技优势是，它特别适用于制造：

① 小螺钉、斜齿轮、高精度要求和小模数的齿轮；

② 反射镜；

③ 薄、长、对称或非对称的制品，比如钢笔、套管、笔帽、吸液管头、医疗产品；

④ 真皮或木材表面的真实复制品，且只能部分地用现代蚀刻技术进行加工；

⑤ 不规则分型线的塑料头像。

由丙烯酸材料制成假牙在传递模塑电镀模具嵌件中分型线也不规则。每年都会生产出大量的这类电镀模具，在这个特殊的领域中，已经显著地促使了更多的有效生产方法被采用。

和其他制造方法一样，电镀也有其不足。所列举的优势同样面临着以下缺点：

① 硬镍和钨铜能承受的最高温度为 300℃；

② 电镀的方式无法成型窄又深的缝隙；

③ 相对较低的沉积速度影响了生产时间，因此，电镀模具的壁厚不能太厚，如果有疑问应咨询电镀工程师；

④ 硬镍制成的电镀模具对弯曲应力特别敏感。

成功的电镀模具制造应包含广泛的知识且掌握“边角的弱点”。这是一种由内部的尖角小接触半径和沿相应表面平分线的狭缝所导致的细微裂缝（见图 4.51 和图 4.52）。不管电镀沉积的厚度大小，沿整个厚度的边角变钝在持续，而且由于低应力沿这种发丝裂纹上的电镀模具会破裂。这个现象是物理定律的结果。合适的有机添加剂可以影响这种情况，但是在镍层中会有不期望的材料特性的改变。图 4.51 说明的措施，在通过机加工和随后的电镀加工建造铜结构的过程中，消除薄弱的边角，因此保证了模具嵌件的耐久性。

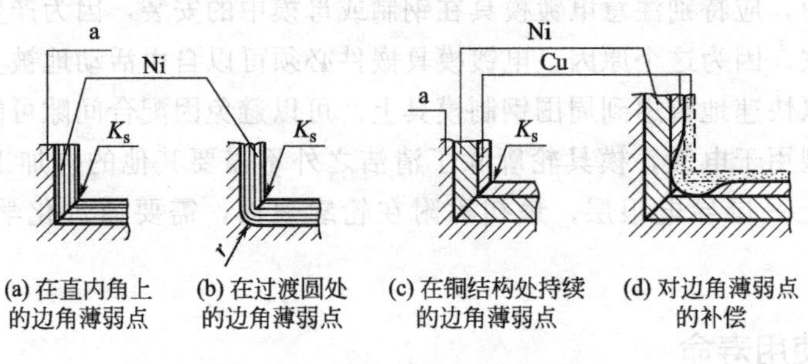

(a) 在直内角上的边角薄弱点　(b) 在过渡圆处的边角薄弱点　(c) 在铜结构处持续的边角薄弱点　(d) 对边角薄弱点的补偿

图 4.51　边角薄弱点原理示意

a—模型；K_s—边角薄弱点

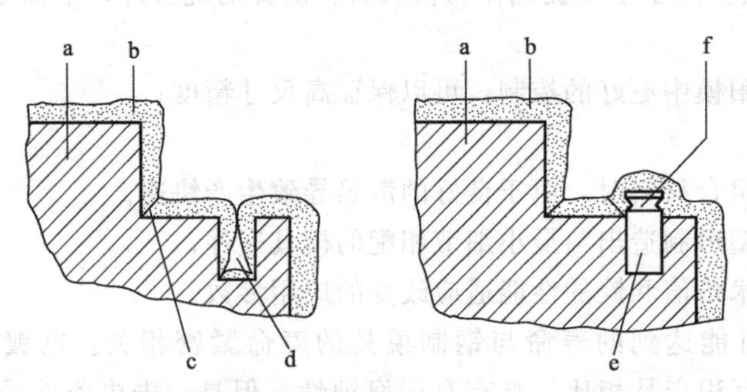

图 4.52　边角薄弱点和成型窄槽时气孔的形成

a—模型；b—镍层；c—边角薄弱点；d—气孔的形成；e—带有凹槽的电镀钢件；f—凹槽

当成型窄狭缝时，在角和边角薄弱点处有形成气孔的危险。可将准备电镀的钢件预先插入模型中来避开这个危险。

顶杆和滑块开口的电镀也会导致边角薄弱点。为了避免这些问题，建议随后机械地或通过电火花腐蚀将滑块的通孔和凸点、顶杆等结合在一起（见图 4.53）。随后应加工浇口流道。

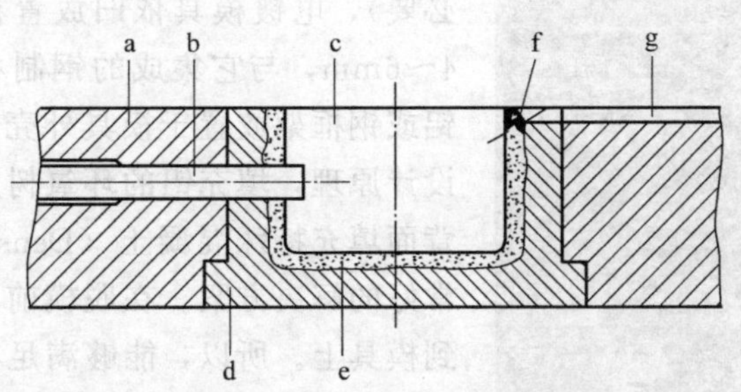

图 4.53 带后续嵌入的滑块凸点和注射流道的电镀模具

a—母模；b—侧抽滑块；c—电镀模具；d—铜层；e—镍层；f—浇口；g—浇口流道

在过去，修复电镀模具非常困难。唯一修理的方法是放置销钉，耗时的后电镀，或配置镍配件。利用先进的激光焊接技术，现在可以使用金属镍通过激光焊接来修复损坏和缺陷，从而机械加工成型表面。

4.3.8 其他塑料加工方法中的电镀模具

当前讨论最多的是电镀嵌件在注射模具中的应用。图 4.54 展示了一种应用实例。旋转模具和所谓的搪塑技术的扩展应用领域在 1.6 节中已详细讨论。

图 4.54 叶轮和展涂盘的注塑成型电镀模具嵌件

但是在这些应用领域中，只有小部分电镀模具的应用被说明。当前，用于现代玻纤技术聚氨酯发泡加工聚氨酯（PUR）喷涂技术，以及诸如层压和负深拉模具（模内皮纹）等领域的电镀模具不仅技术先进，而且在某些情况下也能使用这些技术。

4.3.8.1 聚氨酯发泡制品加工模具

对聚氨酯发泡加工的模具的需求正在稳定增加，其中汽车工业中安全需求和家具工业中的机会占很大的份额。符合成本-效益的机器和模具是可靠、低成本加工的先决条件。

制造商可以选择简单、便宜的、并适合于某些制品和数量的树脂模具，也可以选择高品质、但昂贵的钢制模具。铝制模具一般能满足产品的要求。当需要特殊表面，如皮革纹理和相似的结构时，可以使用电镀模具。同时，经验告诉我们，对于镀镍模具需要的脱模剂较少，聚氨酯产品的脱模依旧顺利，这可用电铸法制造可见表面的半模。模具型芯材料通常采用铝或者钢。

使用电镀模具，模具结构如下：在电镀模具上温控管可用小夹具来放置和定位（如果有

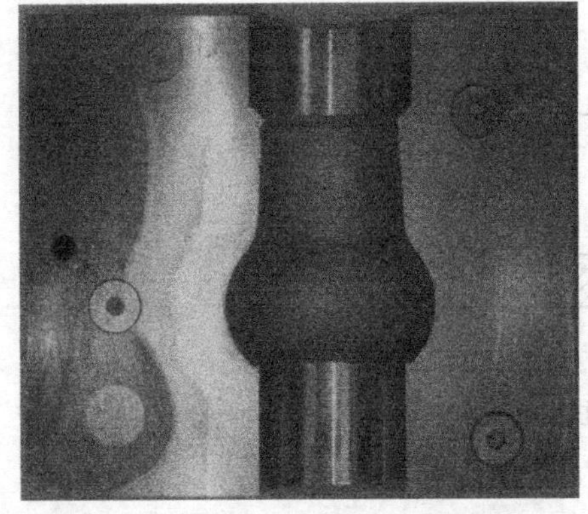

图 4.55 用于生产发泡控制按钮的集成在一个钢模中的电镀模具嵌件

必要），电镀模具依旧放置在阳模上，它的壁厚为4～6mm，与它集成的钢制小嵌件上有凹槽。预制铝或钢框架放置于模具外壳，固定在法兰区。根据设计原理，填充铝的环氧树脂被浇注或压缩。甚至背面填充特殊混凝土（Densit）已被证明是一种非常好的解决方案。在脱模前，力从模型分型面传递到模具上。所以，能够满足与另一个半模配合的要求。对于小型制品，比如控制按钮（见图 4.55），厚壁模具可以直接旋拧到模具的支架上。同样，更小的电镀模具可以背面填充铋合金。

4.3.8.2 聚氨酯喷涂模具

现代汽车内装饰组件以前大多以使用金属箔的阳模热成型工艺进行成型制造。这种工艺很大程度上已被 1.6 节中讲到的搪塑、阴模拉伸技术（模内皮纹）、专利喷涂技术所取代。

在这种喷涂工艺中，预混好的聚氨酯通过机械手被喷涂到调温敞开模具中。模具放置在传送车或转移装置上，然后运到喷涂工位。在较远运输中，喷涂过的聚氨酯材料会发生反应，反应完成之后，搪塑表皮在脱模区域从模具上被取出。搪塑表皮一般的厚度应达 0.8～1.2mm。需要在机械手臂和喷嘴编程中的大量经验来确保达到这点。此外，喷涂模具有较高的要求。在其他方面，需要一个稳定表面温度，例如，65℃±2℃（见图 4.56 和图 4.57）。

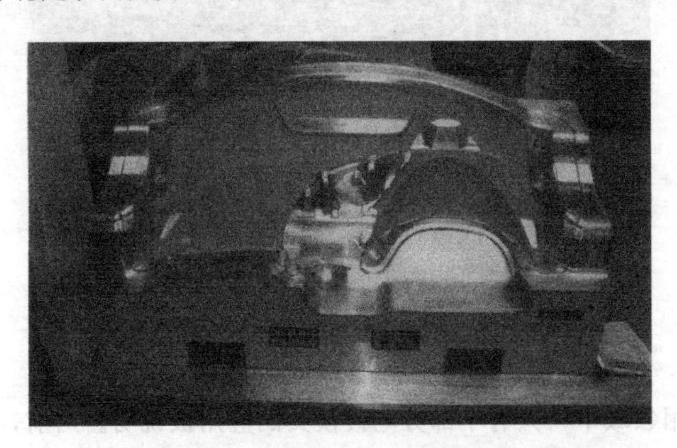

图 4.56 制造仪表板的完整喷涂模具

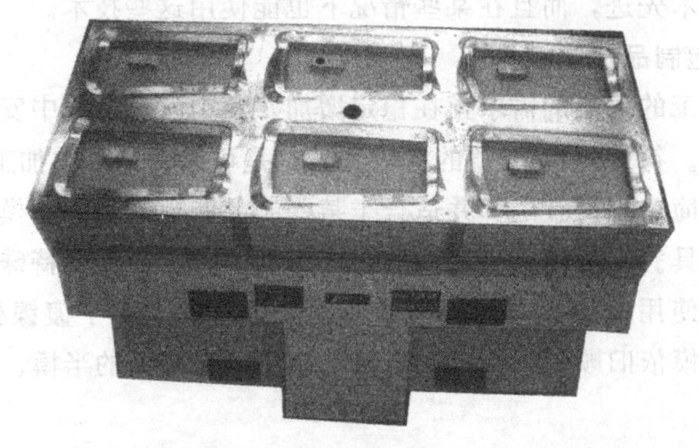

图 4.57 用于制造手套箱盖的六连件喷涂模具

用于喷涂技术的电镀模具的壁厚为5～6mm，一般用硬氨基磺酸镍加铜或硬镍加氨基磺酸镍复合材料进行制造。嵌件被集成在镍或铜层上，并被放置在一个铝或钢制支架上。为了保证所需温度精度，电镀模具背面一般有温控管或电加热装置。选择多路加热和直接将这些加热电路铺设在铜层上是有利的，因为铜是热的良导体，有很好的导热性能。加热系统被嵌入在一个足够厚的填充环氧树脂层中，这种材料可防止热辐射。

经常需要双色搪塑表面。通过设计凹槽来实现颜色分离，可通过模具型腔中的凸起肋板进行显示。通常，这些设计肋板很窄但很高，在制造时需要电镀模具专家具有充分技能。当在搪塑表面喷涂两种颜色时，一个保护膜需要浸入模具型腔中，且密封住设计肋板上的模具部分，即膜的接触压力应该被这一窄肋板吸收。尽管这个过分的要求，但喷涂模具的寿命几乎是无限制的；模具只受到机械手系统的接触损坏。

作为用喷涂方法加工搪塑表面的替代方案，压紧电镀模具也经常被用于加工所谓的铸造表面的合适部件。因此，制造的电镀模具可用于如喷涂工艺，可安置在钢制模座上，用CAD数据进行调整，配有温度控制系统，并可背面铸造。为了补偿偏差，这在一些模型制作步骤中是不可避免的，比如原始模型，硅胶阴模的母模，硅胶阴模2，浴盆模型；电镀阴模数字化然后跟着是，制造铝或钢制模芯，定义间距为0.8～1.2mm，经常因为凹槽而被加工成几部分。

如用所谓的搪塑工艺，用喷涂或浇铸方法制造的搪塑表面，在第二个工作步骤中被镶嵌到背部发泡模具中，并用聚氨酯发泡材料使它背部发泡，然后与托架连接。如果制品的几何形状许可，应该用心设计模具，使其能够喷涂，然后在相同的模具中进行背面发泡或背面注射。

4.3.8.3 航空工业的层压模具

现代航空工业，用芳纶纤维或碳纤维制成的复合材料正快速地应用于大组件的制造中。这就需要合适的设计模具，使它能承受温度可达250℃高压釜的压力，同时保证真空密封。除了钢制或铝制模具之外，由氨基磺酸镍集合钢制嵌件的电镀模具，并安置在移动式管状支架上，已证明非常有效（见图4.58和图4.59）。

阳模的设计尤其重要，因为大型电镀模具常用于航空工业，目前在德国制造的模具壳体可长达9m，宽达3m。由玻纤增强环氧树脂层压板制成的浴盆模型必须设计得非常坚硬，

图4.58 安装在钢架上的飞机发动机罩的电镀模具

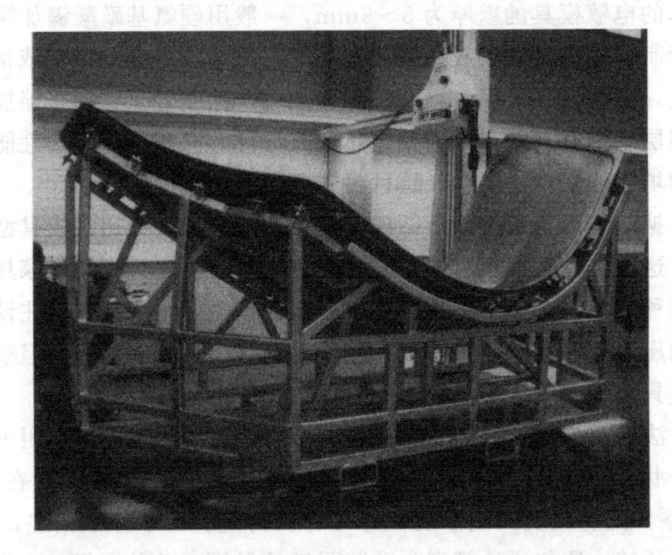

图 4.59 在测量和调整中的直升机整流罩尾部电镀模具

这样在电镀过程中才不会出现尺寸改变。铣削和建模技术的进步再结合新的聚氨酯模具材料，导致浴盆模型可按照CAD数据由无模具材料制造铣削研磨而成。这种制造工艺不仅减少了成本，而且节省了制造时间。

在航空工业模具制造中设计工程师可参考的电镀模具具有下列优势：

① 精确成型和优良的表面光洁度；

② 质量轻，因此容易操作；

③ 薄壁厚要求较低的热能设计；

④ 在高压釜中的热空气可沿模具外壳环绕无尘流动；

⑤ 由于在电镀模具中集成的钢制嵌件或后续焊接螺栓，使用支撑框架可以将扁平电镀模具外壳调整到所需的精度；

⑥ 经常发生在U形组件上的纤维复合材料的“回弹”行为可以通过调整电镀模具到±5mm加以补偿；

⑦ 模具材料制成的模型可以被再次利用复制模具。

图 4.60 生产碳纤维制品的层压模具的复杂轮廓图像

层压模具的种类涵盖了汽车车身零件的制造，这些部件经常是由电镀模具用SMC或RTM工艺来生产的。当使用电镀模具时，可以轻松得到所需表面质量的组件。好的表面质量和成本优势使得利用电镀模具加工碳纤维模具来生产汽车车身零件成为可能（见图 4.60）。用于这一领域的专用镍制电镀模具装配有加热系统，升温可达150℃，被安装在钢架上，用特种混凝土（Densit）背面填充。由于这些材料有相同的热胀系数，通常可以避免因加热和冷却阶段引起的双金属效应，并可以确保车身零件之间的相互配合。当然，在模型和模具设计中应该考虑到膨胀参数。

真空系统经常应用于所谓的 RTM 工艺中。因此模具的负荷很低，电镀模具可以加工得非常轻，即电镀模具安装在钢管支架上且壁厚仅为 3～5mm，比如航空工业中的模具。嵌入控温管路系统，并用 10～15mm 厚的浇铸树脂层压板层包覆。这种模具制造方法非常廉价。它已成功地应用于汽车车身零件的生产。

4.3.9 负冲压深拉工艺（模内皮纹）

除了生产内装饰部件之外，如仪表盘、车门板等，这些产品可由搪塑或喷涂工艺生产，由于成本的原因，这种热成型制品的生产再次变得更为重要。当使用皮纹薄膜时，采用真空将薄膜吸附在一个阳模芯上，在高度拉伸时，薄膜被拉伸，皮纹失去它的光泽度。

当遇到这种有害的影响时，可以使用负冲压深拉工艺。这种情况下，光滑薄膜吸入到阴模轮廓中，并进入最后的深拉操作阶段，在模具表面上的皮纹结构被传递到深拉制品表面。模具需要具有真空能力。根据日本的研发技术，目前能够生产镍制微孔电镀模具，微孔直径的范围为 0.1～0.2mm。这种微孔分布在整个模具表面，由于大量的微孔且在制品上无有害的印记，这种微孔可保证完美的深拉和皮纹冲压效果（见图 4.61 和图 4.62）。

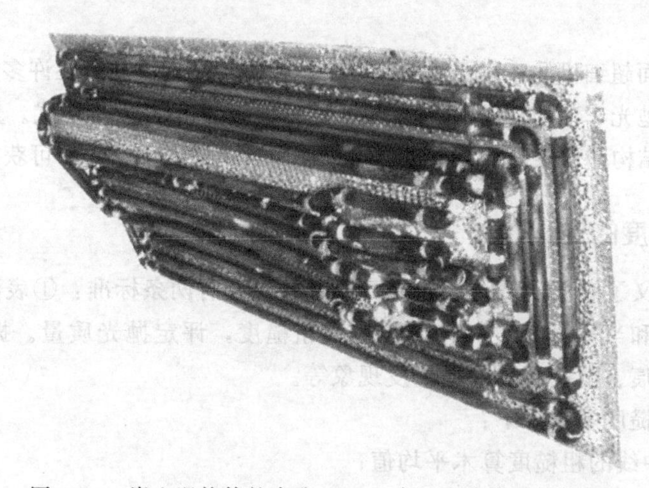

图 4.61 嵌入温控管的多孔 TPN（专用多孔镍）外壳背部

图 4.62 带有模腔视图的生产仪表盘的负深拉模具

电镀模具一般安装在钢或铝架上，且以适合真空的树脂为背面材料，可用在传统的热成型机器上。

以前，不可能生产有不同皮纹结构的深拉制品。通过新的 TPN（专用多孔镍）成型技术，使得制造相应的镍制模具成为可能。特此，使用不同皮纹结构、缝针线、应用等来创造模具是很有必要的。

负冲压深拉工艺可以在短的循环时间内有高的生产量。此外，采用镍制模具外壳制造出的深拉模具，在多数情况下可与接下来的操作结合：

① 热成型和层压；

② 热成型和注射成型（或压塑成型）；

③ 热成型和聚氨酯背面发泡。

这个领域的研发仍在继续。可以猜想，将要发现的新方法可与制品和模具相匹配，这种方法应该是既廉价，又具有吸引力。

4.4 模具制造中的抛光技术

(C. Steiner)

4.4.1 概述

模具制造中表面超细机加工主要是使用人工操作机器来完成的。在许多情况下，当员工能胜任和配置良好的抛光车间时，这种方法仍然是一种最经济的工作方式。然而，在连续生产中，对于简单表面结构和低表面质量要求，可以使用自动抛光工艺，并可获得适当的质量。

4.4.2 表面粗糙度的定义

表面粗糙度定义了表面质量。模具表面的评估至少有两条标准：①表面的几何精度，即检查和测量平面度和半径的精度；②测量表面粗糙度，评定抛光质量。抛光常发生抛光缺陷，诸如划痕、凹痕、微孔、针眼、橘皮现象等。

惯用的表面粗糙度参数如下：

① R_a，偏离中线的粗糙度算术平均值；

② R_z，五个单独样本长度从波峰到波谷的平均间距；

③ R_{max}，在测量长度内的单个最大粗糙度；

④ R_t，在测量长度的波峰与波谷之间高度的最大差值。

图 4.63 给出了参数 R_{max} 的示意表述。

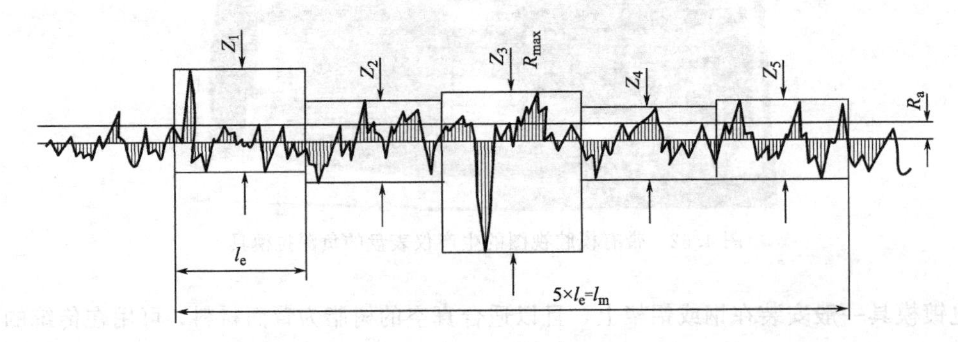

图 4.63 特征值 R_{max}

例如，借助表面粗糙度试验仪器的表面扫描可确定所有的数值。根据新的术语，表面粗糙度可用特征值 R_{max} 定义。为了在钢制模具的制造中满足精度的要求，应该使用 R_{max} 突出它的优点。

4.4.3 抛光技术基础

只能通过合理连续的抛光过程才能获得高质量的表面，逐步减小表面粗糙度，例如：

① 平面可用铣、磨、精磨、光滑精磨、抛光；

② 圆柱外表面可用车、磨、精磨、光滑精磨、抛光；

③ 圆柱内表面可用钻孔、铰、坐标镗、珩磨、精磨、光滑精磨、抛光。

表 4.2 给出了用各种机加工方法可达到表面粗糙深度的范围。

表 4.2 用金属切削刀具能获得的粗糙深度

机加工方法	粗糙深度范围(μm)，DIN 4766 标准																						
	0.04	0.06	0.10	0.16	0.25	0.40	0.63	1.00	1.60	2.50	4.00	6.30	10	16	25	40	63	100	160	250	400	630	1000
纵向车																							
平面车																							
钻孔																							
镗孔																							
铰																							
圆柱铣																							
平面铣																							
锉																							
圆周纵向磨																							
圆周平面磨																							
平面磨																							
抛光研磨																							
超细磨(珩磨)																							
圆柱精磨																							
平面精磨																							
光滑精磨																							
抛光																							
磨光																							
电火花加工																							

表 4.3 给出了在模具制造中精加工表面应该遵循的机加工步骤。

表 4.3 显示了根据被加工的表面形状使用不同抛光设备，采用的不同加工方法，以及在每种情况下可达到的表面质量。

如果抛开某些机加工工艺，可以说，可实现的表面质量受限于每个加工过程。横条左侧斜边指向表示，用大多数加工过程在特殊条件下可获得较好的质量和较低的表面粗糙度。尽管用当今的技术可实现最轻微的粗糙深度，如腐蚀或当用高频轴加工时，但抛光工艺的规则仍然保持有效。仅有的结果是：目前，与较早的工艺相比，更细的粒度开始用于这一精密机加工过程。

表 4.3　精密加工模具表面的加工方法

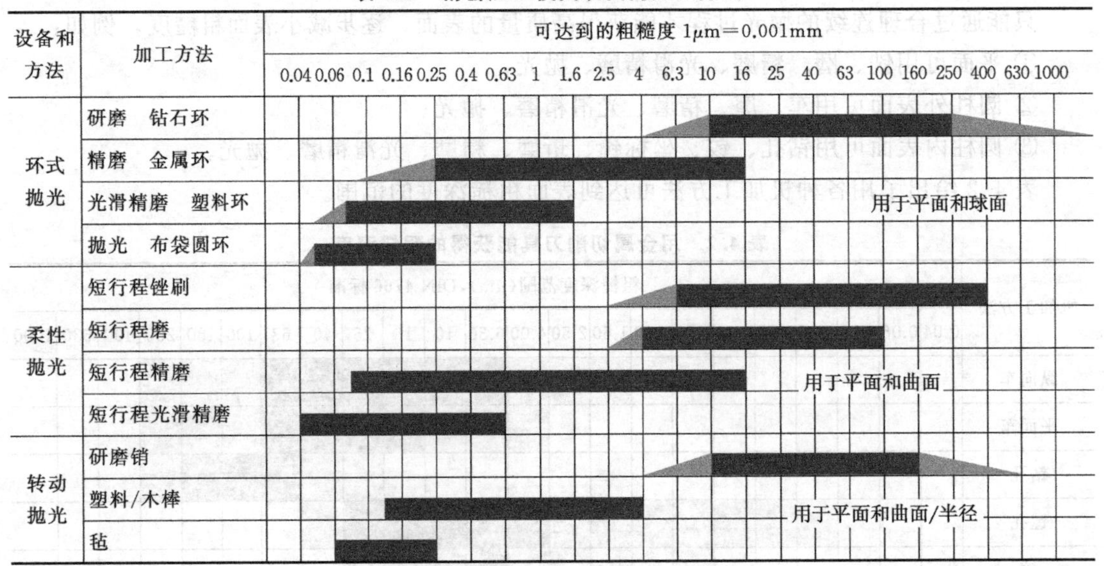

设备和方法	加工方法	可达到的粗糙度 1μm＝0.001mm																						
		0.04	0.06	0.1	0.16	0.25	0.4	0.63	1	1.6	2.5	4	6.3	10	16	25	40	63	100	160	250	400	630	1000
环式抛光	研磨　钻石环																							
	精磨　金属环																							
	光滑精磨　塑料环																				用于平面和球面			
	抛光　布袋圆环																							
柔性抛光	短行程锉刷																							
	短行程磨																							
	短行程精磨																		用于平面和曲面					
	短行程光滑精磨																							
转动抛光	研磨销																							
	塑料/木棒																		用于平面和曲面/半径					
	毡																							

4.4.4　抛光行为的影响因素

不同等级钢材的可抛光性通常取决于非金属杂质，由于硬度差，它们对抛光质量起到负面影响。特别是硬质氧化物以及碳化物，它们在抛光时会脱离表面，这将导致很差的表面质量。因此，钢材的选择是影响抛光质量的决定性因素。因而，在专门再熔和排气或烧结过程中制造的材料，因其具有良好的均匀性、高纯度和低偏析度，使用日益增加。

在这种状态下，当加工时铁素体结构组分被破坏。软如铜的铁素体牢牢地停留在平板的凹凸面里，产生了刀痕；甚至会出现在锉刀的排屑槽中。

当机加工钢材时，应该注意：也会采用这种结构中加工这样的铁素体，即铁素体可被切割、成型、抛光。因此，不均匀的表面可增加将使用的软质刀具的寿命，这一原理始终有效。

尽管可通过机器加工得到更精确的表面形状，但可获得的粗糙程度有限。因此，必须选择连续的机加工工艺。

4.4.5　抛光技术

对于精加工的实际加工工艺，其加工步骤为：

① 精磨；

② 光滑精磨；

③ 抛光。

这些方法仅用于表面粗糙度值 R_{max} 为 10μm，甚至更小的粗糙度 R_{max} 为 2～5μm。

4.4.5.1 超精加工（抛光）表面准备校平技术

由于在模具制造中常常不可能仅用机加工获得 2～5μm R_{max} 的粗糙度，因此，在超精加工之前，必须采取某些预备措施。一种这样的措施是电火花腐蚀加工。

校平平面最快的方法是使用一种带有成角机头的烧结金刚砂盘（见图 4.64）。

根据被加工表面的面积，选择直径为 8mm、12mm 或 20mm 圆形金刚砂盘，在无油表面，用适中的压力移动该砂盘。在第一次使用之前，圆形金刚石工具一定要磨快，然后要不时地把它重新磨快。最有效的磨快方法是用粒度为 80～100 的砂纸。一个圆形金刚砂盘能在 1min 内校平约 10cm^2 的电火花腐蚀表面，表面粗糙度能达到约 5μm。第二步，使用某种液体润滑剂（精磨液），能获得小于 2μm 的粗糙度。在模具制造中，对于一般的表面，几乎没有任何其他更快、更有效的方法。

图 4.64 用烧结金刚砂盘和成角机头的研磨

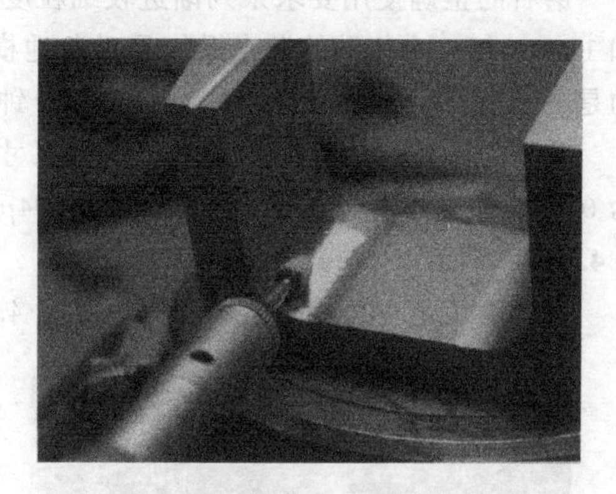

图 4.65 使用氧化铝研磨杆和研磨手柄加工小半径曲面

当修理或仿形铣轮廓时，如果曲面半径不是太小和砂盘被安装在万向节上，这些砂盘甚至能成功地用于加工任何弯曲的表面。

除了模腔或表面初始状态之外，它的形状也决定了相应模具的使用（见图 4.65）。

根据初始状态，应该使用高速转轴的铣刀在研磨砂上校正任何曲面。尤其是处理有色金属时，也可使用橡胶黏合的研磨砂轮。此类橡胶黏合的研磨砂轮也广泛用于玻璃模具制造（见图 4.66）。

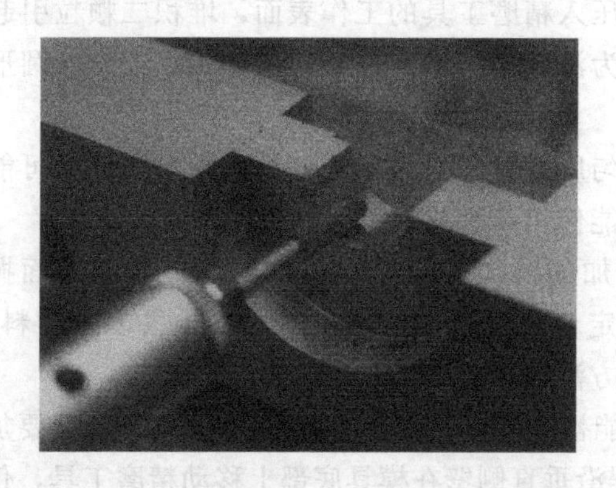

图 4.66 用橡胶黏合氧化铝的研磨盘加工内凹曲面

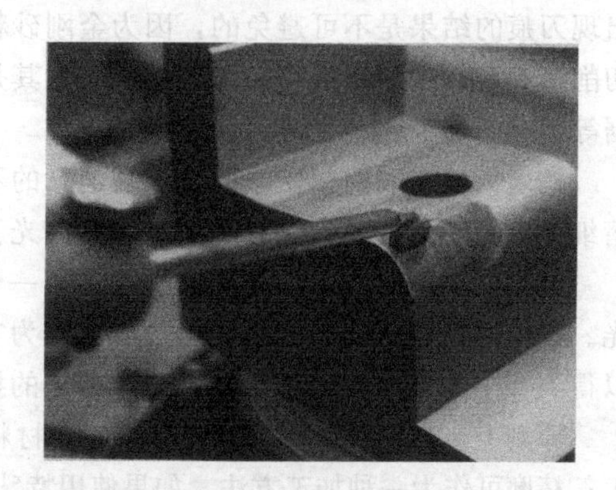

图 4.67 用镗磨油石加工外径

当选用旋转研磨杆工作时，最重要的特性是工具的绝对同心。用金刚砂包敷的磨石能够很容易地达到这样的效果。此类工具所选择的速度范围不应该太高，15000r/min 就足够了，更高的速度可能导致凹陷。

用旋转研磨杆、铣刀等不可能生产平面，例如，在使用这样的工具后，必须紧接着用砂石锉（镗磨油石）或陶瓷纤维砂石锉进行研磨。这样的磨石广泛用于不易接触的退刀槽和复杂的型腔中。

此外，软质表面的镗磨油石能快速调整到轮廓的形状，而不会破碎油石。镗磨油石的选择依赖于模具材料。软材料黏合的磨石用于退火钢，硬材料黏合的磨石用于淬火钢。最常用的镗磨油石制造材料为氧化铝砂、氧化陶瓷研磨石或碳化硅砂等。与悬浮液配合使用时，质量应该是最佳的。

磨石的正确使用要求系列渐进较细粒度，例如，180、240、320、400、600、800、1000和1200，每一个相继的抛光操作是对角地横过上次操作的方向。工作行程不应太长，最佳的是一个1.5～3.0mm的工作行程，每分钟5000～7000次（见图4.67）。

为了得到更好的表面质量和更高的尺寸精度，例如，镜面表面，其最大粗糙深度R_{max}为0.1μm，或为了光学目的，R_{max}为0.04μm是必要的，标准钢表面校平必须进行精磨。

4.4.5.2 精磨

在精磨工艺中可使用金属工具（见图4.68）。这些工具无回弹性，并将使精磨颗粒能在工件表面上保持精确的距离。

图4.68 当使用锉刀柄往返移动时，黄铜体在工件表面上用金刚砂研膏无压力地移动

在这一过程中，精磨颗粒在被抛光的表面上滚动，不能有切削动作。因此，进行精磨需要有液体，不能有任何压力。这种液体确保颗粒不会互相研磨，并影响颗粒间的距离。从相关工业中的实践证明，在精磨中施加的压力不应该明显超过300N/cm^2。因此，抛光者必须确保工具仅接触金刚砂，并使砂砾以这种运动方式滚动。在模具制造中，经常使用几平方毫米的精磨工具，因此，基于每个金刚砂的尖角，几千N/cm^{2}的压力被施加在微观表面上。如果工具上的压力太高，出现刀痕的结果是不可避免的，因为金刚砂粒被压入精磨工具的工作表面，堆积二颗粒引起切削行为。产生的切削碎片无法移走，尤其是因为没有排削槽，如铣刀、钻头、铰刀、圆形锯等引起的那样。

精度依赖于表面初始粗糙度和被消除的不均匀度的量。这表示当使用机床时应该尽可能精细地涂平表面，因为没有手工精磨和抛光工具能像机床那样精确和快捷。

特别是在EDM加工狭槽的过程中，一个附加的精加工电极可帮助得到最佳的表面抛光。速度也依赖于初始的表面粗糙度，因为它决定着通过不同的加工方法可除去多少材料，以得到最小的表面粗糙度，并可通过后来的抛光方法校平。

原则上，当切割工具或刀刃移动时，材料才能被去除。例如，假定一个箱体模具需要加工；精磨可作为一种加工方法。如果使用特殊行程沿垂直侧壁在模具底部上移动精磨工具，仅有工具接触表面下的精磨颗粒将起作用。在行程移动的偏转范围内，精磨颗粒仅能间断地起作用，因此只有少量的材料被移走。因此，不可避免地造成表面的不均匀性（见图 4.69）。

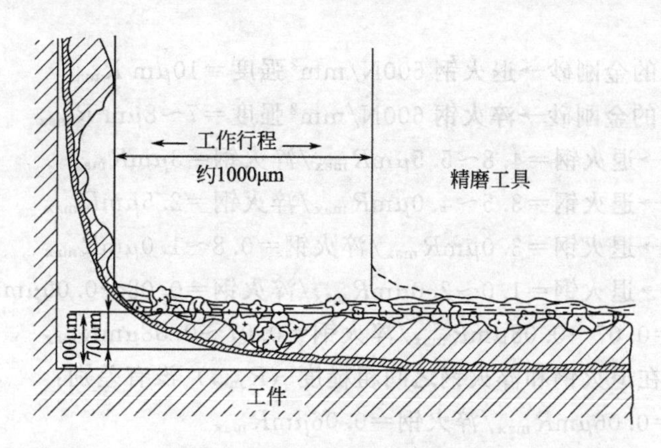

图 4.69　在模具中使用松散金刚砂和锉刀柄除料示意图

一般用可摆动的方形、三角形精磨砂砾抛光锐利的边角。

必须注意到，绝对不可能对模具壁进行抛光，因为精磨颗粒不可能在模具壁上滚动和去除材料。

对于尖角的清晰外观是非常重要的情况，设计者必须提供分段模具。

金刚砂是最重要的抛光工具之一。三个金刚砂的主要来源为：

① 天然破碎的金刚砂；

② 由美国通用电气公司开发的工艺生产的单晶体合成金刚砂；

③ 由美国杜邦公司开发的工艺生产的多晶体合成金刚砂。

粒度为 40μm、30μm、15μm 和 10μm 的金刚砂研膏是由多晶体合成金刚砂构成的，可用于精磨较粗糙的表面。许多小角边使得这些砂粒适用于需要大量去除材料的粗加工。由于其非常好的校平性能，单晶体金刚砂应该用于粒度为 7μm、5μm、3μm、1μm 和更细的金刚砂。在研膏中使用的天然破碎的金刚砂可用于硬金属的抛光。

在金刚砂研膏中，不仅所使用的金刚砂类型很关键，金刚砂的浓度和尤其是粒度大小也很重要。

金刚砂研膏的颗粒大小分布非常重要，其中也含有较小的颗粒。这些颗粒将导致尺寸上的变化，并允许小型精磨工具使用正常颗粒，但不向前推动它们（见图 4.70 中的例子）。

用各种金刚砂所能达到的粗糙度值如下。

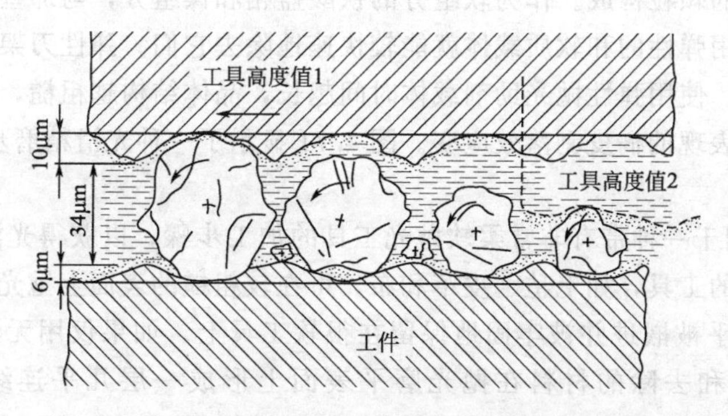

图 4.70　金刚砂滚动行为和使用混合颗粒时的变化示意

金刚砂——钢的质量

基本准则：

50μm 的金刚砂→退火钢 600N/mm^{2}强度＝10μm R_{max}

50μm 的金刚砂→淬火钢 600N/mm^{2}强度＝7～8μm R_{max}

30μm→退火钢＝4.8～5.5μmR_{max}/淬火钢＝3μmR_{max}

20μm→退火钢＝3.5～4.0μmR_{max}/淬火钢＝2.5μmR_{max}

15μm→退火钢＝3.0μmR_{max}/淬火钢＝0.8～1.0μmR_{max}

10μm→退火钢＝1.0～2.0μmR_{max}/淬火钢＝0.08～0.09μmR_{max}

7μm→退火钢＝0.07～0.08μmR_{max}/淬火钢＝0.07～0.08μmR_{max}

从 7μm 开始，在退火钢和淬火钢之间粗糙度（R_{max}）没有差别：

3μm→退火钢＝0.06μmR_{max}/淬火钢＝0.06μmR_{max}

1μm→退火钢＝0.04μmR_{max}/淬火钢＝0.04μmR_{max}

如上所示，应该用依次细化的砂粒，以尽可能快的速率进行逐渐抛光表面是绝对必要的。

在粒度为 15μm 的金刚砂和表面粗糙度值为 1～3μm（根据钢的种类）与粒度为 7μm 的金刚砂和表面粗糙度值为 0.07～0.08μm 的如此大的差别，相当清楚地说明为什么中间步骤不能跳过或忽略。这种情况（如上所示）不仅适用于 10μm 实例中所描述的情况，也适用于在 15μm 和 7μm 之间的金刚砂研膏的情况。

在各个步骤之间必须保持最高的清洁度。

在改变每种颗粒后，清洗过程也必须洗手。

下列叙述有助于对精磨更好的理解：

“当使用金属工具结合金刚砂研膏和液体时，这种方法应该称为 LAPPING。”

通过在精磨中滚动的金刚砂和破碎的颗粒，当用小至 1μm 的金刚砂进行精磨时，表面保持无光泽。如果需要表面既有精度也要光泽的话，将需要采取光滑精磨工艺。

4.4.5.3 光滑精磨

下一个加工步骤是光滑精磨，这个过程中使用弹性工具，诸如木头、塑料、硬纤维、橡胶等。在光滑精磨中，金刚砂颗粒通过有意施压压入到模具表面。

不使用精磨液体，即这是一种干磨工艺。金刚砂颗粒为弹性的，可用它的内凹刀刃磨平表面。除去的材料量有限，表面的凹坑只能轻微磨平。用这种加工方法，甚至使用较粗砂粒，也可以得到良好的表面光泽。然而，砂粒越粗，表面微观结构就越差。这是因为钢的晶体结构由不同硬度的颗粒构成。作为软组分的铁酸盐相和镍组分，与那些诸如碳化铬和渗碳体等硬组分相比，用弹性的和软质载体就能较快速地除去它们。弹性刀架避免硬颗粒，而洗去表面较软的组分。使用弹性抛光助剂载体时间越长，晶体结构越粗糙，过度抛光的风险就越大，也被称为其表现的橘皮剥落效应变。图 4.71 显示了一种光滑精磨步骤。

4.4.5.4 抛光

“抛光”术语用于一种带有非常柔软抛光工具的加工步骤，以获得光泽表面，如图 4.72 所示。用非常柔软的工具，如毛毡、皮革和布，可在较粗糙的表面上抛光出光滑表面。全尺寸的金刚砂颗粒几乎被嵌进并被牢固地保留在很软工具上。如果仅用无液体的研膏进行抛光，由研膏、颗粒和去除的材料在抛光磨平表面上形成一层几乎连续的、有光泽的深色层。

图 4.71 使用成角手柄带压而无稀释液操作，可万向转动的塑料盘抛光表面

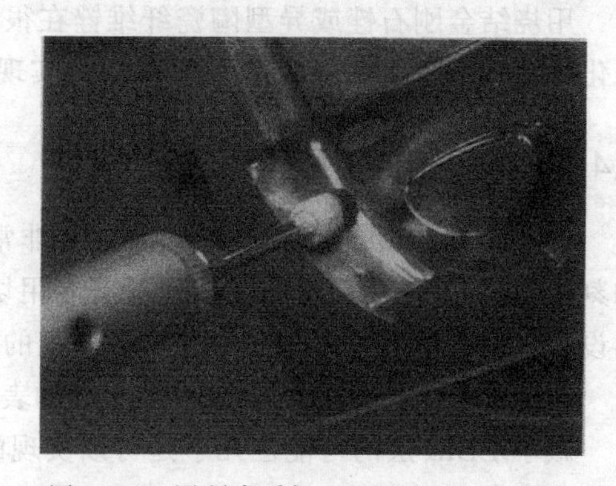

图 4.72 用研磨手柄和毛毡抛光一个圆角

一般而言，晶体表面抛光时间越长，它越粗糙。因此，如果以必要的维护和清理手段完成抛光的所有准备工作，在创造高质量表面抛光中，抛光应该总是最短的操作。

传统的精加工方法已经不再有意识地被提及，即使用金刚砂布和金刚砂纸也一样。

金刚砂布有回弹性，因而不适用于超精抛光，原因先前已经解释过。金刚砂纸比较稳定。在任何情况下，存在的危险是，颗粒不能被牢固地控制住，因此易于脱离、划伤表面、留下深深的擦痕。在处理薄边和窄小的狭槽时，在传统的机加工方法中，金刚砂纸是一种有效的工具。然而，选择专用的金刚砂纸，与砂带固定架和研磨手柄一起使用，形成一种有用的工具。必须采用短行程进行仔细操作，以避免形成刀痕（见图 4.73）。

图 4.73 采用防水金刚砂纸抛光狭槽的砂带固定架

4.4.6 超声波抛光

超声波精磨和抛光机器可作为易操作、高效、经济的设备（见图 4.74），可用于很小表面、杆和狭缝的超细抛光。

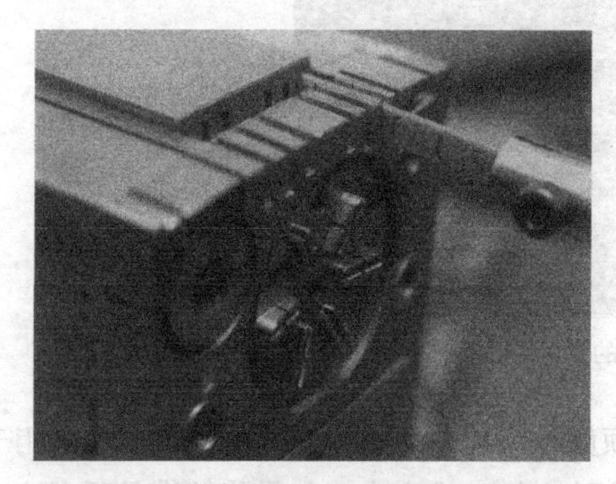

图 4.74 使用陶瓷纤维锉和超声波技术手工抛光轮廓

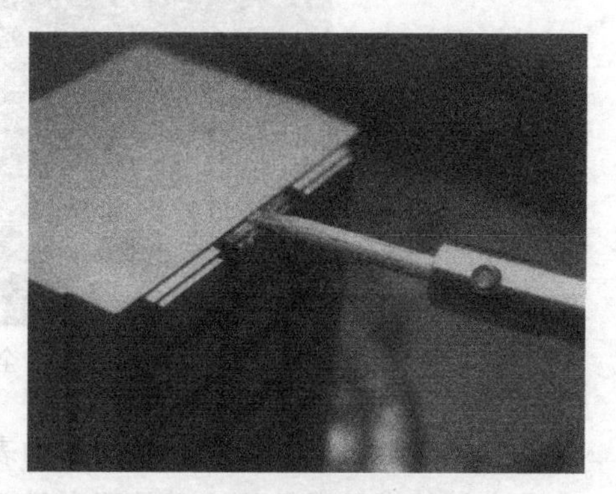

图 4.75 用木棒和金刚砂研膏，结合超声波技术抛光表面

用烧结金刚石锉或异型陶瓷纤维锉在很短时间内预备表面。然后，无压精磨，然后再用硬化纤维和木头（见图 4.75）稍带压力实现能产生高光泽表面的光滑精磨。

4.4.7 电火花加工/光泽表面的腐蚀

近几年，EDM 技术的巨大进步已经非常有助于超细抛光和模具制造。与轨道技术结合的刻模 EDM、使用石墨电极以及配有专用切割系统的线切割、采用精加工电极和适当的机器设置，现在能够生产出只有几个微米级的表面粗糙度值。

对于所有级别的钢是否能够得到极佳的表面质量，具有极小熔融渗透的电火花层仍有疑问。

减小 EDM 层的可能性几乎是可以实现的。在钢材中总是出现的杂质或合金元素将在钢微结构中导致不同的熔点。这导致表面不规则的去除材料。因此，几乎一直是碳化物产生很深的烧痕。

在个别情况下，必须找出现有 EDM 能力的利用程度、制造精加工电极的成本和超细抛光所需的时间之间的折中方案。

熟练的抛光操作员可以节省电火花加工能力。抛光场地也应该考虑在成本核算中。对于模具制造中经济的超细抛光，对工人应该进行相应的培训。此外，抛光场地应该适应操作的需要。一个合适的抛光场地可见图 4.76。

图 4.76 全套装配的抛光场地

设备应能满足无疲劳操作，被加工的表面必须能容易地、快速地送入至最佳位置。用于加工步骤之间的模具嵌件的清理的清水供应也应该计入加工成本中。如果能够满足所有这些条件，抛光操作者就能实现高质量抛光的要求。

4.5 热处理和表面处理技术

(P. Vetter)

4.5.1 概述

关于塑料成型的竞争压力和持续增长的需求需要不断创新高级的模具结构。正确的热处理和表面处理策略在确定完整模具的质量和效率方面及国际竞争中能起到重要作用。高等级塑料模具钢和众多可利用的表面精加工选择使得工具和模具制造商能够确定钢材和涂层的最佳组合，可用于每个项目中，特别是在制造新模具的情况下，应咨询钢材制造商、表面处理承包商、塑料供应商以及塑料加工商。因为所选模具钢的性能是选择合适表面精加工工艺时最重要的因素——对于已经使用的模具和新模具而言——这一章节首先讨论了主要塑料模具钢（它们已纳入 ISO 4975 标准[1]），以及所需的热处理。然后描述了在工具和模具制造中目前通常使用的表面精加工工艺，以及这些工艺的优缺点，以便能选出最合适的工艺。

4.5.2 塑料模具钢的热处理

在机加工技术上的不断改进（HSC 铣削技术、硬涂层可转位嵌件等）现在能够在很多情况中使用预淬火模具钢。这一发展趋势特别是基于在塑料模具制造中的增长的时间和成本压力。图 4.77 展示了通过使用预淬火工具钢在用于塑料加工的工具和模具制造中如何缩短加工路径。

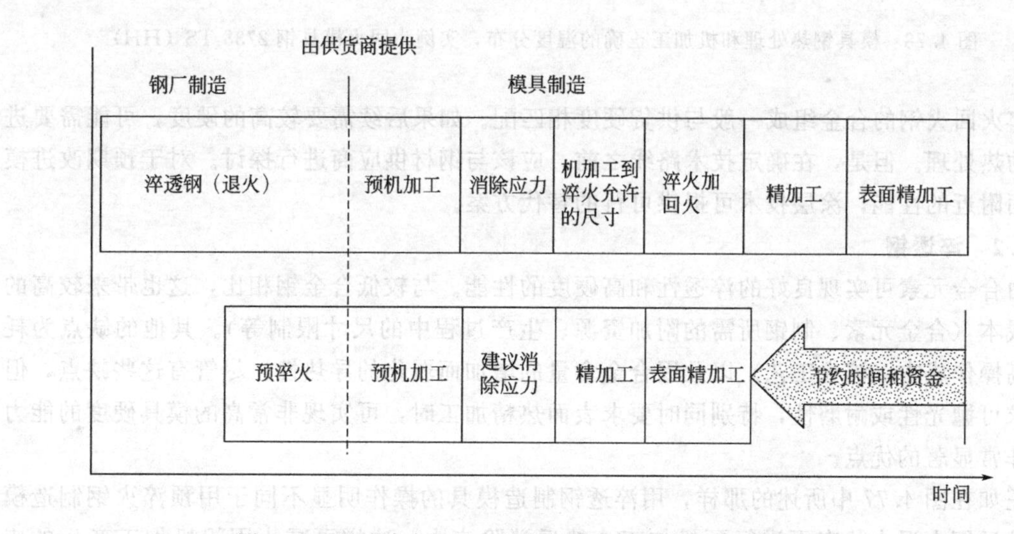

图 4.77 通过淬火加回火的塑料模具钢可节约的时间及成本

为了满足特殊的需要，例如，工具和模具必须满足功能性性能，如耐磨性、防腐性、或高硬度结合适当的韧性，一系列特种钢可用于这些特殊的准则，其中某些为高合金钢。根据这些钢种类，这些钢种在退火状态下经过预机加工后，可能需要复杂程度不同的热处理。

4.5.2.1 淬火回火塑料模具钢

根据钢的种类，库房供货的预淬火塑料模具钢表面硬度可达 44HRC，除了需要进行的消除应力之外，可直接被机加工到模具的最终尺寸，而无需其他的热处理。这种方法节省时间和资金，并可显著地将表面淬火过程带来的失败（改变尺寸和形状，或破裂）的风险降到最低。如果钢坯的切削量较大和/或模具结构复杂时，在预机加工之后，表面热涂层已经完成，或后续需要附加的焊接工作，在这种情况下，消除应力的温度可低于回火温度 40℃左右。因机加工产生的内应力可能引起尺寸和形状上的改变。图 4.78 给出了预淬火塑料模具钢的热处理和机加工的适用的操作程序。

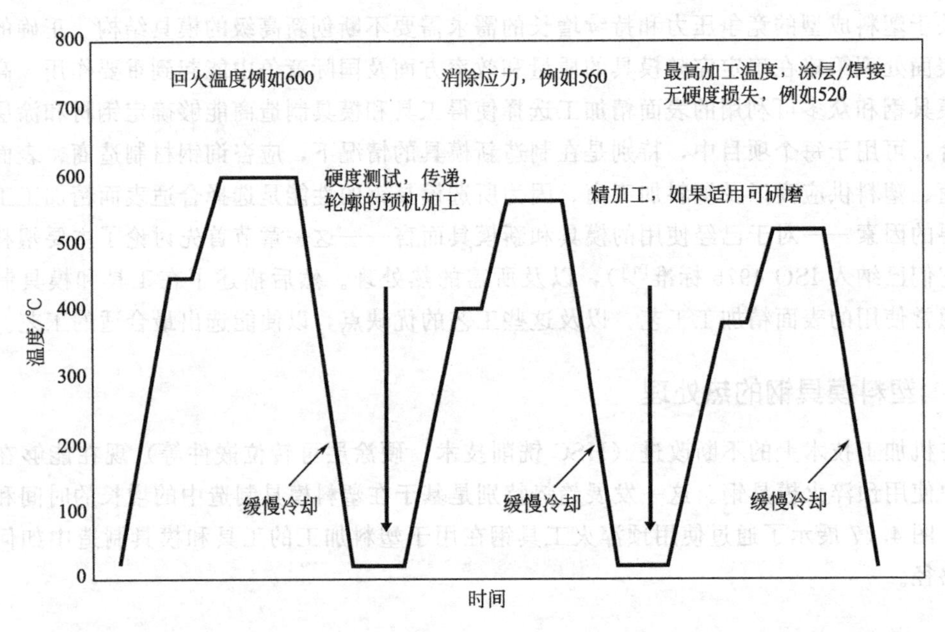

图 4.78　模具钢热处理和机加工正确的温度分布，实例为回火模具钢 2738 TS（HH）

淬火回火钢的合金组成一般与供货硬度相匹配。如果后续需要较高的硬度，可能需要进一步的热处理。但是，在确定技术路线之前，应该与钢材供应商进行探讨。对于预期改进模具表面附近的性能，涂层技术可提供可行的替代方案。

4.5.2.2　淬透钢

由合金元素可实现良好的淬透性和高硬度的性能。与较低合金钢相比，这也带来较高的制钢成本（合金元素、制钢所需的附加资源、生产过程中的尺寸限制等）。其他的缺点为耗时、高操作成本（淬火工艺）以及因合金含量的增加而弱化的导热性。尽管有这些缺点，但在要求可抛光性或耐磨性，特别同时要求表面热精加工时，可实现非常高的模具硬度的能力是其非常显著的优点。

正如在图 4.77 中所述的那样，用淬透钢制造模具的操作明显不同于用预淬火钢制造模具。淬透钢在退火状态下进行预机加工，然后消除应力。这样可减小因粗机加工产生的应力。接着进行对淬火表面进行进一步机加工。由于淬火过程中可能引起的尺寸和形状变化（依赖的因素如材料、微结构中的不同的网格结构、模具形状、质量分布以及热处理工艺等），所允许必要的制造加工余量必须符合热处理承包商的要求。这也是确定适应热处理要求的设计所必需的，以便防止形状上附加的变化或甚至引起的应力裂纹失效。尽量避免尖角过渡，尽可能地改用大圆角或倒角过渡。不均匀的壁厚、较大的体积差、尚未充分去除的锻造表面以及粗糙表面纹理都将增加失效的风险。有关这方面的详细信息可参考相关材料手册，如钢铁材料手册 SEW 220[2]。

图 4.79 给出了有关淬火、回火和表面热涂层可能性的热处理流程。

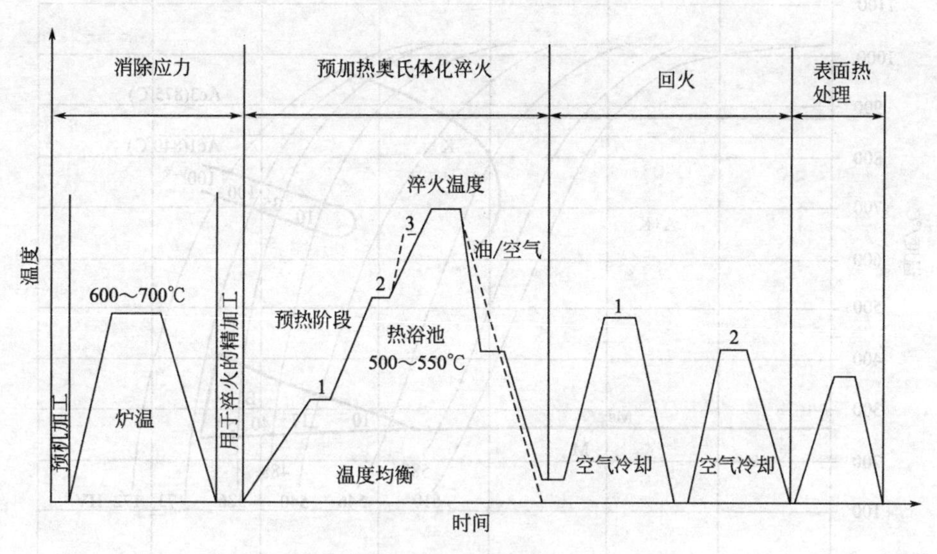

图 4.79 高合金塑料模具钢的淬火和回火

对于淬火和后续的回火操作，热处理承包商应该参考钢材制造商在相关材料数据手册中给出的建议。这些热处理建议的依据是所使用的钢材化学组分。特种钢连续等温时间-温度-转变曲线（TTT），如图 4.80 所示，描述了钢材微结构的转变行为[3]。

模具钢主要在真空炉内淬火处理（见图 4.81）。

可用炉腔内的热电偶和如果可能也可用在模具上或模具内的固定或可移动热电偶测量真空炉内的升温过程。在加热过程中至少需要两个等温阶段，以避免应力开裂发生。这种方法可调节模具表面和模芯的温度梯度。对于淬火温度≥900℃的钢材，需要有 3 个等温阶段约为 400℃、650℃和 850℃。当达到奥氏体化温度时，必须考虑有足够长的保温时间（见材料数据表）用于转变过程（例如，溶解碳化物）。冷却速率取决于真空炉内的换热器能力以及气体压力，可根据 TTT 图设置，以得到尽可能均匀的马氏体微结构。

根据钢材，冷却可以两种不同的方式进行。除了连续冷却外，也可以选择“热浴模拟”（见图 4.82）。

这一过程模拟了盐池中淬火的热浴方法，其优点为在奥氏体微结构状态下材料表面和芯部发生的温度相同［例如，No. 1.2343 钢（X37CrMoV5-1）在约 550℃时］。这种方法将应力差及由此引起的尺寸和形状变化的风险及破裂的损坏降到最低。

用这两种冷却工艺，应确保对称的气体急冷，以避免不均衡的冷却情况的发生。冷却过程应该在 150℃和最小 100℃之间的等温阶段上结束。较低的温度可增加应力状态，并因此增加了失效的风险。等温阶段后立即进行回火处理。此后，马氏体从四角体晶格结构转变为立方体马氏体。内部应力得到消除。随着回火温度的增加，韧性增加，但硬度下降。根据钢材的品种，至少应该有两次回火循环，其温度尽可能地相近。特别是对高合金钢淬火时，有保留的奥氏体成分会残留在马氏体结构中，通过反复的回火，应该将这种情况转化和回火，以达到均匀的性能。对于某些钢材的情况，在淬火处理和一次回火处理后，也许建议采用至少两次回火循环的低温处理，以便转变残余的奥氏体。所需的回火温度范围取决于钢材的化

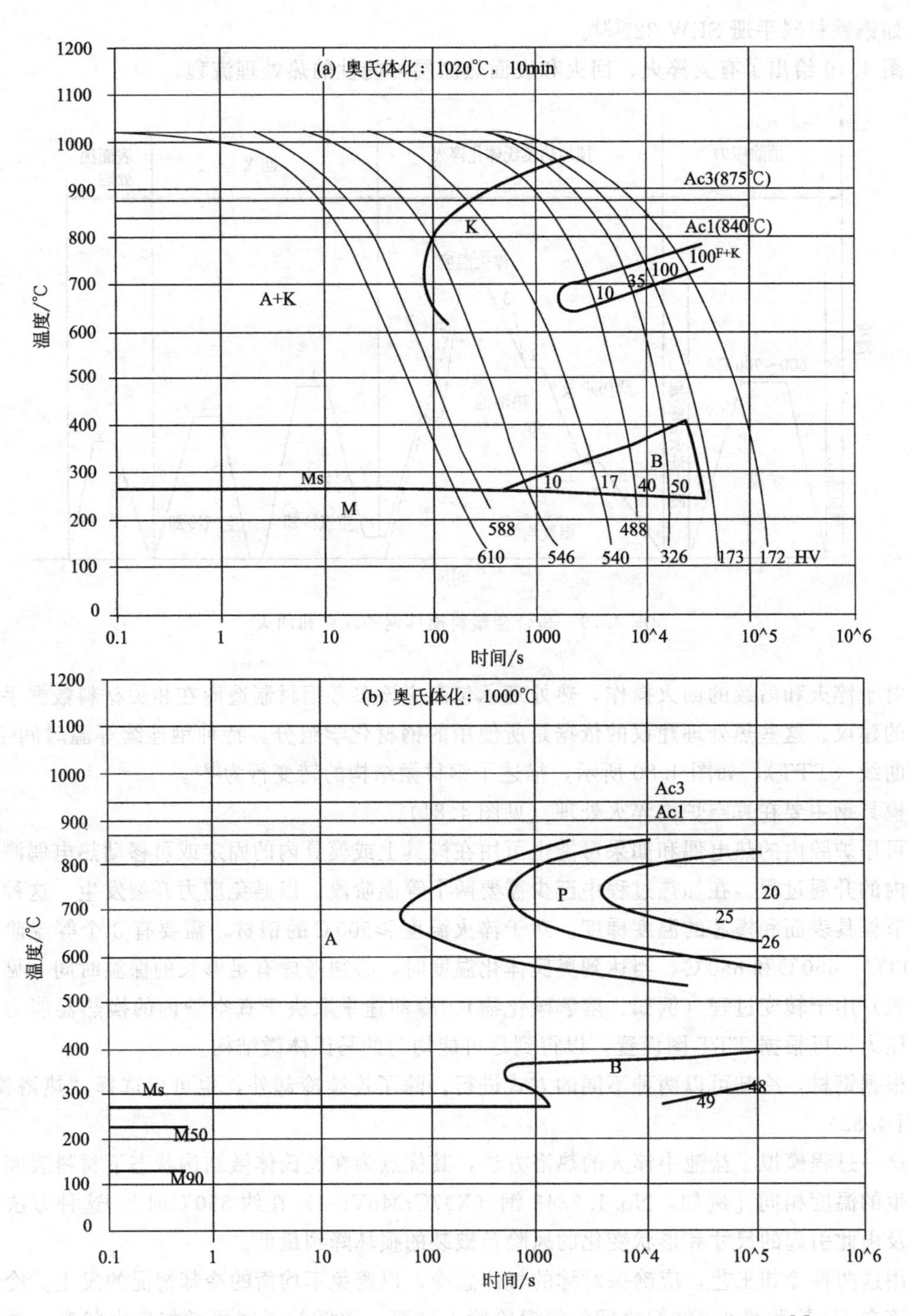

图 4.80 No. 1.2343 钢（X37CrMoV5-1）的连续等温时间-温度-转变曲线[4]

学成分和所要求的硬度。图 4.83 举例比较了钢号 1.2343（X37CrMoV5-1）和 1.2767（45NiCrMo16）的回火曲线，图中清楚地显示出这两种材料回火行为中的主要差异。这两种钢材可获得较高的硬度，如 50HRC，但回火温度不同。作为热作模具钢，1.2343（X37CrMoV5-1）具有很高的热阻，可允许后续的热表面涂层处理，例如在 510℃下的气体渗氮处理，而不会损失硬度。

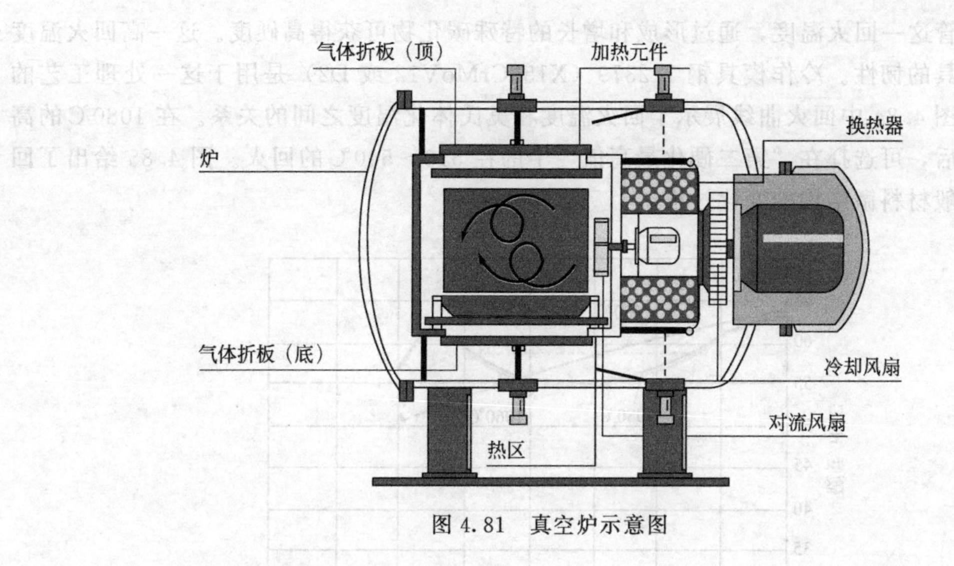

图 4.81 真空炉示意图

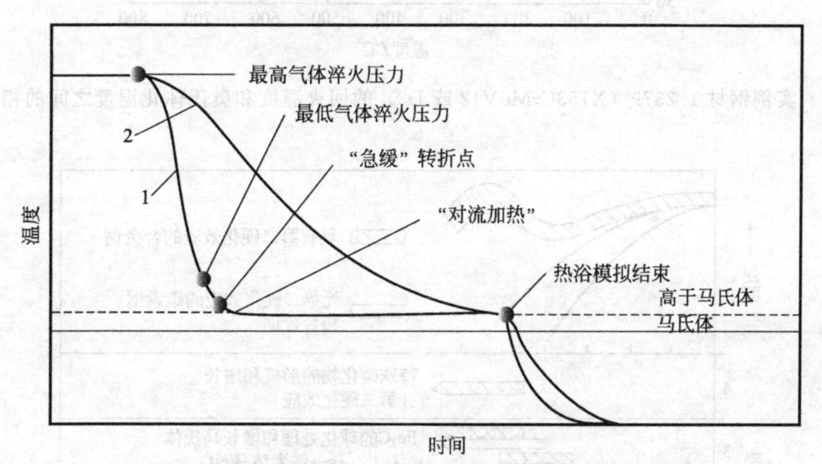

图 4.82 使用真空淬火中的热浴模拟可使尺寸和形状变化最小

1—表面温度；2—芯部温度

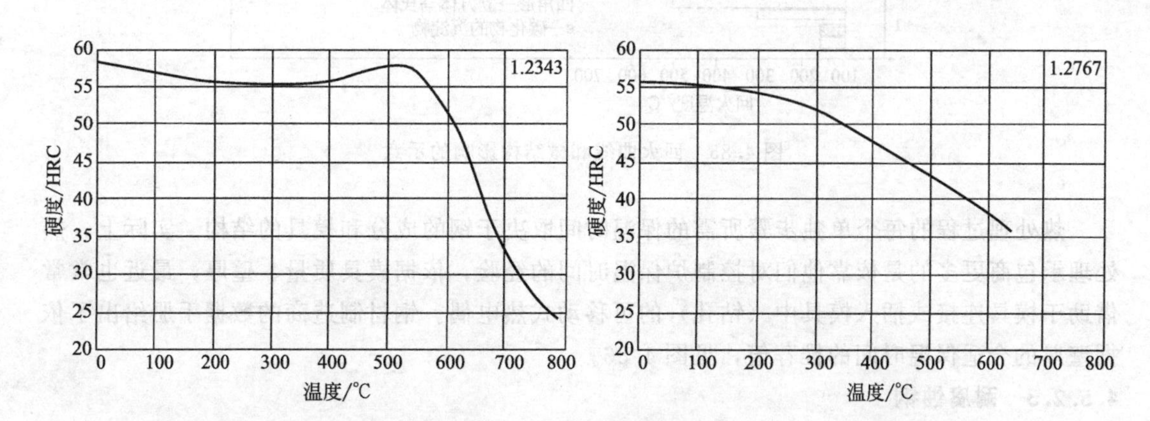

图 4.83 热作模具钢 1.2343（X37CrMoV5-1）和冷作模具钢 1.2767（45NiCrMo16）的回火曲线

钢号 1.2343（X37CrMoV5-1）也给出了在“第二硬化最高值”中的大约在 540℃的回

火选择。尽管这一回火温度，通过形成和增长的特殊碳化物可获得高硬度。这一高回火温度更可增加模具的韧性。冷作模具钢 1.2379（X153CrMoV12 或 D2）是用于这一处理工艺的典型钢种。图 4.84 中回火曲线展示了回火温度和奥氏体化温度之间的关系。在 1080℃的高淬火温度之后，可选择在“第二硬化最高值”中的在 510～540℃的回火。图 4.85 给出了回火过程中一般材料微结构的变化过程。

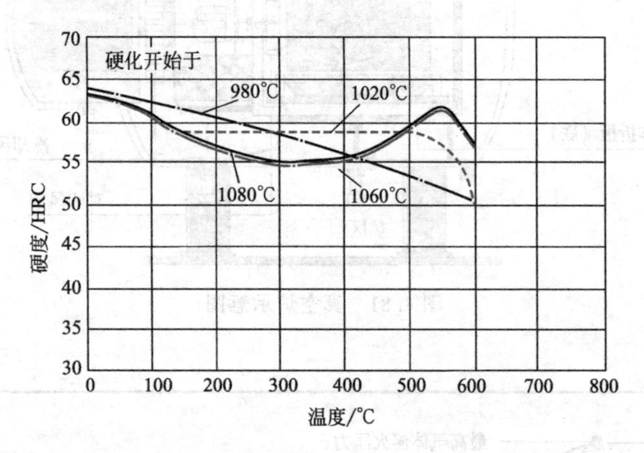

图 4.84 实例钢材 1.2379（X153CrMoV12 或 D2）的回火温度和奥氏体化温度之间的相互关系

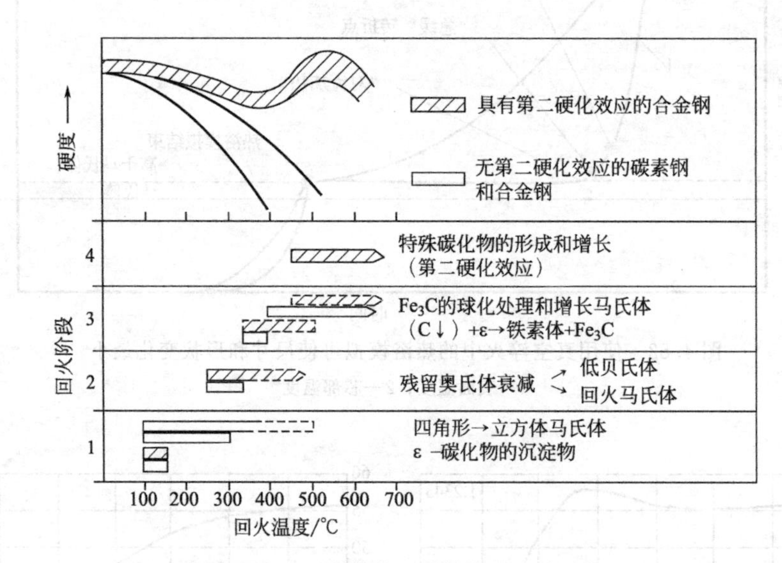

图 4.85 回火曲线和微结构影响的示意

热处理过程的每个单独步骤所需的保温时间取决于钢的成分和模具的结构。实际上，热处理承包商更多的是依靠他们对控制炉保温时间的经验，依据模具质量、壁厚，最近也常常借助于模具连接或插入模具中（钻孔）的可移动式热电偶。钢材制造商的数据手册给出了依据壁厚的合适保温时间的推荐值，见图 4.86。

4.5.2.3 耐腐蚀钢

这些塑料模具钢对中、小尺寸的模具日益重要。除了避免腐蚀性塑料材料，如 PVC 带来的腐蚀之外，这些钢材也降低了模具所需的维护成本，特别是在停工期间。对高质量终端产品的美观考虑也强化了这一发展趋势。加硫钢 1.2085（X33CrS16）可用于制造模具组件

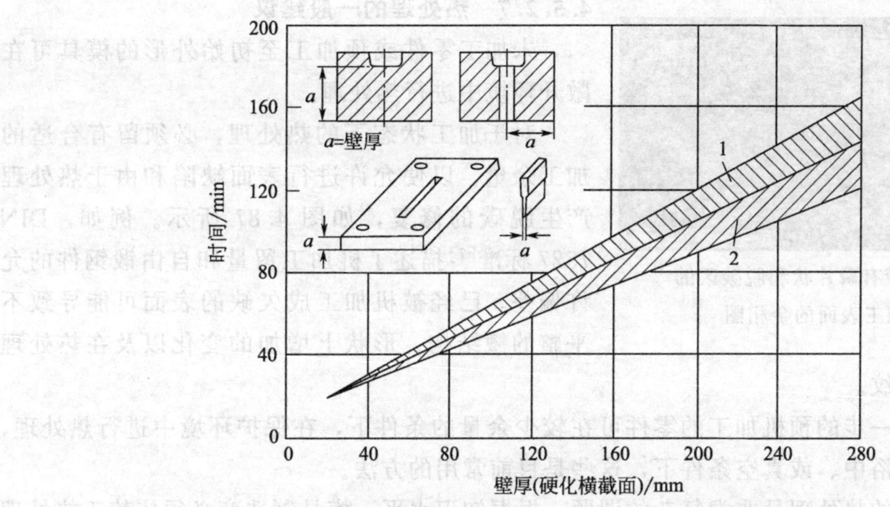

图 4.86　在奥氏体化温度下保温时间为不同种类钢材的壁厚函数

1—高合金模具钢（莱氏体 12%Cr-钢）；2—碳素和低合金钢

和模具框架。由于硫含量的存在，这种钢必须进行表面涂层，但对机器是有效的。耐腐蚀钢，如 1.2316（X38CrMo16，淬火和回火后硬度约为 30HRC）或 1.2083（X40Cr14，可根据淬透钢所描述的工艺生产，硬度约为 52HRC），可用于制造模塑成型嵌件，以及众多的类似特殊制品。除了非常良好的耐腐蚀和耐磨性，这种模具钢的高光泽抛光性和由此得到的均匀微结构和纯洁度是附加的表面精加工的重要前提。

4.5.2.4　表面硬化钢

用于表面硬化的塑料模具钢的显著特征是相对较低的碳含量，最高可达 0.2%，并可被渗碳或氰化处理。通过将约 0.8%碳渗透到面心立方网格结构中，可增加碳含量。在经过一次淬火处理后，可获得表面层的高硬度，而在芯部或基材上仍保持韧性。采用表面硬化钢和表面硬化，实际上作为了一种“两相”材料。当使用表面硬化钢时，合金成分必须与选择的工艺和所需的模具尺寸相适应。

4.5.2.5　氮化钢

氮化钢主要用于塑料加工中的塑化元件（挤出机筒和挤出机螺杆）。良好氮化性的前提是合金元素，如铝、铬、钼或钒，它们借助氮的扩散在表面层形成耐磨的氮化物。DIN EN 10085 标准中给出了这些使用的钢、它们的合金成分及性能[6]。

4.5.2.6　马氏体时效模具钢

这些镍合金特种钢，如 1.2709（X3NiCoMoTi18-9-5），由于它们的高韧性与高强度在潜在组合，可作为极佳的替代材料用于易破碎的小型模具或模具嵌件中。但是，由于它们被限制的尺寸范围和昂贵的购买价格，不是塑料模具钢的选择范围。这些钢通常在固溶退火状态下（约 31HRC）被机加工到最终尺寸。这种几乎无变形的沉淀硬化可获得高硬度与高韧性的组合。沉淀过程包括了加热到约 490℃，根据钢种的类型，增加的硬度达 40～55HRC。在尺寸和形状上的改变是最小的，几乎无方向性的。对钢号 1.2709（X3NiCoMoTi18-9-5）而言，在沉淀硬化后体积降低至约 0.1%是可预期的。对于焊接修复或修改已经进行过沉淀硬化处理的模具，建议采用初始固溶退火，然后重新沉淀硬化。根据焊接的范围，单独进行重新沉淀硬化也许是足够的。

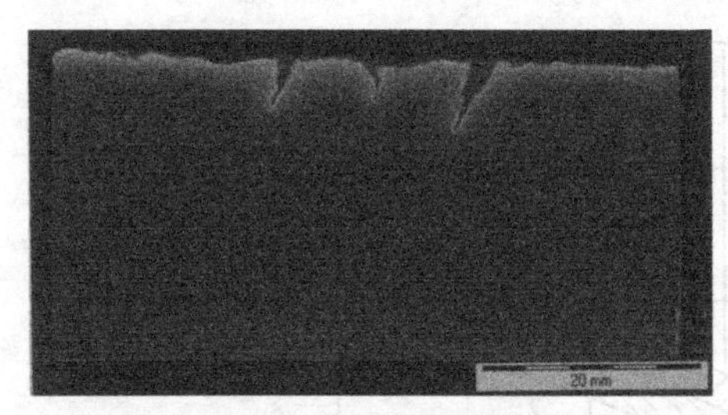

图 4.87 带有磷片状和脱碳区的非机加工表面的金相图

4.5.2.7 热处理的一般建议

未加工零件或预加工至初始外形的模具可在敞开环境中进行热处理。

对于加工状态下的热处理，必须留有合适的加工余量，以便允许进行表面缺陷和由于热处理产生脱碳的修复，如图 4.87 所示。例如，DIN 7527 标准[7]描述了机加工留量和自由锻钢件的允许偏差。已经被机加工成欠缺的表面可能导致不平整的微结构、形状上增加的变化以及在热处理过程中发生的裂纹。

已经经过进一步的预机加工的零件可在较少余量的条件下，在保护环境中进行热处理，如惰性气体、盐浴中、或真空条件下，这些是目前常用的方法。

模具钢合格的热处理是非常复杂的课题。根据知识水平，模具制造商必须依赖于热处理承包商的能力和工厂特有的经验。实践经验表明，早期与有资质的淬火车间或制钢厂（“独家供货”）讨论选材、所需最终形状、对热处理和模具设计的综合选择等问题是非常重要的(例如，避免质量非均匀分布和尖角、直到数字冲模的刻痕影响等；参见 SEW 220[2])。

作为一个可能引发损坏的例子，图 4.88 给出了模具嵌件前端和后端（局部图），制造材料 1.2767（45NiCrMo16），淬火硬度 54HRC；在淬火、退火和电火花加工（EDM）后，在 EDM 线切割尖锐流道里因不恰当的退火引起的应力开裂。必须进行透彻退火，尽可能降低应力和增加韧性，特别是对于关键的模具结构。因电火花加工过程引起的脆性马氏体表面通过再加工剔除，或者至少在 EDM 后通过再次消除应力均化。

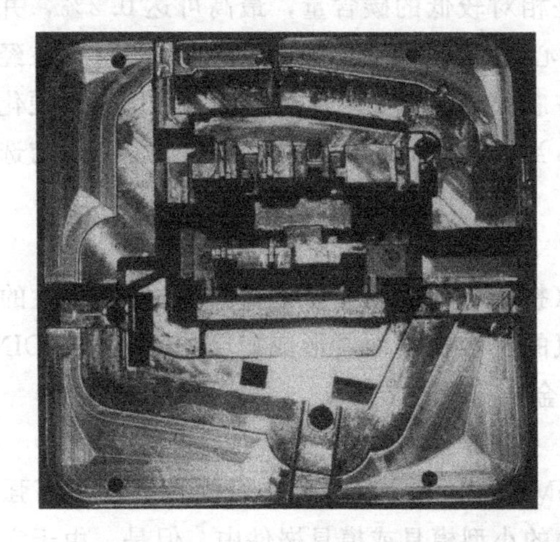

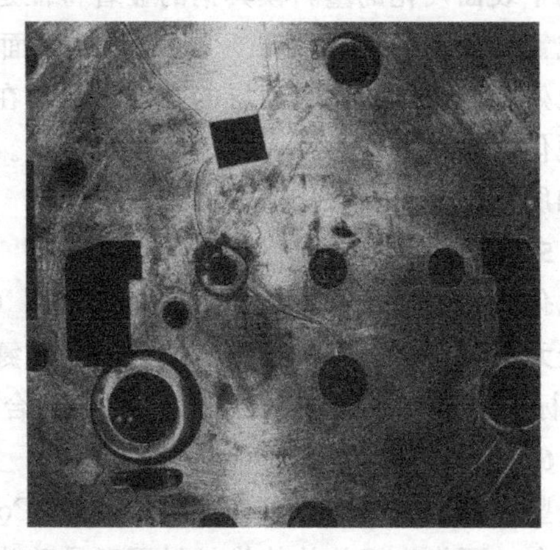

图 4.88 在由 1.2767（45NiCrMo16）制造的模具嵌件背面上的应力开裂形态，原因为不恰当的回火影响和尖角 EDM 零件

每个的热处理项目要求在模具制造商和热处理承包商那里进行缜密的事先和事后检查、早期的缺陷报告、清晰的热处理操作指南、附带的材料手册、尺寸精度和模具硬度的检查，包含适用的文件（热处理炉简图、硬度检测报告和尺寸检测报告等）。不畅通的沟通以及高成本和时间的压力反复导致了不必要的模具故障。使用高质量的钢材，结合正确的模具设计和成熟的淬火技术，依然是确保热处理圆满成功的途径。

4.5.3 表面处理

“脱模行为”、“磨损”、“腐蚀”或“维修频率”正是塑料加工承包商在每天实际面对问题中的一些问题。表面处理对优化使用中的模具和新模具的效率具有关键作用。它的目标是在最长可能的生产周期上可靠地生产出符合质量要求的最终产品。现在有许多传统的和最新的研发技术，可用于表面处理。图 4.89 给出了目前表面处理工艺的分类[8]。

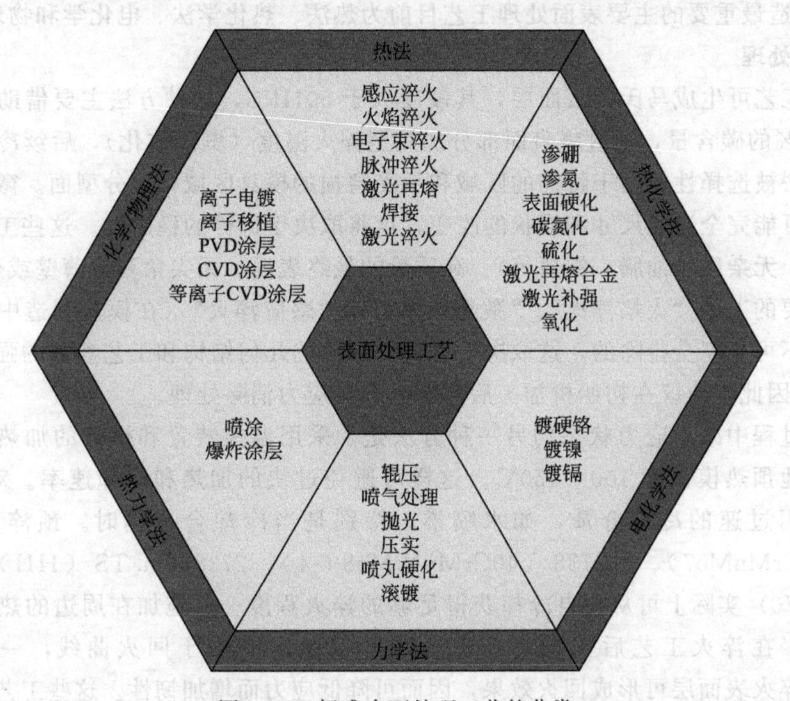

图 4.89　标准表面处理工艺的分类

选择最佳工艺涉及考虑的因素如钢的成分（合金、纯度、均质）、热处理状态、硬度（支撑作用）、模具结构和质量、被加工的塑料混合物（填料、添加剂等）以及终端产品所要求的表面质量（光泽度等）。涂层的目的必须明确，例如：

① 对纹理化或抛光表面的保护性涂层；

② 改善耐磨性（模腔或滑动表面）；

③ 提高防腐性；

④ 最小的模具沉淀物以延长清理周期；

⑤ 改善流动和充模行为以实现最小注射压力等目的；

⑥ 最优化脱模行为，因此而减小循环时间；

⑦ 美观因素（例如，建立不光滑的表面）。

如上所述，选择表面处理方法应该与所有涉及模具制造和后续的塑料加工的合作者讨论。随着增加表面处理工厂内的油浴池或房间的大小和吊车的能力，目前的涂层选择可用于中、大型的工具和模具尺寸。所有当前工艺前提是，光亮表面无碎屑、EDM 残渣（“白层”）、油脂、油、机加工乳液或其他的矿物油衍生物。为了避免表面缺陷、剥落或不同层厚度，可使用各种清理方法，其中一些方法非常有效，如热脱脂、冲洗、电解辅助激活、蚀刻与擦洗等，这些取决于涂层工艺。根据表面技术和后续实用性能的要求，不同的层可能需要有不同的表面粗糙度。处理一般在研磨、喷砂、光化学织纹表面上进行。最终表面的表述应该是最初阶段检查的样本，可由热处理和/或涂层承包商以及终端客户提供，也可根据被加工的模塑成型塑料混合物，最好使用测光板。任何预处理，如焊接或部分表面层的硬化，必须事先告知热处理承包商。特别是对于热或热化学工艺，在留有余量的外形粗加工之后，应该进行消除应力，尽量减小尺寸和形状的改变（模具的“应力消除”为这一工艺温度的结果）。模具制造最重要的主要表面处理工艺目前为热法、热化学法、电化学和物理法。

4.5.3.1 热处理

热淬火工艺可生成马氏体表面层，其硬度大于50HRC，这种方法主要借助于模具钢内在至少0.25%的碳含量，通过将表面部分加热至淬火温度（奥氏体化），后续冷却。在实践中，这种方法被选择性地用于特殊的区域和承受磨损的模具区域，如分型面。微结构的转变意味着，不可能完全避免尺寸和形状的改变，这将取决于部件的稳定性。这些工艺要求光亮的金属表面，无杂质（油脂、铁屑等）、高质量的最终表面、无尖角和无薄壁或全淬透壁厚。对于三种主要的工艺“火焰淬火”、“激光淬火”和“感应淬火”（在模具制造中很少使用），应力开裂是不可能完全排除的，这取决于材料、部件的几何结构和工艺参数的强度（加热和冷却速率）。因此，建议在初始机加工后对模具进行应力消除处理。

在淬火过程中减小应力状态的另一种方法是，采用温控装置和模具的加热/冷却通道，尽可能完全地预热模具至100～150℃。这样可避免过快的加热和冷却速率。对火焰淬火，应该避免使用过速的冷却介质，如水喷淋，特别是当冷却合金钢时。预淬火模具钢如1.2311（40CrMnMo7）、1.2738（40CrMnNiMo8-6-4）、2738mon. TS（HH）或1.2711（54NiCrMoV6）实际上可从独自冷却获得足够的淬火程度——施加在周边的热能可扩散到较冷的模芯。在淬火工艺后立即进行部分加热（温度取决于回火曲线，一般为150～300℃），在淬火表面层可形成回火效果，因而可降低应力而增加韧性。这些工艺的许多使用者已经从实践中得知，模具的功能性并不断然取决于表面层可能的最大硬度。指定硬度低于2～4HRC可预防裂缝或剥落的风险，同时可确保模具的高质量和长持久性。

图4.90给出了一个用1.2738（40CrMnNiMo8-6-4）钢制成的塑料压制成型模具。由于无预加热，在对分型面进行火焰淬火的过程中发生了裂缝。

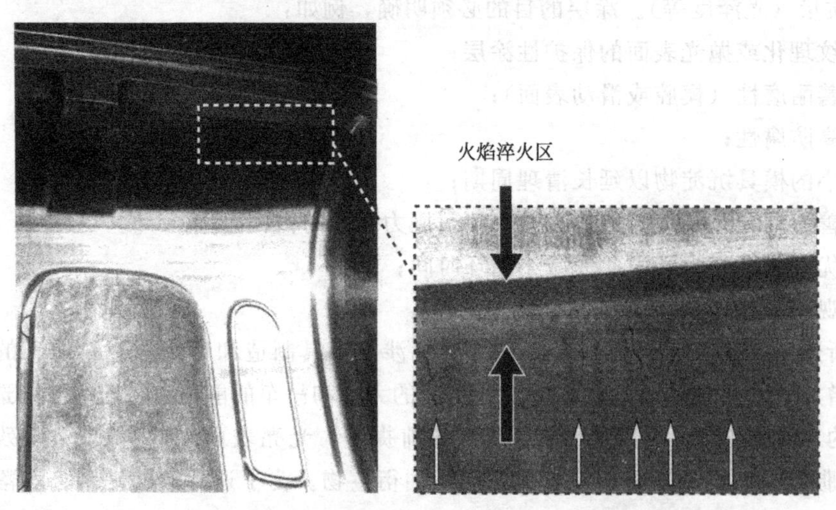

图4.90 由于过速冷却情况在火焰淬火过程中的裂纹

应该在承受机械力的部件区域（例如，壁厚不同的半径或边角）避免表面淬火，以防止破裂的危险。

4.5.3.1.1 火焰淬火

火焰淬火曾经是最频繁使用在模具制造中的工艺，它需要大量的经验。尽管有使用自动火焰淬火设备的专业生产商，但火焰淬火通常是由模具制造商使用氧乙炔炬人工进行的，如图4.91所示。

图4.91 在磨损区域对模具表面的火焰淬火

这种方法需要在操作氧乙炔炬中的技能和经验，通常在黑暗房间肉眼监测温度。这一工艺可借助炬头间隔装置、专用炬枪喷嘴以及热色标样或较好温度控制的红外温度计。根据钢的成分和强度，可实现的表面硬度深度为1～5mm（或更深，取决于钢材种类）。

4.5.3.1.2 激光淬火

与人工火焰淬火相比，例如使用CAD/CAM机加工数据库，激光表面淬火（例如，Nd：YAG激光、二极管激光器）可提供可复制的条件。精确控制激光淬火结合正确的操作，可提供较大的安全性，以防止可能的裂纹形成。激光束可生产一个非常硬的、细致马氏体层，轨迹宽度约40mm，最大深度2mm[9]。使用可变激光轨迹宽度（依赖于激光功率）通过线性路径可使较大面积淬火，如图4.92示意。这一技术再次需要专业生产商的经验，如果轨迹互相太近或太远都会降低表面质量[10]。

图4.93示意了基材中硬度的转变。因为这一工艺仅能限制能量的应用，因此，从渗透深度约2mm开始，硬度下降得相对较快。

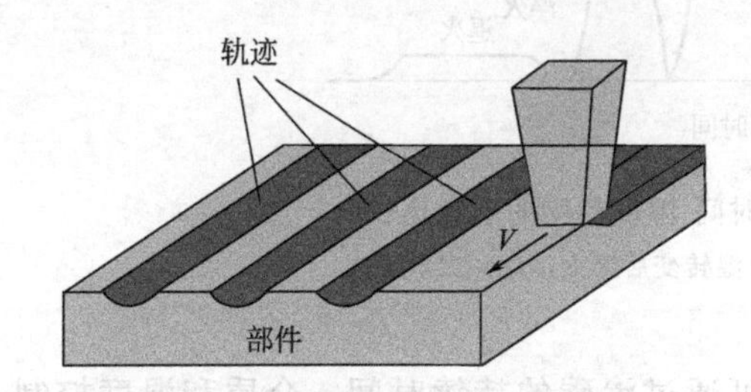

图4.92 线性路径中的表面淬火

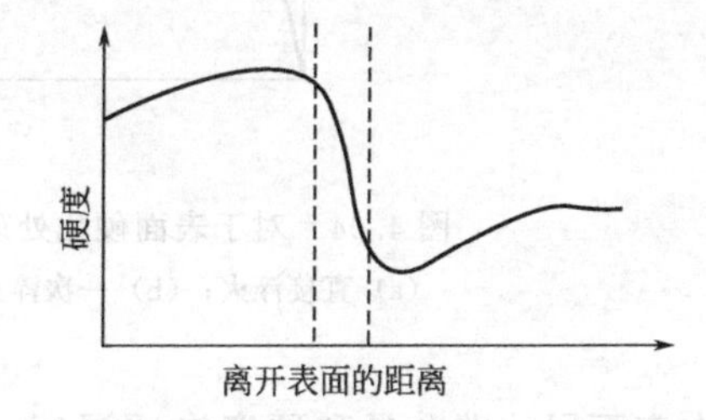

图4.93 激光淬火后在表面层中典型的硬度分布

4.5.3.2 热化学工艺

在热表面淬火方法中，表面硬度是由奥氏体化和淬火形成的。与这种方法比较，热化学工艺的特征是附加了碳的扩散（表面硬化）、氮的扩散（渗氮）、氮和碳的扩散（硝基渗碳）以及硼的扩散（渗硼）。通过不同的处理介质可将这些扩散元素加入。存在有各种方法，如使用固体（粉末、颗粒、黏糊等）、液体（盐溶液）和气体混合物，或借助电火花产生的等离子（“辉光放电”），等离子可将使用的气体变为反应状态[11]。

4.5.3.2.1 表面硬化

表面硬化[12]很少用于塑料加工模具。不同的工艺可用于在约900℃下的表面渗碳和在奥氏体化温度下的表面硬化钢的淬火（见图 4.94）。直接淬火是已述最经济有效的加工方法，尽管在这种渗碳工艺中可能引起的粗糙颗粒形成不能被可靠地排除。与直接淬火相比，在等温转变后的淬火可获得均匀精细的微结构组织，但它更消耗能源。因此，选择正确的热处理顺序应该与热处理承包商协商确定，并考虑所需的尺寸精度。也许有预淬火的可能性[13]。这种方法在预机加工状态下通过淬火和回火，使微结构与最终状态相适应。这种方法可最大限度地减少在后续淬火中预期的尺寸和形状（变形）的变化。

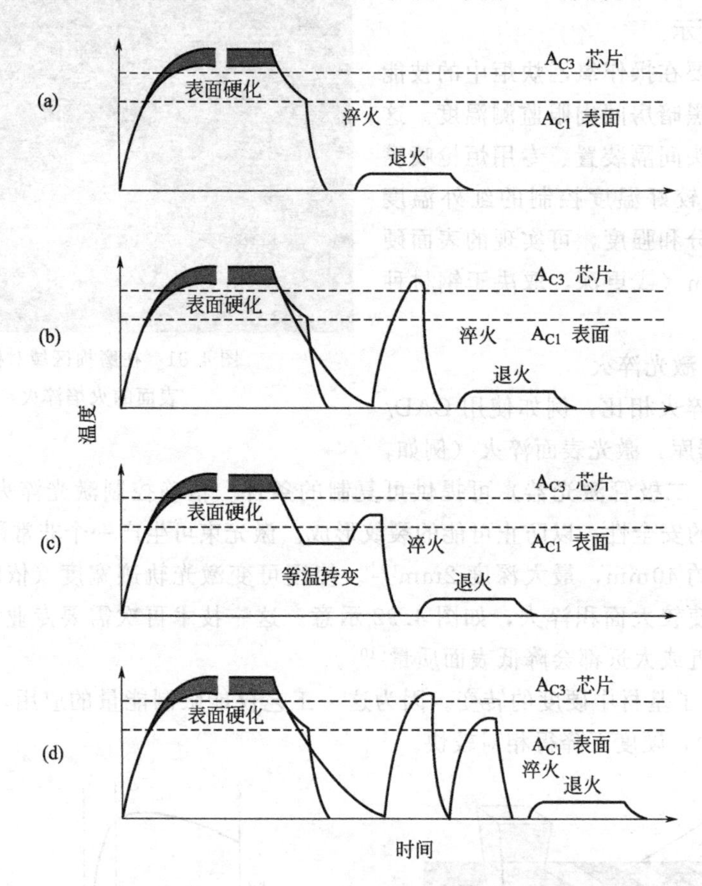

图 4.94 对于表面硬化处理的可选时间-温度排序的示意比较[14]

(a) 直接淬火；(b) 一次淬火；(c) 等温转变后淬火；(d) 二次淬火

在表面层的碳含量和硬度渗透深度（Eht）可通过渗碳的持续时间、介质和温度控制。采用适度的渗碳工艺可获得 1～2mm 的表面硬化深度。避免采用强烈的渗碳过程，因为它们可能引起残余奥氏体组织或在晶界上形成碳化物。由于其脆性，在后续的使用中有引起薄壁结构破裂的危险。

由于在表面层的体积增加引起不同的微结构，在尺寸和形状上的某些改变是可能的。在与热处理承包商达成一致的余量中必须考虑这一影响。也必须考虑到过大的余量在机加工后可能会导致不足和/或不平的表面层。渗碳和淬火甚至借助热阻膏仅可部分实现，接着通常在约 200℃下进行回火。

列在表 4.4 中的钢号 1.2162（21MnCr5）和 1.2764（X19NiCrMo4）是通常用于制造塑料模具的表面硬化钢。

表 4.4 表面硬化塑料模具钢的比较

DIN 命名	合金含量	淬火介质	表面硬度	芯部硬度	韧性	变形危险
21MnCr5	+	油	61	30	+	+
X19NiCrMo4	++	空气	57	35	++	−
		油	61	45	+	+

注：−—低；+—正常；++—高。

4.5.3.2.2　渗氮

渗氮的目的是通过扩散的方法将氮渗入到刚才的表面区域，形成特殊的氮化物，因此可根据塑料模具钢的种类将表面硬度增加至 700～1200HV。与上述的表面硬化钢比较，这种方法不涉及在 300～550℃加工温度下的微结构变化。这将极大地减少变形的风险。在表面上形成残余压应力，在非常薄的模具情况下，可导致塑性变形。另一方面，这些残余压应力结合较高的硬度可增加抗疲劳性。氮化通常可导致很小的体积增加。回火温度至少高于渗氮加工温度 30℃的所有钢材原则上均适用于渗氮处理，参考图 4.79。如果忽略这一点，在基础材料中可能存在硬度损失，在点载荷处可能导致不适当的支撑影响，并可能增加尺寸和形状的改变。在渗氮耐腐蚀钢中涉及的氮化铬的形成可降低它们的耐腐蚀性。

根据钢材的成分、加工温度和特别是保温时间，可获得变化深度的层。随着钢材合金含量的增加，可实现的表面硬度随之增加，可实现的层厚度将减小。如果基材足够硬的话，这将有助于防变形。过强的处理可使材料变脆（在钢材微结构的晶界上氮化物的形成），并将导致过早的模具失效。

渗氮层的基本结构显示为金相微结构照片（见图 4.95）。在这种涂层工艺开始，表面区

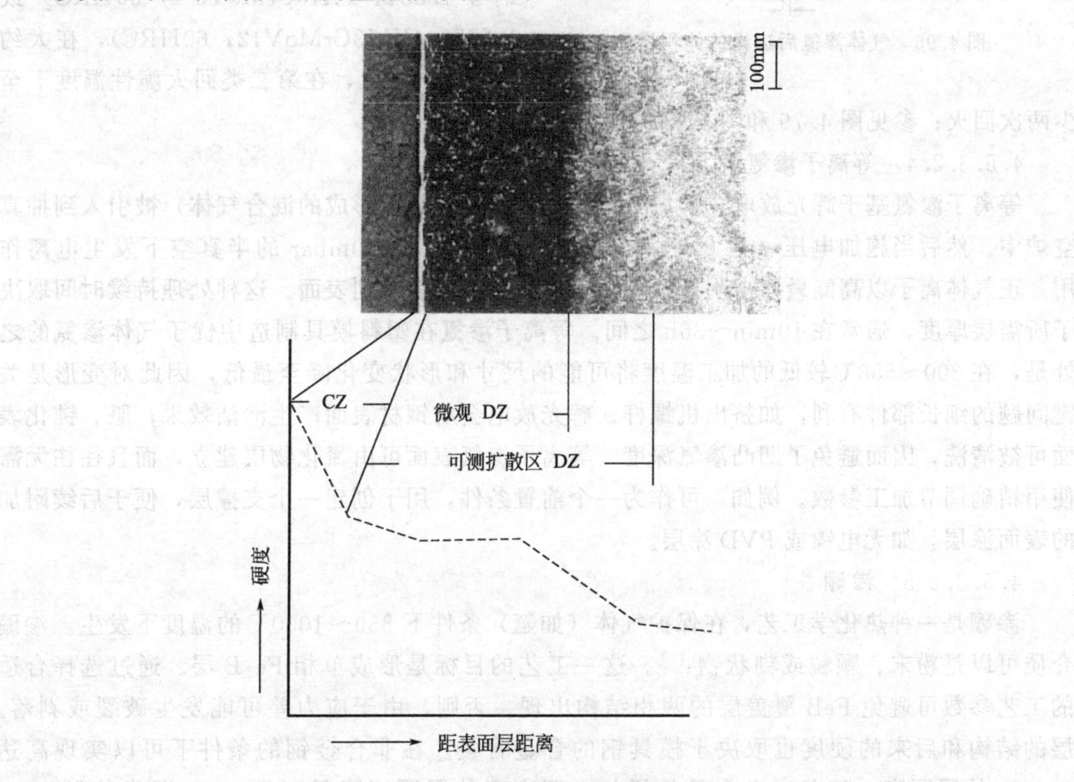

图 4.95　渗氮层的一般构成

CZ—氮化物区；DZ—扩散区

富有氮。扩散元素的陶瓷相（氮化物层）和钢材的组分［$Fe_{2\sim3}N$（ε-氮化物）和 Fe_4N（γ-氮化物）］形成。这种结构非常硬和脆，并可改进耐腐蚀性，特别是在低合金钢的情况下。随着增加饱和和加工持续时间，这种氮化物层进一步增加，扩散层向下扩展。扩散层的硬度要低于氮化物层，但韧性增加。通过将氮原子并入晶格中和在微结构中形成特殊的氮化物，可实现比基础材料更高的硬度。

根据处理的类型和层厚度，任何表面粗糙度的增加都可通过后续的抛光得以矫正。

气体渗氮是除了盐浴渗氮（软氮化处理）之外最常见的工艺，它和等离子渗氮是在塑料模具制造中最常用的渗氮工艺，因为它们具有很高的可重复性。

4.5.3.2.3 气体渗氮

气体渗氮是在 500～550℃下氨气（NH_3）的气流中进行的。通过分解渗氮工艺所需的氮将氨释放。消除产生的氢气。强烈处理到最大渗氮硬度深度（Nht）可导致边角隆起（见图 4.96）。

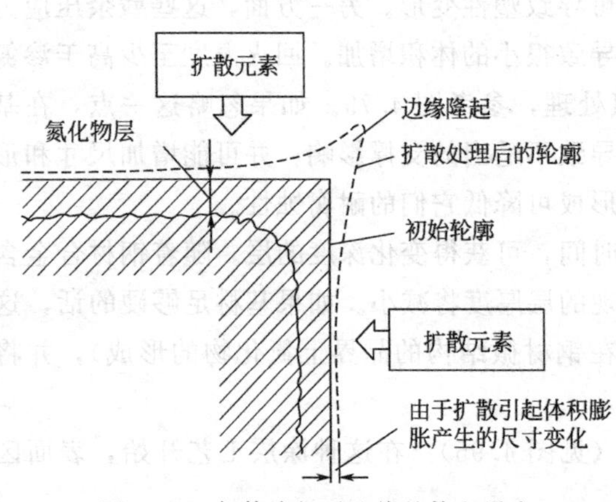

图 4.96 气体渗氮后边缘的体积增大

气体渗氮是一种相当经济的工艺，可潜在地适用于所有的模具尺寸。甚至承受高度磨损应力的部件，如用渗氮钢制造的挤出机螺杆和机筒，也可以用这种工艺进行处理，因为这样可实现硬氮化物层。根据基材的耐磨性，在有更严格的要求情况下，也可氮化钢号 1.2344（X40CrMoV5-1，50HRC）或 1.2379（X153CrMoV12，60HRC），在大约 1080℃下淬火，在第二类回火脆性温度下至少两次回火；参见图 4.79 和图 4.84。

4.5.3.2.4 等离子渗氮

等离子渗氮基于辉光放电。含氮气体（氨或依据所需层形成的混合气体）被引入到抽真空炉中。然后当施加电压（为 600～1000V）时，在 0.3～10mbar 的半真空下发生电离作用。正气体离子以高能量撞击阴极工件。工件升温，氮渗入到表面。这种处理持续时间取决于所需层厚度，通常在 10min～36h 之间。等离子渗氮在塑料模具制造中优于气体渗氮的之处是，在 300～550℃较低的加工温度将可能的尺寸和形状变化降至最低，因此对变形是关键问题的细长部件有利，如挤出机螺杆。辉光放电会对钢材表面产生清洁效果；脏、钝化表面可被清洗，因而避免了凹凸渗氮深度。等离子渗氮表面可由氮化物层建立，而且往往无需使用精确调节加工参数。例如，可作为一个前置条件，用于创建一个支撑层，便于后续附加的表面涂层，如无电镍或 PVD 涂层。

4.5.3.2.5 渗硼

渗硼是一种热化学工艺，在保护气体（如氩）条件下 850～1000℃的温度下发生。渗硼介质可以是粉末、颗粒或糊状物[15]。这一工艺的目标是形成单相 Fe_2B 层。通过选择合适的工艺参数可避免 FeB 覆盖层的两相结构出现。否则，由于应力差可能发生破裂或剥落。层的结构和后来的硬度也取决于模具钢的合金含量。在非合金钢的条件下可以实现高达 200μm 的层厚度。随着合金含量的增加，可实现的层厚度降低至 20μm。通常使用 30～60μm 的层厚度。根据成型尺寸和奥氏体化温度，在淬火工艺的过程中可实施渗硼。如果这一选择不能实现，在渗硼后，必须进行进一步的淬火和回火。由于高处理温度，也许会有尺寸和形状上的改变。为了尽量减少形状改变的风险，在机加工到热处理外形之前和渗硼之后，应该固定相同的微结构状态。通常会发生轻微的体积增加和边角隆起。硼化物层的主要优点是1600～2100HV的高硬度，这可极大地减小磨耗和黏附磨蚀；因此，渗硼可用于诸如玻璃加工中模具用具等的应用中，但极少用于塑料加工（例如，专用的耐磨挤出机螺杆）。

4.5.3.3 电化学工艺

下面描述的两种电化学或化学工艺，硬镀铬和无电镍，可提供耐磨和防腐蚀的保护。它们相当可用的优点是低加工温度（60～80℃），因此不会引起模具变形。对于高质量表面，研磨或抛光表面是必要的，其表面的粗糙度应与后续的涂层表面相配。应该注意的是，过高的表面质量也能引起模具的黏着。例如，在用于制造塑料车身面板的SMC（片材成型混合物）加工模具中，研磨砂纸从600目减小到400目，可改善模具的脱模性能。事先清理模具是必要的，以确保表面绝对没有油脂或氧化物，这样可以避免烦人的黏着（剥落等）。

目前逐渐也将这两种工艺组合使用。为了优化耐腐蚀性和实现改善的支撑效果，首先采用一层非结晶层，如20μm厚的无电镍层。由于铬层的微裂纹结构，可防止可能的腐蚀生成。附加的厚度为20μm的镀铬可得到耐磨的铬层。

4.5.3.3.1 镀硬铬

电流镀硬铬是已经长期用于不同塑料加工模具的一种有效工艺。目前可用的电镀池尺寸和起重能力使得这种工艺尤其适用于预淬火模具钢制成的大型模具，如2738mod. TS (HH)，这种钢以镀硬铬的形式用于加工玻纤增强塑料，采用SMC或GMT工艺。在这种实际电解镀层工艺中，轮廓相近的电极为阳极，被涂层的模具为阴极。直流电通过含有铬的电镀池从阳极流向阴极，将铬离子沉淀在工件上。在塑料模具制造中通常采用8～30μm的层厚度。更厚的层也可用于增加尺寸，但可能导致粗糙的表面，可通过研磨、精磨或抛光再次加工。根据沉淀的情况，铬层的硬度范围可在700～1100HV之间。

因为沉淀铬具有很高的内部应力，超过铬的拉伸强度可引起微裂纹，如图4.97中显示的金相图。这些裂纹可扩展到基材的表面，并将在较薄层中削弱防腐蚀能力（金属点状腐蚀）。为了实现最佳的防腐保护，已经研发出几种工艺，将几层硬铬层重叠，以便覆盖微裂纹，并能防止与底层的无防腐钢材的接触。作为一种替代方法，可在这一铬层下面采用非常均匀的镍层，如前所述。

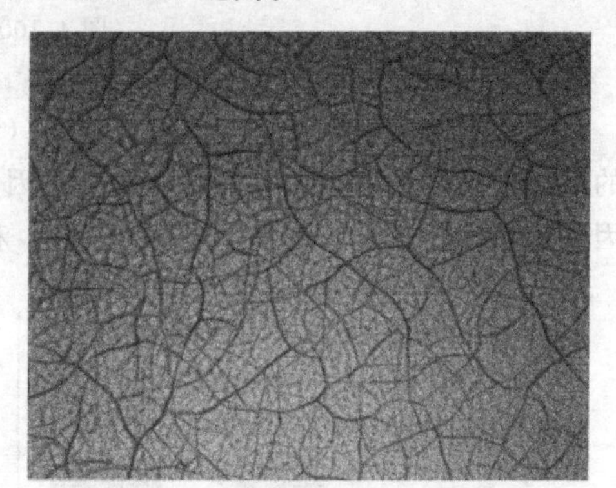
图4.97 在硬铬层中的微裂纹

在镀硬铬的情况中，在预先清洗（电解或热脱油脂、冲洗等）之后，需要在电镀池中进一步的激活，以改善层的黏着性。通过阳极连接，可获得粗糙的模具表面。刻蚀钢材表面，可能在钢材中存在杂质（如硫化物、氧化物），或从前面的操作中（EDM、抛光等）释放出的沉淀物，以及引起的孔眼。

为了避免铬层上的表面缺陷根据裂纹和层厚度可能被放大（见图4.98），阳极连接应该尽可能地简单。

如图4.99所示，通过镀铬厚度足够可覆盖非常小的裂纹。

由于这一原因，在模具制造中采用25～30μm稍厚的层后再抛光，已经证明是有效的。这种方法可排除在铬层上较小的裂纹。但是，由于波动的加工参数（如电流波动）或在镀铬池中的杂质，在铬层中的裂纹也可能出现（见图 4.100）。

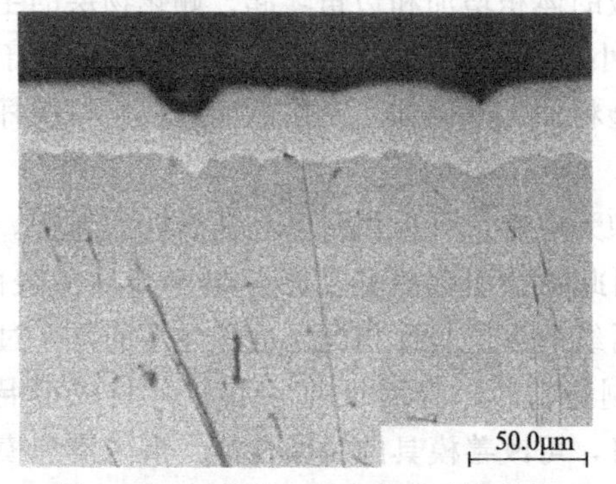

图 4.98　因模具表面中的划痕在硬铬层中的放大表面缺陷

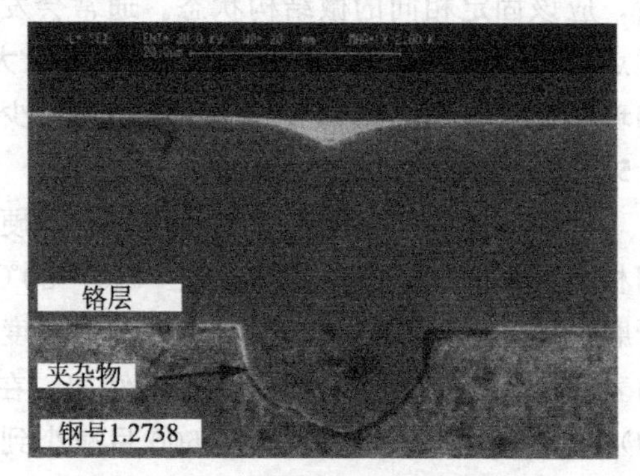

图 4.99　由铬层覆盖的钢材表面内的极细微的夹杂物

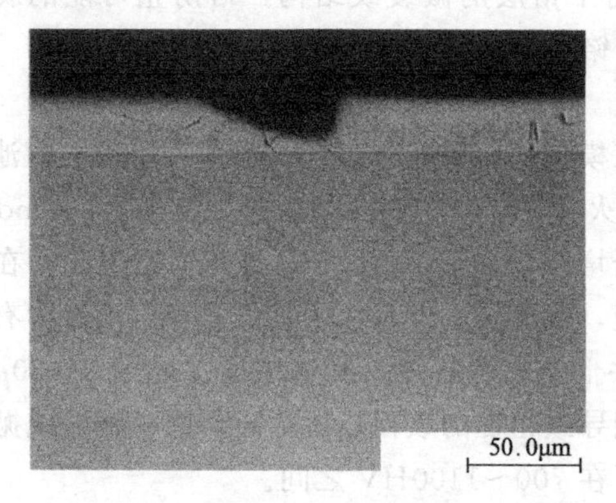

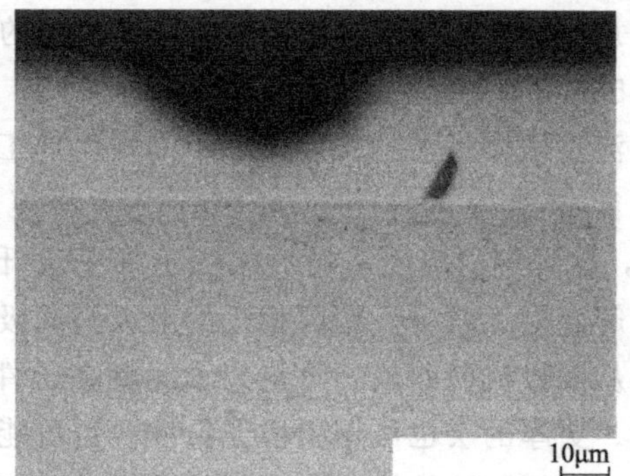

图 4.100　在铬层中的缺陷

主要裂纹可被修复，例如通过刷镀（部分电化学镀层）。均匀强度的流通密度也是必要的，以便实现最均匀的可能涂层厚度。因为在关键几何区域中流通密度变化很大，建议将此因素考虑到涉及模具轮廓（见图 4.101）和构建阳极中。

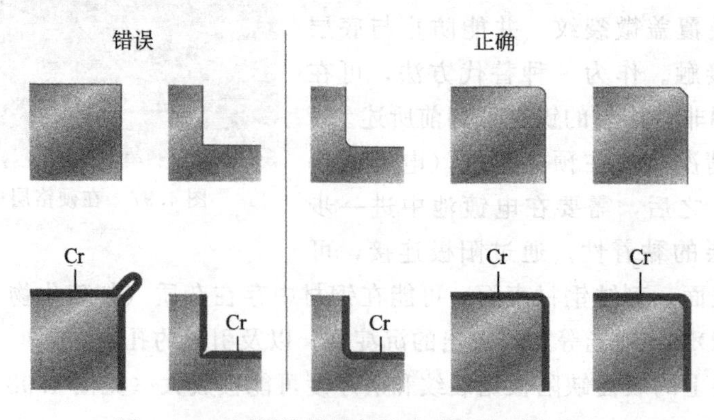

图 4.101　不同涂层几何结构的硬铬层的建立

塑料模具常常要求能制造轮廓精细的模塑制品。这需要复杂的阳极结构，例如，应该与使用穿孔的片材或金属线的位置上的结构与尺寸相适应。在模具中增加磁性也可改变在边角和沟槽区域中金银丝结构阳极的距离，由此导致不相等的层厚度。

过度薄层或增加磨损（例如，由加工玻纤增强塑料引起的）也可导致层的开裂。实践中在这种情况下可除去镀层。这种方法包括了在特殊的除去镀层溶液中阳极连接模具。这能导致对基材不均匀的损伤。因此，在除去镀层后，必须充分研磨表面，至少磨去 0.2mm，以获得无裂纹的新铬层。这种方法可以除去可见的缺陷、刻蚀的结构以及模具钢中的杂质。

随着铬层的形成，氢化铬分解，释放出氢气。这可扩散到基材中，并导致钢材表面的脆裂。加热模具（脱水[3]）到 200～220℃可使这个扩散过程逆转。160℃的温度持续几个小时的较长时间也是足够的[16]。由于模具制造中含有的相对薄的层以及变形的可能性，钢材的杂质一般是不可校正的，特别是因为氢脆在后续的模具回火中可能会从钢材中扩散出来。

4.5.3.3.2 镀镍

与易微裂的硬铬层相比，镍层更均质，因此更耐腐蚀。无电镀镍在塑料模具制造中已经被采纳的首要原因是，无需阳极结构，其次是高达 200μm 的均匀层厚度，与电化学镍相比无边缘隆起。

在塑料模具制造中无电镀镍的另一个优点是甚至在沟槽、流道和钻孔中能沉淀均匀的耐磨和耐腐蚀的层。

与电化学镀镍相比，通过水槽中的化学还原剂（磷酸钠，NaH_2PO_2）可减少镍离子。其他元素也可像镍一样被沉淀。通过改变水槽中的组分和温度，特殊的涂层组分（例如，磷 2%～15%）可实现不同的性能。

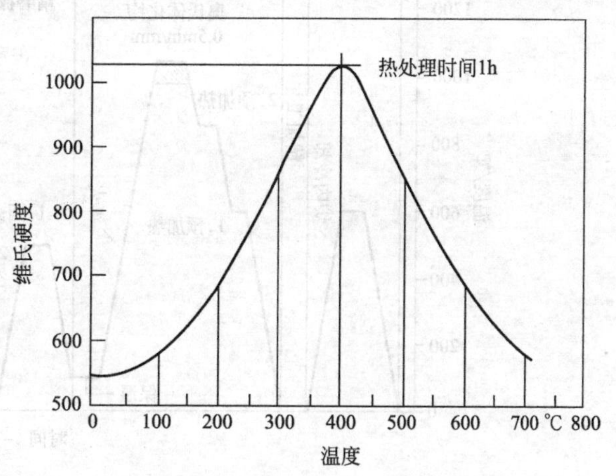

图 4.102 带有 Ni_3P 的无电析出镍层的析出硬化层（由 Colin 提供）

如果主要任务是防腐蚀，无结晶镍磷层可含磷＞10%的高比例，虽然具有相对较低的层硬度，约为 52HRC（约 550HV）[17]。低磷含量可形成结晶 Ni-P 层，耐腐蚀性降低，而高达 62HRC（约 750HV）的较高硬度，并具有较好的耐磨优点。通过磷混合物的析出硬化，在 300～400℃的后续热处理，在这两种情况中可实现硬度的增加约 70HRC（约 1100HV）（见图 4.102）。在这种情况下，必须考虑因加热可能产生的变形，以及塑料模具钢硬度降低的可能性（回火稳定性）。除了所描述的镀镍，借助附加的硬组分（高达约 30%），也可获得镍分散层，因此可实现所需特殊的性能。例如，添加碳化硅、金刚砂或硼，可将磨损减到最低。如果目标是降低摩擦系数，通过添加聚四氟乙烯颗粒［PTFE（特富龙）］可实现这一目标。

4.5.3.4 化学物理工艺

这些年随着技术的进步，使用 CVD、PACVD 和 PVD 的硬涂层工艺日益得到重视。高耐磨性和非常良好的层黏着性有利于用于机加工和成型工具和模具的 CVD 工艺（化学汽相沉淀），因为这可以显著改善例如含有碳化物的高合金模具钢以及粉末冶金钢材的耐磨性。

对于塑料加工模具，PVCVD工艺（等离子辅助化学汽相沉淀）和PVD工艺（物理汽相沉淀）提供了希望的涂层溶液，因为其相对较低的达550℃的加工温度，以及可用于几乎所有当前塑料模具钢的大量涂层材料。将PVD支撑层和PACVD涂层组合目前在技术上是可行的。目前，大量的不同塑料加工模具均可处理为无瑕疵形状、尺寸稳定以及均匀的层结构。如果使用现有的模具或选择制造新模具的合适钢材（支撑效果、回火稳定性等），重要的是与涂层工艺配合的模具制造相匹配。这种方法已经为使用者产生了某些重要的改进，如当加工磨损塑料和添加剂时的耐磨性、防腐蚀性、改善的脱模性能以及降低的维修和清理成本。

4.5.3.4.1 CVD涂层

通过固体的化学汽相沉淀，CVD涂层可用于建立硬、耐磨表面，通常层厚度为2～10μm。CVD硬涂层，如氮化钛（TiN，硬度可达2300HV）、碳化钛（TiC，硬度3000HV），或一般用于与其他硬涂层组合的多层涂层的氧化铝（Al_2O_3，2100HV），可通过减少磨损和黏来降低模具的磨损。因此，这种技术通常用于刀具（高速钢、硬金属合金、金属陶瓷）和金属片材成型的工具（冷作模具钢）。为了使变形最小，涂层在淬火、最终机加工和完美抛光模具上进行。由于在900～1000℃高加工温度和低气压下进行涂层，紧接着另一个淬火工艺。图4.103显示了一个用CVD涂层制造模具的热循环生产工艺流程。

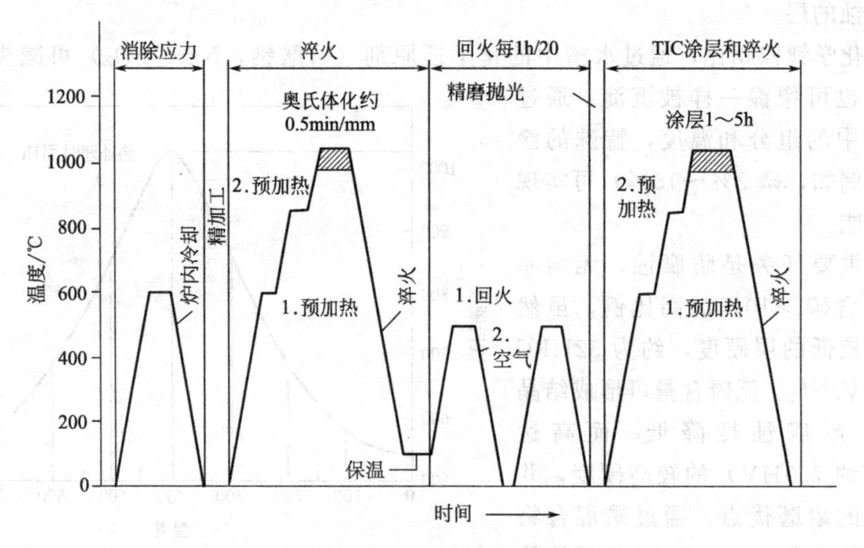

图4.103 莱氏体铬（12%）钢镀层模具的生产工艺流程

由于一个能量密集操作能带来在形状和尺寸上的变化风险，CVD涂层已经不能用于塑料成型，而PVD涂层是可以的。

4.5.3.4.2 PACVD涂层

PVCVD工艺（等离子辅助化学汽相沉淀）是CVD工艺的改良，其优点是低于200℃或更低的加工温度。因此，这种工艺正在塑料模具制造中更加普及，因为不像CVD那样，几乎没有变形的风险。通过模具和背面板电极之间的强电场，可在低温下从气相中进行化学反应。

因此，在模具轮廓中通常以Cr_2N层形式，已经采用1～3μm的层厚度。此外，WC/C用于滑移表面（滑块），摩擦应力塑料模具的诱人操作日益浮现出使用DLC层（类金刚碳）[18]。这一由碳和氢生成的无金属层具有非常良好的防黏着和抗摩擦性能，并有很强的耐磨性。

4.5.3.4.3 PVD涂层

不像CVD，PVD包括通过物理方法从化学蒸汽中沉淀硬质材料。诸如硬质合金、金属陶瓷以及钢材等材料可被PVC涂层。依据这种钢材，它的热处理状态和硬质合金（目标材料）、在200～550℃范围内的较低处理温度导致模具可在它的最终状态下进行涂层，无需进一步的热处理。

使用众多涂层材料和从2～10μm范围的不同层厚度组合，可实现这种材料的支撑效果和回火稳定性以及特殊的要求。图4.104展示了由TiAlN制成的4μm厚PVD层的金相横截面图例。

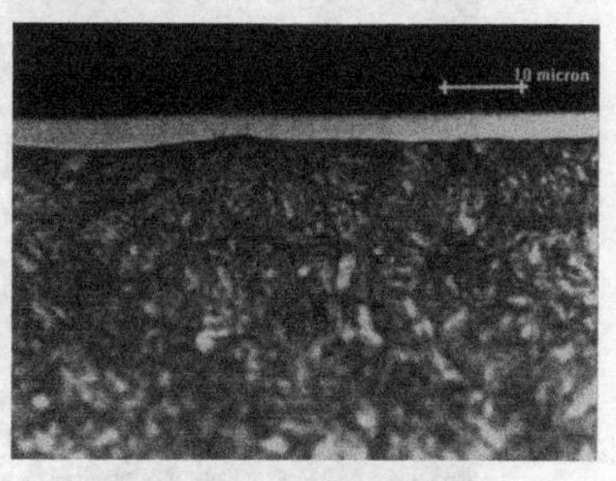

图4.104 TiAlN制成的硬质层（3300HV，4μm厚）[19]

有各种方法将硬质合金混合物的金属成分（钛、铬、铝）转变为气体状态。使用的主要方法是通过电子束或电弧（热能）或喷溅（动能）挥发。颗粒从硬质材料源沿着电通线传递到模具（基材）上，其缺点是凹槽或钻孔无法有效地被涂层。为了尽可能地减小这种影响和即使对复杂模具结构也可获得均匀的层厚度，根据工艺，在使用几个目标源时可旋转模具。然而，钻孔均匀涂层的深度仅有约1.5倍的钻孔直径。在这种沉淀过程中，非金属组分（如碳或氮）也可以气体形式引入到真空室中，并以可控的方法混合到硬质涂层中。这种方法可导致众多的可能涂层组分（参考表4.5）。

表4.5 硬质涂层及其性能举例

层材料	硬度(HV 0.05)	层厚度①/μm	涂层温度/℃	最大使用温度/℃
CrN	1800	4	220～450	650
TiN	2400	3	220～450	600
TiCN	3000	3	450	400
TiAlN	3300	6	450	850

① 常用值，层厚度可视具体应用确定。

当电加速粒子碰撞基材时，渗透深度（无扩散）源自于它们的动能。这种方法可确保足够的和高效的层黏合力。因为黏合力随着模温的增加而增加，考虑到模具钢的回火稳定性和形状稳定性，大于450℃的涂层温度是有利的。对于建立均匀、密实层结构以及足够的颗粒轰击，最佳的基材温度是很关键的。非常硬的层厚度相对较小，依据硬质材料，通常为3～5μm。因此，硬质材料层依赖于基材提供的足够的支撑效果。略微厚点的CrN或TiN层可被选用于硬度约30HRC的预淬火模具钢的模具，以防PVD层刻痕。也可以首先使用电离子渗氮（无氮化物层）、或无电镍层作为支撑层。在有严格表面质量要求（镜面抛光）的地方，结合CrN进行再抛光，因为表面粗糙度随着层厚度的增加而增大。当使用较高硬度的预淬火塑料模具钢时，如33～38HRC的2738mod.TS（H）或40～44HRC的1.2711（54NiCrMoV6），结合较厚的CrN或TiAlN层，也可获得进一步改善的支撑效果。图4.105展示了常规应用的车门组件。

4.5.3.5 对比与选择表面处理工艺

作为在涂层技术领域中持续创新的结果，目前有许多和极其不同的工艺可选用，其中某

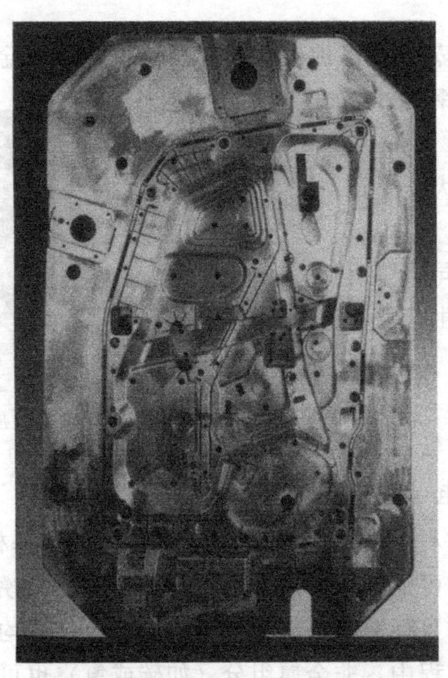
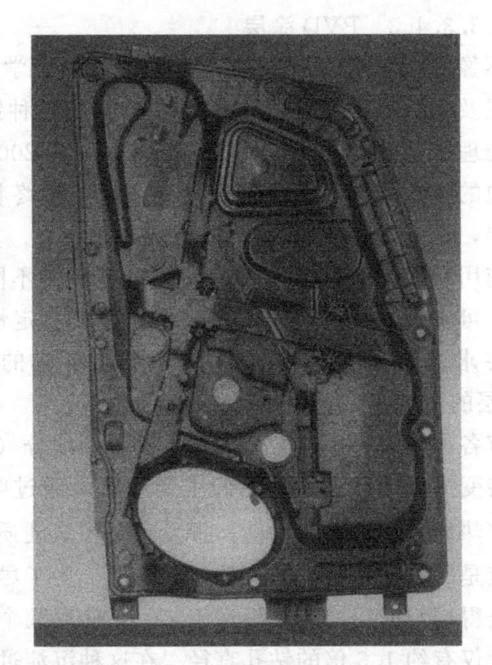

图 4.105　2343 ISO-B mod. 钢制成的注射模腔，硬度 50HRC 和 TiN 涂层（4mm 厚，硬度约 2300HV）；车门组件（PP30%长玻纤）[19]

些工艺可被组合使用。日益增多的研发包括了修复表面的可能性、脱模和再次涂层。

合适表面处理工艺的可靠选择取决于众多因素，因此应该根据特定目标要求进行。这将随时要求对手边的情况进行全面分析，考虑成本效益因素，与钢材制造商和模具制造商讨论预定的工艺选择，如果适用的话，可与热处理承包商、表面处理承包商、塑料生产商以及加工塑料的公司进行沟通。

图 4.106 描述了磨损度和表面硬度之间的关系。它表明随着硬度的增加磨损大大降低。这种关系和加工含有添加剂的塑料成型混合物的趋势注释了在涂层领域的持续增长。表 4.6 中对常用表面精加工工艺的概述可提供更多的指导。

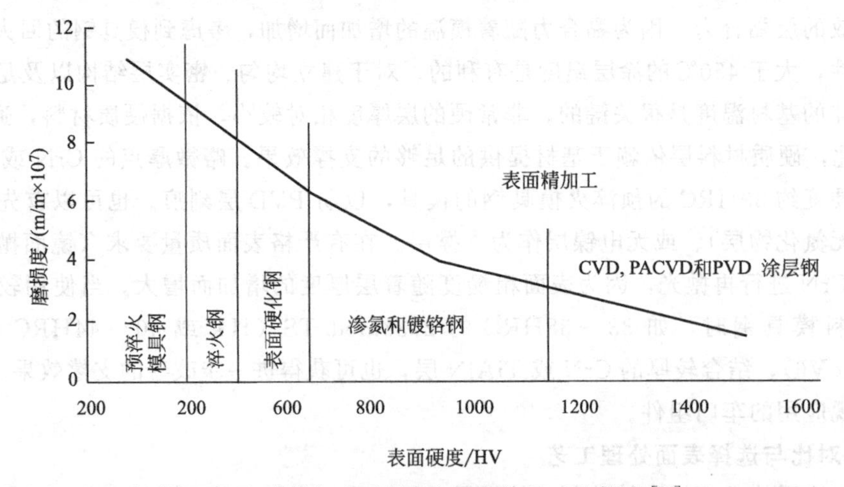

图 4.106　磨损与表面硬度之间的关系（示意图）[20]

表 4.6 常用表面处理一览表

处理	硬度范围（1000 / 2000 / 3000）	常用加工温度	常用层厚度	再加工性	尺寸稳定性	优选钢种
火焰淬火		①	可达 5000	+	+	淬火和回火钢
激光淬火		①	可达 2000	++	++	淬火和回火钢
表面硬化		920℃	可达 2000	++	++	表面硬化
无电镍		80	可达 20	++	++	预淬火和淬透钢
镀硬铬		60	8～50	++	+	预淬火和淬透钢
气体渗氮		500～550	可达 50	++	++	预淬火和淬透钢②
等离子体渗氮		300～550	可达 30	++	++	预淬火和淬透钢②
渗硼		850～1000	可达 60	++	+	预淬火和淬透钢
CVD/TiC		950	可达 10	++	+	淬透钢
PACVD/DLC		200	可达 3	++	++	淬透钢②
PVD/CrN		220～450	可达 10	++	++	预淬火和淬透钢②
PVD/TiN		220～450	3	++	++	淬透钢②
PVD/TiCN		450	3	++	++	淬透钢②
PVD/TiAIN		450	可达 10	++	++	预淬火和淬透钢②

① 钢材的奥氏体化温度。

② 与加工温度比较的回火稳定性必须被考虑。

参考文献

[1] DIN EN ISO 4957：Werkzeugstähle. DIN Deutsches Institut für Normung e. V. (2001)

[2] SEW 220：Werkzeugstähle，Auswahl von Werkstoffkennwerten und Wärmebehandlungsangaben. Stahl-Eisen，in preparation

[3] *Liedtke*，*D.*，*Jönsson*，*R.*：Wärmebehandlung-Grundlagen und Anwendungen für Eisenwerkstoffe (1996) Expert Verlag

[4] *Sommer*，*P.*：Datenbank StahlWissen-NaviMat 1. 0-2002

[5] *Oldewurtel*，*A.* in *G. Mennig* (*ed.*)：Werkzeuge für die Kunststoffverarbeitung (1995) Hanser，p. 376

[6] DIN Deutsches Institut für Normung e. V. (2001) DIN EN 10085：Nitrierstähle Technische Lieferbedingung

[7] DIN 7527 Sheet 6：Schmiedestücke aus Stahl，Bearbeitungszugaben und zulässige Abweichungen für freiformgeschmiedete Stäbe. DIN Deutsches Institut für Normung e. V. (1975)

[8] *Hippenstiel*，*F.*，*Grimm*，*W.*，*Lubich*，*V.*，*Vetter*，*P.*：Handbook of Plastic Mold Steels. Buderus Edelstahl GmbH (2002) Wetzlar

[9] *N. N.*：Company publication Laser Bearbeitungs-und Beratungszentrum NRW (2005)

[10] *Hoffmann*，*F.*：Elektronenstrahl-und Laserhärten，Seminar (1999) Lüdenscheid

[11] Ratgeber Verschleißschutz der Arbeitsgemeinschaft Wärmebehandlung und Werkstofftechnik e. V. (AWT) (1997)

[12] *Wyss*，*U.*：Grundlagen des Einsatzhärtens. Carl Hanser Verlag，Munich 1990

[13] *Jönsson*，*R.*，*Matz*，*W.*，*Sartorius*，*K.*：Vorvergüten. Techn. Mitteilung Nr. 32，Stahlwerke RöchlingBurbach GmbH，Völklingen

[14] DIN 17022-3：Wärmebehandlung von Eisenwerkstoffen；Verfahren der Wärmebehandlung；Einsatzhärten. DIN Deutsches Institut für Normung e. V. (1989)

[15] *N. N.*：Company publication Elektroschmelzwerk Kempten (1992)

[16] Personal report Schulte und Söhne GmbH，Arnsberg (2007)

[17] *N. N.*：Company publication Messrs NovoPlan，Aalen (2002)

[18] Personal report Härte-und Oberflächentechnik GmbH & Co. KG，Nürnberg (2007)

[19] *N. N.*：Oerlikon Balzers Coating GmbH，Bingen (2006)
[20] *Spies*，*H.-J.*：Erhöhung des Verschleißschutzes von Eisenwerkstoffen durch die Duplex-Randschichttechnik. Stahl und Eisen 117，Nr. 6 (1997)

4.6 表面结构化

(St. Krüth)

从 20 世纪 60 年代以来，已经有模具结构化技术应用于市场。最早仅偶尔使用的化学蚀刻发展很快。

图 4.107 仪表盘中阳刻模具局部图

目前，许多均匀图案无法用其他方法引入到注射成型模具中。特别是在汽车工业中，塑料注射成型变得越重要，纹理变得越重要。尽管在这一领域中的这一技术的研发，但高级手工制作仍然是对保证质量十分重要的必要条件。图 4.107 展示一个阳刻模具局部图。

4.6.1 光化学蚀刻技术

4.6.1.1 概述

本质上，这项技术基于酸将金属蚀刻去。如果结合保护漆覆盖金属零件的可能性，并因此能保护这些面积受酸腐蚀，即可制造出两种层次的结构。

通过以定义的结构图案涂在胶片上的方式应用保护漆，可制造出这种结构，如图 4.108 所示。这种方法将胶片上的图案传递到复制表面上。在去除载体材料后，纹理以网格的形式固定在模具结构上。

薄胶片仅为部分塑性，也受到尺寸限制，在大多数情况下，必须将多层薄胶片叠放在一起，然后修饰变化部分。不需要纹理结构的所有模具表面已经用 PVC 片和漆覆盖，如图 4.109 所示。

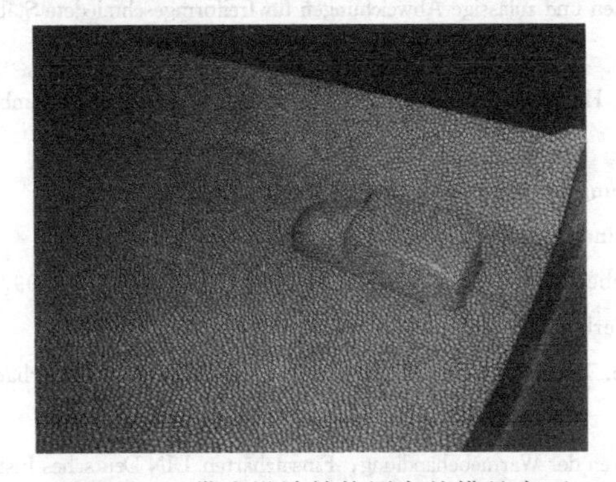

图 4.108 带有设计结构图案的模具表面

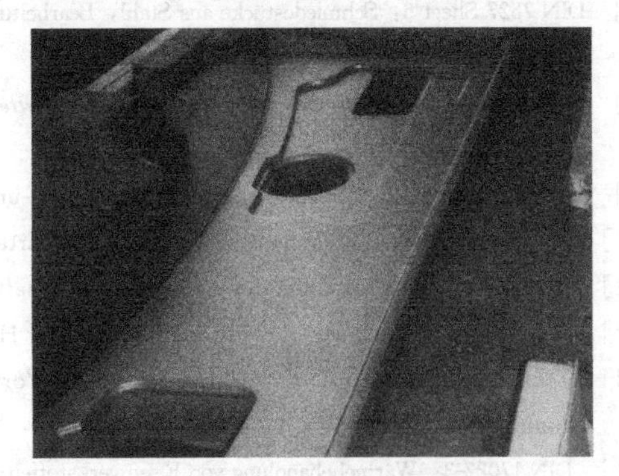

图 4.109 用平片覆盖无图案表面

蚀刻和被冲刷干净后将新胶片覆盖在已经蚀刻的结构上，称为多次蚀刻。通过多次蚀刻，可将结构精制到所需的形状。每次蚀刻可建立一个新的层面，并逐渐熔接掉先前的平面，得到一个三维结构。

4.6.1.2 结构化处理的原因

注射模具的结构化蚀刻追求多个目标。表面结构肯定是目前最重要的目标。模具结构化的原则是“制品因表里如一”，即塑料部件的外观应与制品一致。塑料手柄变为木质手柄，盒盖变为皮革表面的手套箱，简单的箱体变为设计产品，这些产品高光泽的表面由精细表面替代。图 4.110 给出了几个实例。

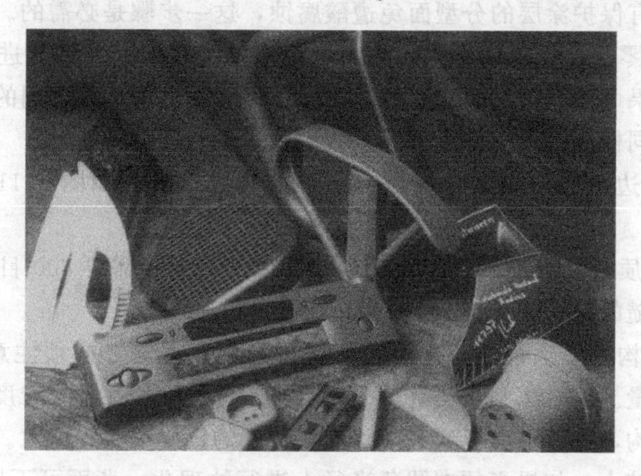

图 4.110 带有蚀刻结构的塑料制品

这些结构可装饰、精制、变化或层压。缩痕和熔接线几乎不明显，透明材料中的肋条或增厚在纹理结构中消失。

4.6.1.3 从图案模板到胶片

对于胶片上的大多数纹理，原始图案在模板上，如图 4.111 所示。为了达到这一目的，借助颜色和亮度从样品表面拍照或扫描纹理图案，这种样品可以是皮革胶片、木质薄板、结构化样品或其他物品。所需尺寸的胶片可以通过胶合和复制制成。因此需要大型绘画技能布景，因为这些元素必须连接在一起，然后它们能显示为一体。

图 4.111 皮革和木质结构模板

4.6.2 模具表面和结构的要求

为了能够涂敷、蚀刻，然后通过注射成型复制结构，某些原则需要注意。

① 模具上所有的面积必须是加工商可以接受的。这意味着肋条和窄截面仅能被加工成

深度和宽度相同。

② 最小的脱模角是必要的，以确保能从模具中脱模。这一脱模角取决于纹理的深度、壁厚和材料。通常，可根据“0.01mm 纹理深度需要 1°的脱模角”原则进行计算。偏离这一原则应该与加工纹理的人员进行讨论。如果制品收缩到纹理上，肯定需要较大的脱模角。

③ 由于均质纹理过渡，也要纹理化的侧抽和嵌件，需要由负责加工纹理的人员安装和移出。为了保护带有保护涂层的分型面免遭酸腐蚀，这一步骤是必需的。

④ 模具所有的零部件均应该用相同的钢材用相同的表面处理工艺进行制造，以避免在蚀刻中的差异。如果可能，钢材的组织取向在安装位置上也应该是相同的。这一原则也适用于被装配在一起的同样纹理的不同组件。

⑤ 为了能在每边上固定模具，应该有足够的螺纹通孔，如图 4.112 中显示的保险杠模具。

⑥ 必要的抛光质量取决于所选的抛光砂粒。最细的结构需要 600 目，大多数的纹理需要 320 目，非常粗糙的结构中，180 目的砂粒通常足够了。

⑦ 如果一种结构是多次蚀刻，甚至可能是环形蚀刻步骤，必须注意除了蚀刻深度外，还有全部蚀刻腐蚀量。这一原则表明有多少材料被整体去除。在砂粒粒度的限制下，可创建一个相应的侧凹结构，这将可能导致脱模困难。零件的壁厚也因此增大。在这一零件中的开孔相应较小，插销较大。如果必须在圆角半径上进行纹理化。背面可不用纹理化进行蚀刻。这也将在这些区域增加壁厚。

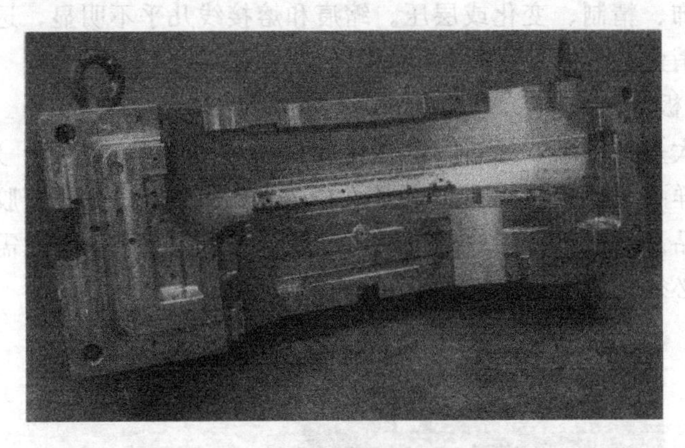

图 4.112 有吊环螺栓的保险杠模具

4.6.2.1 材料及其选择

蚀刻工艺类似于腐蚀工艺。所以，对于纹理化耐腐蚀钢，需要特殊的酸和技术。选择这种钢需要与制钢厂和纹理化专家讨论。如果有疑问，建议制作样板。大多数样板制造材料是调质钢，如 1.2311 或 1.2738。这些材料能最接近样板。对于选择这类钢，建议考虑被制造的制品数量、模具的复杂性以及注射成型的材料性能。

4.6.2.1.1 钢

1.2738 是最常用的大型模具用钢。为了最佳的纹理化效果，这一钢种进一步研发，现在已有 2738.mod.TS 可用。其他调质钢是 1.2311，1.2711 和 1.2316 为耐腐蚀钢。对于小型模具或如高硬度的模具嵌件，可选用淬透塑料模具钢，如 1.2343、1.2344 和 1.2767。1.2083 作为耐腐蚀钢的变种也可选用。

通常，这些钢种在纹理化前必须通过热处理达到它们的微观结构。其他的钢种也可蚀刻。因此，建议进行咨询或在合适的材料样板上进行蚀刻试验。

通过增加硫含量改善可加工性的模具钢，如 1.2312 不适合纹理化加工。存在的风险是，在纹理化过程中通过酸腐蚀，硫会从表面溶解。这会导致纹理图案中的凹痕，这取决于硫的分布和形态。

4.6.2.1.2 铝和其他材料

铝通常适用于蚀刻。然而，这种蚀刻行为完全不同于钢材的蚀刻。铝与酸反应具有很强的除气作用和通常很高的蚀刻速率。另外，强烈的反应热促使加热材料和酸，因而再次提高了蚀刻速率。特别是对于可通过较少热量的厚壁零件，这将导致蚀刻图形的改变。

其他可蚀刻的材料有镍、铜、黄铜、银、镍银合金、锌和锌基合金。选用不同的酸和蚀刻技术，得到的蚀刻图案也不相同。

4.6.2.1.3 热处理和表面处理

通过后续的表面处理可优化模具表面用于今后的使用。常用的方法是渗氮和不同的涂层。

所有的这些表面处理仅能在蚀刻后进行。重要的是，所有的涂层方法均可改变表面的光泽度。在大多数层面上，这种改变是不可逆的。为了达到期望的光泽度，当设定纹理光泽度时，尽可能考虑预期的变化。为此，预先的试验是必要的。

纹理化后处理，作为一种改进方法或修补，在几乎所有的涂层方法中都是不可能的。这一涂层必须事先去除，或者将在修理工作中损坏，因此需要重新涂层。特别是对于渗氮表面，通常是不能进行纹理化的。

4.6.2.1.4 纹理深度和公差

通过纹理的图形和深度来定义纹理的特征。纹理深度的变化可影响纹理的外观。如果由客户确定结构的话，关于纹理深度的叙述也应该包含在内。如果没有定义，该深度是图形的深度或模板的深度。纹理深度有不同的说明。最常用表示纹理深度，如小数点后的1/100mm刻度，定义了纹理波峰与波谷的可见差距。

用表面粗糙度测量仪器可确定 R_z值。这个值是整个测试面积上的5个断面的平均凹凸面深度。如果选择整个测试面积可代表性地显示每个断面的纹理特征的话，这个值才有意义。R_z值通常大于纹理的深度，因为它在纹理波峰和波谷中包括了纹理的尖部。

用现代测量仪器，如图 4.113(a) 所示（白光干涉仪传感器检测表面凹凸或纹理），也可扫描和评估表面上的纹理。用这种测量数据可产生不同的结果。除了上述的测量数据，表面 R_z值也显示表面上的表面粗糙度。图 4.113(b) 显示了三维图像的被测纹理。

所有的测量方法都有它们的优点和缺点。重要的是，用相同的测量仪器和参数才能可比测量结果。这一原则也可应用到被使用的滤光器中。

在整个零件上用蚀刻技术，深度的公差是不可避免的。第一原则是：±8%的公差是合理的。在纹理过渡区，较低的公差是可接受的。

4.6.2.1.5 模具和制品的光泽度

纹理专家可影响模具的光泽度。当测量光泽度时，可确定纹理化表面的反射，这发生在光线以设定的角度照射在表面上时。纹理化和它的凹凸面产生了一定的反射光。通过微结构的整体蚀刻或喷砂方法可减少反射光。图 4.114 显示了 3 种不同光泽度的均匀纹理化表面和导致的颜色变化。

(a)

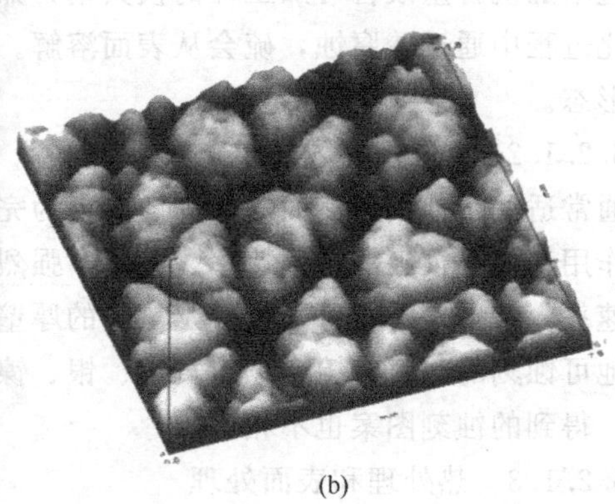

(b)

图 4.113 白光干涉仪

(a) 测量仪器；(b) 测量结果

图 4.114 光泽度的变化对颜色效果的影响

在模具上测量的数值不能完全表述模塑制品的光泽度。注塑成型塑料和注塑参数是模具表面对制品的复制精度的主要影响因素。复制光泽的任何损失都会取代材料本身的光泽变化，这是一个典型的特征。当一种材料被认为是光亮的，它的光泽可通过微结构降低。纹理专家不可能将预期的制品光泽度有把握地设计到模具中。

专家只能复制确定到模具中允差很小的光泽度。因此，有必要经过一到两次的“生产循环”取样后，优化模具中的光泽度，直到制品与样品匹配。

光泽度的允差不能太窄，这取决于材料和模具结构，因为材料的流道也会影响到复制精度的降低。

4.6.2.2 处理方法和修复技术

为了能够纹理化加工模具，在经过彻底清理后，首先要覆盖不需纹理化的所有表面。这可借助 PVC 带或涂层。为了纹理化加工，模具不能带有热流道和附加的附件。纹理表面一般先精细喷砂，然后再覆盖薄膜。这可借助光抗蚀技术，膜和光，或者嵌入相应的纹理薄膜，该膜的表面采用含有抗酸剂和已表现纹理图案的自黏颜色的载体膜。个别元素可加入到表面上。图 4.115 显示了如何用刷子和刻针手工附加这些个别元素，因此，在蚀刻工序后这些元素不再可见。

当纹理化表面必须抛光和由于变化和修补的原因再纹理化时，总是需要调整可能已经磨

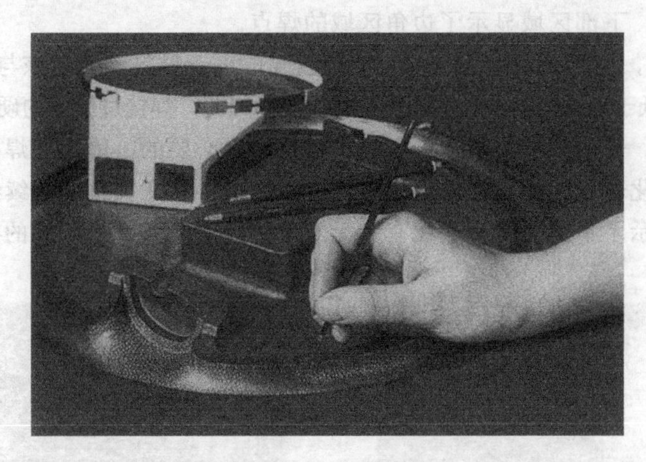

图 4.115 修整模具

损的表面。在其他的蚀刻技术和酸蚀方法中，纹理专家必须调节对周围表面的部分加工。这种加工的质量也取决于准备工作和纹理化加工。考虑焊接仪器和对曲面的抛光也可能有帮助。在任何情况下，纹理专家都应该从最开始就参与这项工作。在个别情况下，也建议先研磨整个模腔，再重新纹理化加工它。

4.6.2.3 脱模角度、开模空间和表面制备

最小脱模角度必须确保顺利脱模。这个脱模角取决于纹理深度、壁厚和材料。如果偏离了先前提到的经验法则，应该与纹理专家商量。如果制品收缩到纹理上，肯定需要较大的脱模角。

应该用于纹理化加工的开模空间必须清晰地标出，以便模具的运输。在模具中的标记应该借助于机械标记的方式进行。由于必要的模具清理，彩色标点是不够的。点状标记只适用于边缘清晰和连续可见的情况。只要可识别的参照边缘的结构清晰可见的话，这种方法以及开模空间的箭头标记是可行的。在这些情况下，这种加工过程应该事先与纹理专家讨论。

准备纹理化的模具表面应该按照纹理化工艺要求进行抛光。这种抛光必须能完全除去由EDM工艺产生的所有可能的残渣和事先加工的表面硬化层。为了能在清晰的轮廓中检查表面和弧面，建议使用喷砂表面工序。

4.6.2.4 对嵌件的焊接引起轮廓变化

焊接和纹理化通常是不相配的。如果仍然需要焊接的话，下列法则对尽可能地限制损坏是很重要的。在不相配的情况下，可能导致气孔发生，如图 4.116 所示。图中的竖直线是钢

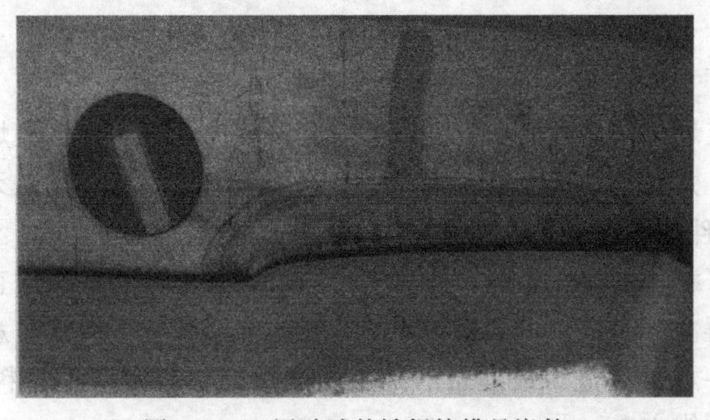

图 4.116 用酸试的被焊接模具嵌件

材中的带状形成物。下部区域显示了边角区域的焊点。

在 TIG 焊接前，模具必须进行加温。加热温度取决于材料，并应该与钢材供应商确认。

焊接后，刚好低于退火温度的二次加热是必要的。因此，焊接过渡区的硬度增加大致相当。

当选择焊条时，使用非常类似于合金的材料是绝对必要的。因为在焊接过程中被焊接的金属仍然在轻微变化着，因此，建议与焊条供应商讨论。注意模具能后续纹理化加工是很重要的。图 4.117 展示了不同焊接合金在有和无对工件的退火条件下不同的行为。

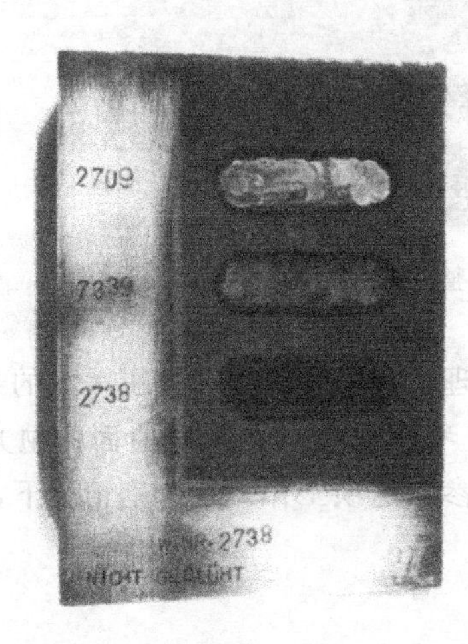

(a)有后续退火处理

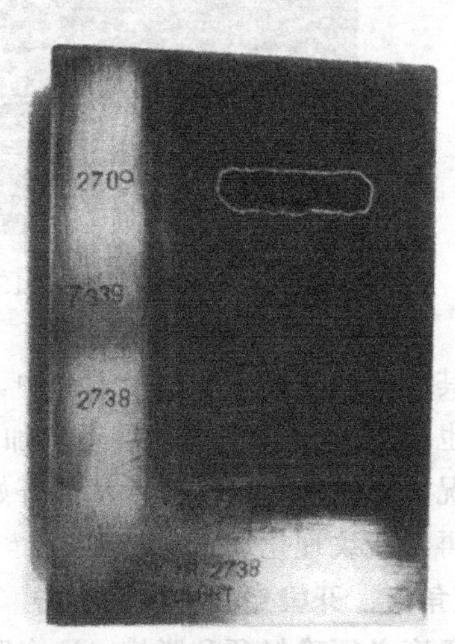

(b)无后续退火处理

图 4.117 焊接试验

对于小面积情况，激光焊接可替代 TIG 焊接。由于显著的较低能量，仅有少数边缘区域。

再次强调，材料的选择非常重要。对于每种材料，都有相应的“最佳焊接金属”。建议用不同的试样进行焊接和纹理化，如图 4.118 所示。

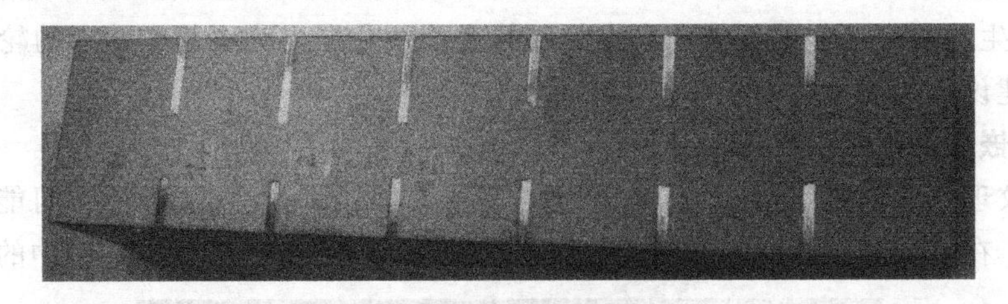

图 4.118 6 次焊接试验的试样

通常，被焊接区域总是修复区和肉眼可见，应该事先提醒客户。在焊接前也有必要与纹理化公司进行讨论，并寻求其他解决方案。一旦某个区域被焊接，它是无法逆转的。

4.6.2.5 用收缩嵌件的轮廓变化

用嵌件的收缩可替代焊接。为此，用氮气冷却后已强力收缩到压配直径的嵌件被压入到圆孔中。一旦嵌件再次膨胀，它可无缝隙地固定在这个圆孔中。应该注意到，这个嵌件应该用相同的材料和条件进行制造，最理想的是用同批次的材料。这种材料多半可从模腔中取出。收缩应该考虑纤维方向。

图 4.119～图 4.121 展示了制备的凹槽、收缩以及收缩后的情况。

如果在收缩中没有考虑材料的结构方向，这可导致可见的区域，如图 4.122 中所示。

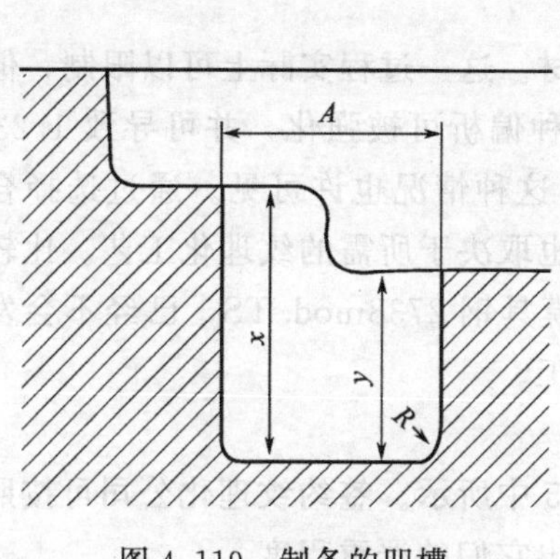

图 4.119　制备的凹槽

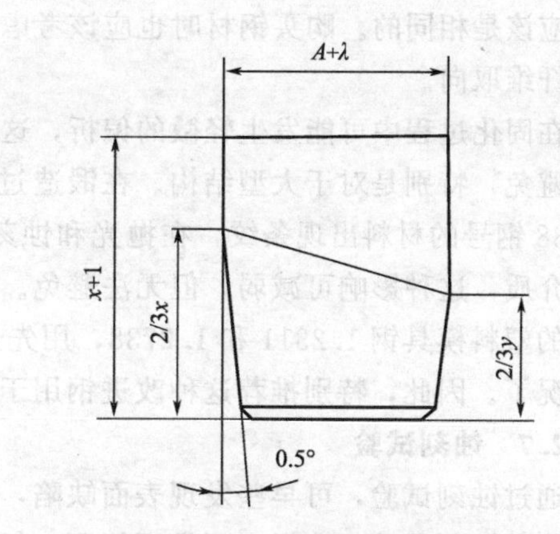

图 4.120　准备收缩的嵌件

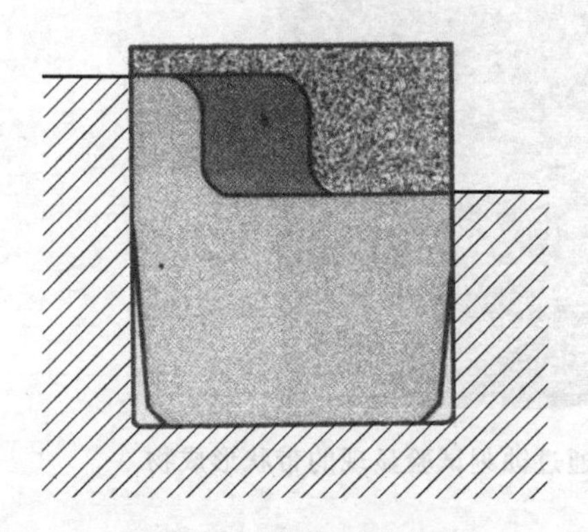

图 4.121　收缩后的情况

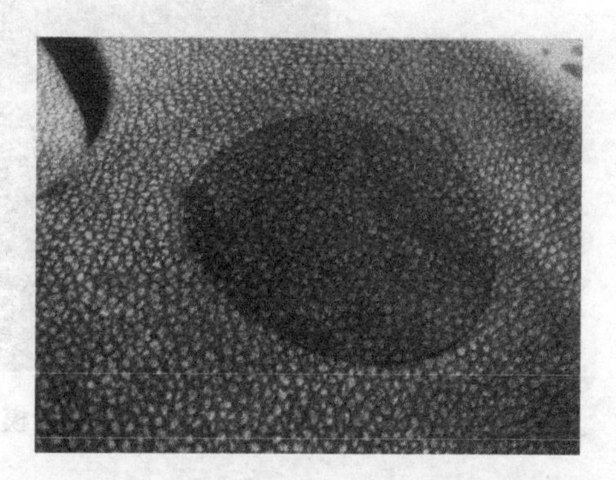

图 4.122　被插入到圆孔中并后续蚀刻的嵌件

4.6.2.6　结构硬化、纤维取向、带状形成

由于钢材和纹理后的加工，模具可能有瑕疵表面。这些包括结构的硬化层，例如当钝刀加热或挤压表面太用力时出现的情况。

在蚀刻过程中，通过表面色彩和不同的蚀刻深度可表征压花痕迹。图 4.123 展示了这样一个表面。

图 4.123　通过钝化铣刀压实的结构

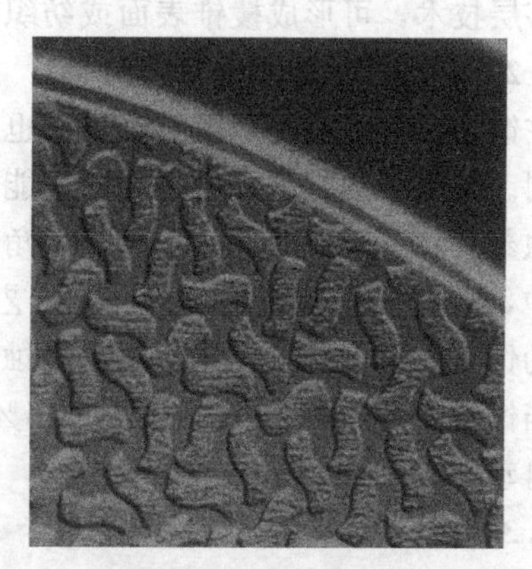

图 4.124　蚀刻处理后的钢组织（1.1730）

浇铸后通过锻造或轧制工艺可压制每种钢材。因此，在一个方向上被拉伸。当蚀刻时，这个方向也许是蚀刻区域中的纤维取向。这种取向很难识别。对于必须装配在一起的部件，取向应该是相同的。购买钢材时也应该考虑这个问题。图 4.124 展示了模具嵌件的蚀刻区域内的纤维取向。

在固化过程中可能发生轻微的偏析，这取决于钢材。这一过程实际上可以限制，但无法完全避免，特别是对于大型结构。在锻造过程中，这种偏析可被强化，并可导致 1.2311 和 1.2738 钢号的材料出现条纹，在抛光和蚀刻过程中，这种情况也许可见。通过选择合适的蚀刻介质，这种影响可减弱，但无法避免。酸的选择也取决于所需的纹理化工艺。比较先前提到的塑料模具钢 1.2311 和 1.2738，用先进的塑料模具钢 2738mod. TS，已经不会发生这种情况了。因此，特别推荐这种改进钢用于纹理化加工。

4.6.2.7 蚀刻试验

通过蚀刻试验，可早些发现表面缺陷，如图 4.125 中所示。签约纹理化公司可按照要求进行这种蚀刻试验。这样，可发现问题，但不能显示出它们的严重程度。

图 4.125 用 1.2311 钢材制造的模具结构中通过蚀刻试验显现的带状形成物

4.6.3 特殊工艺

4.6.3.1 设计类型与蚀刻组合

一种结构的简单蚀刻也称为半无光泽；完全蚀刻结构也称为全无光泽。除了通常的单一和多次蚀刻之外，还有其他的蚀刻技术。为了纹理尽可能地接近皮革结构，相同纹理化的不同级别薄膜可互相叠摞在一起，然后在多次蚀刻步骤中按照各自比例的蚀刻深度进行蚀刻。这种多层技术，可形成棱锥表面或纺织布结构，并可导致较好的效果，但非常耗时和昂贵。

4.6.3.2 加工技术的局限性

在蚀刻技术中可使用薄膜。尽管也有可拉伸薄膜，但在三维表面的几何结构的应用中仍有限制。在受限的方法中通过蚀刻仅能产生像棱锥的结构图像，如在多层技术领域描述的方法。蚀刻具有不确定的、非垂直的斜角，因此，无法蚀刻出圆柱孔或确定角度的孔。在蚀刻过程中，酸进入纹理膜下面。这种工艺称为膜下蚀刻，在侧面切除中，这种方法可形成约 66％的蚀刻深度。刻线总是从两侧腐蚀，因此，膜下蚀刻约为 132％。

当蚀刻深度达到刻线宽度的约 75％时，通过膜下蚀刻，刻线相应地消失。结构图像的精度自动限制了最大的蚀刻深度。

4.6.3.3 新技术

目前激光技术正在发展。这可以扫描三维纹理，并使用模具的 CAD 数据库复制此数据，如图 4.126 所示。

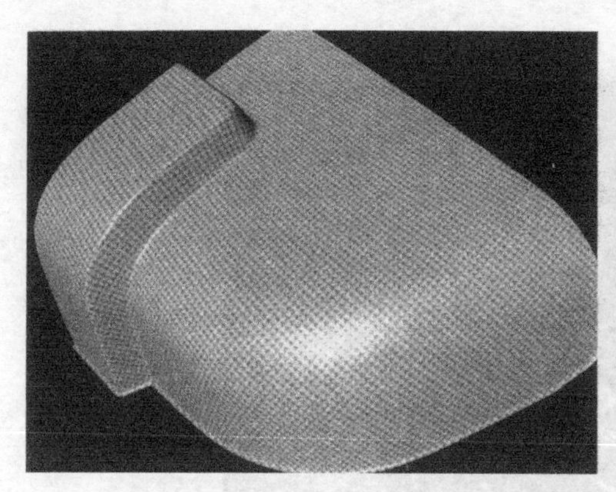
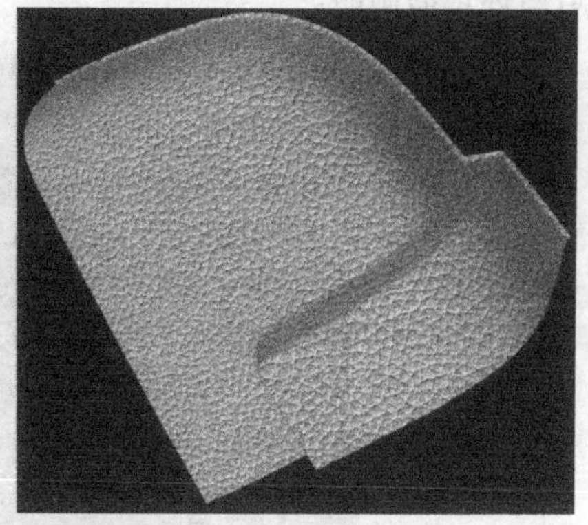

图 4.126　模具的三维图形

在复查了这一零件后，用 5 轴激光可将这种结构烧制在模具中。为此，这种结构可被分解成 40 层之多，以便尽可能地显示出纹理的三维结构。

图 4.127 展示了一种被激光烧结在钢材上的皮革表面和一种 0.4mm 深的几何结构。图中的便士作为尺寸的对比。蚀刻和激光技术的组合也正在进行试验。其主要优点是，图形的精度史无前例，以及事先虚拟显示效果的可行性。其缺点是依然相对较大的激光头，并伴随着激光束应该垂直照射到模具表面上。

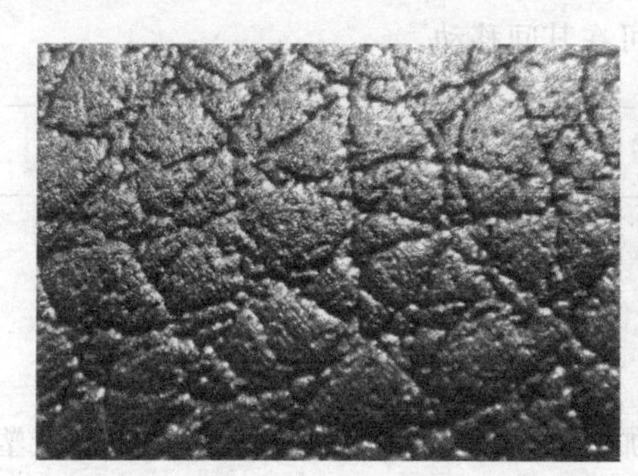

图 4.127　激光烧结的皮革表面和几何结构

4.6.4　执行订单

4.6.4.1　供应

为了得到非常精确的供应，纹理专家需要大量的细节。最重要的是注射成型制品，它应该标记有纹理化工艺、纹理方向、纹理区域、纹理深度减小量以及无纹理面积。分隔线必须清晰可见。为此，模具钢、模具组装以及准备注射的制品均是重要的。

如果没有现成的注塑制品，该制品的 3D 图像包括它的尺寸也会有帮助的。带有纹理区域的制品图也是有帮助的，然而对大型模具的说明是非常复杂的。

如果修平位置仍不确定的话，应该进行脱模分析。

4.6.4.2　纹理区域和模具的信息

再次要求一个标记的注射成型制品，并指明它的纹理化工艺、纹理方向、纹理区域、纹理深度减小量以及无纹理面积。用分隔点标记的无纹理边界必须清晰地标出。图 4.128 展示了一个适当标记的制品。

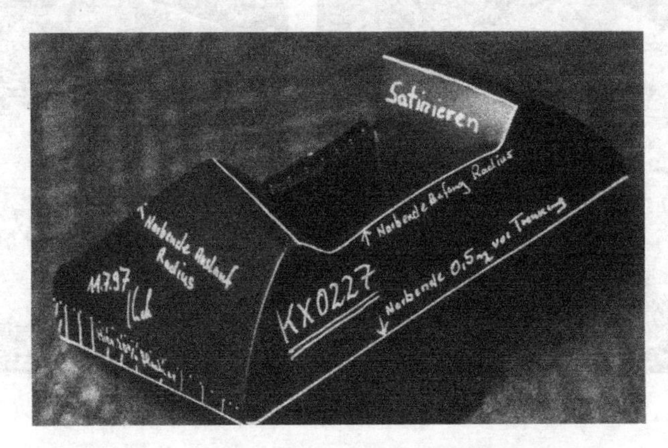

图 4.128　带有标记各自纹理深度的注塑制品

如上所述，无纹理面积必须被标记，或者可以被识别。焊接区域，如果有的话，必须被标记清楚。应该知道模具钢品种。

4.6.4.3　小结

模具的纹理化是涉及最后细节精心制作的一种技术。经过良好训练的专家可以将实践知识和生产良好结构的技术结合在一起。每种模具都具有它自己的形状，这是一种挑战。因此，公差应该加以考虑，如必要的间隙，结构可在其间移动。

4.7　模具制造的快速制样

(A. Gebhardt)

4.7.1　快速制模

快速制模的概念发展于 20 世纪 90 年代附加的制造工艺。在此之前专门用于生产塑料阳模，也用于生产阴模，即腔体或广泛解释意义上的模具。如今，快速制模有三个相关但不同的含义。

① 就方法而言，快速设计的策略上包括制模、模具、量具。

② 所有的工艺，包括非生成的、制造工艺和工艺的组合，都需要更快或更便宜的生产制模、模具嵌件、模具和量具，但适用于比传统模具制造方法更低的生产量。该术语包括所有类型的成型工艺（见 1.11 节）。

③ 用于直接生产制模、模具镶件、模具和量具的生成制造工艺。

本节从模具和模具嵌件的生成制造工艺的意义上专门讨论快速制模，如第③点所示（更精确的定义参见 4.7.2.4 节）。

快速制模，也可以称之为“快速制造模具”或“自动制造模具”，表明整个模具可以用所有的生成工艺进行制造。这仅适用于无侧凹的开合模具。对于复杂的生产模具，这样的想法是完全不现实的。复杂的模具部件像（最好被急冷）嵌件或滑块可通过生产制造。生成工艺的应用与模具的概念是紧密相连的，并且应该已经在模具设计中确定。快速制模不是一种自动模具制造的工艺。生成工艺中的应用仅仅通过非生成工艺步骤在技术上和经济上达到可行的有效的协调。

以下将介绍在模具制造中发挥作用的生成工艺，并讨论在模具制造中的适用性。这里仅讨论工艺基础，只为了对于理解生成制造技术的特点有必要。更全面的描述，请参阅参考文献［1］。

对比生成工艺和非生成工艺有助于理解生成工艺的可能性和局限性。有关这个内容的讨论在本节的结尾（4.7.6节），这是因为首先要知道的是生成制造的原理。

生成工艺同样适用于砂型铸造，制作型芯和模具的失芯模型，为熔模铸造模具，并对各种成型工艺母模型，应优选软（硅）模具。砂型铸造模具的成型技术不在本节中讨论，具体讨论见1.11节。

4.7.2　生成制造工艺基础

4.7.2.1　工艺原理

生成制造的部件是以层的方式生成的。用数学上的数据描述是切成厚度相等的虚拟层（切片操作）。由此产生的各层所得轮廓数据变换成一个物理层中生成的生产系统，并与前一个相连接。因此这一部分自底向上逐层形成（见图4.129）。如今，很多可用的生成方法仅能通过层产生的类型、连接两个相邻的层的方法以及构成材料的不同来区分。

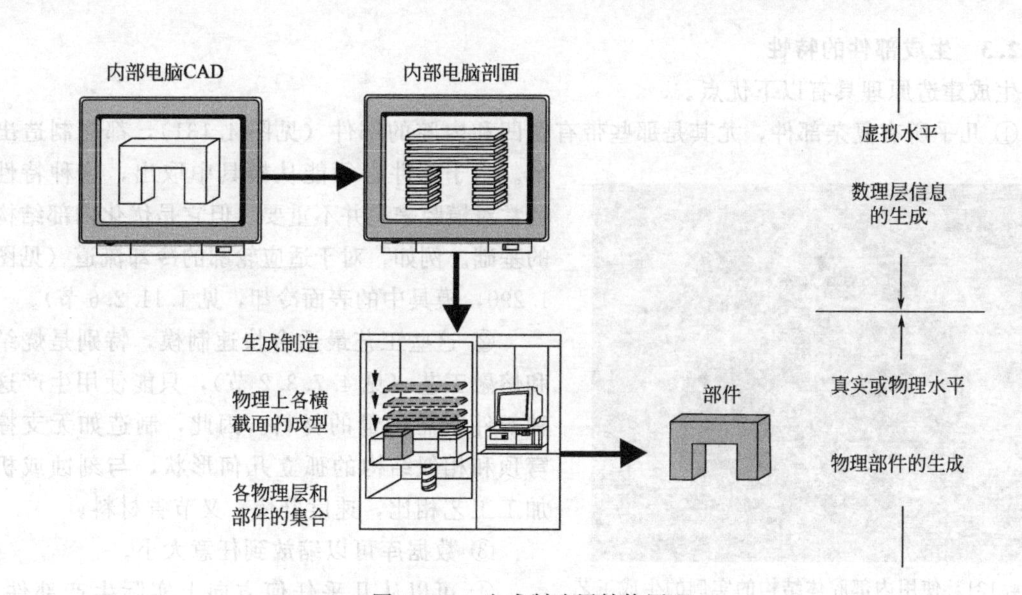

图4.129　生成制造层结构原理

生成的制造原理的应用需要一个准备制造产品的完整的三维数据库。这方面不准备进一步讨论是因为在制造模具中经常使用三维CAD设计。

4.7.2.2　数据流和数据格式

为了在生成工艺中建立数据，必须在数学上把三维CAD数据分割为同样的几个层，这些层在随后的生产中会用到。为了达到上述目的，独立于CAD程序，部件的所有表面由三角形网格（三角测量、小方形测量）覆盖，因此，这些表面可由这三个角和三角形的法向矢量明确定义。这种有三角信息的数据库称为STL数据库（STL即光固化界面）。STL的制定提供了生成制造中的实际标准。另外，轮廓可以直接从 CAD（原始的）中产生。产生的数据库称为轮廓定向或 SLC 数据库（CLI）。由预制的箔、片材或板材制造的模具通常是基于二维数据格式，如 HPGL 和 DXF。具体细节可以参照参考文献［1］，在 2.2.2 节中也有提及。图 4.130 展示了在生成制造中，特别是模具制造中对应的数据流。

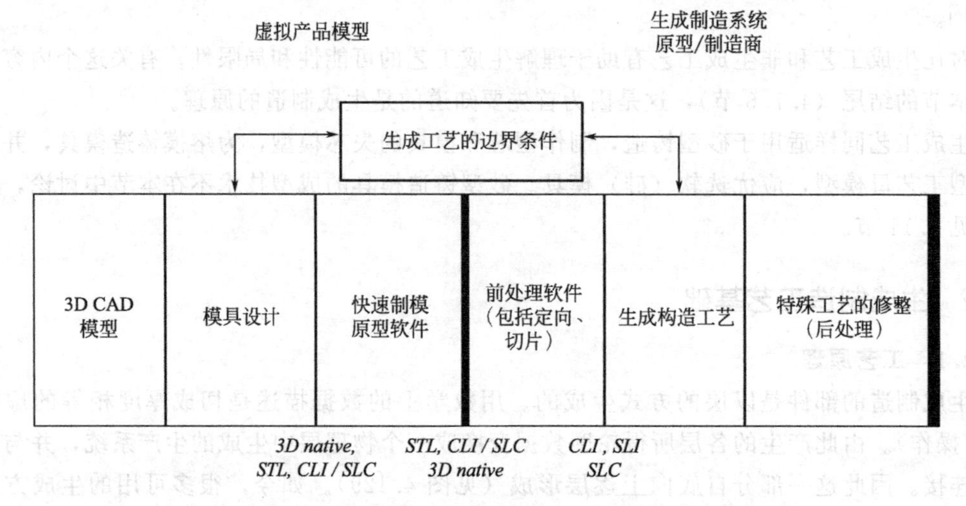

图 4.130　在生成制造，特别是在快速制模中的数据流

4.7.2.3　生成部件的特性

生成建造原理具有以下优点。

① 几乎所有复杂部件，尤其是那些带有侧凹和内腔的部件（见图 4.131），都能制造出来。由于部件必须能从模具中取出，这种特性通常对模腔来说并不重要。但它是优化内部结构的基础。例如，对于适应轮廓的冷却流道（见图 1.290，模具中的表面冷却，见 1.11.2.6 节）。

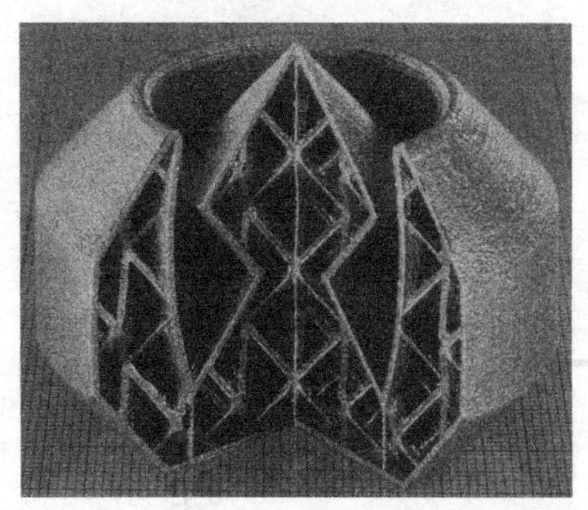
图 4.131　使用内部腔体结构的实例的生成工艺的几何自由度（源自：Trumpf 公司）

② 这些工艺最适合快速制模，特别是烧结和熔融工艺（见 4.7.3.2 节），只能使用生产这种部件所需用量的材料。因此，制造如无支撑穹顶和相似结构的孤立几何形状，与刻蚀或机加工工艺相比，速度既快，又节省材料。

③ 数据库可以缩放到任意大小。

④ 可以从几乎任何方向上实际生产部件。这样可以防止合模问题的发生。

⑤ 一般标准的 STL 格式可以用市场上所有的生成机器处理。

⑥ 某些方法能允许在构造过程中变化和变更材料，因此能接受部件性能局部适应的加工条件（见图 4.132）。

该原理也有以下缺点。

① 由于这个原理。表面产生了分级。低层，即在金属工艺中低于 0.025mm（标准是 0.1mm）的厚度，减少了层影响，但是修整仍然是必需的。

② 局部熔融趋向于热诱导翘曲和局部硬度增加。这些趋势可通过合适的曝光设计和保护性气体的引入而减少。

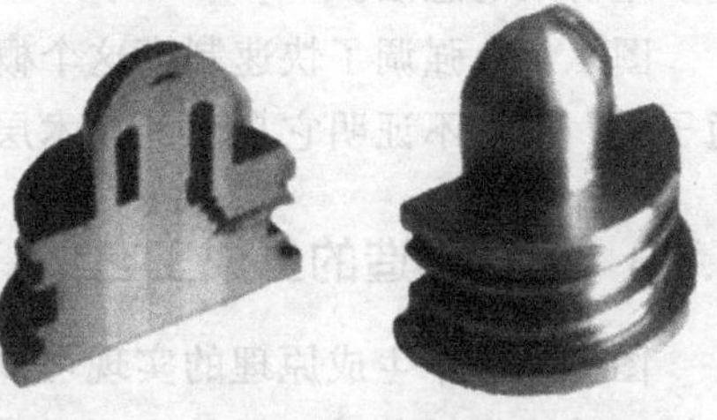

图 4.132　铜质模具镶嵌和适应轮廓的冷却（源自：FhG-IWS）

③ 材料的调色板在不断增加，但仍然很有限。制造商只提供少量的标准材料。如果是特种材料，如提供的是钛或钴铬，则每种材料等级仅限于一种材料。

④ 制造工艺对参数的变化很敏感。对关键构造参数的优化和监测是定性一个稳定结果的必要条件。

⑤ 在工艺（机）和材料间有着紧密的联系。相同的材料在不同的机器上能够变成具有不同性能的部件。

4.7.2.4　快速制模的定义

快速制模是指生成工艺的定向应用的子程序。图 4.133 显示了生成原理（快速技术）在生产原样（快速制样，RP）和产品（快速制造，RM）上的应用。

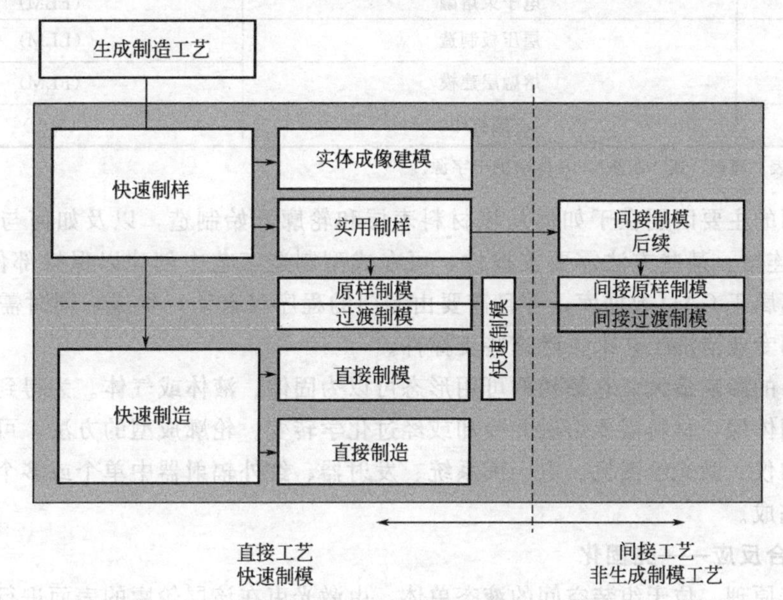

图 4.133　生成制造的工艺技术的结构、其在快速制样和快速制造中的应用以及与原样制模、直接制模和间接制模之间的关系

模具可以用快速制样工艺和快速制样材料（原样制模），以及快速制造技术和连续材料（直接制模）来生成制造。连续材料是指在连续模具制造中使用的材料。与此对应，模型材料也经常用于生成制造技术。

如果制造根据快速制样的制品制造模具，但不是直接在生成工艺中产生，则把这种方法称为间接制模或后处理程序。因为这不是一个生成制造工艺，严格地说，间接法不是快速制模工艺。然而，它已成为一种惯例，主要由市场支持，这就是之前第 2 节定义的所谓的快速制模（见 1.11 节）。

生产模具的直接或间接的 RT 方法简称为过渡制模（Bridge Tooling）。这种方法能够生产最终产品，但会牺牲制品的质量，特别是生产量。这是基于在原样和连续模具制造之间架起一座桥梁的想法。

图 4.133 强调了快速制模这个概念。快速制模描述了在使用生成制造工艺的意义上的普通子集，但并不证明它自己的技术层面。

4.7.3 模具制造的生成工艺

图 4.129 中生成原理的实现可以列出 5 个工艺系列。表 4.7 中生成 5 个工艺相互关联，都属于生成机械范畴，目前已可以采用。

表 4.7 5 个生成工艺系列和衍生的生成制造工艺

1	聚合	
	光固化 聚合物打印	(SL)
2	烧结/熔融 (选择性)激光烧结 选择性激光熔融 选择性掩模烧结 电子束熔融	 [(S)LS] (SLM) (SMS) (EBM)
3	层压板制造	(LLM)
4	熔融层建模	(FLM)
5	三维打印	(3DP)

注：“M”代表“建模”或“制造”，具体取决于字源。

工艺之间的主要区别在于如何从该材料表层和轮廓开始制造，以及如何与前一个工艺（下一个）相连接。某些方法需要支撑件，可在成型制造工艺中创建以保持部件的柔软性。这些支撑件不属于 CAD 数据库，并且需要由专门的程序（自动）生成，同时需要从部件中通过手动或用专业清洗工艺来去除这些支撑件。

创建材料的影响最大。它最初的可用形态可以为固体、液体或气体。为得到一个已经定义好轮廓的固体层，材料需要熔融并冷却或经过化学转变。轮廓成型的方法，可同时或连续通过激光扫描仪、激光绘图机、电子束系统、发射器、红外辐射器中单个或多个喷嘴系统和挤出机制作完成。

4.7.3.1 聚合反应——光固化

(1) 工艺原理　位于组装空间的液态单体，由激光束在该层轮廓的表面进行聚合，并固化成一层。这层是同时与下面的层通过聚合反应连接的。当一层生成后，一个被放置在创建空间的平台向下移动。使用支架连接到创建平台的半成品部件，也降低到下一层的厚度并在其表面上释放出相应的体积空间。这是通过重力和配有单体的涂敷装置（重涂）进行填充。该工艺的示意见图 4.134（该工艺的三维动画可以在参考文献［2］中找到）。

经过创建工艺后，部件在后固化柜（后固化炉）中完全聚合，并脱离支撑件。变化的工艺使用喷嘴喷射材料，并使用高能量光线或 DLP 发射器聚合。通常使用热塑性石蜡作为支撑件，以便清洗。

(2) 优点和缺点　聚合过程提供最佳的表面光洁度和最好的细节。然而，在很多工艺中，支撑物必须移除，部件才能后固化。

(3) 材料　聚合过程只能加工感光材料，因此，直到最近还限制于非填充塑料。通过使用填充树脂、高强度耐高温材料、金属和陶瓷部件（从某种角度），如今也可以在一个多阶

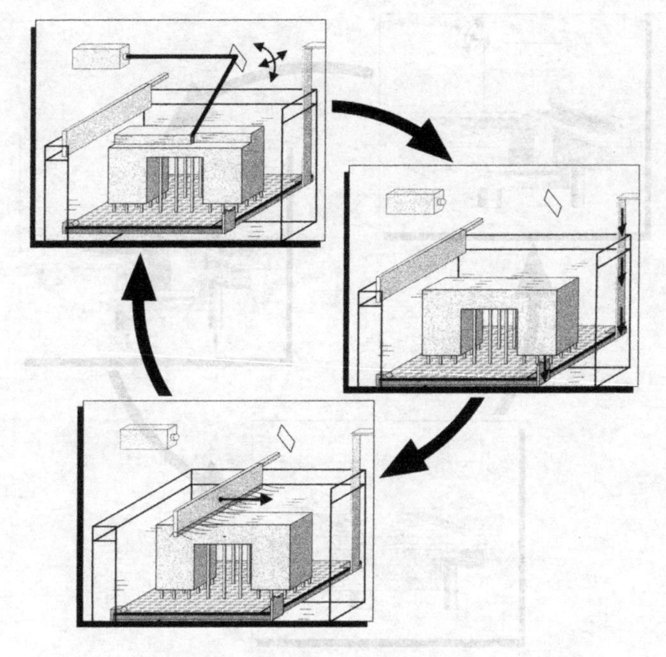

图 4.134　采用激光光固化的聚合工艺

段的过程中制造。

使用目前的材料，可以模拟重要的工程塑料如聚酯、聚酰胺或 ABS 的性质。

(4) 模具制造中的应用

① 原样制模和间接制模　聚合工艺提供了非常精确的有良好的表面的母模具，因此适合于脱模。因此，许多软质产品或硬模具的生产工艺已开发出来。从著名的真空浇铸硅模具到金属喷涂，以及反浇铸聚氨酯或填充的环氧树脂，直至使用 Kettool 过程 4 技术工艺的复杂制造硬模具嵌件。

② 直接制模　由模具（简单的开闭）直接聚合而成。这个过程可以通过制造商的 3D 系统，如 ACES 注射成型来描述（ACES 是一个立体的光固化创建格式）。它们不适合作为连续生产模具的单元。

(5) 设备和制造商　激光固化机器（Viper SLA，Viper Pro）和聚合物打印机（Invision）可生产 3D 系统。聚合物打印或注射系统（Eden 系列）来自 Object 公司与 Envsiontec 公司的 DLP 发射器（Perfactory）组成系统。

4.7.3.2　烧结和熔融

(1) 工艺原理　位于创建空间的热塑性粉末，会在层轮廓表面产生局部熔化并通过热传导到周围的粉进行固化。根据相应各层轮廓控制的激光或电子束提供了熔融的能量。另外一种方法是，形成一种层轮廓的面膜，并由红外光源照射。

在生成一层后，创建空间的底部向下移动。整个粉末块向下移动一层厚度，并在其表面释放相应的体积，然后用涂敷装置（再涂层）将新粉填充进来。过程示意见图 4.135。

在生成过程中，由周围粉末支撑的该部件必须通过火焰打磨（后处理）除去，然后才可以继续使用。

(2) 烧结熔融　在文献中，被描述的过程是否称为烧结或熔融仍存在争议。对于从业

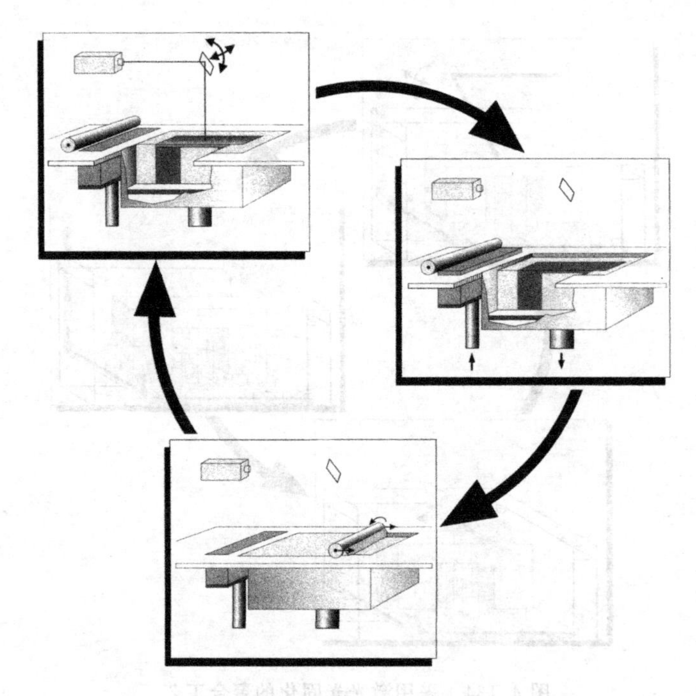

图 4.135　烧结和利用激光烧结的熔融过程[2]

者，这些争议是没有必要太关心。特别是在模具制造的应用中，需要完全致密的部件，它们通常（但不完全）是由制造商确定为熔融工艺的规程来提供的。

（3）涂层或用粉末喷嘴熔化　粉末床中的烧结或熔融工艺的变种是带粉末喷嘴的激光源的工艺。平行于激光束的粉末被添加后熔融。这个过程是适用于较厚的层，并优先用于修复的目的。

（4）优缺点　烧结、熔融过程都可以加工所有的表现为热塑性的材料，并可作为加工粉体的工艺。它们可以生产内部空腔的产品。部件不需要支撑结构。这个过程是单阶过程。如果表面质量可以接受，部件在简单返修后直接可以使用。因此相对粗糙的表面是这种工艺的最大缺点之一。尤其是金属部件，这种修复会变得复杂并且影响精度。

（5）材料　由塑料、金属和陶瓷制成的部件可用烧结、熔融工艺进行制造。

① 塑料　可选用未填充和填充（铝或玻璃珠）的半结晶聚合物 PA11 或 PA12（尼龙）和聚苯乙烯（PS）类的无定形聚合物。

② 陶瓷　材料范围几乎覆盖整个光谱：由 Al_2O_3、SiO_2、ZrO_2 和 SiC 制成的模具和部件，完全烧结的 Si_3N_4 和所谓的“梯度材料”，如将 ZrO_2 应用于 Al_2O_3 层或适当的基底[3]后得到的锆石增强铝（ZTA）。铸造砂型可直接烧结。它们都涂有聚合物，以使聚合物壳达到完全烧结。这基本上是一种塑料加工过程。

③ 金属　各种单组分和多组分金属粉末都可选用。重点是单组分粉末。因为组件性能可以与研磨或腐蚀部件的性能相比。可用钢、不锈钢、钴铬合金钢、模具钢、钛、铝。晶粒尺寸在 20μm 以下的粉末需要小心处理。活性粉末如铝和钛，必须在完全封闭的、含有惰性气体的加工空间中进行加工，最好进行内部物料处理。金属部件的力学性能，特别是硬度、屈服强度和抗拉强度，已经逐步接近那些已经用非生成过程和半成品制造出的产品。

(6) 模具制造中的应用

① 原样制模和间接制模　用于成型过程的母模可以用烧结工艺制造。由于较差的表面和因此造成大量的返工，这种情况很少发生。对于原样制模，可以制成塑料模具，最好是浇铸成型。

② 直接制模　特别是可直接用于模具组件的金属零件，可以用烧结、熔融工艺制造。随着过程稳定性的提高和材料的改进，调整生成和非生成的制造方法越来越有经济上的吸引力。

由于可制成内部中空的空间，所以，可根据制造技术来实现保型冷却的原理。

通过用粉末喷嘴，可以建成专用于混合材料的模具，以便实现最佳的热效率。所谓的双金属模具是由例如铜区段提供的。铜区段可嵌入到模具材料中和直接加入到此过程中。

(7) 设备和制造商　激光烧结系统产生了3D系统（烧结台HiQ Pro）、EOS（EOSINT P，M，S）、Concept激光（M1 Cusing-Cusing是覆盖和熔融的缩写-M2 cusing，M3线性）和MCP-HEK（MCP Realizer SLM 250，－100）。Concept和MCP把他们的产品描述为熔炼厂。ARCAM（EBM S12）提供了一个电子束烧结厂，Speedpart（RP3）提供了一个带有红外发射器和面膜的塑料制造设备。可以通过Optomec（LENS 705，－800R）和Trumpf/POM（DMD 505）来实现带有粉末喷嘴的生产原理。

4.7.3.3　层压工艺

(1) 工艺原理　用预先制造的箔、薄片或板，采用激光、刀或铣刀等方法切出轮廓层。然后将轮廓层加到前一层。最简单的方法是用纸，这种纸含有热活化黏合剂。每一层都是粘在前一层上面（第一个层粘在创建平台上），然后使用激光加工出轮廓。整层材料保持在部件中。最后，用必须被脱模的制品创建出一个块体。这是一个相当复杂的手工过程，尽管已经适当地简化了。由辊或单张纸进行的纸分层工艺是全自动的。最好的方法是美国Cubic Technologies公司的分层实体制造技术（LOM），但是，如果用整个工艺系列进行区分的化，这个定义是不正确的。

该方法的一个改进型是使用激光切割或铣削机，通过相应的通孔和定位销来连接单个横截面。通过扩散或超声波焊接、机械夹紧或胶合来连接。该工艺示意见图4.136（同样参见参考文献［2］）。

在生产过程中，部件是由周围的创建材料来支撑的，这些材料在创建工艺后必须手动移除。纸模型必须在创建过程后进行渗透。

(2) 优缺点　层压板的方法能加工所有的机加工或热分离材料。材料一般都很便宜，因为使用的是商业品质。然而，大量产生的废料以及对厚度公差的高要求，再次使这种优势相对化。

(3) 材料　用层压工艺，可以制造出纸和塑料以及金属和陶瓷的制品。片材半成品可在市场上购得。这意味着所有的商业品质均可选用。

(4) 模具制造中的应用

① 原样制模和间接制模　层压板工艺可以快速提供纸和塑料制成廉价的但不是很精确的母模型。为了复制，它们不应该有任何由于破碎危险的孤立的细节。对它们的表面必须进行彻底的修整。

② 直接制模　所谓的层状模具是由层状薄板钢材制成的。这类模具可以很快地进行批量生产，但对表面必须进行机加工，并非常受限于它的复杂性。对于金属零件，可以使用涂

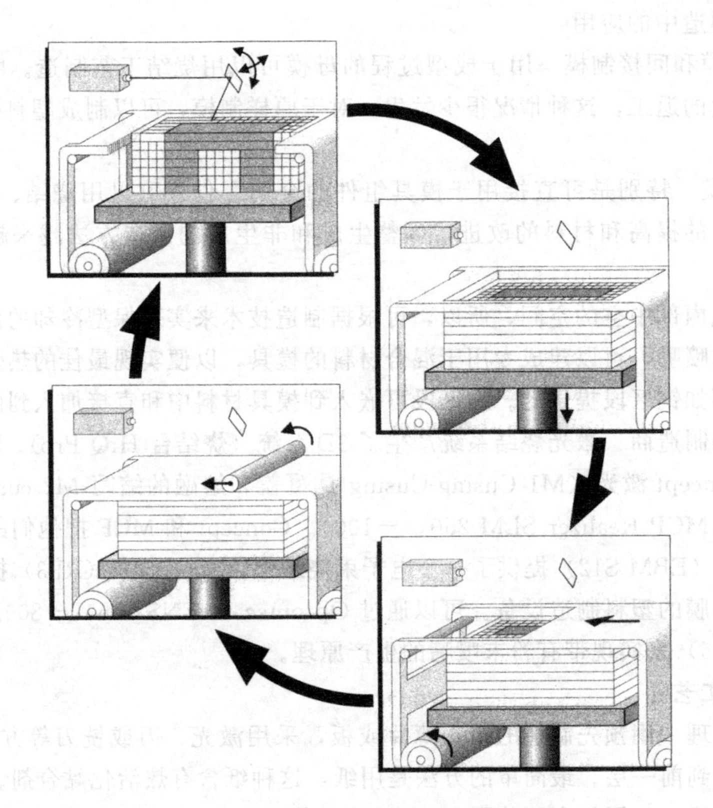

图 4.136　层压工艺（以层压实体制造为例）

抹薄膜而无需返工。

(5) 设备和制造商　Cubic Technologies 公司（LOM 1015plus，－2050H）、Kinergy (Zippy Ⅰ，－Ⅱ)、Kira（PLT A3，－A4，Katana）和 3D Systems（LD 3D Printer）提供了由纸或塑料薄膜生产部件的设备。

他们自己的机器的层铣削工艺是由 Zimmermann（LMP）提供的，应用的软件包并不相同，有时甚至在他们自己的机器中也不一样。软件包是由 Stratoconception/CharlyRobot (rp2i) 提供的。专有的层铣削工艺服务是由 Weihbrecht and Tschopp Engineering 提供的。

Solidica 展示了一种混合机（Formation），可实现超声波固化原理。这种机器可借助超声波加工铝带，并用铣刀加工几层后得到轮廓。它产生了致密的铝组分。

4.7.3.4　挤出工艺

(1) 工艺原理　由热塑性材料预制的线或棒在喷嘴中熔化，然后根据当前的轮廓柔软地喷涂到前一层上（第一层在创建平台上）。通过将热传导进这个部分完成的制品中，将该层固化。

生成一层后，创建平台和连接支撑件的部分完成制品向下移动并喷涂下一层。该工艺示意如图 4.137 所示（参见参考文献[2]）。

创建过程后，支撑件必须从制品上去除。该过程可采用手工或专用清洗技术完成。

(2) 优缺点　该工艺是稳定的，也可在办公室环境中进行，根据不同的机器，可易于使用，和复制在产品研发中已成功使用的制品。但它仅限于塑料。支撑件必须被移除。挤压工艺会在表面上留下特性痕迹，这取决于制品在创建空间的取向。因此对于成型过程，也需要

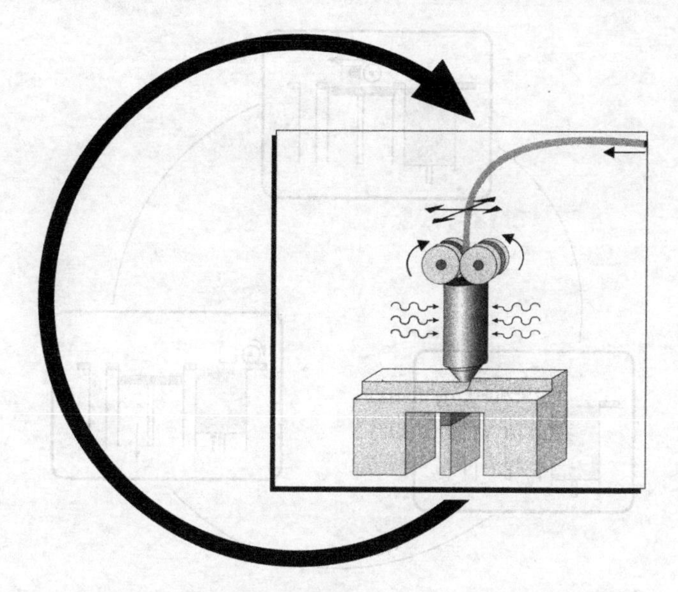

图 4.137 以熔融沉积制模（FDM）为例的挤出工艺

相对复杂的手工调整。

（3）材料 挤出工艺只能加工热塑性塑料。然而，这种塑料有相当广泛的范围，包括PP、ABS和高温塑料（聚苯板、聚苯砜）。材料也可以染色。

（4）模具制造中的应用

① 原样制模和间接制模 由于挤出工艺有较差的表面质量，不如光固化可适用于所有类型的成型工艺。但是对热载荷或机械载荷有特别高要求的可以例外。

② 直接制模 用于嵌件制造的挤出工艺不适合用于生产模具。

（5）设备和制造商 Stratasys公司根据FDM原理提供了一系列的挤出设备，包括不同的创建尺寸和不同材料的机器（Prodigy/FDM200mc；Vantage i，—X，—S，—SE；titanium，Maxum）。也有为了在办公环境中快速生产的廉价的机器系列（dimension BST 768，—1200，dimension SST 768，—1200，Dimension Elite）。

4.7.3.5 3D打印

（1）工艺原理 位于安装空间的粉末，通过顺序注射的胶液与表面相连接（根据层的轮廓），从而形成一个固体层。黏合剂通过带压力的喷嘴注入。

在生成一层后，创建空间的底部向下移动。整个粉末块降低一层厚度距离，从而在其表面释放出相应的体积，然后填充新粉末（涂层）。该工艺的示意如图4.138所示（参见参考文献[2]）。

在生产过程中，制品由周围的粉末支撑，这些粉末必须在创建过程后被吸除。接下来的步骤是渗透。在这之前，黏合剂必须先除去，这取决于材料的不同。

（2）优缺点 3D打印工艺可以加工所有能以粉末形态存在的材料。它们允许内部模腔的制造。制品不需要支撑结构。这种金属工艺是一种多级过程，并可在室温下操作。这需要一个后续的加热炉工艺和青铜渗透。该工艺的一个缺点是相对粗糙的表面。特别是对金属部件来说，修复将非常复杂，也影响精度。

（3）材料 由塑料、金属和陶瓷制成的部件，可以用3D打印工艺。规范是：石膏-陶瓷

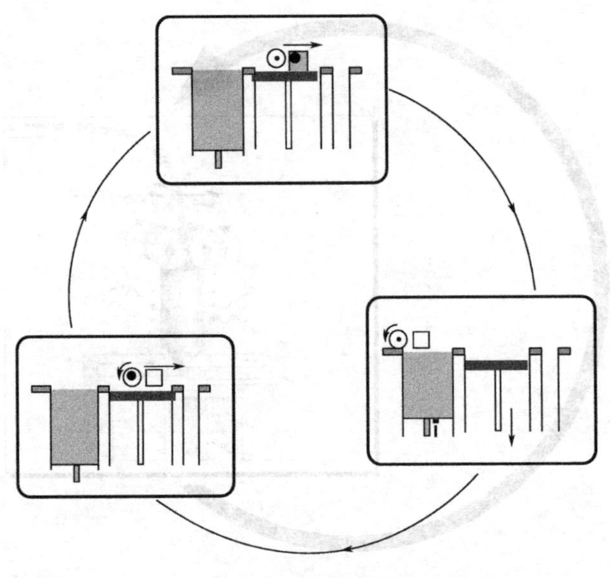

图 4.138 3D 打印工艺

和淀粉粉末可用于制作表述性模型，失芯模具可用于铸造工艺。

金属：不锈钢粉末（相当于 X2CrNiMo；1.4404）和模具钢（相当于 X42Cr13；1.2083），加热炉处理后模具钢的硬度为 54HRC。由于铜的渗透，材料的机械工艺性能一般低于半成品，而热导率较高。

（4）模具制造中的应用

① 原样制模和间接制模　3D 打印提供了快速、廉价但不太精确的母模型。为了复制，它们不应该有任何由于破碎危险的孤立操作。对它们的表面必须进行彻底的修整。

② 直接制模　所谓的层状模具是由层状薄板钢材制成的。这类模具可以很快地进行批量生产，但对表面必须进行机加工，并非常受限于它的复杂性。对于金属零件，可以使用涂抹薄膜而无需返工。

③ 直接制模　也可能含有内部冷却通道的模具嵌件，可采用 3D 打印工艺制造。青铜的渗透可导致较高的热导率，如果较差的机械工艺性能是可以接受的话，这种方法有可能是有利的。

（5）设备和制造商　大多数的 3D 打印系统制造商把重点放在生产制品的材料为塑料（voxeljet，vx800，vx500）、淀粉、石膏、陶瓷（Z 公司，z-printer 310plus，－450，－510）或砂（普洛铸铁模砂线）等的生产机械上。普洛铸铁提供了一种两台机器（R1 和 R2）的金属线，即所谓的直接金属打印机。可选择的还有一种增稠炉，可用于去除黏合剂和渗透以及开包站。

4.7.4 模具制造的机器

由于模具制造的机器，相对于切割或腐蚀的机器，一般是不知名的，这里仅简要描述模具制造机器的基本结构。对实际机械的描述可参考文献［1］和制造商的网站（见 4.7.7 节）。

烧结或熔融技术对快速制模非常重要，图 4.139 中给出的实例是激光烧结或熔融装置。图中的装置关闭，适用于在惰性气体中高温加工材料，但也包括了所有烧结或熔融装置的

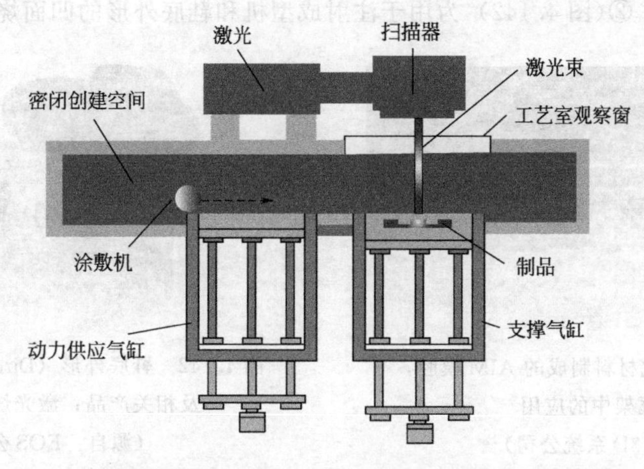

图 4.139 激光烧结系统，封闭创建室的原理（源自：Phenix 公司）

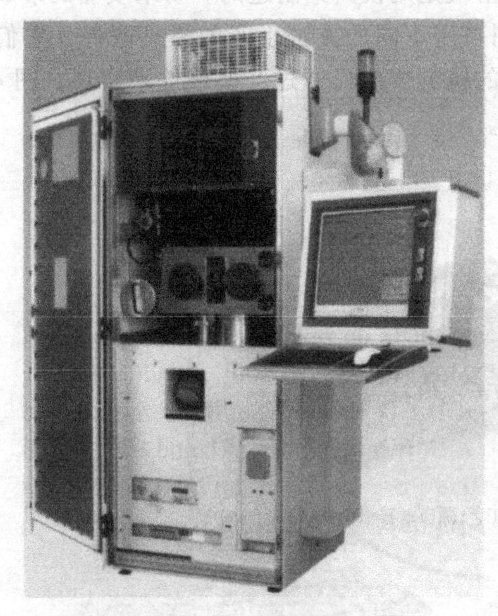

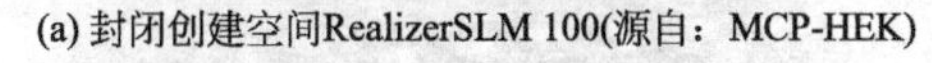

(a) 封闭创建空间RealizerSLM 100(源自：MCP-HEK)　(b) 可交换模块M3linear(源自：Concept Laser)

图 4.140 熔融装置

元件。

使用激光扫描装置制作轮廓、同时进行制作轮廓和生成层的建造平面、粉末的储存和应用系统都清晰可见。

图 4.140 展示了一种熔融装置，具有加工活性粉末材料的全部完成的创建空间，和具有可互换的创建模块，它不仅可用于生成，也可用来雕刻和标记。

4.7.5 举例

4.7.5.1 原样制模

通过应用制造方法中原样制模的两个例子是：①AIM 应用，如图 4.141 所示，样品可直接烧结在模框中；②(图 4.142) 为用于注射成型机和鞋底外形的凹面烧结。

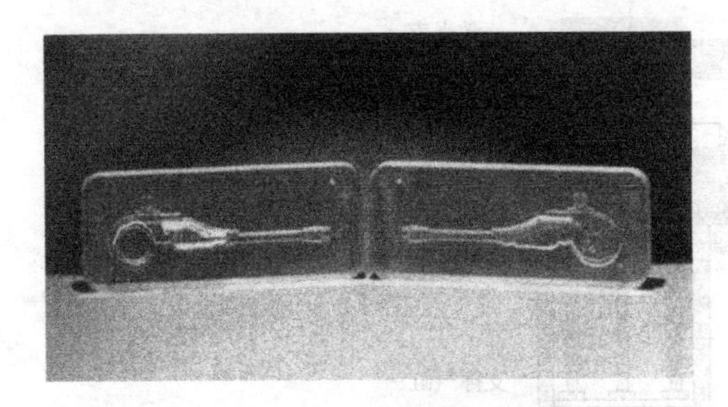

图 4.141 光固化材料制成的 AIM 模腔，用于框架中的应用（源自：3D 系统公司）

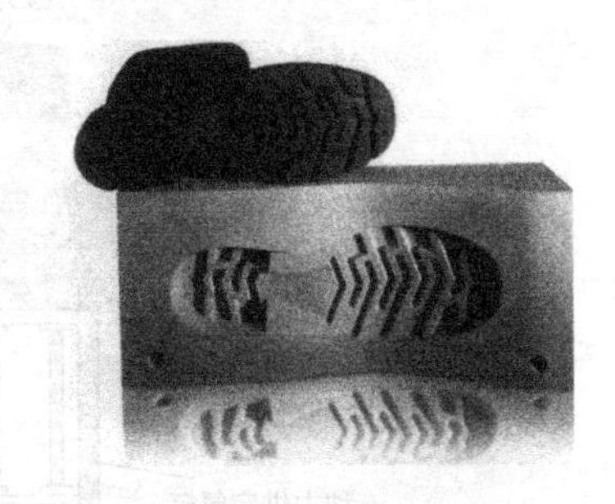

图 4.142 鞋底外形（Direct Pattern 公司）及相关产品；激光烧结聚酰胺（源自：EOS 公司）

4.7.5.2 直接制模

在直接制模方法中，较好的模腔、嵌件和滑块是用模具钢制造的。粉末喷嘴的形成有利于修复和设计变化。图 4.143(a)～(c) 为分别采用不同的方法生产的模具嵌件。它们主要有内部冷却通道、无支撑的圆顶或深槽。灵活的模具概念可通过互换嵌件来实现。图 4.144 给出了一个用于制造驾驶舱模具的嵌件的例子。

(a) 直接金属打印工艺(源自：普洛铸铁)

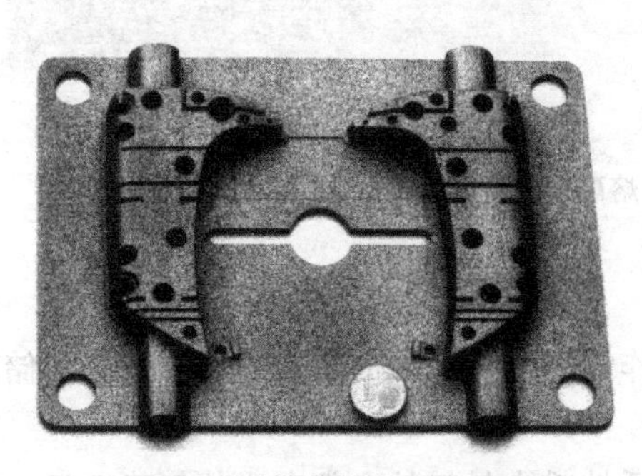

(b) 选择性激光熔融(源自：MCP-HEK)

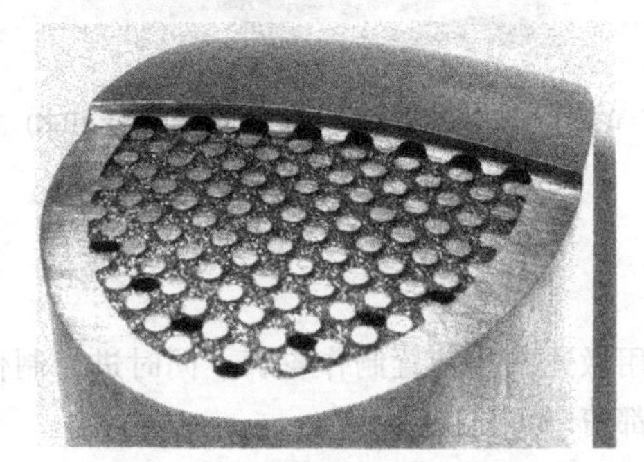

(c) 激光熔化(源自：Concept Laser)

图 4.143 用不同的生成工艺制造的模具嵌件（部分切割）

图 4.145 显示了一个大批量生产注塑制品的模具嵌件（牙刷头）。左边是用于电火花线切割的起始通孔的一个生成部件，右边是最终完成的模具嵌件。该材料是一种模具钢 (1.2343)，硬度为 53 HRC（无热处理）。

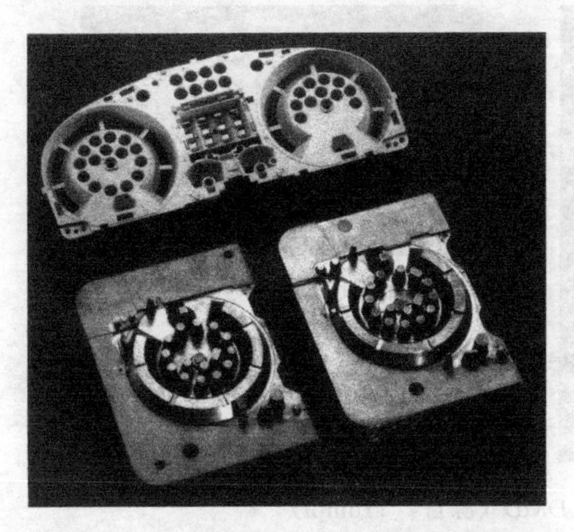

图 4.144　注射成型制造的驾驶舱模具的互换嵌件（源自：EOS）

图 4.145　大批量生产的模具嵌件（源自：布劳恩/Trumpf）

(a)生成结构工艺

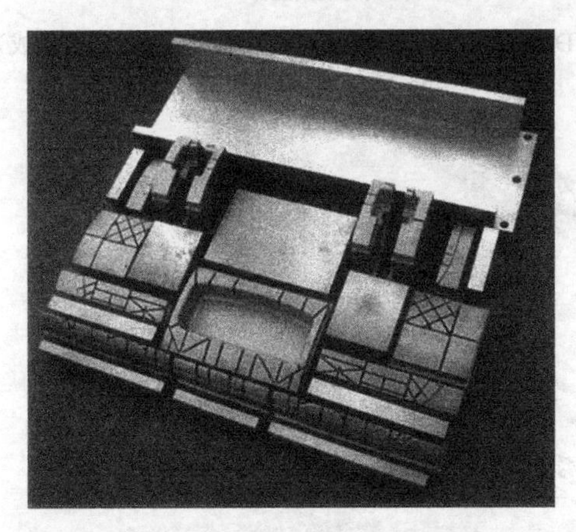

(b)生成和非生成制造的模具部件

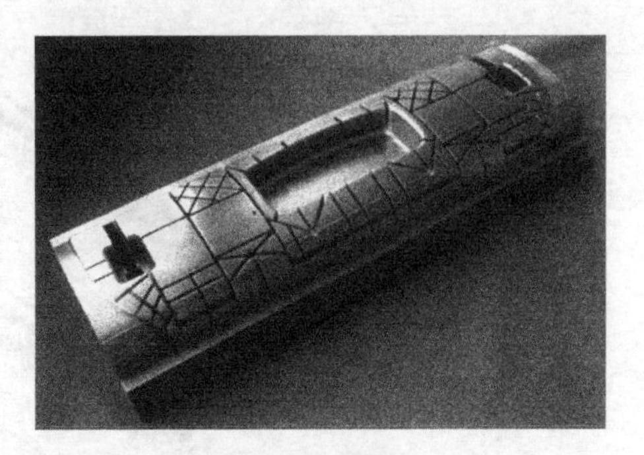

(c)半成品模具

图 4.146　EcoMold 项目（源自：FHG IFAM）

一个生成和非生成的制造步骤系统的最佳组合的方法是 ecoMold 项目。对于非生成修复，还有夹紧板上的安装，嵌件是直接生成的夹紧元件（见图 4.146）。

用于生成过程的维修和保养的应用例子是采用粉末喷嘴的纹理化（见图 4.147），以及

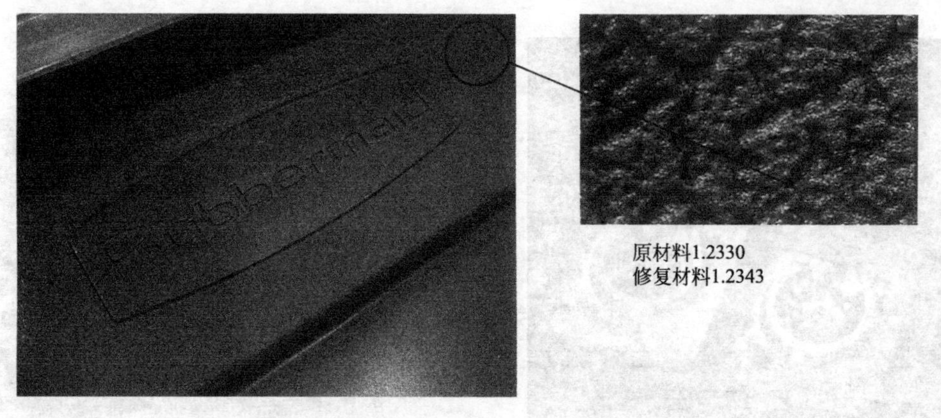

图 4.147 纹理化表面的修复，DMD（源自：Trumpf）

一个在预制坯上用 1.2343 制成的模具嵌件，都是由相同的材料制成的。

图 4.148 显示了一个用生成工艺制作并作为一个最终机加工的嵌件。生成工艺取得了它们标准件的生产方式。图 4.149 显示了一个所谓的可调或有一个内部的螺旋形冷却通道的冷却销。

(a) 生成的部件

(b) 最终完成的模具嵌件

图 4.148 模具嵌件，建立在一个预制坯上，DMD（源自：Inno-shape）（两者均由 1.2343 制成）

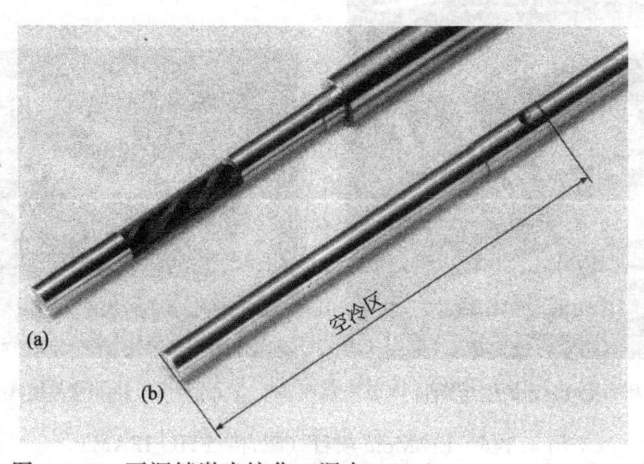

图 4.149 可调销激光熔化（源自：Hofmann，Lichtenfels）

（a）切面；（b）准备使用的

在直接制造和直接制模领域中所有厂商都会不断推出新实例。这可参阅制造商的网站（见 4.7.7 节）。

4.7.6 非生成模具制造工艺的界定

在模具制造中，通常选用非生成、优选切割及侵蚀工艺；而生成制造工艺使用较少，和鲜为人知。鉴于上述情况，将讨论生成制造工艺的特点，并与非生成工艺做对比。

（1）材料　非生成工艺是以半成品形式的材料进行，这些半成品的选择要与制品的力学性能相匹配；此即产品定向材料选择。

生成工艺中可使用的材料很少，材料的优化主要取决于生成工艺，而不是产品。因此所需的力学性能仅仅能够大概实现，此即工艺定向材料选择。

（2）工具　非生成工艺用不同的刀具进行，这些刀具可优化调整到各自的子任务，并可定制（如有必要），在生产过程中，这些刀具需要频繁更换（如有必要），此即产品定向刀具选择。

生成工艺的工作“无刀具”，即它们不使用可根据制品调节的刀具。这里的“刀具”是一个生成层和制成轮廓（成形）元件，它不会在制品生产过程中改变，也不会有制品到制品的变化，此即工艺定向刀具选择。

（3）部件设计　由于技术原因，非生成制造的部件通常是由几个零件或元件组装而成的，这些元件常常材料不同，此即工艺定向部件设计。

因为几乎有无限的几何自由度，生成部件可以适应于它们的最佳功能，可以功能化集成设计，并可以一件形式制成。在组装和由多个部件结合时，由于结构或生产的要求通常是不这样做，但由于生产装配仿真的有限工作空间或尺寸，此即功能定向部件设计。

（4）CAD的兼容性　非生成的CAD模型制造的部件将通过适当的模具机器的加工程序和处理器实现。因此，机器的具体问题大概到这样一个程度，在一般情况下，一个程序的执行必须在机器上进行（带有控制器的更准确），为机器编程，此即依赖机器的编程。

用于生成零件的生产数据是从CAD数据库中导出，成为标准STL数据模型。在STL数据库的基础上，所有已知的生成机器都可以被控制。因此，最佳工艺的成功选择无需一个新的数据库，此即部件定向和机器无关的编程。

（5）精度　对于这种重要的传统方法，如今这种机器特有精度可对应可实现的最大值。因此它们代表着先进技术。如今的常规方法与机器和模具相关，并可被充分掌握，以至于可正常实现确定的精度，这通常对应的是机器精度。

生成过程通常只显示与轮廓相关的精度，因此生成过程是二维的。进一步的误差主要是由于因在第三维中的层次准则而增加。因此生成过程通常是无法达到传统机械的先进水平。在大多数情况下，它们还强烈地依赖于校准。如果模型首先组装和由此产生的误差用于校准机器，优化的结果可实现较高的要求。通过经验，这些校准可保持在最小值。

（6）手工工作的影响　精确的常规方法，如高速铣削或蚀刻，正在创造的表面，或者完全无需要返修，或者修复工作主要限于表面的效果，因此，不会由它引起可测量的表面尺寸变化。

由于这个工艺，生成零件有许多步骤。这些步骤可以很容易地将相对较软质材料如塑料手动拉平。在这种方式中，优异的表面质量是通过手工实现的。但也产生尺寸偏差。如果一批非常精确的零件是由不同的员工手工返修，就会产生问题。

综上所述，非生成的方法依次在准确性、材料性能、再现性和取决于几何形状的速度方面，优于生成过程。当几何形状相对简单时，这是特别明显的。相反，对于成功应用生成过程的最重要的要求之一如下：

当部件非常复杂、要货时间紧和量少时，生成方法优势明显。

4.7.7 公司名称和网址

公司	提供的项目	主页
3D系统	烧结和光固化系统	*www.3dsystems.com*
ARCAM	电子束熔融(EBM)	*www.arcam.com*
CAMLEM	层压板工艺(金属,陶瓷)	*www.camlem.com*
Charlyrobot	层铣削工艺	*www.charlyrobot.com*
Concept Laser	金属激光熔融系统	*www.concept-laser.de*
CP	由塑料和金属制成的原样	*www.cp-gmbh.de*
立方技术	层压板工艺	*www.cubictechnologies.com*
Envisiontec	聚合工艺(DLP)	*www.envisiontec.de*
EOS	用于塑料、金属和型砂的烧结系统	*www.EOS.info*
Fockele & Schwarze	金属激光熔融系统	*www.fockeleundschwarze.de*
ILT	研究与开发	*www.ilt.fhg.de*
Inno-Shape	金属激光熔融工作室	*www.inno-shape.com*
IWS	研究与开发	*www.iws.fhg.de*
Kira	层压板工艺	*www.kiracorp.co.jp*
MCP-HEK	金属激光熔融系统	*www.mcp-group.de*
MK-Technology	压印和铸造系统	*www.mk-technology.com*
ObjetGeometries	聚合工艺(打印机-照明灯)	*www.2objet.com*
On Demand Manufacturing	生成合约制造	*www.odm.bz*
Optoform	3D系统和DSM的合资企业	
Phenix Systems	激光金属和陶瓷熔化工艺	*www.phenix-systems.com*
POM	用粉末喷嘴生成	*www.pomgroup.com*
普洛铸铁	金属和型砂3D打印	*www.prometal-rt.com*
RTeJournal	快速制模的在线供料	*www.rtejournal.de*
Solidica	金属层压板工艺	*www.solidica.com*
Solidscape	用于铸造的石蜡模型	*www.solid-scape.com*
Stratasys	挤出工艺(FDM)	*intl.stratasys.com*
Trumpf	激光生成和涂层	*www.trumpf.com*
Z-Corporation	3D打印工艺(喷墨)	*www.zcorp.com*

参考文献

[1] Gebhardt, A., Generative Fertigungsverfahren. Rapid Prototyping-Rapid Tooling-Rapid Manufacturing. 3rd ed. (2007) Carl Hanser Verlag, Munich

[2] *http://www.rtejournal.de/archiv/index_html/filme*

[3] Gebhardt, A., Vision Rapid Prototyping. Generative Verfahren zur Herstellung von Keramikbauteilen. In: Kriegesmann, J. (Ed). DKG-hand book Technische Keramische Werkstoffe. 96. Complement delivery, Section 3.4.2.3, (2007) HvB-Verlag Deutscher Wirtschaftsdienst, Ellerau

第5章 模具的订购与操作

5.1 模具报价

（F. SchlöBer）

5.1.1 概述

塑料注射成型模具是典型的专用模具，它基本上是独立的部件，尽管这些独立部件都是标准化的（标准）。然而，这方面对这种产品的生产成本有着巨大的影响。还有其他与注射成型模具相关的服务（例如，一个建设性的、定性的完美的设计，与客户达成协议的项目计划，以及模具的管理与销售），大多数必须针对一个项目和一个客户。一个无效和无预算平衡的销售，如在系列生产中是可能的，大都不能进行。

在伴随着市场饱和、甚至较短的创新和产品寿命周期不断缩短的日益全球化的环境下，当迅速制造、准确满足客户的要求和技术可靠、正确的商业报价时，这种报价处理具有明显竞争的优势。

处理报价是销售过程中的一个重要组成部分，并且，它的重要性越来越明显。供应商为了保持竞争力，通过对供应相关的高效过程设计，尽可能地降低销售成本。在这方面，选择资源和方法的有效手段是使用最小成本（在这种情况下，这是报价准备时间），以满足顾客的要求。有效意味着提高供应效率，这将导致一个非常高的订单量。对于在资本货物工业的企业，包括模具制作，这个比例通常是5%以下[1]。

本章将讨论模具规划和此后模具制造过程中的成本核算。

5.1.2 模具规划

5.1.2.1 制品和模具的调整过程

下面两个变量基本上可确定制品和模具之间的相互关系：

① 制品的技术规范；

② 部件的数量。

制品的技术规范，包括一般的技术参数，如几何尺寸、公差要求和材料规格。但它也包括加工过程和模具专用的数据，如浇口位置和形状、分型缝、设计，必要的浇口和顶出件的设计，以及降低熔接缝的有害影响的特殊工序（如果需要）。在这个早期产品研发阶段，一个重要方面是，在讨论个人的观点之前，分析顾客的期望。制品的设计、其后期的生产，以及模具的制造，经常分布在三个完全不同的合作者之间。对于在模具制造中的规划，因此，非常重要的是，在研发开始时制作报价，以及根据在研发过程中预期积极参与的、由客户定制的期望内容。图 5.1 显示一个研发顺序的例子。

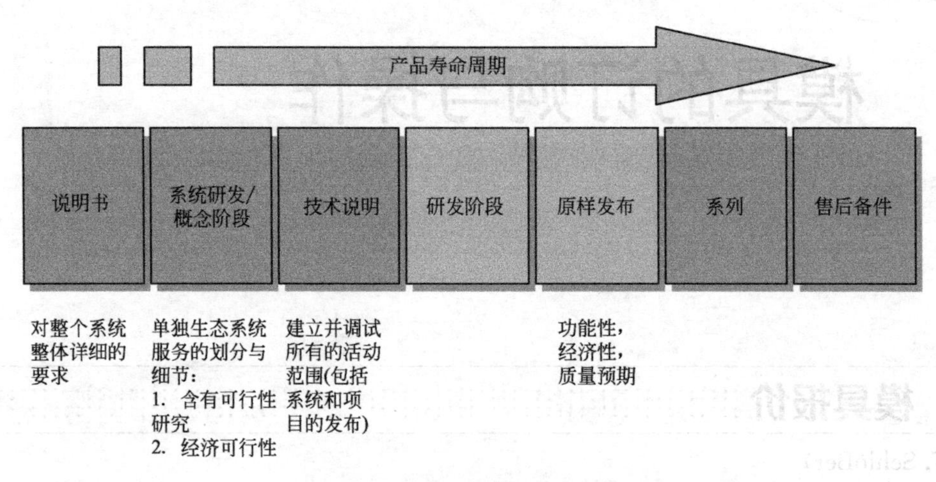

图 5.1 产品寿命周期和研发顺序

很明显，有两种方法将模具制造整合为一个项目。一方面，在研发阶段的介绍，根据在早期阶段的技术和经济方面的因素，可给出能影响产品和模具设计的远期期望。但是，这个过程有很多相关的风险，要求各自的开发商承担即将到来的问题的责任。

另一方面，存在着根据已经仔细定义的规格要求进入研发阶段的切入点。特别是在技术上和经济上更先进的产品，与所有合作伙伴最早可能达成协调，应该在概念阶段就已经完成。

作为制品和模具之间相互关系的第二个重要因素的零件数量，可影响两个重要的模具定型参数。一方面，所需的生产能力（每个周期的装置数），考虑到制品的条件（尤其是壁厚和热力学的材料参数）和任何由此产生的循环时间，需要足够多的模腔数量；另一方面，在整个产品寿命周期中的生产总量（例如，包括预期更换的需求）必须同时予以考虑。

5.1.2.2 考虑产品寿命周期的模具设计

在前面的章节中，典型设计的主要影响因素参数包括，例如：

① 质量要求；

② 生产成本（包括研发成本）；

③ 材料成本和类型（包括浇口料重复利用的可能性）；

④ 模具费用；

⑤ 机器尺寸。

设计本身应当考虑一种制品的生产总量。

图 5.2 显示了所选择的注射成型模具材料及模具寿命的结果，是依据定性可实现的注射

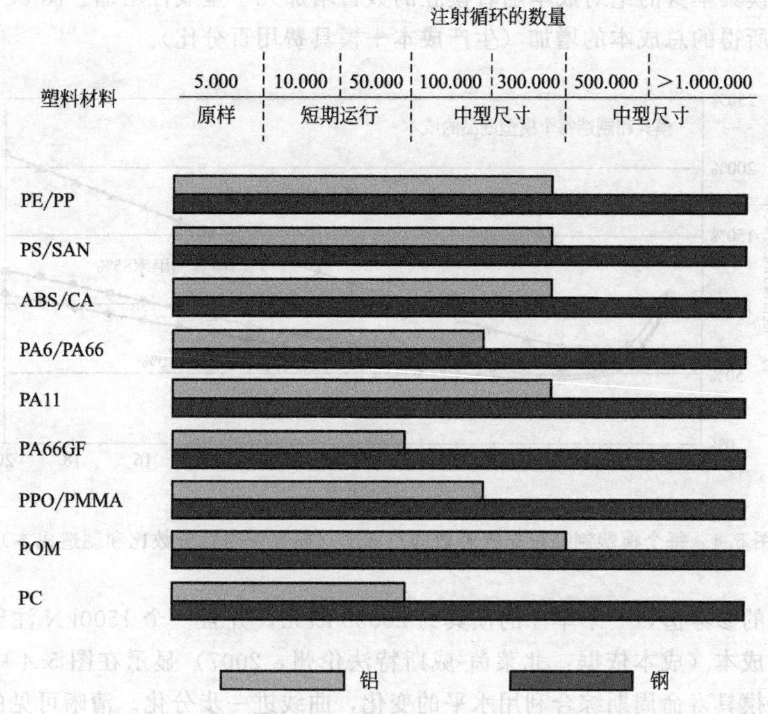

图 5.2　不同材料的中小型塑料制品可实现的注射循环[2]

周期而测量的。

作为一个设计的简化，一个模具应该利用 80%～85% 的最长寿命。举例说明，这就意味着如果在整个寿命周期（系列生产开始到预期的备件生产结束）中销售预期 800000 个制品，模具的总产量应该约有一百万。相差的 200000 制品量是一种安全保证，它可以防止当面对单个制品的相应供货承诺时，必须重新制造模具（在许多行业中，这种承诺通常是在生产结束后长达 15 年）。

一个更为精确的模具设计是通过比较成本和每个制品的适当的模具制造成本而获得的。图 5.3 显示了随着模腔数增多的制造成本的进展，并且表明，随着模腔数的增多，多腔模具的成本效应呈双曲线减少的趋势。

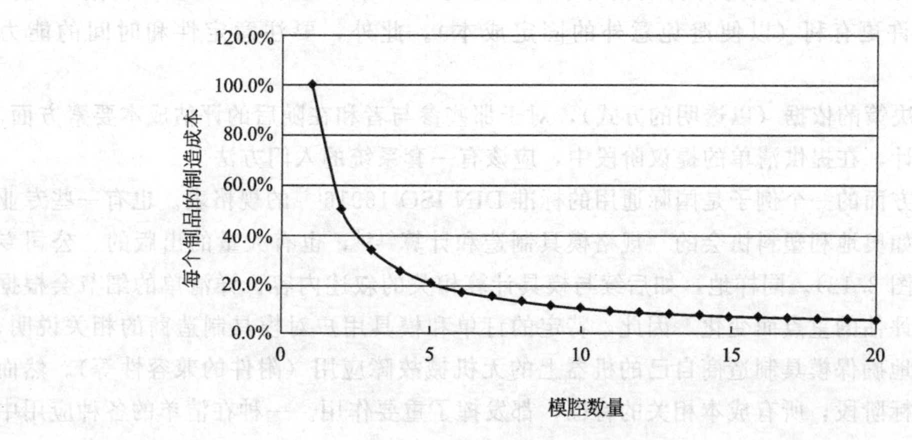

图 5.3　根据模腔数量的制造成本

相反，该模具本身的绝对成本随着模腔的数目增加几乎呈线性增加。图 5.4 说明了相对于单个制品，所得的总成本的增加（生产成本＋模具费用百分比）。

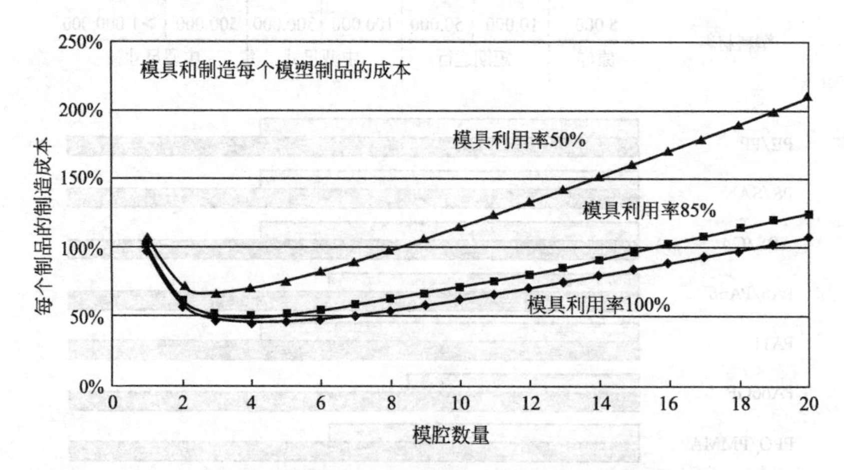

图 5.4　每个模塑制品依据模腔数的总成本（模具费用百分数比和制造成本）

作为起始的参考值，一个单一的模具约 20000 欧元，并且一个 1500kN 注射模具单元的三班制的使用成本（成本依据：北莱茵-威斯特法伦州，2007）显示在图 5.4 中的其他几条曲线中。随着模具寿命周期综合利用水平的变化，曲线进一步分化。清晰可见的是导致的总成本优化。曲线结果进一步变化，例如通过改变循环时间（在图 5.4 中的例子，一个循环时间基于 15s）。持续的时间越长，成本优化向更多腔体的转变越大。

5.1.2.3　模具规格清单

正如在上一节中的图示的那样，模具设计与成型成本之间有着直接的和不可分割的关系。因此，一次成型和在查询阶段中模具相关的价格，并充分考虑各方利益往往是重要的。正如前面已经说过的那样，考虑利益的各方分为三部分：模塑成型和/或模具买家，作为其直接供应商的塑料注射成型公司，以及模具制造商。理想的是根据上述经济优化进行设计。但也许存在合情合理的理由偏离这一原则。这些理由可以来自客户方面，比如通过他的制品结构改变的高风险，着重强调初步和极端的成本效益的模具设计（少量的模腔，铝模等）。

在加工商方面，寻求较高的腔数相对于只优化提供必要的能力，不提供任何附加的注射成型机，也许更有利（以便避免意外的固定成本）。此外，要注意定性和时间的能力论证。

为了创建决策的依据（以透明的方式），对于那些参与者和在随后的评估成本要素方面，应考虑模具设计，在提供清单的提议阶段中，应该有一套系统的入门方法。

例如，这方面的一个例子是国际通用的标准 DIN ISO 16916[3] 的规格表。也有一些专业协会的清单，如奥地利塑料协会的“规格模具制造和计算”[4]，也有大量的出版的、公司专有文件（参见图 2.12）。同样地，如后续与模具计算相关的叙述内容，详清单的细节会根据项目的阶段和评估的重点而变化。因此，特定的订单和模具用户对模具制造商的相关说明，将尽可能全面地确保模具制造商自己的机器上的无机械故障应用（附件的兼容性等）。然而在纯粹的招投标阶段，所有成本相关的特征，都发挥了重要作用。一种在清单的各种应用中使用的典型结构见表 5.1。

表 5.1 清单内容的一般实例

1. 部件的描述	■设计/应用/材料数量,如果需要的话 ■数量要求(寿命周期/年度数量) ■材料 ■尺寸(包括尺寸体积/部件的表面/投影面) ■质量 ■复杂性和特殊要求
2. 供应范围	■设计(包括可用的数据的基础) ■最小注射次数/模材料的说明 ■脱模工艺 ■交货和付款条件 ■最后期限(目标成本,如果必要的话)
3. 模具/机器/周边的要求	■模具类型(例如,正常,叠层和多组件模) ■机器类型(注射成型机) ■连接和外围系统
4. 模具构造	■模腔的数量和构建类型(例如,可互换嵌件) ■对中和配件(传感器,执行器) ■温控系统(油/水/性能/冷却和加热方法,连接) ■滑块、芯轴及其驱动 ■表面(合模和喷嘴侧)和嵌件,如果必要的话 ■材料规格
5. 浇口系统	■类型/位置 ■配料装置 ■冷/热流道
6. 脱模	■浇口分离 ■顶出系统(包括顶出件,设计,公差说明)
7. 配件/杂项	■刻印(笔记/符号,日期戳) ■安装辅助件 ■文档(计算/图纸/CAD 数据)

5.1.3 模具制造的成本核算

5.1.3.1 成本核算的各种方法

乍一看,一个产品的经济评价似乎是一个简单的任务。但是,对于更详细的检查,在一个产品成本的核算中,可以看出各种高度复杂和动态网络的独特因素。在机器利用中的变化持续地改变着生产产品的计算依据。因此在实践中,总是建议找到计算的详细程度和经济上合理的使用时间之间的一个平衡的折中。

这意味着产品和模具的分阶段发展。

阶段 1:有需求的愿望和要求。

阶段 2:基本的概念和报价。

阶段 3:技术规格和活动范围=订单。

阶段 4:设计与计算。

阶段 5:细节设计。

阶段 6:产品规划。

阶段 7：零件的制造和装配。

阶段 8：交货，验收，付款。

采用不同的计算方法，可导致 3 个不同取向和成本导向的责任区。

对于阶段 1 和 2：预计算＋功能成本。

对于阶段 3 到 6：同时成本核算。

对于阶段 7 和 8：后计算。

模具在报价阶段（阶段 1 和 2），一个合理、准确而快速的初步成本核算是特别需要的（辅以特定功能的成本，如果必要的话）。因此接下来，应在这一区域首先提出适当的成本计算方法。

5.1.3.2 投标和设计阶段的简化成本核算

5.1.3.2.1 估值技术

估算是确定模具制造成本最快的方法，学习起来也最单调乏味。该方法通常被非议，因为估算是不准确的。然而，这并不适用于有些情况，因为估算者一方面有构建模具设计的经验，另一方面又有关于经济参数的工作知识。对估算过程指责的核心在于人和缺乏其他各方面的透明度。通过一些“规则”（参见 Ehrlenspiel[5] 等），可以使问题相应减少。

① 更详细的估算（部件、装配和功能组级别），更高的整体精度和透明度（大数定律）。

② 如果需要，可通过对独立、专业经验的人的总估算分配和通过各个功能装置进行独立评估，可提高估算精度。

③ 对不同类别的材料、设计和制造业的努力应该单独进行估算，并应把与这一成本核算的大量比较记录在案。当重新估算时，必须考虑明显差异，从而有助于在精度方面不断提高。

估算的改进，通过用一个已经存在的详细数据的混合估算可改善估算（例如，当前的材料价格列表或相同的部件或类似的部件的后计算），包括目前的成本趋势（材料、劳动力等），这些因素可以同时考虑。图 5.5 用图表形式显示了所描述的关系。

5.1.3.2.2 参考值方法

在许多情况下，单参数确定产品成本是如此明显，它可用于总评价，或者，如上面已经描述过的，至少对于一种产品的部件是这样。在许多模具计算的子项目中，它可以回到质量成本比率。在某些情况下，质量成本比率可用于整个模具的评价。图 5.6 显示了一个类似的程序。选择部件的有效边界体积作为确定铝制原样模具成本的参考值。

除了有效的包围体积，例如，模具的质量之外，表面也适合作为成本核算的参考值。对于后者，通过表面参数，可以考虑制品表面的复杂性（肋、顶等）。

尽管用参考值方法可实现的精度，应该记住，这是非常依赖于模具的结构对比，以及可与一般市场定价的影响相比较的方法。不过，通过比较数据后计算，可以过滤外部的影响，精度还可以进一步提高。

考虑不同的设计（例如，模腔数、材料等），个别矫正因素也可以使用，这推出下一种描述的方法：成本要素法，也称为可变成本核算。

5.1.3.2.3 成本要素法/可变成本核算法

正如介绍中已经描述的那样，参考值方法的预测精度非常依赖于数据库的结构相似性，这是建立在一个成本基准上的。因此用数据资料工作是明智的，数据材料是用模具类型分类和个体规格（例如，根据表 5.1 中的清单）。更多的细节和透明度是通过扩展的成本参数来

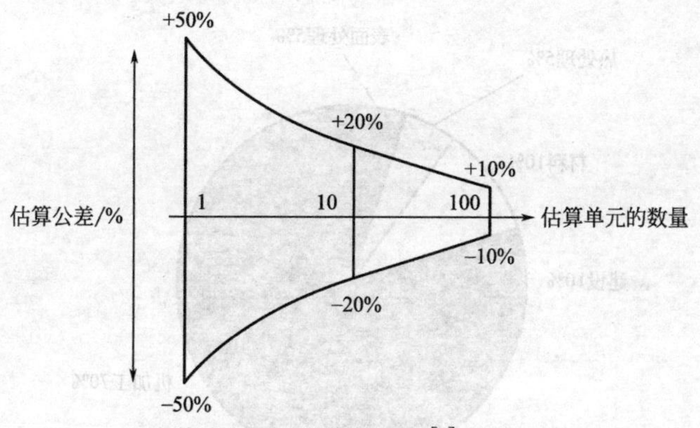

(a) 估算时的大数定律(在Bronner[6]之后)

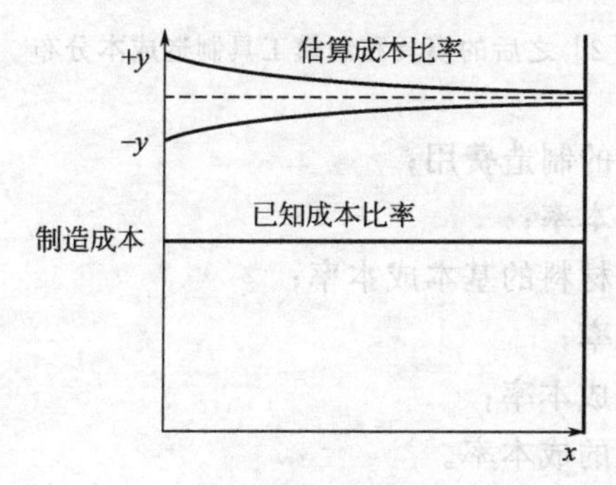

(b) 对估算和后续计算混合估算的影响

图 5.5　估算法和后续计算

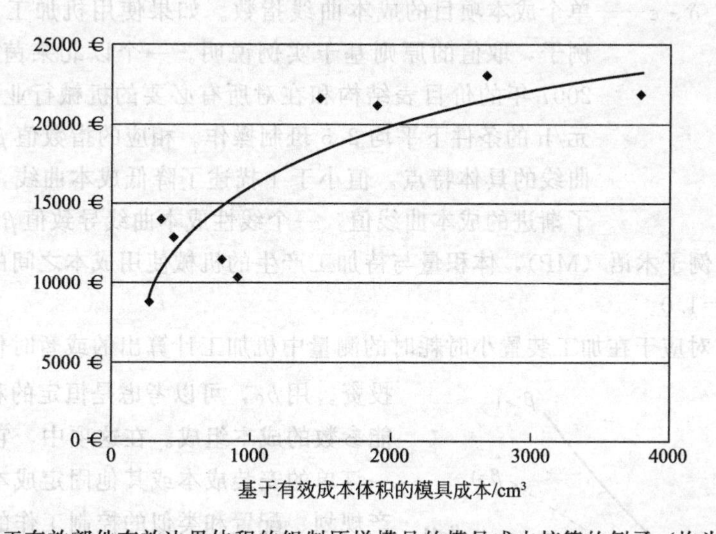

图 5.6　基于有效部件有效边界体积的铝制原样模具的模具成本核算的例子（均为单腔模具）

确定的。在德国塑料模具制造业中分布的平均成本，如图 5.7 所示，是基于生产成本的（即不包括管理、销售、各产品收益独立费用）。

从这些单独的参数，例如，可以推导出塑料注射成型模具的成分分析的成本公式的下列基本函数：

$$MC=(a_0+a[MP]^{\alpha})+(b_0+b[Mat]^{\beta})+(c_0+c[Con]^{\gamma})+(d_0+d[Heat]^{\delta})+(e_0+e[CST]^{\epsilon})$$

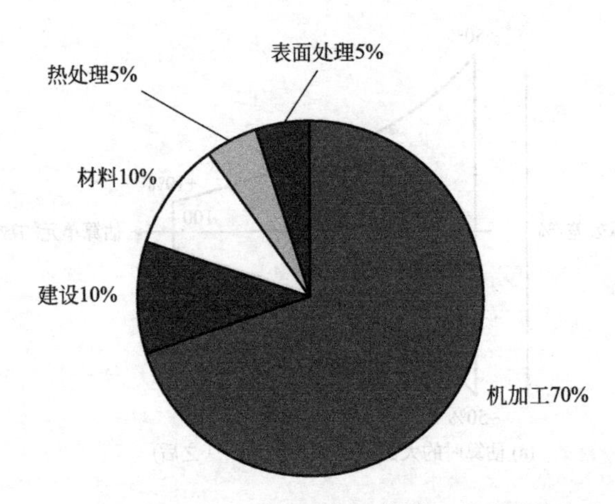

图 5.7　在文献［2］之后的模具和制模工具制造成本分布

式中　MC——包括建设的制造费用；
MP——机加工成本率；
Mat——用于购买材料的基本成本率；
Con——建设成本率；
Heat——热处理的成本率；
CST——表面处理的成本率。
a、b、c、d、e——加权因子；
a_0、b_0、c_0、d_0、e_0——根据经验确定的常数；
α、β、γ、δ、ε——单个成本项目的成本曲线指数。如果使用机加工术语（MP）的例子，取值的原则基于实例说明。一个以北莱茵-威斯特法伦州2007年的价目表结构和在对所有必要的机械行业估计平均92美元/h的条件下平均2.5班制操作。相应的指数值β描述每项成本曲线的具体特点。值小于1描述了降低成本曲线，值大于1描述了渐进的成本曲线值，一个线性成本曲线导致值$\beta=1$，见图5.8。

对于选定的例子术语（MP），体积量与待加工产生的机械使用成本之间的有直接的线性关系。因此，$\beta=1.0$。

加权因子b对应于在加工装置小时耗时的测量中机加工计算出的或暂时估算的时间花费投资。用b_0，可以考虑是恒定的和独立于实际性能参数的成本组成。在这项中，它应该是处理这一订单的安装成本或其他固定成本（如果用于生产规划、配置和类似的控制工作的适用软件包）。对于$b_0=200$欧元和145欧元的加工时间固定成本来说，下式是本例项目的结果：

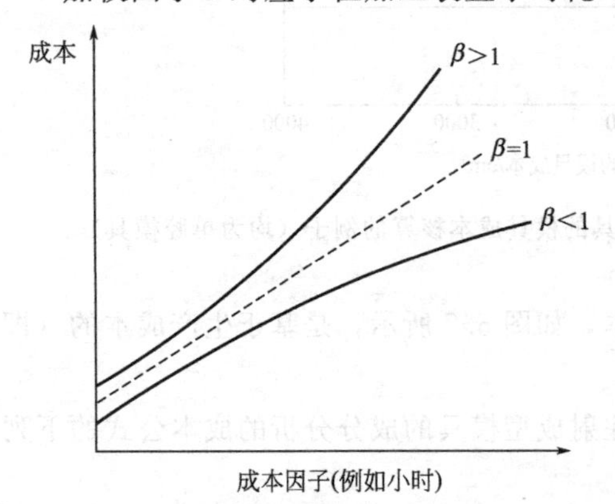

图 5.8　成本的典型特征

$$MC[MP总额]=€200+230h\times(€75/h)^{1.0}$$
$$=€11.075$$

在一个类比的方法中，现在确定额外成本函数项。除了制造成本，一般管理百分比会增加，必须增加确定销售、利润和确定净报价的风险。应用如下：

$$NSP=[MC(1+AdPt+DtPt)]PR$$

式中　NSP——净销售价格（无打折的报价价格不打折）；

AdPt——管理费用率，%；

DtPt——分销（销售）管理费用率，%；

PR——利润和风险管用费用率，%。

5.1.3.2.4　精细计算/后计算

注射成型模具成本确定的准确方法是精细计算。尽管精细计算足以确定基于注射成型制品和一些重要模具参数（如模具型号和腔数）的整个模具的费用，它仍然需要完整的模具设计和由此产生的材料的账单。这需要提前一个适当长度的时间计算。计算本身是由根据材料账单的各个组件的计算、随后的装配和机加工过程，以及模具设计的费用及一般商业操作的费用。图5.9所示为简化描述的模具，并解释了一个用精细计算法的例子。

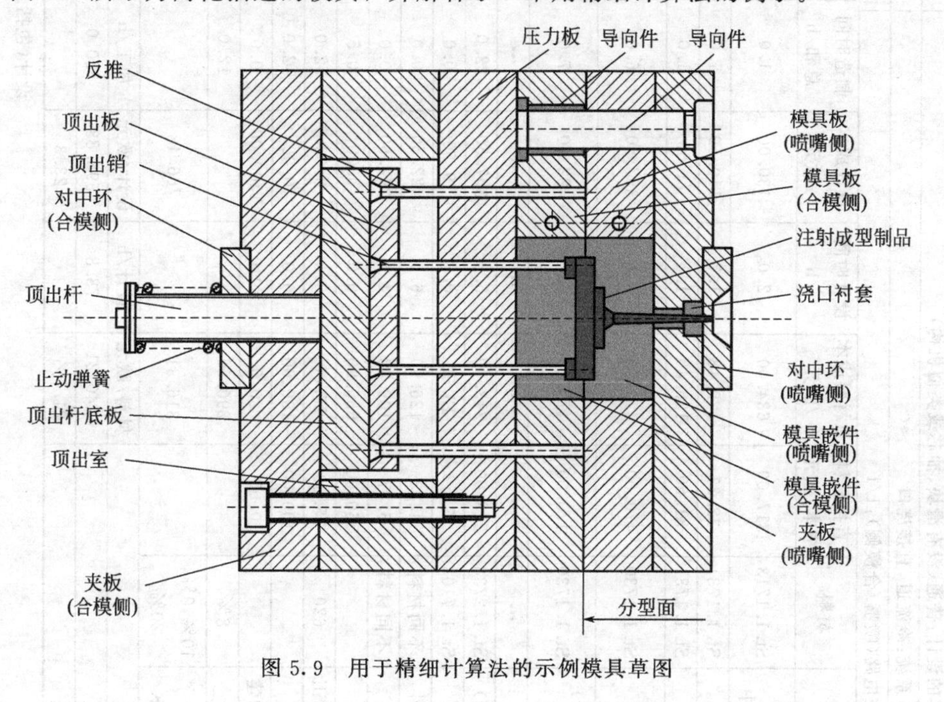

图5.9　用于精细计算法的示例模具草图

图5.10展示了所选择的样模（模1，模2……，模n）中各个组件的精细计算的基本计算部分。

建议对每个成本核算项的成本分解为材料成本（各个部件和常用部件的总量）、部件设计所需的时间和由此产生的总设计成本，以及制造所需的时间和由此产生的成本。

在“总计”栏中，在材料账单中将材料、设计以及制造的成本加在一起。在“备注”栏中，可以添加一般的笔记和相对于所选择的制造过程或所选择的机器类型的区别。它允许计算，除了总结的/平均成本率（车间费用等）之外，也包括详细的单个装置的使用（机器每小时使用率或成本中心费用）。在本例中，区别是由计算机数控机（CNC）加工领域的成本中心和电火花机加工（EDM）之间产生的。

根据公司的要求，数据当然可以进一步细化，在前面提到的所需精度和数据采集工作之间的协议也可以应用在这里。

模具计算 ANALYSIS-Mold(热塑性塑料)AMTP-07

部件:样品盘	模腔数:1	模具文件:Sample. xls
绘制状态:08. 20. 2007	模具的设计:普通(没有滑块、抽芯或类似机构)	页数:1/1
应用:不特定	浇口系统:冷流道,直接浇口	分析师:fs/ps
国家标准:德国/NRW	温控电路(喷嘴/合模侧):1/1	计算日期:09/20/2007

系列编号	数量	文件编号或定价来源	描　述	材料	直接材料成本/欧元	总材料成本/欧元	设计时间/h	设计成本/欧元	制造时间总和/h	制造成本总和/欧元	成本总和/欧元	评论/机器的选择
模具 1+9	2	目录	合模板,溢料 496×496×86 对中	St. 1. 1713	317. 00	634. 00	2. 0	130. 00	1. 0	75. 00	839. 00	喷嘴+合模侧
模具 2	4	目录	导柱	St. 1. 1731	32. 37	129. 48	1. 7	110. 50	1. 0	75. 00	314. 98	
模具 3	4	目录	导套	St. 1. 1731	31. 60	126. 40	1. 1	71. 50	1. 0	75. 00	272. 90	
模具 4	1	计算	模具压板(喷嘴) 496×496×86	St. 1. 1730	470. 00	470. 00	5. 5	357. 50	6. 0	450. 00	1277. 50	CNC
模具 5	1	计算	模具压板(合模侧) 496×496×86	St. 1. 1730	470. 00	470. 00	6. 5	422. 50	7. 0	525. 00	1417. 50	CNC
…	…	…	…	…	…	…	…	…	…	…	…	…
模具 23	1	计算	模具嵌件(合模侧)	St. 1. 2738	213. 00	213. 00	5. 5	357. 50	22. 0	990. 00	1560. 50	电火花加工
模具 24	1	目录	止动弹簧	St. 1. 7108	13. 52	13. 52	0. 3	19. 50	0. 0	0. 00	33. 02	在 b 行:装配
模具 25	30	目录	螺杆和其他标准件	不同材料	4. 23	126. 90	6. 5	422. 50	0. 0	0. 00	549. 40	在 b 行:装配
模具…n	20	目录	连接件	不同材料	5. 47	109. 40	4. 5	292. 50	0. 0	0. 00	401. 90	在 b 行:装配
a		供应商	火淬/涂层(总)		560. 00	560. 00	0. 0	0. 00	0. 5	37. 50	597. 50	包括质量和进货检验
b		计算	模具制造,装配,加工	620	75. 00	75. 00	0. 0	0. 00	52. 0	2900. 00	3975. 00	
c		计算	试运行,验收		100. 00	100. 00	0. 0	0. 00	12. 0	900. 00	1000. 00	
d		计算	模具布局,组件,构建		0. 00	20. 0	20. 0	1300. 00	0. 0	0. 00	1300. 00	
e		估算	返工,拒收	8%		290. 66			12. 0	674. 64	965. 30	材料和加工的 8%
f		计算	运行附加费用 MGK,FGK,WGK	10%,0%,20%		316. 31		766. 48		1803. 53	2886. 32	包括利润
						材料/欧元	设计/h	设计/欧元	加工/h	加工/欧元	总计/欧元	总成本,包括利润
			总和			4240. 21	78. 8	4598. 88	230. 0	10911. 17	19750. 26	
						21. 5%		23. 3		55. 2%	100. 0%	

设计(包括 CAD/CAM)=(65 欧元/h)　　CNC=(75 欧元/h)

模具制造=(75 欧元/h)　　EDM=(45 欧元/h)

图 5. 10　图 5. 9 中样品模具的精细计算的电子数据表格

除了报价外，精细计算能详细计算模具的单个部件和建造工作，以及在新的计算中使用该数据的清晰、有序的文件，这是显著的。这一结果应在随后的计算中努力降低，同时提高精度。选定例子中细节等级，也能根据价格列表计算材料价格和工资的变化影响，因为持续更新和比较项目发票是很有必要的（跨国比较/差异比较）。

5.1.4 总结

模具的询价阶段适用于供应商以及客户，它包括请求和查询确认，在可用和经济合理地利用时间与对透明度和精度要求之间对立方面的非常微妙的问题。

一种可能“接近”主题的方式是使用所谓的分层计算方法。基于对单项成本因素的分析和它们对整体结果的影响，可以创建一种最重要的、在许多情况下已经足够的、对技术要求和设计参数的财务估算的依据。随着经验的增加，尽管在开始时要花费更多的时间，仍建议建立一个精细计算，对于模具卖家的公司说明书，和至少对模具制造商为买家的工业说明书。除了对模具的技术规格书和经济评价的客观依据之外（例如，以谈判支持的形式），精细计算也是一个必要的标准和“为所有类型的简化成本计算的校准仪”。

参 考 文 献

[1] Müller, F., Aktuelle Methoden, Werkzeuge, und Tendenzen in der Angebotsbearbeitung in der Investitionsgüterindustrie, seminar work FH Merseburg (2004)

[2] Edelstahlwerke, Buderus AG (Ed.) Handbuch der Kunststoffformenstähle, 1st ed. (2002) Wetzlar

[3] DIN ISO 16916; ISO 16916 (2004) Press-, Spritzgieß-und Druckgießwerkzeuge-Spezifikationsblatt für Spritzgießwerkzeuge, Sept (2005) Beuth Verlag, Berlin (2005/2007)

[4] Kunststoffcluster Österreich, Erfa-Gruppe Werkzeug-und Formenbau, Pflichtenheft zur Fertigung und Kalkulation von Formwerkzeugen; *www.kunststoff-cluster.at*, Linz/Wiener Neustadt Sept (2007)

[5] Ehrlenspiel, K., Kiewert, A., Lindemann, U., *Kostengünstig Entwickeln und Konstruieren*, 4th ed. (2003) Springer-Verlag/VDI, Berlin

[6] Bronner, A., *Angebots-und Projektkalkulation*, 2nd ed. (1998) Springer-Verlag/VDI, Berlin

5.2 模具的装置与控制

(Ch. Bader)

5.2.1 有效质量保证的要求

“质量”一词是相对的并且依赖于特定的应用条件。在一种情况下，它足以保证模塑制品的完整充模，而在其他情况下，该规范远远超出了目标。熔接线的位置、组件的强度、模塑制品的表面质量，甚至是尺寸精度和可重复性均是标准内容，这些在生产过程都显著影响着“质量”。

为了监控所有这些质量标准，为了复制甚至是影响它们，有一个要求必须满足：必须记录下注射成型模具模腔的工艺参数，如模腔压力或者模腔温度，因为只有它能直接反映模塑制品形成。

根据计算机信号获取间接工艺参数，如液压，有助于过程优化的分析研究，但对最终制品的质量得不出任何结论。举一简单例子：监测喷嘴或热流道系统中的液压或熔体压力最大值，不能最终保证模腔被完全填充。统计方法，如短期能力和加工能力的计算和加工性能（先前，机器能力），也不能保证模塑制品的质量。实际上，在一定的范围内，只要它是根据机器信号或腔外测得的参数。

5.2.2 模具传感器系统的概述

最重要的质量标准体现在一个模塑成型循环过程中的压力、温度、比容积上。然而容积变化很难测量并记录，工业环境中测量模腔内的压力（所谓的“模腔压力”）已实行多年。最近更多的是模腔温度测量技术的情况，由于各种工艺和技术的优势，此技术在近年来已迅速获得相当重要的地位。为了更好地了解这两种测量原理及各自的优势与不足，必须首先更详细地探讨它们的传感器性能。图 5.11 所示为一标准模腔压力传感器。此类传感器应用在监测注射成型过程已经很多年了。

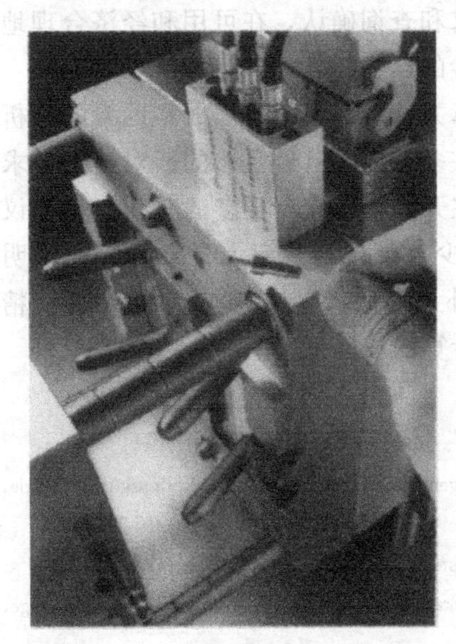

图 5.11 模腔压力传感器

5.2.2.1 模腔压力传感器

模腔压力传感器本身就自相矛盾：一方面，它们是高灵敏度的测量仪器；另一方面，在实际中，与螺栓、销钉或其他模具标准件相比，它们并没有得到更“尊重”的对待，尽管在它们身上的投资很高。

5.2.2.2 测量原理

压电式模腔压力传感器，根据它的物理性能，适合在模腔中直接应用。它们通常安装到与模具内壁平齐，并能通过电火花腐蚀或磨削传感器前端，根据表面进行调整。如果安装正确，同时能保持所需的钻孔公差，必能测得准确无误的模腔压力。

如果传感器的孔与允许公差不一致，在很多情况下，传感器的前端就会接触到传感器的孔，这样传感器就会失去它的灵敏度。用技术术语，这一结果称为“力分散”，而且它能引起的测量误差高达30%。为此，最近研发的模腔压力传感器首先在一套管中精确地制造出来，然后第二步再标定[1]。因此实际传感器在安装过程中受到保护，并且在安装过程中造成的测量误差可排除（PRIASAFE™原理）。既定的灵敏度最终就像密码一样存储在传感器体内，所以在随后的工业应用中电子产品无需作调整[2]。只要传感器与电子设备相连接，最佳的测量范围就自动确定（PRIASED™原理）。

图 5.12 描述了此原理的优势。图 5.12(a) 展示的是标准模腔压力传感器，第一个是正确安装的，第二个是由于倾斜安装接触到了传感器孔（右）。结果是，第二个传感器失去了灵敏度（力分散）。这反映在测量值上，其压力值太低（按图所示的两条内部压力曲线）。图 5.12(b) 展示的是所谓的通过套管保护的 PRIASAFE 传感器。第一个为正确安装的传感器，和第二个接触到传感器钻孔的传感器都能提供相同的、没有问题的测量信号。这一原理非常有助于模腔压力传感器的使用。

如今，模腔压力传感器可根据要求有不同的尺寸供使用，不仅传感器前端的直径，而且传感器本身的尺寸在安装过程都起到重要作用。总而言之，模腔压力传感器的尺寸应选择地尽可能小，既要使安装成本最低，又要使所要求的公差尽可能简单。

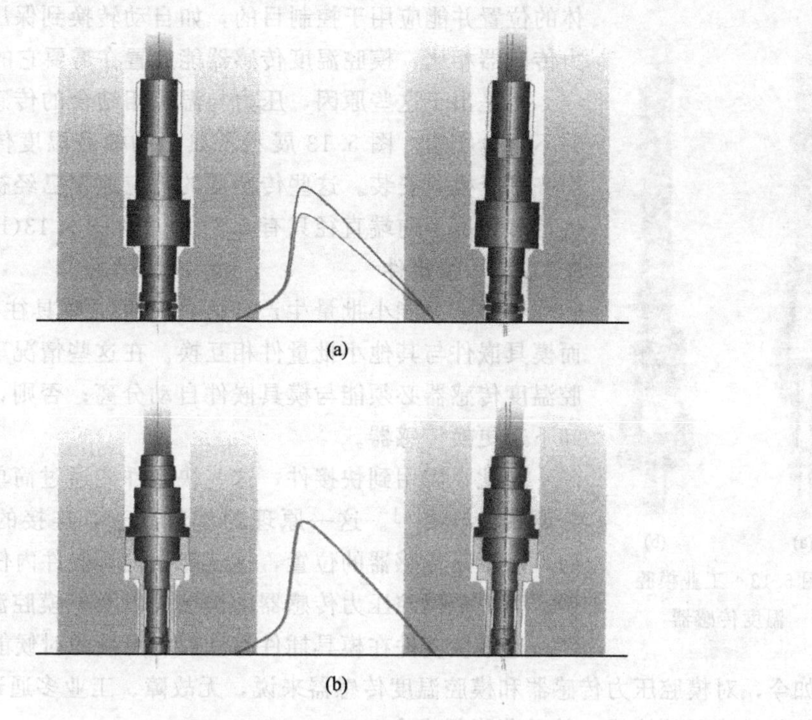

图 5.12 PRIASED™原理

在某些特殊的情况下，间接测量模腔压力传感器应用于顶出杆的后端。这一装置只有在空间受限，不允许直接测量的情况。这种方法的缺点是，顶出杆与钻孔之间的摩擦作用、生产过程中可能的污染以及传感器的实际位置不能随意地选择。

5.2.2.3 模腔温度传感器

正如已经提到的，模腔温度的工业化测量在近些年来已经被系统地加强。这一进步的基础是特别设计的热电偶，它也能内置于模腔，就像模腔压力传感器一样，在加工中接触到熔体或者后续的模塑制品。与传统的热电偶相比，一系列热电偶已经被优化，当达到塑料熔体温度时，它们能在很短的时间内发生反应，并且能应用于转换和控制的操作[3]。这些传感器的应用可能性也非常通用和有效，与模腔压力传感器相比，它们的成本能限制在一定的范围内。

从原理上，必须注意模腔压力传感器和模腔温度传感器的功能原理是完全不同的，所以传感器位置的选择也应该不同。

5.2.2.4 传感器的位置

模腔压力从浇口一直到流道的末端不断减小。这就是为什么模腔压力传感器通常设置在接近浇口的位置。模腔压力信号除了监测这个过程之外，主要是用于过程优化。这是信号（幅度）“最大”的位置，所以在浇口区域能测得大量信息。

根据模塑制品的横截面和相应的熔体流动阻力，在充模过程中测得有一压力升高。转换到保压压力后，熔体被压缩，那时有一迅速的压力升高。由于从流道末端到接近浇口处传感器的位置之间聚合物熔体内的压力传递，测得压力的升高需要一些时间，这就是模腔依赖压力转换到保压压力的趋势太迟的原因。

然而，当熔体接触到传感器的时候，模腔温度信号能够准确地被测得。这样就可得知熔

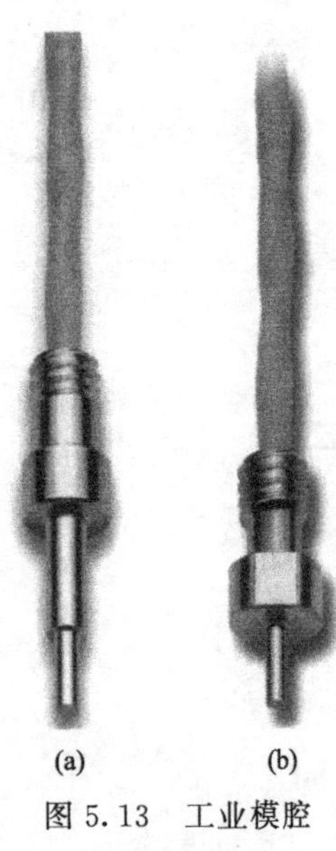

图 5.13 工业模腔温度传感器

体的位置并能应用于控制目的，如自动转换到保压压力。与模腔压力传感器相比，模腔温度传感器能放置在需要它的位置。

正是出于这些原因，压力与温度相结合的传感器在工业应用中并不十分实用。图 5.13 展示了典型的模腔温度传感器，它们的端面齐平于模腔安装。这些传感器的反应速率已经被优化，并且在一些特殊情况下前端直径只有 0.6mm [见图 5.13(b)]。

5.2.2.5 快接件

通常，只能小批量生产，因此，标准模具往往留在注塑机上，而模具嵌件与其他小批量件相互换。在这些情况下，模腔压力与模腔温度传感器必须能与模具嵌件自动分离；否则，整个模具必须拆卸下来更换传感器。

为此，需用到快接件，这些快接件能通过简单的滑动，连接和分离测量导线[4]。这一原理的优势在于，连接的位置一直是相同的，而不是传感器的位置，这就能在模具嵌件内任意选择。图 5.14 展示为一个模腔压力传感器的快接件以及一模腔温度传感器的快接件。这些快接件在模具插件移动或者更换的时候能自动分离。

如今，对模腔压力传感器和模腔温度传感器来说，无故障、工业多通道连接件的概念可用于简化传感器的接线，并显著降低成本。

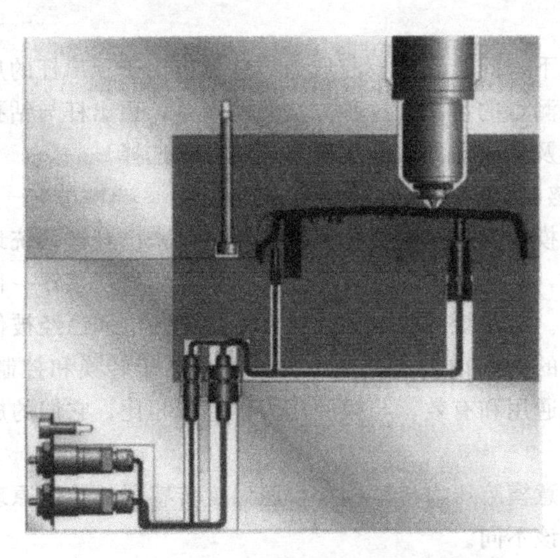
图 5.14 模腔压力和模具壁面温度的快接件

5.2.3 数据采集和电子器件

原则上，检测测量信号可有多种选择，并用于废品转换器、开环和闭环控制。最简单的例子，具有合适放大器的注塑机可以定制或改装成用于模腔压力与模腔温度传感器。此处的不足是信号量通常有限，连接功能（自动切换到保压）取决于单独计算机控制的能力。因此，在某些情况下，切换到保压（根据过程）是可能的，但却没有机会来优化此过程，例如利用编程控制时间的延迟。

总之，这些机器外部的系统便宜得多，更灵活、更强大，并且能智能地采集和处理多达128个测量信号（模腔压力、模腔温度及机器信号）。测得的模拟信号能实时进行分析，所以根据程序化监测与控制功能，各种数字转换信号都可使用。这些“嵌入式”的系统能在无附加计算机的情况下与注塑机相连接，以实现监测和控制的目的，并能使用web浏览器配置。数字控制信号从简单的挑出坏的制品到依靠熔体前端阀门浇口的开启和关闭都可应用。

当前这些系统的不足是，没有附加的计算机，测量和监测的信号不能浏览或保存。为此，根据目前的工艺水平，将测量数据通过高频以太网接口传输到计算机中，在计算机中通过适当的应用软件加以管理。此技术的优势在于，通过以太网能很容易地采集、存储以及进一步处理测得的数据，不需要额外的模拟数字（A/D）板卡。

5.2.4 装置与优化

5.2.4.1 模腔压力

模腔压力依然是优化注射成型工艺的理想参数。注射量、保压压力及保压时间都能根据曲线进展进行分析和优化，就像模腔压力信号，在设定的数据发生任何变化时都能灵敏地反映。如图5.15所示，该曲线可以主要分为以下过程阶段：

① 充模阶段；

② 压缩阶段；

③ 保压阶段；

④ 冷却阶段。

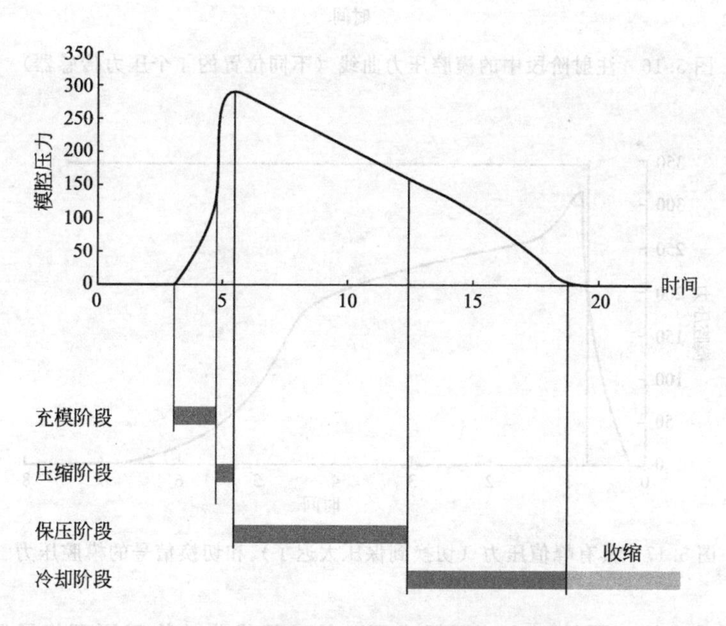

图5.15 注射成型过程中的不同过程阶段

冷却阶段持续到模具被打开，模腔压力再次恢复到大气压力的时间非常重要。此时，塑料从传感器的端面脱离，模塑制品开始收缩。这一时间不仅对解释 p-V-T 图非常有意义，而且可应用于实际情况中。

一个机械参数的改变对模腔压力曲线的主要影响如下：在注射阶段，塑料熔体的流动速度是可控制的，并充满整个模腔。这就意味着，根据设置注射速率、设置机器控制的配置文件，模腔能在不同条件下填充。这些设置决定了模塑制品不同区域的边界层厚度是如何形成的，即熔体波峰在特定区域是停滞的还是继续，以恒定的速度连续不断地移动的。

此处的目标应该一直是恒定的熔体波峰速度，以便熔融的塑料材料在相同或相似的条件下压缩，不管制品的几何形状还是最终的收缩。恒定的熔体波峰速度理论上可以通过模具填充模拟的方法来决定。无论在实际当中会不会发生，适不适合在机器上设置，至少可以说，它是有问题的。根据模腔压力曲线进展进行优化更准确、更实际。不管制品的几何形状如何，模腔压力曲线的线性增长对应着恒定（平均）熔体波峰速度，无论壁厚及流道的几何形状如何变化[5]。图 5.16 所示为同一模塑制品中几条不同的模腔压力曲线。注入剖面已经被优化，以便在注射阶段（即在保压之前）获得线性压力梯度。在这种情况下，才能保证熔体以相同的速度流入模腔中。

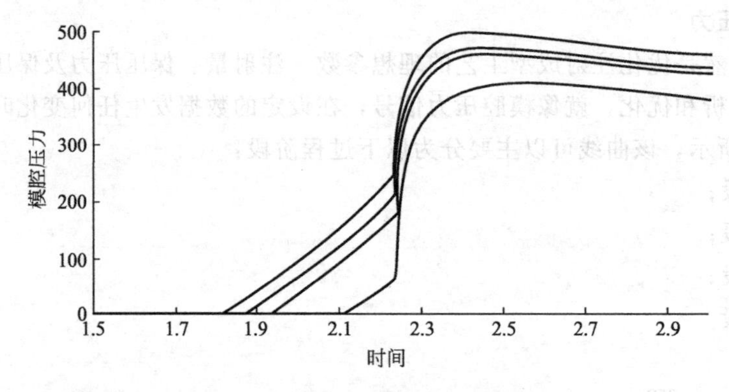

图 5.16　注射阶段中的模腔压力曲线（不同位置的 4 个压力传感器）

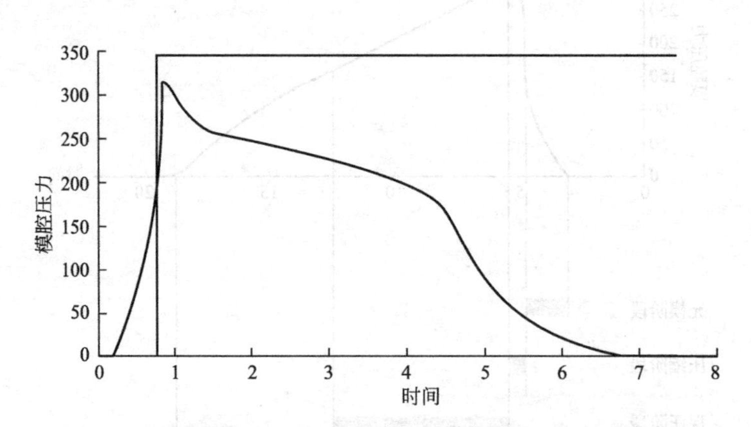

图 5.17　具有峰值压力（切换到保压太迟了）和切换信号的模腔压力

主要在美国讨论的不同的理论“解偶成型”与过程优化的物理原理相矛盾，由于在切换到保压之前填充有意识地减速，因为它总是导致熔体停滞，因而导致不良的工艺条件或是不同的边界层厚度（=不同的收缩条件）。

过程优化中的另一要素是，避免压力峰值，这些峰值大多是由于注射完成得太快造成的，因此，利用最短的循环时间可防止自然收缩过程。这里，有必要区分，压力梯度是在机器的液压系统中或是喷嘴中，甚至是热流道中，与模腔中的压力梯度是不能相比较的，因为只有在那里，熔体固化作为压力、温度和容积变化的函数。图 5.17 所示为具有峰值的模腔压力曲线。这条曲线是由于切换到保压太迟造成的。结果，由于高压缩制造，模制品有内应力并且质量超标。

在切换到保压压力后，模腔压力曲线的进一步进展间接地反映了压缩过程和模塑制品的收缩，这很大程度上取决于工艺条件、选用的材料及制品的几何形状。最佳的设置能凭经验或通过所谓的实验设计（DOE）确定，取决于制品的质量和尺寸。在生产过程中以保持最佳的压力曲线不变为目的，并长期监视它。如果在相同的温度条件下压力曲线发生变化，可以确认制品的性能也相应发生了变化。

在图 5.18 中，最佳保压时间用几条模腔压力曲线（开式喷嘴）进行了说明。只有当浇口被封住时才能假设最小保压时间。模腔压力变化过程中可以看出差别，例如，大约只需 0.1s 的保压时间就会导致压力曲线的缓慢下降，而不是突然的压力降。

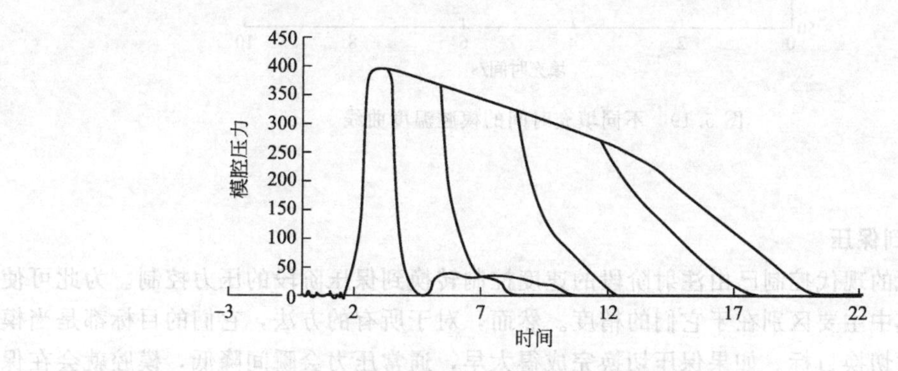

图 5.18　不同保压时间下的模腔压力曲线

5.2.4.2　模腔温度曲线的重要性

不像模腔压力，模腔壁面温度也许只有部分可用于过程优化。然而，模腔温度带来的过程信息，通过单独监测模腔压力是很难获取的，因为这样的信息循着间接的途径，迟到或者根本没有。此外，与标准质量保证程序相比，模腔温度测量技术是既有效又实惠的选择。

模腔温度传感器通常放置在靠近流道末端的位置，或者在需要具有调节和控制功能的位置，如顺序控制。一模腔温度传感器靠近浇口或与压力传感器结合使用，如已经提到的，在工业环境下意义不大，因为大多数程序并不是根据温度的绝对测量，而只是估计并控制或监测相关信息，如温度变化。模腔温度的进展显示第一个（即在熔体抵达传感器位置前）相对稳定的值对应的是模腔温度。甚至在实际注射过程开始前，此温度拥有实质上影响一个模塑制品收缩行为的重要信息。如果在生产过程中此值发生变化，不同的收缩行为及制品的性能必须能预料到。现代监测与控制系统能自动监测到每个传感器位置及每个模腔的表面温度[6]。

一旦熔体到达传感器的位置，通过智能电子设备的辅助就能检测到温度上升的发生，并能应用于各种开环和闭环控制。基本思想是，具有相同黏度的熔体必须出现在相同的时间及相同的地点。如果熔体的黏度发生变化，那么或迟或早会到达传感器的位置，所以或迟或早会出现温度升高。这样，黏度的变化可被间接监测到。图 5.19 所示为 8 条模腔温度曲线的时间曲线，每个信号都在不同的腔室（8 腔模具）中测得。从中能清楚地看到，第一个腔室填充结束的填充时间比最后一个腔室填充结束早了大约 1s，这符合多腔模具中完全不平衡

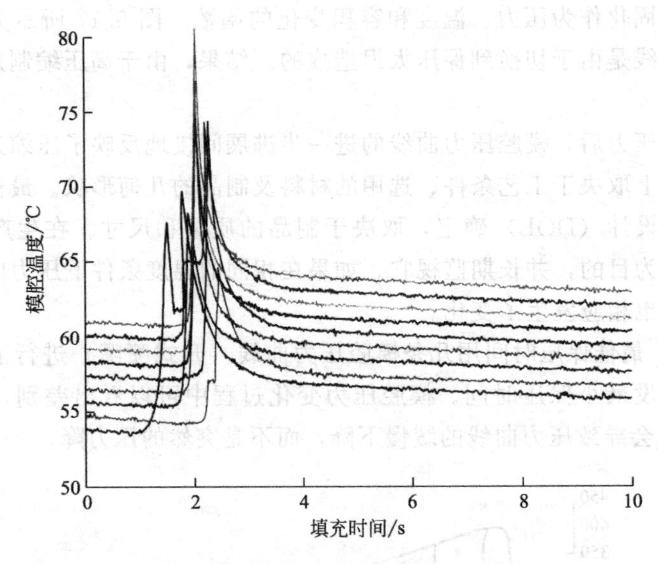

图 5.19 不同填充时间的模腔温度曲线

的填充过程。

5.2.4.3 切换到保压

注射成型机的现代控制已由注射阶段的速度控制转换到保压阶段的压力控制。为此可使用各种方法，其中主要区别在于它们的精度。然而，对于所有的方法，它们的目标都是当模腔被全部填充时切换目标。如果保压切换完成得太早，通常压力会瞬间降低，模腔就会在保压压力下以不确定的方式填充。如果保压切换完成得太晚，熔体就仍会在注射阶段被压缩，这会导致压力峰值、过载或者所谓的残余压力。这两种现象通常会妨碍一个最优模塑制品的生产。

然而，切换方法从根本上是完全不同的。与用机器有关的切换方法，例如根据螺杆的位置，它是一个开环控制回路，这不能反映出工艺的变化。例如，在生产过程中熔体的黏度改变，但机器还是一直在相同的螺杆位置切换（即在不同的工艺条件下）。那么模制品的质量必然各不相同。

一个十分相似的方法是，通过使用模腔压力传感器，在超过压力阈值时切换到保压。一旦最佳切换时机确定，它对黏度的变化就没有影响。两种方法的缺陷都是很难确定最佳切换点，首先用模具填充研究，而在生产过程中切换点发生了变化。

这一情形不同于使用模腔温度传感器自动切换到保压[7]。在这种情况下，当熔体到达流动前端传感器的位置时，腔室内体积填充能通过检测温度升高自动确定。这一温度升高发生在几毫秒之内。如果在生产过程中熔体黏度改变，它能自动补偿，鉴于此情况，切换到保压只在模腔实际充满后完成。实际上，此方法代表了一种重要的改进，因为模具填充的研究就再也没有必要了。每种情况的切换都是自动完成的。注射速度也可以不同，而不再需要优化切换点。这里，传感器的位置是相对多变的，因为在任何时候都能使用时间延时来进行微调。结论是：利用模腔温度传感器自动切换到保压，解决了多种方式的切换问题。

5.2.5 过程监控

既不用统计方法，在实验设计（DOE）的帮助下，可提前确定模制品的尺寸与质量，也不用控制方法，在加工过程中可完全自动调整和优化，并防止不合格产品。这意味着，所谓的零缺陷生产是可行的，但在实际中不可能达到。我们的目标不是生产零缺陷而是交货零缺陷。出于这个原因，没有办法监控整个过程。

许多注射成型机中的一个误区是，通过监控机械参数就能达到生产无缺陷制品的目的。单独的机械参数不能保证制品的质量，因为在最后只有这些设置的参数不能得出任何结论，例如，模制品的收缩行为。以相同的方式，利用机械参数，未填充或过度填充的模塑制品只能被准确地检测并整理出来。

因此，无缺陷制品的生产只能通过利用模具中的模腔压力和模腔温度传感器来保证。

压力和温度的测量值间接反映了模塑制品的质量。如果将这些变量复制到预定义的监控视窗中，那么就能保障质量的稳定。

过程监控中最普通的方法是对这些曲线的监控，可利用下列监控函数：

① 最大值；

② 最小值；

③ 积分值（曲线下方的面积）；

④ 模腔温度；

⑤ 阈值的时间进程（黏度变化）；

⑥ 自动切换的时间进程（黏度变化）。

图 5.20 显示了一典型的模腔压力曲线，其具有上限和下限监控范围的最大压力。如果超出或低于这些范围，能被实时检测，并作为报警信号。模腔压力（曲线以下面积）的积分值在两个极限范围内，在超出或低于此范围时，可作为报警信号使用。积分值间接地反映出热力状态，其中较高的温度同样对应一更高的积分值，反之亦然。

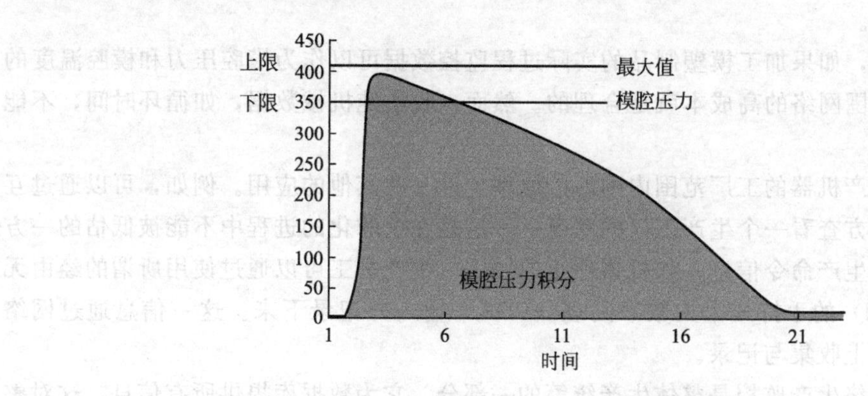

图 5.20 模腔压力例子中的监控功能

图 5.21 表示的是借助于模腔温度曲线的最大值和积分值的监控功能。这里，更高的积分值一般也对应于更高的温度条件。模腔温度中一个较高的积分值通常表示热量没有充分耗散。

上限和下限通常为这些监控功能而设定，这些数值在整个生产过程中都能自动地被监控。如果超出或低于其中的一个范围，报警信号就会实时地触发，例如，用于挑出有缺陷的模塑制品。智能电子设备和软件方案能为此提供通用的解决方案，其中能根据特定的应用而定制。

对智能过程监控来说，没有上限。从压力信号最大值的简单分析到特殊应用信号转换速

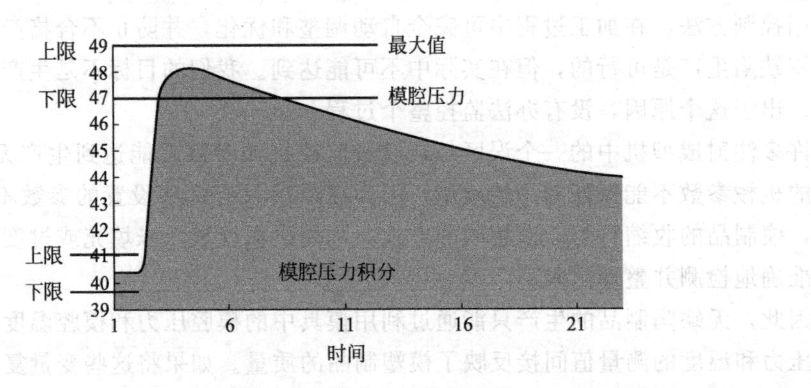

图 5.21 模腔温度例子中的监控功能

率的分析，各种监控功能都是可能并且实用的。

实际上，模腔压力或模腔温度存储的参考曲线能频繁地用于快速且容易的查看过程中的变化。在数字控制信号实时的帮助下，现代监控系统也能清楚可靠地分析复杂的过程，如回转台的应用或多组分的过程。

5.2.6 工厂范围的网络与监控

注射成型机或加工过程本身通常需要立即响应（即几乎是实时的），所以需要在服务器上进一步收集、记录和管理当前每台机器的过程监控信息。为此，每个单独的生产机器的过程监控系统都应联网到服务器上，为此有一独立的系统，比如在一大厅监视器上显示这些信息。这一系统不间断地显示每个生产订单状态及进展，以便万一有需要（如机器停止），立即采取适当的行动。

在这种情况下，如果加工模塑制品的实际过程监控数据可以作为模腔压力和模腔温度的依据，那么工厂范围网络的高成本就是合理的。然而，收集纯机械数据，如循环时间，不能有任何用处。

然而，这种生产机器的工厂范围内网络的原理允许一些其他的应用。例如，可以通过互联网在世界任何地方查看一个生产工厂的状况——这是在全球化的进程中不能被低估的一方面。此外，每一个生产命令信息，如机器停止的原因，生产员工可以通过使用所谓的经由无线局域网络（LAN）的手持式个人数字助理（PDA）输入并记录下来。这一信息通过网络最终在中央服务器上收集与记录。

工厂范围的网络生产监控是整体生产统筹的一部分，它为数据库提供所有信息，这对整个生产过程的综合分析非常有必要。因此，此管理系统能以最优的方式计划生产，同时能根据生产过程中的故障和干扰作出响应。图 5.22 所示为这一系统的结构。这基于一个独立的web 服务器上。每个经授权的用户可以通过一个标准的 web 浏览器访问它。加工过程信息的收集不需要与机器主机接口进行昂贵且耗时的连接。

5.2.7 注射成型过程的实时控制

尤其是模腔温度传感器，越来越多地用于控制注塑成型过程。这里，传感器实时检测熔体波峰的到达，实时用于切换操作。与模腔压力测量相比，这种方法总是知道熔体的位置，并能利用可编程延迟时间进行优化。这可允许熔接线在一特定的方向移动，同时能优化熔体

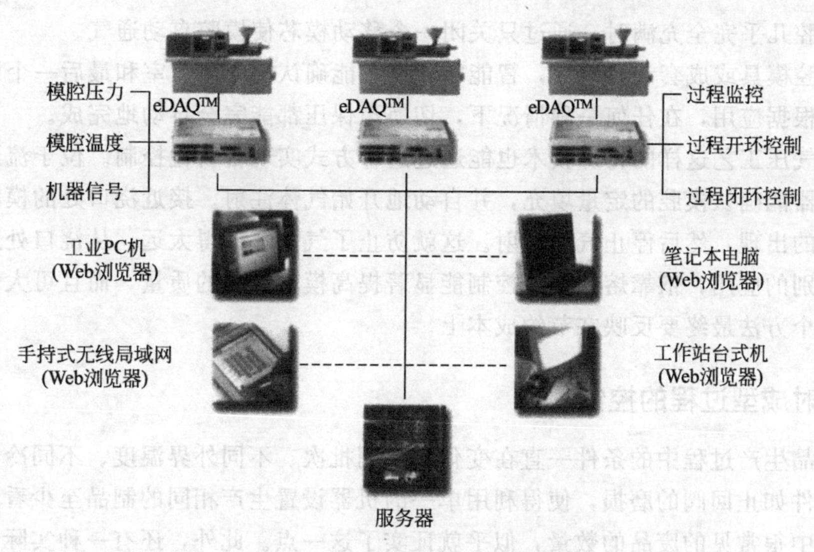

图 5.22 生产监控系统的原理，现场控制（SFC）

的融合位置（如连续成型）[8]。

图 5.23 显示了连续成型过程生产的汽车行业中的门槛。在第一个喷嘴（1）开启后，熔体流到第一个模腔温度传感器处，这可自动初始化第二个喷嘴（2）的开启。按照相同的原理，后面的喷嘴（3 和 4）可自动地开启，在可编程延迟时间的帮助下，可以优化熔体的流动。

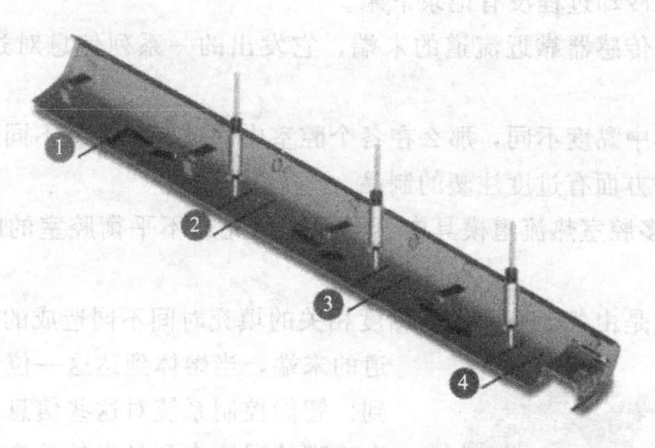

图 5.23 连续注射成型

在传统的连续成型过程中，各种喷嘴的开启与关闭通常是由路径或时间控制的。在这种方法中，熔体的位置是未知的，这就是为什么熔接线或熔体流动的优化实际上是不可能的。

其他的方法是以模腔压力为基础的，同样不适合优化连续成型过程，因为用于开启喷嘴的压力阈值只有在出现压力升高时才能设置。然而，此刻熔体的位置是未知的，因为位置是根据熔体的黏度确定的。熔接线的优化或对熔体流动有针对性的操作是压力的函数，因此也不可能的。

用模腔温度传感器检测熔体波峰在实际中可用于各种应用的自动化。

用此方法可以控制注射成型的压缩过程，即只有当熔体到达指定位置时，压缩过程才能开始。根据熔体的位置，利用此技术能选择性地控制移动模芯，使它们自动地开启或关闭。

例如，当模腔几乎完全充满时，通过只关闭一个移动模芯使模腔自动通气。

对于多腔模具或成套制品模具，智能电子设备能确认第一个腔室和最后一个腔室全部填充的时间。根据应用，在任何一种情况下，切换至保压都能完全自动地完成。

像内部气压工艺这样的特殊技术也能通过这种方式实现自动化控制。位于流道末端的模腔温度传感器能确认模腔的定量填充，并自动地开始气体注射。接近浇口处的模腔压力传感器确认气泡的出现，然后停止气体注射。这就防止了气泡扩散得太远，从浇口处逸出。

除了个别的应用，依靠熔体波峰控制能显著提高模塑制品的质量，而且可大大简化过程的管理。一个方法最终要反映在节约成本上。

5.2.8 注射成型过程的控制

模塑制品生产过程中的条件一直在变化。不同批次、不同外界温度、不同冷却水温度及个别机器组件如止回阀的磨损，使得利用单一的机器设置生产相同的制品至少看起来不太可能。在实际中很常见的废品的数量，似乎就证实了这一点。此外，还有一种实际情况，即许多注射成型模具不一定一直在相同的机器上使用，所以对于不同的机器，这些设置是不能移植的。

所以，保持机器设置常量不是目的，目的是识别过程的变化，然后作出必要的补偿或再调整。这就需要一闭环控制回路，它只存在于对模塑制品本身进行的测量，以显示不同设置的最终效果。这在模腔中没有传感器是不可能的。例如，在注射成型机的喷嘴中或一热流道系统中不能通过读取压力和温度而得出关于模塑制品收缩行为的结论，因为此区域的熔体从不固化，且此处整个冷却过程没有记录下来。

另外，模腔温度传感器靠近流道的末端，它发出的一系列信息对过程的自动控制非常理想。

如果在多腔模具中黏度不同，那么在各个腔室中的填充程度就不同，这会导致一方面有未填充的制品，另一方面有过度注塑的制品。

图 5.24 所示的多腔室热流道模具中不同程度填充或不平衡腔室的问题，在实际中已众所周知。

不同的填充腔室是由各个模腔中与黏度相关的填充时间不同造成的。温度传感器靠近流道的末端，当熔体到达这一位置时它能准确地识别到。智能控制系统对这些信息作出判断，并控制各个喷嘴的温度直到各自的填充时间，这样它们的黏度就相同了[9]。

图 5.24 不同填充程度的四腔室热流道模具（右下侧的腔室只部分填充）

相同的填充时间最终使各个模制品都在相同的条件下压缩，这是质量均匀分布的前提。这一原理能应用于传统多腔模具，也能用于多组分模具，即每个制品能分别控制，同样能用于嵌入过程。在任何情况下，该过程的变化以及由此造成的废品都能减少到最低限度。

另一种可能性是能调控大型模塑制品的质量，如在汽车行业中的应用[10]。为此，该过程的第一步是在模腔压力传感器的帮助下进行优化，然后利用接近流道末端的温度传感器切换至保压。在每个热流道喷嘴的流动区域内，利用模腔温度传感器的帮助，此优化状态能保存为一个参考。如今的智能控制系统能再次达到这一参考状态，无论制品在哪台注塑成型机上生产。

它也可能调控连续控制的多腔模具内熔体的流动，以便所有腔室能同时填充。图 5.25 所示为以前描述过的（见图 5.23）门槛，它可在两腔模具中连续生产。除了自动控制的连续注射之外，智能控制系统能确保两个腔室一直同时填充。如果不再是工艺波动的情况下，相应的热流道喷嘴会自动调整，直到保证能再次同时填充。

图 5.25 串级控制的多腔模具（门槛/汽车）

然而熔体的流动性通过温度的升高调控，用相同的传感器在熔体到达之前测量模腔的温度。这一信息能用于调整不同的模具温度，通过自动控制不同的模具冷却回路。对于大型模制品的最佳收缩行为，需要相同的模腔温度。

智能控制系统不仅适用于热塑性材料，而且适用于热固性和弹性体材料。其他控制系统，例如，用于液态硅胶注射成型中阀门浇口的自动和依赖熔体波峰的开启和关闭。

5.2.9 展望

注射成型制品的生产是一全球性的业务，这不能更加多样化。高科技产业中小批量的产品通常在中欧生产，而全球化正推动大规模市场到远东地区，那里对生产的要求乍一看有很大的不同。例如，已经成为事实的是，一个生产模具每月从泰国运到马来西亚和中国，同时携带有传感器系统，还有准“运输中”的智能电子设备。更详细地看这些要求，很快能找到许多相似之处。对质量要求很高，如果可能，废品应一直能避免。这些目标和相关的成本节约只能通过适当的技术措施才能达到。智能自动化操作最终总是意味着过程的简化和成本的降低。

参 考 文 献

[1] PRIAMUS：Patent specification DE 103 59 975

[2] PRIAMUS：Patent specification EP 1 381 829

[3] Bader，Ch.，The ABC of Mould-Sensor Systems，*Kunststoffe international*，June（2006）pp. 114-117

[4] PRIAMUS：Patent specification DE 10 2004 043 443

[5] Kistler：Patent specification EP 0 897 786

[6] Bothur，Ch.，Hohe Qualität für hohe Stückzahlen，*Plastverarbeiter* 56（2005）No. 7，pp. 56-57

[7] PRIAMUS：Patent specification DE 101 55 162

[8] Bader，Ch.，Maschinenunabhängig und flexibel，*Plastverarbeiter* 56（2005）No. 8，pp. 34-35

[9] Bader Ch.，Burkhart，Ch.，König E.，Controlled Conditions，*Kunststoffe international*，July（2014）pp. 58-61

[10] Lange，O.，Alles im Gleichgewicht，*Plastverarbeiter* 58，Jahrgang（2007）No. 1，pp. 54-55

5.3 注射成型模具的磨损

(T. Eulenstein，U. Hinzpeter)

5.3.1 概述

模具表面和模具元件的磨损在注塑成型中依然是主要问题，它具有重大的经济重要性，因为它能显著影响模具的使用寿命和维修周期。磨损的不可预期的影响，如模具表面的结构变化，止回阀关闭动作的变化，或者是顶针的微振磨损，这些都会导致生产设备（模具或注射成型机）的功能性丧失，比如通过逐渐磨损或通过自发性故障。

这里必须注意，与最初磨损通常都能容忍的塑化装置相反，模具表面上甚至最轻微的磨损痕迹都能导致表面和制品的瑕疵。塑化装置、热流道以及模具的磨损过程都一样。然而，起因、边界条件，尤其是磨损的影响，它们之间都存在明显的不同。

由于复杂的关系，需要有针对问题的解决方案，这给材料、表面质量、工艺参数以及它们之间的相互作用都带来影响。可以使用操作、结构、制造及材料的技术手段减少磨损，在防止或减少出现磨损机构时，这些因素能优化它们各自或整体的效果。

5.3.2 摩擦学基础

摩擦学（希腊语 tribein：摩擦）定义为摩擦及其结果的学科。作为引入的通用术语，摩擦学涉及磨损、摩擦和润滑领域的工业用途和知识。为更好地了解磨损及其原因和影响，首先要对其定义。根据 DIN 50320[1]，下面的定义可适用：磨损是固体表面材料逐渐的损失，它是由机械原因引起的，例如，固体、液体或气体对立体的接触和相对运动。

必须从意义上了解磨损的定义，磨损和摩擦不是材料的特性，而是参与这一过程、与总应力相结合的元件的系统特性。如果至少一个其他参数变化，那么具有相同组件的磨损就可能改变。

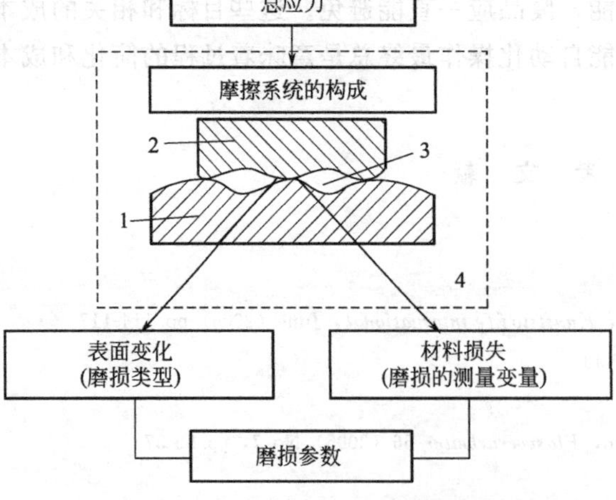

根据 DIN 50320，摩擦系统的组成元素包括基体、对立体、中间材料、周围介质（见图 5.26）。根据文献[2]，这些元素被转移到塑料加工机器的熔体区域。

图 5.26 根据 DIN 50320 的摩擦系统[1]

1—基体（组分物料）；2—对立体（模塑塑料或模塑塑料的特殊填料）；3—中间材料（一般模塑塑料）；4—周围介质

中间材料与周围介质之间明显的区别是，两者在任何情况下都不会相遇，因为两者都不是必须出现的。

此外，下列应用：

负载＝法向力和切向力、温度、周围介质的化学影响

运动＝运动和速度的类型

出现的磨损机理可分为 4 组，它

们分别出现或以重叠形式出现（见图 5.27）：

① 磨损（磨粒磨损）；

② 黏附（黏着磨损）；

③ 表面疲劳；

④ 摩擦氧化（耐磨层）。

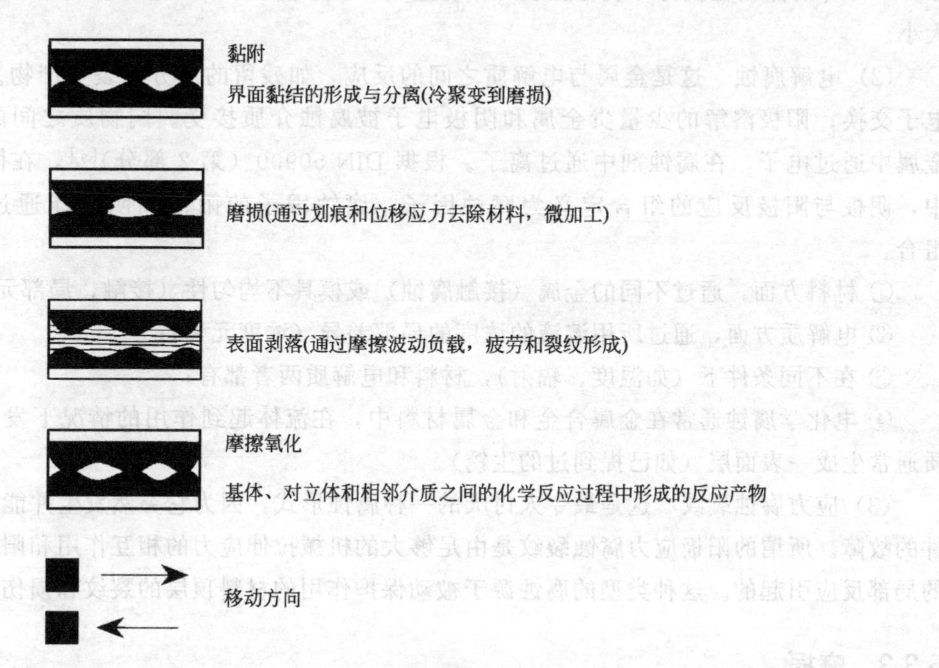
黏附
界面黏结的形成与分离(冷聚变到磨损)
磨损(通过划痕和位移应力去除材料，微加工)
表面剥落(通过摩擦波动负载，疲劳和裂纹形成)
摩擦氧化
基体、对立体和相邻介质之间的化学反应过程中形成的反应产物
移动方向

图 5.27 摩擦机理[3]

根据定义，腐蚀不是磨损的一部分，因为它不是由机械作用造成的，而是由化学反应引起的，因此也能在完全静止的系统中发生。由于腐蚀增加磨损或甚至可能产生磨损，所以它被认为是第五种磨损机理[3]。图 5.28 中总结了腐蚀的主要类型。在模具损坏机理中，腐蚀占主导地位，因此在以下会对腐蚀展开更加充分详细的讨论。

(1) 化学腐蚀 在这一腐蚀类型中，金属与周围介质通过电子的直接交换发生反应。这包括金属与氧化气体反应，在其中形成固体反应层。反应层自动分布在金属/腐蚀产物/气相界面之间。腐蚀性气体可能有，例如水蒸气、氧气、硫黄、卤素或二氧化碳。众所周知的腐蚀例子包括，含铁材料暴露在氧化气体中。根据不同的温度范围和氧气分压，会形成不同结构的氧化层，如 FeO、Fe_3O_4 和 Fe_2O_3。化学腐蚀中的一个例子描述了钢的高温（$T>750℃$）腐蚀，并有维氏体的形成。

腐蚀类型		示意图
统一的表面去除		
点蚀		
晶间腐蚀		
选择性腐蚀		
应力腐蚀裂纹	晶粒间的	
	穿晶的	
	混合的	

图 5.28 不同类型腐蚀的概述[2]

$$2Fe+O_2 \longrightarrow 2FeO$$

可以根据热力学定律和数据计算得出与气相相平衡的氧化物的稳定性和腐蚀产物的层次顺序。化学腐蚀在高温及周围是在大气环境下发生，在现代高性能热塑性塑料的高加工温度下引人关注。

金属件的结垢（材料与气体反应）是一种腐蚀类型，它同样能发生在注射模具中。例如，未冷却的晶核在获得一氧化皮层时“变蓝”。此氧化皮层在其他的影响中改变脱模力的大小。

（2）电解腐蚀　这是金属与电解质之间的反应，如残留的水分或裂变产物。正在发生电子交换；阳极溶解的少量贵金属和阴极电子被腐蚀介质接受。同物质之间的流动；在金属中通过电子，在腐蚀剂中通过离子。根据 DIN 50900（第 2 部分）[4]，在同种电解质中，阴极与阳极反应的组合定义为腐蚀因子。腐蚀因子的阳极和阴极能通过以下形成组合：

① 材料方面，通过不同的金属（接触腐蚀）或模具不均匀性（接触，局部元素）；

② 电解质方面，通过所用溶液的浓度的局部差异（浓度元素）；

③ 在不同条件下（如温度、辐射），材料和电解质两者都有；

④ 电化学腐蚀通常在金属合金和金属材料中，在流体起到作用的情况下发生——电解质通常生成一表面层（如已提到过的生锈）。

（3）应力腐蚀裂纹　这是最令人讨厌的一种腐蚀形式，因为它突然发生并能快速导致组件的故障。所谓的阳极应力腐蚀裂纹是由足够大的机械拉伸应力的相互作用和阳极溶解过程的局部反应引起的。这种类型的腐蚀源于被动保护作用的材料顶层的裂纹和损伤。

5.3.3 磨损

在加工过程中，出现越来越多的磨损材料是一个普遍问题，例如，

→POM→PBT→PA66→PA6

→LCP→PPS→PPE→ABS

由于塑料用于解决更多的特殊问题，所以它们的特性必须适用于特殊的要求。它们由添加剂改性得到。然而，添加剂的不足不仅是材料的特性发生改变，而且加工特性也随之而变。因此，增加填充量通常会导致流动性的退化和磨损的增加，在此，填充剂的类型、数量、结构和硬度起到很重要的作用。

一般而言，每种类型的材料都有其各自的摩擦效果。然而，在这里必须注意，除了玻璃纤维的表面硬度（大约 1400HV）之外，特别是色素如二氧化钛（大约 2200HV）能明显引起更大的磨损，因为淬火模具钢的硬度为 700～900HV。

磨粒磨损中，两个主要过程的区别如下。

① 抗体裂纹：硬质抗体或含有硬质夹杂物的软质基材的抗体磨损基体（两体磨损）。

② 粒子裂纹（腐蚀）：自由移动的粒子，在基体与对立体之间的中间介质中运动引起的磨损（三体磨损）。

5.3.3.1 引起模塑制品缺陷的模具和热流道上的损坏形式

对模具的损坏，以及因磨损生产的注射模塑制品见表 5.2。

高强度的力必须作用在填充颗粒上，填料才能造成磨粒磨损。这只能在模塑塑料上发生，因为它是填料周围的介质。这说明磨损也能通过以下因素确定：

表 5.2 模具及模塑制品的磨损损伤

模具部分	对模具的影响	造成模塑制品的缺陷
热流道喷嘴	喷嘴尖端材料去除	结壳，扩大泪点
浇口	在浇口区域浸析	扩大泪点，光泽不均
熔接线区域	熔接线区域材料去除	光泽不均
分型面	倒角	形成飞边
结构	结构去除	光泽度和结构变化
抛光	材料去除，浸析	光泽度和结构变化
脱模系统	材料去除，微振磨损	形成飞边
最后填充区域	浸析	光泽度和结构变化

① 注射阶段，影响剪切应力和剪切速度的工艺参数，特别是熔体温度和注射速度；

② 模塑塑料的黏度，与流道长度相关的壁厚。

同样地，填料粒子的形状决定了磨损的效果。球状颗粒可以滚动，以抵抗力的作用不加选择地磨损。一典型的磨损现象是在分型面区域飞边的形成（见图 5.29），这是由于密封边缘磨损造成的。

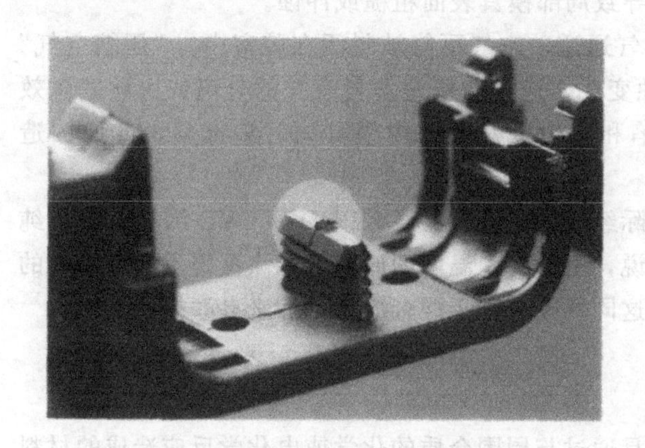

图 5.29 分离区域形成毛刺[5]

图 5.30 喷嘴尖端的磨损[5,6]

进一步说，如图 5.30 所示，由于纤维含量非常高的塑料通常更多地在注射成型中加工，因此热流道元件可出现磨损损坏。从而，对用于热流道喷嘴的材料的耐磨性提出了很高的要求。为增加使用寿命，可使用涂覆有耐磨层的回火钢或材料。然而，涂层是通过物理气相沉积（PVD）或化学气相沉积（CVD）的方式涂覆的，它们的黏附强度并不足以应用，然后会导致零件故障而达不到预期的使用寿命的增加。

与合金钢或铜合金不同，钼合金由于缺乏晶格转变，不能通过热处理来硬化。例如，SHN-硬化（见图 5.31）是一奥地利制造商专门为钼合金而开发的，其允许设定非常高的表面硬度，这进一步降低了磨损率。尽管 SHN 工艺在1000℃以上的温度下进行，但是韧性基材仍然形成了大约 10μm 厚的均匀的黏附扩散层（见图 5.32），且其微硬度高达2000HV0.001。现成的组件可以在不改变尺寸公差的情况下做硬化处理。

图 5.31 TZM 制品的 SHN-扩散层

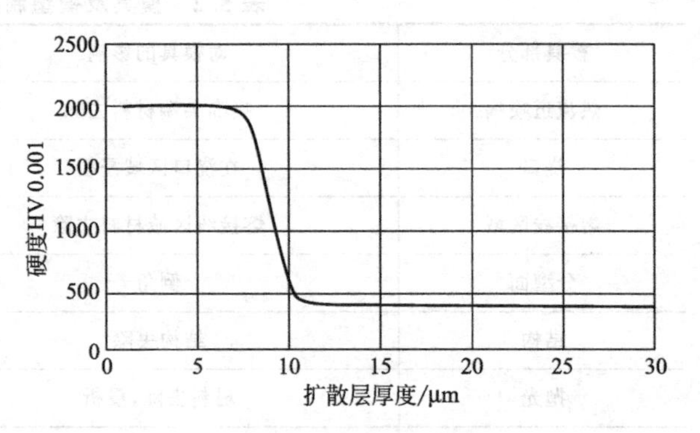

图 5.32 SHN-扩散层厚度[6]

5.3.3.2 校正措施

(1) 建设性措施 利用流变学设计，模具的尺寸应使浇口内的剪切速率小于 15000s^{-1}，流道内小于 5000s^{-1}，模腔内小于 1000s^{-1}。在腔室内，壁厚变化、瓶颈、流动阻碍、直角、模腔内最后填充区域和结构表面都特别容易受到磨损。

由于流动波峰相碰撞接触产生动压力而造成研磨效应，模塑制品在此处会出现熔接痕。在所谓的“压缩冲击”过程中，这一效应在充模结束时特别强烈。随着耐磨材料和增强材料用量的增加，磨损范围也随之增加。结果导致局部模具表面粗糙或冲蚀。

通过分型面和熔接线区域不畅通的排气通道，空气可能被封闭在腔室内。“压缩空气”(狄塞尔效应) 能引起氧化变化或氧化腐蚀变化，通过与模塑塑料有关的分离或由狄塞尔效应造成的分解产物。模塑制品的表面缺陷和飞边以及模腔内模具的污染都是由此原因造成的。

(2) 表面与涂层技术 直到现在，实际经验表明硬质涂层（PVD 和 CVD 涂层）能对纯磨粒磨损提供最大限度的保护。对钢材来说，由于处理温度的原因不能涂覆硬质涂层，它的耐磨性能用热处理或电化学的方法增加。这同样能应用于混合应力，如来自磨损和腐蚀。

5.3.4 腐蚀

如已经在第 5.3.2 节中解释的，腐蚀是通过与周围介质的化学或电化学反应造成的材料损坏。腐蚀介质可以是气体或者液体。电化学腐蚀在液体介质起作用的金属合金或金属化合物中很常见。此处，电解质作用于金属，通常会产生一顶层膜。如果钢材上是水，那么这一顶层就是锈。

在注射成型模具中，腐蚀的出现是模具污损的第一阶段。腐蚀原因可能是化学添加剂的存在，如阻燃剂或推进剂，或是热损坏材料。进一步讲，腐蚀磨损可能是在各种塑料加工过程中裂变产物的释放引起的，如在聚氯乙烯（PVC）加工中生成 HCl。但腐蚀也可能是由在盐浴淬火中未充分清理的残留物造成的。塑料中的化学添加剂，如先前提到的阻燃剂也能造成腐蚀。

另一个问题，即冷却流道的腐蚀，这明显导致冷却流道壁与冷却介质之间较差的热传递，并负面影响模具的热特性很长一段时间（见图 5.33）。

如果塑料加工过程中产生的挥发性物质不包含水或其他游离物质，那么熔融区域任何的磨损都不是电化学腐蚀造成的。电化学腐蚀只能通过离子作用。那它一定是由聚合物的降解

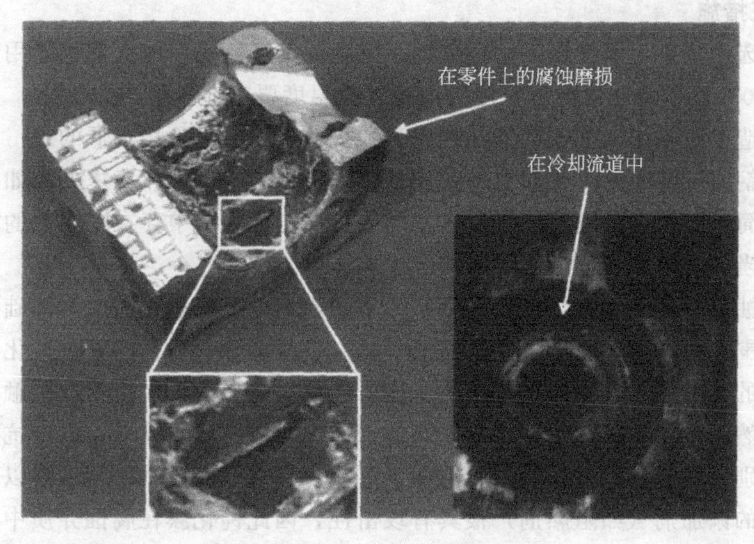

图 5.33 零件和冷却流道的腐蚀[5]

产物或官能团造成的纯化学腐蚀，甚至在熔融状态下，同样也能由颜料或其他添加剂引起反应。

挥发性物质与钢材表面可反应。反应的产物或者在塑料熔体中作为一独立的组分，或者黏附在钢的表面。SIMS（二次离子质谱法）研究结果[7]，是在钢材表面与聚丙烯（PP）或苯乙烯-丙烯腈（SAN）重叠注射后得到的，由于 C^+ 片段的较高强度，显示出在腐蚀表面上有沉积物或有机化合物残余的证据。它可能是异质的有机金属反应。进一步研究证实，玻纤本身对化学变化毫无作用。文献［7］的结果表明，塑料熔体的重叠注射可能改变钢材的表面和体积的组成。

塑料重叠注射过程中，含有它的合金组分的稳定表面与反应释放物相接触。通过相互作用，钢制元件与聚合物熔体组分相连接。这会导致晶格的破坏，比如晶格污点和网格扩大。因此，晶格发生失稳，这将引起由于磨损导致表面的脱层，然后这一过程会重复下去。

化学反应（如腐蚀）和在由聚合物熔体引起的金属材料磨损过程中的磨粒磨损[7]之间没有明显的区别。稍浅的模具污损是腐蚀的最初效果，这是由于较差的模具排气以及用了较差的塑料造成的。因此，塑料熔体加工温度、正确的浇口形状和模具钢的选择非常重要。

5.3.4.1 引起模塑制品缺陷的原因和模具上损坏形式

由于模具的腐蚀以及由此造成的制造模塑制品的损坏的原因，如表 5.3 所示。

表 5.3 模具及模塑制品的腐蚀性损坏

区域	对模具的影响	造成模塑制品的缺陷
模腔表面	模具表面涂层的形成，不光泽的抛光面，点蚀	光泽不均直到所谓的“橘皮状表面缺陷”
滑块、模唇顶出件	元件的微振磨损	模塑制品表面的污损，顶出件周围“棕色花环”标记
冷却流道	温度控制介质的流动降低，因此导致更差的热力工况	翘曲和收缩差异(冷却时间延长)

5.3.4.2 校正措施

(1) 材料选择 对于塑料加工，合金钢、抗腐蚀钢、氮化和淬火钢都能用到。一般温度范围为10～200℃。在特殊情况下，注射成型过程温度要求远大于200℃。

与其他制造工艺相比，如压铸铝，热应力和机械应力认为是相当低的。

对于模具钢的抗腐蚀性，它们被一系列不同因素影响。除了环境之外，如模具表面的冷凝仍然能通过简单的校正措施解决，但由于制造过程与模塑料中存在添加剂的相互作用的复杂性，必须相当努力地去了解相关腐蚀的触发操作。

所有耐腐蚀钢的最重要的合金元素是铬。铬的影响以形成氧化铬层为基础，这在大量的相邻化学势范围内，动力地阻碍了底层铁的氧化。按质量计，12%的铬被钝化，这主要是由包含铬氧化物的很薄的一表面薄膜造成的。这一钝化膜的形成，使得钢在接触水时只有轻微的腐蚀趋势。然而必须注意，不是所有耐腐蚀钢都有相同的钝化效果，以抵抗所有的腐蚀性介质，因为特别是在塑料加工工业中，不仅水可作为腐蚀触发介质，而且如以前提到的，模塑塑料中包含的添加剂（如阻燃剂）很具有攻击性，因此钝化膜在腐蚀介质中并不稳定。

随着铬含量的增加，通过一定的腐蚀介质的钝性基本上也会增加。铬含量的增加对钢可达到的硬度有不利影响。也应该观察回火温度对钝化膜的影响，因为这只能随自由铬含量的增加而增加。回火温度越高，在钢基体上能产生越多的铬碳化物。因此，自由铬含量和钝化物就会减少。所以，低回火温度、低含铬量比高回火钢、高含铬量产生的钝性要好。局部不均质（例如，碳化物和污染物）会减弱钝性，然后导致腐蚀作用。

通常用于塑料加工的耐腐蚀钢是1.2082、1.2083和1.2316。决定选择何种钢的具体要求，除了上述因素外，其他的条件也必须被考虑，如下列条件：

① 所需硬度和韧性；

② 钢的涂覆性；

③ 模具的尺寸；

④ 表面抛光性。

(2) 表面与涂层技术 除了用耐腐蚀钢，表面涂层提供了另外一种可能达到不错甚至更好的耐腐蚀性（见表5.4）。

表5.4 涂层的耐腐蚀性

表面处理	涂层厚度/μm	耐腐蚀性
化学镀镍	1～150	好，30μm时非常好
硬铬	5～1000	只限于好
薄层铬	1～10	只限于好
PVD(CrN)	5	有限的
PVD复合层	35	好，就预先化学镀镍而言

适当的硬质涂层同时能提供进一步的保护以抵抗磨粒磨损。在腐蚀保护方面，不同的涂层能提供不同的保护效果。对于个别的情况，必须检测与涂层可能性相关的其他不足。因此，硬铬层会在角落形成一边缘结构；因为黏附效应，所谓的硬质涂层会明显地恶化模塑制品的移除。需涂覆的模具的几何形状对表面处理的选择有决定性影响。

在温控系统中，通过往回火介质（水）中添加缓蚀剂能减少腐蚀。

5.3.5 模具元件的磨粒磨损

对于复杂的模塑制品有几何形状要求的模具，大多只允许通过使用滑块和模唇高质量、高效地生产。有时用于成型区的部件，同样能适应不同的磨损条件。对于用表面和涂层技术后续装饰的、和/或通过连接工艺与制品黏合在一起的模塑制品，其表面不应有润滑剂残留。出于这个原因，可移动模具元件只能用最小剂量的特殊的润滑剂润滑，或者用表面和涂层技术处理，特别是以碳为基础的，要确保无润滑剂操作。

5.3.5.1 模具元件的损坏形式

微振磨损或磨粒磨损是由局部界面黏结而成，及随后撕裂紧固互连，再加上材料的传递引起的（DIN 50323-2)。在较差润滑和接触条件或无润滑条件下，摩擦组件会形成一紧密的黏结层。

相似材料组分或高混合物倾向的表面尤其危险。其后果是冷焊、磨损、划痕、孔洞、微振磨损、积屑瘤甚至是模具破损（见表 5.5)。

表 5.5 磨粒磨损的效果

区 域	对模具的影响	造成模塑制品的缺陷
滑块,模唇,顶出件	元件的微振磨损	模塑制品表面的污损,顶出件周围“棕色花环”标记

5.3.5.2 校正措施

（1）建设性措施 许多可移动的模具零件，如顶出元件、滑块、模唇，都能承受相当大的应力。很多情况下，缺少润滑剂会导致模具破损、模具零件的微振腐蚀和咬合。在开始模具设计之前，必须建立可移动模具零件的最佳操作的最基本的条件。除了滑动零件的几何形状和材料技术设计之外，也应确保适当的机械尺寸。尤其是用于高温材料加工的模具，各自的热力工况在顶出杆系统和滑块设计中应考虑到。

通过不恰当的“对齐”指导，由于基体和对立体的相对运动，不同大小区域的表面都能经受接触过程。这会导致表面压力的增加和相关温度的增加，滑块元件的损坏。由所谓的明显边缘造成的局部形状变化及相关温度升高，同样能造成滑块的损坏。

具有表面涂层的顶出杆在模具中主要在无润滑剂的情况下使用。这就要求最佳表面，因为每个坎都可能增加顶出杆“微振磨损”的可能性。表面质量或粗糙度、微几何形状与元件理想的宏观几何形状的偏差，是技术表面的一个重要特性。表面粗糙度由生产工艺表征，并呈现出“粗糙度峰值”和“粗糙度峰谷”的三维随机分布。为确保无润滑运行的最佳条件，由 5 个相邻测量路径测得各个粗糙深度，它们的算术平均值作为平均粗糙度 R_z，不能超过 $2\mu m$。

对于耐磨损，所谓的磨损低/高状态的特性非常重要（见文献［3］中图Ⅱ.61)。因此，只有在摩擦受力材料的硬度大于施力材料的硬度时，磨损程度才会降低。实际上，表面硬度大于 50HRC 时能达到较好的结果。

（2）表面与涂层技术 增加制造要求，需要在无润滑剂（如润滑脂或油）的条件下工作变得日益必要。为了保证制造过程没有增加摩擦阻力和相关的缺陷，通过它们的性能和涂覆工艺，有一些滑动表面类型提供了许多应用的可能性。图 5.34 展示了最常见的滑动涂覆方法及对它们变化的概述[8]。

移动模具零件的滑动性能的改善应该作为以上阐明的表面和涂层技术的应用领域（见图

5.35）。基于碳、钨或钼，化学镀镍－聚四氟乙烯（PTFE）层的PVD涂层或基于钨或钼的所谓的光束处理，这里都能用到。所提到的主要应用领域是滑块、模唇和顶出杆。

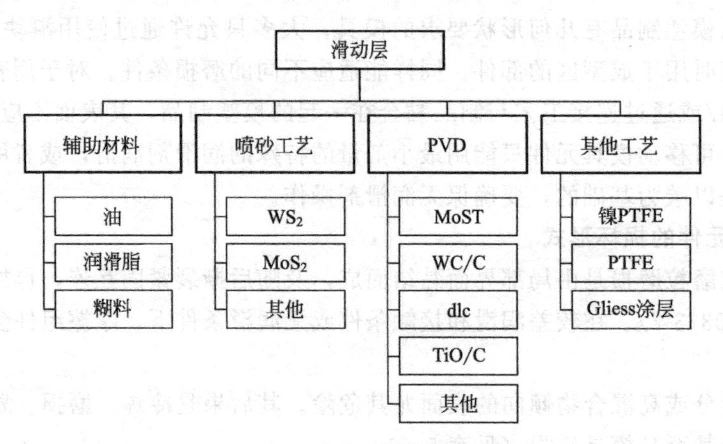

图 5.34　滑动涂层的类型[8]

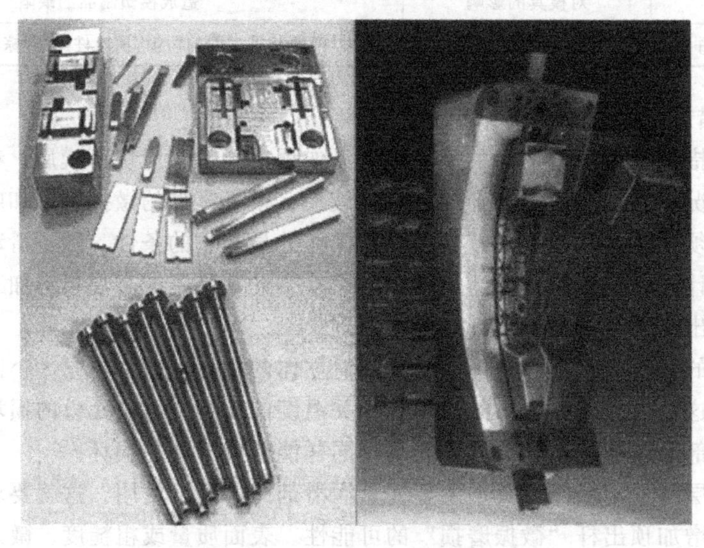

图 5.35　滑动涂层的应用[9]

PVD涂层在滑动性方面提供了相当大的可能性。通过PVD工艺生产抗磨损和抗摩擦涂层已成为现有技术水平的一部分。几乎所有的基板材料上都允许层沉积几乎所有化学成分。金属层，还有例如碳、金刚石和类金刚石层都能生产。一般层厚度为2～6μm，能在150～500℃温度下应用。低合金钢由于在低涂层温度下涂覆，所以没有硬度的损失，并有较好的黏附性。

PVD滑动涂层是通过从气相中物理沉积的方法生产的。它们通常由涂层材料的高度灵活性方面表征，这使得层结构的范围较宽。它们可用于紧密接触的模具部分，并具有必要的滑动功能。由于低加工温度，PVD技术允许涂层如PTFE或MoS_2，可在涂层厚度薄且黏结强度高的情况下应用。这意味着涂层薄的PVD层比其他方法采用的厚的PVD层更有效。最佳涂层厚度由滑动速度的载荷决定。载荷越大或速度越大，固体润滑剂的厚度越小。在低温度载荷下，由高强度钢制成的零件也不可能发生应力腐蚀裂纹和氢脆[10]。

MoS_2是一"润滑"顶层，它通常与多层涂层结合使用（DLC也一样）。在所有MoS_2层中，必须注意，每层都处于结晶状态。晶体层的摩擦系数$\mu=0.04$；非晶层$\mu=0.4$。晶体层能通过选择基片的温度（>20℃）获得。含MoS_2的固态润滑涂层在温度大于300℃时，与含Ni和Co的材料不再相容，因为在晶粒边界可能发生硫化，这会导致应力腐蚀裂纹。在350℃以上时，硫化钼在空气中氧化成三氧化钼，其摩擦系数是0.5!

由于MoS_2对湿汽敏感，所以在特定的环境下这一软质固态润滑剂的应用可能会减少。通过特殊的PVD工艺（磁控溅射），应用层的摩擦性能可被优化。溅射Co金属或碳化合金（WC/Co）能使软质MoS_2提高摩擦和磨损性能，尤其是在大气条件下。稳定的金属MoS_2-甲基层通常应用的厚度为0.5～1.5μm，其由高均匀性和黏附性，甚至是制品复杂的几何形状来表征。由于PVD典型的低沉积温度（<120℃），所以完成涂覆的制品不会有翘曲变形和硬度的损失[10]。

PTFE是热塑性材料。它能用作黏结好的无孔溅射的基体材料，以使溅射膜层的摩擦系数与纯PTFE的摩擦系数相当。摩擦系数取决于压力、滑动速度和涂层厚度。润滑效果基于长链、直链、刚性链沉积在彼此间形成的微晶。几个微晶结合在一起形成晶体链。首先，在与滑动副摩擦过程中，一些链黏附性地粘着在一起，PTFE在运动中得到剪切，然后相邻链的方向就是滑动方向。PTFE只能被压载至耐低冷流动阻力[10]。

石墨有一层晶格结构，这意味着同一层之间的黏结力较强，而各层之间的黏结力较弱。这导致了两种特性：

① 良好的滑动性，通过各层的微小位移；

② 在垂直于层方向高负载能力。

随着温度的升高，石墨的高压负载能力增强。石墨是高导热性和高导电性材料。石墨需吸收水和气体分子才有良好的润滑效果。图5.36显示摩擦系数是不同环境下循环次数的函数[11]。

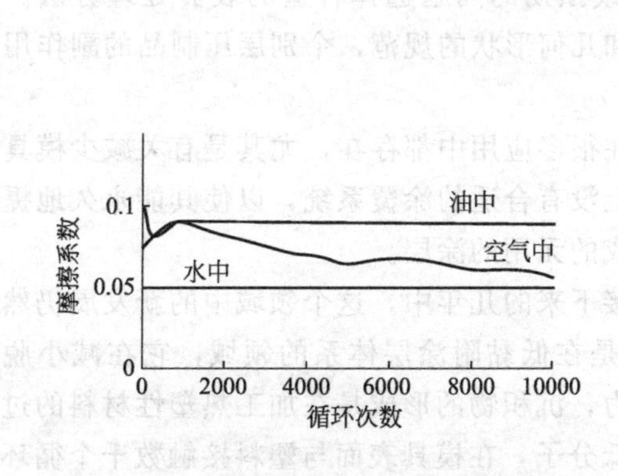

图5.36 不同环境下石墨的摩擦系数[11]

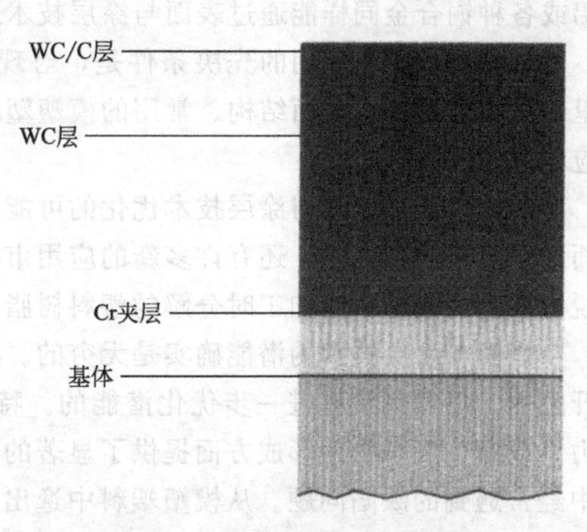

图5.37 WC/C涂层的层结构

WC/C层沉积系统的工艺技术以磁控溅射为基础。绝对有必要进行适当的热处理。推荐在至少260℃以上重复回火。应该精确加工表面，以达到涂层高承载能力。在涂覆的模具零件的较长使用寿命方面，表面粗糙度R_z应大于2μm。

在图 5.37 中，可以看出 WC/C 涂层是由不同的涂层系统建立的，以创建最佳的涂层性能：对基体形成涂层黏附性，在表面上有滑动性能。

5.3.6 展望和发展趋势

近年来，能够注意到用于模具的表面技术在不断增长。硬质、抗磨损或抗腐蚀、滑动光滑及低污损的表面能通过表面与涂层技术生产，这能增加被处理组件的使用寿命，极大地提高经济效益。因此，通过利用 PVD 工艺涂覆硬质涂层，消除磨粒磨损的损坏，能使注射模具的使用寿命增加 3～10 倍。另外一种情况，通过减小脱模力，几乎能减少 25% 的循环时间。

通过对模塑制品与模具之间，以及模具组件之间的相互作用有针对性的影响，能提高过程的稳定性，显著减少机器和模具的停机时间。通过仔细规划使用表面与涂层技术能获得下列的改进：

① 耐磨损性增强；
② 耐腐蚀性增强；
③ 脱模力减小；
④ 模具污损减少；
⑤ 滑动性能提高；
⑥ 抛光和结构表面的保护；
⑦ 有针对性光泽度的生产；
⑧ 提高模塑制品的质量；
⑨ 循环时间优化。

这些可能性的提高不只应用于注射模具。除了处理热塑性塑料、热固性塑料和弹性体的模具，同样可用于挤出机头、滑块和模唇、顶出系统、熔体控制系统、止回阀和冷却流道。对于可处理的模具材料的限制在近年来也得到进一步扩展。除了典型的模具钢，有色金属如铝或各种铜合金同样能通过表面与涂层技术进行优化。

这些技术成功应用的先决条件是，对现有或预期的问题选择合适的表面处理方法。这里，除了模具钢、表面结构、常用的模塑塑料和几何形状的规范，个别层压制品的副作用也应该考虑。

如今，通过表面与涂层技术优化的可能性在很多应用中都存在，尤其是有关减少模具表面磨粒磨损的。然而，还有许多新的应用市场上没有合适的涂覆系统，以使其能永久地提高脱模性能，或减少由加工时分解的塑料树脂形成的无用的涂层。

表面与涂层技术的潜能确实是无穷的。在接下来的几年中，这个领域中的新发展仍然是开放的，仍然是具有进一步优化潜能的。特别是在低黏附涂层体系的领域，它在减小脱模力，或减少沉积物的形成方面提供了显著的潜力，沉积物的形成是在加工热塑性材料的过程中经常遇到的缺陷问题。从模塑塑料中逸出的低分子，在模具表面与塑料接触数千个循环之后可形成沉积物，它最靠近浇口和排气区域内（见图 5.38），这样能阻止塑料准确地复制模腔表面。造成的结果包括模塑制品表面的形貌影响（见图 5.39）或光泽不均。

常能形成沉积物的材料包括聚甲醛（POM）、聚丙烯（PP）、聚对苯二甲酸乙二醇酯（PET）、丙烯腈-丁二烯-苯乙烯（ABS）共聚物、聚碳酸酯（PC）、聚砜（PSU）、聚对苯二甲酸丁二醇酯（PBT）和聚乙烯（PE）。更加危害的材料都有添加剂，如阻燃剂、润滑剂、色素，它们在高材料应力（如高剪切应力、高剪切速率和特别高的熔体温度）下出现沉积。材料改性成具有阻燃性的能在高材料应力下发生化学反应。分解逸出的产物可造成表面沉积，根据结构，同样能造成模具中的腐蚀。

图 5.38 靠近浇口处形成的沉积物[5]

图 5.39 涂层造成的粗糙表面[5]

下列因素可造成涂层的形成：

① 高材料应力，如高熔体温度、剪切应力、剪切速率；
② 在塑化装置中的高剪切（如螺杆转速太高）；
③ 停留时间太长；
④ 模具中高剪切作用（如由于注射速度太快）；
⑤ 模具缺少排气；
⑥ 材料加工残留的水分太多；
⑦ 错误地或过多地使用润滑剂；
⑧ 基体材料与着色剂/添加剂不相容；
⑨ 干燥时间太长。

此外，具有特殊热性能的新型涂层技术将会作为发展趋势补充市场。现在仍需要改进市场上现有的表面与涂层技术。不是所有的涂层方法都能对涂层质量和去涂覆性及重复涂性等提供重复性结果。同时，在质量超过 2500kg 的模具上，按比例放大应用技术将会成为未来发展的主题，因为不仅模具的尺寸起作用，而且涂层技术必须适合于所用的模具钢相。

参 考 文 献

[1] DIN 50320，VerschleiB，Begriffe，Systemanalysen von VerschleiBvorgängen，Gliederung des VerschleiBgebietes，Beuth，Berlin（1979）（Standard now no longer extended）

[2] Heinke，G.，Tribologische Grundlagen und Schadensgrundformen in *Aufbereitungsanlagen*，*VerschleiBminimierung in der Kunststoffverarbeitung*（1991）VDI Verlag

[3] Mennig，G.，Lake，M.（Eds.）：VerschleiBminimierung in der *Kunststoffverarbeitung*，*Phänomene und SchutzmaBnahmen*（2007）Hanser，Munich

[4] DIN 50900，Korrosion der Metalle，Part 2（1984）Beuth，Berlin

[5] Störungsratgeber für Oberflächenfehler an thermoplastischen Formteilen Kunststoff Institut Lüdenscheid für die mittelständische Wirtschaft NRW GmbH

[6] Plansee AG，Reutte/Tirol

[7] Braun，D.，Brito，H.，Beiträge zur Untersuchung der Korrosion an Modellwerkzeugstählen für kunststoffverarbeitende Maschinen，Werkstofftechnik（1985）

[8] N. N.，Yearbook Surface Technologies（2000）Giesel Verlag，Isernhagen

[9] N. N.，Company publication Oerlikon Balzers，Bingen（2001）

[10] N. N.，University Erlangen，MFK（2002）

[11] Simon，H.，Thoma，M.，*Angewandte Oberflächentechnik für metallische Werkzeuge*（1989）Carl Hanser Verlag，Munich

5.4 维护、储存、维修

(U. Thiesen)

5.4.1 概述

用于塑料加工的模具是进行满足各种需要的产品设计最重要的资源。通常唯一的生产，一个模具应该能够在最短的时间内生产百万件相同的产品。正因如此，它成为复杂系统的一部分，这种连接不允许任何非计划的停机，不引起明显的成本。

如果发生了停机，那么这应该是计划内的，维护必须要保证功能正常。如果这种进行维护的条件不存在，它应该尽快恢复。为了达到这个目的，可以采用以下措施。

（1）维护　模具现有的磨损应该通过保养来防护，或者尽可能地延长拆卸模具的时间。

（2）检修　这可以检查模具是否在正常的工作条件下。

（3）维修　这是维护的一部分并且应该使有缺陷的部件处于原始状态。

（4）优化　作为持续改进的一部分，模具在经过制样后应该进一步优化，因为在经过几天的生产之后，模具“定型”和机械部分磨合，并且显示出有可以和必须改进的地方。

通过这种方法，可以避免模具的失效。目标是延长模具寿命，进而增加利润。对安全性和模具可利用性的改善与这种方法相关。失效的数目会较少。因此，操作过程被优化，并且可实现成本控制。

模具是生产线上常见的部件。它们的失效可导致成本明显增加。这可以导致对客户供货的中断。因此，应该尽量避免维护，如果不可避免，需保证短的维护时间。这起始于一系列的备件，终止于对模具进行外部或内部进行维护的决定。

5.4.2 维护、 防护及困难

所有处于运动的区域或者有材料流经此区域都会使这个区域产生磨损。模具通常有几个区域的磨损需要定位。这些区域发生磨损是因为它们之间相互摩擦。在模具中，固体、液体甚至气体都会发生相互运动。

模具的表面硬度和硬度深度决定了磨损量。如果进行大批量生产，所有成型部件都应该进行淬火。尽管增加了对模具生产的投入，但可降低维护的成本。这也同样适用于相互移动表面的表面质量。

5.4.3　检修

5.4.3.1　时间

检修应该在规定的时间间隔内进行，且必须遵守每个模具的检修规程。这或许可以根据以下因素进行改变：

① 小时；

② 轮班；

③ 每天；

④ 周；

⑤ 月；

⑥ 基于指令；

⑦ 根据部件的数量；

⑧ 综合考虑时间和数目。

5.4.3.2　检修计划

检修计划应该描述工作步骤和实施的措施文件。它以对塑料制品的目视检测开始，再对模具的运动部分的接触表面进行评估。模具的润滑和动力供给连接的控制紧随其后（见表5.6中举例）。

然而，采用日期标记对模具的追溯性很重要，这也是检修计划的一部分。检修计划根据经验并且应该应用于模具或者所制造的制品的要求中。

表5.6　模具检修计划

检修计划				
模具名称	12345			
产品名称	侧板			
产品型号	123　987　456.0			
时间	生产过程中每天	订单截止日	制品的每批数量	日期/签名
内容				
观察控制				
部件		×		
模具分离			10000	
顶出装置	×			
导向装置	×			
滑块	×			
型芯拔出		×		
泄漏				
温度控制		×		
热流道			10000	
筒体		×		
润滑				
导柱	Per shift			

续表

滑块		×		
型芯拔出				
折叠型芯				
清洁				
模具分离	×			
排气嵌件			5000	
温度控制		×		
识别				
用数据台观察		指令类型		
质量状态		×		
其他				
对中环		×		
顶出销		×		
能量供给		×		
温度控制		×		
供给		×		
夹具		×		
绝缘		×		

5.4.4 维修

常规的检查后的维修，以及在生产过程中偶然发生的维修也许是必要的。设备维护者要和维修小组一起来决定所维修的部件是否可以在生产中还可以使用，以防止制造过程的中断。模具上的凹坑或者损坏的顶出件将会直接导致生产中断，以及在维护过程或模具制造中的维修。这种维修情况应该通过预防措施加以避免。尽管所有的维修措施，模具的损伤还是重复性地发生。材料的磨损和疲劳引起的错误与模具周边引起的错误是可以区分的。

图 5.40 球擘的分型线

图 5.40 中带有飞边的球擘是由膨胀芯核形成的。消除飞边总是非常复杂的，因为它需要在三维中进行定位。如果底边可以由简单的滑块成型，那么这种方法应该是更可取的。

5.4.4.1 磨损

由于含有像玻璃、矿物质、阻燃剂的添加剂的填料引起的模具高应力、高机械应力以及流路末端的高温（内燃机效应），模具的边缘被去除。该产品是带有燃烧痕迹的未充满制品。因此，必须要确保排气是可行的。通过在模具分型面上增加 0.01mm 间隙余量，可实现排

气。这对于熔体波峰产生的空气从模具中溢出已经是足够的。同时，间隙非常小，因此不会形成飞边。因为单体残留物通常会阻塞排气，维修变得或多或少的复杂，维修应同时兼顾燃烧痕迹和飞边。

如果在磨损的区域采用标准，维护费用会明显的较少。在图 5.41 中，浇道衬套和流道浇口嵌件是承受高应力和高磨损的典型例子。它们可以由库存得到，因此储存这种备件可以减少维护费用。

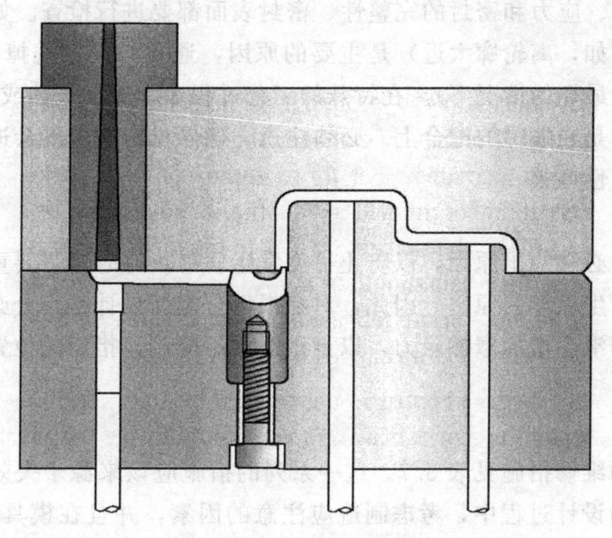

图 5.41　流道浇口和浇道衬套的标准[1]

5.4.4.2　泄漏

波动的制品质量、非完全充满的制品以及光泽度的变化意味着热流道有缺陷。这种状况的原因包括连接松弛或者热流道集流腔的裂纹。模具必须完全拆卸，并且任何泄漏的塑料必须被机械清除（见图 5.42）。

图 5.42　热流道的重叠注射

通常，必须更换整个电控系统。为了防止这种状况，选择热流道系统和正确的安装时必须格外小心。其他的原因也可能是喷嘴的磨损。因此，必须调整环状间隙，或者更换锁模机构。潜在的失效原因也可能是有缺陷的加热板和套以及失效的传感器。仔细的选择和组装可以避免这种造成中断的原因。

在生产过程中，温控介质从模具泄漏。这种过程应该避免。这可以通过生产开始前控制温度来实现。但是如果注意到泄漏，有必要找出泄漏发生的地方。在大多数情况下，是带有缺陷的O形圈造成的。这个O形圈必须被更换。检查其是否已遵守正常工作的条件是十分重要的。尺寸和配合、应力和密封的完整性、密封表面都要进行检查。如果发现由于高应力造成的钢材裂纹（例如，离轮廓太近）是主要的原因，通孔必须冲洗掉，裂纹必须焊接住，或者更换整个嵌件（最坏的情况下）。在特殊的工艺过程中，例如气体或液体辅助注射成型，这些介质的泄漏主要是在喷嘴的配合上。必须注意，确保材料残渣不会进入锁模机构，但这种情况可以通过结构性调整。

5.4.4.3 破损

在破损事故中，必须找出原因，以防止再度发生。滑块有时候需要重点关注，它具有急剧的过渡段，这是发生破坏的原因。因此，对易损部分重新设计是十分必要的。因为弹簧会疲劳，或者中断的润滑会增加摩擦阻力，以至于滑块不能到达指定的位置，所以，滑块有时候不在指定位置上。

5.4.4.4 维修措施

对于每种模具的维修措施见表5.7。这一系列的措施应该来源于失效模式和影响分析过程。这将保证在产品设计过程中，考虑制造应注意的因素，并且在模具生产的准备阶段中，采用已有的制品经验或者从后续工艺中获得的有用信息。

表5.7 维修措施

维修措施			
缺陷	位置	原因	纠正措施
飞边	浇口	磨损	更换钻头
	顶出杆	磨损	更换顶出装置
			或者增大顶出装置
	轮廓	磨损	激光焊接
		口模定位不良	重新口模定位
光泽程度	纹理	太光滑	表面喷丸
			表面刻蚀
			新的表面纹理
泄漏	回火	O形圈失效	更换O形圈
		O形圈热解	用化学的或热稳定O形圈
		O形圈的错误安装	
	热流道	密封面失效	维护密封面
		磨损	更换磨损部件
		环形间隙不规则	考虑到热膨胀调整安装位置
		浇口凝结	清除可能的冷桥
	气体注射器	锁模装置中有材料残渣	清理锁模装置

续表

维修措施			
缺　陷	位　置	原　因	纠 正 措 施
破损	顶出装置	咬死	更换、铰大导向系统
		破损	考虑到顶出板的导杆，保证顶杆与顶出板的配合
	倾斜销	破损	确保滑杆的终止位置
			保证润滑
	轮廓面	剥落	激光焊接
			淬火部件边缘
	滑杆	液压缸	保障限位开关正常
		偏移	重新确定最终位置
		运转不平稳	重新考虑材料组合，改善润滑
		破损	考虑半径，避免材料类型的急剧过渡
偏移	模具表面分离	口模定位错误	重新口模定位，抛光轮廓与滑杆
		冲蚀	激光焊接、淬火分型边缘
		中心花边	激光焊接
	热流道	零件上出现凸台	考虑热膨胀，调整喷嘴长度

5.4.5 优化

模具大多数是由外部的模具制造商生产的。这也是首次制样的地方。制样时，必须发现模具是否具备了所要的功能，流型是否与计算的一致，收缩是否像预期的一样会发生。最后模具在计划批量生产的机器上进行生产，最后在批量生产的条件下退出（即用全自动插入嵌件，通过线性操作系统取出，或者使用编程机器人引入金属薄片、光泽面、编织物或者其他部件）。这通常预示着，与第一次制样相比，测量手段的变化并不是高效的方法。因此需要开始优化（即在连接和功能区域，部件必须引入公称尺寸）。折中方法限制了生产参数，在批量生产过程中必须接受客户的陈述。

对塑料制品的外部进行调整也许是十分必要的，例如，对纺织品、薄膜、嵌件等。购买的嵌件质量波动甚至会影响到整个自动化流程。

模具中不均匀的热量也是制品扭曲的一个常见原因。现在通过购买热成像摄像机，可以看到模具中的热点，并为优化和翘曲分析提供有价值的参考。通过脉动冷却或者烧结模具嵌件，强化温度控制，可显著减少循环时间。

5.4.6 储存

在一个制造装置中经常会使用不同的模具，因为对制品的这种要求不能完全发挥机器的效能。因此，对这类生产，在完成生产订单后，需要卸下模具，然后将它转移到模具中央储存区（见图 5.43），或者将其留在生产线附近。对于后者情况，在生产中必须进行检查。

在生产中进行储存是一种经济性的解决方案，它允许小批量制品的生产在较低的外部安装强度下进行。模具要求干燥和防火储存（见图 5.44）。同时也应该确保，这些储存的模具在生产需要的任何时候都可以使用。这对于快速反应客户需求是十分必要的。

图 5.43 模具的重载货架

图 5.44 由于错误存放引起的模具腐蚀

为了使生产者知道哪一个模具是对生产可用的，模具应该标明在维护状态还是可用状态。这可以通过人工贴标签，或者在 ERP 系统（企业资源管理系统）（见图 5.45）对模具进行电子批报。人工贴标签的方式应该一直保持，这是因为万一 IT 系统失效，它可以确保生产中有模具可用，并且不发生更正和变换模具。标签可以通过信息载体或例如彩码贴纸来完成。储存空间的大小可仅由生产中换下来的模具多少来确定。然而，相反的，未经修理的模具的专用区域也可以确定。

模具的管理可以整合到 ERP 系统中。图 5.45 所示为固定维修的时间间隔。图中所示，

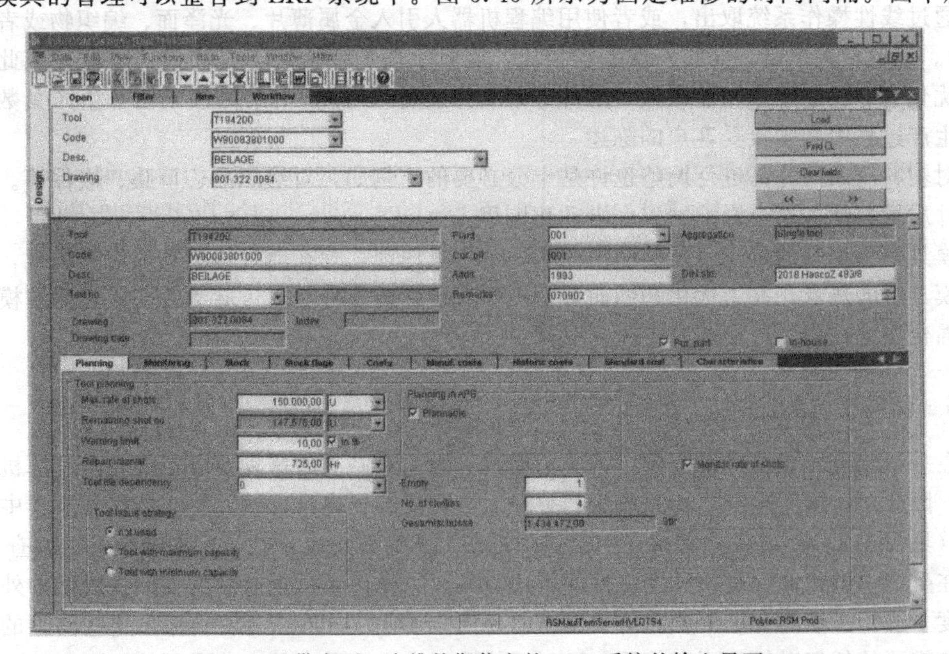

图 5.45 带有下一个维护期信息的 ERP 系统的输入界面

在下一个维修期之前，有 12000 个制品需要生产。然而，模具的使用历史记录、累积的维修费用等也会存储下来，而且这些信息在任何时候都可以检索到。

图 5.46 由硅胶或含聚四氟乙烯防腐剂导致的缺陷

5.4.6.1 防腐

模具在生产结束时需要进行防腐处理。对于经过制造工艺后进行表面抛光的部件，需要使用不含硅和聚四氟乙烯的防腐剂进行防腐。

图 5.46 所示为由防腐剂引起的涂层零件表面缺陷。这导致了黏附问题和/或湿润错误。

在储存模具之前，它们应该将它们冷却下来，以便模具表面上不发生冷凝，因此就不会发生腐蚀。为了防止暴露在氧气中，温控流道要保持闭合。另一种可行的方法是模具在储存之前温度控制通孔完全清除水。腐蚀不仅仅是温控流道的问题。油作为一种温控介质，可形成分解产物，它们通常能在温控系统的水槽中积聚。在某个点上，这些产物会进入到模具中，阻塞模具芯部的立管孔。因此，不仅有必要更换温控介质，清洗加热器水箱也是十分有必要的。

5.4.6.2 储存位置

模具的储存中心允许在小区域放置重载货架，它们存放大量的模具。可以采用计算机辅助位置管理。

图 5.47 大型模具的储存

然而，有些模具占据了如此大比例，以至于在重载货架的讨论中可以免去。这包括了垃圾桶、保险杠、仪表盘以及其他的模具，这些模具的总量很容易超过 15t。与生产相关的储存也是需要的。在一个模具中央储存库（见图 5.47），模具存放处可以系统地进行。大型制品的模具通常放置在离地面较近的区域。小尺寸且质量轻的模具放置到重载货架上方。储存位置需要标记，以便分配恰当的模具，可改善跟踪性，甚至是电子模具储存管理系统的先决条件。

成本优化需要对模具中央储存室重新考虑。当模具存放在机器上时，一个内部装配车间的结局或许不总能导致减少装配时间。因此，最优生产批量是日生产中的仅仅几小时。因此，在生产机器旁存放模具是有意义的。在未来的模具管理中，生产现场会更多地用于储存模具。

5.4.6.3 模具标识

标识应该清晰可见。以下的信息将有助于模具的管理（见图 5.48）：

① 模具数量；

② 所有者；

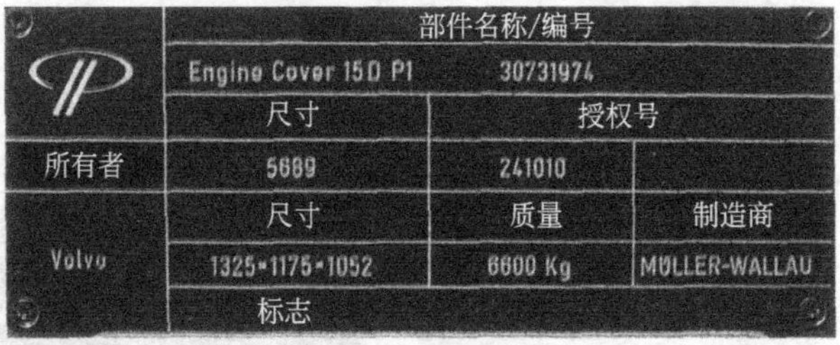

	部件名称/编号		
	Engine Cover 15D PI	30731974	
	尺寸	授权号	
所有者	5689	241010	
	尺寸	质量	制造商
Volvo	1325×1175×1052	6600 Kg	MÜLLER-WALLAU
	标志		

图 5.48 模具标签

③ 部件描述/质量等级；

④ 尺寸；

⑤ 质量；

⑥ 模具制造商；

⑦ 制造年限。

其他的标识，例如冷却循环回路的路线、动力供给或滑块和抽芯器的移动（液压图）等，有利于模具的操作（见图 5.49 和图 5.50）。

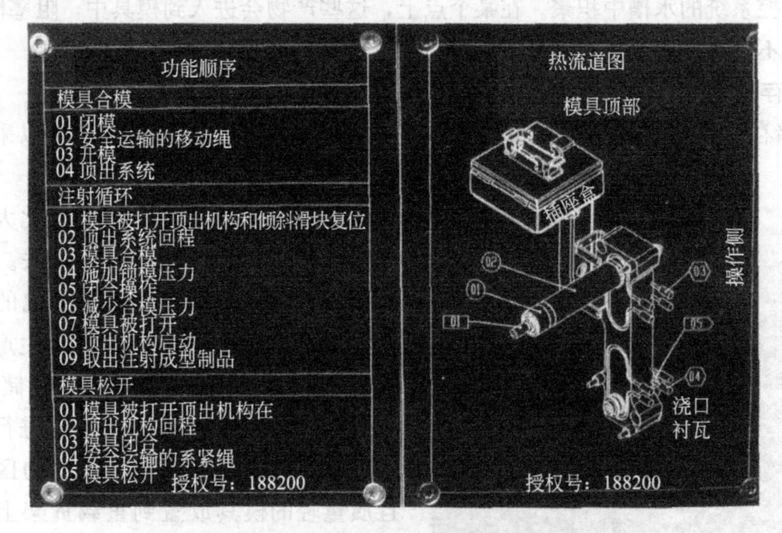

图 5.49 模具的功能表和热流道表

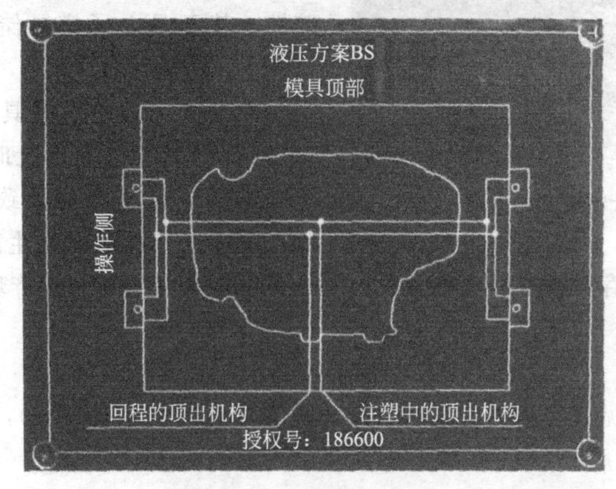

图 5.50 模具液压方案

5.4.6.4 储存尺寸

模具不仅包括连接和其外围，也包括电极和铣削程序。为了能够在损坏情况下快速修理，这些内容都必须标明。应该向模具供应商指明电极是如何设置的，以便于找到在模具中的准确位置。每个塑料模塑制品的模具或许包括夹具，辅助设备，例如金属薄片的送入、伸展的框架、浇道夹持器、真空吸盘、热流道喷嘴以及气水注射器。

5.4.7 维护和维修成本

不应该低估保持模具可操作的已发生成本（例如，在汽车工业中超过 6 年的生产周期，15 年的备件供应）。在开始生产时，有一些优化工作。维护成本随着生产的持续时间的增加而增加。根据产量，每个模具每年的成本占模具投入的 3%～6%（见图 5.51）。模具的维护成本必须通过产品的价格来获得。因此正确地估算花费的精力并把它考虑到产品的价格中是十分重要的。每一家公司都必须考虑，维护和维修的花费到什么程度，可确保对客户的供应持续。模具必须进行风险评估，以防止生产操作中的损坏。经验表明，将更多的精力投放在模具上，关注模具制造商和他的报价，它的机械装置与相似部件的生产经验，这与把时间花费在改进和改变上是一样的。

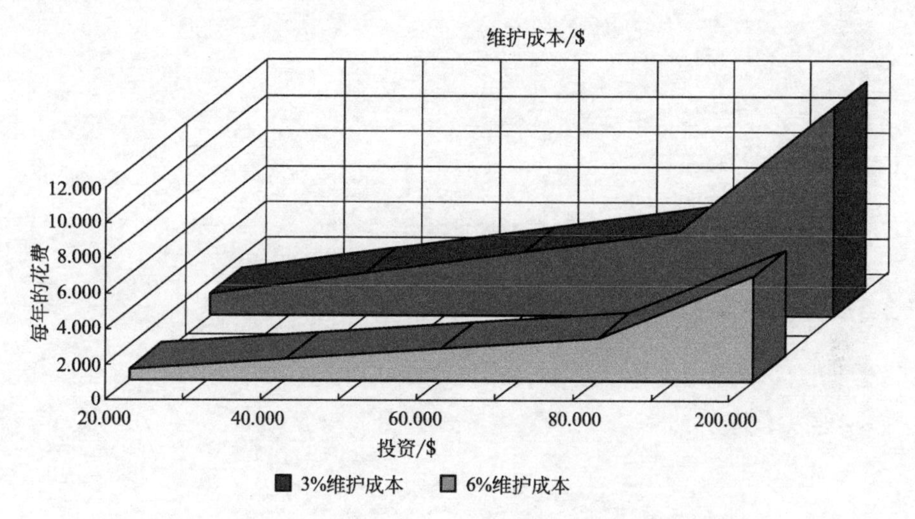

图 5.51 模具的维护成本（它应该考虑在制品的价格上）

参 考 文 献

[1] i-Mold Web site，*http*：//*www i-mold.de*

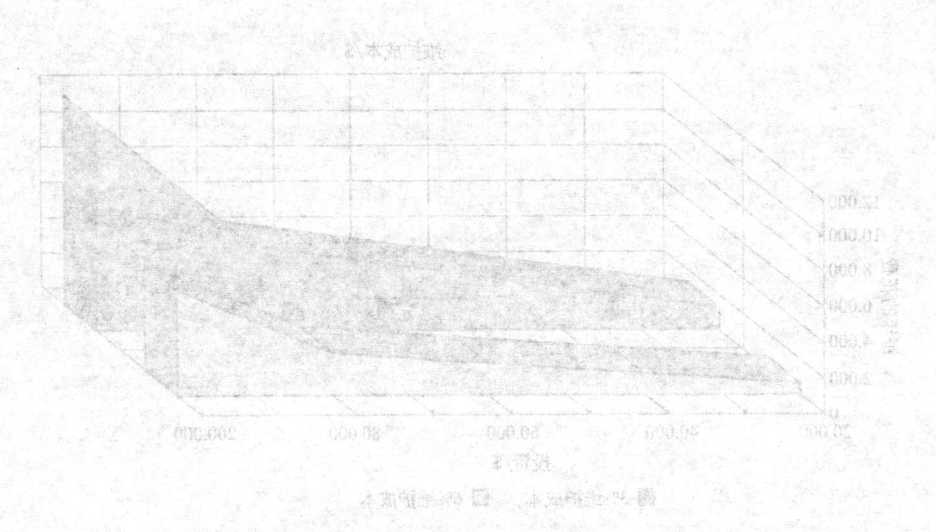